U0166806

国家出版基金项目
NATIONAL PUBLICATION FOUNDATION

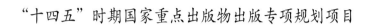

"十四五"时期国家重点出版物出版专项规划项目

浙 江 昆 虫 志

第十五卷
膜翅目　细腰亚目（Ⅰ）

陈学新　王义平　主编

科 学 出 版 社
北 京

内 容 简 介

膜翅目 Hymenoptera 细腰亚目 Apocrita 包括了膜翅目的大部分种类，分为两类：针尾部 Aculeata（胡蜂、青蜂、蜜蜂和蚂蚁等）和寄生部 Parasitica（如姬蜂、瘿蜂和小蜂等），主要鉴别特征为腹基部缢缩，具柄或略呈柄状。本丛书记述浙江膜翅目细腰亚目类群共 15 总科 52 科，分为第十五卷和第十六卷出版。本卷包括钩腹蜂总科、旗腹蜂总科、冠蜂总科、瘿蜂总科、小蜂总科、细蜂总科、分盾细蜂总科和广腹细蜂总科共 8 总科。本卷主要依据标本和文献记录，对实际研究过的种类做了比较详细的形态描述，每个种均列有分布、主要形态特征等，并附有检索表。

本书可供农、林、牧、畜、渔、环境保护和生物多样性保护等领域的工作者参考使用。

图书在版编目（CIP）数据

浙江昆虫志. 第十五卷，膜翅目. 细腰亚目. I /陈学新，王义平主编. —北京：科学出版社，2023.12

"十四五"时期国家重点出版物出版专项规划项目

国家出版基金项目

ISBN 978-7-03-072427-4

Ⅰ. ①浙… Ⅱ. ①陈… ②王… Ⅲ. ①昆虫志–浙江 ②细腰亚目–昆虫志–浙江 Ⅳ. ①Q968.225.5 ②Q969.540.8

中国版本图书馆 CIP 数据核字(2022)第 092882 号

责任编辑：李　悦　付丽娜 / 责任校对：严　娜
责任印制：肖　兴 / 封面设计：北京蓝正合融广告有限公司

科 学 出 版 社 出版

北京东黄城根北街 16 号
邮政编码：100717
http://www.sciencep.com

北京中科印刷有限公司 印刷

科学出版社发行　各地新华书店经销

*

2023 年 12 月第　一　版　　开本：889×1194　1/16
2023 年 12 月第一次印刷　　印张：24 1/2
字数：824 000
定价：468.00 元

（如有印装质量问题，我社负责调换）

《浙江昆虫志》领导小组

主　　任　胡　侠（2018 年 12 月起任）

　　　　　林云举（2014 年 11 月至 2018 年 12 月在任）

副 主 任　吴　鸿　杨幼平　王章明　陆献峰

委　　员　（以姓氏笔画为序）

　　　　　王　翔　叶晓林　江　波　吾中良　何志华

　　　　　汪奎宏　周子贵　赵岳平　洪　流　章滨森

顾　　问　尹文英（中国科学院院士）

　　　　　印象初（中国科学院院士）

　　　　　康　乐（中国科学院院士）

　　　　　何俊华（浙江大学教授、博士生导师）

组 织 单 位　浙江省森林病虫害防治总站

　　　　　　浙江农林大学

　　　　　　浙江省林学会

《浙江昆虫志》编辑委员会

《浙江昆虫志　第十五卷　膜翅目　细腰亚目（Ⅰ）》编写人员

主　编　陈学新　王义平

副主编　唐　璞　吴　琼　肖　晖

作者及参加编写单位（按研究类群排序）

钩腹蜂总科

　钩腹蜂科

　　　　陈华燕（中国科学院华南植物园）

　　　　何俊华（浙江大学）

旗腹蜂总科

　旗腹蜂科

　　　　李意成（湖南人文科技学院）

　　　　陈华燕（中国科学院华南植物园）

　　　　刘经贤（华南农业大学）

　举腹蜂科

　　　　陈华燕（中国科学院华南植物园）

　　　　何俊华（浙江大学）

　褶翅蜂科

　　　　陈华燕（中国科学院华南植物园）

　　　　赵可心　刘经贤（华南农业大学）

冠蜂总科

　冠蜂科

刘经贤　洪纯丹（华南农业大学）

瘿蜂总科

郭　瑞　王　娟　王师君　董颖颖　王义平（浙江农林大学）

小蜂总科

榕小蜂科、褶翅小蜂科、小蜂科、广肩小蜂科、刻腹小蜂科、旋小蜂科、跳小蜂科、蚜小蜂科、扁股小蜂科、姬小蜂科、赤眼蜂科、缨小蜂科

王吉锐　徐志宏（浙江农林大学）

长尾小蜂科、金小蜂科

肖　晖（中国科学院动物研究所）

细蜂总科

何俊华　唐　璞　吴　琼（浙江大学）

分盾细蜂总科

何俊华　唐　璞（浙江大学）

广腹细蜂总科

何俊华（浙江大学）

《浙江昆虫志》序一

浙江省地处亚热带，气候宜人，集山水海洋之地利，生物资源极为丰富，已知的昆虫种类就有 1 万多种。浙江省昆虫资源的研究历来受到国内外关注，长期以来大批昆虫学分类工作者对浙江省进行了广泛的资源调查，积累了丰富的原始资料。因此，系统地研究这一地域的昆虫区系，其意义与价值不言而喻。吴鸿教授及其团队曾多次负责对浙江天目山等各重点生态地区的昆虫资源种类的详细调查，编撰了一些专著，这些广泛、系统而深入的调查为浙江省昆虫资源的调查与整合提供了翔实的基础信息。在此基础上，为了进一步摸清浙江省的昆虫种类、分布与为害情况，2016 年由浙江省林业有害生物防治检疫局（现浙江省森林病虫害防治总站）和浙江省林学会发起，委托浙江农林大学实施，先后邀请全国几十家科研院所，300 多位昆虫分类专家学者在浙江省内开展昆虫资源的野外补充调查与标本采集、鉴定，并且系统编写《浙江昆虫志》。

历时六年，在国内最优秀昆虫分类专家学者的共同努力下，《浙江昆虫志》即将按类群分卷出版面世，这是一套较为系统和完整的昆虫资源志书，包含了昆虫纲所有主要类群，更为可贵的是，《浙江昆虫志》参照《中国动物志》的编写规格，有较高的学术价值，同时该志对动物资源保护、持续利用、有害生物控制和濒危物种保护均具有现实意义，对浙江地区的生物多样性保护、研究及昆虫学事业的发展具有重要推动作用。

《浙江昆虫志》的问世，体现了项目主持者和组织者的勤奋敬业，彰显了我国昆虫学家的执着与追求、努力与奋进的优良品质，展示了最新的科研成果。《浙江昆虫志》的出版将为浙江省昆虫区系的深入研究奠定良好基础。浙江地区还有一些类群有待广大昆虫研究者继续努力工作，也希望越来越多的同仁能在国家和地方相关部门的支持下开展昆虫志的编写工作，这不但对生物多样性研究具有重大贡献，也将造福我们的子孙后代。

印象初

河北大学生命科学学院

中国科学院院士

2022 年 1 月 18 日

《浙江昆虫志》序二

　　浙江地处中国东南沿海，地形自西南向东北倾斜，大致可分为浙北平原、浙西中山丘陵、浙东丘陵、中部金衢盆地、浙南山地、东南沿海平原及海滨岛屿6个地形区。浙江复杂的生态环境成就了极高的生物多样性。关于浙江的生物资源、区系组成、分布格局等，植物和大型动物都有较为系统的研究，如20世纪80年代《浙江植物志》和《浙江动物志》陆续问世，但是无脊椎动物的研究却较为零散。90年代末至今，浙江省先后对天目山、百山祖、清凉峰等重点生态地区的昆虫资源种类进行了广泛、系统的科学考察和研究，先后出版《天目山昆虫》《华东百山祖昆虫》《浙江清凉峰昆虫》等专著。1983年、2003年和2015年，由浙江省林业厅部署，浙江省还进行过三次林业有害生物普查。但历史上，浙江省一直没有对全省范围的昆虫资源进行系统整理，也没有建立统一的物种信息系统。

　　2016年，浙江省林业有害生物防治检疫局（现浙江省森林病虫害防治总站）和浙江省林学会发起，委托浙江农林大学组织实施，联合中国科学院、南开大学、浙江大学、西北农林科技大学、中国农业大学、中南林业科技大学、河北大学、华南农业大学、扬州大学、浙江自然博物馆等单位共同合作，开始展开对浙江省昆虫资源的实质性调查和编纂工作。六年来，在全国三百多位专家学者的共同努力下，编纂工作顺利完成。《浙江昆虫志》参照《中国动物志》编写，系统、全面地介绍了不同阶元的鉴别特征，提供了各类群的检索表，并附形态特征图。全书各卷册分别由该领域知名专家编写，有力地保证了《浙江昆虫志》的质量和水平，使这套志书具有很高的科学价值和应用价值。

　　昆虫是自然界中最繁盛的动物类群，种类多、数量大、分布广、适应性强，与人们的生产生活关系复杂而密切，既有害虫也有大量有益昆虫，是生态系统中重要的组成部分。《浙江昆虫志》不仅有助于人们全面了解浙江省丰富的昆虫资源，还可供农、林、牧、畜、渔、生物学、环境保护和生物多样性保护等工作者参考使用，可为昆虫资源保护、持续利用和有害生物控制提供理论依据。该丛书的出版将对保护森林资源、促进森林健康和生态系统的保护起到重要作用，并且对浙江省设立"生态红线"和"物种红线"的研究与监测，以及创建"两美浙江"等具有重要意义。

　　《浙江昆虫志》必将以它丰富的科学资料和广泛的应用价值为我国的动物学文献宝库增添新的宝藏。

康乐

中国科学院动物研究所

中国科学院院士

2022年1月30日

《浙江昆虫志》前言

　　生物多样性是人类赖以生存和发展的重要基础，是地球生命所需要的物质、能量和生存条件的根本保障。中国是生物多样性最为丰富的国家之一，也同样面临着生物多样性不断丧失的严峻问题。生物多样性的丧失，直接威胁到人类的食品、健康、环境和安全等。国家高度重视生物多样性的保护，下大力气改善生态环境，改变生物资源的利用方式，促进生物多样性研究的不断深入。

　　浙江区域是我国华东地区一道重要的生态屏障，和谐稳定的自然生态系统为长三角地区经济快速发展提供了有力保障。浙江省地处中国东南沿海长江三角洲南翼，东临东海，南接福建，西与江西、安徽相连，北与上海、江苏接壤，位于北纬 27°02′～31°11′，东经 118°01′～123°10′，陆地面积 10.55 万 km^2，森林面积 608.12 万 hm^2，森林覆盖率为 61.17%（按省同口径计算，含一般灌木），森林生态系统多样性较好，森林植被类型、森林类型、乔木林龄组类型较丰富。湿地生态系统中湿地植物和植被、湿地野生动物均相当丰富。目前浙江省建有数量众多、类型丰富、功能多样的各级各类自然保护地。有 1 处国家公园体制试点区（钱江源国家公园）、311 处省级及以上自然保护地，其中 27 处自然保护区、128 处森林公园、59 处风景名胜区、67 处湿地公园、15 处地质公园、15 处海洋公园（海洋特别保护区），自然保护地总面积 1.4 万 km^2，占全省陆域的 13.3%。

　　浙江素有"东南植物宝库"之称，是中国植物物种多样性最丰富的省份之一，有高等植物 6100 余种，在中东南植物区系中占有重要的地位；珍稀濒危植物众多，其中国家一级重点保护野生植物 11 种，国家二级重点保护野生植物 104 种；浙江特有种超过 200 种，如百山祖冷杉、普陀鹅耳枥、天目铁木等物种。陆生野生脊椎动物有 790 种，约占全国总数的 27%，列入浙江省级以上重点保护野生动物 373 种，其中国家一级重点保护动物 54 种，国家二级保护动物 138 种，像中华凤头燕鸥、华南梅花鹿、黑麂等都是以浙江为主要分布区的珍稀濒危野生动物。

　　昆虫是现今陆生动物中最为繁盛的一个类群，约占动物界已知种类的 3/4，是生物多样性的重要组成部分，在生态系统中占有独特而重要的地位，与人类具有密切而复杂的关系，为世界创造了巨大精神和物质财富，如家喻户晓的家蚕、蜜蜂和冬虫夏草等资源昆虫。

　　浙江集山水海洋之地利，地理位置优越，地形复杂多样，气候温和湿润，加之第四纪以来未受冰川的严重影响，森林覆盖率高，造就了丰富多样的生境类型，保存着大量珍稀生物物种，这种有利的自然条件给昆虫的生息繁衍提供了便利。昆虫种类复杂多样，资源极为丰富，珍稀物种荟萃。

　　浙江昆虫研究由来已久，早在北魏郦道元所著《水经注》中，就有浙江天目山的山川、霜木情况的记载。明代医药学家李时珍在编撰《本草纲目》时，曾到天目山实地考察采集，书中收有产于天目山的养生之药数百种，其中不乏有昆虫药。明代《西天目祖山志》生殖篇虫族中有山蚕、蚱蜢、蜣螂、蛱蝶、蜻蜓、蝉等昆虫的明确记载。由此可见，自古以来，浙江的昆虫就已引起人们的广泛关注。

20 世纪 40 年代之前，法国人郑璧尔（Octave Piel，1876～1945）（曾任上海震旦博物馆馆长）曾分别赴浙江四明山和舟山进行昆虫标本的采集，于 1916 年、1926 年、1929 年、1935 年、1936 年及 1937 年又多次到浙江天目山和莫干山采集，其中，1935～1937 年的采集规模大、类群广。他采集的标本数量大、影响深远，依据他所采标本就有相关 24 篇文章在学术期刊上发表，其中 80 种的模式标本产于天目山。

浙江是中国现代昆虫学研究的发源地之一。1924 年浙江昆虫局成立，曾多次派人赴浙江各地采集昆虫标本，国内昆虫学家也纷纷来浙采集，如胡经甫、祝汝佐、柳支英、程淦藩等，这些采集的昆虫标本现保存于中国科学院动物研究所、中国科学院上海昆虫博物馆（原中国科学院上海昆虫研究所）及浙江大学。据此有不少研究论文发表，其中包括大量新种。同时，浙江省昆虫局创办了《昆虫与植病》和《浙江省昆虫局年刊》等。《昆虫与植病》是我国第一份中文昆虫期刊，共出版 100 多期。

20 世纪 80 年代末至今，浙江省开展了一系列昆虫分类区系研究，特别是 1983 年和 2003 年分别进行了林业有害生物普查，分别鉴定出林业昆虫 1585 种和 2139 种。陈其瑚主编的《浙江植物病虫志 昆虫篇》（第一集 1990 年，第二集 1993 年）共记述 26 目 5106 种（包括蜱螨目），并将浙江全省划分成 6 个昆虫地理区。1993 年童雪松主编的《浙江蝶类志》记述鳞翅目蝶类 11 科 340 种。2001 年方志刚主编的《浙江昆虫名录》收录六足类 4 纲 30 目 447 科 9563 种。2015 年宋立主编的《浙江白蚁》记述白蚁 4 科 17 属 62 种。2019 年李泽建等在《浙江天目山蝴蝶图鉴》中记述蝴蝶 5 科 123 属 247 种。2020 年李泽建等在《百山祖国家公园蝴蝶图鉴 第Ⅰ卷》中记述蝴蝶 5 科 140 属 283 种。

中国科学院上海昆虫研究所尹文英院士曾于 1987 年主持国家自然科学基金重点项目"亚热带森林土壤动物区系及其在森林生态平衡中的作用"，在天目山采得昆虫纲标本 3.7 万余号，鉴定出 12 目 123 种，并于 1992 年编撰了《中国亚热带土壤动物》一书，该项目研究成果曾获中国科学院自然科学奖二等奖。

浙江大学（原浙江农业大学）何俊华和陈学新教授团队在我国著名寄生蜂分类学家祝汝佐教授（1900～1981）所奠定的文献资料与研究标本的坚实基础上，开展了农林业害虫寄生性天敌昆虫资源的深入系统分类研究，取得丰硕成果，撰写专著 20 余册，如《中国经济昆虫志 第五十一册 膜翅目 姬蜂科》《中国动物志 昆虫纲 第十八卷 膜翅目 茧蜂科（一）》《中国动物志 昆虫纲 第二十九卷 膜翅目 螯蜂科》《中国动物志 昆虫纲 第三十七卷 膜翅目 茧蜂科（二）》《中国动物志 昆虫纲 第五十六卷 膜翅目 细蜂总科（一）》等。2004 年何俊华教授又联合相关专家编著了《浙江蜂类志》，共记录浙江蜂类 59 科 631 属 1687 种，其中模式产地在浙江的就有 437 种。

浙江农林大学（原浙江林学院）吴鸿教授团队先后对浙江各重点生态地区的昆虫资源进行了广泛、系统的科学考察和研究，联合全国有关科研院所的昆虫分类学家，吴鸿教授作为主编或者参编者先后编撰了《浙江古田山昆虫和大型真菌》《华东百山祖昆虫》《龙王山昆虫》《天目山昆虫》《浙江乌岩岭昆虫及其森林健康评价》《浙江凤阳山昆虫》《浙江清凉峰昆虫》《浙江九龙山昆虫》等图书，书中发表了众多的新属、新种、中国新记录科、新记录属和新记录种。2014～2020 年吴鸿教授作为总主编之一还编撰了《天目山动物志》（共 11 卷），其中记述六足类动物 32 目 388 科 5000 余种。上述科学考察以及本次《浙江昆虫志》编撰项目为浙江当地和全国培养了一批昆虫分类学人才并积累了 100 万号昆虫标本。

通过上述大型有组织的昆虫科学考察，不仅查清了浙江省重要保护区内的昆虫种类资源，而且为全国积累了珍贵的昆虫标本。这些标本、专著及考察成果对于浙江省乃至全国昆虫类群的系统研究具有重要意义，不仅推动了浙江地区昆虫多样性的研究，也让更多的人认识到生物多样性的重要性。然而，前期科学考察的采集和研究的广度和深度都不能反映整个浙江地区的昆虫全貌。

昆虫多样性的保护、研究、管理和监测等许多工作都需要有翔实的物种信息作为基础。昆虫分类鉴定往往是一项逐渐接近真理（正确物种）的工作，有时甚至需要多次更正才能找到真正的归属。过去的一些观测仪器和研究手段的限制，导致部分属种鉴定有误，现代电子光学显微成像技术及 DNA 条形码分子鉴定技术极大推动了昆虫物种的更精准鉴定，此次《浙江昆虫志》对过去一些长期误鉴的属种和疑难属种进行了系统订正。

为了全面系统地了解浙江省昆虫种类的组成、发生情况、分布规律，为了益虫开发利用和有害昆虫的防控，以及为生物多样性研究和持续利用提供科学依据，2016 年 7 月 "浙江省昆虫资源调查、信息管理与编撰" 项目正式开始实施，该项目由浙江省林业有害生物防治检疫局（现浙江省森林病虫害防治总站）和浙江省林学会发起，委托浙江农林大学组织，联合全国相关昆虫分类专家合作。《浙江昆虫志》编委会组织全国 30 余家单位 300 余位昆虫分类学者共同编写，共分 16 卷：第一卷由杜予州教授主编，包含原尾纲、弹尾纲、双尾纲，以及昆虫纲的石蛃目、衣鱼目、蜉蝣目、蜻蜓目、襀翅目、等翅目、蜚蠊目、螳螂目、蛸虫目、直翅目和革翅目；第二卷由花保祯教授主编，包括昆虫纲啮虫目、缨翅目、广翅目、蛇蛉目、脉翅目、长翅目和毛翅目；第三卷由张雅林教授主编，包含昆虫纲半翅目同翅亚目；第四卷由卜文俊和刘国卿教授主编，包含昆虫纲半翅目异翅亚目；第五卷由李利珍教授和白明研究员主编，包含昆虫纲鞘翅目原鞘亚目、藻食亚目、肉食亚目、牙甲总科、阎甲总科、隐翅虫总科、金龟总科、沼甲总科；第六卷由任国栋教授主编，包含昆虫纲鞘翅目花甲总科、吉丁甲总科、丸甲总科、叩甲总科、长蠹总科、郭公甲总科、扁甲总科、瓢甲总科、拟步甲总科；第七卷由杨星科和张润志研究员主编，包含昆虫纲鞘翅目叶甲总科和象甲总科；第八卷由吴鸿和杨定教授主编，包含昆虫纲双翅目长角亚目；第九卷由杨定和姚刚教授主编，包含昆虫纲双翅目短角亚目虻总科、水虻总科、食虫虻总科、舞虻总科、蚤蝇总科、蚜蝇总科、眼蝇总科、实蝇总科、小粪蝇总科、缟蝇总科、沼蝇总科、鸟蝇总科、水蝇总科、突眼蝇总科和禾蝇总科；第十卷由薛万琦和张春田教授主编，包含昆虫纲双翅目短角亚目蝇总科、狂蝇总科；第十一卷由李后魂教授主编，包含昆虫纲鳞翅目小蛾类；第十二卷由韩红香副研究员和姜楠博士主编，包含昆虫纲鳞翅目大蛾类；第十三卷由王敏和范骁凌教授主编，包含昆虫纲鳞翅目蝶类；第十四卷由魏美才教授主编，包含昆虫纲膜翅目 "广腰亚目"；第十五卷由陈学新和王义平教授主编、第十六卷由陈学新教授主编，这两卷内容为昆虫纲膜翅目细腰亚目。16 卷共记述浙江省六足类 1 万余种，各卷所收录物种的截止时间为 2021 年 12 月。

《浙江昆虫志》各卷主编由昆虫各类群权威顶级分类专家担任，他们是各单位的学科带头人或国家杰出青年科学基金获得者、973 计划首席专家和各专业学会的理事长和副理事长等，他们中有不少人都参与了《中国动物志》的编写工作，从而有力地保证了《浙江昆虫志》整套 16 卷学术内容的高水平和高质量，反映了我国昆虫分类学者对昆虫分类区系研究的最新成果。《浙江昆虫志》是迄今为止对浙江省昆虫种类资源最为完整的科学记载，体现了国际一流水平，16 卷《浙江昆虫志》汇集了上万张图片，除黑白特征图外，还有大量成虫整体或局部特征彩色照片，这些图片精美、细致，能充分、直观地展示物种的分类形态鉴别特征。

浙江省林业局对《浙江昆虫志》的编撰出版一直给予关注，在其领导与支持下获得浙江省财政厅的经费资助。在科学考察过程中得到了浙江省各市、县（市、区）林业部门的大力支持和帮助，特别是浙江天目山国家级自然保护区管理局、浙江清凉峰国家级自然保护区管理局、宁波四明山国家森林公园、钱江源国家公园、浙江仙霞岭省级自然保护区管理局、浙江九龙山国家级自然保护区管理局、景宁望东垟高山湿地自然保护区管理局和舟山市自然资源和规划局也给予了大力协助。同时也感谢国家出版基金和科学出版社的资助与支持，保证了 16 卷《浙江昆虫志》的顺利出版。

中国科学院印象初院士和康乐院士欣然为本志作序。借此付梓之际，我们谨向以上单位和个人，以及在本项目执行过程中给予关怀、鼓励、支持、指导、帮助和做出贡献的同志表示衷心的感谢！

限于资料和编研时间等多方面因素，书中难免有不足之处，恳盼各位同行和专家及读者不吝赐教。

《浙江昆虫志》编辑委员会

2022 年 3 月

《浙江昆虫志》编写说明

　　本志收录的种类原则上是浙江省内各个自然保护区和舟山群岛野外采集获得的昆虫种类。昆虫纲的分类系统参考袁锋等 2006 年编著的《昆虫分类学》第二版。其中，广义的昆虫纲已提升为六足总纲 Hexapoda，分为原尾纲 Protura、弹尾纲 Collembola、双尾纲 Diplura 和昆虫纲 Insecta。目前，狭义的昆虫纲仅包含无翅亚纲的石蛃目 Microcoryphia 和衣鱼目 Zygentoma 以及有翅亚纲。本志采用六足总纲的分类系统。考虑到编写的系统性、完整性和连续性，各卷所包含类群如下：第一卷包含原尾纲、弹尾纲、双尾纲，以及昆虫纲的石蛃目、衣鱼目、蜉蝣目、蜻蜓目、襀翅目、等翅目、蜚蠊目、螳螂目、蛸虫目、直翅目和革翅目；第二卷包含昆虫纲的啮虫目、缨翅目、广翅目、蛇蛉目、脉翅目、长翅目和毛翅目；第三卷包含昆虫纲的半翅目同翅亚目；第四卷包含昆虫纲的半翅目异翅亚目；第五卷、第六卷和第七卷包含昆虫纲的鞘翅目；第八卷、第九卷和第十卷包含昆虫纲的双翅目；第十一卷、第十二卷和第十三卷包含昆虫纲的鳞翅目；第十四卷、第十五卷和第十六卷包含昆虫纲的膜翅目。

　　由于篇幅限制，本志所涉昆虫物种均仅提供原始引证，部分物种同时提供了最新的引证信息。为了物种鉴定的快速化和便捷化，所有包括 2 个以上分类阶元的目、科、亚科、属，以及物种均依据形态特征编写了对应的分类检索表。本志关于浙江省内分布情况的记录，除了之前有记录但是分布记录不详且本次调查未采到标本的种类外，所有种类都尽可能反映其详细的分布信息。限于篇幅，浙江省内的分布信息如下所列按地级市、市辖区、县级市、县、自治县为单位按顺序编写，如浙江（安吉、临安）；由于四明山国家级自然保护区地跨多个市（县），因此，该地的分布信息保留为四明山。对于省外分布地则只写到省份、自治区、直辖市和特区等名称，参照《中国动物志》的编写规则，按顺序排列。对于国外分布地则只写到国家或地区名称，各个国家名称参照国际惯例按顺序排列，以逗号隔开。浙江省分布地名称和行政区划资料截至 2020 年，具体如下。

　　湖州：吴兴、南浔、德清、长兴、安吉

　　嘉兴：南湖、秀洲、嘉善、海盐、海宁、平湖、桐乡

　　杭州：上城、下城、江干、拱墅、西湖、滨江、萧山、余杭、富阳、临安、桐庐、淳安、建德

　　绍兴：越城、柯桥、上虞、新昌、诸暨、嵊州

　　宁波：海曙、江北、北仑、镇海、鄞州、奉化、象山、宁海、余姚、慈溪

　　舟山：定海、普陀、岱山、嵊泗

　　金华：婺城、金东、武义、浦江、磐安、兰溪、义乌、东阳、永康

　　台州：椒江、黄岩、路桥、三门、天台、仙居、温岭、临海、玉环

　　衢州：柯城、衢江、常山、开化、龙游、江山

　　丽水：莲都、青田、缙云、遂昌、松阳、云和、庆元、景宁、龙泉

　　温州：鹿城、龙湾、瓯海、洞头、永嘉、平阳、苍南、文成、泰顺、瑞安、乐清

目　　录

膜翅目 Hymenoptera

膜翅目 Hymenoptera 细腰亚目 Apocrita 包括了膜翅目的大部分种类，分为两类：针尾部 Aculeata（胡蜂、青蜂、蜜蜂和蚂蚁等）和寄生部 Parasitica（如姬蜂、瘿蜂和小蜂等），主要鉴别特征为腹基部缢缩，具柄或略呈柄状。细腰亚目原始的腹部第 1 节已与后胸紧密相连，成为并胸腹节，与原始的第 2 节之间通常均强度缢缩易于识别；前、后翅上没有关闭的臀室；翅发达，但也有短翅和无翅类型，尤其是雌性。细腰亚目的一龄幼虫形态变化很大，但以后的各龄一般均为"膜翅目型"。中肠与后肠只在进入预蛹期才相通排出"蛹便"。大部分细腰亚目幼虫为肉食性，猎物或食物一般由雌性亲代提供，最后导致寄主或饵物死亡，从而成为害虫的天敌，是自然控制的主要因子。有些种类的幼虫明显具次生植食现象，但它们的食料仅局限于花粉（结果成为授粉的益虫），也取食胚乳或植物虫瘿组织等含丰富营养的物质。细腰亚目的大多数种类对人类十分重要，许多种类具有重大的经济意义。

本丛书将细腰亚目分为 15 个总科，即钩腹蜂总科 Trigonalyoidea、旗腹蜂总科 Evanioidea、冠蜂总科 Stephanoidea、巨蜂总科 Megalyroidea、瘿蜂总科 Cynipoidea、小蜂总科 Chalcidoidea、柄腹柄翅小蜂总科 Mymarommatoidea、细蜂总科 Proctotrupoidea、广腹细蜂总科 Platygastroidea、锤角细蜂总科 Diaprioidea、姬蜂总科 Ichenumonoidea、分盾细蜂总科 Ceraphronoidea、胡蜂总科 Vespoidea、青蜂总科 Chrysidoidea、蜜蜂总科 Apiodea。传统的胡蜂总科 Vespoidea，虽最近几年分出一些其他总科，如蚁总科 Formicoidea、土蜂总科 Scolioidea、钩土蜂总科 Tiphioidea 等，但本丛书仍然按照传统的胡蜂总科分类体系编写。

本丛书记述浙江膜翅目细腰亚目类群 52 科，分为第十五卷和第十六卷出版。本卷为第十五卷，包括钩腹蜂总科、旗腹蜂总科、冠蜂总科、瘿蜂总科、小蜂总科、细蜂总科、分盾细蜂总科和广腹细蜂总科 8 个总科。

第一章　钩腹蜂总科 Trigonalyoidea

钩腹蜂总科仅包括钩腹蜂科 Trigonalyidae 一个科。这是一类形态和习性都比较奇特的蜂类。在寄生部中，认为较原始的和较进化的都有。该蜂跗节上有趾叶（planter lobe）；前翅翅脉组成 10 个闭室，具与叶蜂很相似的下颚、下唇等某些奇特的原始特性。

一、钩腹蜂科　Trigonalyidae

主要特征：体小型或中型（3.5–15 mm）。体坚固，腹部略扁，多有色彩，看起来像胡蜂，但触角长显然可以区别。触角 21–27 节，丝状，着生于颜面中部，颜面上有 1 对叶突，紧靠触角内侧。上颚发达，一般不对称，左上颚具 3 齿，右上颚具 4 齿；下颚须 6 节。翅脉特殊，前翅有 10 个闭室，包括亚前缘室和第 2、3 亚缘室；后翅有 2 个闭室。跗节具趾叶。腹部腹板骨化；第 1 腹节圆锥形，其背板和腹板没有愈合；第 2 背板和腹板最大；仅在第 7 背板上有 1 对气门，通常被第 6 背板后缘所遮盖。多数属雌蜂腹端向前下方稍呈钩状弯曲，适于产卵于叶缘内面。蜂休息时产卵管隐蔽，稍露出腹部末端。

生物学：钩腹蜂寄生习性颇为特殊。此蜂产卵极多，有些种可达 3000 粒，卵很小，产于叶片背面（内面）边缘。产下的卵暂不孵化，待叶蜂幼虫或鳞翅目幼虫取食叶片把这些蜂卵吃进体内时，才孵化为幼虫。刚孵化的小幼虫，能穿透寄主肠壁，进入体腔。如果体内已有寄生蜂或寄生蝇幼虫寄生，则转移到这些寄生昆虫上作为重寄生者寄生从而完成发育。钩腹蜂幼虫前 3 龄为内寄生，如果有两头以上存在就互相残杀，仅一头能存活。钩腹蜂幼虫最初不杀死初寄生者（它的直接寄主），直至初寄生者杀死自己寄主，并结茧之后才将其致死。在初寄生虫茧内做简单的茧化蛹。它杀死了害虫的天敌，其作用实际上对人类有害。有些钩腹蜂，也可寄生于胡蜂幼虫，其过程可能是钩腹蜂的卵被叶蜂幼虫或鳞翅目幼虫取食进入体内，而这些体内带有钩腹蜂卵的叶蜂幼虫或鳞翅目幼虫被胡蜂捕获用来喂饲自己的幼虫，钩腹蜂卵孵化成幼虫后钻入胡蜂幼虫体内寄生取食。在澳大利亚曾报道钩腹蜂卵被筒腹叶蜂虫取食后，能正常地直接在体内完成发育，成为内寄生性初寄生者。

分布：本科是一个小的类群，已知约 16 属 121 种。分布相当广泛，世界各大动物区均有出现，但难以采得，只有在植被良好、昆虫丰富的林区有时发现。我国南北均有分布，已知 8 属 46 种（Chen et al., 2020）。浙江省已记录 4 属 12 种。

分属检索表

1. 第 3 腹板基半部具后缘陡而光滑的横架；第 2 腹板的后端突起上有 1 对三角形小齿；雌性第 5 腹板后中缘显著内凹；后胸背板光滑，微弱隆起 ·· 狼钩腹蜂属 *Lycogaster*

- 第 3 腹板基半部无横架；第 2 腹板的后端无三角形小齿；雌性第 5 腹板后中缘平截；后胸背板常具粗糙皱纹，显著隆起 ····· 2

2. 并胸腹节前沟两侧光滑；并胸腹节后脊背面呈拱形；外眼眶具刻点；雄性触角第 11–16 节具线状角下瘤·················· 带钩腹蜂属 *Taeniogonalos*

- 并胸腹节前沟两侧具圆凹；并胸腹节后脊背面弯曲；外眼眶光滑；雄性触角无角下瘤 ······················· 3

3. 触角突前方平；触角突内侧稍隆起，具皱纹；触角突之间的区域中央有突起；并胸腹后缘中纵脊粗壮 ··················· 直钩腹蜂属 *Orthogonalys*

- 触角突前方微凹；触角突内侧平而光滑；触角突之间的区域凹下；并胸腹后缘无中纵脊 ········· 寺西钩腹蜂属 *Teranishia*

1. 狼钩腹蜂属 *Lycogaster* Shuckard, 1841

Lycogaster Shuckard, 1841: 121. Type species: *Lycogaster pullatus* Shuckard, 1841.

主要特征：体长 5.5–15.0 mm；触角黑色，24–27 节，雌性触角中央环节明显增厚；雄性触角无角下瘤；触角突小，背面无凹；头顶隆起，有光泽；唇须末节变宽而圆钝，近三角形；后胸背板光滑，稍隆起；后足转节背端部被 1 斜沟分成三角形；后足跗节不特化；第 2 腹板的突起具 1 对三角形小齿；第 3 腹板基半部具 1 后缘陡峭的完整横架；雌性第 5 腹板中后缘顶端微凹。

分布：东洋区、新北区、新热带区。世界已知种类不详，中国记录 4 种，浙江分布 2 种。

（1）长角狼钩腹蜂 *Lycogaster angustula* Chen, van Achterberg, He *et* Xu, 2014（图 1-1）

Lycogaster angustula Chen, van Achterberg, He *et* Xu, 2014: 46.

主要特征：雌体长 6.7 mm。雄体长 8.7 mm。体黑色，除了上颚齿、上颚须、唇须和翅基片深褐色；足深褐色至黑色，胫节和跗节色稍浅；翅痣深褐色。触角 23 节，雄性触角无角下瘤；雌性触角长。后头脊中背部呈窄薄片状，不具凹；头顶和颊几乎光滑，具稀疏小刻点。并胸腹节具斜刻皱，中后区的刻皱间光滑。雌性第 2 腹板的突起具 1 对相互靠近的尖锐小齿；第 2 背板光滑且具光泽。

分布：浙江（临安）。

2 mm

图 1-1　长角狼钩腹蜂 *Lycogaster angustula* Chen, van Achterberg, He *et* Xu, 2014（♂整体侧面观）

（2）青翅狼钩腹蜂 *Lycogaster violaceipennis* Chen, 1949（图 1-2）

Lycogaster violaceipennis Chen, 1949: 10.

主要特征：雄体长约 13 mm；前翅长约 12 mm。头黑色，在上颚上的一近方形大斑和唇基宽横带（或中断为 2 圆点）黄白色；须褐黄色。胸部红褐色，侧板的一部分及并胸腹节端半和下边黑色。腹部漆黑色，第 2 背板每边有一黄褐色管状斑点。翅褐色，有紫罗兰色光泽，前翅基部和后翅基半多少透明。足基节黑色，端部稍带褐黄色；转节黄褐色，前中足部分黑色；腿节黑色，除了基部和端部及前足前面黄褐色；胫节黄褐色，端部和下方多少暗色；前足跗节褐黄色，中后足跗节黑色。柔毛浅灰白色，在背表面的多毛带褐色。头大，近方形；头顶和额具横皱，密布深刻点。触角黑色，端部稍褐色，24 节，中央明显增粗，至

图 1-2　青翅狼钩腹蜂 *Lycogaster violaceipennis* Chen, 1949（♀整体侧面观）

端部渐尖。中胸盾片和小盾片在中央纵凹，多少有瘤状突起，有大而深的不规则刻点；盾纵沟很深，每沟均有 10 个分开的小室。并胸腹节在红色区域内有纵皱并有一明显的中沟，在黑色区域内具横皱。腹部纺锤形，除各背板后缘外密布粗刻点；第 1 背板端宽与第 2 背板基部相等；第 2 背板很长，长于后 3 节之和；第 2 腹板均匀隆起，近后缘处有一对小齿状突，中纵区每边各 1 个。

　　分布：浙江（德清）、四川。

2. 直钩腹蜂属 *Orthogonalys* Schulz, 1905

Orthogonalys Schulz, 1905: 76. Type species: *Orthogonalys boliviana* Schulz, 1905.

Satogonalos Teranishi, 1931: 10. Type species: *Satogonalos debilis* (Teranishi, 1929).

　　主要特征：体长 3.5–14.1 mm；触角 21–32 节，亚末端几节常色浅；雌性触角中央环节不增厚；雄性触角无角下瘤；触角突常较大，背面无凹；头顶正常；唇须末节变宽而圆钝，近三角形；后头脊常窄且光滑，个别种类变宽且具弱凹；后胸背板两侧凹下且常具刻纹，中间显著隆起；并胸腹节前沟显著凹；并胸腹节后脊弯曲，呈薄片状；后足转节背端部被 1 斜沟分成三角形；后足跗节不特化或稍特化；第 2 腹板平，无突起；第 3 腹板基半部无横架；雌性第 5 腹板中后缘直。

　　分布：世界广布。世界已知种类不详，中国记录 6 种，浙江分布 1 种。

（3）陈氏直钩腹蜂 *Orthogonalys cheni* Chen, van Achterberg, He *et* Xu, 2014（图 1-3）

Orthogonalys cheni Chen, van Achterberg, He *et* Xu, 2014: 62.

　　主要特征：雌体长 5.8–7.0 mm。雄体长 4.5–6.3 mm。头黑色，复眼内眶具狭长黄白色斑，头顶的复眼后缘具小黄色斑，上颚大部分黄白色；胸部黑色，中胸盾片中叶后半部、小盾片和后胸背板中央、并胸腹节两后侧缘、前胸侧板、中胸侧板和后胸侧板中下侧具黄色斑；腹部具黄白色与深褐色相间的斑纹；触角黑色，亚末端具象牙色斑；足黄褐色；翅痣深褐色，其余半透明。触角 24–25 节；后头脊弱，背面具几个小凹；头顶和颊几光滑，具稀疏微小刻点。并胸腹节后半部几光滑，仅具一些横皱。第 2 背板无中沟；第 3 腹板长是第 2 腹板的 0.5 倍。

　　分布：浙江（临安）、湖北、四川。

图 1-3　陈氏直钩腹蜂 *Orthogonalys cheni* Chen, van Achterberg, He *et* Xu, 2014（♀整体侧面观）

3. 带钩腹蜂属 *Taeniogonalos* Schulz, 1906

Taeniogonalos Schulz, 1906: 212. Type species: *Trigonalys maculata* Smith, 1851.

主要特征：体长 4.3–13.0 mm；触角 21–26 节，雌性触角中央环节不增厚；雄性触角第 11–16 节有角下瘤；触角突小至较大，背面无凹；头顶平，无中凹；唇须末节变宽而圆钝，近三角形；中胸盾片和小盾片常具刻点或刻皱；后胸背板常具刻纹，稍隆起；前翅后端常具深褐色斑纹；后足转节背端部被 1 斜沟分成三角形；后足跗节不特化或稍特化；雌性第 2 腹板隆起，有些种类中后缘具突起，但不具小齿；第 3 腹板基半部无横架。

分布：世界广布。世界已知种类不详，中国记录 19 种，浙江分布 8 种。

（4）大脊带钩腹蜂 *Taeniogonalos bucarinata* Chen, van Achterberg, He *et* Xu, 2014（图 1-4）

Taeniogonalos bucarinata Chen, van Achterberg, He *et* Xu, 2014: 108.

图 1-4　大脊带钩腹蜂 *Taeniogonalos bucarinata* Chen, van Achterberg, He *et* Xu, 2014（♀整体侧面观）

主要特征：雌体长 4.9–10.4 mm。雄体长 5.0–7.7 mm。头黑色，复眼内眶和外眶具狭长黄色条斑；上颚褐色至黄色；胸部黑色，中胸盾片和后胸有小黄色斑块；腹部黑色，第 1、2 背板后侧缘有黄色斑块；前翅翅半透明，端部有深褐色斑；足深褐色至黑色。触角 21–24 节；雄性触角第 10–16 节有角下瘤；后头脊中背部呈宽薄片状，具几个粗凹；头顶和颊大部分光滑，散布小刻点。并胸腹节具纵刻皱。雌性第 2 腹板侧面观显著隆起；第 2 背板大部分光滑，散布小刻点。

分布：浙江（临安）、河南、陕西、宁夏、甘肃、福建、四川、云南。

（5）条纹带钩腹蜂 *Taeniogonalos fasciata* (Strand, 1913)（图 1-5）

Poecilogonalos fasciata Strand, 1913: 29.

Taeniogonalos fasciata: Chen *et al.*, 2014: 117.

主要特征：雌体长 8–10 mm；体黑色；触角黑褐色；上颚大斑、唇基侧方小斑、内外眼眶狭条、前胸背板上缘和盾纵沟内缘条纹形成∧形纹；小盾片前凹侧方斑纹、后小盾片及其侧方 4 斑、腹部第 1 背板端缘横带（或中断）、第 2 背板近端缘宽横带但中央凹缺（常伸至腹方而包围整个环节）、第 4 背板后方 2 横斑、第 5–6 背板几乎全部或第 5 背板 2 大斑黄色或黄褐色。各背板端缘、须、触角鞭节褐色。翅稍烟褐色，径脉第 3、4 段两侧褐色。足黑色；前中足第 2 转节、后足转节（除了基部上方）及腿节最基部黄色；跗节和前足胫节黄褐色；中足胫节淡褐色；后足胫节黑褐色。头部具网状刻点；唇基端部中央瘤状稍隆起，端缘中央弧形凹入；上颚大，齿左 3 右 4；触角 24 节。中胸盾片具网状刻纹，在中叶上的横行，侧叶上的纵斜；小盾片稍横长方形，表面隆起具网纹，中纵线稍凹。并胸腹节网纹稍细。迴脉后叉式；第 3 亚缘室长于其高，但短于第 2 亚缘室；小脉明显后叉式。

分布：浙江（安吉、临安龙泉）、吉林、辽宁、河南、陕西、安徽、湖南、福建、台湾、广东、海南、广西、贵州；古北区、东洋区。

图 1-5 条纹带钩腹蜂 *Taeniogonalos fasciata* (Strand, 1913)（♀整体侧面观）

（6）黄小盾带钩腹蜂 *Taeniogonalos flavoscutellata* (Chen, 1949)（图 1-6）

Poecilogonalos flavoscutellata Chen, 1949: 14.

Taeniogonalos flavoscutellata: Chen *et al.*, 2014: 126.

主要特征：雌体长 7.0–8.4 mm。雄体长 7.6–8.5 mm。体色黄黑相嵌：头大部分黄色，额和头顶有不规则黑色斑；中胸盾片亚中区、小盾片后侧缘、并胸腹节中区和侧缘黑色，其余黄色；胸部侧板上下方均有大小不一的黄色斑，其余黑色；翅半透明，在缘室稍有昙纹；足黄色和深褐色相嵌；基节基部黑色，前中足腿节上方、后足腿节中部、前中足端跗节及后足胫节中后部至跗节淡褐色至黑褐色；腹部各背板和腹板端部有一黄带，大小不一。触角 25–26 节；雄性触角第 10–16 节有角下瘤；后头脊窄，不呈薄片状，光滑；头顶在单眼三角区具粗大的网状刻点。并胸腹节具密网皱。雌性第 2 腹板显著隆起，中后端突起呈三角形，后缘平截；第 2–6 背板具密网状刻点。

图 1-6　黄小盾带钩腹蜂 *Taeniogonalos flavoscutellata* (Chen, 1949)（♀整体侧面观）

分布：浙江、北京、山东、湖南、福建。

（7）台湾带钩腹蜂 *Taeniogonalos formosana* (Bischoff, 1913)（图 1-7）

Poecilogonalos formosana Bischoff, 1913: 151.

Taeniogonalos formosana: Chen *et al.*, 2014: 129.

　　主要特征：雌体长 7.9 mm。雄体长 8.0 mm。头黑色，复眼内眶和外眶、后颊、触角突、唇基和上颚具黄色斑；胸部黑色，中胸和后胸背板具大小不一的黄色斑；腹部黑色，第 1–2 和 5–6 背板端缘有黄色条斑；前翅半透明，后端缘有褐色斑；足深褐色至黑色，前足胫节和跗节、各足转节黄褐色。触角 24 节；后头脊中背部窄，不呈宽薄片状，光滑；头顶具大刻点，刻点间光滑；颊大部光滑，散布刻点。并胸腹节具斜皱。第 2 腹板中等隆起；第 2 背板密布刻点。

　　分布：浙江、吉林、山西、河南、宁夏、福建、台湾、广东、四川、贵州、云南、西藏；俄罗斯、日本。

图 1-7　台湾带钩腹蜂 *Taeniogonalos formosana* (Bischoff, 1913)（♀整体侧面观）

（8）双斑带钩腹蜂 *Taeniogonalos geminata* Chen, van Achterberg, He *et* Xu, 2014（图 1-8）

Taeniogonalos geminata Chen, van Achterberg, He *et* Xu, 2014: 138.

主要特征：雌体长 11.1 mm。头黑色，复眼内眶、触角突、唇基和上颚具黄色斑；胸部黑色，中胸盾片中叶前侧缘、后胸背板中央和并胸腹节中侧缘具黄色斑；腹部黑色，第 2、3 背板后侧缘每边有一黄褐色斑，第 1–4 腹板端缘具象牙色横条纹；前翅半透明，翅痣下方有一浅褐色斑；足除了中、后足基节有浅黄色斑，前、中足转节，腿节基部，以及前、中足腿节端部，前足胫节和附近浅黄褐色，其余深褐色至黑色。触角 26 节；后头脊中背部呈宽薄片状，光滑；头顶和颊散布大刻点，刻点间光滑。并胸腹节具横小刻皱、网皱。第 2 腹板稍隆起；第 2 背板几光滑，散布刻点。

分布：浙江（临安）。

图 1-8　双斑带钩腹蜂 *Taeniogonalos geminata* Chen, van Achterberg, He *et* Xu, 2014（♀整体侧面观）

（9）黄盾带钩腹蜂 *Taeniogonalos sauteri* Bischoff, 1913（图 1-9）

Taeniogonalos sauteri Bischoff, 1913: 153.

图 1-9　黄盾带钩腹蜂 *Taeniogonalos sauteri* Bischoff, 1913（♀整体侧面观）

主要特征：体长 7–8 mm；前翅长 6.8–7.5 mm。体色黄黑相嵌：体背面及腹部腹面见图 1-9。其余未见部位补述如下：须及触角暗黄褐色；沿后头脊、后头（除了上方）、前胸背板中央横条、前胸侧板四周、中胸侧板四周及中央横纹、后胸侧板四周及中后胸腹板均黑色。翅透明，在缘室及第 4 亚缘室上方稍有昙纹。足黄色；基节基部黑色，前中足腿节上方、后足腿节端部、前中足端跗节及后足跗节淡褐色至黑褐色，色泽深浅及范围因个体而异。体密布细刻点。头宽于胸部；额长，具中纵沟；颜面甚小，刻点细；唇基近于光滑，端缘有缺刻。上颚大而隆起，齿左 3 右 4。触角 24–25 节，中央稍粗。前胸背板后侧角突出。中胸盾片刻点呈皱状，前方陡斜；盾纵沟完整而明显，伸至平直的后缘；小盾片近于扁六角形。中胸侧板在中央前方呈屋脊状纵隆，有一中横沟。并胸腹节具细横皱。前翅第 1 迴脉对叉式或稍前叉式。腹部长卵圆形，第 1 节背板、第 2 节背板基部近于光滑；第 2 节背板最长，腹板近后缘中央有 1 小瘤突。

生物学：寄生于仍在缀叶丛螟幼虫体内的黄愈腹茧蜂幼虫，后从茧蜂的薄茧中育出。单寄生。

分布：浙江（松阳）、山东、湖南、福建、台湾；日本。

（10）大林带钩腹蜂 *Taeniogonalos taihorina* (Bischoff, 1914)（图 1-10）

Nanogonalos taihorina Bischoff, 1914: 93.

Taeniogonalos taihorina: Chen *et al.*, 2014: 171.

主要特征：雌体长 5.7–7.6 mm。雄体长 5.2–6.6 mm。头黑色，上颚具黄色斑；胸部黑色；腹部黑色，各背板端缘有黄色条斑或条斑中间断开，仅在侧缘存在大小不一的黄色斑；前翅半透明，后端缘有褐色斑；足深褐色至黑色，前足胫节和跗节色较浅。触角 22 节；后头脊中背部窄，不呈宽薄片状，光滑；头顶具大刻点，刻点间光滑；颊大部分光滑，散布刻点。并胸腹节两侧具斜皱，中间具横皱，近端缘趋光滑。第 2 腹板强烈隆起；第 2 背板密布刻点。

分布：浙江、黑龙江、宁夏、甘肃、湖北、福建、台湾、广西、四川、云南、西藏；古北区。

1 mm

图 1-10　大林带钩腹蜂 *Taeniogonalos taihorina* (Bischoff, 1914)（♀整体侧面观）

（11）三色带钩腹蜂 *Taeniogonalos tricolor* (Chen, 1949)（图 1-11）

Poecilogonalos tricolor Chen, 1949: 16.

Taeniogonalos tricolor: Chen *et al.*, 2014: 182.

主要特征：雌体长 8.6–12.1 mm。雄体长 7.8–12.4 mm。头顶和额黑色部位不甚扩展，其斑相当小；唇基黑色部位相当扩展，唇基后外缘后方有一黑色斑点。小盾片上红点大而有些呈新月形。并胸腹节完全黑色。前翅的褐色纵带稍扩展并伸至翅中央。腹部各背板端部有一黄带，其前方有一界限不清的栗红色横带；第 5–6 节背板黑色部位大部分消失。触角 25–28 节；雄性触角第 10–16 节有角下瘤；后头脊中背部呈窄薄片状，光滑；头顶和颊具粗大的网状刻点。并胸腹节具刻皱。腹部第 2 腹板很隆起，但不突出，在端部有凹洼。

分布：浙江、河南、陕西、湖北、江西、湖南、福建、海南、广西、四川、贵州、云南；韩国，泰国。

图 1-11　三色带钩腹蜂 *Taeniogonalos tricolor* (Chen, 1949)（♀整体侧面观）

4. 寺西钩腹蜂属 *Teranishia* Tsuneki, 1991

Teranishia Tsuneki, 1991: 15. Type species: *Teranishia nipponica* Tsuneki, 1991.

主要特征：体长 6.0–12.0 mm；触角黑色，24–27 节；　触角突之间的区域平，有刻点，中央有突起；雄性触角无角下瘤；后头脊中背面变宽；唇须末节变宽而圆钝，近三角形；上颚宽；并胸腹节前沟显著具凹；后胸背板强烈隆起；并胸腹节后脊弯曲，显著拱起；前翅翅痣下方有翅斑；雌性第 2、3 腹板平，无突起。

分布：东洋区。世界已知 3 种，中国记录 3 种，浙江分布 1 种。

（12）光盾寺西钩腹蜂 *Teranishia glabrata* Chen, van Achterberg, He *et* Xu, 2014（图 1-12）

Teranishia glabrata Chen, van Achterberg, He *et* Xu, 2014: 197.

图 1-12　光盾寺西钩腹蜂 *Teranishia glabrata* Chen, van Achterberg, He *et* Xu, 2014（♀整体侧面观）

主要特征：雌体长 7.0–8.2 mm。雄体长 8.0–10.2 mm。头黑色，复眼内眶有短的象牙色条纹；触角黑色；胸部黑色，除了背面中后叶具象牙色条纹；腹部黑色，除了第 2、3 背板和腹板后侧缘具大的象牙色条斑；足深褐色至黑色，前足腿节末端、胫节和跗节黄褐色，后足基节外侧、转节和下转节象牙色；翅褐色，前翅基部和后翅基半多少透明。触角 20 节；后头脊弱，背面光滑；头顶和颊光滑，具光泽。中胸小盾片光滑，具纵凹；并胸腹节具不规则网皱。腹部各节光滑或具微弱皮肤纹。

分布：浙江（临安）、河南、宁夏、四川。

第二章　旗腹蜂总科 Evanioidea

旗腹蜂总科 Evanioidea 原包括旗腹蜂科 Evaniidae、褶翅蜂科 Gasteruptiidae 和举腹蜂科 Aulacidae。但这三个科的生物学习性截然不同，缺少足够的共近裔性状，一直被认为是人为分出的类群。现已有学者认为旗腹蜂总科仅包含旗腹蜂科一个科，其余两科放入另外新建的褶翅蜂总科 Gasteruptioidea。本书仍按传统分类处理，作为一个总科。

分科检索表

1. 后翅有臀叶；腹部短，侧扁，有长的腹柄；产卵管短，缩于体内；前胸不呈颈状 ⋯⋯⋯⋯⋯⋯⋯**旗腹蜂科 Evaniidae**
- 后翅无臀叶；腹部长，呈细长棍棒状；产卵管长，伸于体外；前胸形成颈状部 ⋯⋯⋯⋯⋯⋯⋯⋯⋯ 2
2. 前翅不纵褶，有 2 条迴脉；有 2 个多少完全关闭的亚缘室，第 1 盘室正常；触角着生于唇基正上方；雌蜂后足基节内侧通常有缺刻；后足胫节正常 ⋯⋯⋯⋯⋯⋯⋯⋯**举腹蜂科 Aulacidae**
- 前翅纵褶，至多有 1 条迴脉；至多有 1 个显然关闭的亚缘室，第 1 盘室很小；触角着生于唇基很上方；后足基节内侧正常，无缺刻；后足胫节膨大 ⋯⋯⋯⋯⋯⋯⋯⋯**褶翅蜂科 Gasteruptiidae**

二、旗腹蜂科 Evaniidae

主要特征：体长 2–17 mm；体常黑色、橙红色、黄色；触角常 13 节，雄虫鞭节各节宽常相等，雌虫触角鞭节宽常先大后小；常有翅，前翅具翅室 1–7 个；腹部具圆柱形的长柄，着生于并胸腹节背面，远离后足基节；柄后腹侧扁，呈卵圆形、椭圆形或三角形，似旗。

生物学：旗腹蜂科部分种类营盗食寄生生活，主要寄生于蜚蠊目部分昆虫，曾应用于防治大蠊和东方蜚蠊。

分布：旗腹蜂科已知 36 属 677 种，其中现存种 21 属 626 种，化石 20 属 51 种，多产于东洋区和新热带区。中国记录现存种 4 属 18 种，化石 2 属 7 种。浙江分布现存种 3 属 4 种。

分属检索表

1. 中后足基节间距与前中足基节间距近乎相等 ⋯⋯⋯⋯⋯⋯⋯⋯⋯⋯⋯⋯⋯⋯**旗腹蜂属 Evania**
- 中后足基节间距小于或等于 0.6 倍前中足基节间距 ⋯⋯⋯⋯⋯⋯⋯⋯⋯⋯⋯⋯⋯⋯⋯⋯ 2
2. 前翅具 7 个翅室，前翅 1Rs 脉不向翅基弯曲；额沿复眼内缘具纵脊 ⋯⋯⋯⋯**脊额旗腹蜂属 Prosevania**
- 若前翅具 6 个翅室，则前翅无 1Rs 脉，基室与第 1 亚缘室愈合，若前翅具 7 个翅室，则前翅 1Rs 脉稍向翅基弯曲，与 Sc+R 脉连接处离翅痣远；额沿复眼内缘无纵脊 ⋯⋯⋯⋯⋯⋯⋯⋯**接合旗腹蜂属 Zeuxevania**

5. 旗腹蜂属 *Evania* Fabricius, 1775

Evania Fabricius, 1775: 345. Type species: *Sphex appendigaster* (Linnaeus, 1758).

主要特征：触角具 13 节。中后足基节间距等长于前中足基节间距。翅发达，翅长超过腹柄，前翅具 7 个翅室；后翅 M+Cu 脉长，具轭叶。雌虫柄后腹侧面观呈三角形，第 8 背板向背面扩展；产卵器长，可见。

生物学：部分种类寄生于蜚蠊目的美洲大蠊、东方蜚蠊、马德拉蜚蠊、黑泽蠊属、斑蠊属。

分布：世界广布。世界已知 67 种，中国记录 5 种，浙江分布 1 种。

（13）广旗腹蜂 *Evania appendigaster* (Linnaeus, 1758)（图 2-1）

Ichneumon appendigaeter Linnaeus, 1758: 566.

Evania appendigaster: Fabricius, 1775: 345.

主要特征：雌性体长 7.5–9.0 mm。体黑色，足黑褐色，距及后足腿节基部褐色。翅透明。头顶具细刻点。额稍凹，额两侧具脊，有中纵脊。上颚 2 齿。中胸盾片具极细刻点，并散生几个大刻点；盾纵沟深而完整。中胸侧缝有并列凹洼。后胸侧板与并胸腹节分界处纵凹痕深，内具并列刻条。后足跗节端齿强于辅齿。雄性与雌性相似，柄后腹长椭圆形，体长 6.8–9.0 mm。

生物学：产卵于东方蜚蠊和美洲大蠊的新鲜卵鞘中。单寄生。老熟幼虫在寄主卵鞘内越冬，翌春化蛹。

分布：浙江（杭州、余姚、临海、温州）、江苏、福建、广东、海南、广西、四川、云南；世界广布。

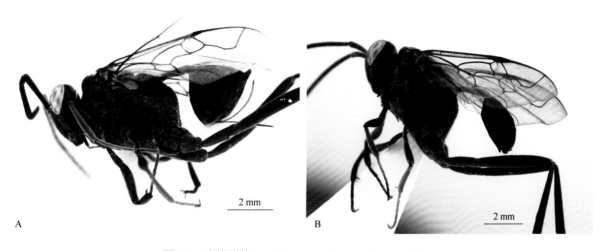

图 2-1　广旗腹蜂 *Evania appendigaster* (Linnaeus, 1758)

A. ♀侧面观；B. ♂侧面观

6. 脊额旗腹蜂属 *Prosevania* Kieffer, 1912

Prosevania Kieffer, 1912: 10, 62. Type species: *Evania afra* Kieffer, 1911.

主要特征：触角 13 节；额凹陷或平坦，两侧具纵脊；前翅具 7 个翅室，1M 脉平行或靠近 Sc+R 脉，1Rs 脉短；后翅 M+Cu 脉长于轭叶；中后足基节间距不足前中足基节间距 0.6 倍；后足胫节和跗节无或具小刺。

生物学：部分种类寄生于蜚蠊目的德国小蠊、褐带蜚蠊、大尾蠊、姬蠊属。

分布：世界广布，世界已知 104 种，中国记录 7 种，浙江分布 2 种。

（14）中华脊额旗腹蜂 *Prosevania sinica* He, 2004

Prosevania sinica He *in* He *et al*., 2004: 80-81.

主要特征：雌性头部黑色。胸部赤黄色，但胸部背板黑色，前胸背板侧方、中胸侧板后上方光滑部位黑褐色。腹部腹柄基半黄褐色，端部黑色。单眼钝三角形排列。额稍凹，两侧沿复眼内缘具纵脊，并有 1 中纵脊。上颚 3 齿。跗节辅齿强于端齿。后足生有长而直黑毛。腹柄长为宽的 5.8–7.0 倍。雄性触角第 1–2 节黄色，第 3–5 节或大部分鞭节腹面污黄色。跗节 1–4 节浅黄色，后足基节除了端部黑色。中胸侧板上方黑色，后胸侧板上方黑色。腹柄基半黄褐色，端部黑色。

分布：浙江（杭州、开化）、福建、广东、广西、贵州。

（15）方盾脊额旗腹蜂　*Prosevania quadrata* He, 2004

Prosevania quadrata He *in* He *et al.*, 2004: 81-82.

主要特征：雌性前翅长 5.7–5.9 mm。体黑色；触角 2–4 节黄色；上颚赤黄色。足黑至黑褐色；前中足转节、后足转节基部、中后足胫节基部、前足胫节土黄色。额稍凹，沿复眼内缘具强脊，有中纵脊。颜面具斜刻条；唇基端缘中央小齿状突出。颊内方具斜刻条，外方及上颊散生刻点。上颚 3 齿，下齿长。中胸盾片近方形，盾片中叶具较密粗刻点。腹柄长为宽的 6.1–6.2 倍，基部 1/3 近于光滑，端部 2/3 具弱斜刻条。

分布：浙江（松阳、龙泉）、福建。

7. 接合旗腹蜂属 *Zeuxevania* Kieffer, 1902

Zeuxevania Kieffer, 1902: 4. Type species: *Evania dinarica* Schletterer, 1886.

主要特征：触角 13 节；无翅或具翅，若无翅，则上颚具 4 齿；若前翅具 6 个翅室，则前翅无 1Rs 脉，基室与第 1 亚缘室愈合，若前翅具 7 个翅室，则前翅 1Rs 脉稍向翅基弯曲，与 Sc+R 脉连接处离翅痣远，后翅 M+Cu 脉常等长于轭叶；中后足基节间距不足前中足基节间距 0.6 倍；后足胫节和跗节无突出刺（Deans and Huben, 2003; Li and Xu, 2017; Chen *et al.*, 2023）。

生物学：部分种类寄生于蜚蠊目姬蠊属和叶翅蠊属、褐带蜚蠊。

分布：世界广布。世界已知 38 种，中国记录 5 种，浙江分布 1 种。

（16）光接合旗腹蜂　*Zeuxevania kriegeriana* (Enderlein, 1905)

Evania kriegeriana Enderlein, 1905: 703.

Parevania kriegeriana: He *et al.*, 2004: 82-83.

Zeuxevania kriegeriana: Sharanowski *et al.*, 2019: 10.

主要特征：雄性体长 7.0 mm；头、触角、胸部、足和腹柄黄色，但上颚端齿、后足胫节端部、柄后腹黑褐色；额具弱中纵脊；颚眼距长为眼高的 0.38 倍；上颚具 4 齿；中胸盾片和小盾片具带毛细刻点，近乎光滑；盾纵沟深而完整；前翅 1Rs 脉稍向翅基弯曲，与 Sc+R 脉连接处离翅痣远；后足无小刺，后足胫节内端距长为后足第 1 跗节长的 0.75 倍，跗节端齿弱于辅齿；腹柄光滑，长为宽的 6.3 倍。

分布：浙江（德清、临安）、福建、广东、广西、贵州；菲律宾，印度尼西亚，加里曼丹岛。

三、举腹蜂科 Aulacidae

主要特征：中等大小；触角雌蜂 14 节，雄蜂 13 节，着生于唇基正上方；前胸侧板前伸，呈明显颈部。

前翅翅脉近于完整，有 2 条迴脉和 2 个关闭的亚缘室，第 1 盘室不是很小；后翅翅脉退化，无臀叶；蜂休止时翅不折叠。雌蜂后足基节的内侧通常有直的或斜的刻槽，在产卵时用来放置产卵管，以增加稳定性。腹部呈棍棒形，第 1 腹节远着生于并胸腹节上方，远在后足基节上面；腹板相当骨化。产卵管长，远远伸出于腹端。

生物学：该科寄生于蛀干害虫如膜翅目的树蜂科幼虫，鞘翅目的吉丁甲科和天牛科幼虫。产卵于寄主卵，在寄主体外做茧化蛹，单寄生。

分布：世界广布，现生种类已知 2 属 250 余种。大多数种类分布于热带和亚热带地区。我国南北均有发现，已报道 2 属 25 种（Chen *et al.*, 2016），浙江记录 2 属 2 种。

8. 举腹蜂属 *Aulacus* Jurine, 1807

Aulacus Jurine, 1807: 89. Type species: *Aulacus striatus* Jurine, 1807.

主要特征：触角雌蜂 14 节，雄蜂 13 节；复眼小，圆形或近圆形，远离上颚；触角柄节侧面观常强烈隆起；后头脊有或无；雌蜂后足基节内面的沟存在时位于基节中央之前，或非常斜；后足转节具 1 横缝；跗爪简单，具 1 基齿；产卵器外露。

分布：世界广布，已知 77 种，中国记录 5 种，浙江分布 1 种。

（17）中华举腹蜂 *Aulacus sinensis* He *et* Chen, 2007

Aulacus erythrogaster He *et* Chen *in* He *et al.*, 2002: 149.
Aulacus sinensis He *et* Chen, 2007: 66.

主要特征：雌前翅长 7.0 mm。头顶、后头上方及额黑色，脸、唇基、上颚（除端齿黑色外）黄褐色，上颊从上至下由红黄色渐黄褐色；须褐色。触角柄节黄褐色，其余黑褐色。胸部除翅基片红黄色外，全部黑色。腹部火红色，两端黑褐色。翅略带烟黄色透明，翅痣黑色，大部分翅脉黑褐色。前中足基节、腿节黑色，转节和跗节黄色；前中足腿节端部、胫节黄色，后足胫节基部 0.14 黄色外其余黑褐色。头顶光滑，具极稀细刻点；后头深凹，光滑；单眼强度钝三角形排列；额上部具模糊刻点，下部为横刻条，下方中央呈钝角突出。唇基端缘中央有一强齿。触角 14 节，柄节近球形膨大。前胸背板侧方具发达网皱，中央凹槽内的大而平行。中胸盾片前方陡直，具强横刻条；小盾片及其侧区具强横刻条。中后胸侧板具中等网皱。并胸腹节满布强网皱，腹部着生部位在中央上方，背表面稍斜。第 2 亚缘室受纳第 2 迴脉在 0.53 处。后足基节端部突起三角形，在后基节内侧端半有 1 条纵槽。腹部表面光滑；第 1 背板三角形，向后渐大而宽。

分布：浙江（临安）。

9. 锤举腹蜂属 *Pristaulacus* Kieffer, 1900

Pristaulacus Kieffer, 1900: 813. Type species: *Pristaulacus chlapowskii* Kieffer, 1903.

主要特征：与举腹蜂属相似，但后头脊存在；雌蜂后足基节内面的沟存在时位于基节中央之后，垂直；跗爪具 3–4 基齿。

分布：世界广布，已知 170 余种，中国记录 20 种，浙江分布 1 种。

（18）浙江锤举腹蜂 *Pristaulacus zhejiangensis* He *et* Ma, 2002

Pristaulacus zhejiangensis He *et* Ma *in* He *et al.*, 2002: 150.

主要特征：雌前翅长 10.5 mm。体黑色；唇基、上颚除了端齿、须、翅基片、腹部第 1 节红黄色；翅烟黄色透明，有 3 条褐色纵带；前中足基节、转节、腿节浅黑褐色，其余红黄色；后足基节、转节、腿节黑色，胫节浅黑褐色，跗节黄色。头顶、额和上颊几乎光滑，具极细稀刻点；单眼钝三角形排列；后头脊存在，细；脸短，具细刻点；唇基长于脸，刻点稍粗，端缘平，中央有 1 小齿，侧角檐状突出。触角 14 节。前胸侧板侧方具粗刻点，背方具夹点刻皱；前胸背板侧方具网室状刻皱，中央凹槽内的大而平行，前侧角有 1 齿状突；中胸盾片和小盾片具平行横刻条；中后胸侧板具网室状刻皱。并胸腹节满布网室状刻皱，腹部着生部位在中央。中后足基节上方密布细横刻条；跗爪具 4 栉齿。第 1 亚缘室受纳第 1 迴脉在近端部处；第 2 亚缘室受纳第 2 迴脉在 0.75 处。腹部光滑，基部近柄状，至后方渐膨大。雄与雌蜂基本相似，但触角 13 节，较粗短。

分布：浙江（龙泉）、湖南、福建。

四、褶翅蜂科 Gasteruptiidae

主要特征：体小至中型，细长，5.0–20.0 mm。体黑色或红褐色，具白色或黄色斑。头半球形，背面观近梯形或矩形；后头脊常发达。复眼大，卵圆形。触角着生在唇基很上方，雌性 14 节，雄性 13 节。上颚短粗，闭合时相互重叠。下颚须 6 节，下唇须 4 节。前胸侧板向前延伸成颈，前胸背板分为 3 瓣。中胸背板前端常圆凸起；盾纵沟明显。前翅轭叶常缺，盘室常存在；r–m 脉缺；2–M 脉基部近 1/3 管状。后翅有 3–4 个翅钩。后足第二转节存在或有遗痕。后足胫节棒状膨大，在端部肿胀，基部常有白斑。第一腹节细长，背板几近包裹腹板。雌性腹部末节腹板端部凹缺。产卵管短至长，均伸出腹缘。

生物学：一般认为，褶翅蜂幼虫捕食寄生于泥蜂科、独栖性的胡蜂科及蜜蜂科等种类，并在其巢内贮存食物，如褶翅蜂属在独栖性蜜蜂科的蜂巢中以其贮藏的食料为食，主要营盗寄生生活方式。雌蜂将卵产于寄主巢内，卵孵化后取食巢内几乎所有的食物，包括寄主卵和幼虫在内，以及贮藏食料花粉等。如寄主为群居型种类，幼虫随后会侵入邻近的巢室。褶翅蜂幼虫经历有 3 龄。末龄幼虫排泄出许多颗粒状粪便。幼虫老熟后在寄主的巢内找一合适地点做薄茧越冬，直到翌年初夏才化蛹。

分布：世界广布，中国目前已记录 1 属 39 种，浙江省已知 1 属 10 种。

10. 褶翅蜂属 *Gasteruption* Latreille, 1796

Gasteruption Latreille, 1796: 113. Type species: *Ichneumon assectator* Linnaeus, 1758.

主要特征：头在复眼后或多或少收窄；后头脊窄至发达，或无。触角雌性 14 节，雄性 13 节。复眼细长，表面光裸或覆刚毛。上颚短粗，有一明显较大的侧基齿，近端齿小或无；下颚须 6 节，下唇须 4 节。前胸侧板延伸成颈状；前胸背板由细圆齿状盾纵沟分隔成三部分；前胸背板突存在或不甚明显；侧面观中胸盾片多少凸圆，其上刻纹多样。并胸腹节多网皱状，中纵脊有或无。前翅轭区缺；r–m 脉缺；盘室通常存在。腹部高嵌于并胸腹节；腹部第 1 节背板延伸至腹面，近乎完全遮盖住腹板；雌性肛下板有裂隙，呈 Y 形或 V 形。产卵器短于或长于腹部长度；产卵器鞘端部多呈白色、象牙色、黄色或褐色。

分布：世界广布。世界已知种类不详，中国记录 39 种，浙江分布 10 种。

分种检索表

（19）弯角褶翅蜂 *Gasteruption angulatum* Zhao, van Achterberg *et* Xu, 2012

Gasteruption angulatum Zhao, van Achterberg *et* Xu, 2012: 19.

　　主要特征：雌体长 11.5–14.5 mm。体黑褐色；上颚、触角、腹部及足大部分深褐色；前中足跗节褐色。头顶和额皮质且无光泽；头顶后略凸起，后头附近无缺刻；后头脊窄，非薄片状；复眼光裸；唇基无凹痕。前胸背板大部分皮质，仅背侧部有少量细皱，有一对明显的前胸背板突；中胸盾片和小盾片皮质无光泽，中部具少许细皱；中胸侧板皮质；并胸腹节网皱状，中纵脊明显。前翅第 1 盘室有一平行边，后外角钝圆。后足基节皮质无光泽。产卵器鞘长度是体长的 0.5 倍。雄体长 11.3–12.0 mm。与雌蜂相似。

　　分布：浙江、宁夏、江苏、上海、湖北、湖南、福建、台湾、海南、贵州。

（20）窄头褶翅蜂 *Gasteruption corniculigerum* Enderlein, 1913

Gasteruption corniculigerum Enderlein, 1913: 322.

　　主要特征：雌性体长 13–20 mm。体黑色或黑褐色；上颚、翅基片和足大部深褐色，仅前中足胫节基部、前足基跗节、中足基跗节基部、后足胫节近基部斑以及后足基跗节端部象牙色；产卵器鞘端部白色。头顶轻微凸起，其上及额光亮并密布浓密小凹点；后头脊前有三角状缺刻；后头脊宽，中背侧呈薄片状；唇基无凹痕；复眼光裸。前胸背板大部网状，后侧大部平滑，前胸背板突明显；中胸盾片基本不前突；中胸盾片光亮且密布浓密皮质纹路，其间散布小至中型火山口状刻点，中后部具粗糙横皱；小盾片皮质。前翅第 1 盘室有一对平行边，后外侧角钝圆；SR1 脉显著弯曲。后足基节细长，光亮皮质纹路，背侧具规则横纹。产卵器鞘长度是体长的 1.1 倍。雄体长 12.5–17 mm。与雌蜂相似。

分布：浙江（临安）、湖南、福建、台湾、广东、海南、广西、贵州。

（21）台湾褶翅蜂 *Gasteruption formosanum* Enderlein, 1913

Gasteruption formosanum Enderlein, 1913: 326.

主要特征：雄体长 12.8 mm。体黑色或黑褐色；翅基片和足深褐色，仅后足胫节腹面近基部有白斑，前中足胫节基部和基跗节前黄色。头后部明显内凹；头顶和额光亮，大部光滑略有细凹点，头顶后适度凸起，头后无缺刻；后头脊窄，中背侧非薄片状；唇基无三角形凹痕；复眼覆短刚毛。前胸背板大部粗糙网皱，前胸背板突小；中胸盾片表面皮质无光泽，离散大型刻点，中后部刻点略小且分散，两侧边缘粗糙横皱；小盾片散布粗糙刻点，其间隙主要为皮质；并胸腹节粗糙网状，中纵脊凸出，表面皮质。前翅第 1 盘室有一平行边，后外角钝圆。后足基节粗壮且无光泽，背部有规则横纹。雌体长 13.6 mm，产卵器鞘长度是体长的 0.2 倍。腹部第 1 和第 2 节大部深褐色，产卵器鞘端部深褐色。其余与雄蜂相似。

分布：浙江（临安）、湖南、福建、台湾。

（22）日本褶翅蜂 *Gasteruption japonicum* Cameron, 1888

Gasteruption japonicum Cameron, 1888: 134.

主要特征：雌体长 20 mm。体黑色或黑褐色；上颚、足大部以及腹部 2–4 节背板端部褐色；翅基片和足大部深褐色；后足胫节近基部斑以及后足基跗节白色或象牙色；产卵器鞘端部白色。头顶和额光亮并散布细微刻点，头顶后适当凸起，头后部无缺刻；后头脊呈窄薄片状；唇基具明显三角形凹痕，其两侧略前突；复眼光裸。前胸背板大部皮质，近腹侧略有褶皱，前胸背板突不显著；中胸盾片大部皮质，散布中型刻点，后部有些许褶皱；小盾片完全皮质。前翅第 1 盘室有一平行边，后外角钝圆；SR1 脉略弯曲。后足基节细长且粗糙皮质，有规则横纹。产卵器鞘长度是体长的 0.9–1.1 倍。雄体长 9.7 mm；与雌蜂相似。

分布：浙江（杭州、衢州、松阳庆元）、黑龙江、吉林、内蒙古、陕西、宁夏、甘肃、新疆、上海、湖北、湖南、福建、台湾、四川、云南；日本。

（23）可心褶翅蜂 *Gasteruption kexinae* Tan *et* van Achterberg, 2021

Gasteruption kexinae Tan *et* van Achterberg *in* Tan *et al.*, 2021: 60.

主要特征：雌体黑色；上颚褐色；前中足胫节、基跗节、后足胫节近基部、后足跗节和产卵器鞘末端象牙色；腹节第 2–3 背板黄褐色。头顶和额光亮并密布刻点；头顶后凸，其后无缺刻；后头脊宽，薄片状；复眼表面被短毛；唇基仅中央腹缘有浅凹痕。前胸背板侧面密布皱纹，前胸背板突小，呈三角形；中胸盾片无光泽，具细皱或皮质纹路；小盾片皮质；并胸腹节有网状皱，中纵脊明显。前翅第 1 盘室有一平行边，后外角钝圆。后足基节相对细长，有网状皱。产卵器鞘长度是体长的 0.9 倍。雄与雌蜂相似。

分布：浙江、宁夏、江苏、上海、湖北、湖南、福建、台湾、海南、贵州。

（24）宽足褶翅蜂 *Gasteruption latitibia* Zhao, van Achterberg *et* Xu, 2012

Gasteruption latitibia Zhao, van Achterberg *et* Xu, 2012: 62.

主要特征：雌体黑色；上颚和触角深褐色；前中足转节、腿节和胫节深褐色，跗节褐色，但中足基跗节基部象牙色；后足胫节近基部有一象牙色斑；腹节第 2–5 背板红褐色。头顶和额光亮并散布些许浅凹点；头顶后凸，其后无缺刻；后头脊窄，非薄片状；复眼表面被刚毛；唇基具一明显三角形凹痕。前胸背板密布皱纹，前胸背板突不甚明显；中胸盾片无光泽，具细皱或皮质纹路，中后部点皱状；小盾片皮质；并胸腹节网状，中纵脊明显。前翅第 1 盘室有一平行边，后外角钝圆。后足基节相对细长，有规则横纹。产卵器鞘长度是体长的 0.3 倍。雄体长 13 mm；与雌蜂相似。

分布：浙江、陕西、湖北、湖南、福建、贵州。

（25）狭领褶翅蜂 *Gasteruption parvicollarium* Enderlein, 1913

Gasteruption parvicollarium Enderlein, 1913: 323.

主要特征：雄体长 10–12 mm。体黑色或黑褐色；触角、上颚、翅基片及足深褐色或近似深褐色。头顶和额光亮，密布浓密细凹点，头顶后适度凸出，后部无缺刻；后头脊窄，非薄片状；唇基无凹痕；复眼光裸。前胸背板皮质，中部及近后部细齿纹状，前胸背板突小；中胸盾片略前突，其表面无光泽且密布浓密纤细皮状纹，离散些许不成形刻点；小盾片皮质；并胸腹节粗糙呈规则网状，中纵脊略凸出，表面光滑。前翅第 1 盘室有一平行边，后外角钝圆。后足基节细长，皮质无光泽。雌体长 10–13 mm；产卵器鞘长度是体长的 0.2 倍。与雌蜂相似。

分布：浙江（临安）、河北、宁夏、江苏、湖北、湖南、福建、台湾、广西、贵州。

（26）广布褶翅蜂 *Gasteruption sinarum* Kieffer, 1911

Gasteruption sinarum Kieffer, 1911: 205.

主要特征：雌体长 10.5–16 mm。体深褐色；触角、前中足、后足转节和腿节以及腹部 1–6 节背板皆黄褐色；产卵器鞘端部有白斑。头顶和额光亮，密布浓密微凹点，适度凸起；后头脊窄，非薄片状；唇基无明显凹痕，其两侧角前突；复眼光裸。前胸背板适度凸出，其上大部网皱状；中胸盾片前部具粗糙刻点或皮质纹，其余大部点皱状；小盾片皮质并有些许微横皱。前翅第 1 盘室有一平行边，后外角钝圆；SR1 脉明显弯曲。后足基节细长，光亮皮质，背部有规则横纹。产卵器鞘与体长等长。雄体长 14.5–15.5 mm，体型近似于雌性。

分布：浙江（长兴、杭州）、辽宁、内蒙古、北京、天津、山东、河南、宁夏、江苏、上海、安徽、湖北、湖南、广东、广西、贵州。

（27）光背褶翅蜂 *Gasteruption sinepunctatum* Zhao, Achterberg *et* Xu, 2012

Gasteruption sinepunctatum Zhao, Achterberg *et* Xu, 2012: 15.

主要特征：雌体长 15 mm。体黑色；触角深褐色至褐色；足褐色，前足跗节黄色，后足基节深褐色，后足胫节近基部斑象牙色或黄色；腹部第 2–5 节背板褐色；产卵器鞘黑褐色，仅端部象牙色或黄色。头顶和额光亮，散布些许微凹点；头顶适度后凸，后部无缺刻；后头脊窄，非薄片状；复眼光裸；唇基无凹痕。前胸背板大部皮质，略有褶皱；中胸盾片皮质无光泽，两侧略有微皱；中后部呈规则皱状；小盾片皮质无光泽；并胸腹节网状，中纵脊缺失。前翅第 1 盘室有一平行边，后外角钝圆。后足基节细长，表面无光泽，背面具规则横纹。产卵器鞘长度是体长的 0.9 倍。雄近似于雌性，体长 13.2 mm。

　　分布：浙江（临安）、吉林、台湾、西藏。

（28）越南褶翅蜂 *Gasteruption tonkinense* Pasteels, 1958

Gasteruption tonkinense Pasteels, 1958: 180.

　　主要特征：雌体长 12–17 mm。体黑色或黑褐色；前中足腿节端部狭窄处，前中足胫节基部、前足胫节端部、前足基跗节、中足基跗节基部、后足胫节近基部和产卵器鞘端部大部均象牙色；触须褐色；上颚大部、触角、翅基片和足其余大部深褐色，后足胫节距褐色。头顶和额光亮且散布细微小凹点，头顶后适度凸起且无缺刻；后头脊薄片状适中，上弯且局部透明；唇基无凹痕，其两侧角前突，前缘锐利；复眼光裸。前胸背板腹侧网皱状，后侧皮质且散布刻点，前胸背板突明显；中胸盾片光亮皮质，散布大刻点，中部粗糙皱状，两侧主要为皮质纹路，中后部粗糙网状或密布刻点；小盾片大部分为皮质，散布些许刻点。后足基节背面粗糙横皱状，两侧主要为皮质。产卵器鞘长度是体长的 0.9 倍。

　　分布：浙江（安吉、松阳、庆元泰顺）、上海、福建、广西、贵州；越南。

第三章　冠蜂总科 Stephanoidea

冠蜂总科与现存的其他细腰亚目类群看起来都不很相似。按胸腹侧脊和中胸气门的发育情况及位置，冠蜂近似于尾蜂科 Orussidae，在已知的细腰亚目类群中，它的这些原始结构是保存得最多的，表明其可能是一个非常古老的类群。本总科仅含冠蜂科 Stephanidae 一个科。

五、冠蜂科　Stephanidae

主要特征：体中型至大型，体长 3.5–60.0 mm；体细长。头球形或近球形；中单眼周围有 5 个突起（额突）；上颚 2 齿；触角丝形，30 节或更多，着生于复眼下缘口器正上方；触角下沟弱。前胸常较长，如颈。前胸背板在中胸上方能活动，其后方伸达翅基片，盖住气门。胸腹侧脊存在，在前胸背板后侧缘的下方隐蔽而不相连。中胸盾片通常有中沟。三角片大，左右相接。前翅具翅痣；缘室存在。后翅翅脉退化。转节 2 节。中足胫节无距；后足腿节膨大，腹缘通常具齿；胫节向端部膨肿，后足胫节和跗节有密生刚毛的洁净刷（cleaning brush），许多冠蜂跗节退化成 3 或 4 节。腹部多细长如棒槌状；腹柄中等长至很长，由背板和腹板形成，有时愈合成一圆筒形。尾须指状。产卵器细长，伸出部分可达体长的 2 倍。体多暗色，有时翅具暗色；幼虫有成列的小刺；上颚基部宽，向后端渐细，呈 3 齿。

生物学：冠蜂多半停息在死的树干上或受蛀虫严重为害的枝干上，一般认为寄生于鞘翅目和树蜂茎干蛀虫，如桃吉丁大腿冠蜂在福州寄生于四黄斑吉丁。澳大利亚曾从北美洲引进环足冠蜂作为辐射松树蜂的天敌。

分布：世界广布，在热带更为丰富。

11. 大腿冠蜂属 *Megischus* Brullé, 1846

Megischus Brullé, 1846: 537. Type species: *Megischus annulator* Brullé, 1846.

主要特征：体被毛。上颊沿复眼外眶不具浅黄色条斑。前胸背板较粗壮；中胸背板、小盾片、并胸腹节多具凹孔。前翅 1–M 脉为 1–SR 脉的 3.5–8 倍；m–cu 脉长为 1–M 脉的 0.7–0.9 倍；r 脉末端离翅痣末端较远；第 1 亚中盘室通常较狭长。雌蜂后足跗节 3 节，雄蜂后足跗节 5 节。后足腿节腹面具 2 个大齿；后足胫节内侧亚中部显著扁凹，外侧通常不具斜脊或皱褶。腹柄通常较细长；产卵器鞘具白色亚末端。

分布：世界广布。世界已知 82 种，中国记录 3 种，浙江分布 1 种。

（29）桃吉丁大腿冠蜂 *Megischus ptosimae* Chao, 1964（图 3-1）

Megischus ptosimae Chao, 1964: 378.

主要特征：雌体长 9–20.7 mm，前翅长 6.8–12.5 mm，产卵器鞘长 9–21.0 mm；触角 30–38 节；头顶在两个侧单眼之间有 2–4 条强的弧形隆脊；前翅 1–M 脉分别为 1–SR 脉和 m–cu 脉的 4.2–5.5 倍和 1.1–1.3 倍；腹柄长是宽的 6.1–8.4 倍，是腹部第 2 节的 1.7–2.4 倍及柄后腹的 0.6–0.8 倍；产卵器鞘长度分别为前翅长和体长的 1.6–1.8 倍和 0.9–1.0 倍，亚末端的白色段是黑色末端的 0.7–2.0 倍。体深褐色至黑色；脸、唇基、触角基部数节、三对足的跗节黄褐色，颊橙褐色，头顶其余部分、胸部、腹部、后足基节几呈黑色；翅淡褐色，触角大部分、翅脉、翅痣大部分、足除去以上提到部分，均为深褐色；翅痣基部白色；产卵器鞘黑色，亚末端白色。

生物学： 寄生于为害桃树和李树的吉丁虫科幼虫四黄斑吉丁。

分布： 浙江（杭州）、陕西、福建、广东、四川。

图 3-1 桃吉丁大腿冠蜂 *Megischus ptosimae* Chao, 1964（仿自 Hong *et al.*, 2011）

A. 前翅；B. 前胸背板，背面观；C. 前胸背板，侧面观；D. 小盾片及并胸腹节，背面观；E. 头部，背面观；F. 头部，侧面观；G. 头部，前面观

12. 副冠蜂属 *Parastephanellus* Enderlein, 1906

Parastephanellus Enderlein, 1906: 301. Type species: *Stephanus pygmaeus* Enderlein, 1901.

主要特征：前翅 1–SR 脉直，显著分化；具 1–SR+M 脉、2–SR 脉和 2–SR+M 脉；2–Cu₁ 脉发达。颈粗短；前胸背板褶弱或缺失；中、后胸侧板较粗壮。后足胫节狭窄部分的内侧光滑或具刻点。产卵器鞘不具黄色或白色亚末端。

分布：古北区、东洋区、澳洲区。世界已知 60 种，中国记录 6 种，浙江分布 3 种。

分种检索表

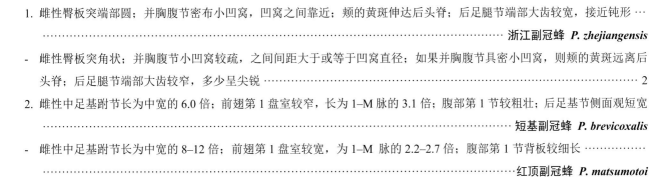

1. 雌性臀板突端部圆；并胸腹节密布小凹窝，凹窝之间靠近；颊的黄斑伸达后头脊；后足腿节端部大齿较宽，接近钝形 ⋯⋯⋯⋯⋯⋯⋯⋯⋯⋯⋯⋯⋯⋯⋯⋯⋯⋯⋯⋯⋯⋯⋯⋯⋯⋯⋯⋯⋯⋯⋯⋯⋯⋯ **浙江副冠蜂** ***P. zhejiangensis***

- 雌性臀板突角状；并胸腹节小凹窝较疏，之间间距大于或等于凹窝直径；如果并胸腹节具密小凹窝，则颊的黄斑远离后头脊；后足腿节端部大齿较窄，多少呈尖锐 ⋯⋯⋯⋯⋯⋯⋯⋯⋯⋯⋯⋯⋯⋯⋯⋯⋯⋯⋯ 2

2. 雌性中足基跗节长为中宽的 6.0 倍；前翅第 1 盘室较窄，长为 1–M 脉的 3.1 倍；腹部第 1 节较粗壮；后足基节侧面观短宽 ⋯⋯⋯⋯⋯⋯⋯⋯⋯⋯⋯⋯⋯⋯⋯⋯⋯⋯⋯⋯⋯⋯⋯ **短基副冠蜂** ***P. brevicoxalis***

- 雌性中足基跗节长为中宽的 8–12 倍；前翅第 1 盘室较宽，为 1–M 脉的 2.2–2.7 倍；腹部第 1 节背板较细长 ⋯⋯⋯⋯⋯⋯⋯⋯⋯⋯⋯⋯⋯⋯⋯⋯⋯⋯⋯⋯⋯⋯⋯⋯⋯⋯⋯⋯⋯ **红顶副冠蜂** ***P. matsumotoi***

（30）短基副冠蜂 *Parastephanellus brevicoxalis* Hong, Achterberg *et* Xu, 2011（图 3-2）

Parastephanellus brevicoxalis Hong, Achterberg *et* Xu, 2011: 39.

主要特征：雌头部触角 33 节。额具粗糙网状皱脊。3 个前冠突尖；2 个后冠突尖且宽冠突区前方具皱，后方呈短纵脊。冠突区后方有 5 条强横脊，呈弧形，其后为横皱区，前方皱粗糙而长，近复眼皱较细，后方横皱较弱而短。上颊光滑能反光，背面观弧形。体基本为黑色；冠突、头顶中央沿中线以及复眼后方部分为黑褐色；额和头顶其他部分红色；上颊沿复眼外眶具淡黄色条纹；前胸侧板大部分黄色；中足基跗节带黄色；前足、后足转节、后足胫节以及腹部第 2 节基方暗红褐色；翅亚透明，翅痣暗褐色；产卵器鞘黑色。

分布：浙江（泰顺）。

（31）红顶副冠蜂 *Parastephanellus matsumotoi* van Achterberg, 2006（图 3-3）

Parastephanellus matsumotoi van Achterberg *in* van Achterberg *et* Quicke, 2006: 219.

主要特征：雌体长 12–16.2 mm，前翅长 7.8–9.9 mm。触角 35 节。额具粗糙网状皱脊。3 个前冠突长而尖，每个冠突之后有 1 条纵向短脊；2 个后冠突短，几乎相接，弧形。两个侧单眼间有 5 条强横脊，前 3 条略呈弧形，后两条较短，表面粗糙。头顶具细横脊，前方脊粗糙呈网状，后方脊弱，短而直。上颊光滑能反光，腹面具几个小刻点，背面观在眼后部分强烈凸出，弧形。体基本为黑色；额红褐色；头顶前方、眼后部分及中央沿中线为黑色，后方红褐色；上颊沿复眼外眶具淡黄色条纹；腹部第 2 节基方及足的胫节、跗节呈红褐色；产卵器鞘黑色。

分布：浙江（遂昌）、河南、陕西。

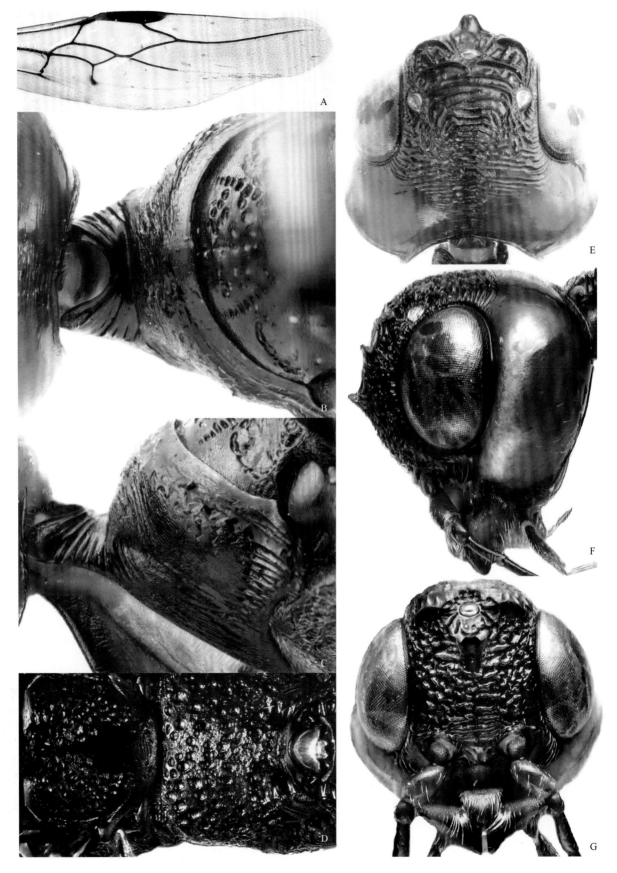

图 3-2　短基副冠蜂 *Parastephanellus brevicoxalis* Hong, Achterberg *et* Xu, 2011（仿自 Hong *et al*., 2011）

A. 前翅；B. 前胸背板，背面观；C. 前胸背板，侧面观；D. 小盾片和并胸腹节，背面观；E. 头部，背面观；F. 头部，侧面观；G. 头部，前面观

图 3-3　红顶副冠蜂 *Parastephanellus matsumotoi* van Achterberg, 2006（仿自 Hong *et al.*, 2011）

A. 前翅；　B. 前胸背板，背面观；C. 前胸背板，侧面观；D. 小盾片和并胸腹节，背面观；E. 头部，背面观；F. 头部，侧面观；G. 头部，前面观

（32）浙江副冠蜂 *Parastephanellus zhejiangensis* Hong, Actherberg *et* Xu, 2011（图 3-4）

Parastephanellus zhejiangensis Hong, Actherberg *et* Xu, 2011: 44.

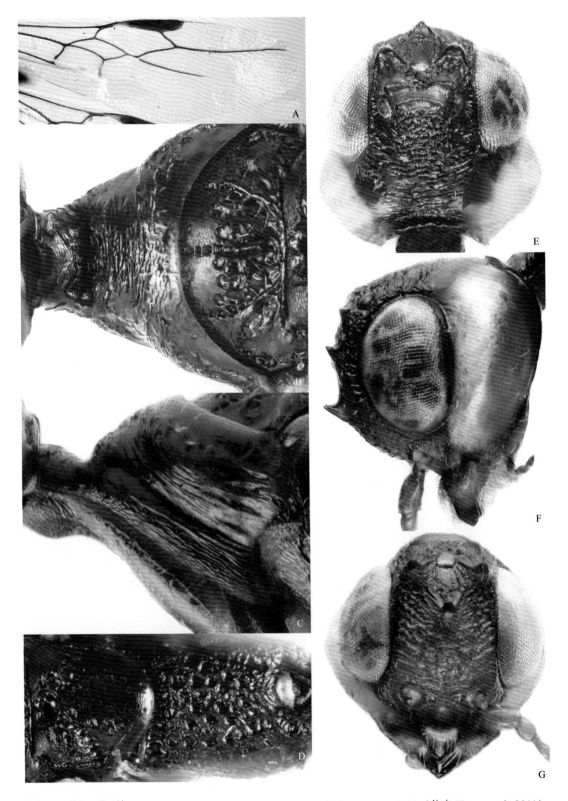

图 3-4 浙江副冠蜂 *Parastephanellus zhejiangensis* Hong, Actherberg *et* Xu, 2011（仿自 Hong *et al.*, 2011）

A. 前翅；B. 前胸背板，背面观；C. 前胸背板，侧面观；D. 小盾片和并胸腹节，背面观；E. 头部，背面观；F. 头部，侧面观；G. 头部，前面观

　　主要特征：雌体长 9.8 mm，前翅长 5.8 mm，产卵器鞘长 10.2 mm。体色：基本为黑色；额、头顶在后冠突和强脊之间橙红色；上颊黄色，黄色斑伸达头顶并与后头脊相接；足腿节、胫节、翅脉和翅痣基本为褐色；翅痣基部白色。额上具粗糙细横脊。冠区在中单眼前方稍凹陷，具弱皱脊；3 个前冠突长而尖，2 个后冠突短，弧形。两个侧单眼间具 2 条强横脊，前方强脊弧形，后方横脊稍弱，表面粗糙；头顶密生横皱脊，后头脊附近的脊较弱且较直。上颊光滑能反光，腹面具几个小刻点；上颊背面观在眼后部分强烈凸出，呈圆弧形。腹柄密生细横脊，基方的脊略呈网状，末缘光滑；腹柄长分别为宽、腹部第 2 节脊柄后腹的 4.2 倍和 2.2 倍。腹部第 2 节基方 0.2 具弱皱纹，余下部分和腹部其他各节基本光滑，可见极微细网状纹。臀区较窄，中央呈薄片状，上有白色小短毛，臀板刻痕不甚明显。产卵器鞘几乎与身体等长。

　　分布：浙江（开化）。

第四章 瘿蜂总科 Cynipoidea

瘿蜂总科一般体小（但枝跗瘿蜂属 *Ibalia* 体长可达 16 mm），粗壮，褐色或黑色。雌虫触角通常为 13 节，不超过 19 节，不为膝状，多数种类常为丝状，部分寄生性种类的触角端部棍棒状，雄虫触角常为 14–15 节，第 3 节椭圆形或弯曲。前翅径室（缘室）呈显著的三角形；前翅无真正的翅痣（稀有伪翅痣）。前胸背板侧后方伸达翅基片，中胸背板与中胸小盾片间具沟缝，二者均具刻纹。侧面观中胸小盾片与并胸腹节常同样大小。跗节 5 节，转节缩小。腹部常侧扁。

分科检索表

1. 后足第 1 跗节长为其余各节之和的 2 倍，第 2 跗节外侧有 1 笔尖状的突起达于第 4 跗节顶端；腹部长于头、胸部之和，强度侧扁呈刀状，侧面观腹部最大背板是第 5 或第 6 节；前翅径室长约为宽的 9 倍；触角雌蜂 13 节，雄蜂 15 节；体长 7–16 mm ··· **枝跗瘿蜂科 Ibaliidae**
- 后足第 1 跗节短，第 2 跗节外侧无突起，但光翅瘿蜂科后足第 1 跗节内端或外端偶有突起；腹部不长于头、胸部之和，不强度侧扁；体长一般不超过 8 mm ··· 2
2. 腹部具柄，着生于后足基节很上方；并胸腹节有中沟；第 4 背板很长 ············· **光翅瘿蜂科 Liopteridae**
- 腹部形状各异，但着生于后足基节之间的并胸腹节端部 ··· 3
3. 前胸背板前片明显，侧腹缘清晰；中胸背板通常光滑；中胸侧板通常光滑，具纵线；小盾片通常具端刺和/或呈盘状······
  ··· **环腹瘿蜂科 Figitidae**
- 前胸背板前片不明显或无，侧腹缘不清晰；中胸背板具横向刻纹；中胸侧板通常具刻纹或微皱，无纵线；小盾片无端刺或小盾片盘 ··· **瘿蜂科 Cynipidae**

六、枝跗瘿蜂科 Ibaliidae

主要特征：枝跗瘿蜂科昆虫个体中至大型，体长 7–16 mm。体红棕色、黄棕色、黄色、黑色。常具刻纹。触角丝状，雌蜂 13–14 节，雄蜂 15 节。前翅径室很长，小翅室常存在。后足基跗节约为其余各跗节长度之和的 2 倍。后足第 2 跗节端部具一枝状突。腹部常红色或橘红色，雌虫腹部常强烈侧扁，呈叶状或刀状，侧面观，第 5 或第 6 腹背板最长。

生物学：寄生于树蜂科昆虫，一般单寄生。

分布：全北区分布。世界已知 2 属 28 种，中国记录 2 属 8 种，浙江分布 1 属 1 种。

13. 异枝跗瘿蜂属 *Heteribalia* Sakagami, 1949

Heteribalia Sakagami, 1949. Type species: *Heteribalia nishijimai* Sakagami, 1949.

主要特征：头顶和颊微皱或具刻点；前胸背板前缘具细纵纹；中胸侧板沟光亮；前翅小翅室缺失；雌虫第 8 腹背板常隐藏于第 7 腹背板。

生物学：主要寄生于树蜂的卵或幼虫体内。初期为内寄生，老龄时则在寄主体内取食。

分布：东洋区。世界已知 25 种，中国记录 5 种，浙江分布 1 种。

（33）巨异枝跗瘿蜂 *Heteribalia divergens* (Maa, 1949)（图 4-1）

Myrmoibalia divergens Maa, 1949: 271.

Heteribalia divergens: Maa, 1952: 163.

　　主要特征：雌虫体长 10.9–12.4 mm。雄虫体长 11.2–14.3 mm。头部、触角和后足黑色。复眼黄棕色，中胸黄棕色。小盾片和腹部红棕色。前足和中足基节红棕色，其余黑色。头顶具网状窝和密集的短绒毛。颜面具密集的刻点和显著的长绒毛。颊侧面具斜脊和密集刻点，以及稀疏绒毛。头后具网状窝和稀疏绒毛。复眼长与颚眼距的比为 2.4∶1。前胸背板前端具密集的纵脊。前胸背板具强烈的斜脊及密集的绒毛。前胸侧板腹侧略凹陷。中胸背板具横脊，盾纵沟、中纵沟和亚侧沟明显。小盾片窝光亮，内具两个纵脊，小盾片后端具交叉脊和刻点窝。中胸侧板沟内具密集刻点和稀疏绒毛。中胸侧板镜膜光亮，具刻点。并胸腹节侧面强烈突起。雌虫触角 13 节。第 7 背板端部较尖，后端无密集刻点。中足胫节顶端突出。

　　分布：浙江（杭州、云和）、江苏、上海、台湾、四川。

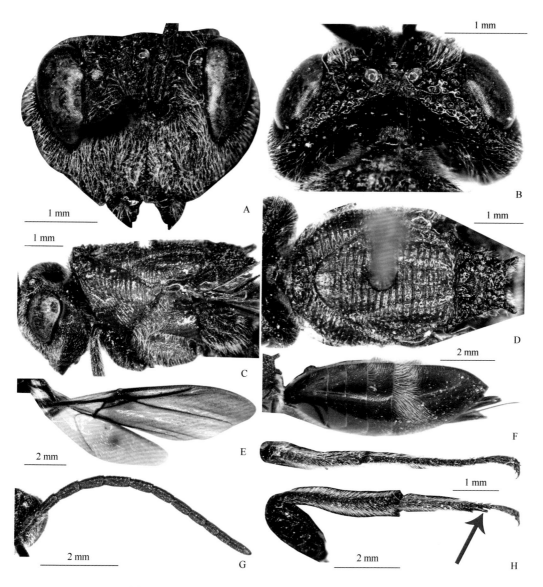

图 4-1　巨异枝跗瘿蜂 *Heteribalia divergens* (Maa, 1949)

A. 头，前观；B. 头，背面观；C. 胸部，侧面观；D. 胸部，背面观；E. 翅；F. 腹部，侧面观；G. 触角；H. 足

七、光翅瘿蜂科 Liopteridae

主要特征：并胸腹节后部的胸后颈很长且粗壮；腹部着生于并胸腹节的位置高；腹部最大节为第 4 节，或第 5 节，或第 6 节；腹柄节显著，位于腹部其余各节的背前方，上具纵沟槽；后足第 1 跗节短，不为其余跗节长度之和的 2 倍；触角雌性一般 13 节（极少数 12 节），雄性 14 节；体至少部分为红褐色或红色。

生物学：杨忠岐和谷亚琴（1994）报道的异节光翅瘿蜂是在有四点象天牛和窄陶扁角树蜂幼虫为害的水曲柳上采到，当时发现此蜂的产卵器正刺入树干中产卵。

分布：古北区、东洋区。世界已知 340 种，中国记录 45 种，浙江分布 1 属 12 种。

14. 异节光翅瘿蜂属 *Paramblynotus* Cameron, 1908

Paramblynotus Cameron, 1908: 299. Type species: *Paramblynotus punctulatus* Cameron, 1908.

主要特征：体色一般为黑色，也有红色和黄褐色；体长 1.4–10.0 mm；雌虫触角一般 12–14 节；复眼显著超出颊缘；后头光滑；前翅小翅室消失；中胸侧板三角形腹缘界限明显，均匀弯曲；腹柄节显著，并胸腹节上具纵沟槽；雌虫第 6 腹背板背部明显延伸形成最长腹部背板；后足第 1 跗节短，不为其余跗节总长的 2 倍。

生物学：主要寄生于钻蛀性昆虫的幼虫体内，如鞘翅目的天牛科和象甲科，还有一些种寄生于膜翅目的树蜂科。

分布：主要分布于古北区和东洋区。世界已描述 100 种，中国已记录 27 种，浙江分布 12 种。

分种检索表

1. 触角鞭节向顶端方向逐渐变宽。前胸侧板脊明显突出；前胸侧板中间分离，具刻纹 ·············· 2
- 触角鞭节向顶端方向没有变宽。前胸侧板脊不明显；前背侧板连 ·············· 11
2. 后头具明显的垂直脊；后足第 1 跗节端部具突起 ·············· 突跗异节光翅瘿蜂 *P. metatarsis*
- 后头不具垂直脊；后足第 1 跗节端部没有一突起 ·············· 3
3. 翅透明或烟色 ·············· 4
- 翅具色带或各种形状的色斑 ·············· 6
4. 缘室常较短，约是宽的 2.5 倍；体常黄棕色；少有中胸背板，全黑色棕色 ·············· 棕色异节光翅瘿蜂 *P. ruficeps*
- 缘室较长，约是宽的 3.0 倍多；体常黑色，腹部深棕色 ·············· 5
5. 触角槽没有明显扁平，具纵纹；雌虫第 6 腹背板强烈向腹侧延伸 ·············· 陈氏异节光翅瘿蜂 *P. cheni*
- 触角槽明显扁平，光亮，具刻点；雌虫第 6 腹背板没有强烈向腹侧延伸 ·············· 天目山异节光翅瘿蜂 *P. tianmushanensis*
6. 颊中央具一突出的垂直脊 ·············· 石门异节光翅瘿蜂 *P. shimenensis*
- 颊无明显的垂直脊 ·············· 7
7. 中胸侧板中央具横脊；上端具细微刻点 ·············· 8
- 中胸侧板中央无横脊；中胸侧板上端光滑，光亮，或前面具稀疏刚毛刻点 ·············· 清凉峰异节光翅瘿蜂 *P. qingliangfengensis*
8. 个体较大，体长为 4.1–6.6 mm；小盾片后端具两个三角形突起 ·············· 海南异节光翅瘿蜂 *P. hainanensis*
- 个体明显较小，体长为 3.5–4.5 mm；小盾片后端无三角形突起 ·············· 9
9. 中额脊在触角槽之间；并胸腹节中央脊前端强烈延伸至近中线横脊，后端具两个近中线脊 ··············
·············· 热带异节光翅瘿蜂 *P. annulicornis*
- 中额脊显著，延伸至唇基；并胸腹节中央纵脊完整，与近中线横脊交叉 ·············· 10

10. 中额脊显著，在触角槽之间明显凸起··长柄异节光翅瘿蜂 *P. longipetiolus*

\- 中额脊显著延伸至唇基，在触角槽之间没有凸起··安吉异节光翅瘿蜂 *P. anjiensis*

11. 所有触角鞭节具基板。侧面观，中胸盾板几乎扁平。并胸腹节中央具一完整的横脊·······················平腹异节光翅瘿蜂 *P. pausatus*

\- 中额脊较弱，延伸至下颜面。前胸背板前缘具密集的纵脊···俄罗斯异节光翅瘿蜂 *P. scaber*

（34）安吉异节光翅瘿蜂 *Paramblynotus anjiensis* Dong, Liu, Wang *et* Chen, 2018（图 4-2）

Paramblynotus anjiensis Dong, Liu, Wang *et* Chen, 2018: 510.

主要特征：雌虫体长 3.5–4.5 mm。头和触角深棕色。中胸黑色。足和腹部黄棕色。头顶具网状凹陷。复眼突出，侧面扩展超过颊。单眼略凸出，具网状窝，侧面具弱脊。中额脊显著，至唇基。颊具网状窝和刻点，具稀疏绒毛，后面具横脊。下颜面具刻点，具明显横褶皱和网状窝；唇基具密集刻点和纵脊。雌虫触角 13 节。前胸背板前缘具横细纹。前胸背板中间具密集刻点，后端中央光亮。前胸背板中央略凸

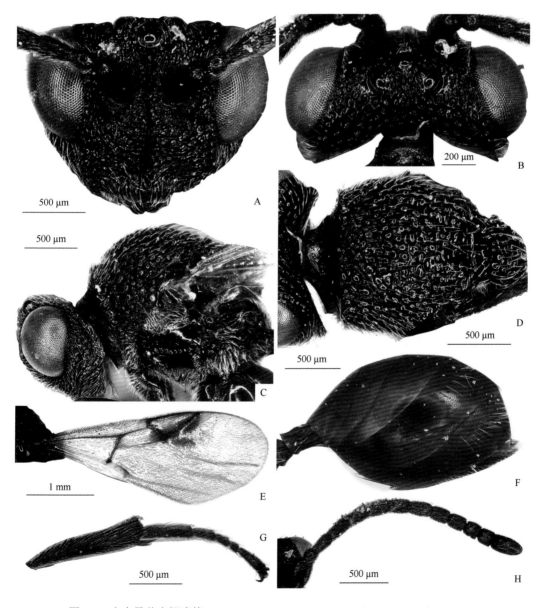

图 4-2　安吉异节光翅瘿蜂 *Paramblynotus anjiensis* Dong, Liu, Wang *et* Chen, 2018

A. 头，前面观；B. 头，背面观；C. 胸部，侧面观；D. 胸部，背面观；E. 翅；F. 腹部，侧面观；G. 足；H. 触角

起，明显低于中胸盾片；前背脊中间无凸起。侧前背脊明显，至前背脊。前胸背板侧表面具网状窝和密集刻点。中胸背板背部强烈拱起，具网状窝和不规则的横脊。中胸小盾片具网状窝，小盾片后端没有三角形突起。中胸侧板三角区具绒毛，腹侧具弯曲的脊。中胸侧板中央刻痕完整，内具横脊；中胸侧板上端光亮，前端具细微刻点；中胸侧板下端光亮，腹侧具显著绒毛。并胸腹节侧脊中央强烈弯曲，中央纵脊与近中线横脊交叉。侧面观，腹柄长为宽的 2.5 倍。第 8 腹背板没有露出；第 3–7 腹背板相对长度为：2.1∶1.0∶1.3∶2.8∶2.2；第 3–5 腹背板光亮；第 6 和第 7 腹背板具细微刻点，每个背板中央具一列绒毛。后足胫节端部齿细长。

分布：浙江（湖州、杭州）。

（35）热带异节光翅瘿蜂 *Paramblynotus annulicornis* Cameron, 1910（图 4-3）

Paramblynotus annulicornis Cameron, 1910: 132.

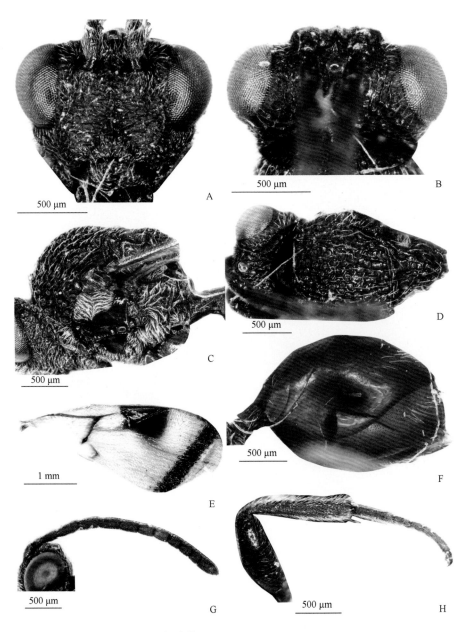

图 4-3 热带异节光翅瘿蜂 *Paramblynotus annulicornis* Cameron, 1910

A. 头，前面观；B. 头，背面观；C. 胸部，侧面观；D. 胸部，背面观；E. 翅；F. 腹部，侧面观；G. 触角；H. 足

主要特征：雌虫体长 4.2 mm。体红棕色，头棕色，身体部分具银色密绒毛。头顶具网状窝和稀绒毛。中额脊凸出，延伸至唇基。上颜面具网状窝和绒毛；颊具网状窝，具稀疏长绒毛。下颜面具网状窝和不规则刻点及绒毛。后头中央具纵脊，侧面光亮。雌虫触角 13 节。前胸背板前缘光亮，具浅刻点，无毛。前胸背板中央没有凸出，明显低于中胸背板；前胸背板光亮，侧脊明显，侧表面网状窝具绒毛。中胸背板强烈隆起具网状窝。小盾片窝由一中央纵脊分开。中胸小盾片具网状窝；后端无凸起。中胸侧板三角区具密集绒毛，腹侧具光滑弯曲的心形脊。中胸侧板中央刻痕完整，内具横脊。并胸腹节中央光亮，具稀绒毛，侧脊中央强烈凸起，向侧面弯曲。腹背面观，长为宽的 1.0 倍。第 8 腹背板没有露出；第 3–7 腹背板相对长度比为：1.4：1.0：1.9：2.7：2.0；第 3–5 腹背板光亮；第 6 腹背板具细密刻点，具散长绒毛；第 7 腹背板具密集细微刻点，中央具一列稀绒毛。后足胫节端部齿细长。

分布：浙江（临安）；马来西亚，印度尼西亚。

（36）陈氏异节光翅瘿蜂 *Paramblynotus cheni* Liu, Ronquist *et* Nordlander, 2007（图 4-4）

Paramblynotus cheni Liu, Ronquist *et* Nordlander, 2007: 98.

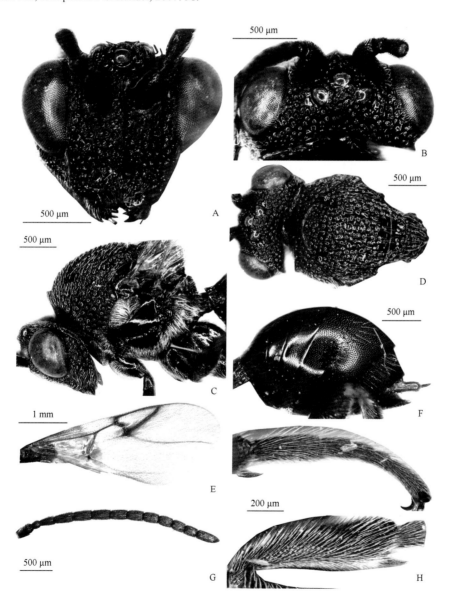

图 4-4　陈氏异节光翅瘿蜂 *Paramblynotus cheni* Liu, Ronquist *et* Nordlander, 2007

A. 头，前面观；B. 头，背面观；C. 胸部，侧面观；D. 胸部，背面观；E. 翅；F. 腹部，侧面观；G. 触角；H. 足

　　主要特征：雌虫体长 3.5–5.0 mm。体深棕色，腹部和足棕色。头顶具网状窝，中额脊简单，至复眼下缘。颊前面具网状窝，后面具横脊。下颜面和唇基具网纹状痘痕。雌虫触角 13 节。前胸背板前缘光亮；近前缘中央具分离的凹陷窝。前胸背板光亮，背部具细微刻点；前胸背脊中央无凸出；前胸背板侧脊明显，至前胸背脊。中胸背板强烈凸起，具网状窝。中胸小盾片具网状窝；小盾片背部观，后端圆钝。中胸侧板三角区具明显绒毛，腹侧具光滑弯曲的脊。中胸侧板正中央刻痕完整，内具横脊；并胸腹节中央光亮，前边至近中央横脊之间存在中央纵脊；后端有两个弯曲的纵脊。侧面观，腹柄长为宽的 0.6 倍。第 8 腹背板没有露出；第 3–7 腹背板相对长度为：1.8∶1.0∶1.6∶4.7∶2.2；第 3 背板光滑；第 4 和第 5 背板具密集刻点；第 6 背板具密集刻点，背中央具稀疏绒毛；第 7 背板具密集刻点和一列绒毛。后足胫节端部齿细长，突出。

　　分布：浙江（松阳）、湖北、广西。

（37）海南异节光翅瘿蜂 *Paramblynotus hainanensis* Liu, Ronquist *et* Nordlander, 2007（图 4-5）

Paramblynotus hainanensis Liu, Ronquist *et* Nordlander, 2007: 99.

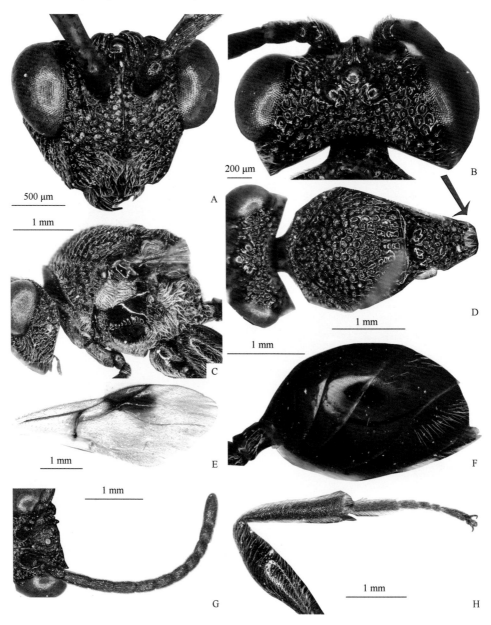

图 4-5　海南异节光翅瘿蜂 *Paramblynotus hainanensis* Liu, Ronquist *et* Nordlander, 2007

A. 头，前面观；B. 头，背面观；C. 胸部，侧面观；D. 胸部，背面观；E. 翅；F. 腹部，侧面观；G. 触角；H. 足

主要特征：雌性体长 5.4–6.6 mm。头、触角和腹部深棕黑色，胸部黑色，足棕色。头顶具网状窝；中额脊凸出，至复眼下缘；颊具网状窝和刻点，具稀疏绒毛。下颜面具刻点或网状窝。雌虫触角 13 节。前胸背板前缘具细微横条纹；近前缘中央具分离的凹陷窝。前胸背板光亮，具密集刻点。前胸背板脊中央无凸起，侧脊明显，至前背脊中央。中胸小盾片具网状窝；背部观，小盾片后端具一宽缺刻。中胸侧板中央刻痕完整，内具横脊；并胸腹节侧脊中间强烈弯曲；并胸腹节中央具网状窝；中央纵脊与近中央横脊交叉。侧面观，腹柄长为宽的 1.5 倍。第 8 腹背板没有露出；第 3–7 腹背板相对长度为：1.5：1.0：1.2：2.0：1.6；第 3 背板和第 4 背板光滑，光亮；第 5–7 背板具细微刻点；第 6 背板和第 7 背板具稀疏大刻点，刻点内具绒毛。后足胫节端部齿细长，顶端突起。

分布：浙江（临安、开化、龙泉）、福建、海南、广西。

（38）清凉峰异节光翅瘿蜂 *Paramblynotus qingliangfengensis* Dong, Liu, Wang *et* Chen, 2018（图 4-6）

Paramblynotus qingliangfengensis Dong, Liu, Wang *et* Chen, 2018: 510.

主要特征：雄性体长 4.4 mm。触角、头部和中胸黑色；腹部和足深棕色。头顶具网状窝，具纵脊。上颜面具纵脊，侧面具窝；下颜面具窝和网状刻点。雄虫触角 14 节。前胸背板前缘具横条纹；前缘近中央具

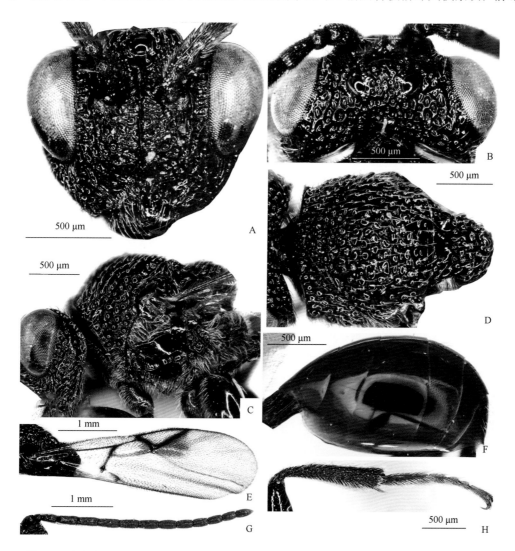

图 4-6 清凉峰异节光翅瘿蜂 *Paramblynotus qingliangfengensis* Dong, Liu, Wang *et* Chen, 2018

A. 头，前面观；B. 头，背面观；C. 胸部，侧面观；D. 胸部，背面观；E. 翅；F. 腹部，侧面观；G. 触角；H. 足

分离的凹陷。前胸背板常光亮，具细微刻点和绒毛，侧脊明显，至前胸背脊中央；前胸背板侧表面常具网状窝，侧面具横脊。中胸背板明显隆起，具横脊和窝。中胸小盾片具网状窝；背部观，其后端圆钝。中胸侧板中央刻痕完整。并胸腹节具网状细纹；并胸腹节侧脊中间弯曲；并胸腹节中央光亮；中央纵脊至近中央横脊交叉。侧面观，腹柄长为宽的 1.42 倍。第 8 腹背板露出；第 3–8 腹背板相对长度为：1.5∶1.0∶2.0∶1.1∶0.5∶0.2；第 3 和第 4 腹背板光滑，光亮；第 5 腹背板常光亮，具刻点；第 6–8 腹背板具密集刻点，并具一列稀疏绒毛。后足胫节端部齿细长。雌性体长 3.8 mm。触角 13 节。

　　分布：浙江（临安）、海南。

（39）长柄异节光翅瘿蜂 *Paramblynotus longipetiolus* Dong, Liu, Wang *et* Chen, 2018（图 4-7）

Paramblynotus longipetiolus Dong, Liu, Wang *et* Chen, 2018: 510.

　　主要特征：雌虫体长 3.9 mm。头部、触角、中胸和腹部深棕色；足黄棕色。头顶具网状窝。上颜面侧面具窝；下颜面具窝和网状刻点；唇基具刻点和纵脊。前胸背板前缘具细微横条纹；前缘近中央具分离的

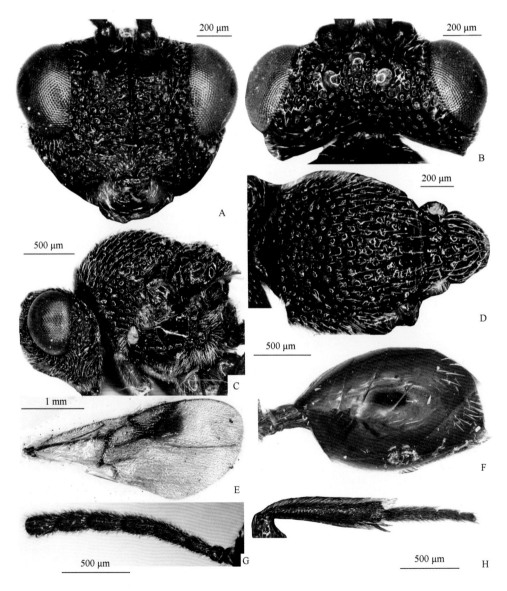

图 4-7　长柄异节光翅瘿蜂 *Paramblynotus longipetiolus* Dong, Liu, Wang *et* Chen, 2018

A. 头，前面观；B. 头，背面观；C. 胸部，侧面观；D. 胸部，背面观；E. 翅；F. 腹部，侧面观；G. 触角；H. 足

凹陷窝。前胸背板中央具密集刻点，背侧脊明显，到达前背脊中央。前胸背板侧表面具网状窝。小盾片后端无三角形突起。中胸侧板中央刻痕完整，光滑，内具横脊。并胸腹节侧脊中间强烈弯曲；并胸腹节中央网纹状；中央纵脊与近中线横脊交叉。侧面观，腹柄长为宽的 1.8 倍。第 8 腹背板露出；第 3–8 腹背板相对长度为：2.0∶1.0∶1.3∶1.4∶1.7∶0.3；第 3–5 腹背板光滑；第 6 腹背板和第 8 腹背板具密集刻点。第 6 腹背板和第 7 腹背板各具一列绒毛；第 8 腹背板光滑，光亮。后足胫节端部齿细长。雄性体长 4.1 mm。触角 14 节。

分布：浙江（临安）、河南。

（40）突跗异节光翅瘿蜂 *Paramblynotus metatarsis* He, 2004（图 4-8）

Paramblynotus metatarsis He *in* He *et al.*, 2004: 89.

主要特征：雌虫体长 5.9–7.3 mm。体黑色；足黑色，前足和中足跗节黄棕色。头顶具网状窝。上颜面侧面具网状窝，或网状刻点；下颜面和唇基具密集刻点或窝，具绒毛。雌虫触角 13 节。前胸背板光亮，具

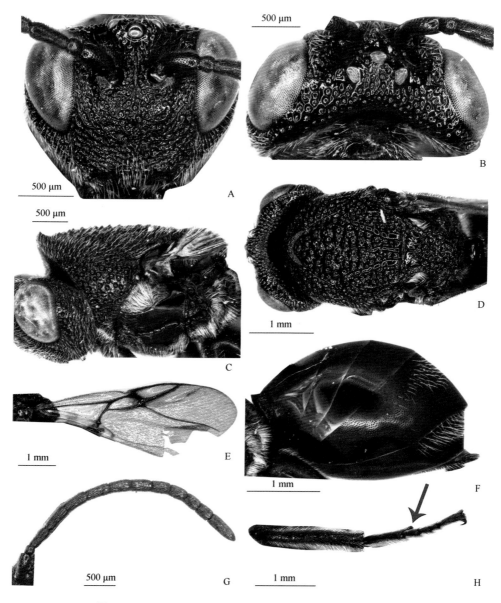

图 4-8　突跗异节光翅瘿蜂 *Paramblynotus metatarsis* He, 2004

A. 头，前面观；B. 头，背面观；C. 胸部，侧面观；D. 胸部，背面观；E. 翅；F. 腹部，侧面观；G. 触角；H. 足

密集刻点和绒毛。前胸背板脊中部逐步凸起，呈一明显隆突。前胸背板侧脊明显，未到达前背脊。前胸背板侧面具网状窝，具稀疏绒毛。中胸背板背部扁平，具表面窝和横脊。小盾片窝内具一中央脊和几个纵脊；中胸小盾片具网状窝，背部观，小盾片后端圆钝。中胸侧板中央刻痕完整，光亮。并胸腹节侧脊强烈弯曲，侧脊中央呈圆形突起；并胸腹节中央光亮；中央纵脊到达中间的横脊。侧面观，腹柄长为宽的 0.39 倍。第 8 腹背板没有露出；第 3–7 腹背板相对长度为：1.6∶1.0∶0.9∶2.3∶1.2；第 3 背板光滑，光亮；第 4 和第 5 背板具细微密集刻点；第 6、第 7 背板具细微刻点，每个背板背侧中央具一列绒毛。后足胫节端齿细长。后足胫节具三个相对较浅的背部凹陷。雄性触角 14 节。

生物学：寄主为象甲。

分布：浙江（临安）、辽宁。

（41）棕色异节光翅瘿蜂 *Paramblynotus ruficeps* Cameron, 1908（图 4-9）

Paramblynotus ruficeps Cameron, 1908: 300.

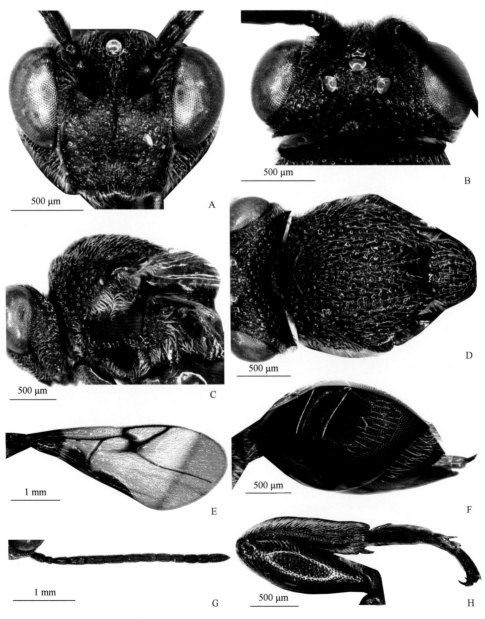

图 4-9　棕色异节光翅瘿蜂 *Paramblynotus ruficeps* Cameron, 1908

A. 头，前面观；B. 头，背面观；C. 胸部，侧面观；D. 胸部，背面观；E. 翅；F. 腹部，侧面观；G. 触角；H. 足

主要特征：雄虫体长 4.8 mm。身体通常黄棕色，腹部黑色，身体具金色绒毛。头顶具网状窝，具密集金色绒毛。上颜面具网状窝，具绒毛；下颜面和唇基具网状窝及网状刻点，具密集绒毛。雌虫触角 13 节。前胸背板前缘具细条纹，具密集细微刻点和绒毛。前胸背板侧脊明显，未到达前背脊。前胸背板光亮，侧面具分离的网状窝。中胸背板强烈隆起，具横脊和一列浅窝。中胸小盾片具网状窝；背部观，中胸小盾片后端圆钝。中胸侧板中央刻痕完整，光亮。并胸腹节中央具绒毛，侧脊中央强烈凸起，背部观，呈三角形，具绒毛。腹柄明显具纵脊，背部观，长为宽的 0.43 倍。第 8 腹背板没有露出；第 3–7 腹背板相对长度比为 1.5∶1.0∶1.4∶3.3∶1.1；第 3–5 腹背板光滑，光亮；第 6 腹背板具细密刻点，具分散长绒毛；第 7 腹背板具密集刻点，后端具一狭窄的光滑区，中央具一绒毛斑。后足胫节端部齿细长，顶端尖锐。雄性触角 14 节。

　　分布：浙江（临安）；马来西亚，新加坡。

（42）石门异节光翅瘿蜂 *Paramblynotus shimenensis* Liu, Ronquist *et* Nordlander, 2007（图 4-10）

Paramblynotus shimenensis Liu, Ronquist *et* Nordlander, 2007: 104.

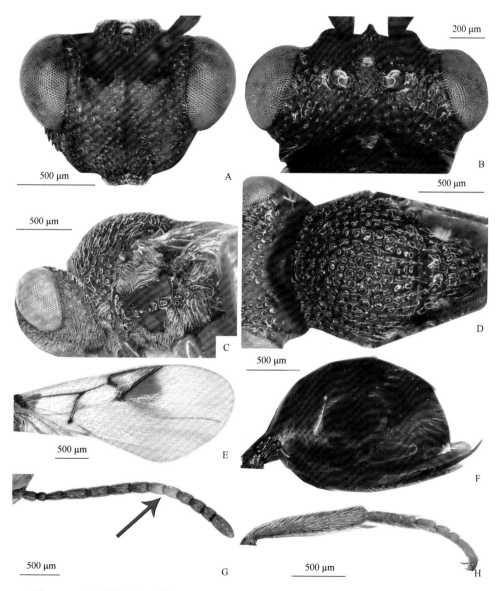

图 4-10　石门异节光翅瘿蜂 *Paramblynotus shimenensis* Liu, Ronquist *et* Nordlander, 2007

A. 头，前面观；B. 头，背面观；C. 胸部，侧面观；D. 胸部，背面观；E. 翅；F. 腹部，侧面观；G. 触角；H. 足

　　主要特征：雌虫体长 3.4–3.8 mm。体深棕色。头顶具网状窝，具明显的绒毛。上颜面具网状窝；下颜面和唇基具网状窝。前胸背板前缘具横纹；前缘近中央具分离的凹陷窝。雌虫触角 13 节。前胸背板光亮，具细小稀疏刻点。前胸背板没有凸起，明显低于中胸盾板；前胸背板背脊明显，到达前背脊。前胸背板侧面具网状窝。中胸背板背部强烈隆起，具强烈的网状窝。中胸小盾片具网状窝；背部观，后端明显圆钝。中胸侧板中央刻痕完整，内常具两个横脊；中胸侧板光亮；中胸侧板腹侧强烈扁平。并胸腹节中间光亮，侧脊明显凸起，具稀疏绒毛；前端具中央纵脊，近中央横脊显著，后端具两个近中线纵脊。侧面观，腹柄长为宽的 1.2 倍。第 8 腹背板没有露出；第 3–7 腹背板相对长度为：2.0∶1.0∶1.6∶3.7∶3.3；第 3–5 背板光滑，光亮；第 6 背板具细微刻点，并且具一列绒毛；第 7 背板光亮，具密集微小的刻点；第 4 和第 5 背板具密集刻点；第 6 背板具密集刻点和绒毛斑；第 7 背板具密集微小的刻点，前面部分具稀疏的绒毛区。足胫节和跗节绒毛明显。后足胫节端部齿长，细，顶端突起。

　　分布：浙江（临安）、湖南、福建。

（43）天目山异节光翅瘿蜂 *Paramblynotus tianmushanensis* He, 2004（图 4-11）

Paramblynotus tianmushanensis He *in* He *et al.*, 2004: 89.

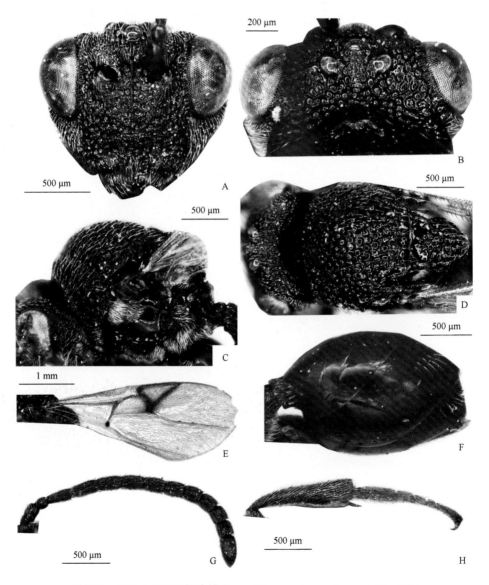

图 4-11　天目山异节光翅瘿蜂 *Paramblynotus tianmushanensis* He, 2004

A. 头，前面观；B. 头，背面观；C. 胸部，侧面观；D. 胸部，背面观；E. 翅；F. 腹部，侧面观；G. 触角；H. 足

主要特征：雌虫体长 3.4–4.1 mm。体黑色。头顶具网状窝。上颜面具网状窝；下颜面具网状窝，或网状刻点。雌虫触角 13 节。前胸背板前缘具细微横纹。前胸背板前边常光滑，后边具刻点。前胸背脊中间没有凸起。前胸背板背脊明显，到达前背脊。前胸背板侧面具网状窝和密集刻点，腹侧具横脊。中胸小盾片具网状窝，背部观，后端圆钝。中胸侧板中央刻痕完整，内具横脊；并胸腹节中央光亮，侧脊强烈凸起，背部呈狭窄的三角形，并胸腹节中央脊与近中线横脊交叉。侧面观，腹柄长为宽的 0.60 倍。第 8 腹背板没有露出；第 3–7 腹背板相对长度为：1.8∶1.0∶1.9∶3.8∶1.6；第 3 和第 4 腹背板光滑，光亮；第 5–7 腹背板具密集刻点；第 6 和第 7 腹背板中央各具一列绒毛。后足胫节端部齿细长，顶端变尖。

分布：浙江（临安）。

（44）平腹异节光翅瘿蜂 *Paramblynotus pausatus* Liu *et* Kovalev, 2007（图 4-12）

Paramblynotus pausatus Liu *et* Kovalev *in* Liu *et al*., 2007: 44.

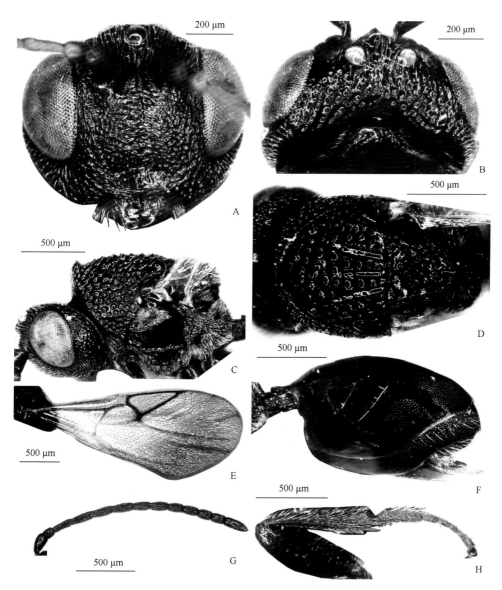

图 4-12 平腹异节光翅瘿蜂 *Paramblynotus pausatus* Liu *et* Kovalev, 2007

A. 头，前面观；B. 头，背面观；C. 胸部，侧面观；D. 胸部，背面观；E. 翅；F. 腹，侧面观；G. 触角；H. 足主要特征：雌虫体长 3.0–3.5 mm。体黑色，触角和足深棕色。上颜面侧面粗糙；下颜面和唇基具网状窝。雌虫触角 13 节。前胸背板前缘具不规则纵脊；前胸背板前端具密集的绒毛刻点；前背侧脊明显，几乎到达前背脊。前胸背板侧面具粗糙的网状窝。中胸背板具网状窝和横脊。小盾片中央强烈凸起，后端向下倾斜；侧面观，中胸小盾片几乎扁平。中胸侧板上面光亮，前面具小窝；中胸侧板镜膜，光亮。中胸侧板横刻痕完整，内具脊。并胸腹节侧脊向侧面强烈弯曲；并胸腹节中央前端具 2 横脊和 1 纵脊，后端具 2 纵脊。侧面观，腹柄长与宽的比为 0.8。第 3–8 背板相对长度为：1.4：1.0：1.2：2.7：1.2：0.4；第 3 背板光滑，光亮；第 4–8 背板具密集的小刻点；第 7 和第 8 背板具 1–2 列较大的刚毛刻点。足具密集的绒毛刻点，足基节背部光亮。

分布：浙江（临安）。

（45）俄罗斯异节光翅瘿蜂 *Paramblynotus scaber* Belizin, 1952（图 4-13）

Paramblynotus scaber Belizin, 1952 *in* Belizin, 1952: 68.

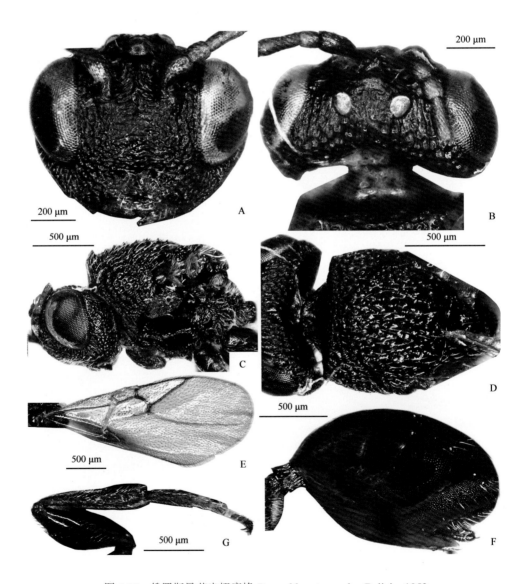

图 4-13 俄罗斯异节光翅瘿蜂 *Paramblynotus scaber* Belizin, 1952

A. 头，前面观；B. 头，背面观；C. 胸部，侧面观；D. 胸部，背面观；E. 翅；F. 腹部，侧面观；G. 足

主要特征：雌虫体长 3.5 mm。体黑色，触角、足胫节和跗节黄色到黄棕色。上颜面常具纵脊，中额脊较弱，明显延伸至下颜面。下颜面常具辐射状脊和窝，且中央具网状窝。前胸背板前缘具密集的纵脊，前背侧脊明显，未到达前背脊。前胸背板侧面具网状窝和小的斜脊。前胸背板中央脊较小，具一缺口。中胸盾片具网状窝和不规则分散的横脊。中胸小盾片具网状窝；小盾片后端倾斜，中后方凸起呈一隆突。中胸侧板上面常光亮，具网状窝；中胸侧板镜膜，光滑，光亮。中胸侧板中央横刻痕完整，内具几个均匀分布的横脊。并胸腹节侧边中央具纵脊，后端分叉。侧面观，腹柄长与宽的比为 0.7。第 3–8 背板相对长度为：1.5∶1.0∶1.1∶1.8∶1.1∶0.5；第 3 背板光滑，光亮；第 4–8 背板具密集的小刻点；第 6–8 背板具略大的刚毛刻点。足具密集的绒毛。后足胫节端部具 4 个粗短的尖齿。

分布：浙江（庆元）。

八、环腹瘿蜂科 Figitidae

主要特征：体小型，短于 10 mm。雌性触角 13 节，雄性触角 14 节。胸部至少部分具刻纹。小盾片末端有时具有 1 刺脊。前翅 2–4 mm，Rs+M 脉从基脉和 M+Cu1 脉的连接点或近连接点发出。除狭背瘿蜂亚科第 2 腹背板为舌状外，其余种类雄虫腹部均不侧扁，雌性常第 3 腹背板最大，但有时第 2 腹背板最大。

分布：环腹瘿蜂科现已发现 12 亚科 135 属 1400 余种，本研究发现 3 亚科 10 属 20 种。

（一）狭背瘿蜂亚科 Aspicerinae

主要特征：体小型，体长 3–5 mm。第 2 腹背板舌形；腹末侧扁；腹背板大多具刻纹；胸部具粗糙刻纹；头宽于胸部，上观，体楔形；复眼后，颊具尖锐缘脊；触角雌性 13 节，雄性 14 节，各节筒状，连接紧密，端节最大；雄虫第 1 鞭节向内凹陷；翅径室前缘常开放，基部开放或关闭，翅膜黄色，常缺失，翅缘缨毛缺或短；后足胫节具 1 或多条纵向刺脊。

生物学：目前大多数种类生物学特征未知，仅知个别属种寄生于食蚜蝇等双翅目昆虫幼虫体内。

分布：世界广布。该亚科目前已知 8 属 108 种，亚洲共分布 23 种，中国记录 8 属 28 种，浙江分布 4 属 13 种。

分属检索表

1. 小盾片末端具一刺脊（钝或尖锐）或圆钝 ·· 2
- 小盾片末端无刺脊，具横截面，顶端微凹，卵圆形或后端侧具两个尖锐突起 ······················ 3
2. 头顶具一竖直沟，从单眼侧向后延伸至后头；复眼周围具有强烈连续隆脊（构成额脊、后头脊和面部凹陷）；单眼强烈隆起 ·· **剑盾狭背瘿蜂属 Prosaspicera**
- 头顶中部不具竖直沟；复眼周围具或不具脊；单眼不突起或微凸起 ········· **狭背瘿蜂属 Aspicera**
3. 小盾片窝长未占小盾片长的 1/2；R1 脉存在；腹柄宽大于长；第 2 腹背板两侧具两簇短毛；后头具多少不等的褶皱，不具横脊 ·· **盾狭背瘿蜂属 Omalaspis**
- 小盾片窝长占小盾片长的 1/2；R1 脉不存在；腹柄长宽几乎相等；第 2 腹背板中间区域具一簇短毛；后头具强烈横脊 ··· **矩盾狭背瘿蜂属 Callaspidia**

15. 狭背瘿蜂属 *Aspicera* Dahlbom, 1842

Aspicera Dahlbom, 1842: 6. Type species: *Evania ediogaster* Rossi, 1790.

主要特征：头下半部具密毛，侧额脊明显；触角丝状，雄性 14 节，雌性 13 节，雄性第 1 鞭节具明显凹陷；前胸侧板皮质具微刻纹；中胸背板皮质，有时具横脊，或刻纹；前平行沟明显或微弱，达整个中胸背板长的 1/2 或 1/3；中脊明显或消失，达中胸背板中沟末端；盾纵沟皮质完整光亮，有时内部具横脊；中胸背板中沟皮质光亮，达整个中胸背板的 1/3，有时内部具横脊；中胸侧板皮质光滑，具粗糙横脊或基部 1/3 处具一沟；小盾片具一可见刺脊，且具两小盾片窝；前翅径室开放；腹柄宽大于长，第 2 腹背板马鞍状且光滑，第 3 腹背板后端具明显刻点。

生物学：多数种类可能寄生于食蚜蝇科昆虫幼虫体内。

分布：古北区、新北区。

注：目前世界已知 47 种，中国记录 5 种，浙江分布 3 种。

分种检索表

1. 小盾片刺脊短，长是小盾片长的 0.5 倍；盾纵沟具横脊，微革质；中胸侧板前 1/3 处具明显刻点… **细狭背瘿蜂 *A. attenuate***
- 小盾片刺脊长，长是小盾片长的 0.7–0.9 倍；盾纵沟皮质或革质；中胸侧板前 1/3 处具褶皱 ………………………… 2
2. 盾纵沟均一皮质；后头皮质具横脊；盾纵沟间区域侧面观突起；小盾片侧面观与小盾片刺脊在同一平面上 ………………
………………………………………………………………………………………………… **马特狭背瘿蜂 *A. martae***
- 盾纵沟中部皮质光滑，边缘革质；后头在单眼后具褶皱，不具横脊；盾纵沟间区域侧面观不突起，微弧形；侧面观小盾片刺脊与小盾片不在同一平面 ……………………………………………………………… **安狭背瘿蜂 *A. annae***

（46）安狭背瘿蜂 *Aspicera annae* Ros-Farré *et* Pujade-Villar, 2013（图 4-14）

Aspicera annae Ros-Farré *et* Pujade-Villar, 2013: 15.

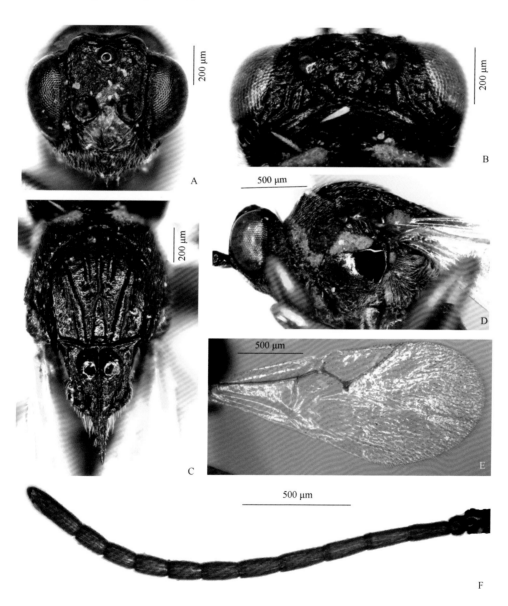

图 4-14　安狭背瘿蜂 *Aspicera annae* Ros-Farré *et* Pujade-Villar, 2013

A. 头，前面观；B. 头，背面观；C. 胸部，背面观；D. 胸部，侧面观；E. 前翅；F. 触角

主要特征：雌性体长 2.9 mm，雄性体长 2.4 mm。体黑色，触角柄节和梗节黑色，鞭节深棕色；足深棕色。前面观，额皮质，中间区域具皱褶；侧额脊微弧形；背面观，头顶具微刻纹，皮质。触角 13 节。背面观，中胸背板皮质，长是宽的 0.8 倍；中胸背板中沟基部 2/3 光滑；盾纵沟光滑，近边缘皮质；侧盾片脊在盾纵沟前端终止，被短毛，革质；中胸侧板皮质，基部和前部 1/3 处具皱褶脊；小盾片长为中胸背板长的 1.1 倍，末端微凹；小盾片窝中脊突起，延伸至小盾片刺脊；小盾片刺脊为小盾片长的 0.7 倍，具纵脊；侧面观，前胸侧板皮质，具微横脊；前胸背板前缘不突起；中胸背板皮质，侧盾片脊完整明显；前平行沟明显，达中胸背板长的 1/3–1/2，后端微会合；中脊微弱，侧面观盾纵沟间区域不明显突起。

分布：浙江（杭州）、吉林、辽宁、河南、湖北、福建、贵州、云南；日本。

（47）细狭背瘿蜂 *Aspicera attenuate* Belizin, 1952（图 4-15）

Aspicera attenuate Belizin, 1952: 297.

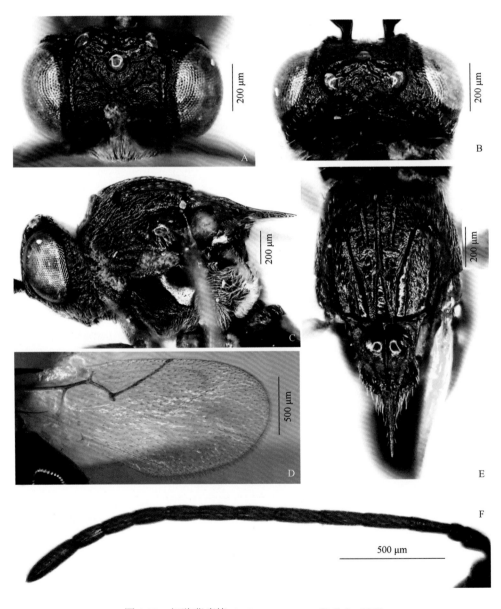

图 4-15 细狭背瘿蜂 *Aspicera attenuate* Belizin, 1952

A. 头，前面观；B. 头，背面观；C. 胸部，侧面观；D. 前翅；E. 胸部，背面观；F. 触角

主要特征：雌性体长 3.2 mm，雄性体长 2.3 mm。体黑色，触角柄节和梗节黑色，鞭节深棕色；足深棕色。前面观，额皮质，上部和中部具微褶皱；头顶皮质，具微褶皱。触角 13 节。背面观，中胸背板皮质，中脊明显突起且完整；中胸背板中沟皮质，中间区域和边缘区域革质，光亮，内部具不明显微横脊；前平行沟明显突起，平行，达整个中胸背板的 1/3–1/2；盾纵沟光亮，内部具明显横脊，前半部微革质；侧盾片脊具微软毛；盾纵沟末端革质；小盾片长是中胸背板长的 1.2 倍；小盾片中脊突起，延伸至整个小盾片的 1/3；小盾片具侧脊，微弯曲；小盾片刺脊长是小盾片长的 0.5 倍，表面具完整斜脊；侧面观，颊皮质，具横脊；前胸侧板皮质，具微横脊；盾纵沟间区域不突起；中胸侧板皮质，前部 1/3 处具明显刻纹刻点，后部区域光滑。

分布：浙江（磐安）、山东；蒙古国。

（48）马特狭背瘿蜂 *Aspicera martae* Ros-Farré *et* Pujade-Villar, 2013（图 4-16）

Aspicera martae Ros-Farré *et* Pujade-Villar, 2013: 38.

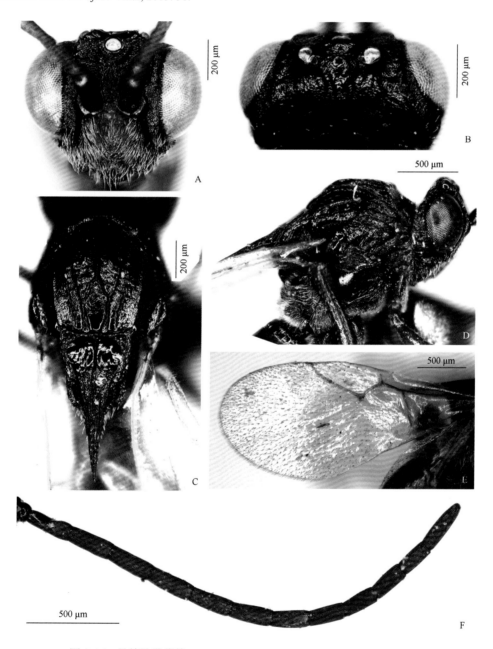

图 4-16　马特狭背瘿蜂 *Aspicera martae* Ros-Farré *et* Pujade-Villar, 2013

A. 头，前面观；B. 头，背面观；C. 胸部，背面观；D. 胸部，侧面观；E. 前翅；F. 触角

主要特征：雌性体长 2.9 mm，雄性体长 2.7 mm。头、胸部黑色，腹部深黑色；触角棕色；足棕色至浅棕色。前面观，额皮质，后部及中部微褶皱；侧额脊与复眼间区域不具横脊。背面观，头顶皮质，微刻纹，具波浪状脊。触角 13 节。前面观，中胸背板皮质，长是宽的 0.8 倍，侧脊完整明显；前平行沟突起，平行，达整个中胸背板长的 1/3–1/2；中胸背板中脊突起；盾纵沟皮质；中胸背板中沟后 1/3 处革质；侧盾片脊微革质，达盾纵沟前；小盾片长是中胸背板长的 1.2 倍；小盾片中脊突起，延伸到整个小盾片刺脊前端；小盾片刺脊是小盾片长的 0.9 倍，表面具纵脊，侧面观平直；侧面观，颊皮质，具横脊；前胸侧板皮质，具微横脊；中胸侧板皮质，基部具褶皱，前 1/3 处光滑。

分布：浙江（文成）、山西、江西、福建、云南；印度。

16. 矩盾狭背瘿蜂属 *Callaspidia* Dahlbom, 1842

Callaspidia Dahlbom, 1842: 10. Type species: *Callaspidia defonscolombei* Dahlbom, 1842.

主要特征：头部具白毛，微弱至强烈皮质；低颜面具明显刻纹；额褶皱或具有斜脊；额脊明显；头顶侧脊有时存在；触角丝状，雌性 13 节，雄性 14 节；中胸背板具短毛；前胸侧板皮质或革质，有时具横脊；中胸背板皮质有时具横脊；前平行沟和盾纵沟存在，中脊明显且完整；小盾片窝大，在某些种中可达小盾片中后部；并胸腹节脊宽，中部区域光滑或具毛；前翅径室开放，径室基部长是宽的 1.6–2.0 倍；侧面观，第 2 腹背板舌状，中部区域具一簇密毛，第 3 腹背板后 2/3 处具强烈刻点；胫节和腿节具刺，胫节刺较长，胫节后表面具 3 条纵沟。

分布：全北区。目前世界已知 6 种，浙江分布 4 种。

分种检索表

1. 并胸腹节脊基部具分支，中部区域基部具强烈横脊 ·· 达氏矩盾狭背瘿蜂 *C. dahlbomi*
- 并胸腹节脊平行或微弧形，基部无分支，并胸腹节中部区域与以上不同 ·· 2
2. 侧面观，中胸略平，不隆起；中胸背板具明显横脊 ·· 平背矩盾狭背瘿蜂 *C. defonscolombei*
- 侧面观，中胸强烈隆起；中胸背板具细横脊 ··· 3
3. 盾纵沟后端宽于前端，中胸背板几乎无横脊；侧面观，颊在复眼后呈角度；额中部具褶皱 ···· 山茶矩盾狭背瘿蜂 *C. japonica*
- 盾纵沟前后宽度均一，中胸背板具横脊；侧面观，颊弧形；额中部和侧部强烈褶皱 ·····台湾矩盾狭背瘿蜂 *C. formosana*

（49）达氏矩盾狭背瘿蜂 *Callaspidia dahlbomi* Ros-Farré *et* Pujade-Villar, 2009（图 4-17）

Callaspidia dahlbomi Ros-Farré *et* Pujade-Villar, 2009: 8.

主要特征：雌性体长 4.5 mm，雄性体长 4.1 mm。头深棕色至黑色。中胸背板深棕色至黑色；中胸侧板橘色；足深棕色。前面观，额皮质，强烈褶皱；侧额脊皮质，明显波纹状；头顶强烈褶皱；前脊凸起；低颜面具密白毛。背面观，头顶微褶皱，后头皮质，具强烈横脊。触角 13 节。侧面观，前胸侧板皮质，具微刻纹；中胸背板微弧形，中胸背板沟末端突起；中胸侧板皮质，基部具有斜向下且弯曲刻纹；背面观，中胸背板皮质具明显横脊；中胸背板中脊突起且完整；前平行沟明显，后部微会合，占整个中胸背板长的 1/3；盾纵沟革质，内部具短横脊，且前端窄于后端；中胸背板沟革质，内部具横脊，占整个中胸背板长的 1/3；侧盾片脊皮质，光滑；小盾片皮质，具明显横脊，后端微凹，是中胸背板长的 0.3 倍；小盾片窝光滑，占整个小盾片长的 1/2；并胸腹节基部 1/2 处具强烈横脊；并胸腹节脊光滑，且基部分叉。

分布：浙江（临安）、内蒙古、宁夏、福建、四川、贵州；瑞典，美国。

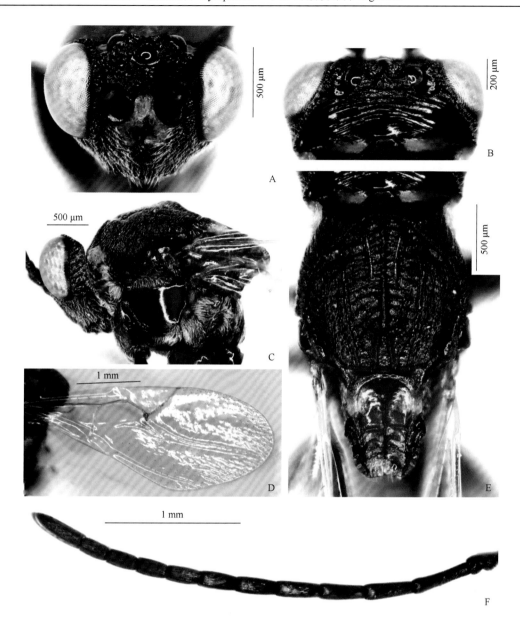

图 4-17　达氏矩盾狭背瘿蜂 *Callaspidia dahlbomi* Ros-Farré *et* Pujade-Villar, 2009

A. 头，前面观；B. 头，背面观；C. 胸部，侧面观；D. 前翅；E. 胸部，背面观；F. 触角

（50）平背矩盾狭背瘿蜂 *Callaspidia defonscolombei* Dahlbom, 1842（图 4-18）

Callaspidia defonscolombei Dahlbom, 1842: 13.

主要特征：雄性体长 3.2–4.2 mm，雌性体长 3.6–5.0 mm。头棕色至黑色；中胸背板黑色至棕色；小盾片浅棕色。前面观，额皱褶或具横脊，微皮质，额脊完整存在且宽；侧额脊平直或微弧形，突出且革质；背面观，头顶光亮微皮质，具微弱褶皱。触角 13 节。背面观，中胸背板皮质，具横脊；盾纵沟间区域具平直均匀横脊；中胸背板中沟宽于盾纵沟基部，内部具刻纹；侧盾片脊光亮且内具明显横脊，前半部非皮质；前平行沟细但明显，达中胸背板长度的 1/3–1/2；小盾片具横脊，小盾片窝内部光滑光亮；并胸腹节脊微弧形，中间区域皮质，具钝横脊；侧面观，前胸侧板皮质，具均匀斜脊；中胸背板弧形，中胸背板中沟末端突起；小盾片中脊侧面观突起，超过小盾片侧缘或在同一平面。

生物学：根据 Weems（1954），该种在北美洲侵袭食蚜蝇科幼虫，但无法确定具体种类。食蚜蝇、*Syrphus vitripennis*、*Melangynacincta*、*Sphaerophoria scripta*、*Melanostoma scalare*、凸颜宽跗蚜蝇和黑带食蚜蝇内均发现该种存在。在加拿大，该种采自螟蛾科红松梢果螟（该寄主可能性不大），该种在美国的黄颜食蚜蝇和俄罗斯的黑带食蚜蝇中均有发现。

分布：浙江（安吉、临安、庆元）、内蒙古、新疆、台湾、四川；俄罗斯，土库曼斯坦，哈萨克斯坦，印度，亚美尼亚，芬兰，乌克兰，瑞典，罗马尼亚，波兰，希腊，摩尔多瓦，保加利亚，匈牙利，克罗地亚，斯洛文尼亚，奥地利，挪威，丹麦，德国，意大利，荷兰，法国，英国，西班牙，葡萄牙，美国，加拿大，巴西，阿根廷，智利。

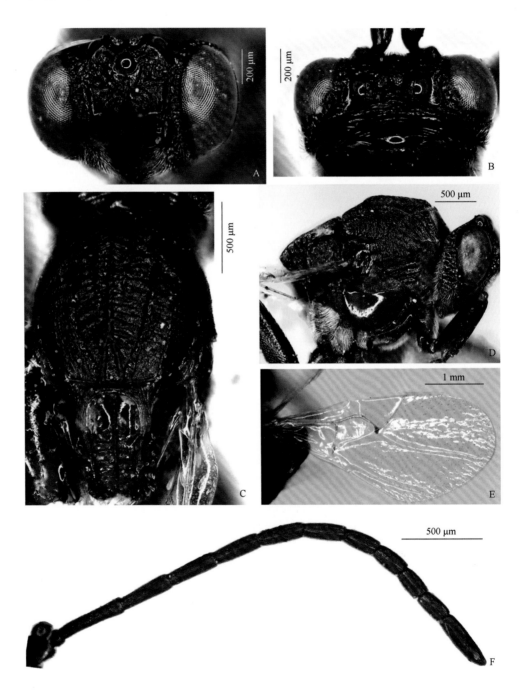

图 4-18　平背矩盾狭背瘿蜂 *Callaspidia defonscolombei* Dahlbom, 1842

A. 头，前面观；B. 头，背面观；C. 胸部，背面观；D. 胸部，侧面观；E. 前翅；F. 触角

（51）台湾矩盾狭背瘿蜂 *Callaspidia formosana* **Hedicke, 1913**（图 4-19）

Callaspidia formosana Hedicke, 1913: 441.

主要特征：雄性体长 5.5–5.7 mm，雌性体长 5.6–5.8 mm。头黑色，前胸背板黑色；中胸除部分橙色区域外为黑色，足深棕色。前面观，额皮质，强烈皱褶，额脊存在，侧额脊与复眼间区域皮质。背面观，头顶光亮，具皱褶和脊，头顶后皮质，后头皮质具横脊。触角 13 节。背面观，中胸背板皮质，具少量横脊，盾纵沟间区域具明显横脊；盾纵沟后部窄于中胸背板中沟，盾纵沟前后宽度均一，内部具横脊；中胸背板中沟内不具刻纹；中脊强烈突出，皮质，极弯曲；前平行沟平直，皮质，占整个中胸背板长的 1/3，后端微汇聚；侧盾片脊有光泽，内具明显横脊；侧面观，前胸背板侧表面强烈皮质，具横脊；中胸背板中沟末端具强烈突起；中胸背板前部具一微弱突起；小盾片中脊低于小盾片侧缘，小盾片后部平直；并胸腹节脊近平直，中部区域微褶皱，基部具刻纹。

分布：浙江（临安）、福建、台湾；印度。

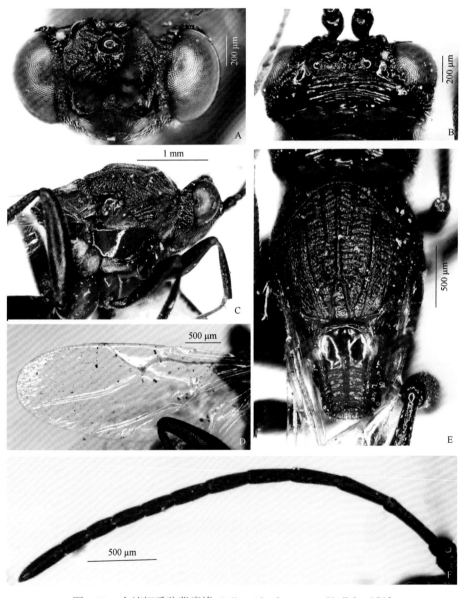

图 4-19　台湾矩盾狭背瘿蜂 *Callaspidia formosana* Hedicke, 1913

A. 头，前面观；B. 头，背面观；C. 胸部，侧面观；D. 前翅；E. 胸部，背面观；F. 触角

（52）山茶矩盾狭背瘿蜂 *Callaspidia japonica* (Ashmead, 1904)（图 4-20）

Onychia japonica Ashmead, 1904a: 76.

Callaspidia japonica: Dalla Torre *et* Kieffer, 1910: 67.

主要特征： 雄性体长 4.1 mm，雌性体长 4.3 mm。体大部黑色，其余棕色。前面观，额强烈皱褶、皮质，中部突出，额脊存在；侧额脊皮质，与复眼间区域强烈皮质，具横脊。背面观，头顶强烈皮质，微褶皱。触角 13 节。背面观，中胸背板皮质，微褶皱，具细纹，盾纵沟间区域具强烈横脊；盾纵沟微革质，后部窄于中胸背板中沟，盾纵沟前半部极窄，内部具微弱横脊；中胸背板中沟长是宽的 4.0 倍，内具微弱横脊；侧盾片脊光滑光亮，内部具横脊；中脊强烈突出，强烈皮质，前部弯曲；并胸腹节脊微弧形，革质或具刻纹，并胸腹节中部区域边缘具强烈横脊，中部光滑；侧面观，前胸侧板皮质，基部和后部具横脊，但基部横脊较后部稀疏；中胸背板中沟末端强烈突起；中胸背板前部有一明显突起；小盾片中脊低于小盾片侧缘，后部平直。

分布： 浙江（临安、庆元）、河南、福建、台湾、贵州；日本。

图 4-20　山茶矩盾狭背瘿蜂 *Callaspidia japonica* (Ashmead, 1904)

A. 头，前面观；B. 头，背面观；C. 胸部，背面观；D. 胸部，侧面观；E. 前翅；F. 触角

17. 盾狭背瘿蜂属 *Omalaspis* Giraud, 1860

Omalaspis Giraud, 1860: 131. Type species: *Omalaspis noricus* Giraud, 1860.

主要特征：低颜面具明显刻纹；额皮质，有时微褶皱或具有短横脊，额脊存在或不存在，侧额脊明显；头顶皮质具刻纹或微褶皱，有时非常微弱；触角丝状，雄性 14 节，雌性 13 节；前胸侧板后部具微横脊或褶皱，基部具明显横脊；侧盾片脊光亮，有时具明显横脊；中脊通常明显且完整；前平行沟明显，占整个中胸背板长的 1/3–1/2；中胸背板中沟明显且长，达整个中胸背板长的 1/3；盾纵沟皮质光亮，后端明显宽于前端；中胸侧板后 2/3 处光滑，有时前端具微刻纹，基部具粗糙刻纹或强烈横脊；小盾片端部向内凹陷，弯曲，或后部具刻纹，通常短于中胸背板；小盾片后部具明显中脊；前翅径室开放；足胫节后表面具纵脊；腹柄短，宽大于长；第 2 腹背板马鞍状且在前部具两簇密毛；第 3 腹背板在后部 2/3 处具强烈刻点。

分布：全北区。目前世界已知 10 种，中国记录 2 种，浙江分布 2 种。

（53）亚洲盾狭背瘿蜂 *Omalaspis asiatica* Ros-Farré *et* Pujade-Villar, 2011（图 4-21）

Omalaspis asiatica Ros-Farré *et* Pujade-Villar, 2011: 4.

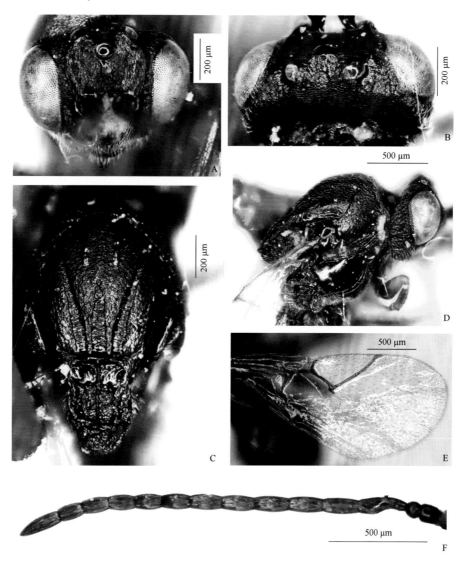

图 4-21　亚洲盾狭背瘿蜂 *Omalaspis asiatica* Ros-Farré *et* Pujade-Villar, 2011

A. 头，前面观；B. 头，背面观；C. 胸部，背面观；D. 胸部，侧面观；E. 前翅；F. 触角

　　主要特征：雌性体长 2.6 mm，雄性体长 3.3 mm。头部、胸部和腹部黑色；足棕色。额皮质，额脊微弱；侧额脊突出，与复眼间区域皮质；头顶后部和后头皮质；颊有边缘且延展，具横脊，皮质。触角 13节。前胸背板侧表面皮质，背部具极细的横脊，基部具明显横脊，中间区域皮质；中胸背板皮质，具刻点；中脊完整，前平行沟明显占整个中胸背板长度的 1/3，末端微会合；中胸背板中沟光滑皮质，内部具少量横脊；盾纵沟中部宽，前部和后部窄，皮质，具细小横脊；侧面观，中胸微弧形；中胸侧板前部微革质，后部光滑；小盾片长为中胸背板的 0.7 倍；小盾片窝内脊达小盾片长度的 1/3，强烈弯曲；小盾片窝在中脊附近具褶皱，侧面光滑。

　　分布：浙江（临安）、黑龙江、辽宁。

（54）窄盾狭背瘿蜂 *Omalaspis latreillii* (Hartig, 1840)（图 4-22）

Figites latreillii Hartig, 1840: 202.

Omalaspis latreillii: Weld, 1952: 168.

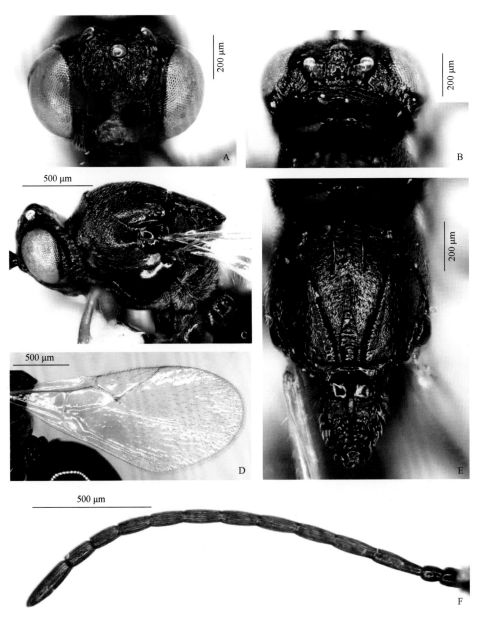

图 4-22　窄盾狭背瘿蜂 *Omalaspis latreillii* (Hartig, 1840)

A. 头，前面观；B. 头，背面观；C. 中胸，侧面观；D. 前翅；E. 中胸，背面观；F. 触角

主要特征：雌性体长 3.1 mm。头深棕色至黑色；胸部黑色；足深棕色至黑色。前面观，额皮质，微褶皱，中脊不存在；侧额脊突起，与复眼间区域具微弱横脊；低颜面皮质，具密白毛；侧面观，颊皮质，具强烈横脊；后头皮质光滑，不具横脊。触角 13 节。侧面观，前胸侧板皮质，基部具明显横脊；中胸侧板皮质光滑，基部具弯曲斜脊；中胸背板微弧形；背面观，中胸背板中脊微弱但可见；前平行沟明显突起，平行；中胸背板沟皮质，占整个中胸背板长的 1/2，内具强烈横脊；盾纵沟皮质，内具横脊，后端明显宽于前端，后端与中胸背板沟后端几乎等宽；小盾片皮质，粗糙且微褶皱；小盾片中脊占整个小盾片长的 3/4；小盾片侧脊突起，末端会合，后端平直或微弧。

分布：浙江（临安）、山西、福建；德国，瑞典。

18. 剑盾狭背瘿蜂属 *Prosaspicera* Kieffer, 1907

Prosaspicera Kieffer, 1907: 152. Type species: *Prosaspicera ensifera* Kieffer, 1907.

主要特征：头部侧额脊明显，具或不具额脊；头顶具强烈刻纹或微弱刻纹，头顶后半部皮质或光滑，中竖直沟深，且两侧具一到两条纵脊；后头脊明显，后头光滑至皮质，具或不具横脊；触角雌性 13 节，雄性 14 节。中胸背板光滑或具毛，前胸侧板有时具横脊；中胸背板皮质，有时具横脊；前平行沟和盾纵沟存在；中脊从中胸背板前缘达中胸背板中沟末端，通常很明显；中胸背板中沟明显，占中胸背板长的 1/3；中胸侧板光滑或后部 2/3 皮质；小盾片长大于中胸背板，小盾片脊长，通常表面具纵脊；小盾片长是中胸背板长的 0.9–3.9 倍；腹柄短，长与宽相等，第 2 腹背板马鞍状且光滑，第 3 腹背板具强烈刻点。

生物学：寄生于双翅目食蚜蝇科幼虫，多数种类未知。

分布：世界广布。世界已知 30 种，中国记录 6 种，浙江分布 4 种。

分种检索表

1. 小盾片刺脊较短，长是中胸背板长的 0.3–0.8 倍·······················东方剑盾狭背瘿蜂 *P. orientalis*
- 小盾片刺脊长，长是中胸背板长的 1.3–1.8 倍··2
2. 小盾片窝较大或近四边形，内部具微褶皱；侧面观，前胸侧板后部具横脊·············天目剑盾狭背瘿蜂 *P. tianmuensis*
- 小盾片窝小，内部光滑；侧面观，前胸侧板与以上不同···3
3. 前胸侧板具强烈横脊；小盾片窝不具后缘····························脊剑盾狭背瘿蜂 *P. validispina*
- 前胸侧板具强烈弯曲脊；小盾片窝具后缘····························异剑盾狭背瘿蜂 *P. confusa*

（55）异剑盾狭背瘿蜂 *Prosaspicera confusa* Ros-Farré, 2006（图 4-23）

Prosaspicera confusa Ros-Farré *in* Ros-Farré & Pujade-Villar, 2006: 28.

主要特征：雌性体长 3.3 mm，雄性体长 3.8 mm。头、胸部棕色至深棕色。前面观，额皮质，额脊强烈，侧额脊突起，与复眼间区域皮质。背面观，头顶皮质具刻纹，在后部中竖直沟两侧具纵脊，中竖直沟光滑光亮；后头皮质，具一到两条横脊。侧面观，颊皮质，具横脊。背面观，中胸背板皮质，具横脊；前平行沟宽且突起，后端平行，达整个中胸背板的 1/3–1/2；中胸背板中脊突起，在中胸背板中沟前端分叉；盾纵沟宽，光滑，前端窄；中胸背板中沟光滑；侧盾片脊很宽，后端皮质，前端光滑；中胸背板长是宽的 1.9 倍；小盾片中脊和侧脊突起，且延伸至整个小盾片刺脊的后 1/4；小盾片和小盾片刺脊皮质。侧面观，前胸侧板皮质，具明显横脊和波纹状脊；中胸侧板前端强烈皮质。

分布：浙江（临安、庆元）、宁夏、福建、广东、云南；缅甸。

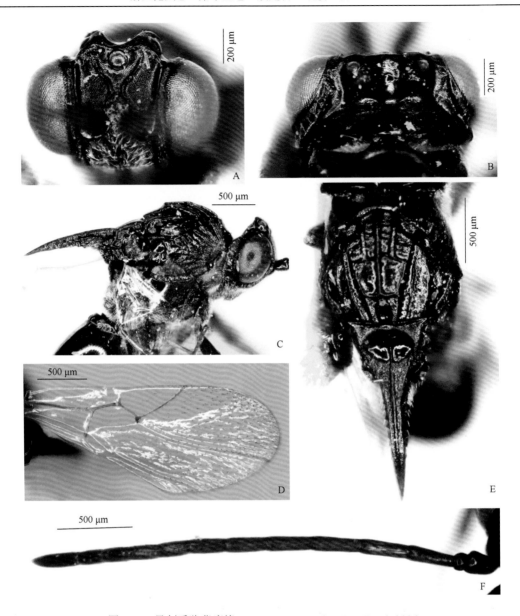

图 4-23　异剑盾狭背瘿蜂 *Prosaspicera confusa* Ros-Farré, 2006

A. 头，前面观；B. 头，背面观；C. 中胸，侧面观；D. 前翅；E. 中胸，背面观；F. 触角

（56）东方剑盾狭背瘿蜂 *Prosaspicera orientalis* Pujade-Villar, 2006（图 4-24）

Prosaspicera orientalis Pujade-Villar *in* Ros-Farré & Pujade-Villar, 2006: 41.

　　主要特征：雌性体长 3.3 mm，雄性体长 2.8 mm。头和胸部黑色。前面观，额皮质，具强烈额脊，侧额脊与复眼间区域具微横脊；背面观，头顶皮质，具微褶皱且在中竖直沟两侧具纵脊；后头皮质，具一到两条横脊；侧面观，颊皮质，具短横脊。背面观，中胸背板中脊突起，在中胸背板中沟前不分叉，中脊占整个中胸背板长的 2/3；前平行沟明显，平行，达整个中胸背板长的 1/3 或 1/2；中胸背板中沟皮质，中央区域光滑；盾纵沟窄，皮质，边缘具微弱横脊，盾纵沟和中脊间区域具强烈横脊；小盾片长是宽的 0.8 倍；小盾片刺脊在小盾片中脊两端具一到两条纵脊；小盾片中脊延伸至小盾片刺脊的 1/3；侧面观，前胸侧板皮质，后半部具横脊；中胸侧板皮质，前 1/2 明显褶皱。

　　分布：浙江（德清）、辽宁、宁夏、甘肃；日本。

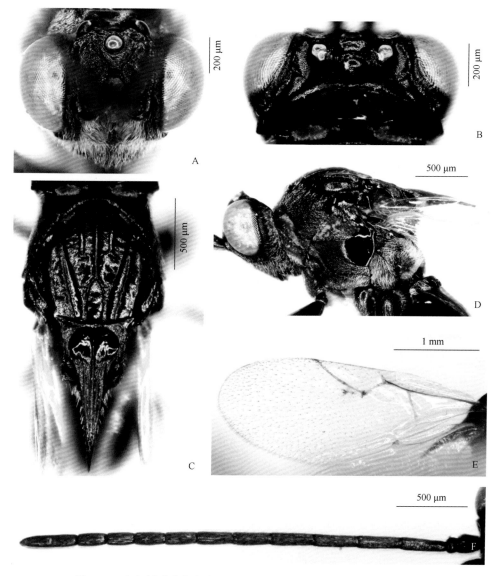

图 4-24　东方剑盾狭背瘿蜂 *Prosaspicera orientalis* Pujade-Villar, 2006

A. 头，前面观；B. 头，背面观；C. 胸部，背面观；D. 胸部，侧面观；E. 前翅；F. 触角

（57）脊剑盾狭背瘿蜂 *Prosaspicera validispina* Kieffer, 1910（图 4-25）

Prosaspicera validispina Kieffer, 1910a: 109.

主要特征： 雌性体长 3.0–4.1 mm，雄性体长 2.8–3.1 mm。头黑色，胸部黑色。头前面观，额皮质具少量脊，侧额脊突起；背面观，头顶具强烈刻纹，皮质，光亮具微弱横脊，后部皮质，具不完整横脊；侧面观，颊微宽，皮质，具微横脊。背面观，中胸背板皮质具横脊；前平行沟平行，占整个中胸背板长的 1/3–1/2；中沟突起，且在中胸背板中沟前分叉；盾纵沟后端宽于前端，雌性盾纵沟皮质，在雄性中光滑；中胸背板中沟中央区域光滑，边缘皮质；中胸背板中沟末端突起；侧盾片脊宽皮质；小盾片长是中胸背板长的 1.2–1.6 倍；小盾片中脊和侧脊突出并达刺脊的 1/3；小盾片刺脊皮质；侧面观，前胸侧板皮质，上半部具强烈横脊；中胸侧板强烈皮质，前部具明显刻点，后 1/3 处光滑。

生物学： 可能寄生于马铃薯块茎蛾。

分布： 浙江（临安、开化、庆元）、山西、河南、陕西、宁夏、湖南、福建、台湾、海南、广西、重庆、贵州、云南；印度，尼泊尔，马来西亚，印度尼西亚，美国。

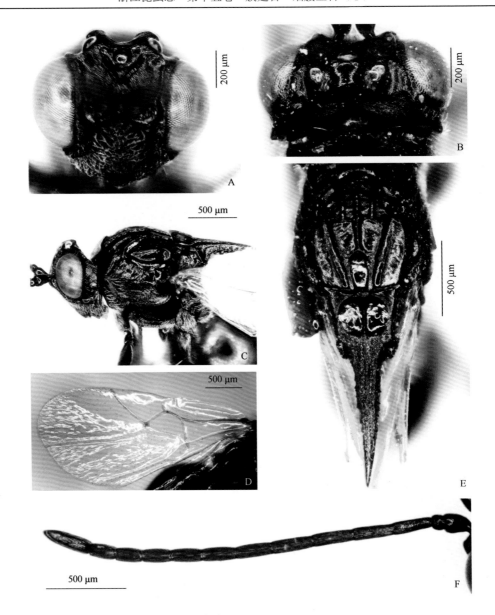

图 4-25　脊剑盾狭背瘿蜂 *Prosaspicera validispina* Kieffer, 1910

A. 头，前面观；B. 头，背面观；C. 中胸，侧面观；D. 前翅；E. 中胸，背面观；F. 触角

（58）天目剑盾狭背瘿蜂 *Prosaspicera tianmuensis* Wang, Ros-Farré *et* Wang, 2014（图 4-26）

Prosaspicera tianmuensis Wang, Ros-Farré *et* Wang, 2014: 67.

　　主要特征：雌性体长 3.7 mm，雄性体长 3.5 mm。头深黑色至黑色，中胸深棕色至黑色，足深棕色。前面观，额皮质，具强烈额脊和侧额脊；背面观，头顶皮质，具微褶皱；后头皮质，具微横脊；侧面观，颊皮质，具微弱横脊。背面观，中胸背板长是宽的 0.8 倍；前平行沟突起，占整个中胸背板长的 1/3；中沟突起，在中胸背板中沟前分叉；中胸背板中沟皮质，存在，但中胸背板中沟末端模糊；盾纵沟皮质，完整且内部光滑，盾纵沟与中脊间区域具横脊；小盾片皮质，具明显纵脊；小盾片中脊突起，占小盾片刺脊长的 1/4；侧面观，前胸侧板基部和后部具横脊；中胸背板中沟末端微突起；中胸侧板强烈皮质，后部 1/3 处光滑；雄性，侧面观，中胸背板中沟末端强烈隆起。

　　分布：浙江（临安）。

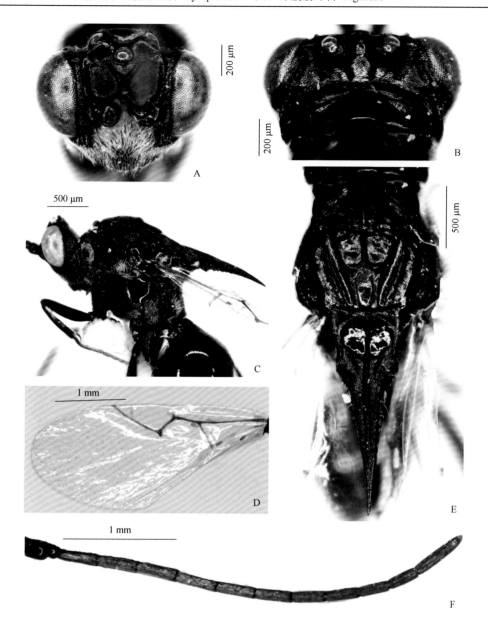

图 4-26　天目剑盾狭背瘿蜂 *Prosaspicera tianmuensis* Wang, Ros-Farré *et* Wang, 2014
A. 头，前面观；B. 头，背面观；C. 中胸，侧面观；D. 前翅；E. 中胸，背面观；F. 触角

（二）匙胸瘿蜂亚科 Eucoilinae

主要特征：体小型，体长 0.8–5 mm，通常黑色，腹部和足的颜色略淡。翅通常发育完全，具绒毛或光裸，具缨毛或退化；前翅长 1.5–4.0 mm，极少数为短翅型；翅缘圆钝或凹陷。雌性触角 13 节，由基部到端部逐渐加粗；雄性触角 15 节，通常第 3 节或第 4 节膨大、弯曲。前胸背板显著，其中部前方收缩成 1 前片，后缘突出。中胸背板光滑、光亮；中胸小盾片盘状、隆起，盘上有 1 杯状凹陷。腹部第 2、3 节背板愈合形成腹部最大一节。

生物学：匙胸瘿蜂寄生于双翅目环裂亚目的一龄幼虫中，大部分种寄生于潜蝇（双翅目潜蝇科）。大多数匙胸瘿蜂都寄生于实蝇科、秆科、潜蝇科的植食性昆虫幼体中，但是也有部分匙胸瘿蜂寄生于腐烂的兽体、粪、腐烂的水果、蘑菇和藻类中的分解性蝇类中。

分布：世界广布。匙胸瘿蜂亚科由 6 族组成，目前，世界已知 80 多属 1000 多种，浙江分布 2 属 2 种。

19. 合脊匙胸瘿蜂属 *Disorygma* Förster, 1869

Disorygma Förster, 1869: 346. Type species: *Disorygma divulgata* Förster, 1869.

　　主要特征：体光滑。颚间沟简单到复杂，具刻纹；颊脊缺失。前胸背板小，具绒毛和刻点，背缘圆钝，具开放性侧凹；中胸背板光滑、光裸；盾纵沟微弱，通常在前端不明显（但是在新北区种中可见）；亚侧沟完整。中胸侧板上方光裸，下方具刻纹，褶皱；中胸侧沟存在。后胸侧板后缘突起；具脊。侧棒光滑，与宽同长。前窝卵形，光滑。小盾片具网状褶皱，侧缘和后缘较圆钝。并胸腹节光裸或具密绒毛，亚侧脊前方平行，后方趋于会合。第1腹背板光裸；最大腹背板光裸或具分散的绒毛；腹部后 1/3 处具刻点。

　　生物学：主要寄生于潜蝇科蝇类幼虫中。

　　分布：主要分布在古北区。世界已知 4 种，中国记录 1 种，浙江分布 1 种。

（59）刻合脊匙胸瘿蜂 *Disorygma punctatis* Li, Wang *et* Chen, 2017（图 4-27）

Disorygma punctatis Li, Wang *et* Chen, 2017: 288.

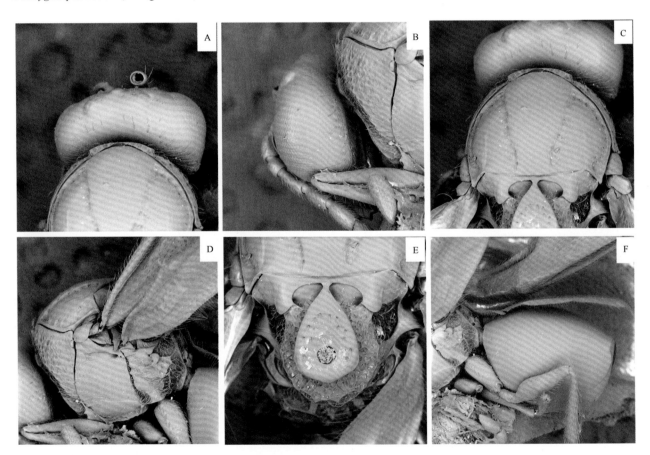

图 4-27　刻合脊匙胸瘿蜂 *Disorygma punctatis* Li, Wang *et* Chen, 2017
A. 头，背面观；B. 头，侧面观；C. 胸部，背面观；D. 胸部，侧面观；E. 小盾片，背面观；F. 腹部，侧面观

　　主要特征：雌性体长 1.96 mm，前翅长 2.07 mm。体黑色。头背面观，后头凹形，约为头宽的 0.84 倍，颚间距具短的刻纹，约为复眼高的 0.49 倍。前面观，前胸背板具开放性侧凹；背缘凹形；后缘具密集的刻点和少数短的绒毛。前胸侧板具密集的刻点和少数短的绒毛。亚侧沟完整，具刻点。盾纵沟完整，为两条窄的刻点线，后端略微趋于会合。中胸侧板突起。中胸侧板最上方具短的刻纹。后胸背板侧棒光滑，约为

小盾片长的 0.38 倍。小盾片网状、圆钝，长约为宽的 1.12 倍。并胸腹节亚侧脊前端平行，后端略微趋于会合，具绒毛。腹柄短，具沟。侧面观，仅最大腹背板可见；腹背板后端 1/4 处具刻点。雄性体长：1.81 mm，翅长：1.68 mm。与雌性相似。

分布：浙江（临安）、河南。

20. 光锐匙胸瘿蜂属 *Gronotoma* Förster, 1869

Gronotoma Förster, 1869: 342. Type species: *Striatovertex sculpturata* Förster, 1855.

主要特征：体光滑、光亮。头部颊具绒毛；颚间距部分或完全具刻纹；颊脊缺失。前胸背板小，具刻点及少数绒毛，前胸背板侧脊存在。前胸侧板光滑或具短的刻纹。中胸背板亚侧沟完整；盾纵沟存在，光滑或具刻点，内缘在 2/3 处趋于会合。中胸侧板上方光裸，下方光裸或具刻纹褶皱。侧棒与宽同长。小盾片前窝光滑。小盾片表面具网状褶皱，圆钝，侧面和背面突出物缺失。并胸腹节具密的绒毛；亚侧脊接近平行。第 1 腹背板具褶皱；第 2 腹背板光裸或具分散的绒毛，后部 1/3 具刻点；腹后部较直，背部与侧面形成 70°；雄性背部与侧面形成 90°。

生物学：主要寄生于潜蝇科蝇类幼虫中。

分布：世界广布。世界已知 50 种，浙江分布 1 种。

（60）光锐匙胸瘿蜂 *Gronotoma nitida* Buffington, 2002 （图 4-28）

Gronotoma nitida Buffington, 2002: 598.

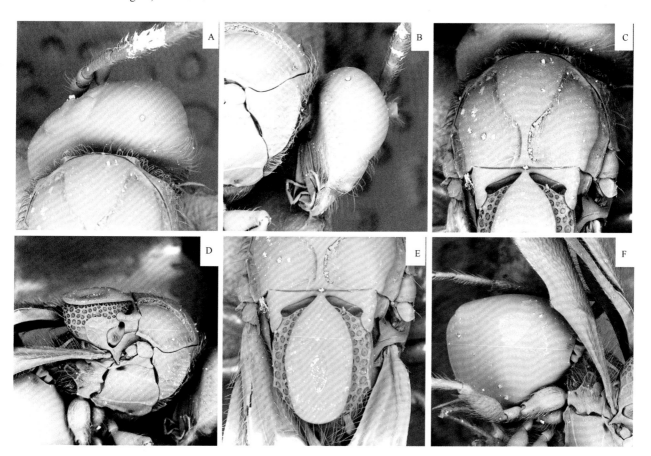

图 4-28　光锐匙胸瘿蜂 *Gronotoma nitida* Buffington, 2002

A. 头，背面观；B. 头，侧面观；C. 胸部，背面观；D. 胸部，侧面观；E. 小盾片，背面观；F. 腹部，侧面观

主要特征： 雌性体长 2.61 mm，前翅长 2.59 mm。体黑色、栗色。头前面观，复眼内侧，颊具绒毛。背面观，头横向，约为头宽的 0.49 倍。颚间距无刻纹，颚间沟下方分别具一个圆锥形突起。前面观，前胸背板片中脊窄，具开放性侧凹。前胸侧板具短的侧脊和绒毛。中胸背板长约为宽的 0.79 倍。亚侧沟完整。盾纵沟完整，后端内缘明显趋于会合，外缘与内缘之间明显加宽，两内缘被一条窄的中脊分开，趋于会合区近似半圆形。中胸侧板光滑，中胸侧沟存在。侧棒光滑，约为小盾片长的 0.37 倍。小盾片网状，圆钝，长约为宽的 1.13 倍。并胸腹节较短，亚侧脊在中间膨大，具绒毛。腹部长、宽、高比为 1.0∶0.6∶0.8。腹柄宽，具沟。侧面观，仅最大腹背板可见，后端具刻点。

分布： 浙江（临安）；肯尼亚，刚果民主共和国，加纳，南非，赞比亚，津巴布韦。

（三）长背瘿蜂亚科 Charipinae

主要特征： 体小型。前翅长 1.5–2.0 mm，也有短翅或无翅个体。雌性触角 13 节，雄性 14 节，第 4 节少数第 3 节或 3–5 节腹面凹陷。前胸背板前方陡直，具突出的前缘脊。头顶、中胸背板、小盾片、中胸前侧片及腹部光滑。前翅 Rs+M 脉若可见时，则从 Rs 和 M 脉（基脉）的近中部发出。中足胫距常 1 个，后足胫距 1–2 个，长短不等。腹部第 2 节背板基部有 1 圈长柔毛；雌性腹部侧扁，第 2 背板或愈合的第 2+3 背板最大。

生物学： 蚜重瘿蜂属和光瘿蜂属寄主都是寄生蚜虫的蚜茧蜂亚科或蚜小蜂科。雌瘿蜂产卵时将产卵器刺入蚜虫腹部。把卵产入位于蚜虫血腔中的初寄生蜂幼虫体内，直到初寄生者完成发育后才孵化。产的卵如多个，仅一幼虫成活。瘿蜂幼虫不做茧，而是利用初寄生者所做的茧。

分布： 世界广布。浙江分布 1 属 1 种。

21. 蚜重瘿蜂属 *Alloxysta* Förster, 1869

Alloxysta Förster, 1869: 338. Type species: *Xystus macrophadnus* Hartig, 1841.

主要特征： 头、胸部光滑；前胸背板背面观前角稍突出；无盾纵沟。无小盾片前沟；小盾片拱隆。并胸腹节有 2 条平行亚中纵脊。前翅径室密封。中胸侧板前上角有一三角形浅凹区域及一明显横沟。腹部光滑，在最基部密布细毛环；端部斜截；稍侧扁。

分布： 世界广布。中国记录 3 种，浙江分布 1 种。

（61）栗大蚜瘿蜂 *Alloxysta ishizawai* (Watanabe, 1950)

Charpies ishizawai Watanabe, 1950: 87.

Alloxysta ishizawai: Ferrer-Suay *et al.*, 2013: 3.

主要特征： 雄性体长 2 mm。体黑色；足红黄色。头、胸部光滑，有白毛。触角 14 节，稍长于体。前胸背板背面观前角稍突出。无盾纵沟。无小盾片前沟；小盾片拱隆。中胸侧板前上角有一三角形浅凹区域及一明显横沟。并胸腹节有 2 条平行亚中纵脊。前翅径室密封，长约为高的 2.5 倍。中足胫节 1 距；后足胫节 2 距不等长。腹部光滑，在最基部密布细毛环；端部斜截；稍侧扁。雌性体长 2 mm。体色和结构与雄性相似。但触角 13 节，比雄性短，第 3 节正常，不弧形凹入，长为第 4 节的 1.5 倍，端节长于端前节。

生物学： 从寄生于板栗大蚜的日本少毛蚜茧蜂僵蚜中育出。

分布： 浙江（黄岩）、江苏；日本。

九、瘿蜂科 Cynipidae

主要特征：瘿蜂科昆虫体小，体长 1–10 mm，体色主要是黑色、红褐色或暗黄色。体表常具有刻纹。触角丝状，12–16 节，雄性第 1 鞭节常变异。雌性腹背板常侧扁，第 2 腹背板最大，或第 2、3 腹背板融合。

生物学：瘿蜂科生物学习性较为复杂，多数种类在寄主植物上作虫瘿，少数营寄生生活，以其他昆虫为寄主，或为寄食昆虫。生殖方法比较特殊，具有性生殖与无性生殖异形世代交替现象。营寄生者卵常具长柄，幼虫无足，蛆状，蛹无瘿。

分布：世界广布。

草瘿蜂族 Aylacini Ashmead, 1903

主要特征：体长 1.0–5.0 mm。体色常为黑色，棕色或红棕色。头横向，宽是高的 2 倍；低颜面具唇基至复眼内缘和触角槽的放射状线条刻纹。雌性触角 12–14 节，雄性 13–15 节。前胸背板中长，至少为其外侧缘最大长的 1/6–1/3。中胸背板盾纵沟完整或较短；中胸背板中沟至多延伸至整个盾板的 1/2，常以短三角形存在；亚侧沟和前平行沟明显。中胸侧板具有横向线条状刻纹。腹部第 2–6 腹背板自由；第 2 腹背板占整个腹背板长的 1/3–1/8。生殖刺突短，具少量短白毛。

生物学：主要在菊科、菝葜科、罂粟科和唇形花科等植物的茎、花或果实等部位致瘿。

分布：全北区。世界已知 23 属 128 种，浙江分布 2 属 2 种。

22. 盘缠瘿蜂属 *Xestophanopsis* Pujade-Villar *et* Wang, 2019

Xestophanopsis Pujade-Villar *et* Wang *in* Pujade-Villar *et al*., 2019: 128. Type species: *Ceroptres distinctus* Wang, Liu *et* Chen, 2012.

主要特征：鞭节为 10 节且长，F_1 短于 F_2，翅径室很长，长至少是宽的 4 倍，跗节具有较大的齿，第 2 与第 3 腹背板愈合，径室沿边缘闭合。盾纵沟很短且浅。

分布：主要分布于东洋区世界已知 18 种，中国记录 2 种，浙江分布 1 种。

（62）异盘缠瘿蜂 *Xestophanopsis distinctus* (Wang, Liu *et* Chen, 2012)（图 4-29）

Ceroptres distinctus Wang, Liu *et* Chen, 2012: 377.

Xestophanopsis distinctus: Pujade-Villar *et al*., 2019: 130.

主要特征：雌虫体长 2.1 mm，前翅长 2.4 mm。头亮褐色，胸部黑褐色，足暗淡黄色。头光滑、光亮，具均匀稀短白毛。低颜面具微弱不规则放射状线条刻纹，该刻纹延伸至复眼但未到触角槽；颜面隆起中央区革质，无毛。胸部隆起，具白色毛。前胸背板中长，亚中背板坑深，略横向，中间由宽脊分离；前胸背板侧隆起区域明显，光滑、光亮，无毛；盾纵沟不明显；中胸背板的前平行沟、中沟和侧沟均缺失；中胸背板腋背具短白毛，微革质。中胸侧板光滑，光亮。跗节爪具尖锐基叶。腹部等长于头、胸部之和，略圆钝，侧面观长为高的 1.3 倍；第 2、3 腹背板融合，前侧具密毛斑，后背无刻点斑；剩余背板和肛下生殖板无明显密刻点；肛下生殖板刺突短，具两排相对较长的密白毛，端部毛长超过腹刺突末端。

分布：浙江（临安）。

23. 菊瘿蜂属 *Aulacidea* Ashmead, 1987

Aulacidea Ashmead, 1897: 68. Type species: *Aulax mulgediicola* Ashmead, 1896.

　　主要特征：头宽为高的 2 倍；额和头顶革质；雌性触角 12–14 节，雄性 13–14 节；前胸背板亚中背板坑明显凹陷，相互分离，较宽；中胸背板革质，颗粒或微皱纹；盾纵沟常完整，有时凹陷不明显，前部很窄；中胸背板中沟线形成短三角区，至多延伸至中胸背板长的 1/2。小盾片圆钝，长略大于宽，具革质或皱纹；中胸侧片常具横向线条刻纹。径室关闭；第 2 腹背板前侧常具白毛斑，剩余背板及肛下生殖板具刻点。

　　生物学：该属种类的寄主植物为菊科的乳苣属和莴苣属的茎上致瘿。

　　分布：全北区。世界已知 29 种，浙江分布 1 种。

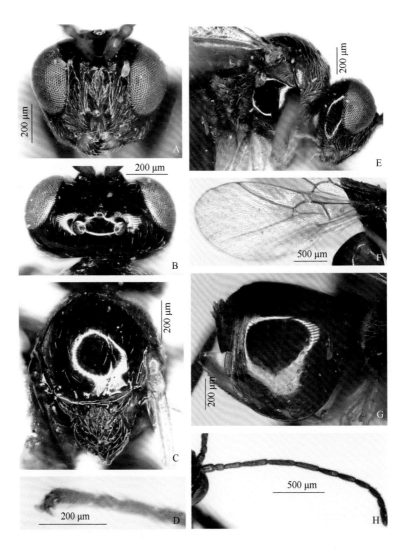

图 4-29　异盘缠瘿蜂 *Xestophanopsis distinctus* (Wang, Liu *et* Chen, 2012)
A. 头，前面观；B. 头，背面观；C. 胸部，背面观；D. 爪；E. 胸部，侧面观；F. 翅；G. 腹；H. 触角

（63）何氏菊瘿蜂 *Aulacidea hei* Wang, Liu *et* Chen, 2012（图 4-30）

Aulacidea hei Wang, Liu *et* Chen, 2012: 785.

主要特征：雌虫体长 2.4 mm，前翅长 2.6 mm，产卵鞘长 0.3 mm。头、胸部黑色；足黄色至黄褐色；腹背部暗褐色。前面观，头横卵形，革质，具稀白毛。低颜面和中间隆起区域均具微弱的放射状线条刻纹。胸背腹平坦，微弱隆起，侧面观长略大于高，具稀毛。中胸背板具间断，窄皱褶，两盾纵沟间区域尤为明显。盾纵沟完整，沿整个长度凹陷较深；中胸背板中沟长，延伸至整个背板；中胸背板侧沟明显，延伸至背板长的 1/2；中胸背板前平行沟短，延伸至整个背板的 1/4；小盾片椭圆形，中央区域和两凹陷窝的中间区域具细微刻纹。中胸侧板具完整的线条状刻纹。并胸腹节侧脊直、平行、无毛、等宽，中央区域无毛，并胸腹节侧区皮质，具密白毛。腹部近等长于头、胸部之和，侧面观长大于高；第 3、4 腹背板融合，后端无刻点，前侧具稀短白毛；肛下生殖板无刻点；肛下生殖板刺突短。

分布：浙江（临安）。

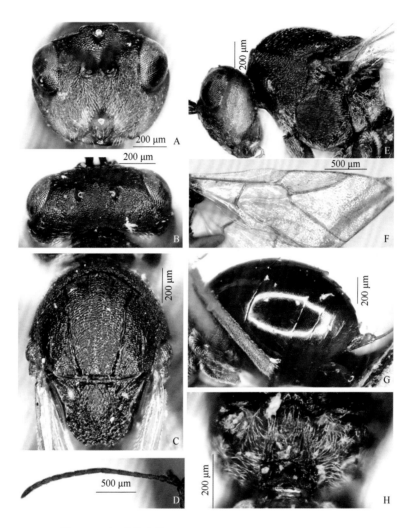

图 4-30　何氏菊瘿蜂 *Aulacidea hei* Wang, Liu *et* Chen, 2012

A. 头，前面观；B. 头，背面观；C. 胸部，背面观；D. 触角；E. 胸部，侧面观；F. 翅；G. 腹部；H. 并胸腹节

瘿蜂族　Cynipini Latreille, 1802

主要特征：体长 0.8–6.0 mm，通常无性生殖雌虫体大于两性生殖；体常黑色，亮褐色或黄色。无性生殖雌虫常具密毛，而两性生殖个体毛疏。头横向，宽于高或宽等高；光滑或具刻纹。两性世代复眼后颊未加宽，无性生殖个体加宽。中胸光滑或刻纹。背面观前胸背板短，仅为全长的 1/5 或 1/7。中胸盾片光滑，革质或皱痕，有时具明显横向线条刻纹；盾纵沟常完整，有时不明显，仅为全长的 1/3；中胸背板中沟常

存在，横盾片沟裂缝常存在，但绝大多数的凹瘿蜂属和瘿蜂属缺失或不明显。中胸侧板具不同刻纹，有时光亮；并胸腹节侧脊向外弯曲，或亚平行；并胸腹节中间区域通常具不同刻纹；第1腹背板常明显，具强烈纵向线条纹。前翅发达；根瘿蜂属 *Trigonaspis* 部分无性生殖雌虫短翅或无翅；前翅径室常开放；翅缘具毛，腹侧扁；第2腹背板长占整个腹背板的1/3–2/3，具密毛或绒毛，有或无微刻点。肛下生殖板刺突短，细长，多少具密毛。

生物学：主要在栎属和板栗等植物上形成虫瘿。

分布：古北区和新北区分布，但主要分布在新北区。世界已知26属1000余种，浙江分布4属6种。

分属检索表

1. 中胸背板与小盾片间的横向沟缺失或不清晰；侧面观，并胸腹节脊缺失或微弱，腹部肛下生殖板刺突较短，顶端较尖，其长度不大于宽度的2–4倍，且顶端具不成束的长刚毛；侧面观，腹部极度侧扁 ··· 2
- 中胸背板与小盾片间的横向沟存在且较直和完全；侧面观，并胸腹节脊存在且多具刻纹，腹部肛下生殖板刺突通常较长且呈针状，顶端不呈尖状；腹部不极度侧扁 ··· 3
2. 头和胸部具密白毛；前翅存在或不存在云斑；腹部肛下生殖板刺突较直，呈1束刚毛 ············· **毛瘿蜂属 *Trichagalma***
- 头和胸部具稀疏毛，如具密白毛仅存在于脸颊下方和侧面；前翅不存在云斑；腹部肛下生殖板刺突较为突出，顶端呈2束刚毛 ··· **二叉瘿蜂属 *Latuspina***
3. 跗节爪具基叶；触角很短，长小于头与胸部长之和的2倍；并胸腹节侧脊强烈平行，亚平行或略弯曲 ··· **纹瘿蜂属 *Andricus***
- 跗节爪简单，无基叶；触角很长，长为头与胸部长之和的2倍；并胸腹节侧脊强烈弯曲 ············ **栗瘿蜂属 *Dryocosmus***

24. 纹瘿蜂属 *Andricus* Hartig, 1940

Andricus Hartig, 1840: 185. Type species: *Andricus nodule* Hartig, 1840.

主要特征：两性生殖雌性体长1.2–2.2 mm；体黄褐或黑色。头皮质至革质，具稀毛；颚眼距皮质至革质，有或无线条刻纹；颜面皮质至革质，中央区域略隆起。胸部隆突，侧面观长大于高；中胸背板光滑，皮质，微小刻点，革质至皱纹，有时具毛点毛；盾纵沟完整，整个长度均深凹陷；中胸背板中沟线缺失，后常以三角形出现；侧亚平行沟和前平行沟常可见；小盾片方形，长略大于宽，革质至深皱纹；中胸侧片光亮，有光泽，革质或皱纹；并胸腹节侧脊平行或中间处向外弯曲，并胸腹节中央区域光滑，光亮，或革质，具部分皱缩；腹背板和肛下生殖板有或无刻点，侧面具稀毛；肛下生殖板刺突长短不等，端部具长短毛。

单性生殖雌体长4.5–5.0 mm；体黄色至黑色。头革质，网刻点至皱纹，具密白毛；颚眼距常短于复眼高，自唇基至复眼缘常具放射线条刻纹；颜面横向水平间距长于复眼高；颜面革质，微刻点或皱纹，中央隆起强烈。前胸侧板革质至皱纹，具横向线条刻纹；中央区域强烈隆起；中胸背板具网状刻点，革质或皱纹；盾纵沟常完整，沿整个长度均凹陷，到达前胸背板；侧平行沟和前平行沟明显；小盾片圆钝，宽略大于长，革质或皱纹；中胸侧片光滑、光亮，革质至皱纹，具密白毛；并胸腹节侧脊有或无毛，亚平行或中间向外弯曲，并胸腹节中央区域光亮，皮质或革质，有或无毛，有或无皱缩；背板有或无白毛；有或无刻点；肛下生殖板刺突发达。

分布：全北区。世界已知400种，中国记录5种，浙江分布3种。

分种检索表

1. 中胸背板盾纵沟前端较浅，后端深且宽基部趋于愈合；中胸侧板具横向刻纹 ··············· **贵州纹瘿蜂 *A. mairei***
- 中胸背板盾纵沟完整；中胸侧板光滑光亮 ··· 2

2. 触角 14 节，F_1 为 F_2 的 1.5 倍 ·· 锥栗纹瘿蜂 **A. henryi**

- 触角 12 节，F_1 为 F_2 的 1.2 倍 ·· 福沃德纹瘿蜂 **A. forni**

（64）贵州纹瘿蜂 *Andricus mairei* (Kieffer, 1906)（图 4-31）

Parandricus mairei Kieffer, 1906: 103.

Andricus mairei: Pujade-Villar *et al.*, 2020: 510.

　　主要特征：体长 2–2.2 mm，前翅 2.1–2.2 mm，产卵鞘长 0.2–0.3 mm。体淡黄色至红褐色。头皮质，具稀疏白毛。唇基至复眼间区无线条刻纹。低颜面皮质，光滑，无刻纹。前胸背板中间皮质，具强烈刻纹和稀疏白毛。中胸背板皮质，光滑光亮，盾纵沟完整，其沟两侧具密长白毛，盾纵沟基部趋于会合且沟较深，前端较宽且浅，沟内具强烈褶皱。中胸背板中沟缺失，侧沟明显，窄，延伸至背板长的 1/2；前平行沟缺失，在盾纵沟前端外侧具纵向刻纹，延伸至中胸盾片的 1/3；中胸侧板具横向刻纹。并胸腹节侧脊明显，自中至后端向外微弯曲，细微皮质，中央区域具皱褶，沿侧脊的侧区具稀疏短毛；中央区域无绒毛。腹部长于胸部；第 2 腹背板侧具稀疏长毛，无刻点、光亮；其余背板均具刻点；背面观第 2 腹背板为总长的 0.5 倍。肛下生殖板刺突相对较粗且长，突出部分长为宽的 9.0 倍，具稀疏长毛。雄虫与雌虫基本相似，但主

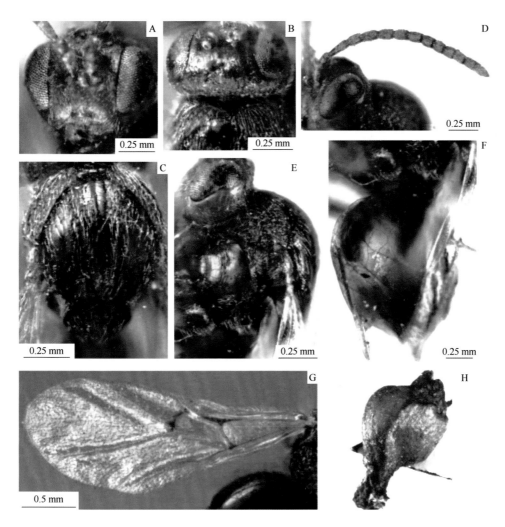

图 4-31　贵州纹瘿蜂 *Andricus mairei* (Kieffer, 1906)

A. 头，前面观；B. 头，背面观；C. 胸部，背面观；D. 触角；E. 胸部，侧面观；F. 腹部；G. 翅；H. 虫瘿

要有以下区别：体长 1.9–2.1 mm，前翅长 2.1–2.2 mm。头部低颜面区域具短密毛，触角 15 节，体淡黄色，中胸背板上的盾纵沟基部趋于愈合，但较深较宽，且沟内无褶皱，光滑发亮。前胸侧板革质，具短细毛。并胸腹节侧脊外侧革质，无褶皱，具稀疏短白毛。

　　生物学：寄主为白栎。

　　分布：浙江（临安）。

（65）锥栗纹瘿蜂 *Andricus henryi* Pujade-Villar, Guo, Wang *et* Ferrer-Suay, 2018

Andricus henryi Pujade-Villar, Guo, Wang *et* Ferrer-Suay, 2018: 131.

　　主要特征：体长 2.1–2.3 mm(*n*=5)。体浅棕色至黑色。头部后头皮质至革质，具密白毛。唇基至复眼间区具线条刻纹。低颜面皮质，光滑，发亮，具稀疏白毛，无刻纹。中胸长是高的 1.1 倍。前胸背板中间皮质，具稀疏白毛。中胸背板皮质，光滑、光亮，盾纵沟完整，其沟两侧具稀疏白毛，盾纵沟基部趋于会合且沟较深，前端较窄且浅，沟内光滑。中胸背板中沟缺失，侧沟、前平行沟缺失；中胸侧板光滑、光亮，无线条刻纹。并胸腹节侧脊明显，自中至后端向外弯曲，细微皮质，中央区域光滑，沿侧脊的侧区具密短毛；中央区域无绒毛。腹部短于头、胸部之和；第 2 腹背板侧具稀疏短毛，无刻点、光亮；背面观第 2 腹背板为总长的 0.5 倍。肛下生殖板刺突相对较粗且长，突出部分长为宽的 3.0 倍。

　　生物学：寄主为锥栗。

　　分布：浙江（临安）。

（66）福沃德纹瘿蜂 *Andricus forni* Pujade-Villar *et* Nicholls, 2020

Andricus forni Pujade-Villar *et* Nicholls, 2020: 554.

　　主要特征：头前部黑色，除了唇基及其周围其他都是棕色；颚间具条纹；中胸背板光滑，淡褐色。头光滑，低颜面具白色短毛；颊近皮质，颚间距有细纹；低颜面，包括稍隆起的中区，皮质至近革质，具白色毛。额和头顶近皮质，具少数毛；单眼三角区和后头革质。次后头和后颊光滑，有光泽，没有刚毛；后幕骨坑大，深，周围向下凹陷；后头孔高度几乎等于后颊桥高度；后幕骨脊顶端微缺，延伸至后颊沟。前胸背板光滑，有光泽，具平行的条纹和浓密白色毛；前胸侧板光滑，前侧近皮质，中央和基部革质。中胸背板光滑，有光泽。盾纵沟完整，深，在后端稍收拢；无前平行沟、中胸背板亚侧沟和中胸背板中沟。中胸小盾片矩形，具均匀的钝皱纹，皮质，长等于宽，突出于后胸背板；小盾片窝明显，横向卵形。中胸侧板光滑，有光泽，无刚毛，后胸小盾片凹陷区光滑；并胸腹节中央光滑光亮；并胸腹节侧脊后 1/3 处向外弯曲；并胸腹节侧区光滑，很少革质。肛下生殖板刺突突出部分长为宽的 4 倍。雌性触角鞭节 12 节，径室长为宽的 3.5 倍，并胸腹节侧区光滑，无刻纹，并胸腹节侧脊完整，向后向外弯曲。肛下生殖板具微刻点，肛下生殖板刺突较短，突出部分长为宽的 4 倍，腹面有两排平行的白色刚毛。

　　生物学：已知的只有有性世代，在枪栎上诱导虫瘿。

　　分布：浙江（临安）。

25. 栗瘿蜂属 *Dryocosmus* Giraud, 1859

Dryocosmus Giraud, 1859: 353. Type species: *Dryocosmus cerriphilus* Giraud, 1859.

　　主要特征：体长 1.4–2.6 mm，黄色至深褐色。头光滑，皮质至革质，无毛，自唇基至复眼半部具放射状线条刻纹；复眼后颊未加宽（两性世代），或变宽（单性雌）；颚眼沟缺失，颚间距很短；颜面横向水平间距长略大于复眼高；两性雌蜂触角 14–15 节，单性雌蜂 13–14 节，雄蜂 15 节；中胸背板光滑或皮质；盾纵沟完整；中胸盾片中沟线缺失，或以短三角形存在；中胸盾片前平行沟线、侧平行沟线缺失；中胸盾片光滑，无刻纹，或中央区域革质；中胸侧板皮质或光滑；并胸腹节侧脊中间向外弯曲；中央区域有或无中纵脊；前翅径室长为宽的 3.5–4.0 倍，径室开放；腹板侧扁；所有腹背板无毛和刻点；肛下生殖板刺突短，具短稀毛。

生物学：主要在土耳其栎及红栎上形成虫瘿。

分布：全北区。世界已知 47 种，中国记录 7 种，浙江分布 1 种。

（67）板栗瘿蜂 *Dryocosmus kuriphilus* Yasumatsu, 1951（图 4-32）

Dryocosmus kuriphilus Yasumatsu, 1951: 90.

主要特征：雌性体长 2.5–3.0 mm。体黑褐色，具光泽。头横形，几乎与胸等宽。上颊发达，在复眼之后稍扩展。头顶在单、复眼之间及后头上方密布细刻点。颜面下方（除了唇基）具放射状刻条。唇基宽稍

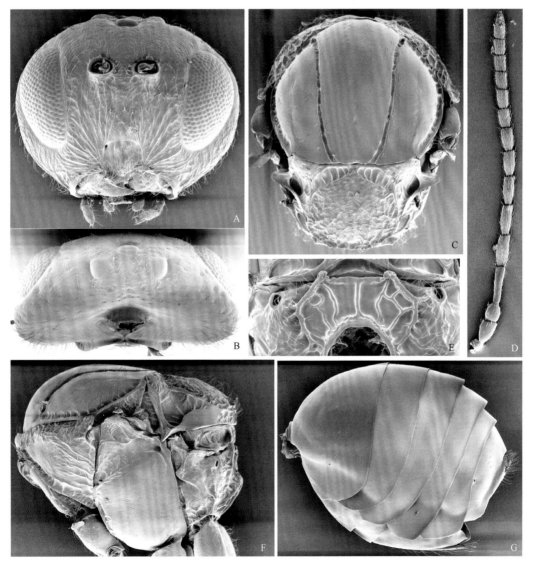

图 4-32　板栗瘿蜂 *Dryocosmus kuriphilus* Yasumatsu, 1951

A. 头，前面观；B. 头，背面观；C. 胸部，背面观；D. 触角；E. 并胸腹节；F. 胸部，侧面观；G. 腹部

大于长，前缘呈弧形。前胸背板侧面具细毛。中胸盾片光滑；盾纵沟明显。小盾片近圆形，稍拱隆，向后延伸而盖在后胸背板上方，表面有不规则刻点，并被疏毛；小盾片前沟宽，内具并列短刻条。并胸腹节有 3 条纵隆线，侧脊向外曲折成角。爪简单。腹部比头、胸部之和稍长，极光滑；近椭圆形。产卵管明显伸出腹端。

生物学：主要危害板栗，也危害茅栗、锥栗。

分布：浙江、辽宁、北京、天津、河北、山东、河南、陕西、江苏、安徽、湖北、江西、湖南、福建、广东、广西；日本。

26. 二叉瘿蜂属 *Latuspina* Monzen, 1954

Latuspina Monzen, 1954: 24. Type species: *Neuroterus* (*Latuspina*) *stirps* Monzen, 1954.

主要特征：体黑色；头皮质至革质，具稀疏褐色短毛。头顶革质，无毛；低颜面具稀疏棕色短毛，隆起区域革质，颚眼沟缺失；唇基至复眼间皮质，其基部具放射状微弱线条刻纹，但未达复眼基部。胸部侧面观，具稀少褐色短毛。中胸背板长略大于宽，盾纵沟存在但较浅；中胸侧板皮质，具线条刻纹；小盾片圆盾形，革质，具微褶皱和稀疏长毛。并胸腹节侧脊存在，微向外弯曲。腹部短于头、胸部之和；所有腹背板光滑无刻点，肛下生殖板刺突较短，基部较宽，突出部分顶端分为两支，每支顶端上各具一束长白毛。

生物学：主要在栎属植物上致瘿。

分布：分布于东洋区。目前世界已知 3 种，中国记录一种，浙江分布 1 种。

（68）麻栎二叉瘿蜂 *Latuspina acutissimae* Wang, Guo *et* Pujade-Villar, 2016（图 4-33）

Latuspina acutissimae Wang, Guo *et* Pujade-Villar *in* Wang *et al.*, 2016: 82.

主要特征：体长 2.3–2.4 mm，前翅长 2.8–2.9 mm，产卵鞘长 0.1–0.2 mm。体黑色。头皮质至革质，具稀疏褐色短毛。低颜面具稀疏棕色短毛，颚眼沟缺失；唇基至复眼间皮质，其基部具放射状微弱线条刻纹，但未达复眼基部。前胸背板皮质，光滑发亮，无毛，前侧基部具强烈横向刻纹。中胸背板前端皮质；盾纵沟、亚侧沟和前平行沟均缺失，但前平行线上存在一条较宽的革质条纹，延伸至中胸背板的 1/4；中胸侧板皮质，光滑、光亮，无线条刻纹。并胸腹节侧脊缺失，中央区域细微皮质，光滑，发亮；侧脊外区域皮质，具强烈褶皱和稀疏褐色短毛。腹部短于头、胸部之和；所有腹背板光滑无刻点，腹侧无毛；第 2 腹背板宽广，占整个腹部长的 1/3。肛下生殖板刺突较短，基部较宽，突出部分顶端分为两支，每支顶端上各具一束长白毛。雄性个体与雌性个体基本一致，但触角第 1 鞭节中部具凹陷窝，第 13 鞭节较长。

生物学：寄主为麻栎。

分布：浙江（临安）。

27. 毛瘿蜂属 *Trichagalma* Mayr, 1907

Trichagalma Mayr, 1907: 3. Type species: *Trichagalma drouardi* Mayr, 1907.

主要特征：触角丝状，雌性 13 节；复眼后颊明显变宽；头和胸部具密毛；小盾片延伸至后胸背板外；并胸腹节短，并胸腹节脊缺失；侧面观，腹部极度侧扁，形似刀刃；产卵鞘短。

分布：古北区东部（中国、日本和朝鲜）。该属是一个小属，目前仅知古北区 3 种，主要分布于古北区东部。中国记录 2 种，浙江分布 1 种。

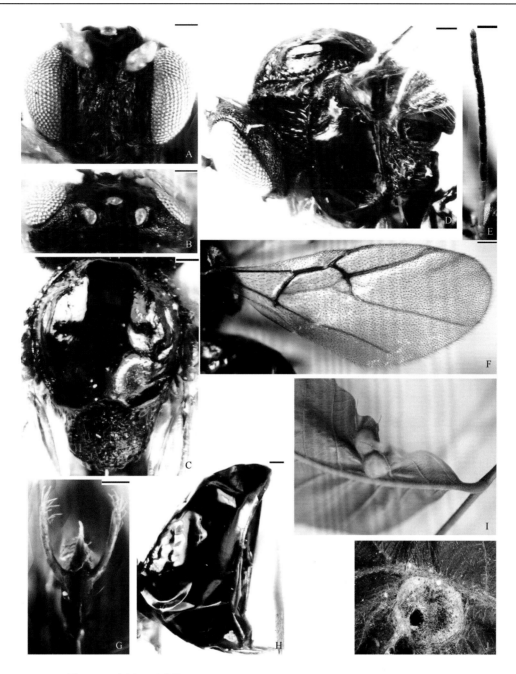

图 4-33 麻栎二叉瘿蜂 *Latuspina acutissimae* Wang, Guo *et* Pujade-Villar, 2016

A. 头, 前面观; B. 头, 背面观; C. 胸部, 背面观; D. 胸部, 侧面观; E. 触角; F. 翅; G 产卵鞘; H. 腹部; I, J. 虫瘿。比例尺: A–D, G H=0.1 mm; E, F=0.2 mm

（69）东亚毛瘿蜂 *Trichagalma serratae* (Ashmead, 1904) （图 4-34）

Dryophanta serratae Ashmead, 1904a: 80.

Trichagalma serratae: Monzen, 1929: 347.

主要特征: 体长 4.6–4.8 mm, 前翅长 5.7–5.9 mm, 产卵鞘长 0.1 mm。单性雌体黑褐色至黑色。头皮质, 正面观, 头宽为高的 1.4–1.5 倍, 几乎和胸部等宽。唇基具微弱网状刻纹。颜面皮质, 中央隆起区域具密白毛。胸侧面观, 具均匀白色密毛。前胸背板皮质至革质, 具密白毛; 前胸侧板皮质, 具黑色横向条纹, 延伸至侧板基部。中胸盾片皮质, 盾纵沟完整, 中胸中线缺失; 前平行线和亚侧平行线较宽, 光滑, 反光,延长至整个中胸盾片的 1/2。中胸盾片与小盾片之间的横沟缺失。中胸侧板皮质，有光泽，具密白色毛；侧面观，并胸腹节的脊缺失，中心区域光滑，反光，具纵向黑色较宽隆起，无毛；并胸腹节侧区皮质，具刻纹和褶皱及密白毛。腹部的长度小于头部和胸部的和。侧面观，光滑，反光，无毛；仅第 2–3 腹节后侧面具白色刚毛；第二腹节的长度占整个腹部的 1/3；肛下生殖板刺突很短，几乎长等于宽，具白色密毛直至刺突顶端；刚毛仅位于刺突的两边。

生物学：寄主为小叶栎。

分布：浙江（临安）、四川。

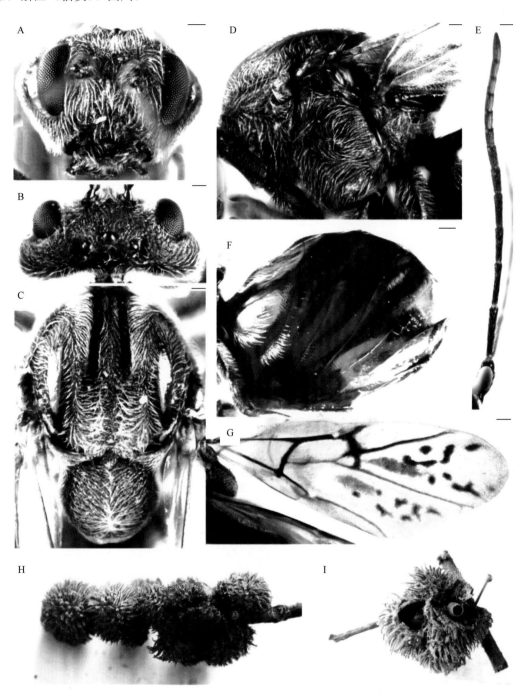

图 4-34　东亚毛瘿蜂 *Trichagalma serratae* (Ashmead, 1904)

A. 头，前面观；B. 头，背面观；C. 胸部，背面观；D. 胸部，侧面观；E. 触角；F. 腹部；G. 翅；H, I. 虫瘿。比例尺：A–E=0.1 mm；F=0.2 mm；G=0.3 mm

犁瘿蜂族 Diplolepidini Latreille, 1802

主要特征：触角 14–15 节，或 16–17 节；头主要为革质，低颜面具刻点；前胸背板短，背中长为最大长的 1/7；中胸背板革质，或具网纹、刻点，具明显盾纵沟；小盾片前凹陷窝存在，但不明显，浅；中胸侧板光滑，常具明显的宽横向深沟；并胸腹节具皱褶，具侧脊；爪简单，无基叶或齿；前翅具密毛，径室开放或关闭，2r 脉角状；第 2 腹背板最大，几乎占整个腹背板。

生物学：全部在蔷薇属植物上致瘿。

分布：全北区。

28. 犁瘿蜂属 *Diplolepis* Geoffroy, 1762

Diplolepis Geoffroy, 1762: 309. Type species: *Diplolepis rasae* (Linnaeus, 1758).

主要特征：前面观，头横向，细微革质；颜面中间微弱隆起区；触角 14–15 节；前胸背板坑不明显；前胸背板侧具平行或亚平行脊；中胸背板具革质或具微小网状刻纹；中胸侧板具皱痕，具宽度不等的横向沟；并胸腹节具不规则皱痕刻纹；爪简单，无基叶；翅具部分或一致灰斑；翅缘具短缘毛；径室关闭；2r 脉常角状；第 1 腹背板退化，仅背面可见；第 2 腹背板几乎占整个背板的 3/4；肛下生殖板犁状，具微刻点，刺突长而宽，具稀疏短毛。

生物学：在蔷薇属植物上致瘿。

分布：古北区、新北区、旧热带区、新热带区。古北区现在已知 41 种，中国分布 4 种，浙江分布 3 种。

分种检索表

1. 触角 15 节；前翅径室相对较长，三角室长形；中胸侧板纵向沟相对较宽；腹部和足淡黄色·················
　···**黄腹犁瘿蜂 D. flaviabdomenis**
- 触角 14 节；前翅径室相对较短，三角室非长形；中胸侧板纵向沟相对较窄；腹部和足暗黄色················ 2
2. 头顶和中胸盾片光亮；背面观，头较窄，其宽度为中间长的 2.4 倍；中胸侧板沟窄而深，沟内具锯齿状沟；侧面观，并胸腹节具密长毛···**小腹犁瘿蜂 D. minoriabdomenis**
- 头顶和中胸盾片强烈革质；背面观，头较宽，其宽度为中间长的 2.8 倍；中胸侧板沟较浅且具褶皱；侧面观，并胸腹节具稀疏毛··**柞枝球犁瘿蜂 D. japonica**

（70）黄腹犁瘿蜂 *Diplolepis flaviabdomenis* Wang, Guo, Liu *et* Chen, 2013（图 4-35）

Diplolepis flaviabdomenis Wang, Guo, Liu *et* Chen, 2013: 317.

主要特征：雌性体长 2.9 mm，前翅长 3.1 mm，产卵鞘长 0.3 mm。头、胸部黄褐色，腹部黄色，翅膜质，透明呈黄色，具色斑。头皮质，略窄于胸部。唇基光滑，唇基横沟明显，宽且具微刻纹。前胸背板背面观，皮质，具稀疏短毛；侧面观，前胸背板坑深，微横向，被较宽中脊分离。中胸盾片长略大于宽，光滑光亮，具密毛。盾纵沟完整且较深，光滑光亮。前平行线明显，延伸至中胸盾片长的 1/2；中胸盾片中线明显，延伸至中胸盾片长的 1/10，侧平行线缺失，不可见。中胸背板背胶光滑光亮。中胸侧板光滑光亮，中胸侧板横沟具明显刻纹、褶皱。并胸腹节中央区域具强烈不规则褶皱；侧面观，并胸腹节侧脊无；并胸腹节侧区多褶皱和密毛。腹部略短于头和胸部之和，侧面观微扁；第 1 腹背板光滑；第 2 腹背板具稀疏短毛，光滑光亮，中部无刻点，其余腹背板光滑发亮，无刻点；肛下生殖板具刺突，短且具稀疏短白毛。

分布：浙江（临安）。

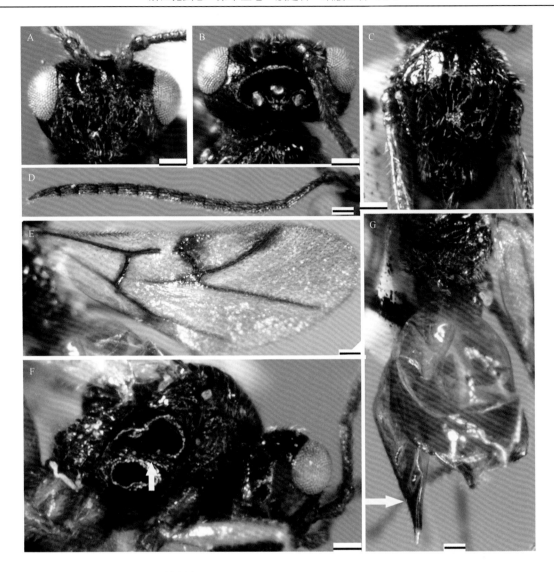

图 4-35　黄腹犁瘿蜂 *Diplolepis flaviabdomenis* Wang, Guo, Liu *et* Chen, 2013

A. 头，前面观；B. 头，背面观；C. 胸背板，背面观；D. 触角；E. 前翅；F. 中胸侧板（剪头：中胸侧板横沟具刻纹、褶皱）；G. 腹部和并胸腹节

（箭头：肛下生殖板具稀疏短白毛），背面观。比例尺：A–G=0.1 mm

（71）小腹犁瘿蜂 *Diplolepis minoriabdomenis* Wang, Guo, Liu *et* Chen, 2013（图 4-36）

Diplolepis minoriabdomenis Wang, Guo, Liu *et* Chen, 2013: 317.

　　主要特征：头、胸部黑色，腹部深黄色。头低颜面光滑，无放射状刻纹，中央区微隆起，具稀疏长白毛。前胸背板背侧皮质，前胸背板后侧边缘具微弱横向刻纹，具毛点毛。中胸背板光亮、皮质，具稀疏短毛；盾纵沟凹陷深，完整、光亮，前端相对较宽，后端窄趋于会合。中胸背板的前平行沟清晰可见，延长至中胸盾片的 1/5；中沟存在；亚侧沟明显，延伸至整个背板。中胸背板背腋光滑、光亮。中胸侧板光亮，中胸侧板纵向沟凹陷明显，沟内具稀疏平行刻条。并胸腹节中央区域具强烈不规则皱褶，其边缘具密白毛；侧面观并胸腹节脊平行；并胸腹节侧区域具强烈皱褶和密毛。腹部略短于头和胸部之和，侧面观微扁；第 1 腹背板具纵向刻纹；第 2 腹背板具稀疏短毛，光亮，中部无刻点，其余腹背板光亮，侧面观无刻点；肛下板具刺突，长且具密白毛。

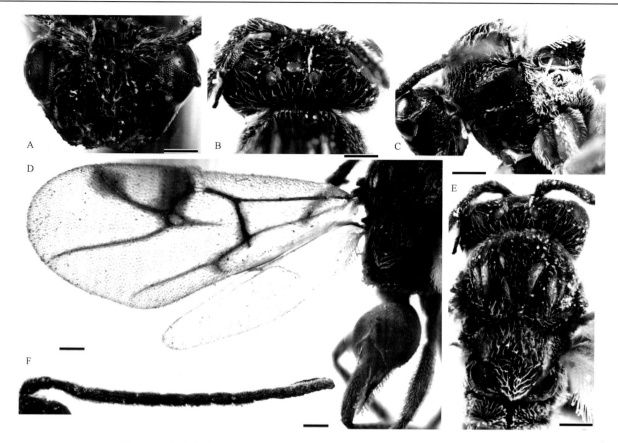

图 4-36　小腹犁瘿蜂 *Diplolepis minoriabdomenis* Wang, Guo, Liu *et* Chen, 2013
A. 头，前面观；B. 头，背面观；C. 中胸侧板；D. 前翅；E. 中胸背板；F. 触角。比例尺：A–F=0.1 mm

分布：浙江（临安）。

（72）柞枝球犁瘿蜂 *Diplolepis japonica* (Ashmead, 1904)（图 4-37）

Dryophanta japonica Ashmead, 1904a: 79.

Diplolepis japonica: Dalla Torre& Kieffer, 1910: 354.

主要特征：雌体长 4.5–4.8 mm。全体栗褐色，常带红色；复眼褐色；触角柄节栗色，其余褐色。胸部黄褐色，中胸盾片近中央有 2 条黑纵条，前胸背板及后胸背板两侧褐色；小盾片黑色，边缘黑色。跗节和爪黑色，其余栗黑色。翅近于透明，翅脉大部分暗褐色，翅间无黑色斑纹。腹部背面和腹面栗褐色，两侧黄色。产卵管长，深褐色，先端略下弯。

生物学：危害槲栎、蒙古栎、辽东栎、白栎。被害栎树，一般顶芽或侧芽不能发育成枝条，形成较大的虫瘿，严重影响栎树抽梢和生长，削弱树势；严重时，可使枝条枯死。在辽宁 1 年发生 1 代，以卵越冬。越冬卵于 5 月上中旬栎芽萌发时孵化。幼虫孵化后即开始取食，并刺激寄主组织增生而逐渐形成虫瘿。虫瘿随幼虫生长、发育而增大。春季为绿色，秋季（10 月下旬）以后，逐渐变为褐色或紫褐色。一枝上可寄生多个虫瘿。虫瘿扁球形，基部较细小，柄状。顶部较平，其内部有 4–32 虫室。每室内有 1 头幼虫，虫瘿主要生在直径 3–6 mm 的栎树小枝上，瘿外被扁针状或小叶片状物。虫瘿形状和大小因寄主种类而异，在槲栎上的直径为 10–15 mm，在蒙古栎上的直径为 25–35 mm。

分布：浙江（松阳）、吉林、辽宁、贵州；日本。

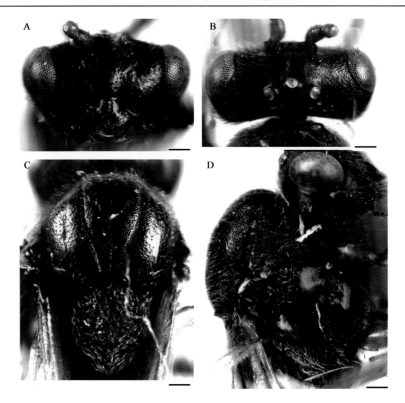

图 4-37　柞枝球犁瘿蜂 *Diplolepis japonica* (Ashmead, 1904)

A. 头，前面观；B. 头，背面观；C. 胸背板，背面观；D. 中胸侧板。比例尺：0.1 mm

客瘿蜂族 Synergini Ashmead, 1896

主要特征：体长 0.8–7.0 mm。低颜面具有自唇基至触角槽的放射状线条刻纹；唇基与前幕骨坑之间的界限不明显。雌性触角 12–14 节；雄性触角 14–15 节。中胸背板具钝褶皱，中胸侧板具有横向线条刻纹。前胸背板相对较长，其中间长是外侧缘最大长的 1/5–1/3；亚中背板坑常明显，中间分离，有时与一微弱前胸背板盘连接；前胸背板脊存在或无。中胸背板中沟延伸至其长的一半或以一短的三角形存在；盾纵沟常完整，延伸至前胸背板；亚侧沟与前平行沟线均存在。并胸腹节侧脊亚平行。翅径室开放或关闭。腹部第 1 背板退化或形成一环形；第 2 与第 3 腹背板自由或融合，几乎占据整个腹部；肛下生殖板刺突短。

生物学：寄生于其他瘿蜂所致的虫瘿内。

分布：全北区。

分属检索表

1. 触角槽至唇基的低颜面常具明显的 2 垂直脊（*C. kovalevi* 除外）；颜面、头顶与中胸侧板光滑；第 2 腹背板小，未与第 3 腹背板融合，前侧具密毛斑 ·· 脊瘿蜂属 ***Ceroptres***

\- 触角槽至唇基的低颜面无 2 垂直脊；颜面和头顶具有刻纹，中胸侧板具有规则的横向线条刻纹；第 2–3 腹背板愈合，占腹背板的大部分 ··· 2

2. 背面观，前胸背板呈方形，背板侧面与背面形成一直角；单眼三角区非常窄，前单眼后缘与侧单眼前缘位于同一水平线上 ··· 方瘿蜂属 ***Ufo***

\- 背面观，前胸背板不呈方形，背板侧面与背面未形成一直角；单眼三角区宽，未呈一条线，多为三角形 ············· 3

3. 头颜面中央区域具明显隆起粗脊，自两触角槽中间延伸至唇基脊；雌虫触角第 1 鞭节比第 2 鞭节短 ·························· ··· 似脊瘿蜂属 ***Periclistus***

- 头颜面中央区域未隆起或略隆起，但不形成粗脊；雌虫触角第 1 鞭节比第 2 鞭节长 ……………………………………………… 4
4. 雌性触角 13 节，在雄性中常 14 节；额两侧没有刻脊与线条刻纹；前翅径室开放 …………… **副客瘿蜂属 _Saphonecrus_**
- 雌性触角 14 节，在雄性中常 15 节；额两侧具有明显的刻脊和线条刻纹；前翅径室关闭 …………… **客瘿蜂属 _Synergus_**

29. 似脊瘿蜂属 _Periclistus_ Förster, 1869

Periclistus Förster, 1869: 332. Type species: _Aylax caninae_ Harting, 1840.

主要特征：头、胸部黑色；腹部棕色；触角和足黄色至棕色。头皮质至革质，前面观，长宽相等；复眼后颊未扩宽，颚眼距短于复眼高；低颜面区域具强烈的放射状线条刻纹，并延伸至复眼内缘和触角窝。唇基小，方形，高略大于宽，具较深前幕骨孔，口上沟和唇基侧沟明显；唇基没有突出于上颚；额、头顶和后头具均匀皮质刻点；雌蜂触角略棍棒状，端膨大，12–13 节，雄蜂 14 节。前胸背板皮质，盾纵沟完整；中胸盾片中沟，至少延伸至总长的 1/2；小盾片革质至皱纹，圆钝；小盾片凹陷窝横向，与后方界限明显，被 1 中脊分离；中胸侧片具横向线条刻纹；并胸腹节侧脊亚平行，中央区域皮质，具密白毛。前翅具长缘毛，径室关闭，长至少为宽的 3.0 倍，Rs+M 脉达翅基脉。侧面观，第 2+3 腹背板愈合；肛下生殖板刺突短。

生物学：寄生于蔷薇科蔷薇属植物上的瘿蜂昆虫的虫瘿内。

分布：全北区、东洋区。世界已知 18 种，中国记录 5 种，浙江分布 1 种。

（73）毛似脊瘿蜂 _Periclistus setosus_ (Wang, Liu _et_ Chen, 2012)（图 4-38）

Ceroptres setosus Wang, Liu _et_ Chen, 2012: 377.

Periclistus setosus: Pujade-Villar _et al._, 2019: 132.

主要特征：雌虫体长 1.8 mm，前翅长 2.0 mm。头和胸部均黑色，足红褐色。头光滑、光亮，具均匀稀短白毛。低颜面具微弱不规则放射状线条刻纹，该刻纹延伸至复眼，但未到触角槽；颜面隆起中央区革质，无毛。前胸背板中长，皮质，光滑、光亮、具稀疏长毛；中胸背板光滑、光亮，长等于宽，为小盾片长的 1.6 倍。盾纵沟沿整个长度均浅、不明显；中胸背板的前沟和中沟均缺失，侧沟微弱，窄；小盾片宽略大于长，具皱褶。中胸侧板光滑、光亮；中胸侧板三角区皮质，具密毛。并胸腹节皮质，侧脊直，平行，具密毛。爪跗节具尖锐基叶。腹侧面观长为高的 1.1 倍；第 2–3 腹背板融合，前侧具密毛斑，后背具刻点斑；剩余背板和肛下生殖板具明显密刻点；肛下生殖板刺突短，具两排相对较长的密白毛，端部毛长超过刺突末端。

分布：浙江（安吉）、福建。

30. 副客瘿蜂属 _Saphonecrus_ Dalla Torre _et_ Kieffer, 1910

Saphonecrus Dalla Torre _et_ Kieffer, 1910: 605. Type species: _Synergus conatus_ Hartig, 1840.

主要特征：体色从黑色到黄色或浅棕色。头皮质至革质，自唇基至触角槽和复眼内缘的放射状线条刻纹常延伸至触角槽之间。前胸背板均匀皮质；前胸背板侧脊存在或缺失。中胸背板具有间断的横向线条刻纹；盾纵沟不完整或完整；中胸背板中沟缺失或以短三角形存在。中胸侧板具有线条刻纹；并胸腹节侧脊宽，直，亚平行或者向腹部趋于会合；并胸腹节中央区域均匀皮质，具相对密白毛。腹部等长于或者略微长于头与胸部长之和；第 2 与第 3 腹背板融合，没有刻点，前侧具毛；肛下生殖板具有密刻点，肛下生殖板刺突短，具有少量短白毛。

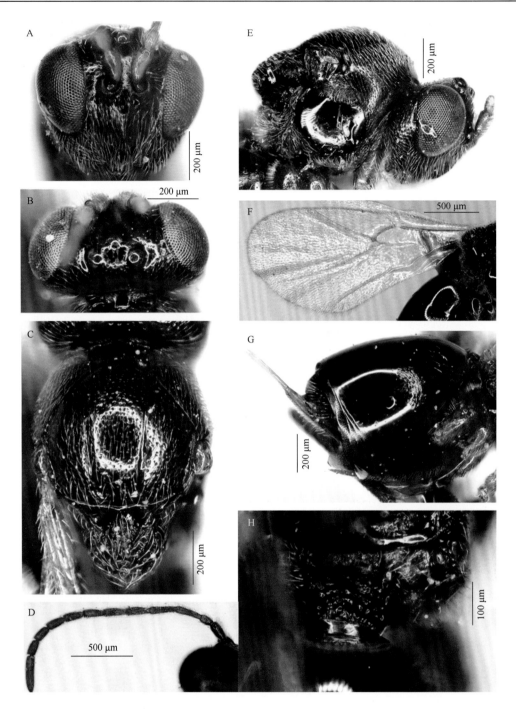

图 4-38　毛似脊瘿蜂 *Periclistus setosus* (Wang, Liu *et* Chen, 2012)

A. 头，前面观；B. 头，背面观；C. 胸部，背面观；D. 触角；E. 胸部，侧面观；F. 翅；G. 腹部；H. 并胸腹节

生物学：主要寄生于寄主植物为栎属的致瘿昆虫所致的虫瘿内。

分布：全北区。世界已知 16 种，中国记录 8 种，浙江分布 5 种。

分种检索表

1. 额强烈皮质，具有刻点纹，侧额脊存在 ·· 网状副客瘿蜂 **S. reticulatus**

- 额微弱皮质，革质或几乎光滑，无刻点 ·· 2

2. 中胸盾板皮质，无线条纹，爪简单 ·· 小叶青冈副客瘿蜂 **S. shirakashii**

（74）白栎副客瘿蜂 *Saphonecrus fabris* Pujade-Villar, Wang, Guo *et* Chen, 2014（图 4-39）

Saphonecrus fabris Pujade-Villar, Wang, Guo *et* Chen, 2014: 417.

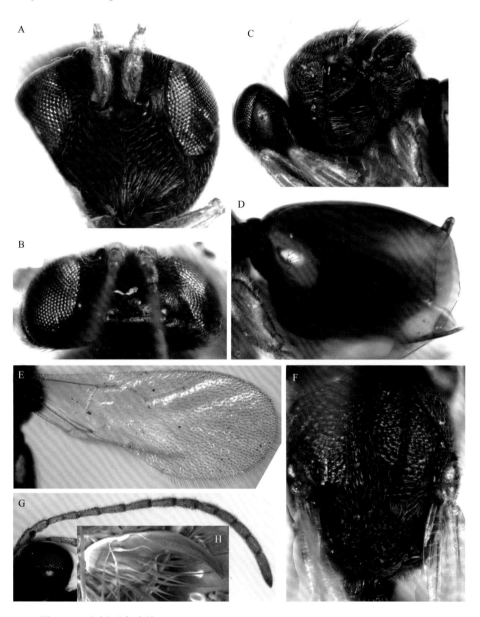

图 4-39　白栎副客瘿蜂 *Saphonecrus fabris* Pujade-Villar, Wang, Guo *et* Chen, 2014
A. 头，前面观；B. 头，背面观；C. 头、胸部，侧面观；D. 腹部，侧面观；E. 前翅；F. 胸部，背面观；G. 触角；H. 跗爪

　　主要特征：雌虫体长 1.2–1.5 mm。头与中胸栗色，部分颜色更深，腹部深红色。头前面观近正方形，且略宽于胸部，具有稀疏短的白色刚毛。低颜面光亮，具有自唇基发出延伸至复眼内缘与触角窝的细微隆线。胸部侧面观，具均一的白色短毛。前胸背板皮质，有侧脊；前背隆线存在。背面观，中胸盾片具有微

弱的短的横向褶皱，褶皱间为皮质。盾纵沟完整，宽且深，后部略宽，前部略窄；前平行沟，中沟和亚侧沟均缺失。中胸侧板光亮，具有明显的横向条纹。并胸腹节具软毛，革质，光亮；并胸腹节侧脊直，且后部微趋于合并；并胸腹节中区革质，具短白毛。腹侧面观，第2、3腹背板愈合，且侧面具有短白毛斑，没有刻点；肛下生殖板具密毛，腹脊具短白色刚毛，刺突短。雄性触角15节；第1鞭节明显内凹。

生物学：虫瘿采于细叶青冈与褐叶青冈上。

分布：浙江（临安）。

（75）白石副客瘿蜂 *Saphonecrus shirokashicola* (Shinji, 1941)（图 4-40）

Andricus shirokashicola Shinji, 1941: 67.

Saphonecrus shirokashicola: Lobato-Vila *et al*., 2021: 10.

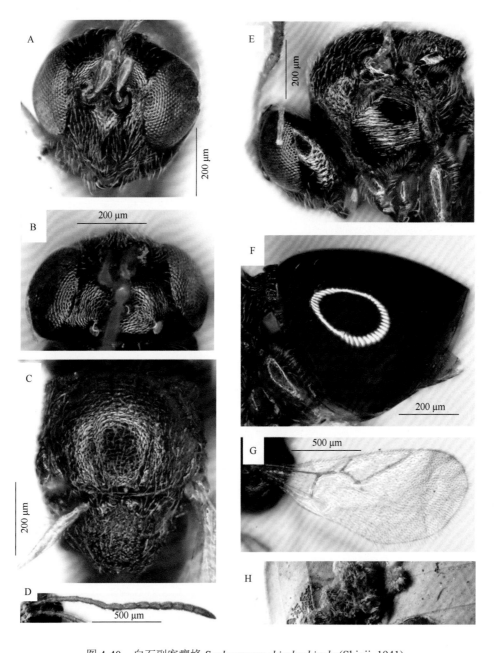

图 4-40　白石副客瘿蜂 *Saphonecrus shirokashicola* (Shinji, 1941)

A. 头，前面观；B. 头，背面观；C. 胸部，背面观；D. 触角；E. 胸部，侧面观；F. 腹部；G. 翅；H. 虫瘿

主要特征：雌虫体长 1.3–1.4 mm，前翅长 1.6 mm。头红褐至黑褐色，腹部黄色至黄棕色。头被密绒毛，颊与颜面具有自唇基至触角槽和复眼内缘的放射状细微刻纹。前胸背板具密白毛，皮质；前胸侧板脊存在，侧板具细微条纹；盾纵沟存在，但短，仅在其后部的 1/3–1/2 处明显；前平行沟存在，但不明显；亚侧沟缺失。侧面观，中胸侧板皮质，光亮，具横向间断刻纹；并胸腹节侧脊明显，直，平行，其中间区域革质，具长白毛。后足跗节爪具基叶。腹部第 2 与 3 腹背板融合，且后端具有微刻点斑；肛下生殖节具有微小的密刻点，腹脊具有稀疏短白毛，腹刺突较短。雄性触角 15 节，第 1 鞭节明显内凹。

生物学：虫瘿采自细叶青冈、青冈栎和褐叶青冈上。

分布：浙江（临安）、台湾；日本。

（76）黄胫副客瘿蜂 *Saphonecrus flavitibilis* Wang *et* Chen, 2010（图 4-41）

Saphonecrus flavitibilis Wang *et* Chen *in* Wang *et al.*, 2010: 1035.

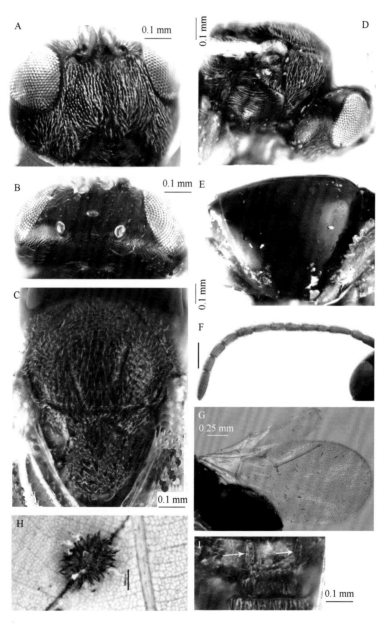

图 4-41　黄胫副客瘿蜂 *Saphonecrus flavitibilis* Wang *et* Chen, 2010

A. 头，前面观；B. 头，背面观；C. 胸部，背面观；D. 胸部，侧面观；E. 腹部，侧面观；F. 触角；G. 翅；H. 虫瘿

主要特征：雌虫体长 1.9 mm，前翅长 2.0 mm。头、胸部黑褐色，腹部红褐色至暗褐色。头颜面与颊具有细微的自唇基至复眼与触角槽的放射状线条刻纹。唇基至复眼间具有微弱的线条刻纹。前胸背板革质，具有浓密的白色绒毛。背面观，中胸背板皮质至革质，具有强烈横向的刻纹。盾纵沟完整，明显，较深且宽，前窄后宽；中胸背板中沟、前平行沟与侧沟均缺失。中胸侧板端部具有间断的横向线条刻纹，基部光滑、光亮，中间区域没有刻纹。并胸腹节侧脊明显，直，细微的皮质，无毛；中央区域光滑光亮且具有绒毛。后足跗节爪具基叶。腹柄具有平行的刻条纹；第 2+3 腹背板后端没有刻点斑；肛下生殖板下具有微小密刻点与短白密毛；腹侧光滑，基部具稀疏短毛，刺突相对较短，几乎不突出。

生物学：寄生在青冈栎虫瘿内的致瘿昆虫。

分布：浙江（临安）。

（77）小叶青冈副客瘿蜂 *Saphonecrus shirakashii* (Shinji, 1940)（图 4-42）

Andricus shirakashii Shinji, 1940: 290.

Saphonecrus shirakashii Melika *et al.*, 2012: 156.

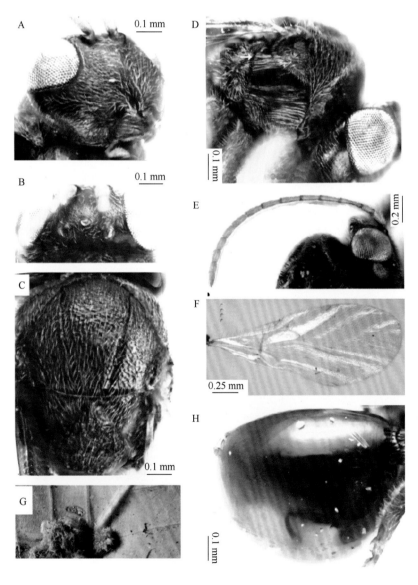

图 4-42 小叶青冈副客瘿蜂 *Saphonecrus shirakashii* (Shinji, 1940)

A. 头，前面观；B. 头，背面观；C. 胸部，背面观；D. 胸部，侧面观；E. 触角；F. 翅；G. 虫瘿；H. 腹部

主要特征：雌虫体长 1.2 mm，前翅长 1.9 mm，产卵鞘长 0.4 mm。头黄褐至黑褐色，胸部、腹部红褐色至黑色。头前面观，与胸部等宽；颜面和颊具有自唇基至复眼和触角槽的细微放射状线条刻纹。胸部侧面观，长为高的 1.3 倍，具有白毛；前胸侧板革质，侧脊缺失。背面观，前胸背板脊缺失，前胸背板角圆钝。中胸背板具有微弱的间断横向皱脊，皱脊间隙为革质。盾纵沟完整，明显，前窄后宽，中胸背板中沟缺失，前平行沟不明显，亚侧平行沟明显。中胸侧板具线条状刻纹，无毛；并胸腹节侧脊明显，腹部略趋于会合，无毛。腹柄具有平行刻条纹；第 2+3 腹背板融合，且腹背板侧具有白色长毛，背侧具有小刻点斑；肛下生殖板具有微小密刻点，腹脊具有短白毛，刺突相对较短。

　　生物学：寄生于细叶青冈。

　　分布：浙江（临安）。

（78）网状副客瘿蜂 *Saphonecrus reticulatus* Pujade-Villar, Wang *et* Guo, 2014（图 4-43）

Saphonecrus reticulatus Pujade-Villar, Wang *et* Guo, 2014: 43.

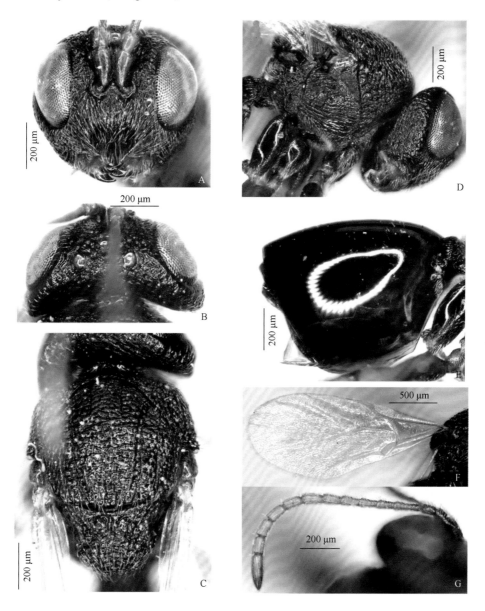

图 4-43　网状副客瘿蜂 *Saphonecrus reticulatus* Pujade-Villar, Wang *et* Guo, 2014

A. 头，前面观；B. 头，背面观；C. 胸部，背面观；D. 胸部，侧面观；E. 腹部；F. 翅；G. 触角

主要特征：雌虫体长 2.0 mm。体黑色。头皮质，具密白毛；低颜面皮质，具有稀疏的白毛和从唇基至复眼和触角槽腹缘的放射状条纹。胸侧面观，长略宽于高，具密白毛。前胸背板脊侧为皮质。中胸背板皮质，长略宽于宽，具有明显的横向脊和少量白毛。盾纵沟完整，中胸背板后轻微会合；中胸背板中沟长占整个中胸背板长的 2/3；前平行沟明显存在，占整个中胸背板长的 1/4。中胸侧板具明显间断的纵向条纹，前部分与隆线间为网状；并胸腹节侧脊明显存在，前部亚平行，后部趋于会合；并胸腹节中间区域革质，具有纵向褶皱和密毛。腹侧面观，腹部略长于头与胸部之和。第 2+3 腹背板两侧具白毛，顶端具细微刻点；之后的背板均具有刻点和毛；肛下生殖板刺突非常短；生殖板部分具刻点。

分布：浙江（临安）。

31. 客瘿蜂属 *Synergus* Hartig, 1840

Synergus Hartig, 1840: 186. Type species: *Synergus vulgaris* Hartig, 1840.

主要特征：体长 0.8–4.5 mm。体色主要为黑色、深棕色或黄棕色。头革质至钝褶皱，具有稀疏白毛。颊皮质，复眼后颊未加宽。低颜面或多或少具有自唇基至触角槽和复眼内缘的放射状强烈线条刻纹。雌性触角 14 节，雄性 15 节。中胸背腹平坦；前胸背板皮质至皱纹；前胸背板侧脊强烈或缺失，但常明显具横向刻纹。盾纵沟完整，深或不明显，或不完整，凹陷浅；中胸侧板具有线条刻纹。并胸腹节侧脊近似直、亚平行或略向内会合。径室关闭。腹部第 2–3 背板融合，后端具有或宽或窄的刻点带；肛下生殖板刺突短。

生物学：寄生于其他致瘿瘿蜂所形成的虫瘿内。

分布：全北区。世界已知 100 多种，中国记录 19 种，浙江分布 6 种。

分种检索表

1. 愈合的第 2–3 腹背板后部具有微刻点，其形成不同宽的延伸至腹部总长的 1/4 刻点带，并常延伸至腹缘 ························· 2
- 愈合的第 2–3 腹背板后部无微刻点，如有仅局限于端背，最长延伸至腹部总长的 1/5，且未达腹缘 ························· 4
2. 额脊缺失；雌性触角 F_1 中间略微弯曲，端部略膨大 ························· **德清客瘿蜂 *S. deqingensis***
- 额脊存在；雌性触角 F_1 平坦 ························· 3
3. 雌性触角 F_1 约是梗节的 3.0 倍，融合的第 2+3 腹背板两侧无毛 ························· **脊客瘿蜂 *S. jezoensis***
- 雌性触角 F_1 至多是梗节的 2.0 倍，融合的第 2+3 腹背板两侧具毛 ························· **光客瘿蜂 *S. drouarti***
4. 愈合的第 2–3 腹背板后部无微刻点 ························· **中国客瘿蜂 *S. chinensis***
- 愈合的第 2–3 腹背板后部具微刻点 ························· 5
5. 并胸腹节侧脊直，具白密毛 ························· **台湾客瘿蜂 *S. fomosanus***
- 并胸腹节侧脊向外略微弯曲，具稀疏白毛 ························· **球瘿客瘿蜂 *S. gallaepomiformis***

（79）台湾客瘿蜂 *Synergus fomosanus* Schweger *et* Melika, 2015（图 4-44）

Synergus formosanus Schweger *et* Melika *in* Schweger *et al.*, 2015: 469.

主要特征：雌虫体长 1.6 mm，前翅长 1.9 mm。体主要为黑色。头前面观，宽为高的 1.2 倍；颜面和颊革质，具有自唇基至复眼和触角槽的强烈放射状线条刻纹和稀疏毛。胸部强烈隆起，长为高的 1.25 倍，具密白毛；前胸侧板革质，具密白毛和强烈横向条纹。中胸背板具有微弱的间断横向皱脊，皱脊间隙为革质。盾纵沟完整，明显；中胸背板中沟存在，延伸至整个中胸背板；前平行沟不显；亚侧平行沟明显，延伸至中胸背板长的 1/2。中胸侧板具线条状刻纹，无毛。并胸腹节侧脊明显，平行。腹部第 2+3 腹背板融合，且腹背板侧具有白色长毛，后端具小刻点带；腹刺突相对较短。

生物学：寄生于栎属植物。

分布：浙江（临安）、陕西。

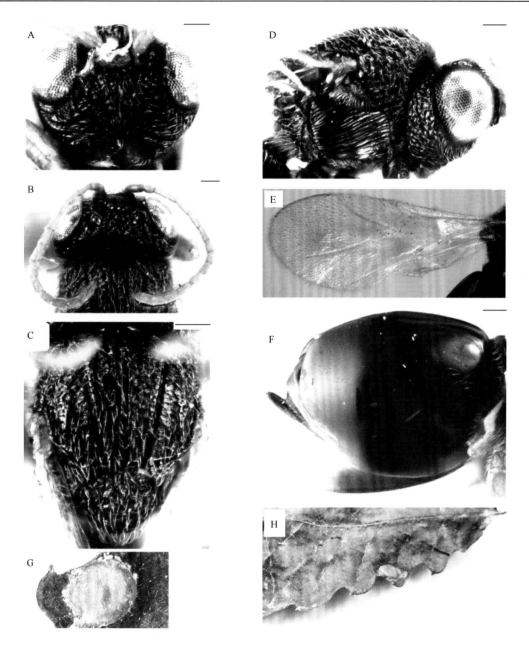

图 4-44　台湾客瘿蜂 *Synergus fomosanus* Schweger *et* Melika, 2015

A. 头，前面观；B. 头，背面观；C. 胸部，背面观；D. 胸部，侧面观；E. 翅；F. 腹部；G, H. 虫瘿。比例尺：0.1 mm

（80）光客瘿蜂 *Synergus drouarti* Lobato-Vila, Wang, Guo, Ju *et* Pujade-Villar, 2021（图 4-45）

Synergus drouarti Lobato-Vila, Wang, Guo, Ju *et* Pujade-Villar, 2021: 341.

主要特征：雌虫体长 1.8 mm，前翅长 2.3 mm，产卵鞘长 0.3 mm。体浅褐色。头革质，具有稀疏的白毛，低颜面渐密。唇基至触角槽具有不明显的放射状线条刻纹与稀疏白毛。胸部强烈隆起，具浓密白毛。前胸背板近革质，具有大而明显的前胸背板坑，前侧缘端微凹，具有细皱纹。中胸盾片近革质。盾纵沟完整，沿整个中胸盾片凹陷，末端趋于会合；中胸背板中沟短，侧沟明显，延伸至总长的 1/3；前平行沟不明显。中胸侧板具有明显的横向线条刻纹；基节凹脊侧区光滑。并胸腹节侧脊明显，有时呈片断状，平行，被稀疏白毛；并胸腹节中间区革质，具有皱纹与稀疏白毛。腹侧面观长大于高，第 2 背板前侧无毛；剩余背板无毛；全部背板和肛下生殖板端部具有刻点；肛下生殖板刺突短。

生物学：寄生于某种栎属植物。

分布：浙江（临安）。

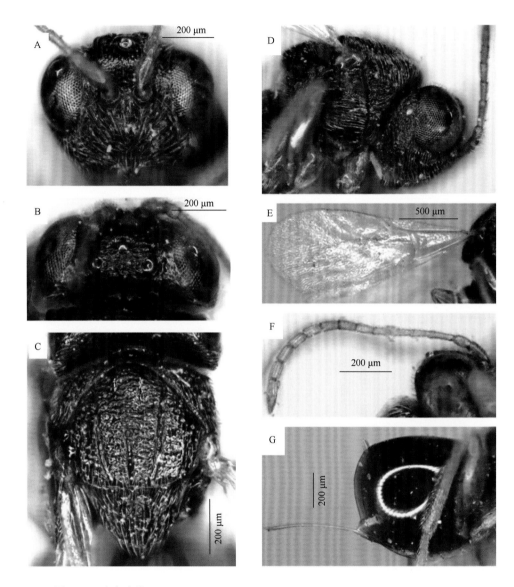

图 4-45　光客瘿蜂 *Synergus drouarti* Lobato-Vila, Wang, Guo, Ju *et* Pujade-Villar, 2021
A. 头，前面观；B. 头，背面观；C. 胸部，背面观；D. 胸部，侧面观；E. 翅；F. 触角；G. 腹部

（81）脊客瘿蜂 *Synergus jezoensis* Uchida, Sakagami *et* Mimura, 1948（图 4-46）

Synergus jezoensis Uchida, Sakagami *et* Mimura *in* Uchida *et al*., 1948: 15.

　　主要特征：雌虫体长 6.5–7.1 mm，前翅长 7.2–7.6 mm。头深棕或红棕色，胸部红棕色。头前面观，近圆形。低颜面皮质，具有自唇基至触角槽和复眼内缘的放射状线条刻纹，中间隆起的区域窄且无脊。胸侧面观，微隆起，且具密毛。前胸背板皮质，具皱褶，侧面毛更长更短；前胸侧板存在。背面观，中胸盾片长略短于其高，具有强烈的横向褶皱，皱褶间革质，具毛。盾纵沟完整，宽且深，延伸至整个背板，后端微弱会合；前平行沟明显，延伸至中胸背板长的 1/5；亚侧沟延伸至中胸侧板的 1/2；中胸背板中沟长，延伸至整个中胸背板。中胸侧板具有明显间断的纵向刻纹。并胸腹节侧脊明显，平行；并胸腹节中区微弱褶

皱和具密白毛。侧面观，腹部略长于头与胸部之和。第 2 与第 3 腹背板愈合，且侧面未具短白毛，端部具
有密刻点，占整个腹部长的 1/3；其余腹背板无毛，具刻点；生殖板大，肛下生殖板刺突短。

　　生物学：寄生于短柄枹栎。

　　分布：浙江（临安、景宁）、辽宁、河南、湖南；日本。

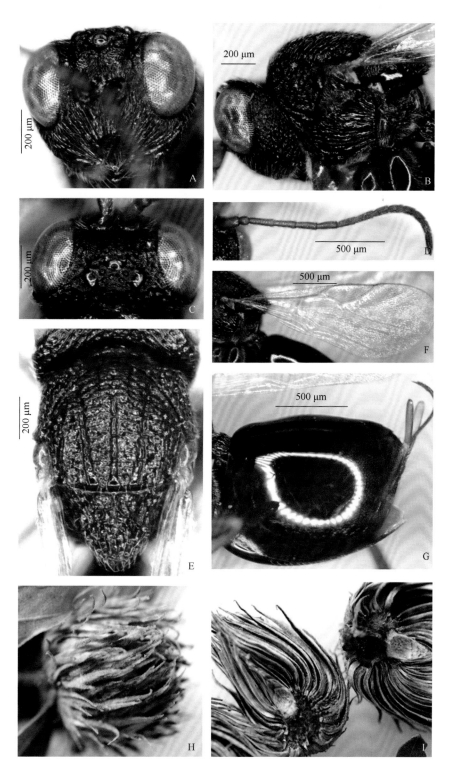

图 4-46　脊客瘿蜂 *Synergus jezoensis* Uchida, Sakagami *et* Mimura, 1948

A. 头，前面观；B. 胸部，侧面观；C. 头，背面观；D. 触角；E. 胸部，背面观；F. 翅；G. 腹部；H, I. 虫瘿

（82）德清客瘿蜂 *Synergus deqingensis* Pujade-Villar, Wang, Chen *et* He, 2014（图 4-47）

Synergus deqingensis Pujade-Villar, Wang, Chen *et* He *in* Pujade-Villar *et al.*, 2014: 534.

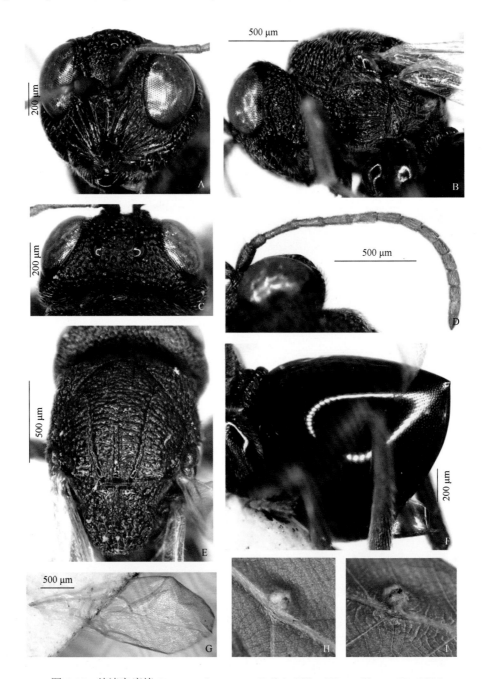

图 4-47　德清客瘿蜂 *Synergus deqingensis* Pujade-Villar, Wang, Chen *et* He, 2014

A. 头，前面观；B. 胸部，侧面观；C. 头，背面观；D. 触角；E. 胸部，背面观；F. 腹部；G. 翅；H, I. 虫瘿

　　主要特征：雌虫体长 2.2–2.8 mm，前翅长 2.9–3.3 mm，产卵鞘长 0.5–0.8 mm。头深褐或黑色，胸部黑色，腹部黑红色。头部具有强烈刻点，刻点间皮质，具密毛。颜面皮质，具有自唇基至复眼内缘和触角槽的放射状线条刻纹。胸部强烈隆起，具密白毛。前胸背板皮质，褶皱多毛，侧面观，具有间断的横向脊。盾纵沟完整，深且延伸至整个中胸背板；中胸背板中沟长，延伸至整个中胸背板长的 1/2–3/5；亚侧沟明显，延伸至中胸背板长的 3/4；前平行沟明显，延伸至中胸背板长的 1/4。中胸侧板具明显而完整的横线条刻纹，光滑。

并胸腹节侧脊明显，平行。并胸腹节中间区域褶皱，具密毛。腹侧面观长为高的 1.5 倍，第 2 与第 3 腹背板融合，两侧具稀疏毛，后端具有刻点其长度占整个腹部长的 1/3，未延伸至腹部腹缘；肛下生殖板刺突短。

生物学：寄生于短柄枹栎。

分布：浙江（德清、临安）、辽宁。

（83）中国客瘿蜂 *Synergus chinensis* Melika, Ács *et* Bechtold, 2004（图 4-48）

Synergus chinensis Melika, Ács *et* Bechtold, 2004: 321.

主要特征：雌虫体长 2.1 mm，前翅长 2.4 mm。头部深棕色至暗红色，胸部黑色。前胸背板侧面观，腹部红棕色。头前面观，其宽是高的 1.3 倍；上观，头宽为长的 2.6 倍；低颜面和颊具有自唇基至触角槽和复眼内缘的放射状线条刻纹。前胸背板具有钝褶皱，前胸侧脊发达；背面观中胸盾板为亚方形，具发达的横向褶皱，前面 1/3 完整，后面为间断的，褶皱间为皮质；中纵沟深且完整；中胸盾板中沟延伸至整个中胸背长的 3/4 或更多。中胸侧板具有发达的横向线条刻纹。并胸腹节细微皮质，侧脊直且平行，并胸腹节中央区域细微皮质至光滑。腹部第 2 与第 3 腹背板端背具毛斑；肛下生殖板刺突短。

生物学：寄生于短柄枹栎。

分布：浙江（临安）、北京、河南。

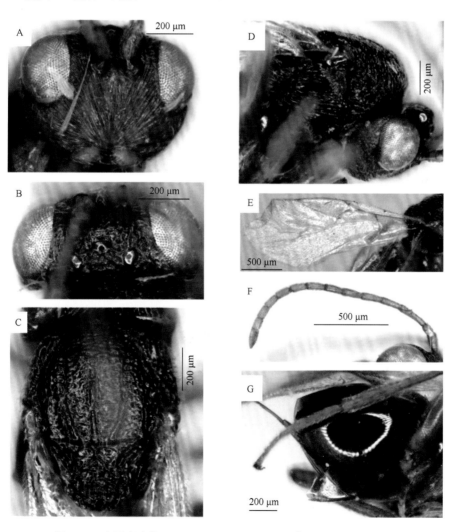

图 4-48 中国客瘿蜂 *Synergus chinensis* Melika, Ács *et* Bechtold, 2004

A. 头，前面观；B. 头，背面观；C. 胸部，背面观；D. 胸部，侧面观；E. 翅；F. 触角；G. 腹部

（84）球瘿客瘿蜂 *Synergus gallaepomiformis* (Boyer de Fonscolombe, 1832)（图 4-49）

Diplolepis gallaepomiformis Boyer de Fonscolombe, 1832: 195.

Synergus gallaepomiformis: Dalla Torre & Kieffer, 1910: 621.

主要特征：雌虫体长 2.1 mm，前翅长 2.4 mm。头、胸部黑色，腹部背面黑色，侧面棕色。头皮质，具稀疏白毛。唇基具条纹，具有大而明显的前幕骨坑；唇基侧沟和横沟不明显。前胸背板皮质，侧脊发达，明显。中胸盾板皮质或具微弱但未间断的横向褶皱，略宽于长。盾纵沟完整，沟内底部具褶皱；中胸背板中沟至少延伸至中胸背板长的 3/4，前窄后宽；亚侧沟明显，延伸至翅基部；前平行沟明显，宽，短。中胸侧板整个具条纹，条纹间光滑，光亮；并胸腹节侧脊直，具毛；并胸腹节中央区域细微皮质，前半部具密毛；侧区均一细微皮质，具相对密白毛。腹侧面观，其长宽于高；第 2 与第 3 腹板后端具小的细微刻点带；生殖板具密刻点，肛下生殖板刺突短，具少量毛。雄性触角 15 节，F_1 略弯曲，基部平，端部强烈或适当膨大，F_1 为 F_2 的 2.2–2.3 倍；F_2 至 F_5 长是宽的 2.0–3.0 倍。

生物学：寄生于短柄枹栎。

分布：浙江（临安）、黑龙江、河南、陕西；俄罗斯，伊朗，乌克兰，南非。

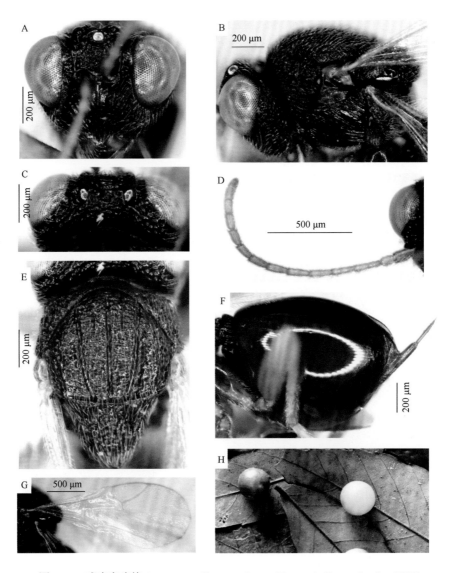

图 4-49　球瘿客瘿蜂 *Synergus gallaepomiformis* (Boyer de Fonscolombe, 1832)

A. 头，前面观；B. 胸部，侧面观；C. 头，背面观；D. 触角；E. 胸部，背面观；F. 腹部；G. 翅；H. 虫瘿

32. 方瘿蜂属 *Ufo* Melika *et* Pujade-Villar, 2005

Ufo Melika *et* Pujade-Villar *in* Melika *et al.*, 2005: 313. Type species: *Ufo abei* Melika *et* Pujade-Villar, 2005.

主要特征：体色褐色至黑色。头皮质或革质，具有稀疏的白毛。头略宽于胸部，额上三个单眼形成钝三角形或形成一条直线。低颜面为革质，具密白毛，具自唇基至触角窝与复眼的放射状间断的线条刻纹。雌性触角为 13 节，略微长于头、胸部的和。前胸背板皮质至革质，具有稀疏白毛，前胸背板侧脊强烈存在，具垂直角度，方形，且有细微皱纹。盾纵沟存在，延伸至整个中胸背板或部分；中胸背板前平行沟、中沟与亚侧沟存在或缺失；中胸侧板光滑、发亮。前翅长于体长，径室开放，翅缘具有缨毛。腹部略长于头与胸部的和，生殖板腹刺突较短，具有短的稀疏白毛。

生物学：主要寄生于以栎属植物为寄主的致瘿昆虫的虫瘿内。

分布：已知分布于古北区东部。目前已知 3 种，中国记录 2 种，浙江分布 2 种。

（85）红腹方瘿蜂 *Ufo rufiventris* Wang, Guo, Wang, Pujade-Villar *et* Chen, 2016（图 4-50）

Ufo rufiventris Wang, Guo, Wang, Pujade-Villar *et* Chen, 2016: 221.

主要特征：雌虫体长 1.8 mm，前翅长 1.6 mm。体浅褐色至黑色。头横向，皮质；低颜面、唇基和颚间距具有相对密白毛，沿复眼内缘具同样密白毛。侧面观，胸部长是高的 1.1 倍。背面观，前胸背板前角近矩形，前端与侧面形成直角；前胸背板垂直下切至前胸侧板；强烈的前背隆线从额对应部分将侧面分开。前胸背板背部具刻点，皮质，侧面具有强烈的纵向平行的条纹；背部和侧面具短毛。中胸背板皮质，长略宽于宽，具有微弱横向条纹和短的稀疏白毛；盾纵沟仅后 1/3 明显，具有光滑、光亮的底部；前侧沟和亚侧沟缺失。中胸侧板光滑、光亮，具横向条纹，尤其在中间和后背侧；并胸腹节具有均匀分散的长白毛，侧面皮质；并胸腹节侧脊明显，细，直，前面略微分叉；并胸腹节中间区域革质。足跗爪具明显的基叶。腹部第 2 与第 3 腹背板愈合，光滑，光亮，占整个腹长，且其两侧具白毛。肛下生殖板刺突非常短，细；肛下生殖板具细微刻点，腹脊具短白毛。

生物学：寄主为麻栎。

分布：浙江（临安）。

（86）似凹方瘿蜂 *Ufo cerroneuroteri* Melika, Tang, Yang, Bihari, Bozsó *et* Pénzes, 2012（图 4-51）

Ufo cerroneuroteri Melika, Tang, Yang, Bihari, Bozsó *et* Pénzes, 2012: 143.

主要特征：雌虫体长 1.5 mm，前翅长 1.3 mm。头和胸部黑色或深棕色，第 1 腹背板长黑色，其余腹背板深棕色至红棕色。头光滑，光亮，局部革质。低颜面具自唇基至触角槽下方和复眼的放射状刻纹。侧面观，胸部长是高的 1.4 倍。背面观，前胸背板呈矩形，前部和侧面形成一直角；前胸背板垂直下切前胸侧板；前胸侧板侧区从背部下切形成一直角；强烈的前背隆线从额对应部分将侧面分开。前胸背板皮质，侧面具条纹，在条纹间具微弱的皮质或者近似光滑、光亮。前胸侧板革质，下半部具横向条纹。中胸背板高略微长于宽，具白毛，在盾纵沟之间更密；具均匀微刻点，中间区域皮质。盾纵沟完整，到达前胸背板，后面略宽，底部光滑、光亮。前平行沟不明显，仅前 1/4 存在。亚侧沟非常窄，延伸至中胸背板的一半；中胸背板中沟以一短的三角形存在或者看不到。中胸侧板沟至多延伸至侧板高度的 1/4。并胸腹节光滑、光亮，其侧具有分散稀疏短白毛；并胸腹节侧脊明显，均匀变薄，中间略微向外弯曲；并胸腹节中央区域

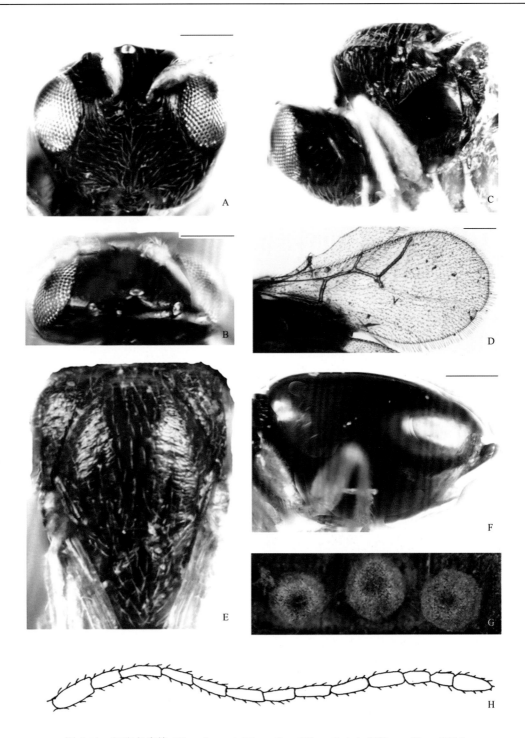

图 4-50　红腹方瘿蜂 *Ufo rufiventris* Wang, Guo, Wang, Pujade-Villar *et* Chen, 2016

A. 头，前面观；B. 头，背面观；C. 胸部，侧面观；D. 翅；E. 胸部，背面观；F. 腹部；G. 虫瘿；H. 触角。比例尺：A、B、D、F=0.2 mm

皮质，无毛。侧面观，腹部长于头和胸部之和，长略大于高。第 2 背板前侧具有少量白毛，光滑、光亮；第 2 腹背板后背板强烈锯齿。剩余腹背板与肛下生殖板具刻点；肛下生殖板刺突非常短，细。雄性触角 14 节，F_1 略弯曲，顶端变宽，是 F_2 的 1.6 倍；前面观，头圆钝。

　　生物学：寄生于小叶栎。

　　分布：浙江（临安）、台湾。

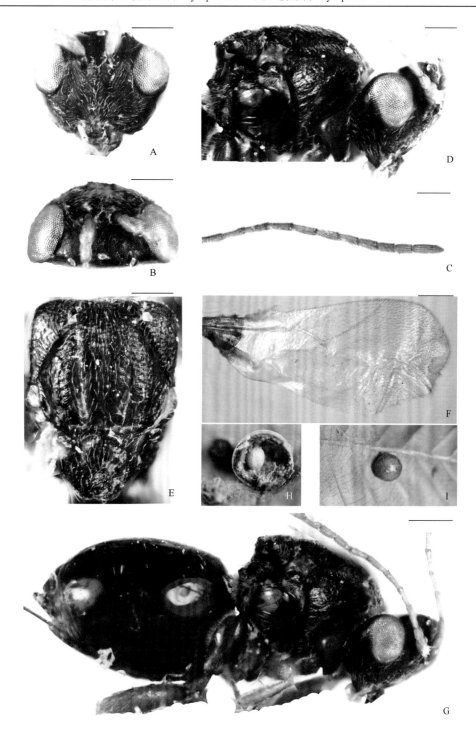

图 4-51　似凹方瘿蜂 *Ufo cerroneuroteri* Melika, Tang, Yang, Bihari, Bozsó *et* Pénzes, 2012

A. 头，前面观；B. 头，背面观；C. 触角；D. 胸部，侧面观；E. 胸部，背面观；F. 翅；G. 整体；H, I. 虫瘿。比例尺：A–D、G=0.2 mm

33. 脊瘿蜂属 *Ceroptres* Hartig, 1840

Ceroptres Hartig, 1840: 186. Type species: *Ceroptres clavicornis* Hartig, 1840.

主要特征：体主要是黑色，很少深棕色甚至淡黄色。头革质至皮质，低颜面具有自唇基到触角槽和复眼内缘的放射状刻纹，具有从唇基或多或少的垂直明显的两平行隆脊向唇基延伸，有时延伸至唇基。前胸背板背中长约为其外侧缘总长的 1/3–1/2；盾片皮质至革质；盾纵沟完整，明显或其前部近 1/3 不明显；中胸背板中沟短，延伸至中胸长的 1/3 或者以三角形存在。中胸侧板光滑、光亮，具一些细微横向条纹。并胸腹节的侧脊亚平行。侧面观，腹部高等于其长；第 2 腹背板小，前面两侧具密白毛，且没有与第 3 腹背板融合，至少占整个腹部长的 2/3；肛下生殖板刺突短。

生物学：寄生于壳斗科栎属植物的致瘿昆虫所形成的虫瘿内。

分布：全北区分布，世界已知 26 种，中国记录 2 种，浙江分布 1 种。

（87）东亚脊瘿蜂 *Ceroptres masudai* Abe, 1997（图 4-52）

Ceroptres masudai Abe, 1997: 253-255.

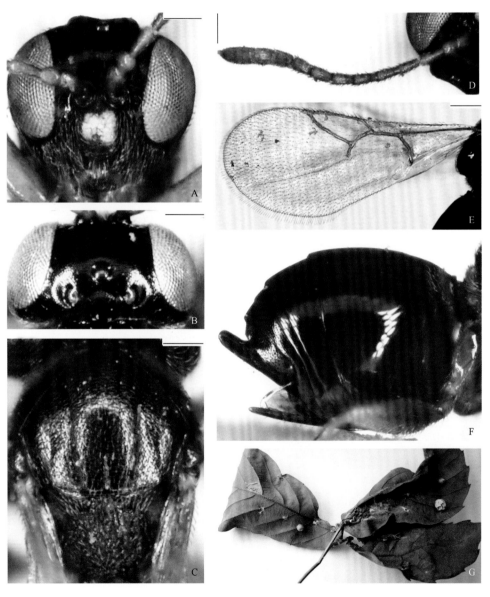

图 4-52　东亚脊瘿蜂 *Ceroptres masudai* Abe, 1997

A. 头，前面观；B. 头，背面观；C. 胸部，背面观；D. 触角；E. 翅；F. 腹部；G. 虫瘿。比例尺：A–D=0.2 mm

主要特征：雌虫体长 2.1 mm，前翅长 2.2 mm。头与胸部均为黑色，腹部深棕色至黑色。头背面观，略宽于胸部。颜面具有自触角窝腹缘至唇基的两个垂直平行的隆脊；该隆脊自唇基向外具有放射状线条刻纹。前胸背板片明显。盾纵沟完整，但近盾片前端比较浅，弱；中胸背板前平行沟和亚侧沟均存在；中胸侧板具微弱的线条刻纹，且其侧板下端的 1/3 具有软白毛；中胸背板中沟延伸至中胸背板长的 1/3。并胸腹节脊存在，且下部较宽。腹部光滑、光亮；第 2 腹背板前侧具有稀疏毛；第 3 腹背板前侧具有少量短毛；第 7 腹背板背部具有分散的毛。第 4–7 腹背板和第 3 背板具有小的刻点；每个小的刻点上均具有细小的刚毛；肛下生殖板刺突较短，具有短白毛。

生物学：寄生于短柄枹栎。

分布：浙江（临安）、辽宁、宁夏；韩国，日本。

第五章　小蜂总科 Chalcidoidea

主要特征：一般体长仅 0.2–5 mm，少数种类可达 16 mm。头部横形；复眼大；单眼 3 个，位于头顶。触角大多膝状，由 5–13 节组成；鞭节可分为环状节（1–3 节，少数无）、索节（1–7 节）、棒节（1–3 节，多少膨大）。前胸背板后上方不伸达翅基片，之间被胸腹侧片相隔。小盾片发达，其前角有三角片。通常有翅，静止时重叠，偶有无翅或短翅种类；翅脉极退化，前翅无翅痣，由亚前缘脉、缘脉、后缘脉、痣脉组成，缘脉前斜离翅缘部分称缘前脉，有的将缘前脉与亚前缘脉合称为亚缘脉；前缘脉远细于亚前缘脉，已看不出。足转节 2 节。腹部腹板坚硬骨质化，无中褶；产卵管从腹部腹面末端前面伸出，具有一对与产卵管伸出部分等长的鞘。

生物学：小蜂生物学上的变化比任何其他的寄生蜂总科都大，甚至在属与属之间都表现出相当大的差异，绝大部分种类为寄生性，但有几个科的一些种为植食性。榕小蜂科种类只在无花果中发育，广肩小蜂科、金小蜂科、长斑小蜂科和长尾小蜂科中也有部分为植食性。有些小蜂的幼虫为捕食性。寄生性在小蜂总科中表现得非常复杂：有容性寄生，也有抑性寄生；有单寄生，也有聚寄生；有外寄生，也有内寄生；有初寄生，也有二重或三重寄生；有正常生殖，也有孤雌生殖、多胚生殖；有膜翅型的幼虫，也有闯蚴型的幼虫；有些种的寄主范围很广，而有些种却非常专一。从寄主的卵、幼虫到蛹甚至成虫（特别是金小蜂科的几个类群）都可被不同的小蜂种类所寄生。小蜂的寄主范围极其广泛，包括几乎所有的昆虫纲内部的各个目，以及许多外部昆虫和蛛形纲的种类。小蜂总科是膜翅目中种类较多、分类最困难的类群之一[*]。

分布：世界广布。

分科检索表

1. 雌蜂头部与体呈水平方向，颜面凹陷甚深；雄蜂前、后足甚短而肥胖，其胫节长不及腿节一半，中足很细；雄蜂常无翅；触角粗，3–9 节 ·· **榕小蜂科 Agaonidae**

- 雌蜂头部与体多呈垂直方向；雄蜂常有翅，触角细，前、后足胫节不特别短缩 ······························· 2

2. 跗节 3 节；触角短，索节最多 2 节；前翅后缘脉退化，有的属翅上刚毛呈放射状排列；体长约 0.5 mm；卵寄生蜂 ·······
·· **赤眼蜂科 Trichogrammatidae**

- 跗节 4 或 5 节；其他特征不全相同 ·· 3

3. 触角间距离大；触角长，无环状节，雄蜂鞭形，雌蜂末端呈棍棒状；额颜区在触角着生部位上方具横沟，沿复眼内缘伸展；翅基常呈柄状，翅缘具长缨；产卵管一般伸出；体长常短于 1 mm ·················· **缨小蜂科 Mymaridae**

- 触角间距离小，一般接近，小于触角至复眼的距离；触角长度一般短，一般有环状节，雄蜂非鞭形，雌蜂末端不呈棍棒状；颜面无横走缝沟；翅基不呈柄状，翅缘无长缨；产卵管一般不伸出；体长常长于 1 mm ···················· 4

4. 后足基节扁平膨大；翅长过腹部末端，呈楔状或前后缘近于平行；雄蜂触角索节 4 节，其 1–3 节常有分支，雌蜂索节 3 节；体呈铁黑色或具黄色斑纹 ··· **扁股小蜂科 Elasmidae**

- 后足基节不扁平膨大，其他特征不完全一致 ·· 5

5. 后足腿节特别膨大，腹面具齿，后足胫节弧状弯曲；体中至大型，强度骨化，无金属光泽 ························· 6

- 后足腿节正常，如极少数膨大并具齿，则后足胫节直且后足基节至少 3 倍长于前足基节；体细长，有金属光泽 ······· 7

6. 前翅纵褶，可见原始翅脉痕迹；产卵管长，弯向腹部背面前方，长的其末端可达于胸部；体长 2.5–16 mm；体黑色，具黄

色或红色斑 ·· 褶翅小蜂科 Leucospidae

- 前翅不纵褶；产卵管不显著；体长多为 2–5 mm；腹部几乎无黄色斑纹 ·············· 小蜂科 Chalcididae

7. 后足基节比前足基节一般至少大 3 倍；前胸背板大；盾纵沟完整；前翅后缘脉发达，痣脉通常短，末端一般肥厚膨大···· 8

- 后足基节仅比前足基节稍大；其余特征不全部一致 ·· 9

8. 胸部密布刻点，刻点间的部分呈网状刻纹或皱状刻纹，稍有光泽；盾纵沟多少深；腹部有光泽，具微细刻纹；雌蜂腹部
不呈圆锥形，末节背板不延长；产卵管一般长；体多少细 ································· 长尾小蜂科 Torymidae

- 胸部刻点稀疏，刻纹稀，微呈横皱，有光泽；盾纵沟浅；腹部常有粗刻纹，雄蜂刻纹呈窝状；雌蜂腹部圆锥形，末节背
板延长；产卵管短，外部不见；体结实 ······································· 刻腹小蜂科 Ormyridae

9. 前胸背板背面呈长方形，大；体无金属光泽，黑色，有时带黄斑；胸部常有粗刻点，盾纵沟完全；雄蜂腹部圆有长柄，
触角索节有直的长毛，雌蜂腹部长卵圆形，多少侧扁，末端呈梨头状 ················· 广肩小蜂科 Eurytomidae

- 前胸背板背面狭，至少在中央狭；体或有金属光泽；胸部网状刻纹细；腹部一般不隆起 ···················· 10

10. 体长约 1 mm 或更小；体平；腹部宽阔，无柄；触角除了环状节不超过 8 节；后缘脉及痣脉不发达；中足胫节距较发达；
后胸背板悬骨大 ··· 11

- 体长一般大于 1 mm；体不平；腹部多少具柄；触角除了环状节大多超过 8 节，但个别例外；后缘脉及痣脉其一发达或
两者均发达；中足胫节距不发达；后胸背板悬骨小 ·· 12

11. 体无金属光泽，体黄或褐色，很少黑色；触角有环状节，棒节 1–4 节，但不特长，索节 1–4 节，不特别小；盾纵沟完整；
三角片突向前方，小盾片不呈横肋状；并胸腹节无三角形光亮部分；中足胫节距通常长，但不膨大 ···········
·· 蚜小蜂科 Aphelinidae

12. 跗节 4 节；触角除了环状节最多 9 节；索节至多 4 节，雄蜂常有分支；三角片前端常前伸，超过翅基连线；多数种有明
显的盾纵沟；前足胫节距直 ·· 姬小蜂科 Eulophidae

- 跗节 5 节，少数 4 节，如为 4 节，则触角至少 11 节或缘脉、后缘脉及痣脉均不明显；触角经常超过 10 节；索节一般多
于 4 节，雄蜂不分支；三角片前端常不超过翅基连线；小盾片一般无纵沟；前足胫节距明显弯曲 ··············· 13

13. 中胸侧板完整膨起（雄性旋小蜂分割）；中足胫节距特别发达，长且大 ······························· 14

- 中胸侧板不完整，有凹陷的沟；中足胫节距正常 ·· 15

14. 整个中胸背板逐渐圆形隆起，或扁平；常无明显的盾纵沟；三角片横形，一般与小盾片前方形成一弧线；触角无环状节，
索节不多于 6 节；前翅缘脉常短 ··· 跳小蜂科 Encyrtidae

- 整个中胸背板不均匀隆起，往往有凹陷或平整；具不明显的盾纵沟；三角片向后延长；触角 1 环状节，索节 7 节；前翅
缘脉长 ··· 旋小蜂科 Eupelmidae

15. 前胸背板小，不呈钟状，后缘明显；盾纵沟完全或不完全；跗节常为 5 节；前足胫节距明显，弯曲 ··················
·· 金小蜂科 Pteromalidae

十、榕小蜂科 Agaonidae

主要特征：本科性二型明显，雄性翅短或无。体长 1.0–10 mm。浅色或暗色，常有金属光泽。一般骨化程度弱，无发达刻纹。体经常扁平，死后弯曲。后颊桥完整，无后头脊（一些 Epichrysomallinae 存在，但其产卵管隐蔽）；触角各样，有时少于 13 节，雄性短，3–9 节。跗节 4–5 节。第 7–8 节背板不退化，有时延长。雌蜂通常头部与体呈水平方向，脸凹陷甚深；前翅不纵褶；产卵管明显伸出或隐蔽。雄蜂体趋于黄色；复眼小；前足和后足短而肥胖，其胫节长不及腿节的一半，且其上多刺；中足很细。

生物学：为植食性传粉昆虫，生活于无花果等植物内，习性相当复杂。雌蜂飞行于树间，雄蜂常居于果内。因雌蜂的移动能传播花粉，起授粉作用。园艺上曾利用此习性改进无花果品质。

分布：世界广布，以热带地区为多。已知 6 亚科 39 属约 430 种。

34. 榕小蜂属 *Blastophaga* Gravenhorst, 1829

Blastophaga Gravenhorst, 1829: 27.

主要特征：雌头长不大于宽，触角 11 节索节第 1 节具突起，前翅无色，具发达的翅脉。雄虫体扁平，头宽大于长，触角 3 节，翅完全不发达，前足与后足发达，中足细小。

分布：全世界已知 14 种，中国记录 1 种，浙江分布 1 种。

（88）薜荔榕小蜂 *Blastophaga pumillae* Hill, 1967（图 5-1）

Blastophaga pumillae Hill, 1967: 27.

主要特征：雌体长 2.0–2.8 mm，暗褐色。胫节及跗节浅黄色。头背面观半圆形。颊短于复眼纵径。触角 11 节，梗节具众多粗刚毛，附器伸达第 2 索节前缘；第 3–7 索节等宽，渐长；棒节椭圆形，端部稍尖。前翅缘脉与痣脉近等长，痣脉末端一般有 3 个气孔；除翅基 0.2–0.4 处无毛外，其余部分纤毛密集，后足腿节膨大，具叶突。腹部各节背板多毛，第 8 背板窄，后缘凹入。尾须具 3 根长刚毛。雄体长 3.1–3.2 mm。黄褐色。复眼高度退化。触角 4 节；第 3 节环状，末节圆筒形。口器仅具痕迹。胸部短小。前足腿节粗壮，膨大具毛；胫节长为腿节的 0.5 倍，端部背面有 3 大齿，腹面有 2 小齿。中足细，跗节明显短于胫节。后足腿节粗壮膨大，端部背面具 12 个小刺；胫节与腿节相似，密生小刺。

生物学：在薜荔内生活。本种不仅形态特别（雄无翅，雌有翅），习性也特殊。雌蜂产卵于薜荔雄株隐花果瘿花子房，后代雌雄交配后，雌蜂飞出雄株隐花果，部分进入雌株隐花果授粉，部分寻找新的雄株隐花果繁衍后代。

分布：浙江（杭州）、香港。

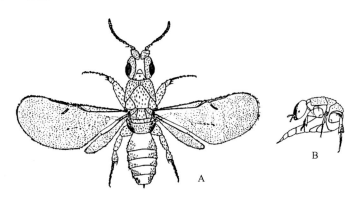

图 5-1 薜荔榕小蜂 *Blastophaga pumillae* Hill, 1967（引自 Hill，1967）
A. 整体图，背面观，♀；B. 整体图，侧面观，♂

十一、褶翅小蜂科 Leucospidae

主要特征：体长 2.5–16 mm。其中包括小蜂总科中最大的类群。体粗壮。体多黑色夹有黄色纹。头部的刻点粗而密。复眼大，内眶多凹陷；额窝深，边缘具脊，上部几乎达中单眼。触角 13 节；无环状节，索节 8 节，棒节 3 节。前胸宽大，背面常具横脊。中胸盾片多光滑，盾纵沟极短；小盾片后缘圆形或亚截形，三角片极短。后足基节特别大，背面常具齿；腿节也极大，腹缘具齿；胫节弓形，端部尖锐并有 2 距；跗节 5 节；前、中足爪栉状，后足爪简单。前翅在蜂休止时纵叠，可见原始翅脉痕迹；缘脉甚短，后缘脉甚长，痣脉长于缘脉，端部有一爪状突。腹部具宽柄；第 1 节极退化，第 2 和第 5 节大。腹部端部钝圆。产卵管鞘长，弯向腹部背面，长的末端可伸达胸部，腹部背面中央常有一容纳产卵管的纵沟。

生物学：本科是独栖性蜂类如蜜蜂总科、胡蜂科和泥蜂科等昆虫的外寄生蜂。一些学者认为，它们在模仿寄主的过程中，获得了现在的特殊形态，也保护自己免受天敌的袭击。成虫常在伞形花科和菊科植物上取食花蜜，也常见在橡柱有木蜂为害的孔洞中进出。产卵时弯曲腹部，借助肛下板的作用，引导产卵管刺穿寄主巢内。卵孵化后，1 龄虫首先寻找寄主幼虫取食寄主。

分布：本科世界已知 4 属 134 种和亚种。主要是褶翅小蜂属，各大洲均有分布，但多产于热带和亚热带地区，已知 114 种，在我国已记载 9 种。浙江发现 1 种。

35. 褶翅小蜂属 *Leucospis* Fabricius, 1775

Leucospis Fabricius, 1775

Leucospis (*Metallopsis*) Westwood, 1839: 49.

主要特征：雌性体粗壮。体多黑色夹有黄纹。头前面观横形或三角形，头顶圆形。颊多长形，下颚须 4 节，下唇须 3 节，丝状。上颚 3 齿。复眼大。触角 12 节，着生在复眼中央的水平线上。胸部通常比腹部短，前胸背板几于中胸背板等长。沿平直的后缘常具 1–2 横脊。小盾片后缘圆形。后胸背板较长，有时几于并胸腹节等长，有平直的或具 2 齿的后缘。前翅肘脉与缘脉几等长，后缘脉长。

分布：全世界已知 70 种，中国记录 11 种，浙江分布 1 种。

（89）日本褶翅小蜂 *Leucospis japonicus* Walker, 1871（图 5-2）

Leucospis japonicus Walker, 1871a: 56.

主要特征：雌体长 8–12 mm。体黑色，但下列各部黄色：触角柄节、前胸背板前端 3 横点（或合并为一横带）及后缘附近的脊形横突起、中胸盾片、翅基片上方左右各一小纵条、小盾片近后缘处与后缘平行的一横带、前中足胫节腹侧和腿节末端、后足基节背缘、腿节背缘近基部的一大镰刀形斑和端部以及各足跗节。头与前胸背板缘约等宽。颜面长略大于宽，具细皱纹和短白毛。前翅均匀烟褐色，前翅可纵褶，翅脉黑褐色；后翅色较浅。腹部背观在中部以后膨大，侧观背面则呈一直线。第 2 腹节背板最长，占腹长的 2/5；第 3、4 节两节之和仅约为第 2 节长的 1/4；第 5 节约为第 2 节长的 0.4 倍。第 2 节背面光滑，其两侧呈槽，向基部有光滑横凹区；第 3–5 节的中央则无纵沟。产卵管长，弯向背方达后胸。雄体长 8–11 mm。后足胫节端部黄斑明显；第 1 腹节背面 2 黄斑比雌蜂小；第 4–6 背板具 2 黄带；并胸腹节具中脊、亚侧脊和次生脊；第 1–3 腹节背板和第 4–6 背板基区具纵脊，腹端背拱具密刻点，刻点间脊状，背拱前半部具中脊。

生物学：据记载，主要为切叶蜂科，如拟小突切叶蜂、日本切叶蜂、粗切叶蜂、凹唇壁蜂和壮壁蜂，也有从泥蜂和蜾蠃蜂中育出的。其成虫常于伞形花科植物上见到。

　　分布：浙江（嘉兴、杭州、诸暨）、北京、河北、江苏、上海、江西、台湾、四川、贵州、云南；朝鲜，日本，印度，尼泊尔。

图 5-2　日本褶翅小蜂 *Leucospis japonicus* Walker, 1871

十二、小蜂科 Chalcididae

主要特征：体长 2–9 mm；体坚固；多为黑色或褐色，并有白色、黄色或带红色的斑纹，无金属光泽。头、胸部常具粗糙刻点；触角 11–13 节，内棒节 1–3 节，极少数雄性具 1 环状节。胸部膨大，盾纵沟明显。翅宽，不纵褶；痣脉短。后足基节长，圆柱形；后足腿节相当膨大，在外侧腹缘有锯状或车轮状的齿；后足胫节向内呈弧形弯曲；跗节 5 节。腹部一般卵圆形或椭圆形，有短的或长的腹柄。产卵管不伸出。

生物学：所有种类均为寄生性。多数种类寄生于鳞翅目或双翅目，少数寄生于鞘翅目、膜翅目和脉翅目，也有寄生于捻翅目和粉蚧的报道。均在蛹期完成发育和羽化，常产卵于幼虫期或预蛹期。但寄生于水虻的小蜂，产于卵中。多为初寄生，但也有不少是作为重寄生蜂寄生于蜂茧内或寄蝇的围蛹内的。一般为单寄生，但少数为聚寄生种类。

分布：小蜂科是中等大小的科，分布于全世界，但多数在热带地区。中国已知前 4 亚科的 20 属 166 种（刘长明，1996），但许多种还有待正式发表。浙江省已知的小蜂科种类共 34 种。

分属检索表

1. 后足胫节末端几乎为直的平截，或有些轻微的弯曲，末端具两距（**截胫小蜂亚科 Haltichellinae**）··············· 2

- 后足胫节末端斜截，在跗节着生处之后形成一粗短的刺（有时刺较钝），刺的末端与跗节着生处之间仅具一距（常不明显）
·· 7

2. 前翅缘脉较短，较明显地离开翅前缘，后缘脉缺，痣脉不明显；胸部背面通常发亮，刻点间宽且有光泽（少数刻点密且无光泽）（**驼胸小蜂族 Hybothoracini**）；第 1 腹节背板具明显的基窝 ·················· **缘小蜂属 Lasiochalcidia**

- 前翅缘脉在翅前缘上，后缘脉明显发达（偶尔较短），痣脉明显；胸部多数无光泽，刻点间一般窄且具网纹（**截胫小蜂族 Haltichellini**）；第 1 腹节背板具明显的基窝 ··· 3

3. 后足胫节外侧中部或中部附近具一条隆线（不同于外侧腹缘隆线）；前胸背板背面常无任何的齿突或瘤突 ····· 4

- 后足胫节外侧中部附近无隆线；前胸背板背面常具齿突或瘤突 ···································· 5

4. 后足腿节腹缘具一显著的凸齿，该齿之后为排成梳状的一排小齿；第 1 腹节背板基部无纵隆线，常具明显的微刻纹；小盾片末端无大的齿突（通常具两小齿，少数圆钝）·················· **新小蜂属 Neochalcis**

- 后足腿节腹缘无上述凸齿；第 1 腹节背板大，基部至少具一对隆线，常具另外的细隆线；小盾片末端通常具一对长齿突 ··· **截胫小蜂属 Haltichella**

5. 额面具一强马蹄形隆线，该隆线是从中单眼后发出，与眶前脊相连后而形成 ···································· 6

- 额面无马蹄形隆线，如果可见细隆线，则向上不会弯至中单眼后 ···················· **霍克小蜂属 Hockeria**

6. 后足腿节腹缘呈特有的三叶状突；前胸背板的前沟缘脊不明显或仅限在侧面 ········· **凸腿小蜂属 Kriechbaumerella**

- 后足腿节腹缘为单叶突或双叶突或无明显的叶突；前胸背板的前沟缘脊延伸至近背中部，在背中部形成一对或强或弱的瘤突 ··· **凹头小蜂属 Antrocephalus**

7. 头部复眼与触角洼间的额面向前强凸，形成两个特有的具缘角状突；前翅缘脉特长，但后缘脉和痣脉退化；腹部有具细线的腹柄；后足腿节腹缘具排列整齐的小齿，呈圆滑拱起（**角头小蜂亚科 Dirhininae**）·············· **角头小蜂属 Dirhinus**

- 头部额面无特别的突起；其他特征亦不同 ·· 8

8. 触角着生于颜面很低位置，在突出于口器之上的唇基板基部；前翅缘脉很长，后缘脉缺，痣脉退化（**脊柄小蜂亚科 Epitraninae**）·························· **脊柄小蜂属 Epitranus**

- 触角着生处相对较高；无特别的唇基板；前翅缘脉相对较短，后缘脉发达（**小蜂亚科 Chalcidinae**）····· 9

9. 腹部具明显的腹柄，腹柄长一般大于宽；并胸腹节气门一般在近垂直方向上拉长（**小蜂族 Chalcidini**）··········

‥‥‥ 卡诺小蜂属 *Conura*

- 腹柄一般很短，背面观看不见；并胸腹节气门一般在近水平的倾斜方向上拉长 ‥‥‥‥‥‥‥‥‥‥ 10

10. 额颊沟明显，这一位置通常具明显的隆线；前翅后缘脉一般长于痣脉（**大腿小蜂族 Brachymeriini**）‥‥‥‥‥‥‥‥‥‥
‥‥‥‥‥‥‥‥‥‥‥‥‥‥‥‥‥‥‥‥‥‥‥‥‥‥‥‥‥‥‥‥‥‥‥ 大腿小蜂属 *Brachymeria*

- 额颊沟不明显，这一位置具粗糙的刻点；前翅后缘脉与痣脉等长或略短（**缺沟小蜂族 Hashonophorini**）；柄后腹明显可见 6 节背板；触角洼与唇基间具特别的"X"形隆起，隆起的上分支伸长至触角窝的外缘，下分支绕在唇基两侧；额面平；眶前脊一般明显，少数很弱；并胸腹节颇倾斜 ‥‥‥‥‥‥‥‥ 微三角小蜂属 *Trigonurella*

36. 新小蜂属 *Neochalcis* Kirby, 1883

Neochalcis Kirby, 1883: 53.

主要特征：雌性触角 11 节，棒节不分节。头部和胸部及后足腿节有明显的粗大的刻点。

分布：分布古北区，世界已知 6 种，中国记录 1 种，浙江分布 1 种。

（90）吉冈新小蜂 *Neochalcis yoshiokai* (Habu, 1960)

Hockeria yoshiokai Habu 1960: 230.
Neochalcis yoshiokai: Narendran, 1989: 80.

主要特征：雌体长 4.3 mm。体黑色，但复眼浅黄色；翅基片褐色，翅及翅毛浅褐色，翅脉褐色，翅面中部有较深的褐斑；足为黑褐色，但转节及胫节末端、前足和中足跗节棕黄色，后足跗节暗褐色。头宽为胸宽的 1.2 倍，密布较浅的刻点且着生银色绒毛；触角洼浅，顶部离开中单眼；触角窝与唇基距离很近，仅隔着一细狭的凹槽；触角柄节未达中单眼；眶前脊和眶后脊不明显。触角膨大呈棒状；柄节短于 1–4 索节之和。胸部背面刻点密集；小盾片长与宽约等，后端两齿不明显。前翅前缘脉基端与亚缘脉间有明显断痕。后足基节长为后足腿节的 2/3；后足腿节长约为宽的 1.9 倍；后足腿节腹缘中部稍后具尖锐的突起。腹部长而尖，约为胸部长的 1.4 倍；第 1 腹节背板具弱刻点，约为柄后腹长的 1/4；第 2–5 腹节背板具密集的小刻点。

分布：浙江（临安）；日本。

37. 截胫小蜂属 *Haltichella* Spinola, 1811

Haltichella Spinola, 1811: 138.

主要特征：头正面观三角形，长不大于宽，额凹陷，沿复眼内缘具脊，颊不长于复眼纵径。复眼卵圆形；触角着生于口缘。触角柄节约为索节长的 1/2，梗节长大于宽，环状节明显，索节共 7 节，各节长均稍大于宽，棒节分节不明显。前胸背板比中胸背板短，小盾片后端两齿明显向后突出。前翅后缘脉与缘脉近等长，肘脉短。后足基节背面外侧基部具微突；后足腿节长比宽大 2 倍，腹缘有叶突。

分布：中国记录 2 种，浙江分布 2 种。

（91）德里截胫小蜂 *Haltichella delhensis* Roy *et* Farooqi, 1984

Haltichella delhensis Roy *et* Farooqi, 1984: 26.

主要特征：雌体长 3.6 mm。体黑色，但触角柄节、梗节、环状节红棕色，索节和棒节暗褐色；翅基片红棕色，前翅透明无色，翅脉褐色；前足和中足红棕色；后足基节末端、腿节基部和端部、胫节端部及跗节红棕色，后足其他部分暗红色；第 1 腹节背板和腹端背拱暗红色。头宽于胸部，密布刻点；复眼具稀疏而短的毛；触角洼顶部几乎达中单眼；触角窝与唇基间距离甚近；触角柄节达中单眼；眶前脊发达，眶后脊向背面渐变弱。触角鞭节向末端略膨大；柄节短于与 1–5 索节之和。胸部背面刻点密集；小盾片长为宽的 1.1 倍，后端两齿稍小。后足基节长约为后足腿节的 0.6 倍，背面外侧基部具小的瘤状突；后足腿节长约为宽的 2.0 倍，腹缘在距端部 1/3 处有一钝突。腹部向末端尖削，明显长于胸部；第 1 腹节背板长约为柄后腹的 0.4 倍；第 1–2 腹节背板背面光滑发亮，无刻点；第 1 腹节背板基部具一对短的纵隆线。

分布：浙江（杭州）；印度。

（92）日本截胫小蜂 *Haltichella nipponensis* Habu, 1960

Haltichella nipponensis Habu, 1960: 245.

主要特征：雌体长 3.0–3.6 mm。体黑色，但触角柄节、梗节、环状节和 1–3 索节红棕色；翅基片褐色，前翅透明；翅脉褐色，但后缘脉浅褐色；前翅缘脉后方及其外侧 1/2 处具褐斑；前足和中足红棕色；后足腿节基部、胫节端部及跗节红棕色。头宽约为胸宽的 1.2 倍；头部密布刻点；复眼具密绒毛；触角洼顶部接近中单眼；触角柄节达中单眼；眶前脊发达，眶后脊向背面渐变弱。触角鞭节向末端膨大呈棒状；柄节约与 1–6 索节之和等长。胸部背面刻点密集；小盾片长大于宽，后端两齿明显向后突出。后足基节长约为后足腿节的 1/2，背面外侧基部具瘤状突；后足腿节长约为宽的 2.2 倍，腹缘在基部 1/3 处有 1 钝突。第 1 腹节背板长约为柄后腹的 2/3；第 1 腹节背板背面几乎平坦，大部分光滑，前缘隆起，具一对明显的纵隆线，其间具多条弱的纵皱纹。雄体长 2.9–3.4 mm。

分布：浙江（杭州）、北京、湖南、福建、台湾、广西；日本，印度。

38. 霍克小蜂属 *Hockeria* Walker, 1834

Hockeria Walker, 1834a: 148.

Haltichella (*Hockeria*) Walker, 1834b: 286.

Hockeria (*Stomatocerus*) Kirby, 1883: 53.

主要特征：前翅具烟褐色，胸部背面具白毛。触角洼具紧密的横向皱折，顶部未达中单眼；触角着生于口缘，触角柄节约为索节长的 1/2，索节各节长均大于宽，棒节分节不明显；眶前脊不明显，眶后脊缺；胸部背面刻点密集，刻点间隙光滑；小盾片具锐利边缘，后端两齿明显向后突出。前翅后缘脉长为缘脉的 1/2。后足基节背面外侧基部具微突；后足腿节长比宽大近 2 倍，腹缘有叶突。腹部卵圆形，末端尖。

分布：中国记录 5 种，浙江分布 1 种。

（93）日本霍克小蜂 *Hockeria nipponica* Habu, 1960

Hockeria nipponica Habu, 1960: 225.

主要特征：雌体长 2.6–4.1 mm。体黑色，触角一般黑色，有时略带红色或暗褐色、浅褐色；翅基片棕黄色或暗褐色；前翅翅脉褐色，基部和端部无色或较浅，而中部具较大面积的浅褐色，但痣脉后方具一圆形白斑，白斑后方具一无色纵带；后翅翅脉浅褐色，翅面透明；前足和中足腿节及胫节黑色或暗褐色，后足腿节和胫节黑色，但前足和中足腿节及胫节的基部和端部及跗节、后足腿节基部和胫节端部及跗节棕黄色；腹侧有时为红棕色。头宽约为胸宽的 1.2 倍；触角洼具紧密的横向皱褶，顶部未达中单眼；触角柄节几乎达中单眼；眶前脊不明显，眶后脊缺。触角柄节短于 1–5 索节之和；环状节近方形。胸部背面刻点密集，刻点间隙光滑；小盾片长略大于宽，后端两齿明显向后突出。后足基节长约为后足腿节的 0.6 倍，背面外侧基部具微突；后足腿节长约为宽的 2.0 倍，腹缘有两个圆钝叶突，一个在中部，另一个在端部 1/3 处。腹部长于胸部；腹柄背面观横形，长宽比为 1/4；第 1 腹节背板略长于柄后腹的 1/2，背面光滑。雄体长 2.2–2.8 mm。

生物学：寄主为梨小食心虫。

分布：浙江（杭州）、北京、河北、山东、湖北、湖南、福建、台湾、广西、云南；日本，印度。

39. 凸腿小蜂属 *Kriechbaumerella* Dalla Torre, 1897

Kriechbaumerella Dalla Torre, 1897: 891.

主要特征：为头部侧单眼几乎位于头部顶端，触角洼深凹，眶前隆线显著，沿复眼内缘横伸达中单眼的上方。触角细长。胸部密生刻点。前胸背板隆线仅存在于两侧，背部呈圆形。小盾片顶端具 2 齿。后足腿节腹外缘具 3 个叶突，着生梳状小齿。

分布：全世界已知约 16 种，中国记录 7 种，浙江分布 3 种，均寄生于马尾松毛虫或其他蛾类蛹，聚寄生。又名洼头小蜂。

（94）松毛虫凸腿小蜂 *Kriechbaumerella dendrolimi* Sheng *et* Zhong, 1987

Kriechbaumerella dendrolimi Sheng *et* Zhong, 1987: 1-2.

主要特征：雌体长 5.8–7.8 mm。体黑色，触角黑色，但有少数标本的柄节基部、环状节和第 1 索节略红棕色；翅基片暗褐色至黑色；前翅翅脉褐色；前翅翅面大部分为无色或浅褐色，在缘前脉及缘脉周围具褐斑，在近翅端 1/4 处具较浅的褐斑；足黑色，但前足和中足跗节黄褐色，后足跗节暗褐色，有时足略显红褐色；腹侧暗红色。头部密布刻点，刻点间隙相对较小且不光滑；触角柄节几乎达中单眼；眶前脊发达，形成典型的马蹄形；眶后脊相对较弱，但清晰。触角柄节约与环状节与 1–4 索节之和等长。胸部背面密布脐状刻点；小盾片长大于宽，后端圆滑不具凹缘。后足基节长约为后足腿节的 0.6 倍，背面外侧基部具瘤状突；后足腿节长约为宽的 1.7 倍，有三个叶突。腹部比胸部略短或约等长；第 1 腹节背板长约为柄后腹的 0.4 倍，背面光滑，无纵隆线。雄体长 4.3–5.2 mm。

生物学：寄主为马尾松毛虫、思茅松毛虫、柞蚕和樟蚕等。

分布：浙江（余杭、临安、定海、金华、天台、衢州、丽水）、北京、河南、陕西、江苏、安徽、湖北、江西、湖南、福建、广东、广西、四川、云南。

（95）长盾凸腿小蜂 *Kriechbaumerella longiscutellaris* Qian *et* He, 1987

Kriechbaumerella longiscutellaris Qian *et* He *in* Qian *et al.*, 1987: 334.

主要特征：雌体长 7.4–11.3 mm。体黑色；翅基片黑色；前翅翅脉褐色，缘前脉和缘脉附近有较深的褐色，在近翅端的 1/3 处有较大的褐斑，基部和端部近无色透明；前足和中足跗节有些红褐色；腹部侧面、腹面及腹端背拱略呈暗红色。头稍宽于胸部；密布刻点；触角柄节伸达中单眼；眶前脊发达，眶后脊清晰。触角柄节约与环状节与 1–4 索节之和等长；环状节略横形。胸部背面密布脐状刻点；小盾片长宽比为 1.4，后端略具凹缘；并胸腹节中室后端具一段弱中脊。后足基节长约为后足腿节的 0.6 倍，背面外侧基部具瘤状突；后足腿节长约为宽的 1.7 倍，腹缘有三个叶突。腹部长为胸部的 1.5 倍；第 1 腹节背板长约为柄后腹的 0.3 倍，背面大部分光滑，无纵隆线。雄体长 6.0–7.2 mm。体黑色。

　　生物学：寄主为樟蚕、马尾松毛虫、樗蚕、杨二尾舟蛾、旋夜蛾等。

　　分布：浙江（杭州、兰溪、衢州、丽水）、北京、江苏、福建、广东、广西、贵州。

40. 凹头小蜂属 *Antrocephalus* Kirby, 1883

Antrocephalus Kirby, 1883: 58.

　　主要特征：雌性头正面观稍呈三角形，复眼大，圆形，中单眼几乎位于头部最高处；触角洼深凹；眶前隆线明显，横向延伸至中单眼上方。颊比复眼纵径短。触角细长，着生于口缘，索节 7 节，棒节不分节。前胸背板侧隆线向中央延伸，在中央处略断开并向后弯曲，小盾片端部分成 2 叶。后足腿节腹外缘至多具 2 个叶突或无叶突。腹部为尖锐的圆锥形。

　　分布：中国记录 7 种，浙江分布 7 种。

分种检索表

1. 头顶隆起、尖锐，向后头倾斜；中单眼位于隆起的表面，后足腿节黑色 ……………………… 麦逖凹头小蜂 *A.mitys*
- 头顶不隆起，不尖锐 ……………………………………………………………………………………… 2
2. 额部眼前隆线伸达围角片；后足腿节腹外缘具 3 个叶突 …………………………… 箱根凹头小蜂 *A. hakonensis*
- 额部眼前隆线伸向复眼下缘的额颊缝，后足腿节至多具 2 个叶突 ………………………………………… 3
3. 前翅透明；后足基节背面近基部具 1 突起，腿节腹外缘近端部 1/3 处共 1 叶突 ……………… 佐藤凹头小蜂 *A. satoi*
- 前翅缘脉后方多少具带烟褐色的斑；其余特征不全如上述 ……………………………………………… 4
4. 雌性后足腿节黑色，近基部具 1 叶突；后足基节背面近基部具 1 突起 ………………………………………… 5
- 雌性后足腿节棕红色，近基部无叶突；后足基节背面近基部无突起，仅具短脊 ………………………………… 6
5. 后足腿节基叶突位于基部约 1/3 处；后足基节背面具明显突起 ……………………… 石井凹头小蜂 *A. ishiii*
- 后足腿节基叶突位于近中央处；后足基节背面有具隆线的微小突起 ……………………… 日本凹头小蜂 *A. japonica*
6. 小盾片末端微凹，叶突不明显，背面中央无纵沟；胸部背面刻点间隙光滑，无刻纹 ……………… 分脸凹头小蜂 *A. dividens*
- 小盾片末端具大而尖锐的齿突，背面中央具不完全的纵沟；胸部背面刻点间隙具明显的刻纹 ……………………
　…………………………………………………………………………………………… 鼻突凹头小蜂 *A. nasuta*

（96）麦逖凹头小蜂 *Antrocephalus mitys* (Walker, 1846)

Halticella mitys Walker, 1846: 81.

Antrocephalus mitys: Boucek, 1976: 345.

　　主要特征：雌体长 4.4–6.3 mm。体黑色；触角褐色或暗褐色，有时为红褐色；触角间突红褐色；翅基片褐色或棕黄色；前翅淡褐色，翅脉褐色，沿缘脉下方为褐色；后翅无色透明，翅脉浅褐色；足红褐色，有的色较深；后足腿节中部有时为黑色或暗褐色；腹部基部、侧面下缘及腹面有些褐色或红褐色。头与胸部几乎等宽或略窄；眶前脊发达，眶后脊细弱。触角柄节明显长于 1–5 索节之和。胸部小盾片长大于宽，后端两齿明显突出，从前端至后端的中央具明显纵向凹陷。后足基节长约为后足腿节的 0.6 倍，背面外侧近基部具一齿状突；后足腿节长约为宽的 1.9 倍，内侧腹缘近基部有一个明显的齿突，腹缘外侧中后部具两个圆钝叶突。腹部明显长于胸部，腹末较尖；第 1 腹节背板背面光滑，具一明显的基窝，两侧具纵隆线。雄体长 3.1–5.0 mm。

生物学：寄主为螟蛾科的米蛾、头锄须丛螟及大蜡螟。

分布：浙江（杭州）、福建、广东、广西、四川；印度，菲律宾，马来西亚，澳大利亚，非洲。

（97）箱根凹头小蜂 *Antrocephalus hakonensis* (Ashmead, 1904)

Stomatoceras hakonensis Ashmead, 1904b: 148.

Antrocephalus hakonensis: Narendran, 1977: 295.

主要特征：雌体长 4.8–6.9 mm。体黑色；触角黑色，有时棒节略带红色；触角间突红褐色；翅基片黑褐色；前翅淡褐色，翅脉褐色，沿缘脉下方为褐色；后翅无色透明，翅脉浅褐色；足黑色，也有的为红褐色或暗褐色，前、中足跗节暗褐色，后足跗节黑褐色；腹部侧面及腹面有些褐色或红褐色。头与胸部几乎等宽；眶前脊向下延伸达围角片；触角柄节不达中单眼；眶后脊相对较弱。触角柄节长于 1–5 索节之和。胸部小盾片长大于宽，后端两齿明显突出，从前端至后端的中央具纵向凹陷。后足基节长约为后足腿节的 0.7 倍，背面外侧近基部具一齿状突；后足腿节长约为宽的 1.8 倍，内侧腹缘近基部有一个小突起，腹缘外侧中后部具两个弱的圆钝叶突。腹部第 1 腹节背板短于柄后腹的 1/2，背面光滑。雄体长 4.4–6.6 mm。

生物学：寄主为织蛾科的 *Opisina arenosella*、刺蛾科的 *Contheyla rotunda*、螟蛾科的麻楝梢斑螟和椰穗螟。

分布：浙江（杭州、舟山）、北京、上海、湖北、江西、湖南、福建、台湾、广西、四川、云南；日本，印度。

（98）日本凹头小蜂 *Antrocephalus japonica* (Masi, 1936)

Sabatiella japonica Masi, 1936: 48.

Antrocephalus japonica: Habu, 1960: 265.

主要特征：雌体长 2.9–4.1 mm。体黑色；触角黑色或暗褐色，但柄节一般暗褐色，基部和端部褐色或浅褐色，梗节和环状节棕黄色；翅基片、前足和中足转节、腿节基部和胫节端部、跗节，以及后足转节和胫节端部棕黄色；前中和中足腿节及胫节中部、基部红褐色，后足跗节红棕色；前翅淡褐色，翅脉褐色，缘脉后方具褐色斑，后翅无色透明，翅脉黄色；腹部侧面下部、腹面及腹端背拱有些暗褐色。头比胸部宽；触角柄节不达中单眼；眶前脊向下与眼颊沟的外侧脊连，不伸达围角片；眶后脊仅基部与眼颊沟相连的一小段较明显。触角柄节略长于 1–4 索节之和。胸部小盾片长大于宽，基部很窄，后端两齿相距较远，略呈凹缘，无纵凹。后足基节长约为后足腿节的 0.7 倍，背面外侧近基部具一小齿突；后足腿节长约为宽的 2.0 倍或略长，腹缘外侧中后部具两个弱的圆钝叶突。腹部长接近于胸部或略短；第 1 腹节背板长占柄后腹的 1/2，背面光滑，基窝两侧具纵隆线。雄体长 2.9–4.3 mm。

生物学：寄主为枇杷暗斑螟。

分布：浙江（开化、温州）、北京、上海、江西、湖南、福建、台湾、广西、四川、云南；日本，印度。

（99）佐藤凹头小蜂 *Antrocephalus satoi* Habu, 1960

Antrocephalus satoi Habu, 1960: 271.

主要特征：雌体长 3.6–4.0 mm。体黑色；触角柄节、梗节与环状节褐色或红褐色，第 1 索节略带红色；翅基片褐色；翅几乎透明，前翅翅脉褐色，后翅淡黄褐色；前、中足浅褐色，基节和腿节略红；后足基节暗红褐色，端部褐色；后足腿节红褐色，中部或多或少较暗些；后足胫节红褐色，腹缘外侧黑色或较暗，后足跗节红褐色；腹部腹面略呈红或褐色。头稍宽于胸部；后单眼间距为侧单眼长的 3.0 倍；眶前脊在复眼下方变得模糊；眶后脊不明显；触角注顶部达中单眼；触角柄节端部接近中单眼。触角柄节比梗节、环状节及 1–2 索节之和略长；环状节长为梗节的 1/2；第 1 索节长为宽的 2.0 倍，第 7 索节长宽相等；棒节略长于第 7 索节的 2.0 倍。胸部刻点密集，刻点间隙窄，具稀条纹；前胸背板前背隆线较不明显，背中部无瘤状突；小盾片背面后半部具中纵凹，后端两齿明显后突。前翅亚缘脉末端与缘前脉间多少有些间隙；后缘脉稍短于缘脉；痣脉长仅为缘脉的 1/3。后足基节为后足腿节长的 0.6 倍，背面近基部具齿突；后足腿节长略小于宽的 2.0 倍，腹缘外侧近端部 1/3 处具一明显的圆弧形叶突。腹部长为胸部的 1.3 倍，后半部较尖细；第 1 腹节背板长约占柄后腹的 2/5，背面光滑。雄体长 2.8–3.3 mm。

生物学：寄主为梨小食心虫。

分布：浙江（杭州）；日本。

（100）分脸凹头小蜂 *Antrocephalus dividens* (Walker, 1860)

Chalcis dividens Walker, 1860: 357.

Antrocephalus dividens: Narendran, 1976: 185.

主要特征：雌体长 3.3–6.3 mm。体黑色；触角黑色，有时梗节、环状节和第 1 索节暗红色；翅基片和足一般红色或橙红色，后足跗节暗红色或暗褐色，有时前、中足腿节中部有些褐色，后足胫节中部和基部有时暗褐色或黑色；前翅浅烟褐色，翅脉褐色；后翅近无色透明，翅脉浅褐色。头与胸部等宽或略宽；头部密布刻点；触角柄节几乎伸达中单眼下缘；眶前脊向下接近眼颊沟；眶后脊不明显。触角柄节明显长于 1–4 索节之和。胸部背面刻点密布，刻点间隙一般光滑；小盾片长大于宽，后端两齿略后突。后足基节背面外侧近基部具一由弯折的脊形成的齿突；后足腿节长约为宽的 2.0 倍，内侧腹缘近基部无齿突，腹缘外侧近端部具极不明显的圆钝叶突。第 1 腹节背板短于柄后腹的 1/2，背面光滑，基窝两侧纵隆线短于第 1 腹节背板的 1/6。雄体长 4.1–5.9 mm。

生物学：寄主为螟蛾科的稻纵卷叶螟和木蛾科的柑橘木蛾。

分布：浙江（杭州）、安徽、湖北、江西、湖南、福建、广东、广西、四川、贵州、云南；东洋区。

（101）石井凹头小蜂 *Antrocephalus ishiii* Habu, 1960（图 5-3）

Antrocephalus ishiii Habu, 1960: 256.

主要特征：雌体长 3.8–6.4 mm。体黑色，但下列部位为红棕色：翅基片、前足和中足的转节、腿节、

图 5-3　石井凹头小蜂 *Antrocephalus ishiii* Habu, 1960

胫节和跗节，以及后足基节端部、转节、腿节基部和端部、胫节除腹缘外、跗节；前翅烟褐色，翅脉褐色，缘脉后方具褐色斑，后翅无色透明，翅脉浅褐色。头部密布刻点；触角柄节接近但未达中单眼；眶前脊不伸达围角片；眶后脊仅基部与眼颚沟相连的一小段较明显。触角柄节略长于1–5索节之和。胸部小盾片长大于宽，后端两齿较宽，略呈凹缘。后足基节背面外侧近基部具一小齿突；后足腿节长约为宽的 2.0 倍，内侧腹缘近基部无齿突。第 1 腹节背板长为柄后腹的 0.4 倍，背面光滑。雄体长 3.6–5.1 mm。

分布：浙江（杭州、开化）、上海、湖南、福建；日本。

（102）鼻突凹头小蜂 *Antrocephalus nasuta* (Holmgren, 1868)

Haltichella nasuta Holmgren, 1868: 437.

Antrocephalus nasuta: Narendran, 1989: 43.

　　主要特征：雌体长 5.3–6.9 mm。体黑色；触角梗节、环状节和第 1 索节暗红色，其余黑色，偶尔仅梗节和环状节或梗节至第 3、4 索节为暗红色；翅基片褐色或暗褐色；前翅淡褐色，翅脉褐色，缘脉后方和后缘脉末端后方具较深的褐斑；后翅无色透明，翅脉黄色；足红色，仅后足胫节腹缘有些黑色，有时后足腿节中部有点褐色，但胸部背面的毛多少有些褐色。头部密布刻点，刻点间隙窄，隆起，粗糙；触角柄节伸达中单眼；眶前脊向下接近眼颚沟；眶后脊不明显。触角柄节稍长于 1–4 索节之和。胸部小盾片长大于宽，后端两齿较宽，明显后突。后足基节长约为后足腿节的 0.5 倍，背面外侧近基部具一由弯折的脊形成的小齿突；后足腿节长为宽的 2.0 倍。腹部一般短于胸部；第 1 腹节背板短于柄后腹的 1/2，背面光滑。

　　分布：浙江（普陀、东阳）、江西、湖南、福建、台湾、海南、广西、云南；印度，菲律宾，马来西亚，新加坡，印度尼西亚等。

41. 缘小蜂属 *Lasiochalcidia* Masi, 1929

Lasiochalcidia Masi, 1929: 155.

Lasiochalcidia (*Anoplochalcidia*) Steffan, 1951: 2.

　　主要特征：头正面观三角形，复眼隆起，颊长。上颚 3 齿；触角着生于口缘。触角共 11 节，环状节明显，棒节不分节。头及胸部多毛，前胸背板后缘有白色缨毛。前胸背板与中胸背板等长或稍短。小盾片比中胸背板长 1.5 倍，后端截切或 2 齿。并胸腹节显著倾斜，两侧具突起。后足腿节沿外缘有 2 个三角形突起，腹部卵圆形，末端尖，第 1 节背板不长于腹部的 2/5。

　　分布：中国记录 3 种，浙江分布 1 种。

（103）披绒毛缘小蜂 *Lasiochalcidia pilosella* (Cameron, 1904)

Oxycorphus pilosellus Cameron, 1904: 110.

Lasiochalcidia pilosella: Narendran, 1989: 195.

　　主要特征：雌体长 4.7–6.4 mm。体黑色；头顶在侧单眼和复眼间常常呈暗红色；触角和翅基片红褐色，或暗褐色和黑色；前翅近无色透明，亚缘脉基半段黄褐色，翅脉其他部分暗褐色；后翅无色透明，翅脉褐色；前足和中足腿节、胫节和跗节为红色，中足基节后半部红色；后足基节端半部（有时整个基节）、腿节、胫节端部及跗节为红色，有时后足腿节中部具褐色斑，后足腿节腹缘小齿黑色。头部密布刻点，具密而长的银色毛，尤以复眼下方及后方的毛较密；触角柄节达中单眼；眶前脊不明显，眶后脊缺。触角略呈棒状；柄节在基部 1/3 处膨大，约与 2–7 索节之和等长。胸部背面刻点较大，密集；前胸背板后缘具一排密毛；

中胸背板的刻点间隙有些微弱皱纹，近光滑，但中胸侧盾片中部刻点稀疏，刻点间隙大于刻点直径且具网状皱纹；小盾片长宽相等，后端两齿突出。前翅后缘脉缺。后足腿节长约为宽的 1.9 倍，在腹缘基部 1/3 处有一尖锐齿突，中部具一较宽而平缓的圆弧形叶突，近端部具一较中部叶突更凸出的叶突。腹部短于胸；第 1 腹节背板长占柄后腹的 1/2，背面光滑无刻点；第 2 腹节背板两侧及第 3–5 腹节背板后缘具较特别的刻点，刻点内从毛的着生处到刻点外缘具数条幅射状的刻纹。雄体长 5.6–5.8 mm。

生物学：寄主为蚁蛉科。

分布：浙江（临安）、内蒙古、北京、福建、广西；印度。

42. 角头小蜂属　*Dirhinus* Dalman, 1818

Dirhinus Dalman, 1818, 39: 75. Type species: *Dirhinus excavatus* Dalman, by monotypy.

主要特征：头部复眼至触角洼之间的额面向前显著突起，呈 2 个角状突；触角柄节及触角洼深藏在角突间的凹陷中；上颚直且狭长，末端具 2～3 个齿，外侧较宽而钝的一齿有些向外翻出；复眼一般不特别突出；颊区总是显得宽大，具刻点，无颚眼沟；触角窝一般远离唇基；触角常显棒状。胸部有些扁，背面一般较平；小盾片后端无明显齿突和凹缘；并胸腹节平，倾斜不明显，两侧向后收窄，后侧角明显后突，中室常较宽。前、后翅一般无色透明，翅脉淡黄色；前翅具很长的缘脉，但后缘脉缺或很弱，痣脉弱。后足腿节近基部很宽，后部较窄，呈梨形，腹缘具一排很长的梳齿；后足胫节后端为强刺状，背面具明显凹陷的跗节沟。腹部腹柄尽管有时为横形，十分明显；腹柄背面一般具 4 条、少数具 3 条纵隆线；柄后腹刻点一般不粗糙，第 1 腹节背板很大，背面基部多具纵隆线区。

分布：目前该属世界已知 62 种。中国已知 9 种，浙江分布 2 种。

（104）喜马拉雅角头小蜂　*Dirhinus himalayanus* Westwood, 1836

Dirhinus himalayanus Westwood, 1836 *in* Boucek *et* Narendran, 1981: 235-237.

主要特征：雌体长 4.1–4.7 mm。体黑色，但触角、翅基片及前足和中足棕色，足跗节黄色；前翅及后翅无色透明，翅脉淡黄色。头略窄于胸部；头部密布刻点，刻点间隙小且隆起、光滑；额面角突圆滑，无凹陷；触角柄节未超出角突端部；眶前脊细、明显，眶后脊缺；唇基与触角窝之间中域、与唇基上缘相邻处具一圆形隆起光滑区。触角明显棒状，鞭节较短；柄节约与索节与棒节之和相等。胸部背面刻点一般较大而较稀；小盾片中部近圆形区域无明显的大刻点，近光滑，大刻点分布在四周；小盾片长为宽的 0.8 倍，后半部近半圆形。前翅翅面毛稀少，仅近外缘处略多，从痣脉处向后无逆走的毛列。后足腿节长约为宽的 1.6 倍，腹缘在近基部处具一小尖齿，由此至后端具一排密集而整齐的梳齿；后足胫节上的跗节沟明显，约占胫节长的 2/3。腹部短于胸部；腹柄长约为宽的 1/4，背面具 4 条纵隆线；第 1 腹节背板长约为柄后腹的 0.7 倍，背基部具十几条细隆线及一些次生隆线，约占第 1 腹节背板的 2/5。雄体长 2.7–4.6 mm。

生物学：寄主为双翅目丽蝇科的带金果蝇、丝光绿蝇和铜绿蝇，蝇科的家蝇，麻蝇科的，以及鳞翅目灯蛾科的美国白蛾。

分布：浙江（杭州）、北京、上海、福建、广西；日本，土库曼斯坦，巴基斯坦，印度，菲律宾，马来西亚，印度尼西亚，伊拉克，沙特阿拉伯，美国（夏威夷）。

（105）贝克角头小蜂　*Dirhinus bakeri* (Crawford, 1915)

Pareniaca bakeri Crawford, 1915: 459.

Dirhinus bakeri: Boucek *et* Narendran, 1981: 245.

主要特征：雌体长 2.5–4.3 mm。体黑色，但触角有时暗褐色；翅基片暗褐色；翅无色透明；前足和中足基节黑色，前足和中足的转节、腿节基部（或基半部）和端部、胫节基部和端半部棕色，前足和中足跗节棕黄色，其余部分暗褐色；后足黑色，跗节棕色。头部密布刻点；额面角突末端尖锐，在角突下方具一发达的齿突；眶前脊缺或不明显，眶后脊缺；唇基与触角窝之间的中域、与唇基上缘相邻处具一圆形隆起光滑区。触角棒状；柄节略长于环状节，与 1–6 索节之和相等。胸部小盾片刻点密布，但中部具一较光滑的纵隆线，小盾片长宽约等，后半部近半圆形。前翅没有从痣脉向翅基部逆走的毛列。后足基节长约为后足腿节的 2/3，背面约具 9 条，侧面具更密更多的横隆线；后足腿节长约为宽的 1.6 倍，腹缘近基部齿突很小。腹柄长约为宽的 0.4 倍；第 1 腹节背板长约为柄后腹的 0.7 倍，背基部具 9–12 条细隆线。雄体长 2.1–3.6 mm。

生物学：寄生于水虻科的 *Sargus metallinus*、蝇科的家蝇、寄蝇科的 *Ptychomyia remota* 及一种实蝇。

分布：浙江（淳安、兰溪）、湖南、福建、广西、贵州；日本，印度，斯里兰卡，菲律宾，马来西亚。

43. 脊柄小蜂属 *Epitranus* Walker, 1834

Epitranus Walker, 1834b: 300.

主要特征：体大部红色或黑色。头正面观三角形，长不大于宽，触角之间的颜面具细脊，触角着生近口缘。胸部小盾片上有粗大的刻点，小盾片末端多呈圆形。前翅缘脉长，肘脉短。后足腿节近基部有 1 齿。腹部长于胸部，腹柄长，第 1 节腹节背板很长。

分布：中国记录 2 种，浙江分布 2 种。

（106）白翅脊柄小蜂 *Epitranus albipennis* Walker, 1874

Epitranus albipennis Walker, 1874: 400.

主要特征：雌体长 3.4–5.2 mm。体一般暗红色或红色，身体常具黑斑，但也有些标本身体大部分为黑色；前、后翅透明，翅脉淡褐色，头部和胸部背面的毛多少有些淡褐色。头宽于胸部；触角窝很低，其两侧各具一条向上呈锐角合并的隆脊，约伸至中单眼的 1/2 处；眶前脊和眶后脊发达；屋檐状突出的唇基（正面观）向下伸出较长，下缘中央凸出明显。触角较短，棒状不明显；柄节约与 1–6 索节之和相等。胸部小盾片上的刻点较大，刻点间隙宽且光滑；小盾片长宽比为 1.1，后半部近半圆形，端部无齿突。后足腿节长约为宽的 1.8 倍，腹缘在近基部处具一较大的尖齿。腹部明显长于胸部；腹柄细长，具数条纵脊，一般长为宽的 3.7 倍左右，腹柄一般长于柄后腹；第 1 腹节背板约占柄后腹的 2/3，背面大部分光滑。雄体长 3.4–4.8 mm。

生物学：国外记录寄生于螟蛾科的暗斑螟。

分布：浙江（杭州）、湖北、湖南、福建、台湾、广东、海南、广西、四川、贵州；日本，印度，菲律宾，马来西亚，印度尼西亚。

（107）红腹脊柄小蜂 *Epitranus erythrogaster* Cameron, 1888

Epitranus erythrogaster Cameron, 1888: 119.

主要特征：雌体长 2.9–4.1 mm。体一般黑色，偶尔通体暗红色或头、胸部暗红色；触角柄节和梗节常为棕黄色，鞭节一般暗褐色，有时棕黄色；并胸腹节末端常为暗红色；翅基片棕色，与翅基片靠近的中胸侧板一小块区域为暗红色；前翅透明，略带浅烟褐色；前足和中足棕色，跗节黄色；后足基节基部和端部、转节、腿节基部和端部及胫节暗红色，跗节黄色；腹部第 1 腹节背板黑色，但其前缘及侧面下方暗红色，腹部其余部分红色或暗红色，腹柄也常为暗黑色，但前胸和中胸背板上的毛多少有些金色。头宽于胸部；眶前脊细，向上渐弱至不明显；眶后脊向后伸达颊区后缘。触角细长，棒状不明显；柄节约同环状节与 1–5 索节之和相等。胸部背面刻点一般较大；小盾片长宽相等，后半部近半圆形。前翅翅面毛较多，从痣脉处向后具逆走的毛列。后足基节长约为后足腿节的 4/5；后足腿节腹缘在近基部处具一较大的尖齿。腹部长于胸部；腹柄一般长为宽的 4.0–5.0 倍；第 1 腹节背板长很大，约占柄后腹的 3/4，背面大部分光滑。雄体长 2.8–3.9 mm。

生物学：寄生于螟蛾科的米蛾及二化螟。

分布：浙江（开化）、湖南、福建、台湾、广东、广西、云南；日本，印度，尼泊尔，越南，老挝，泰国，斯里兰卡，菲律宾，马来西亚，印度尼西亚。

44. 卡诺小蜂属 *Conura* Spinola, 1837

Conura Spinola, 1837: 1.
Conura (*Ceratosmicra*) Ashmead, 1904b: 146.
Conura (*Spilochalcis*) Thomson, 1876: 192.

主要特征：体黑色，胸部背面及足具黄斑。头正面观三角形，长不大于宽，触角之间的颜面具细脊，触角着生于颜面中央，共 12 节。前胸背板短，具弧形凹面的后缘，小盾片末端多呈圆形。腹柄比后足基节的 1/2 稍短。前翅后缘脉长，肘脉长。后足腿节沿外缘有很多小齿，后足胫节末端有刺伸出，中足胫节有细距。腹部圆形，第 1 节背板很长。

分布：世界已知 96 种，中国记录 1 种，浙江分布 1 种。

（108）黄斑卡诺小蜂 *Conura xanthostigma* (Dalman, 1820)

Chalcis xanthostigma Dalman, 1820: 141.
Conura xanthostigma: Vidal, 2001: 53.

主要特征：雌体长 3.5–7.5 mm。体黑色，但复眼灰色，复眼周围具黄色眶带；头顶和复眼后方处眶带较窄且在头顶处常向侧单眼处伸展；额面一般除触角洼为黑色外大部分为黄色；颊、上唇、上颚、触角柄节及鞭节腹面为黄色；触角背面褐色；前背隆线及其残留部分具黄斑，有时黄斑扩展至侧面，但两侧的黄斑一般不相连；中胸盾片沿盾纵沟的内侧具一长条形黄斑；中胸盾侧片外侧具一黄斑；小盾片两侧各具一半圆形黄斑；翅和翅毛浅褐色，翅脉褐色；前翅缘脉后方及痣脉附近色较深；前足和中足大部分黄色；一般前足腿节和胫节外侧中部、中足腿节外侧中部黑褐色；后足基节除背面黑色外，大部分黄色；后足腿节基部具一较大的黄斑，中部偏后下方、末端及内侧亚基部各具一较小的黄斑；后足腿节的黄斑常扩大，有时后足腿节外侧大部分为黄色，仅中部、背部及末端具较小的褐色斑；后足胫节亚基部和末端黄色；跗节均为黄色；腹部黑色，无黄色斑；身体密被银色毛。头部比胸部窄；触角间突为指状，向上约达触角洼 2/5 处；触角柄节伸达中单眼，但不超出头顶。触角柄节粗短，长约为最宽处的 2.1 倍。胸部小盾片长小于宽，中央纵凹。后足腿节内侧基部具齿突。腹部（含腹柄）短于胸部；腹柄长为宽的 1.3–2.4 倍；第 1 腹节背板为柄后腹长的 0.3 倍。雄体长 4.6–5.0 mm。

生物学：寄主为膜翅目三叶叶蜂科的金光三节叶蜂，鳞翅目鞘蛾科的落叶松鞘蛾。

分布：浙江（临安、龙游）、湖南、福建、海南、四川、贵州；朝鲜，日本，印度，欧洲，北美洲。

45. 大腿小蜂属 *Brachymeria* Westwood, 1829

Brachymeria Westwood, 1829, 1: 36.

Chalcis Walker, 1834, 2: 27-28.

主要特征：头侧面观卵圆形，复眼大，触角洼深，具缘脊，眶前脊与眶后脊明显，上颚右边具 2 或 3 齿，左边具 2 齿；触角较短，柄节与梗节短，索节长宽近相等或略宽，棒节 3 节。前胸后缘不具柔毛，小盾片后缘中央圆钝或凹入形成二齿状；并胸腹节短，明显具脊。翅透明或略具烟色，痣后脉相对长。后足腿节发达，内后缘具梳状齿。

生物学：大多数寄生鳞翅目蛹，有些种类则初寄生或次寄生于双翅目，少数则寄生鞘翅目。

分布：世界已知 308 种，中国记录 29 种，浙江分布 15 种。

（109）麻蝇大腿小蜂 *Brachymeria minuta* (Linnaeus, 1767)

Vespa minuta Linnaeus, 1767: 952.

Brachymeria minuta: Westwood, 1832: 127.

主要特征：雌体长 4.6–7.0 mm。体黑色；触角黑色或褐色；翅基片黄色；翅透明，前翅翅脉褐色，后翅翅脉淡黄色；前足和中足的腿节端部、胫节基部和端部浅黄色，跗节黄褐色；后足的腿节端部、胫节亚基部和端部浅黄色，胫节基部和中部黑色或红褐色，跗节黄褐色。头部着生密集刻点；眶前脊明显；眶后脊发达，向后伸达颊区后缘；触角柄节不达中单眼。触角柄节长于环状节与 1–3 索节之和。胸部小盾片长宽接近，末端两齿突出。后足腿节腹缘内侧近基部具一尖小的齿突。腹部向后端尖细，长于胸部；第 1 腹节背板光滑发亮，略短于柄后腹的 1/2。雄体长 4.1–5.6 mm。

生物学：寄生于双翅目麻蝇科和丽蝇科的一些种类，如麻蝇；也可为一些鳞翅目和脉翅目的寄生蜂，如粉蝶科的山楂粉蝶等。

分布：浙江（杭州、兰溪）、黑龙江、内蒙古、北京、河北、山西、河南、陕西、宁夏、甘肃、新疆、江苏、湖北、福建、台湾、广东、广西、贵州、云南；世界广布。

（110）红腿大腿小蜂 *Brachymeria podagrica* (Fabricius, 1787)

Chalcis podagrica Fabricius, 1787: 272.

Brachymeria podagrica: Boucek, 1972: 240.

主要特征：雌体长 4.4–6.4 mm。体黑色；触角柄节红褐色，有时基部为黄色，触角鞭节黑褐色或黑色；翅基片黄白色；翅透明，前翅翅脉褐色，后翅翅脉淡黄色；前足和中足的基节、腿节和胫节暗红色，但腿节端部、胫节基部和端部黄白色；后足基节和胫节一般为暗红色，后足腿节为相对较浅的红色，腿节端部及胫节亚基部和端部具黄白色斑块；各足跗节黄褐色；腹部腹面两侧带红褐色。头部着生较大较深的刻点，刻点间隙窄、明显隆起；眶前脊明显；眶后脊发达，向后伸达颊区后缘。触角柄节同环状节与 1–4 索节之和约等。胸部小盾片长宽接近，后缘平展且略上折，末端两齿突出。后足腿节长为宽的 1.9 倍，背面略呈角状拱起，腹缘内侧近基部具一小齿突。腹部向后端尖细，明显长于胸部；第 1 腹节背板光滑发亮，略短于柄后腹的 1/2。雄体长 4.0–5.4 mm。

生物学：主要寄生于双翅目蝇类，如麻蝇科、寄蝇科、丽蝇科、蝇科和实蝇科的一些种；也寄生于鳞翅目蓑蛾科、巢蛾科和毒蛾科等蛾类的蛹。

分布：浙江（杭州、镇海、遂昌）、黑龙江、内蒙古、北京、河北、山东、河南、陕西、甘肃、安徽、江西、福建、台湾、广东、香港、广西、贵州；世界广布。

（111）广大腿小蜂 *Brachymeria lasus* (Walker, 1841)

Chalcis lasus Walker, 1841: 219.

Brachymeria lasus: Joseph *et al.*, 1973: 29.

主要特征：雌体长 4.5–7.0 mm。体黑色，但下列部位黄色：翅基片，前足和中足的腿节、胫节（除中部具一小块黑斑外）和跗节，后足腿节的端部、胫节（除基部和腹缘外）和跗节；前、后翅翅面密布浅褐色毛，透明，翅脉褐色。有些标本的上述黄色部位被红色所取代。头部与胸部几乎等宽；眶前脊仅具很弱的上半段或不明显；眶后脊明显；触角柄节伸达中单眼。触角有些粗短，不呈棒状；柄节基半部膨大，长于 1–3 索节之和。胸部具密集刻点；小盾片略拱，长宽约等，末端具一对弱齿，略呈凹缘。后足基节腹面内侧近后端处有一较小但明显的瘤突；后足腿节长为宽的 1.8 倍。腹部与胸部长接近或略短；第 1 腹节背板光滑发亮，长约占柄后腹的 2/5。雄体长 3.7–5.5 mm。

生物学：一般营初寄生，偶尔也营重寄生，具多主寄生习性。已知可寄生于鳞翅目的谷蛾科、蓑蛾科、巢蛾科、麦蛾科、卷蛾科、螟蛾科、斑蛾科、尺蛾科、蚕蛾科、枯叶蛾科、毒蛾科、夜蛾科、驼蛾科、灯蛾科、弄蝶科、蛱蝶科、粉蝶科和凤蝶科等，膜翅目的茧蜂科和姬蜂科，以及双翅目的寄蝇科等，已知寄主有 100 多种。

分布：浙江（杭州、金华、台州、天台、衢州、丽水等）、北京、天津、河北、河南、陕西、江苏、上海、安徽、湖北、江西、湖南、福建、台湾、广东、海南、广西、四川、贵州、云南；朝鲜，日本，印度，缅甸，越南，菲律宾，印度尼西亚，斐济，美国（夏威夷），新几内亚岛和澳大利亚等。

（112）基齿大腿小蜂 *Brachymeria coxodentata* Joseph, Narendran *et* Joy, 1970

Brachymeria coxodentata Joseph, Narendran *et* Joy, 1970: 281.

主要特征：雌体长 3.9–4.4 mm。体黑色；触角黑色，有时为褐色；翅基片黄色，基部褐色；前、后翅透明，翅脉褐色；前、中足腿节红褐色，端部黄色；前、中足胫节基部和端部黄色，中部红褐色，但胫节中部背面黄色；后足腿节黑色，末端黄色；后足胫节黑色，背面亚基部具一较小的黄斑，末端具一略大的黄斑；各足跗节黄色；腹部黑色，侧面下方及腹面褐红色。头部与胸部等宽或略宽于胸部；密布刻点；眶前脊缺；眶后脊明显，但在伸达近颊区后缘时已很细或不清晰；触角柄节未达中单眼。柄节短于 1–4 索节之和。胸部刻点密集；小盾片长与宽相等或略微大于宽，末端平直。后足基节腹缘内侧中部略后具明显的瘤突；后足腿节长为宽的 1.7 倍，腹缘内侧基部无齿突。腹部短于前胸背板、中胸盾片与小盾片长之和；第 1 腹节背板背面具微弱的刻纹，几乎光滑，长约占柄后腹的 3/5。

分布：浙江（杭州）、福建、广西；印度，越南，泰国，菲律宾，马来西亚。

（113）塔普大腿小蜂 *Brachymeria tapunensis* Joseph, Narendran *et* Joy, 1972

Brachymeria tapunensis Joseph, Narendran *et* Joy, 1972a: 30.

主要特征：雌体长 5.9–6.9 mm。体黑色；翅基片黄色，基部褐色；翅略呈淡褐色，翅脉深褐色；前、中足腿节黑色或暗红褐色，端部黄色；前、中足胫节黄色，外侧中部具黑色或暗红褐色斑；后足腿节黑色，末端黄色；后足胫节黑色或暗红褐色，背面亚基部具一较小的黄斑，末端具一略大的黄斑；各足跗节黄色；腹部黑色；体毛较长，显淡淡的金色。头部略窄于胸部；眶前脊不明显；眶后脊清晰，伸达颊区后缘；触角柄节接近中单眼。触角柄节稍短于 1–4 索节之和。胸部小盾片长与宽约相等，末端略呈凹缘。后足基节腹缘内侧中部略后处具明显的瘤突；后足腿节长为宽的 1.7 倍。腹部长于前胸背板、中胸盾片和小盾片长之和；第 1 腹节背板背面光滑，稍短于柄后腹的 3/5。

分布：浙江（遂昌）、福建；印度，菲律宾，萨摩亚群岛。

（114）无脊大腿小蜂 *Brachymeria excarinata* Gahan, 1925

Brachymeria excarinata Gahan, 1925: 90.

主要特征：雌体长 3.0–4.9 mm。体黑色；触角黑色，但有时棒节有些褐色；下列部位黄色：翅基片，前足和中足的腿节端部、胫节（中部常具黑斑）和跗节，后足腿节的端部、胫节亚基部和端部的背半部及跗节；前、后翅翅面密布浅褐色毛，透明，翅脉褐色。头部与胸部等宽；下脸具光滑无刻点的中区；眶前脊中段多少较明显；眶后脊缺；触角柄节接近中单眼。触角柄节近中部膨大，稍短于 1–4 索节之和。胸部具密集刻点，刻点间隙具微纹；小盾片长宽约等，末端平或圆弧形，无齿突。后足基节腹面内侧无瘤突；后足腿节长为宽的 1.7 倍。腹部长于胸部；第 1 腹节背板光滑发亮，长约占柄后腹的 1/3。雄体长 2.0–3.6 mm。

生物学：寄主为鳞翅目螟蛾科的稻纵卷叶螟、菜蛾科的小菜蛾、小卷蛾科的梨小食心虫、麦蛾科的、卷蛾科一种 *Homona* sp.，也可寄生于茧蜂科的菜蛾盘绒茧蜂，曾有报道寄生于鞘翅目龟甲科的东方丽袍龟甲。

分布：浙江（温州）、新疆、江苏、湖北、江西、福建、台湾、广东、海南、广西、四川、贵州；日本，印度，越南，老挝，泰国，菲律宾，新加坡，埃及。

（115）次生大腿小蜂 *Brachymeria secundaria* (Ruschka, 1922)

Chalcis secundaria Ruschka, 1922: 223.

Brachymeria secundaria: Boucek, 1951: 24.

主要特征：雌体长 3.2–4.1 mm。体黑色；触角黑色，但有时显暗褐色或红褐色；翅基片黄色，但有时呈红色；翅透明，翅脉褐色；前足和中足的腿节端部、胫节（除中部常具黑色或褐色斑外）及跗节黄色；后足的腿节端部、胫节基部和端部及跗节黄色。头部略宽于胸部；着生浓密的银色绒毛；下脸具光滑无刻点的中区；眶前脊十分弱；眶后脊发达，向后伸达颊区后缘；触角柄节不达中单眼。触角柄节约与 1–4 索节等长或略短。胸部小盾片拱起如球面，明显向后倾斜，长宽比为 0.8 左右，末端圆钝，无凹缘。前翅亚缘脉与缘前脉相交处有些缢缩。后足腿节长为宽的 1.8 倍。腹部与胸部等长或略长于胸部；第 1 腹节背板具一些很弱的刻纹或刻点，但仍光滑发亮，略长于柄后腹的 1/3。雄体长 2.4–4.1 mm。

生物学：本种常为鳞翅目寄生蜂的重寄生蜂，已知可寄生于茧蜂科的伏虎悬茧蜂和松毛虫脊茧蜂及姬蜂科的螟蛉悬茧姬蜂、具柄凹眼姬蜂。

分布：浙江（嵊州、温州）、辽宁、内蒙古、北京、山西、江苏、江西、湖南、福建、广东、海南、广西、四川、贵州、云南；俄罗斯，日本，印度，菲律宾，欧洲。

（116）哈托大腿小蜂 *Brachymeria hattoriae* Habu, 1961

Brachymeria hattoriae Habu, 1961: 273.

主要特征：雌体长 5.3–5.7 mm。体黑色；柄节背端部褐色或黑褐色，柄节腹面内侧区具一小而长的黄褐色斑；翅基片黄白色，基部褐色；前、中足腿节黑色，端部黄色；后足腿节黑色，末端具颇大的黄斑；前足胫节黄色，内侧有些红色，外侧具黑斑；中足胫节黄色，中部之后为黑色；后足胫节亚基部和端部 1/3 为黄色，基部暗红色，中部黑色；体具银白色毛。头与胸部等宽或略窄于胸部；触角洼光滑，上端达中单眼；眶前脊缺；眶后脊明显。触角柄节粗短，柄节端部远离中单眼，长为宽的 2.5 倍左右，仅比 1–2 索节略长；棒节长为前一节的 2.0 倍。胸部背面具略密的刻点，刻点间隙窄，微隆起，无刻纹；小盾片后缘为宽的平展且略上折，末端具两个明显齿突。前翅缘脉约为亚缘脉的 1/2 或更长，后缘脉为缘脉的 1/4–1/3，痣脉至少为后缘脉的 1/2。后足基节腹面内侧无齿突；后足腿节长为宽的 1.6–1.8 倍，腹缘具 9–11 齿，腹缘内侧基部具弱的瘤突。腹部等长于或略长于中胸盾片和小盾片之和；第 1 腹节背板光滑。

分布：浙江（临安）；日本。

（117）上条大腿小蜂 *Brachymeria kamijoi* Habu, 1960（图 5-4）

Brachymeria kamijoi Habu, 1960: 188.

主要特征：雌体长 5.0 mm。体黑色；触角黑色，但棒节褐色；翅基片棕黄色，基部褐色；前、后翅淡褐色，翅脉褐色；前、中足腿节黑褐色，端部黄色；前、中足胫节基部及端部黄色，中部褐色，但前足胫节背面中部黄色；后足腿节黑色，端部具黄斑；后足胫节黑褐色，亚基部背面具一小黄斑，末端背面黄斑略大；各足跗节黄色；腹部黑色，但侧面下方红褐色。头部比胸部稍窄，密布刻点；眶前脊明显，上端接近头顶，下端达眼颊沟；眶后脊较粗，明显伸达颊区后缘；触角节明显未达中单眼。触角柄节粗短，略长于 1–2 索节之和。胸部小盾片长宽几乎相等，末端略呈较宽的凹缘。后足腿节长为宽的 1.9 倍。腹部与胸部等长；第 1 腹节背板长约为柄后腹的 0.4 倍，背面光滑。雄体长 4.6–4.7 mm。

分布：浙江（开化）、福建；日本，菲律宾。

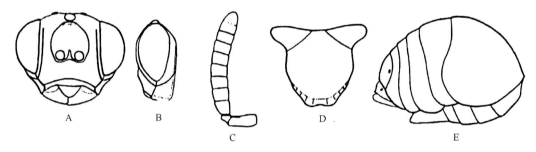

图 5-4　上条大腿小蜂 *Brachymeria kamijoi* Habu, 1960（刘长明图）

A. 头正面观；B. 头侧面观；C. 触角；D. 小盾片；E. 腹部侧面观

（118）费氏大腿小蜂 *Brachymeria fiskei* (Crawford, 1910)

Chalcis fiskei Crawford, 1910a: 14.

Brachymeria fiskei: Ishii, 1932: 348.

主要特征：雌体长 7.1–7.8 mm。体黑色；触角黑色，有时柄节暗褐色；翅基片黄色，基部有些褐色；前翅翅面淡烟褐色，翅脉褐色；前足和中足的腿节黑色或暗红褐色，端部黄色；前、中足胫节一般黑色或红褐色，基部和端部黄色，前足胫节内侧常为浅红色；后足腿节黑色，端部具黄斑；后足胫节黑色或暗红色，基部及端部具黄斑或黄褐色斑，腹缘黑色，腹部黑色，侧面及腹面暗红色。头部比胸部略窄；眶前脊明显，向上接近头顶；眶后脊明显伸达颊区后缘；触角柄节未达中单眼。触角柄节近中部处缢缩，稍短于 1–3 索节之和。胸部背面密布具毛脐状刻点；小盾片长与宽相近或略长于宽，末端两齿突出，呈凹缘；小盾片中部一般具纵向狭窄的光滑隆起的无刻点区。前翅相对测量值为亚缘脉 86，缘前脉 8，缘脉 40，后缘脉 12，痣脉 4。后足腿节长为宽的 1.6 倍。腹部长接近于胸部；第 1 腹节背板光滑，长约为柄后腹的 1/3。雄体长 4.4–6.8 mm。

生物学：寄生于寄蝇科的蚕饰腹寄蝇和松毛虫狭颊寄蝇及寄蝇属及饰腹寄蝇属的一些种类。

分布：浙江（衢州、松阳）、福建；朝鲜，日本，印度。

（119）金刚钻大腿小蜂 *Brachymeria nosatoi* Habu, 1966（图5-5）

Brachymeria (*Neobrachymeria*) *nosatoi* Habu, 1966: 23.

Brachymeria nosatoi: Liao et al., 1987: 33.

主要特征：雌体长 5.5–6.5 mm。体黑色；触角黑色或黑褐色；翅基片黄色；前翅略呈烟褐色，翅脉褐色；前足和中足腿节基部黑色，端部黄色，胫节基部和端部黄色，中部黑褐色；后足腿节端部具黄斑，黄斑常较大，占腿节长的 1/4，但也有不少标本黄斑较小；后足胫节基部和端部黄色，基部的黄斑大小可变化，可占胫节长的 1/4–1/3，中部黑色或暗褐色；各足跗节均为黄色。头宽与胸宽接近或略窄于胸部；眶前脊明显，向上接近头顶；眶后脊发达，向后伸达颊区后缘；触角柄节伸达中单眼。触角柄节近基部略膨大，稍长于 1–4 索节之和；棒节末端近平截。胸部小盾片长宽相等，端部齿突不明显或很弱。后足腿节长为宽的 1.6 倍。腹部明显长于胸部，向后渐尖细；第 1 腹节背板光滑发亮，占柄后腹的 1/3。雄体长 4.3 mm。

生物学：主要寄生于鳞翅目蛾类，如螟蛾科的松梢斑螟、桃蛀螟和小卷蛾，织蛾科的 *Opisina arenosella*，麦蛾科的棉红铃虫，夜蛾科的鼎点钻夜蛾和埃及钻夜蛾等，也可寄生于膜翅目姬蜂科的黑足凹眼姬蜂。

分布：浙江（衢州）、湖北、江西、湖南、福建、云南；日本，印度，老挝，菲律宾，巴比亚新几内亚。

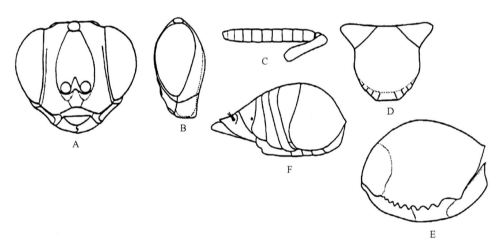

图 5-5　金刚钻大腿小蜂 *Brachymeria nosatoi* Habu, 1966（刘长明图）
A. 头正面观；B. 头侧面观；C. 触角；D. 小盾片；F. 腹部侧面观；E. 后足腿节与胫节

（120）粉蝶大腿小蜂 *Brachymeria femorata* (Panzer, 1801)

Chalcis femorata Panzer, 1801: 24.

Brachymeria femorata: Boucek, 1988: 71.

主要特征：雌体长 4.7–5.3 mm。体黑色；触角黑色，但有时鞭节黑褐色或棒节褐色；翅基片黄色；前翅略呈烟褐色，翅脉褐色；前足和中足腿节端部、胫节及跗节黄色，前、中足腿节基部黑色或褐色；后足腿节基部和端部黄色，中部黑色，但有时中部黑斑缩小甚至消失；后足胫节和跗节黄色，后足胫节腹缘具黑色带；足上的黑色斑与黄色斑相交处有时为红色（这种标本腹部一般为红色），有时身体黄斑会变成红色。头与胸几乎等宽；下脸的中区光滑隆起；眶前脊缺；眶后脊发达，弯曲，向后伸达颊区后缘；触角柄节未达中单眼。触角柄节短于 1–4 索节之和。胸部小盾片长宽接近，末端两齿突出、呈凹缘，近后端处具密集银色毛。后足腿节长为宽的 1.7 倍；腹缘外侧一般具 10 齿，有时更多，以基部第一齿和中部的齿较大，近后端齿较小。腹部明显短于胸部；第 1 腹节背板光滑发亮，占柄后腹的 1/2。雄体长 5.3 mm。

生物学：本种主要寄生于鳞翅目，如粉蝶科的山楂粉蝶、花粉蝶、菜粉蝶和欧洲菜粉蝶，斑蛾科的六星灯蛾，眼蝶科的稻眼蝶和及蛱蝶科的一些种。

分布：浙江（杭州）、辽宁、山西、陕西、新疆、江苏、上海、湖北、江西、湖南、福建、台湾；俄罗斯（西伯利亚），蒙古国，朝鲜，日本，印度，缅甸，伊朗，伊拉克，欧洲，北非。

（121）长柄大腿小蜂 *Brachymeria longiscaposa* Joseph, Narendran *et* Joy, 1972

Brachymeria longiscaposa Joseph, Narendran *et* Joy, 1972b: 343.

主要特征：雌体长 2.8–3.9 mm。体黑色；触角黑褐色，棒节常显褐色；翅基片黄色；前、后翅透明，翅脉褐色；前、中足腿节红褐色，端部黄色；前、中足胫节基部和端部黄色，中部红褐色，但前足胫节背面中部黄色；后足腿节黑色，端部具黄斑；后足胫节黑色，基部及端部具黄斑；各足跗节黄色；腹部黑色，侧面下方及腹面褐红色。头部与胸部等宽，密布刻点；眶前脊明显；眶后脊伸达颊区后缘；触角柄节未达中单眼；胸部小盾片长微大于宽，末端圆钝。前翅相对测量值为亚缘脉 74，缘前脉 4，缘脉 32，后缘脉 12，痣脉 4。后足腿节长为宽的 1.7 倍。腹部略长于胸部；第 1 腹节背板长约占柄后腹的 1/2，背面一般光滑。雄体长 2.4–2.6 mm。

生物学：寄生于鳞翅目木蛾科的柑橘木蛾和荔枝木蛾，以及夜蛾科的稻螟蛉等。

分布：浙江（安吉、杭州、遂昌）、湖北、福建、台湾、云南；越南。

（122）希姆大腿小蜂 *Brachymeria hime* Habu, 1960

Brachymeria hime Habu, 1960: 199.

主要特征：雌体长 4.1 mm。体黑色；触角黑色，棒节褐色；翅基片黄色；前、后翅透明，翅脉褐色；前、中足腿节黑色，端部黄色；前、中足胫节基部和端部黄色，中部黑色，但前足胫节中部背面黄色；后足腿节黑色，端部具黄斑；后足胫节黑色，基部 1/3 及端部各具一黄斑；各足跗节黄色；腹部黑色。头部宽于胸部；眶前脊明显；眶后脊伸达颊区后缘；触角柄节明显未达中单眼。触角柄节接近或略短于 1–4 索节之和。胸部小盾片长宽约等，末端圆钝。后足腿节长为宽的 1.8 倍。腹部与胸部几乎等长；第 1 腹节背板长约为柄后腹的 0.6 倍，背面光滑。

生物学：寄生于鳞翅目的梨小食心虫及人心果云翅斑螟。

分布：浙江（黄岩）、福建、台湾、香港；日本，印度，尼泊尔，越南，菲律宾。

46. 微三角小蜂属 *Trigonurella* Boucek, 1988

Trigonurella Boucek, 1988: 832.

主要特征：体黑色，胸部背面及足具黄斑。头正面观三角形，长不大于宽，触角洼深凹，触角洼与唇基间具特别的"X"形隆起。触角柄节达中单眼，触角着生近口缘。小盾片末端多呈圆形。具腹柄。前翅后缘脉长，肘脉长。腹部明显长于胸，腹末尖长，第 1 节背板很长。

分布：中国记录 3 种，浙江分布 1 种。

（123）长拱微三角小蜂 *Trigonurella leptepipygium* Liu, 1995

Trigonurella leptepipygium Liu, 1995: 89.

　　主要特征：雌体长 7.5–9.3 mm。体黑色；复眼略显浅黄色；触角基节、唇基和上唇褐红色；前胸背板、中胸盾片、三角片和翅基片红色；足暗褐红色，但前中足胫节末端和跗节棕黄色；翅透明，翅脉褐色；腹部腹节背板背面暗黑，但第 1 腹节背板仍可见暗红色光泽；腹节背板侧面褐红色，较后足腿节色浅，但比中胸背板深。头略宽于胸部；眶前脊和眶后脊不明显；触角洼深凹；触角柄节达中单眼；触角窝下方的"X"形隆起十分明显，隆起部位不光滑，具细小刻纹；眼颚沟消失，仅残留基部一小段脊。触角略显棒状；柄节几乎与 1–3 索节等长。胸部刻点密集；前胸背板和中胸背板上的刻点皆呈较整齐的略呈弧形的横向排列，前后排刻点之间形成横向的波浪状锋锐隆起，尤以中胸前盾区和小盾片上的锐脊较突出；小盾片末端圆钝。后足腿节长宽比为 1.8。腹部明显长于胸部，腹末尖长；第 1 腹节背板光滑，占柄后腹长的 2/7。

　　分布：浙江（临安）、广西。

十三、广肩小蜂科 Eurytomidae

主要特征：微小至中型，体长 1.5–6.0 mm。体粗壮至长形，体上常具明显刻纹。体通常黑色无光泽，少数带有鲜艳黄色或有微弱金属光泽。触角洼深；触角 11–13 节，着生于颜面中部；雄蜂触角索节上时有长轮毛。前胸背板宽阔，长方形，故名"广肩小蜂"。中胸背板常有粗而密的顶针状刻点，盾纵沟深而完全。并胸腹节常有网状刻纹。前翅缘脉一般长于痣脉；痣脉有时很短。跗节 5 节；后足胫节具 2 距。腹部光滑；雌蜂腹部常侧扁，末端延伸呈犁头状，产卵管刚伸出；雄蜂腹部圆形，具长柄。

生物学：本科食性较杂，主要是寄生性，为瘿蜂和其他虫瘿昆虫的外寄生蜂，也寄生于双翅目、鞘翅目、半翅目、直翅目昆虫；有些种是或兼作重寄生蜂；还有一些种类是捕食性；已知 12 属植食性种类，为害植物茎或种子。生活于瘿蜂中的褐腹广肩小蜂兼有几种食性，能直接寄生于形成虫瘿的瘿蜂，也能寄生于该瘿蜂寄食者寄瘿蜂，还能寄生于瘿蜂的初寄生小蜂，甚至还可取食该虫瘿内的植物组织。有的危害甚为严重，成为重要林业害虫。通常为单个抑性外寄生，但也有少数为聚寄生、容性内寄生。

分布：本科是比较大的一个类群，世界广布，全北区发现较多，分为 3 亚科约 70 属 1100 种，但绝大部分种类广肩小蜂亚科 Eurytominae，我国广为分布，但尚无系统研究。

分属检索表

1. 前翅缘脉显著变粗，与后缘脉及痣脉间有昙斑或前翅有遗脉；雌触角 11 节，棒节 3 节；植食性 ····························· 2
- 前翅缘脉正常或略微变粗，前翅无明显的昙斑或遗脉；雌触角常少于 11 节，如为 11 节，则棒节只 2 节。肉食性或植食性 ··························· 3
2. 雌雄触角异形，但索节均为 6 节；体黑褐色，前胸两侧具黄褐色斑；并胸腹节与体轴间倾斜度小，较平坦，中央下凹呈槽状；胸部较长而匀称；前翅无昙斑，但有肘脉、基脉等遗脉；后足胫节末端具 2 距。以竹枝为寄主 ······················· 竹瘿广肩小蜂属 *Aiolomorphus*
- 雌雄触角异形，但雌性索节 5 节，雄性 6 节，雌性触角略呈棒状，雄性细长均匀；体火红色至红褐色；并胸腹节与体轴间倾斜度大，几乎垂直，中央无凹槽；胸部较短高而结实；前翅无遗脉，但在缘脉与痣脉间有小昙斑；后足胫节末端只 1 距。以粗糠柴种子为寄主 ····················· 粗糠柴种子小蜂属 *Homodecatoma*
3. 体主要为黄色；前翅缘脉短而粗，其下常有暗斑；后足胫节有成列的刚毛；两性触角相同 ···· 食瘿广肩小蜂属 *Sycophila*
- 体主要为黑色；翅透明；后足胫节无成列的刚毛；两性触角不同 ····················· 4
4. 颊及后颊下部后缘具隆脊；触角常具白色毛；体常相当丰满；并胸腹节很倾斜；腹部第 4 节背板长于第 3 背板 ··········· ····················· 广肩小蜂属 *Eurytoma*
- 颊的后方和下方圆弧形，无隆脊；触角常具暗色毛；体常细长；并胸腹较平直，少倾斜；腹部第 4 节背板短于第 3 背板 ····················· 泰广肩小蜂属 *Tetramesa*

47. 竹瘿广肩小蜂属 *Aiolomorphus* Walker, 1871

Aiolomorphus Walker, 1871b: 17.

主要特征：雌前翅缘脉显著变粗，与后缘脉及痣脉间有昙斑或前翅有遗脉；雌触角 11 节、棒节 3 节；体部分红褐色或黄褐色，至少前胸两侧及腹近基部红褐或黄褐色。雌雄触角异型，但索节均为 6 节；体黑褐色，前胸两侧具黄褐色斑；并胸腹节与体轴间倾斜度小较平坦，中央下凹呈槽状；胸部较长而匀称；前翅无昙斑，但有肘脉、基脉等遗脉；后足胫节末端具 2 距。

分布：中国记录1种，浙江分布1种。

（124）竹瘿广肩小蜂 *Aiolomorphus rhopaloides* Walker, 1871（图5-6）

Aiolomorphus rhopaloides Walker, 1871b: 12.

　　主要特征：雌体长8–12 mm。体黑色，散生灰黄白色长毛。上颚、下唇须、前胸两侧、前中足转节以后、后足胫节以后、后足腿节基部及最末端、翅基片、翅脉、腹基部第1–2背板、1–4腹板及产卵管火红褐色。触角支角突、柄节、环状节及棒节末端红褐色，其余黑色。翅透明，淡黄褐色，被毛褐色。头梯形，横宽，上端宽于下端。触角着生于颜面中部，位于复眼下缘连线上方；复眼裸。颊长略短于复眼横径，颊缝明显。触角窝明显，其间有隔，近光滑，凹面上略有点条刻纹；颜面、头顶及胸部均具大型脐状点刻及刚毛。单眼排列呈钝三角形。后头无脊。盾纵沟明显；小盾片舌状，几乎与中胸盾片等长。并胸腹节平坦下凹有中纵沟，其后端的颈状部有数环状纹及一短舌状突（此部红黑色半透明）。后足胫节2距，内距长；跗节1–4节渐短，第5节与第2节大致等长；爪基具齿。腹与胸等长或稍长、光滑、柱形略侧扁。腹柄甚短宽，有纵走粗窝及脊状刻纹。第4节最长，约为腹长之半；第1、5节次之，末端逐渐收缩呈柳叶刀状。产卵管突出。雄体长7–10 mm。与雌蜂相似，体较纤细。触角上的刚毛黑色。前胸与中胸约等长，长为宽的1.6–1.7倍。中胸较短，与小盾片等长或稍短。腹柄长，棕黑色，较后足基节长，其背面有纵脊及泡沫状刻纹，下面光滑。腹基部红褐色斑纹分布。在腹面自腹基几乎达腹端，而背面仅第1节背板有红褐斑；第1、4节背板最长，第2、3、5节次之。腹部除腹柄外与胸部大致等长。

　　分布：浙江（湖州、临安）、江苏、江西、湖南、福建；日本。

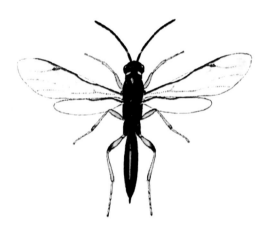

图5-6　竹瘿广肩小蜂 *Aiolomorphus rhopaloides* Walker, 1871

48. 广肩小蜂属 *Eurytoma* Illiger,1807

Eurytoma Illiger,1807, 6: 192.

Decatoma Spinola,1811, 17: 151.

　　主要特征：雌头背面观中央宽凹入，触角洼侧区突出。中单眼着生于触角洼外，触角着生脸区中央，触角洼凹陷，表面平，光滑，侧缘具脊。后颊后缘具锐脊，下脸具或无从口缘发出的辐射状脊纹。触角索节常5节，少6节，棒节常3节少2节。前胸腹节中央具或无纵凹槽。前翅翅脉不加粗。腹具或无柄。柄后腹侧扁或略侧扁。雄性腹柄长，柄后腹圆形；索节6节，具柄。

　　生物学：若干种为寄生性，寄生鳞翅目、膜翅目、鞘翅目及造成虫瘿的昆虫。另外一些类群则为种子害虫。

　　分布：全世界分布，世界已知 696 个种。中国记录 38 种，浙江分布 4 种。

分种检索表(雌虫)

1. 触角索节均长过于宽，第 1 节最长，其余等长 ·· 2
- 触角索节第 1–4 节长过于宽，第 5 节方形 ··· 3
2. 索节第 1 节最长，长为宽的 2.0 倍，第 2–5 节较短。长为宽的 1.5 倍 ················
　　　　　　　　　　　　　　　　　　　　　　　　　　　　　食敌广肩小蜂 *E. setigera*
　　索节各节几乎等宽等长，长约稍大于宽 ··············· 栗瘿广肩小蜂 *E. brunniventris*
3. 雌体长 3–4mm。体色黑，触角柄节及梗节、上颚、足自腿节以下、翅基片火红色；跗节肉黄色 ·······
　　　　　　　　　　　　　　　　　　　　　　　　　　　　　　刺蛾广肩小蜂 *E. monemae*
- 雌体长 2.8–3.0mm。体黑色，前足腿节末端，前中足胫节，中后足腿节两端，后足胫节两端，各足跗节黄褐色 ············
　　　　　　　　　　　　　　　　　　　　　　　　　　　　　黏虫广肩小蜂 *E. verticillata*

（125）栗瘿广肩小蜂 *Eurytoma brunniventris* Ratzeburg, 1852

Eurytoma brunniventris Ratzeburg, 1852: 221.

　　主要特征：雌体长 2.8–3.0 mm。体黑色。触角暗褐色；柄节、梗节和棒节腹面色较浅。足基节黑色；前中足腿节红褐色，后足腿节黑色，胫节红褐色；各足转节、腿节两端、胫节两端、跗节和产卵管鞘黄褐或黄白色；前、中足胫节色稍暗。翅基片黑褐色。体毛白色。头、胸部具脐状刻点。无后头脊。唇基端部中央凹入；额洼浅而窄。触角着生于颜面中部；鞭节各节具感觉器和白色长毛。胸部隆起。盾侧沟明显。小盾片几乎与中胸盾片等长。并胸腹节具脐状粗刻点，中央稍凹，几乎垂直。缘脉约与后缘脉等长，长于痣脉。腹部长约与胸部相等。产卵管外露；末端尖。雄体长 1.5–1.8 mm。触角柄节黑色；各索节具黄白色长柄，具长轮毛；棒节 2 节，细长而尖。腹柄长约为宽的 1.8 倍，背面具粗刻点或不规则短脊。柄后腹短，第 2 节最长，第 2、3 节次之；第 4 节以后几乎全隐匿于第 2、3 节背板之下。

　　生物学：寄主为栗瘿蜂。

　　分布：浙江、江西；俄罗斯，日本，西欧。

（126）刺蛾广肩小蜂 *Eurytoma monemae* Ruschka, 1918

Eurytoma monemae Ruschka, 1918: 161.

　　主要特征：雌体长 3–4 mm。体黑色，触角柄节及梗节、上颚、翅基片及足自腿节以下火红色；跗节肉黄色。触角索节黑褐色。翅脉黄褐色半透明。本种与黏虫广肩小蜂 *Eurytoma verticillata* 相近似，但体色、大小不同。颜面中央有一光滑纵脊，自触角间下伸达唇基。前翅缘脉较粗大，长于后缘脉；后缘脉长于痣脉。并胸腹节中央凹陷呈瓦状纵槽，槽中央有 2 条不明显的纵脊。腹部与胸部等宽，侧扁程度较弱。腹柄横宽，有棱状脊。腹部第 2、3、5、6 节背板约等长，而第 4 节显著长于此数节，且第 3–6 节背板两侧有细微的刻纹。

　　生物学：寄主为黄刺蛾。据国外记载尚有丽绿刺蛾和一种肩刺蛾。本种为盗寄生，它只能利用上海青蜂寄生于黄刺蛾时在坚硬钙质的茧上咬开后而填塞的产卵孔洞，产卵于硬茧内，小蜂幼虫孵化后，先杀死青蜂幼虫，再取食黄刺蛾幼虫。聚寄生。广肩小蜂科大多数种类以老熟幼虫越冬。

　　分布：浙江（湖州、嘉兴、杭州、东阳）、天津、江西；印度，斯里兰卡。

（127）食敌广肩小蜂 *Eurytoma setigera* Mayr, 1878

Eurytoma setigera Mayr, 1878: 330.

主要特征： 雌体长 3.1 mm。体黑色。触角、翅基片、前中足腿节及胫节、后足腿节大部分黄褐色。各足跗节黄白色。翅透明。头、胸部被白色刚毛及细刻点，并覆盖粗大刻点。头宽为长的 2.7 倍，为前单眼处额宽的 1.7 倍。单眼钝三角形排列；POL、侧单眼至后头缘距离（OCL）、单复眼间距（OOL）分别为中单眼直径的 4.0 倍、3.0 倍、1.5 倍；前后单眼间距为 POL 的 0.5 倍。触角窝远在复眼下缘连线以上。触角柄节超过前单眼，长约为梗节及索节第 1–2 节之和；梗节短球状；索节第 1 节最长，长为宽的 2.0 倍，第 2–5 较短，长为宽的 1.5 倍。翅基片和中胸后侧有横刻纹。中胸前侧片具细刻点。并胸腹节中央深凹。前翅长为宽的 2.0 倍，缘脉长约为后缘脉或痣脉的 1.5 倍。腹部强烈侧扁，侧面观卵形。第 4 背板上方长为第 3 背板的 3.0 倍。胫节具细刻点；后足胫节近基部有 2 根特别长的刺。

生物学： 寄主为栗瘿蜂。据记载在多种瘿蜂虫瘿内寄生，也有在黄连属果实内寄生于大痣小蜂的记录。

分布： 浙江（上虞）、福建；俄罗斯，中亚，西欧。

注： 中名有用刺胫广肩小蜂的。

（128）黏虫广肩小蜂 *Eurytoma verticillata* (Fabricius, 1798)（图 5-7）

Ichneumon verticillata Fabricius, 1798: 232.

Eurytoma verticillata: Claridge, 1960: 248.

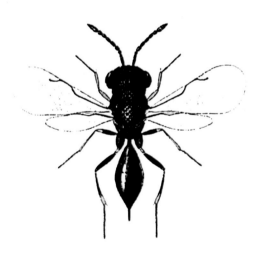

图 5-7　黏虫广肩小蜂 *Eurytoma verticillata* (Fabricius, 1798)

主要特征： 雌体长 2.8–3.0 mm。体黑色。前足腿节末端、中后足腿节两端、前中足胫节、后足胫节两端及各足跗节黄褐色。翅透明，脉褐色。头、胸部及翅上刚毛浅黄褐色。头、胸部均有较粗大的刻点。头部梯形，与胸部等宽或稍宽，上宽下窄。颜面上端略下陷成触角洼。触角着生于颜面中部稍上方，位于复眼中部连线上。触角柄节长达头顶。并胸腹节梯形，倾斜，上宽下窄；中央有纵沟槽，槽底有不明显的纵脊。前翅缘脉长于痣脉而与后缘脉大致等长。腹部侧扁，与胸部约等宽，光滑。腹柄呈方形，有皱纹。雄体长 2.0–2.5 mm。体色、形态与雌虫大致相同。但触角柄节短而宽，黄褐色；梗节带柄；索节 5 节，各索节间带侧柄呈香蕉状。上多毛；腹柄长于后足基节；腹部短小；末端不尖锐；第 1、2 节覆盖腹部大部。

生物学： 在稻田中常见，寄主有螟蛉悬茧姬蜂、螟黑纹茧蜂、螟蛉脊茧蜂、眼蝶脊茧蜂、稻苞虫皱腰茧蜂、二化螟盘绒茧蜂、弄蝶绒茧蜂、纵卷叶螟绒茧蜂、黏虫盘绒茧蜂、螟蛉盘绒茧蜂、多丝盘绒茧蜂、纵卷叶螟长体茧蜂、黏虫悬茧蜂、黑腹单节螯蜂、稻虱红单节螯蜂。从茧内羽化，单寄生。据记载寄主范围广，计有毒蛾科、尖蛾科、鞘蛾科、茧蜂科、姬蜂科及寄蝇科等。

　　分布：浙江、黑龙江、吉林、北京、河北、河南、陕西、江苏、安徽、湖北、江西、湖南、福建、广东、广西、四川、贵州、云南；日本，欧洲，北美洲。

49. 粗糠柴种子小蜂属 *Homodecatoma* Liao, 1979

Homodecatoma Liao, 1979: 256.

　　主要特征：雌雄触角异型，雌者索节 5 节，雄者 6 节，雌触角略呈棒状，雄者细长均匀；体火红色至红褐色；并胸腹节与体轴间倾斜度大，几乎垂直，中央无凹槽；胸部较短高而结实；前翅无遗脉，但在缘脉与痣脉间有小昙斑；后足胫节末端仅 1 距。

　　分布：中国记录 1 种，浙江分布 1 种。

（129）粗糠柴种子小蜂 *Homodecatoma mallotae* Liao, 1979

Homodecatoma mallotae Liao, 1979: 257.

　　主要特征：雌体长 2.8–3.1 mm。体火红色；复眼橙红色；后头、触角柄节、梗节、鞭节（除了各节末端）、足的转节、腿节末端以下至跗节（除末端之爪垫、基部褐至暗褐色外）均为黄色、污黄色至火红色；单眼区、柄节末端、梗节基部、各索节末端、棒节末端及上颚端部褐至黑褐色；前中胸间的沟缝、后胸腹面、并胸腹节中央部分、腹部各节背面后端及产卵管末端黑色；翅脉及小昙斑淡褐黄色。头背面及前面均横形。触角着生于颜面中部，呈线状；梗节梨形，长约为宽的 1.5 倍；环状节短小；索节 5 节，均细长，第 1 节最长，为宽的 2 倍余，以后各节逐渐稍短，第 5 节长约为宽的 1.5 倍。胸部隆起，胸部长：宽：高=57：37：42。前胸背板横形，无前缘脊；中胸盾片及小盾片长宽大致相等。小盾片后端突出超过并胸腹节。并胸腹节与体轴几乎垂直，中央平坦，有网状刻纹。头、胸部均具浅底顶针状的浅而不明显的巨型圆点刻及浅褐黄色透明刚毛。腹部光滑卵圆形，略侧扁；腹柄甚短；第 4 腹节最长，但背板后端中央略有缺刻，其侧面长约为腹长的 1/3。第 7 腹节短，横形，与微露端部的产卵管稍微向上翘呈犁状。雄体长 2.2–2.9 mm，与雌体大致相似。但触角细长，梗节+鞭节几乎与胸部等长（雌蜂只有雄蜂的 2/3 长）；索节 6 节，由基至端逐渐变细，每节长几乎达宽的 3 倍，棒节 1 节，较末索节长，末端收缩但不尖锐，鞭节均具长形感觉孔 3 环列及感觉刚毛 4 环簇，棒节末端亦具刚毛；体色同雌蜂，唯胸背面及腹面、并胸腹节、腹柄、腹部颜色由火红至黑色，变化甚大，跗节末端的爪垫全部黑褐色；腹部较短小，呈三角形，腹柄长过后足基节，长约为宽的 3 倍，阳茎基腹铗突起具小爪（指钩）4 个；并胸腹节与体轴间夹角为 70°–80°，中央呈浅纵槽，槽内及两侧亦具网状刻纹，第 4 腹节亦较 3、5 节长，但后缘直无缺刻。

　　生物学：自菲岛桐（粗糠柴）种子羽化。

　　分布：浙江（温州）。

50. 泰广肩小蜂属 *Tetramesa* Walker, 1848

Tetramesa Walker, 1848: 101.

　　主要特征：雌性体黑色，颊的后方和下方圆弧形，无隆脊；触角常具暗色毛；体常细长；并胸腹较平直，少倾斜，翅透明。雄蜂索节具长而直的毛，多数雌蜂索节 5 或 6 节；缘脉常细长；取食禾本科植物。

　　分布：中国记录 2 种，浙江分布 2 种。

（130）刚竹泰广肩小蜂 *Tetramesa phyllostachitis* (Gahan, 1922)

Harmolita phyllostachitis Gahan, 1922: 45.

Tetramesa phyllostachitis: Zerova, 1978: 349.

主要特征：雌体长 8 mm。体黑色，散生黄白色长毛。触角柄节及梗节大部分、前中足、后足（除了基节及腿节近端部的斑）黄至红褐色。翅透明，翅脉淡黄褐色，被毛褐色。头梯形，横宽，上端宽于下端。触角着生于颜面中部，位于复眼下缘连线上方。复眼裸；颊长略短于复眼横径。颊缝明显；触角窝间有隔，凹面上略有夹点条刻纹；颊区较光滑，颜面、头顶及胸部均具大型脐状点刻及刚毛。单眼排列呈钝三角形。无后头脊。触角长，几乎与头、胸部之和等长。盾纵沟前端明显，后方消失；小盾片舌状，几乎与中胸盾片等长；并胸腹节平坦，下凹有中纵沟。后足胫节 2 距，内距长。跗节 5 节，第 1–4 节渐短，第 5 节与第 2 节大致等长；爪基具齿。前翅缘脉粗大，长为痣脉的 2.3 倍；后缘脉略短于缘脉，约为痣脉的 2.0 倍。腹部与胸部等长，光滑，侧扁。第 1–3 节等长；第 4 节最长，约为第 1–3 节之和；末端逐渐收缩呈犁头状。产卵管稍突出。雄体长 7 mm。与雌蜂相似，体较纤细。触角上的刚毛黑色。中胸较短，与小盾片等长或稍短。腹部连腹柄长与胸部大致等长，腹柄长为宽的 5.5 倍，长过后足基节。第 1–4 背板等长。第 5 节次之，其余更短。

分布：浙江（临安）；日本，美国。

（131）竹泰广肩小蜂 *Tetramesa bambusae* (Phillips, 1936)

Harmolita bambusae Phillips, 1936: 20.

Tetramesa bambusae: Peck, 1963: 754.

主要特征：雌体长 8 mm。体黑色，散生白色长毛。触角黑褐色，前胸背板前缘及两侧黄褐色。各足黄至黑褐色，跗节黄白至黄褐色。翅透明，翅脉淡黄褐色，被毛褐色。头梯形，横宽，上端宽于下端。触角着生于颜面中部，位于复眼下缘连线上方；复眼裸。颊长略短于复眼横径。颜颊缝明显。触角窝明显，其中有隔，近光滑，凹面上略有夹点刻条。颊区较光滑。颜面、头顶及胸部均具大型脐状点刻及刚毛。单眼排列呈钝三角形，无后头脊。触角短，几乎与头宽等长。胸部厚实，略膨起。前胸大，宽为长的 1.5 倍。盾纵沟前端明显，后方消失；小盾片舌状，几乎与中胸盾片等长。并胸腹节平坦下凹有中纵沟。后足胫节 2 距，内距长。跗节 5 节，第 1–4 节渐短，第 5 节与第 2 节大致等长；爪基具齿。前翅缘脉粗大，长为痣脉的 2.3 倍；后缘脉略短于缘脉，约为痣脉的 2.0 倍。腹部长过头、胸部之和，光滑、圆筒形，末端逐渐收缩呈柳叶刀状。产卵管稍突出。雄体长 6 mm。与雌蜂相似。体较纤细，触角上的刚毛黑色。中胸较短，与小盾片等长或稍短。腹部连腹柄长与胸部大致等长。腹柄长约为宽的 3 倍，长过后足基节。

分布：浙江（临安）；俄罗斯，美国。

51. 食瘿广肩小蜂属 *Sycophila* Walker, 1871

Sycophila Walker, 1871b: 15.

主要特征：雌性体主要为黄色，前翅缘脉短而粗，其下常有暗斑；触角着生在复眼下缘连线上，触角洼不达前单眼。触角柄节近基部稍膨大；具环状节；索节 5 节。后足胫节有成列的刚毛；两性触角相同。

分布：中国记录 4 种，浙江分布 2 种。

（132）杂色食瘿广肩小蜂 *Sycophila variegata* (Curtis, 1831)

Decatoma variegata Curtis, 1831: 345.

Sycophila variegata: Boucek, 1974: 267.

主要特征：雌体长 1.5–3 mm。体黄褐色。额及头顶上的四角形斑纹、前胸背板的两侧和前缘、几乎整个中胸盾片、小盾片（除两侧狭窄的边缘之外）及腹部背面均为黑色。前翅中部无色，前翅缘脉上有不大的圆形黑斑。头前面观宽稍过于长。颊下面具尖锐边缘。触角着生处稍低于颜面中部，柄节短，索节 5 节，棒节 3 节。胸部短而宽。前翅缘脉明显膨大，痣脉及后缘脉较短，后足胫节常具成行的长而粗的刚毛。腹部短卵圆形，侧扁，两性均具长柄。

生物学：寄主为栗瘿蜂及其他各种瘿蜂。

分布：浙江（上虞）、河北；朝鲜，日本，欧洲。

（133）黄色食瘿广肩小蜂 *Sycophila flava* Xu *et* He, 2003

Sycophila flava Xu *et* He, 2003: 483.

主要特征：雌体长 3.0 mm。浅黄褐色。下列部位黑色：单眼周围稍具，后头孔上方，前胸背板领片，中、后足基节之间，并胸腹节中纵线，腹柄末端，第 1–3 背板中央。翅透明，缘脉及周围烟色。背面观宽为长的 2.3 倍，为前单眼处额顶宽的 1.7 倍。单眼区呈钝三角形，POL、OCL、OOL 分别为前单眼直径的 1.7 倍、2.0 倍、1.5 倍，前后单眼间距为 POL 的 0.5 倍。头前面观宽为高的 1.2 倍。触角窝间距为其长径的 1.0 倍，下缘至唇基边缘间距为触角窝长径的 3.0 倍。触角着生在复眼下缘连线上，触角洼不达前单眼。触角柄节近基部稍膨大，长为最宽处的 5.0 倍；梗节长为端宽的 3.0 倍，为第 1 索节的 0.9 倍；环状节宽过于长；索节第 1 节最长，长为宽的 2.8 倍，其余索节向端部渐短，末索节长为宽的 1.9 倍；棒节长为索节第 4–5 节之和，稍宽过末索节。中胸盾片、小盾片及并胸腹节具大型顶针状刻点。前翅长为宽的 2.7 倍；亚缘脉具 15 根刚毛；缘前脉有 4 根刚毛；亚缘脉、缘前脉、缘脉、后缘脉长分别为痣脉的 7.7 倍、2.5 倍、1.6 倍、1.1 倍；透明斑后缘以 2 列毛关闭，基室及翅面均匀着生纤毛。后足胫节上的刚毛短于胫节宽度。腹柄圆筒形，长为宽的 4.0 倍；第 4 腹节背板背缘长为第 3 腹节背板的 1.2 倍。雄体长 3.0 mm。与雌相似。腹柄背方黑色；触角索节 4 节，棒节 3 节；腹部短小。

生物学：寄主为竹枝内的瘿蜂。

分布：浙江（杭州）、福建。

十四、长尾小蜂科 Torymidae

主要特征：体一般较长，不包括产卵管长为 1.1–7.5 mm，连产卵管可达 16.0 mm。个别长为 30 mm。体多为蓝色、绿色、金黄色或紫色，具强烈的金属光泽，通常体上仅有弱的网状刻纹或很光滑。触角 13 节，多数环状节 1 节，极少数 2 或 3 节。前胸背板小，背观看不到；盾纵沟完整，深而明显。前翅缘脉较长，痣脉和后缘脉较短，痣脉上的爪形突几乎接触到前缘。跗节 5 节；后足腿节有时膨大并具腹齿。腹部常相对较小，呈卵圆形略侧扁；腹柄长；第 2 背板常长。产卵管显著外露。

生物学：大痣小蜂亚科少数为食虫性，单个外寄生于植物致瘿昆虫；多数为植食性，常为害蔷薇科、松科、柏科和杉科等的种子。种子被害后，胚乳被吃光，不能发芽，影响造林用种且有传播危险。长尾小蜂亚科长尾小蜂族大部分种单独外寄生于致瘿昆虫瘿蜂、广肩小蜂和瘿蚊等的幼虫上，如在我国栗瘿蜂中就发现有栗瘿长尾小蜂，在鞘翅目和鳞翅目幼虫上及半翅目若虫上也有记录。有些长尾小蜂是寄食性的，它把卵产入虫瘿中，但不在致瘿昆虫体上营寄生生活，而是先把原致瘿昆虫幼虫杀死，再取食虫瘿中的植物组织。也有些种类先与致瘿昆虫（如瘿蜂）幼虫一同生活，而后再将其杀死。螳小蜂族寄生于螳螂卵内。有些雌蜂寄附在雌螳螂体上，以保证它们能在寄主卵鞘的泡沫硬化之前，及时把自己的卵产上。单齿长尾小蜂族常在大鳞翅类及叶蜂总科蛹或茧内发现。其生活习性比较复杂，可从鳞翅目蛹内育出，也发现在鳞翅目蛹内的姬蜂、茧蜂或寄蝇体上营外寄生生活，成为重寄生蜂；还可在刚结茧的叶蜂总科、姬蜂总科幼虫体上或刚化蛹的寄蝇、麻蝇围蛹上产卵寄生。我们曾从一只松毛虫蛹内育出多达 49 只长尾小蜂，是何种寄生类型，仍需仔细观察。国外从泥蜂科上及半翅目卵内和盒蠊卵外曾有发现。

分布：长尾小蜂科是中等大小的科，含 900 余种，分为 2 个亚科：大痣小蜂亚科 Megastigminae 和长尾小蜂亚科 Toryminae，在我国均有发现。原有其余亚科，如螳小蜂亚科 Podagrioninae、单齿小蜂亚科 Monodontomerinae 和畸长尾小蜂亚科 Thaumatoryminae 等现均已降为长尾小蜂亚科的族，长尾小蜂亚科现包括 7 族。我国除大痣小蜂属 Megastigmus 有些研究外，其余尚缺乏研究。浙江已知 5 属 11 种。

分属检索表

1. 前胸背板长大于宽；痣脉痣明显膨大，痣高大于宽或大于前缘室高；后缘脉长于或等于缘脉；唇基下缘中部明显向上深凹，两侧各具一齿；多为植食性 ·· 大痣小蜂属 *Megastigmus*

- 前胸背板横形，长短于宽；痣脉痣不明显膨大，痣宽大于高，痣高小于前缘室高；后缘脉、痣脉短于缘脉；多数种类唇基下缘平截；多为寄生性 ·· 2

2. 中胸后侧片与后胸侧片之间的接合处呈波浪形；触角环节 1 节 ····························· 长尾小蜂属 *Torymus*

- 中胸后侧片与后胸侧片之间的接合处直而整齐，不呈波浪形；触角环节 1 节至 2 节 ···························· 3

3. 具后胸腹板架；后足腿节粗壮膨大，腹缘具多个不规则齿；后足胫节弯曲，末端成斜切状，具 1 距 ············ 4

- 无后胸腹板架；后足腿节一般不膨大，无齿或近末端具一小齿；后足胫节直，末端平截，具 2 距 ····················
··· 齿腿长尾小蜂属 *Monodontomerus*

4. 触角环节圆柱形，长大于宽；前翅表面完全被毛，无透明斑；后胸腹板具 2 脊 ············ 毛翅长尾小蜂属 *Palmon*

- 触角环节横形，宽大于长；前翅具明显的透明斑；后胸腹板具 1 脊 ······························· 螳小蜂属 *Podagrion*

52. 大痣小蜂属 *Megastigmus* Dalman, 1820

Megastigmus Dalman, 1820: 178. Type species: *Pteromalus bipunctatus* (Swederus, 1795).

主要特征：体常为黄色具黑色或黑褐色斑，有时绿色，胸背面不具明显的金属色。头正面观宽大于高；复眼圆形，很小；颊稍凸出；头顶宽；触角着生于额中部，有些个体较小，体长 1 mm 左右的种类触角很短，常着生于颜面下部、复眼下缘连线之下；触式 11173。胸部光滑，如果具刻纹，常在中胸盾片上具横刻纹；小盾片很少具突起的网状刻纹，常具横沟。前翅痣脉附近很少加深；痣脉十分膨大明显；在体黄色的种类中胸部的柔毛较明显。柄后腹侧扁；第 1 腹节背板后缘中央稍凹入；产卵器长而弯曲。

生物学：大部分为植食性，少数寄生于虫瘿。大多寄生在松科和蔷薇科种子中，但也包括松柏类的柏科和杉科，以及阔叶树的漆树科、冬青科、豆科和金缕梅科。

分布：世界广布，世界记录 145 种，中国目前记录有 12 种，浙江分布 5 种。

分种检索表

1. 体具金属光泽或某些色斑上具强烈金属光泽 ·· 2
- 体具黄色和黑色，但无金属光泽 ··· 3
2. 体长 7–9mm（不包括产卵管）；小盾片及并胸腹节上的黑斑具绿色金属光泽；中胸盾片中叶具粗脊围成的深窝；前翅翅痣周围具明显的烟褐色；痣颈明显超过痣宽；产卵管螯针上的齿较大 ···················· 中华大痣小蜂 *M. sinensis*
- 体长 1.8–3.0mm；头顶有矩形绿色大斑，胸部背面浅兰绿色至暗绿色，时有金色和铜色光泽 ·· 日本大痣小蜂 *M. nipponicus*
3. 产卵管鞘短于腹部长度；前翅翅痣的痣颈长为痣宽的 0.3 倍 ··························· 开室大痣小蜂 *M. cellus*
- 产卵管鞘等于或长过腹部长度 ··· 4
4. 触角索节第 7 节方形；前翅基室后方由 2 列毛关闭；翅痣的痣颈长等于痣宽 ·········· 黄杉大痣小蜂 *M. pseudotsugaphilus*
- 触角索节第 7 节长过于宽；前翅基室后方由 2 列毛关闭；前翅翅痣的痣颈长为痣宽的 0.7 倍；体黄褐色，无黑斑 ········
·· 柳杉大痣小蜂 *M. cryptomeriae*

（134）柳杉大痣小蜂 *Megastigmus cryptomeriae* Yano, 1918

Megastigmus cryptomeriae Yano in Yano *et* Koyama, 1918: 45.

主要特征：雌体长 2.4–2.8 mm。体黄褐色；触角柄节暗黄褐色，鞭节暗褐色；后头、并胸腹节大部分暗褐色；腹部各节背板在基部有一不明显暗带；产卵管鞘黑色。头前面观近圆形，宽稍大于高；唇基下缘具 2 齿。触角洼浅；触角柄节几乎伸达前单眼，梗节约与第 1 索节等长，棒节稍长于第 6–7 索节之和，稍宽于末索节。胸部长为宽的 2 倍；前胸背板长为宽的 1.1–1.3 倍；中胸盾片及小盾片稍隆起；小盾片有 4–5 对黑色刚毛。前翅亚缘脉为缘脉的 1.8 倍，缘脉与后缘脉等长；翅痣椭圆形；基室后方封闭。腹部背面观披针形，侧扁；侧面观卵形。

生物学：寄主为柳杉和日本柳杉。

分布：浙江、湖北、江西、福建、台湾；日本。

（135）开室大痣小蜂 *Megastigmus cellus* Xu *et* He, 1995

Megastigmus cellus Xu *et* He, 1995: 247.

主要特征：雌体长 3.8 mm。腹部长为 1.5 mm。产卵管鞘长为 1.4 mm。体橙黄色。单眼褐色；触角柄节端部、梗节背面及鞭节黑褐色；口器及后头孔上方、颜面、前胸背板两侧及其后缘的 2 大斑、中胸盾片中叶两侧、盾侧片前端、三角片外方、后胸背板、并胸腹节前缘、第 1 背板后半部、产卵管鞘黑色。中胸盾片背部中央有 1 条纹由端部延伸至小盾片横沟前。翅透明，翅脉及痣脉膨大部分黄褐色及至黑褐色。腹部背板背面橙红色。

头部背面观宽约为长的 1.9 倍；约与鞭节等长。触角洼达到中单眼。颜面上方有黑色刚毛 20 多根，其下方至口器则为奶黄色刚毛。柄节高达中单眼；索节宽于梗节；第 1–5 索节长稍大于宽，第 6、7 索节近方形，长略短于第 5 索节，与梗节约等长。单眼排列成钝三角形；POL、OOL、OCL 分别为单眼直径的 2 倍、1.5 倍和 1.8 倍；颜面和头顶满布横皱及弧状皱；后头脊明显。前胸背板、中胸盾片上有明显的、粗而密的横脊，其上均有黑色刚毛，其中中胸盾片中叶两侧的黄色区域对称排列有 2 列 12 根黑刚毛；三角片上及小盾片横沟前横脊弱而不规则，横沟前两侧排列有 5 对黑色刚毛；横沟后有较弱的纵脊。并胸腹节气门两侧各有 1 簇白毛。后足胫节后方有 1 刺状突。前翅基室内无毛，基部 2/3 开放；基室下方有一列毛共 10 根；翅痣长卵圆形，长宽比为 8.0∶4.5；痣颈较短，为痣长的 0.31 倍；缘脉短于后缘脉（18∶22）。产卵管鞘长为后足胫节的 1.5 倍。

生物学：寄主为一种柏。

分布：浙江（杭州）。

（136）日本大痣小蜂 *Megastigmus nipponicus* Yasumatsu *et* Kamijo, 1979

Megastigmus nipponicus Yasumatsu *et* Kamijo，1979:25.

主要特征：雌体长 1.8–3.0 mm。黄褐色。颜面柠檬黄色；头顶有矩形绿色大斑。柄节背面末端和梗节背面多少暗色，鞭节暗褐色。胸部背面浅兰绿色至暗绿色，时有金色和铜色光泽；仅前胸背板两侧和翅基片浅黄色；各足浅黄色；腹部主要是浅黄褐色，背面稍暗。翅痣无晕斑，极少稍有烟色。

头背面观宽为长的 1.6 倍，稍宽过中胸。后颊长约为复眼的 0.33 倍。头顶突起有横刻纹，刚毛黑色。后单眼为 OOL 的 2/3，与 POL 和 OCL 等长。头前面观宽为高的 1.2 倍。触角柄节几乎达前单眼前缘；梗节与第 1 索节等长或稍长，鞭节长为头宽的 1.25 倍，向末端渐粗；第 1 索节长为宽的 2 倍，第 7 索节稍短于第 1 索节，稍长过宽；棒节稍长过前面 2 个索节之和。前胸背板具横刻纹，前缘稍凹入。中胸盾片中叶有粗糙横纹。小盾片长宽相等，有 5–6 对刚毛，小盾片横沟清晰，沟后区有纵刻痕。并胸腹节前方 1 横脊，具中脊，在横脊处中断或分支。前翅长为宽的 2.6 倍，缘室宽，基室光裸，基半开放，透明斑发达，下方关闭，缘脉稍短于缘室的 0.5，与后缘脉等长；痣脉（不包括翅痣）短，仅稍长过缘脉宽，翅痣卵形，长为宽的 1.3 倍。腹部与胸部等长或稍短，腹部第 1–2 背板后缘中央稍凹入。产卵管鞘稍短于胸腹部之和。雄体长 1.5–3.2 mm。与雌虫不同之处：胸背浅兰绿色区有金色光泽，鞭节一般背面暗褐色，腹面较浅；棒节长近前 3 节之和；前翅缘室宽，上方端部 2/3 有 2 列毛，基室端部具毛；翅痣长约为宽的 1.2 倍；腹部短而侧扁。

生物学：寄主为各种瘿蜂。

分布：浙江（绍兴）、河北；日本，朝鲜。

（137）黄杉大痣小蜂 *Megastigmus pseudotsugaphilus* Xu *et* He, 1995

Megastigmus pseudotsugaphilus Xu *et* He, 1995: 245.

主要特征：雌体长 4.5–4.8 mm，产卵管鞘长 3.1–3.3 mm。体红褐色，有光泽；体表散布稀疏白毛。头顶有粗糙横皱；颜面下半被白色刚毛。触角洼不伸达中单眼。触角柄节高达中单眼中央，柄节基部下方稍膨大；第 1 索节长于梗节，比梗节粗。前胸背板、中胸盾片、小盾片横沟前方有粗糙横脊纹；

小盾片横沟后为微弱的纵刻纹。并胸腹节前缘中央有 2 条弯曲的纵脊，在后缘接近，后缘有脊放射状伸出。前翅基室被毛，基室下方封闭；缘脉短于后缘脉，翅痣卵形膨大，痣柄与翅痣宽约相等。腹部长稍短于胸部。

生物学：寄主为华东黄杉种子。

分布：浙江。

（138）中华大痣小蜂 *Megastigmus sinensis* Sheng, 1989

Megastigmus sinensis Sheng,1989：32.

主要特征：雌体长 7–9 mm。大体黄色。单眼浅黄色，复眼暗红褐色；触角柄节和梗节黄褐色，柄节端背部黑褐色；鞭节黑褐色。额洼顶部经单眼区直到后头；触角窝下方 1 圆点及上颚端部黑色。前胸背板前端和中央 1 蘑菇状斑、中胸盾片中央 1 宽纵斑、盾侧片中央 1 逗状斑、小盾片端半部、并胸腹节"T"形斑、中胸前、后侧片各 1 较大斑、腹部背面 1 纵斑、第 1、3、4、5 节各背板侧方 1 圆形斑并与背面之相连纵斑、第 6 节背板及后足基节和腿节外侧基部的长形斑均黑色；产卵管鞘黑褐色。前翅痣脉周围有烟斑。

头、胸部具浅而宽的脐状刻点。头前面观横形（5.3：4.0）；触角着生于颜面中部，稍低于复眼中部连线。唇基前缘中央深凹成 2 齿。复眼小；颚眼距长，稍短于复眼高。触角柄节圆柱状，端部不达前单眼；梗节长略大宽；索节 7 节，各索节依次渐宽，第 1 索节最长，约大于宽的 2 倍，以后各节依次渐短，第 7 索节长稍大于宽；棒节 3 节较宽，长为前 2 索节长之和，末端不很尖。后头具锐脊，内凹。胸部长。前胸背板长与最宽处约相等。中胸盾片长短于宽；小盾片长略大于宽，末端钝圆，具不规则的脊状皱，后部具 1 弧状横脊，脊后刻皱稍粗。并胸腹节稍短于小盾片；中区具宽而浅的脐状粗刻点，两侧以 2 条向后会聚的宽纵沟为界；侧、后部无明显角状突，具较密长毛。腹部几乎无柄，长约等于头、胸部包括并胸腹节长之和，极侧扁；侧面观两端细，长约为高的 2.6 倍；第 2–5 各节几乎等长。产卵管鞘长稍短于腹长。前翅缘脉长为后缘脉的 0.65 倍、为痣脉的 2.2 倍；翅痣大，略呈长方形，周围具烟斑，亚缘脉具 25 根毛，翅基部透明区甚窄。

生物学：寄主为苦竹小枝。

分布：浙江 （杭州、湖州）、江西、福建、广东。

注：中名有用中华肿痣长尾小蜂。

53. 齿腿长尾小蜂属 *Monodontomerus* Westwood, 1833

Monodontomerus Westwood, 1833a: 443. Type species: *Monodontomerus obscurus* Westwood, 1833.

主要特征：头正面观宽大于高。触角着生位置高于复眼下缘连线，触角长且粗，触式 11173。胸部膨起，前胸背板宽约为中胸盾片之半；小盾片隆起，横沟明显；并胸腹节具中脊，中脊两侧区域凹陷。前翅常呈暗色，缘脉长于后缘脉，后缘脉长于痣脉。后足基节靠近基部背面明显隆起，后足腿节不膨大，腹缘近末端具 1 齿；后足胫节直，顶端具 2 距。产卵器短。

生物学：寄主涉及膜翅目、鳞翅目、双翅目、螳螂目、鞘翅目 5 目 36 科 200 余种。

分布：世界已知 3941 种，中国已报道 7 种，浙江分布 2 种。

（139）黄柄齿腿长尾小蜂 *Monodontomerus dentipes* (Dalman, 1820)

Torymus dentipes Dalman, 1820: 173.

Monodontomerus dentipes: Grissell, 1995: 211.

主要特征：雌体长 4.0 mm 左右，产卵器鞘长约为后足胫节长的 2 倍。体蓝绿色，柄后腹具金属反光。触角柄节基部黄色，其余黑褐色。足基节与体同色。复眼较大，复眼内缘几乎平行；触角着生位置明显高于复眼下缘，触角棒节不膨大，柄节未达中单眼，梗节与鞭节长度之和为头宽的 1.5 倍；各节具 2 轮感觉毛；棒节腹面无微毛区。中胸盾片具密集的网纹和微小的具毛刻点；后足基节长为宽的 1.7 倍，近基部区域背面被毛。前翅痣脉周围具翅斑。无腹柄。后躯约与中躯等长；产卵器鞘长约为体长的 0.1 倍。

分布：浙江、吉林、辽宁、北京、河北、山东、新疆、江苏、安徽、江西、湖南、福建、台湾、广东、广西、四川、贵州、云南；古北区，新北区。

（140）齿腿长尾小蜂 *Monodontomerus minor* (Ratzeburg, 1848)（图 5-8）

Torymus minor Ratzeburg, 1848: 178.

Monodontomerus minor: Steffan, 1952: 293.

主要特征：雌体长 4.0 mm 左右，体蓝绿色，胸部被白色密毛，柄后腹具反光。触角黑褐色。足基节与体同色，中足腿节黄绿色，后足腿节绿色具金属反光，其余黄色。颜面被稀毛；复眼内缘几乎平行，唇基不具竖刻纹，下缘中部平截；头前观面颊外边缘向下方中部会聚不强。触角位于复眼下缘连线处，棒节不膨大，柄节未伸达中单眼，梗节与鞭节长度之和大于头宽，各索节具 2 轮感觉毛；棒节腹面无微毛区。中胸盾片背面具密集的网纹和微小的具毛刻点；小盾片横沟明显，沟后片光滑。前翅具透明斑，痣脉周围具翅斑。无腹柄。产卵器鞘长约为体长的 0.37 倍。

分布：浙江、黑龙江、吉林、辽宁、内蒙古、北京、河北、山西、山东、陕西、宁夏、甘肃、青海、新疆、江苏、江西、福建、广东、海南、广西、云南、西藏；古北区，东洋区，新北区。

图 5-8　齿腿长尾小蜂 *Monodontomerus minor* (Ratzeburg, 1848)

54. 毛翅长尾小蜂属 *Palmon* Dalman, 1826

Palmon Dalman, 1826: 388. Type species: *Palmon bellator* Dalman, 1826.

主要特征：触角着生于颜面中部，触式 11173，环节圆柱形，长大于宽，棒节膨大，腹面分节不明显，棒节腹面覆有微毛区；胸部被稀疏毛，盾纵沟明显，三角片内缘不相接，小盾片无横沟，并胸腹节具密集的不规则的凸起网状刻纹，后胸腹板具 2 条中脊；后足基节伸长，几与腿节等长；腿节椭圆形，粗壮膨大，外侧腹缘具多个齿；胫节弯曲，末端呈斜切状，顶端具 1 细距。前翅表面被毛，基脉、肘脉及透明斑不明显。

生物学：寄生于螳螂卵。

分布：世界已知 22 种，中国记录 3 种，浙江分布 1 种。

（141）大棒毛翅长尾小蜂 *Palmon megarhopalus* (Masi, 1926)（图 5-9）

Pachytomoides megarhopalus Masi, 1926: 266.

Palmon megarhopalus: Grissell, 1995: 229.

主要特征：雌体长 3.8 mm，产卵器鞘长 4.5 mm。头、胸部及并胸腹节深绿色，腹柄黄褐色，柄后腹黄色，基部与端部具黑褐色斑块，具金属反光。触角柄节黄色，棒节黑褐色，其余黄褐色。头前面观颊外边向中会聚不强，复眼内缘几乎平行；唇基不具竖刻纹，下缘中部平截。触角棒节极膨大，柄节未超过中单眼；梗节与鞭节长度之和大于头宽，各索节具 1 轮感觉毛，棒节腹面具微毛区。中胸盾纵沟完整；小盾片横沟缺失，沟后片光滑且两侧被毛；小盾片边缘狭窄，有围缘刻点。前翅痣脉周围无褐色翅斑；后足胫节具 1 距。腹柄背面观不明显，产卵器鞘长约为体长的 1.18 倍。

生物学：寄生于螳螂卵。

分布：浙江（临安）、福建、台湾。

图 5-9　大棒毛翅长尾小蜂 *Palmon megarhopalus* (Masi, 1926)

55. 螳小蜂属 *Podagrion* Spinola, 1811

Podagrion Spinola, 1811: 147. Type species: *Podagrion splendens* Spinola, 1811.

主要特征：头前面观亚圆形，触角窝上下颜面略凹，复眼呈卵圆形；触角着生于颜面中部，触式 11173，棒节通常膨大，腹面具微毛区。胸部常具密刻点，前胸背板宽略小于中胸盾片之半；盾纵沟细而浅，三角片内缘不相接，小盾片略膨起，横沟不明显；并胸腹节具 2 条明显的亚中脊，呈"∧"形或"人"形；后胸腹板具 1 脊。后足基节膨大，腿节椭圆形，粗壮膨大，外侧腹缘具多个不规则锐齿；胫节弯曲，末端呈斜切状并腹向延伸，顶端具 1 细距。柄后腹侧面略凹，前几节背板中央有缺刻；产卵器长通常是柄后腹的几倍。

生物学：寄生于螳螂卵，寄主包括螳螂目 4 科 17 属 30 余种。

分布：世界广布。世界已知 97 种，中国记录 10 余种，浙江分布 2 种。

（142）中华螳小蜂 *Podagrion mantis* Ashmead, 1886（图 5-10）

Podagrion mantis Ashmead, 1886: 57.

主要特征：雌体长 3.5–4.0 mm，产卵器鞘长为后足胫节的 2.4–2.5 倍。体蓝绿色，胸部被密毛。触角柄节黄色，棒节黑褐色，其余黄褐色。足基节与体同色，前、后足腿节黄绿色具金属反光，其余黄色。头前面观颊外边向中会聚强。触角着生位置明显高于复眼下缘，下缘中部平截。触角棒节略膨大，柄节明显超过中单眼，梗节与鞭节之和明显大于头宽，各节具 2 轮感觉毛；棒节腹面具微毛区。中胸盾片具密集网纹，被稀毛；横沟缺失被稀毛；并胸腹节亚中脊呈"∧"形且在前缘处会聚。前翅长约为宽的 3 倍；翅前缘基脉外具透明斑；后足胫节具 1 距。产卵器鞘长约为体长的 1.2 倍。

生物学：寄生于螳螂卵中。

分布：浙江、辽宁、北京、河北、山东、河南、湖南、福建、海南、广西、四川、云南；古北区，新热带区。

图 5-10　中华螳小蜂 *Podagrion mantis* Ashmead, 1886

（143）日本螳小蜂 *Podagrion nipponicum* Habu, 1962

Podagrion nipponicum Habu, 1962: 1-183.

主要特征：雌体长 3.0 mm 左右。体深绿色具金属光泽，腹部基部和腹面淡褐色；触角多为褐色；前、中足基节同体色，其余黄色，后足除基节端部淡褐色外其余与体同色，腿节褐色具绿色金属光泽，腹面的齿黑褐色，胫节褐色，跗节淡黄色。头部被白短毛；触角洼深，边缘不具脊；触角着生于颜面中上部，柄节未达中单眼；第 1 索节稍长于梗节；棒节膨大；唇基下缘稍凹。胸部窄于头部，具细网状刻纹和密柔毛；小盾片无横沟，后缘具深的围缘刻点。并胸腹节具大的网状刻纹，中部具"∧"形中脊。前翅基部透明无毛。后足基节和腿节膨大，腿节腹缘具 8 齿，其中第 1、4、7、8 齿最大。腹部无柄；柄后腹光滑具微弱刻纹，稍短于胸部；产卵器鞘卷曲，长于体长。

生物学：寄生于螳螂卵块。

分布：浙江（临安）、江苏、广东、四川、云南；日本。

56. 长尾小蜂属 *Torymus* Dalman, 1820

Torymus Dalman, 1820: 135. Type species: *Ichneumon bedeguaris* (Linnaeus, 1758).

主要特征：头前面观横宽，颜面略瘪，颊不长。复眼大，卵圆形；触角着生于颜面中部，触式11173，环节短小，索节一般长大于宽。胸部微隆起；前胸短，长约为中胸盾片的一半。盾纵沟深，小盾片长卵圆形，横沟明显或缺失；中胸后侧片与后胸侧片之间的缝合处为波浪形；并胸腹节略倾斜，短而光滑。后足基节明显膨大，后足胫节具2距。前翅缘脉较后缘脉长，后缘脉通常为痣脉的2倍以上。无腹柄，柄后腹第1至第4背板后缘中央具缺刻，产卵器鞘小于或大于体长。

生物学：该属除了部分种类为植食性，大多数种类为寄生性，寄主包括双翅目、半翅目、膜翅目、鞘翅目、鳞翅目和螳螂目6目32科454种，相关植物多达32科217种。已知寄主中瘿蚊科种类达到150种；瘿蜂科种类达到180种。

分布：世界广布。世界已知364种，中国记录10余种，浙江分布3种。

（144）竹长尾小蜂 *Torymus aiolomorphi* (Kamijo, 1964)（图5-11）

Diomorus aiolomorphi Kamijo, 1964: 16.

Torymus aiolomorphi: Zhao *et al.*, 2009: 370.

主要特征：雌体长4.5–5.5 mm。头、胸部及并胸腹节绿色具金属光泽，具绿色反光和蓝紫色反光。触角柄节黄色，其余黑褐色。前、中足黄色，后足基节与体同色，其余黄色。头前面观颊外边向中会聚不强。两复眼内缘不平行。触角着生位置高于复眼下缘；唇基下缘平截。触角棒节不膨大，柄节达中单眼，梗节与鞭节长度之和大于头宽；各索节具2轮感觉毛。胸部被密毛。纵沟完整；小盾片横沟不明显；并胸腹节无中脊、侧褶。前翅具透明斑。后足腿节近末端具1细长齿；胫节具2距。无腹柄，柄后腹短于中躯。

生物学：寄主为竹瘿广肩小蜂。

分布：浙江、江苏、湖北、江西、湖南、福建、台湾、广西、四川；日本。

图5-11 竹长尾小蜂 *Torymus aiolomorphi* (Kamijo, 1964)

（145）阿长尾小蜂 *Torymus armatus* Boheman, 1834

Torymus armatus Boheman, 1834: 336.

主要特征：雌体长 3.8–4.6 mm。头、胸部及并胸腹节绿色具金属光泽，后胸具强烈蓝紫色反光，柄后腹前半部黄褐色，后半部褐色。触角柄节黄色；前、中足黄色，后足基节背面、侧面与体同色。头前面颊外边向中会聚不强。触角着生位置高于复眼下缘；棒节不膨大，柄节未达中单眼，梗节与鞭节长度之和稍大于头宽；各索节具 3 轮感觉毛。胸部被密毛。盾纵沟完整；小盾片横沟缺失；并胸腹节中线两侧各有 1–3 条纵向细条纹，无中脊、侧褶。前翅具透明斑；后足腿节近末端具 1 细小齿，胫节 2 距。无腹柄，柄后腹短于中躯。

生物学：主要寄生于膜翅目昆虫，如蜜蜂科的 *Ceratina japonica*、*Crossocerus capitosus*，银口蜂科的 *Rhopalum clavipes*，短柄泥蜂科的 *Stigmus*,，以及泥蜂科等。

分布：浙江、湖南、福建；俄罗斯，日本，捷克，丹麦，德国，荷兰，瑞典，乌克兰，英国，巴布亚新几内亚，澳大利亚。

（146）丽长尾小蜂 *Torymus calcaratus* Nees, 1834

Torymus calcaratus Nees, 1834: 69.

主要特征：雌体长 4.8–5.5 mm。头、胸部及并胸腹节绿色具金属光泽，柄后腹绿色，中间黄色，具绿色反光和蓝紫色反光。触角黑色。头前面颊外边向中会聚不强。触角着生位置高于复眼下缘；唇基下缘平截，棒节不膨大，柄节达中单眼，梗节与鞭节长度之和大于头宽，各索节具 3 轮感觉毛。胸部被毛具刻点。盾纵沟完整；小盾片横沟缺失；并胸腹节无明显的沟及条纹，无中脊、侧褶。前翅具透明斑。后足腿节近末端具 1 齿；后足胫节具 2 距。无腹柄，柄后腹短于中躯。

生物学：主要寄生于膜翅目种类，如瘿蜂科等。

分布：浙江、广西；古北区，澳洲区。

十五、刻腹小蜂科 Ormyridae

主要特征：体较小，长 1.1–6.7 mm，粗壮，强度骨化，背面隆起；具金属光泽。触角短，13 节，环状 1–3 节，索节 5–7 节。盾纵沟浅。中胸后侧片完整，通常表面光滑；胸腹侧片小于翅基片。前翅缘脉长，痣脉和后缘脉很短，痣脉上的爪状突几乎接触到翅前缘。后足基节明显比前足基节膨大；跗节 5 节。腹部近于无柄；腹背显著拱起，具粗刻纹，雄性刻纹呈窝状，雌性腹部长锥形；产卵管短，为延伸较长的腹部末节所遮盖。

生物学：该属通常是瘿蜂、小蜂和双翅目昆虫的寄生蜂，也有寄生于为害种子的广肩小蜂上。在我国栗瘿蜂上育出的具点刻腹小蜂颇为常见。

分布：刻腹小蜂科是一个小科，有作者曾将本科作为金小蜂科 Pteromalidae 的一个亚科或作为长尾小蜂科的一个亚科处理。我国仅报道过刻腹小蜂属 *Ormyrus* 一属。全世界仅约 3 属 60 种。

57. 刻腹小蜂属 *Ormyrus* Westwood，1832

Ormyrus Westwood, 1832: 127. Type species: *Ormyrus punctiger* Westwood, 1832. by monotypy.

主要特征：雌性体长 1–7mm。头正面观圆形，具蓝色或绿色金属光泽，有时棕黄色，很少黑色，通常具匍匐的白色刚毛，很少有竖立的黑色刚毛。头部具不规则的细纹，有时具不明显的点状刻纹；具后头脊；上颚具 2 齿，上齿较钝；触角着生于复眼下缘连线之上，环节 2–4 个，索节较粗，共 6 节，每节常呈横形，宽大于长。胸部盾纵沟浅或无盾纵沟；并胸腹节横形，中部常具 2 平行的亚中脊；前翅缘脉长是亚缘脉 0.5–0.6 倍；痣脉和后缘脉较短；后足基节长是宽的 2 倍，胫节具 2 较粗的距。

生物学：形成虫瘿的昆虫，主要为双翅目（如实蝇科）和膜翅目（如瘿蜂科）昆虫。

分布：世界广布。中国记录 8 种，浙江分布 1 种。

（147）具点刻腹小蜂 *Ormyrus punctiger* Westwood, 1832

Ormyrus punctiger Westwood, 1832: 127.

主要特征：雌体长 1.5–5.2 mm。体绿色，有时具铜色闪光，腹部第 1 背板淡蓝色，但小型个体整个腹部一致褐色。前足胫节暗褐色，具淡红褐色纵条纹。翅无色。头宽稍大于长，圆形。额稍凹陷。颊比复眼纵径稍短。复眼稍呈卵圆形，凸出。上颚具 2 齿，内齿宽而尖锐。触角着生于复眼下缘的水平线上；13 节；具 2 环状节；索节 6 节，各节呈横形。中胸侧板前侧片后缘平直。前翅缘脉较长，比亚缘脉稍短；痣脉及后缘脉较短。后足胫节 2 距较粗。腹部第 3–5 节背板具明显的脊，其上有明显深窝。腹部末节背板的长度不大于前缘的高度。雄体长 1.1–3.2 mm。

生物学：栗瘿蜂及其他各种瘿蜂。

分布：浙江（上虞）、河北；欧洲。

十六、金小蜂科 Pteromalidae

主要特征[*]：体型较为粗壮，体色通常为绿色、蓝色、黄褐色等，多具金属光泽；胸部常被网状刻点或刻纹；触角 10–13 节；触角 13 节时触式为 11263 或 11173、11353，触角为 12 节时触式有 11253 等；雄性触角不分枝；少数种类翅发育不全或无翅，绝大多数前翅发育完整，具前缘脉、缘脉、后缘脉及痣脉；不同种类翅痣不膨大或明显膨大；足跗节为 5 节。

分布：世界广布。目前金小蜂科下有效属为 660 余属，有效种约 3500 种；中国目前记录约 100 余属，500 种左右。目前因标本缺乏，研究不足，部分属暂不能建立分种检索表信息，有待后续进一步研究。

分属检索表

---

[*] 金小蜂科种类在体形、大小、形态和生物学方面的变化比较大，以至于对整个金小蜂科总结出共有的鉴别特征是非常困难的，常常是在归不到其他科的情况下放在金小蜂科中。

14. 缘脉明显加粗，后末端稍宽于基部；缘脉一般短于痣脉；触角 2 环节 6 索节或 3 环节 5 索节；柄后腹第 1 节常大于其他各节，后缘向后伸出 ·· 楔缘金小蜂属 Pachyneuron（部分）

- 缘脉正常不加粗；缘脉一般长于痣脉；触角 2 环节 6 索节；柄后腹第 1 节几乎将其他各节覆盖 ············· ··· 斯夫金小蜂属 Sphegigaster

15. 缘脉明显加粗，后末端稍宽于基部；缘脉一般短于痣脉；触角 2 环节 6 索节或 3 环节 5 索节；柄后腹第 1 节常大于其他各节，后缘向后伸出 ·· 楔缘金小蜂属 Pachyneuron（部分）

- 缘脉正常不加粗；其他特征不尽相同 ·· 16

16. 触角棒节顶端具明显的尖突；柄后腹呈长纺锤筒状 ··· 筒腹金小蜂属 Merisus

- 触角棒节顶端无尖突；柄后腹不呈长纺锤筒状 ··· 17

17. 前翅痣脉常膨大，翅痣处常具有深色翅斑 ·· 罗葩金小蜂属 Rhopalicus

- 前翅痣脉不膨大，翅痣处透明无深色翅斑 ·· 18

18. 后缘脉等于或短于痣脉；前翅外缘至少前部无缘毛；柄后腹短，呈卵形 ·· 19

- 后缘脉至少为痣脉的 1.2 倍；前翅外缘具缘毛；柄后腹一般长大于宽 ··· 20

19. 小盾片具明显的横沟；颊在上颚基部位稍凹陷；柄后腹短，呈五边形或椭圆形 ············· 叶甲金小蜂属 Schizonotus

- 小盾片无明显的横沟；颊凹陷有或无；柄后腹纺锤形 ··· 黑青金小蜂属 Dibrachys

20. 后头脊明显横形；并胸腹节后缘具明显的颈部 ······································ 克氏金小蜂属 Trichomalopsis

- 后头无脊；并胸腹节后缘不明显伸长 ·· 21

21. 并胸腹节后端两侧角均为直角状或方形，侧褶完整，颈部短但显著；缘脉基部明显加粗 ············· 娜金小蜂属 Lariophagus

- 并胸腹节后端两侧角不尖突，不呈方形；缘脉细 ··· 22

22. 触角 2 环节 6 索节 ·· 23

- 触角 3 环节 5 索节 ·· 25

23. 并胸腹节具明显的横脊；触角棒节各节接缝呈斜形，并具大的微毛区 ·························· 尖盾金小蜂属 Psilocera

- 并胸腹节无横脊；触角棒节各节接缝不呈斜形，微毛区不明显 ··· 24

24. 并胸腹节后缘明显向前凹入，并稍向上抬起；触角各索节均被 2 轮感觉毛；前胸背板极短，且前缘具脊；唇基中部常切入，两侧具较大齿 ··· 绒茧金小蜂属 Mokrzeckia

- 并胸腹节后缘不向前凹入也不向上抬起；触角各索节均被 2–4 轮感觉毛；前胸背板极短，前缘具弱脊；唇基常平截 ····· ·· 茎生金小蜂属 Chlorocytus

25. 前胸背板宽与胸等宽；并胸腹节无侧褶，中脊有或无 ··································· 谷象金小蜂属 Anisopteromalus

- 前胸背板宽明显窄于胸宽；并胸腹节具中脊和侧褶 ··· 迈金小蜂属 Mesopolobus

26. 柄后腹第 1 节背板大且较隆起，占整个柄后腹长的 1/2 以上 ··· 27

- 柄后腹第 1 节背板较小，不明显隆起，最多占整个柄后腹长的 1/3 ·· 28

27. 前翅具 2 个褐色翅斑，基脉处具丛生的长褐色刚毛；并胸腹节仅稍短于小盾片，长过后足基节；柄后腹具明显的腹柄 ·· 澳金小蜂属 Ophelosia

- 前翅无褐色翅斑，基脉处无丛生的长褐色刚毛；并胸腹节长约为小盾片长的 1/2，长不超过后足基节；柄后腹无腹柄 ····· ·· 透基金小蜂属 Moranila

28. 胸部具粗糙不平的具毛刻点；前翅被密毛，透明斑小；前翅下表面缘脉的后方有一不规则的长毛列；缘脉是痣脉长的 2 倍左右 ·· 糙刻金小蜂属 Semiotellus

- 胸部较光滑，具稀的圆凹形刻点；前翅被毛稀，透明斑大；前翅下表面缘脉的后方有一规则的长毛列；缘脉是痣脉长的 1.5 倍以下 ·· 毛链金小蜂属 Systasis

58. 偏眼金小蜂属 *Agiommatus* Crawford, 1911

Agiommatus Crawford, 1911: 278. Type species: *Agiommatus sumatraensis* Crawford, 1911.

主要特征：头大，无后头脊；复眼大，复眼内缘下部向外弯；触式 11353，触角着生于颜面中部，梗节和鞭节长短于头宽；唇基向下伸，下缘中央上凹。胸部紧凑，中胸盾纵沟不完整，并胸腹节具中脊、侧褶及横脊，颈部明显。柄后腹具腹柄，柄后腹细于头和胸部。

生物学：主要寄生于鳞翅目的卵，尤其是大型鳞翅目种类的卵，如柞蚕属、面型天蛾属、蕉弄蝶属；在中国寄主记录有松茸毒蛾卵、松毛虫卵及竹毒蛾的卵。

分布：主要分布在亚洲、澳洲、非洲，多分布于热带和亚热带。目前世界已知 7 种，中国记录 2 种，浙江分布 2 种。

（148）弄蝶偏眼金小蜂 *Agiommatus erionotus* Huang, 1986（图 5-12）

Agiommatus erionotus Huang, 1986: 103.

主要特征：雌体长 2–2.2 mm，体蓝绿色；触角黄色。翅透明；足基节浅褐色，其余淡黄色。柄后腹黑绿色，柄后腹第 1 节至第 3 节背板后部有时有一条浅色横带。唇基下端中央突出部分略向上凹，表面具浅纵刻点；颊下部向口窝会聚强，上颊长约为眼长之半，上颊和头顶具粗硬的白毛；后头向后下方陡降，向前强烈凹入。触角柄节不达中单眼；第 1、2 环节窄于第 3 环节；第 1 索节长大于宽，第 2 至 5 索节等长、近方形；棒节长等于末索节。前胸背板前缘具弱脊，在盾纵沟前方最长。盾纵沟伸达后部 1/3 处；小盾片略长于中胸盾片，无小盾片横沟。小背板光滑。并胸腹节具中脊和横脊，横脊后区域凹陷，两侧具侧褶，颈光滑。前翅具缘毛；缘脉向基部增粗；基脉毛列完整；基室光裸，仅在端部有几根毛；基脉外透明斑后缘开放；前翅缘脉为痣脉的 3 倍。腹柄长大于宽，两侧无小尖突，端部伸达后足基节 1/2 处。柄后腹长等于中躯，长大于宽；柄后腹第 1 节窄，其后各节约呈圆柱形。

生物学：香蕉弄蝶卵、松茸毒蛾卵、松毛虫卵。

分布：浙江、湖南、福建、广东、广西、云南。

图 5-12　弄蝶偏眼金小蜂 *Agiommatus erionotus* Huang, 1986

（149）竹毒蛾偏眼金小蜂 *Agiommatus pantanus* Xiao *et* Huang, 2001

Agiommatus pantanus Xiao *et* Huang, 2001: 139.

主要特征：雌体长 2 mm 左右。头宽于胸部，胸部宽于腹部，腹柄长大于宽。触角短小。体黑绿色。触角黄色；翅透明；足基节浅褐色，其余淡黄色。柄后腹黑绿色。唇基下端中央突出部分向上凹，两侧齿向内尖突，表面具浅纵纹。上颊和头顶被粗短毛。触角柄节不伸达中单眼，柄节长短于复眼；梗节及鞭节之和短于头宽；各环节扁形，窄于索节，三者之和与第 1 索节长相当；第 1 索节长稍大于宽，其余各索节均方形；棒节长等于末 2 索节长之和。前胸背板前缘具弱脊。盾纵沟伸至后部 1/2 处，中胸盾片中叶和小盾片最宽处之前具刻点，之后具浅刻纹，小盾片略长于中胸盾片，无小盾片横沟。并胸腹节中脊仅并胸腹节前 2/3 明显并突起，后部无；中部具横脊，其后区域凹陷；颈部具浅刻纹。前翅缘脉基部稍增粗，前缘室上表面无毛，下表面具毛；基脉毛列 4 根，基室光滑无毛；透明斑开放；前翅缘脉为痣脉的 2 倍。腹柄长大于宽，其 1/3 处两侧各具一小尖突，端部伸达后足基节 2/3 处。柄后腹长稍短于中躯；第 1 节窄，其后各节圆柱形。

生物学：寄生于竹子叶上竹毒蛾属一种蛾的卵，出蜂时间约为 17 日，同时也有竹毒蛾的 1 龄幼虫出来。

分布：浙江、福建。

59. 谷象金小蜂属 *Anisopteromalus* Ruschka, 1912

Anisopteromalus Ruschka, 1912: 238-246. Type species: *Anisopteromalus mollis* Ruschka, 1912.

主要特征：头近圆形，丰满；触角位于两复眼下缘连线稍上方，触式 11353；复眼小，表面无毛；后头无后头脊。胸部短而紧凑；前胸领部前缘无脊，陡降，宽与胸宽相当；中胸盾纵沟浅而不完整，小盾片长短于宽；并胸腹节侧后角几乎呈直角，中部被网状刻点，无中脊和侧褶，并胸腹节中后部稍隆起较光滑，颈部不明显。柄后腹丰满，纺锤形。

生物学：其寄主多为贮粮象甲虫等。

分布：世界已知 10 种。中国仅记录谷象金小蜂一种，是广布种。

（150）谷象金小蜂 *Anisopteromalus calandrae* (Howard, 1881)（图 5-13）

Pteromalus calandrae Howard, 1881: 350.

Anisopteromalus calandrae: Peck, 1951: 546.

主要特征：雌体长 2.0–3.0 mm。整体黑色，具绿色光泽，密被短白毛；触角柄节、梗节棕黄色，其余各节褐黄色；足基节及后足腿节与体色相同，前、中足腿节棕褐色，端跗节浅褐色，其余各节黄色。颜面被浅的网状刻点。无口上沟，唇基下缘中部弧形稍向上凹。触角位于两复眼下缘连线稍上方；柄节达不到中单眼下缘；梗节短于环节与第 1 索节长之和；环节呈递次加长的饼状；第 1 至 3 索节长稍大于宽，第 4、5 节方形或亚方形，各节均被感觉毛；棒节长于末 2 索节长之和；梗节与鞭节长之和短于头宽。头宽大于胸宽；胸部较隆起，被网状刻点。前胸领部前缘无脊。盾纵沟伸至中胸盾片长的 1/2；小盾片无明显的横沟，其后方的毛较前方的毛少而长。并胸腹节中脊线状，仅前半部分明显；无侧褶；颈部不明显；中后部较为隆起且光滑；气孔小稍上凸。前翅缘室上表面具 1 完整毛列，下表面具 1 完整毛列及端部少量散毛；基脉完整；基室散生毛，后缘封闭；透明斑较小，后缘开放；缘脉与后缘脉等长，大于痣脉；翅痣无膨大。后足胫节 1 距。无腹柄，柄后腹光滑，背面不凹下，长大于宽；柄后腹第 1 节背板中后部呈三角形向后伸长。

生物学：其寄主多为贮粮象甲虫等，如米象；另也有的寄生于刺槐荚螟。

分布：浙江、北京、河北、山西、河南、陕西、上海、湖南、福建、广西、四川、贵州、云南；世界广布。

图 5-13　谷象金小蜂 *Anisopteromalus calandrae* (Howard, 1881)

60. 脊柄金小蜂属 *Asaphes* Walker, 1834

Asaphes Walker, 1834a: 151. Type species: *Asaphes vulgaris* Walker, 1834.

主要特征：体深绿色，光亮。头三角形，上宽下窄，光滑；触角洼凹陷；后头脊显著；触角接近唇基，触式 11263。盾纵沟深而显著，小盾片隆起，横沟明显；并胸腹节长，具不规则的刻纹。腹柄长大于宽，具纵向的脊条；柄后腹第 1、2 节背板长于其他节。前翅缘脉短，与痣脉等长，后缘脉长于缘脉和痣脉。

分布：世界广布。世界已知 9 种，中国记录 6 种，浙江分布 1 种。

（151）钝缘脊柄金小蜂 *Asaphes suspensus* (Nees, 1834)（图 5-14）

Chrysolampus altiventris Nees, 1834: 127.

Asaphes suspensus: Graham, 1969: 82.

主要特征：雌体长 2–2.5 mm。体深绿色具光泽，触角柄节与体同色，其余褐色；足基节与体同色，其余各节黄色。颜面光滑，下脸被长毛。两触角之间上方具纵形鼻状突；下脸短，较凸起；唇基区小，口上

图 5-14　钝缘脊柄金小蜂 *Asaphes suspensus* (Nees, 1834)

沟明显。触角位于复眼下缘线处；柄节达中单眼；梗节等长于环节与第 1 索节长之和；第 1 环节扁，第 2 环节亚方形；各索节均为方形或亚方形，各被一轮感觉毛；棒节较膨大，微毛区不明显；梗节与鞭节长之和等于或稍小于头宽。胸部隆起，被毛。前胸背板长方形；盾纵沟完整，小盾片横沟前方具凹脊网状纹，后方光滑；并胸腹节具交错的由脊构成的网，无明显的中脊和侧褶，颈部明显，侧边具长密毛。前翅被密毛，无透明斑；缘脉稍短于后缘脉，长于痣脉。后足基节被密长白毛。腹柄具纵形脊，长大于宽；柄后腹长大于宽，柄后腹各节光滑。

分布：浙江（临安）、黑龙江、吉林、北京、河北、陕西、新疆、福建、广东、四川、云南、西藏；日本，欧洲。

61. 茎生金小蜂属 *Chlorocytus* Graham, 1956

Chlorocytus Graham, 1956: 92. Type species: *Chlorocytus murriensis* Graham, 1965.

主要特征：体较细长。唇基下缘中部无伸出的尖齿；触角位于两复眼下缘连线上方，触式 11263。前胸领部前缘中部具脊，前部陡降；胸腹侧片背面长与前翅基片长相当，具网状刻点；中胸盾纵沟不完整，小盾片隆起，无横沟；并胸腹节稍长，颈部较明显。前翅后缘脉与缘脉等长。后足胫节 1 距。腹柄不明显；柄后腹长。

分布：古北区、新北区。目前世界已知 21 种，中国记录 9 种，浙江分布 1 种。

（152）玛丽茎生金小蜂 *Chlorocytus murriensis* Graham, 1965（图 5-15）

Chlorocytus murriensis Graham in Graham *et* Claridge, 1965: 298.

主要特征：雌体长 3.5 mm，暗蓝绿色；触角柄节黄色，其余褐色；前、中足基节浅褐色，后足基节背面及外侧与体同色，端跗节浅褐色，其余各节均为黄色。柄后腹具紫色光。颜面具网状刻点。唇基中部向下伸出呈圆形，两侧无齿，唇基及其两侧具纵形放射状的刻纹。触角位于颜面中部；柄节伸达中单眼上方；梗节短于第 1 索节；各索节均长大于宽，第 1 至 4 索节均具 2 轮感觉毛，第 5、6 节具 1 轮不规则的感觉毛；梗节与鞭节长之和大于头宽。头宽大于胸宽。前胸领部前缘中部具脊；盾纵沟不明显，小盾片隆起，无后横沟；并胸腹节具网状刻点，中脊中部有交错状断开，侧褶两端明显，中部弱，颈部明显，在颈与前方之间由"∧"形的脊分隔。前翅基脉完整，基室无毛，后缘开放；透明斑伸至缘脉下方 1/2 处，缘脉稍长于后缘脉、痣翅。腹柄不明显；柄后腹长大于宽。

分布：浙江（临安）、辽宁、山东、福建、云南；巴基斯坦。

图 5-15　玛丽茎生金小蜂 *Chlorocytus murriensis* Graham, 1965

62. 短颊金小蜂属 *Cleonymus* Latreille, 1809

Cleonymus Latreille, 1809: 29. Type species: *Diplolepis depressa* Fabricius, 1804.

主要特征：头横形，倒三角形，上颊短。复眼大且被毛；颚眼沟明显。触角着生于复眼下线位置，触式 11171，末索节一侧向前伸出，伸达棒节的 1/2 处，棒节基部位于其中。胸部背面具网状刻点和密毛；前胸背板长，领部和颈部无明显区别；中胸盾纵沟不完整，仅基部 1/2 可见；并胸腹节较短，具中脊。前翅狭长被密毛，仅基部具小区域无毛区；具褐色翅斑。后足基节较膨大，其余各足腿节、胫节也较膨大。柄后腹纺锤形，背面具网状刻纹，柄后腹第 1 节基部两侧具长的毛丛。

分布：世界分布。世界已知 40 余种，中国记录 5 种，浙江分布 1 种。

（153）短颊金小蜂 *Cleonymus* sp.（图 5-16）

主要特征：雌体长 3 mm 左右，墨绿色具蓝绿色反光，柄后腹褐色；足基节与体同色且具刻点。触角棒节黑褐色，其余均为棕色。

头宽大于高，具刻点。复眼大而被毛，上颊几乎无。触角窝以下具长的毛；触角位于复眼下线位置；梗节大于环节与第一索节长之和；各索节均为方形；梗节与索节之和明显小于头宽。胸部具刻点，被毛。盾纵沟不完整；小盾片隆起；并胸腹节光滑，具明显中脊，其两侧具短横脊，中脊后面的颈部相接处具弧状横脊，颈短而光滑。前翅具褐色翅斑，其余部位的毛为白色或浅褐色且短；缘脉长于后缘脉，明显长于痣脉。后足腿节腹面具齿。腹柄不显著；柄后腹长大于宽。

分布：浙江。

图 5-16　短颊金小蜂 *Cleonymus* sp.

63. 隐后金小蜂属 *Cryptoprymna* Förster, 1856

Prosodes Walker, 1833: 371. Type species: *Prosodes ater* Walker, 1833.

Cryptoprymna Förster, 1856: 52. Replacement name for *Prosodes* Walker.

主要特征：触式 11263；触角着生于颜面中部略偏下；棒节增粗，不对称，微毛区大。唇基下端无齿；颊上具阔大的凹陷；无后头脊。前胸领前缘具锋锐、粗壮的脊。中胸盾片极横，盾纵沟完整。并胸腹节具刻点，中脊、侧褶完整。柄腹极长，具刻点。前翅缘脉长于后缘脉，基脉外透明斑大。柄后腹第 1 节背板几乎覆盖整个柄后腹。

分布：世界广布。世界已知 9 种，中国记录 6 种，浙江分布 1 种。

（154）短颊隐后金小蜂 *Cryptoprymna curta* Huang, 1991（图 5-17）

Cryptoprymna curta Huang, 1991: 60.

主要特征：雌体长 1.7 mm 左右，蓝黑色。触角褐黄色，足基节蓝黑色，端跗节棕色，其余足节褐黄色。头宽大于高；唇基具微弱刻纹，下端略上凹。颚眼沟清晰，颊上凹陷大，伸达复眼下端。触角柄节不达中单眼；梗节与鞭节之和小于头宽；梗节略粗于第 1 索节；第 1、2、3 索节长略大于宽，第 4 索节方形，第 5、6 索节宽大于长；棒节微毛区伸达第 2 棒节基部。中胸盾片宽大于长；并胸腹节具完整而锋锐的中脊、横脊和侧褶。前翅基室光裸，后缘开放；基脉毛列完整；基脉外透明斑大，后缘开放；缘脉稍长于后缘脉，长于痣脉。后翅前缘室光裸。腹柄长大于宽，两侧无毛，具锋锐的侧脊，前部具 3 条短纵脊，其前部收敛。柄后腹宽小于中胸盾片。

分布：浙江（临安）、福建。

图 5-17 短颊隐后金小蜂 *Cryptoprymna curta* Huang, 1991

64. 黑青金小蜂属 *Dibrachys* Förster, 1856

Dibrachys Förster, 1856: 1-65. Type species: *Pteromalus boucheanus* Ratzeburg.

主要特征：体色暗。头较圆；触角着生在两复眼下连线上，着生位置不隆起，触式 11263（可能有 11353 的情况）；唇基下缘通常形成 2 个波状齿；上颚齿式左 4 右 4 或左 3 右 4，具强烈后头脊，靠近头顶或靠近后头孔。中躯稍微隆起；前胸背板前缘不具脊或仅在中部成脊；中胸盾纵沟不完整亦不明显，小盾片后部无横沟；并胸腹节具侧褶，中脊有或无。前翅翅缘无缘毛或至少在从后缘脉端部到翅最外端的区域无缘毛；后缘脉短，不明显长于痣脉。柄后腹纺锤形或椭圆形。后足胫节 1 距。

分布：世界广布。世界已知 24 种，中国记录 11 种，浙江分布 1 种。

（155）黑青金小蜂 *Dibrachys cavus* (Walker, 1835)（图 5-18）

Pteromalus cavus Walker, 1835: 477.

Dibrachys cavus: Hu, 1964: 689-714.

　　主要特征：雌体长 1.8–2.5 mm，头、胸部铜绿色，具金属光泽，柄后腹褐色，触角柄节、梗节黄褐色，其余褐色；各足基节褐色，其余黄褐色；前翅透明，略带烟色，翅脉黄褐色。触角窝下区域隆起，下脸弯向腹面；唇基被密的纵形刻纹，唇基下缘平截伸出，中部上凹成两齿。触角位于复眼下缘线位；梗节与鞭节的长之和小于头宽；第 2 环节长于第 1 环节；各索节方形，棒节略微膨大，微毛区小。头宽稍大于胸宽，前胸背板领部明显，无脊，后缘具光滑条带。中胸盾纵沟不完整，小盾片后部无横沟。并胸腹节两侧褶平行且完整，不呈脊状，中脊较弱，后部具短颈。前翅无缘毛；基室光滑，基脉无毛；缘脉下方总是具一光滑带；亚缘脉长于缘脉，缘脉长于后缘脉和痣脉；痣脉直，痣脉稍短于后缘脉；痣末端膨大呈方形。柄后腹纺锤形，长大于宽。

　　分布：浙江（临安）、黑龙江、吉林、辽宁、内蒙古、北京、河北、山西、山东、河南、陕西、宁夏、甘肃、新疆、江苏、上海、安徽、湖北、湖南、云南、西藏；世界广布。

图 5-18　黑青金小蜂 *Dibrachys cavus* (Walker, 1835)

65. 丽金小蜂属 *Lamprotatus* Westwood，1833

Lamprotatus Westwood, 1833: 121. Type species: *Lamprotatus splendens* Westwood, 1833.

　　主要特征：体长 2–4 mm，虫体较为粗壮，体色多为绿色或蓝绿色具金属光泽；触式 11263；唇基下端具不对称的 3 齿；小盾片横沟深而宽，沟后片具纵脊；前翅基脉外透明斑大，痣小至中型；腹柄前缘常具横脊，背面具不规则皱褶或凹陷。

　　分布：世界范围分布，目前记录有 30 余种，中国已知 7 种，浙江记录 1 种。

（156）丽金小蜂 *Lamprotatus* sp.（图 5-19）

　　主要特征：雌体长 3mm 左右，亮蓝绿色。触角柄节蓝绿色，梗节和鞭节褐色。足基节、腿节基部与体同色，其余褐黄色和棕色。

　　头宽大于高。下脸中央不膨起；口上沟清晰，唇基表面光滑，下端 3 齿不对称，左、中齿分割明显。触角位于颜面中部；柄节长小于复眼高；梗节加鞭节大于头宽；各索节均长大于宽，具 3 排感觉毛；棒节长等于末 2 索节之和，各棒节具 2 排感觉毛。中胸盾片略长于小盾片，小盾片横沟明显，沟前域前部中央有一短纵凹沟，沟后片中央近似光滑，两侧纵脊强。并胸腹节中域具刻点，中脊完整，侧褶几乎伸达气门。前翅基室端部具毛，后缘开放；基脉外透明斑大，后缘开放；后缘脉长于缘脉，缘脉长于痣脉；痣中等大。腹柄略宽大于长，前缘横脊粗壮，两侧向后弯；柄后腹粗壮，第一节背板约占柄后腹全长的一半。

　　分布：浙江。

图 5-19　丽金小蜂 *Lamprotatus* sp.

66. 娜金小蜂属 *Lariophagus* Crawford, 1909

Lariophagus Crawford, 1909: 52. Type species: *Lariophagus texanus* Crawford, 1909.

主要特征：头近圆形，丰满；触角位于两复眼下缘连线稍上方，触式 11263；复眼小，表面无毛；后头无后头脊。胸部短而紧凑；前胸领部前缘无脊，宽稍窄于中胸；中胸盾纵沟浅而不完整，小盾片长短于宽；并胸腹节侧后角为直角，中部无中脊，具侧褶，颈部明显具大的网状刻点。柄后腹丰满，为纺锤形。

生物学：其寄主包括多种贮粮甲虫，如米象等。

分布：世界广布。世界已知 7 种，中国记录 1 种。

（157）米象娜金小蜂 *Lariophagus distinguendus* (Förster, 1841)（图 5-20）

Pteromalus distinguendus Förster, 1841: 17.

Lariophagus distinguendus: Kurdjumov, 1913: 266-270.

主要特征：雌体长 2.2–2.5 mm。整体黑色，柄后腹前部具绿色光泽；触角柄节、梗节黄色，其余各节浅褐色；足基节与体同色，其余各节均为棕黄色或黄色；后足胫节 1 距。颜面被浅的网状刻点。无口上沟，唇基具浅放射状纵刻纹，唇基下缘中部凹陷。触角柄节伸达中单眼，中部无加宽；梗节长于环节与第 1 索节长之和，小于第 1、2 索节之和；环节呈饼状；各索节长大于宽，均被感觉毛；棒节等于或稍长于末 2 索节长之和；梗节与鞭节长之和长于头宽。头宽大于胸宽；胸部较隆起，被网状刻点。前胸领部前缘无脊，陡降。盾纵沟伸至中胸盾片长的 1/2 多，小盾片无明显横沟。并胸腹节绿色，中前方 1/3 具横形隆起，其前方刻点较小，后方刻点稍大；侧褶外侧表面粗糙。前翅无缘毛；缘室上表面无毛，下表面具 1 完整毛列；基脉具毛；基室无毛，后缘开放；透明斑较大，后缘开放；缘脉长于后缘脉，后缘脉长于痣脉；翅痣无明显膨大。后足胫节 1 距。柄后腹卵圆形，长大于宽，光滑，背面不凹下，后部翘起；第 1 节背板最长，占整个柄后腹长的近 1/3。

生物学：米象；国外记载寄生于与储粮有关的甲虫类，如米象、烟草甲、巢菜豆象。

分布：浙江、北京、河北、山东、河南、湖南、福建、海南、广西、四川、云南等地；世界广布。

图 5-20　米象娜金小蜂 *Lariophagus distinguendus* (Förster, 1841)

67. 麦瑞金小蜂属 *Merismus* Walker, 1833

Merismus Walker, 1833: 371. Type species: *Merismus rufipes* Walker, 1833.

主要特征：触式 11263；触角着生于颜面中部偏下，棒节微毛区长，伸达第 2 棒节基部或更多，棒节乳状突有时有一锋锐的刺突。唇基下端具不对称 3 齿。无后头脊。前胸背板分为明显的颈和领，领前缘具锋锐的脊，脊后常有一条由刻点组成的凹沟，沟后部分光滑。中胸盾纵沟完整或后部不清晰，具小盾片横沟，小背板光滑。并胸腹节具皱褶，无中脊和侧褶。胸腹侧片前缘具脊。前翅缘脉短于后缘脉；基脉毛列完整；基室光裸；基脉外透明斑大。腹柄明显；柄后腹第 1 节背板后缘略向后凸或直。

分布：分布于全北区和澳洲区。世界已知 9 种，中国记录 2 种，浙江分布 1 种。

（158）菲麦瑞金小蜂 *Merismus megapterus* Walker, 1833（图 5-21）

Merismus megapterus Walker, 1833: 377.

主要特征：雌体长 2–2.2 mm，亮蓝绿色至蓝绿色，触角柄节褐黄色，梗节和鞭节褐色，足基节蓝绿色，其余足节褐黄色。头宽大于高。口上沟清晰，唇基表面光滑；颚眼沟清晰。触角位于颜面中部；柄节不达

图 5-21　菲麦瑞金小蜂 *Merismus megapterus* Walker, 1833

中单眼；梗节与鞭节之和大于头宽；梗节短于第 1 索节；第 1 索节至第 5 索节长大于宽，第 6 索节近方形；棒节微毛区伸达第 2 棒节基部，乳状突末端无刺突。中胸盾纵沟完整，小盾片与中胸盾片等长，小盾片横沟明显，沟后片上刻点粗大。并胸腹节中脊仅前部一半锋锐，侧褶锋锐完整。前翅基室光裸，肘脉在基室后基部 2/3 缺失；基脉完整；基脉外透明斑后缘关闭。缘脉短于后缘脉，长于痣脉。腹柄长大于宽，前缘无横脊，无侧脊，背面具均匀刻点，两侧各具一对长毛；柄后腹矛形，略长于中躯，柄后腹第 1 节约占柄后腹全长之半。

分布：浙江（临安）、吉林、北京、福建、四川；瑞典，英国，爱尔兰，意大利。

68. 筒腹金小蜂属 *Merisus* Walker, 1834

Merisus Walker, 1834a: 166. Type species: *Merisus splendidus* Walker, 1834.

主要特征：无后头脊；复眼无被毛；触角位于颜面中下部，2 环节，6 索节，棒节前端具尖突；前胸背板前缘无明显的脊；并胸腹节无中脊，颈部较明显但不呈亚圆形；柄后腹纺锤形，丰满隆起。

分布：主要分布在古北区和新北区。目前世界已知 4 种，中国记录 1 种，浙江分布 1 种。

（159）亮丽筒腹金小蜂 *Merisus splendidus* Walker, 1834

Merisus splendidus Walker, 1834a: 167.

主要特征：雌体长 4 mm 左右，蓝绿色具紫色光泽；触角各节褐黄色；足基节与体同色；腿节大部分为深褐色，末端黄色；端跗节浅褐色，其余均为黄色。颜面被规则的网状刻点，唇基区具纵刻纹，唇基中部平截稍向上凹；颚眼沟线状，完整而明显。触角位于复眼下缘连线的稍上方；柄节达不到中单眼；各索节均被 2 轮感觉毛，第 1 索节长稍大于宽，第 2 至 6 索节均为方形至亚方形；棒节末端向前伸出尖突。头宽大于胸宽；胸部隆起且加长，被网状刻点。盾纵沟浅而不完整；小盾片横沟不明显，横沟前方较中胸被更密而小的刻点，后方刻点大。并胸腹节无中脊和侧褶，颈部较明显。前翅基室光滑，后缘开放；基脉具 2 根毛；透明斑后缘封闭；缘脉长于后缘脉，后缘脉长于痣脉。柄后腹长纺锤形，隆起；第 1 节背板光滑无刻点，其余各节背板均具网状的刻点纹。

分布：浙江（临安）、河北；英国，瑞士，德国，法国，意大利，捷克，匈牙利，非洲北部。

69. 迈金小蜂属 *Mesopolobus* Westwood, 1833

Mesopolobus Westwood, 1833b: 344. Type species: *Mesopolobus fasciiventris* Westwood, 1833.

主要特征：体绿色具光泽。头稍宽于胸部；头顶不隆起；无后头脊；两颊不膨大。触角着生于颜面中部稍下方，触式 11353，棒节稍有膨大。前胸背板较短，领前缘具弱脊；中胸盾纵沟不完整；并胸腹节短，较光滑，具完整的中脊，侧褶有时完整。前翅基部无毛。柄后腹有时中部塌陷。

分布：世界广布。世界已知 123 种，中国记录 6 种，浙江分布 3 种。

（160）显赫迈金小蜂 *Mesopolobus nobilis* (Walker, 1834)（图 5-22）

Platyterma nobile Walker, 1834b: 304.

Mesopolobus nobilis: Rosen, 1958: 212.

　　主要特征：雌体长 2.5 mm 左右。头、胸部翠绿色，柄后腹褐绿色；触角梗节褐色，其余棕黄色；足基节与体同色，其余棕黄色或褐色。唇基具斜刻纹，下缘几乎平截。触角着生于复眼下缘线位置；柄节不伸达中单眼；梗节与鞭节之和大于头宽；各索节几等长，第 1 索节宽等于长；棒节不甚膨大。上颊较弯。前胸背板领极短，领前缘具脊；中胸盾片具毛刻点；并胸腹节近光滑，中脊、侧褶完整，颈短，具微弱的横纹。前翅基脉具毛若干，基室无毛；痣脉较直，翅痣小；缘脉长于后缘脉，长于痣脉。柄后腹矛尖状，长大于宽，约等于头、胸部之和。

　　分布：浙江（临安）、黑龙江、吉林、内蒙古、北京、河北、宁夏、甘肃、青海、新疆、湖南、福建、四川、云南；英国，爱尔兰，瑞典，德国，奥地利，捷克，斯洛伐克，法国，匈牙利，摩尔多瓦，新西兰，美国。

图 5-22　显赫迈金小蜂 *Mesopolobus nobilis* (Walker, 1834)

（161）派迈金小蜂 *Mesopolobus prasinus* (Walker, 1834)（图 5-23）

Platyterma prasinum Walker, 1834b: 305.

Mesopolobus prasinus: Rosen, 1958: 214.

　　主要特征：雌体长 2.5 mm 左右。体绿色至蓝绿色具金属光泽；触角梗节褐色，其余棕黄色；足基节与体同色，其余褐色或黄色。唇基具不明显纵刻纹，前缘光滑，中部平截不凹入。触角着生位于复眼腹线稍上方；柄节不伸达中单眼；梗节与鞭节之和小于头宽；第 1 索节长等于宽，其余各索节横截；棒节膨大。

图 5-23　派迈金小蜂 *Mesopolobus prasinus* (Walker, 1834)

头顶稍凸出，上颊稍弯。前胸背板领极短，领前缘具脊，不陡降；并胸腹节中区短于小盾片，具微弱斜纹，中脊完整，侧褶明显，基凹大而深，颈短，具微弱的横纹。前足腿节粗壮。前翅基脉具毛 2–3 根，基室无毛；痣脉较直较细，翅痣较小；缘脉长于后缘脉，后缘脉长于痣脉。柄后腹长矛状，长大于宽，长于头、胸部之和。

　　分布：浙江（临安）、吉林、辽宁、北京、河北、山东、陕西、甘肃、青海、新疆、湖北、江西、湖南、福建、四川、西藏；哈萨克斯坦，英国，瑞典，奥地利，匈牙利。

（162）棒腹迈金小蜂 *Mesopolobus rhabdophagae* (Graham, 1957)（图 5-24）

Platymesopus rhabdophagae Graham, 1957: 227.

Mesopolobus rhabdophagae: Rosen, 1958: 217.

　　主要特征：雌体长 2.2 mm 左右。体翠绿色具金属光泽；触角棕黄色；足基节与体同色，端跗节褐色，其余棕黄色。头宽大于高。复眼较大；唇基具纵刻纹，前缘中部平截不凹入。触角柄节不伸达中单眼，梗节与鞭节之和小于头宽，各索节亚方形至横截，棒节稍膨大。头顶略凸出，上颊较弯。前胸领前缘具脊；小盾片长宽等长，网状刻纹较中胸盾片小而浅，沟后区不明显；并胸腹节前缘具若干竖脊，其余光滑几无刻纹，中脊完整，侧褶明显，颈短，光滑具反光。前翅基脉具毛若干，基室无毛；缘脉长于后缘脉，后缘脉长于痣脉。柄后腹长矛状，端部尖，长大于宽，长于头、胸部之和。

　　分布：浙江（临安）、辽宁、河北、甘肃、青海、福建、云南；哈萨克斯坦，奥地利，法国，德国，瑞典，英国。

图 5-24　棒腹迈金小蜂 *Mesopolobus rhabdophagae* (Graham, 1957)

70. 绒茧金小蜂属 *Mokrzeckia* Mokrzecki, 1934

Mokrzeckia Mokrzecki, 1934: 143. Type species: *Pteromalus pini* Hartig, 1838.

　　主要特征：头宽大于高；下脸几乎在一个平面上；唇基下缘具 2 大齿；触式 11263，触角着生于颜面中部；柄节伸达中单眼，各索节均具感觉毛，棒节无明显膨大，末棒节具小区域的微毛区；触角之间具短纵脊；触角洼明显伸至中单眼下方。胸部紧凑隆起；前胸背板领前缘具脊；中胸横宽；并胸腹节无中脊，侧褶完整，颈部明显，并胸腹节后缘中部向上抬起且向前方凹入。柄后腹卵圆形，后部尖。前翅痣脉稍膨大。

　　分布：分布于古北区、东洋区。世界记录 5 种，浙江分布 1 种。

（163）绒茧金小蜂 *Mokrzeckia pini* (Hartig, 1838)（图 5-25）

Pteromalus pini Hartig, 1838: 253.

Mokrzeckia pini: Mokrzecki, 1934: 143.

主要特征：雌体长 3.0 mm 左右。体蓝绿色；触角柄节黄色，其余各节褐色；后足基节基部 1/2 与体同色，其余各足节均为浅黄色；腹柄棕黄色，柄后腹褐绿色相间。颜面被网状刻点。两触角之间具短脊；唇基区具纵刻纹，唇基下缘中部呈"^"形凹陷。触角位于颜面中部；柄节伸达中单眼；梗节长稍大于宽；第 1 索节长大于宽，之后各节均为亚方形，各索节均被 2 轮感觉毛；梗节与鞭节长之和小于头宽。后头无脊。中胸盾片两侧叶前方两侧角肩状，与中胸等宽；盾纵沟浅而不完整，小盾片横沟明显；并胸腹节较短，无中脊，侧褶完整；颈部两侧较明显。前翅无翅斑；基脉完整；基室无毛，后缘封闭；透明斑后缘仅一点开放；缘脉长于后缘脉，后缘脉长于痣脉，翅痣稍膨大。腹柄宽稍大于长；柄后腹呈卵圆形，后部尖；第 1 节背板后缘呈弧形后伸。

分布：浙江（临安）、吉林、内蒙古、北京、河北、山西、湖南、福建、四川、贵州、云南；法国，德国，奥地利，捷克，斯洛伐克，波兰。

图 5-25　绒茧金小蜂 *Mokrzeckia pini* (Hartig, 1838)

71. 透基金小蜂属 *Moranila* Cameron, 1883

Moranila Cameron, 1883: 188. Type species: *Moranila testaceipes* Cameron, 1833.

主要特征：头大而宽，倒三角形，头顶不突起；触角接近唇基，1 环节 4 索节，棒节膨大，3 节连在一起；后单眼紧接后头后缘。前、中胸具长刚毛；小盾片具 2 对褐色长刚毛，小盾片一般无横沟，不伸至并胸腹节，小背板三角形具大而粗糙的刻点；并胸腹节长，具颈；前翅基部和透明斑光滑无毛，透明斑外具稀毛，无长刚毛丛。柄后腹第 1 节背板最长，占整个柄后腹的 2/3 多。

生物学：寄生于各种蚧。

分布：分布于各大洲。世界记录 9 种，目前我国仅记录 1 种，浙江分布 1 种。

（164）加州透基金小蜂 *Moranila californica* (Howard, 1881)（图 5-26）

Tomocera californica Howard, 1881: 368.

Moranila californica: Burks, 1958: 75.

主要特征：雌体长 1.5 mm 左右；头及复眼棕黄色，胸部黑绿色具光泽，柄后腹深褐色；触角柄节、梗节、索节棕黄色，棒节浅褐色；足部基节、腿节、胫节等均为棕黄色。唇基无齿。触角着生于唇基上方；柄节长大于复眼高，达不到中单眼；梗节长于第 1 索节；第 1 索节如环节状，其后各索节横形；棒节膨大，长于后 2 索节之和；梗节、鞭节长之和小于头宽。胸部稍凸起，前胸、中胸背板具不明显刻点，前胸背板前缘不具脊，中部短于中胸盾片。盾纵沟浅而完整，小盾片无横沟具纵向条纹。并胸腹节具中脊、侧褶和横脊；侧褶前部明显，后部消失；横脊前部具间距较宽的纵脊，后部具短脊；颈部加长，具粗糙的刻点。前翅缘室上表面后无毛，下表面具一毛列；前翅基部及透明斑无毛；缘脉与痣脉之后具一圆形浅褐色翅斑。柄后腹无柄，长大于宽；柄后腹第 1 节背板方形，无刻点；柄后腹短于头与胸部长之和。

生物学：主要寄主为蚧，如盔蚧和蜡蚧，也重寄生于蚜虫。

分布：浙江、河北、安徽、广东、海南、云南；美洲，大洋洲等。

图 5-26　加州透基金小蜂 *Moranila californica* (Howard, 1881)

72. 凹金小蜂属 *Notoglyptus* Masi, 1917

Notoglyptus Masi, 1917: 181. Type species: *Notoglyptus niger* Masi, 1917.

主要特征：触式 11263；触角着生于复眼下端连线之上。唇基下端无齿。下颚基节、下颚须正常。无后头脊。前胸背板领前缘具锋锐的脊。盾纵沟完整；小盾片沟前域中央具一长形凹陷，小盾片横沟清晰，沟后片光滑。并胸腹节光滑，具中脊和侧褶。前翅缘脉长于后缘脉；基脉外透明斑大，后缘关闭。腹柄长大于宽，具刻点。柄后腹第 1 背板几乎覆盖整个柄后腹。

分布：除南美洲没有记录外，已知分布于其他各大洲。全世界记录 5 种，中国仅记录 1 种，浙江分布 1 种。

（165）凹金小蜂 *Notoglyptus scutellaris* (Dodd *et* Girault, 1915)

Merismus scutellaris Dodd *et* Girault *in* Girault, 1915: 328.

Notoglyptus scutellaris: Boucek, 1988: 466.

主要特征：雌体长 1.2–1.6 mm。体蓝黑色，柄后腹有时棕褐色。触角柄节基部一半褐黄色，端部一半、鞭节及梗节棕褐色。足除端跗节棕色外黄色。下脸中央隆起；口上沟清晰；唇基表面近似光滑，下端无齿；颊上之凹陷占颚眼距之半；后头后缘近似直，不明显向前弯曲。触角位于颜面中部；柄节长等于眼高，上端伸达中单眼；梗节加鞭节等于或略长于头宽；梗节略粗于和长于第 1 索节；索节等长，向端部逐节略增粗；各索节和棒节有一排感觉毛；触角毛细长而稀疏。前胸背板领前缘具脊。中胸盾纵沟深；小盾片前缘具宽大的横沟，其内有纵脊，沟前域具网状刻纹，中央有一纵长的凹陷，沟后片光滑。并胸腹节具中脊、侧褶。前翅基室至少端部一半具毛，后缘肘脉毛列完整；基脉毛列完整；基脉外透明斑大，后缘关闭；缘脉长于后缘脉，明显长于痣脉。腹柄长大于宽，两侧无毛，无中脊和侧脊，背面具刻点。柄后腹第 1 节背板覆盖整个柄后腹。

分布：浙江（临安）、北京；韩国，日本，印度，马来西亚，澳大利亚，新西兰，非洲南部。

73. 澳金小蜂属 *Ophelosia* Riley, 1890

Ophelosia Riley, 1890: 249. Type species: *Ophelosia crawfordi* Riley, 1890.

主要特征：触角着生于唇基上方，触式 11143，棒节膨大，分节不明显；后头在后单眼处向内向下切入，有弱后头脊。前胸背板、中胸盾片及小盾片均散生刚毛；小盾片无被短毛，具 2 对褐色长刚毛；并胸腹节长且呈水平状，颈部长而明显；前翅基部光滑无毛，基脉具长刚毛丛和红褐色斑。腹柄短，柄后腹第 1 节背板占整个柄后腹长的 2/3。

生物学：主要寄主于粉蚧、珠蚧和其他蚧壳虫，也有通过跳小蜂超寄生于粉蚧或蚜虫。*Ophelosia crawfordi* 也捕食蚧壳虫的卵。

分布：除非洲区和新热带区外，均有分布。该属世界已记录 15 种，我国目前仅浙江记录 1 种。

（166）克氏澳金小蜂 *Ophelosia crawfordi* Riley, 1890

Ophelosia crawfordi Riley, 1890: 248.

主要特征：雌体长 2 mm 左右；头部棕黄色，头顶稍具褐色，触角柄节梗节棕黄色，索节、棒节褐色。前胸背板领部、中胸盾片、小盾片及三角片绿色具金属光泽，除后足胫节褐色外，体侧及足基节、腿节、胫节棕黄色，端跗节浅褐色；并胸腹节及腹柄棕黄色。柄后腹褐色。头倒三角形。唇基无齿。触角着生于唇基上方；柄节长与复眼高相当；梗节长于第 1 索节；各索节方形；棒节膨大；梗节、鞭节长之和短于头宽。胸部平缓，前胸背板及中胸盾片具浅刻纹，小盾片具长刻纹；前胸背板、中胸盾片及小盾片均散生刚毛。盾纵沟深而完整；小盾片横沟两侧明显，横沟后部区域光滑无刻点；并胸腹节中脊不明显，无侧褶。前翅基部光滑无毛，前缘室上表面无毛，下表面具毛列；基室光滑，后缘开放，基脉具长刚毛丛并具红褐色斑；具透明斑，透明斑外被毛；后缘脉稍长于痣脉；痣脉位置具小块红褐色斑。腹柄长稍短于宽；整个柄后腹短于头与胸长之和。

生物学：国内标本出自柑桔粉蚧；国外记录其捕食粉蚧的卵；寄生于柠檬吹绵蚧和背丝吹绵蚧。

分布：浙江、福建；印度尼西亚，澳大利亚，新西兰，美国。

74. 楔缘金小蜂属 *Pachyneuron* Walker, 1833

Pachyneuron Walker, 1833: 367. Type species: *Pachyneuron formosum* Walker, 1833.

主要特征：头宽大于高，颜面不突起；触角位于中部，触式 11263（*Pachyneuron aphidis* 具 3 环节）；索节长稍大于宽，棒节端部稍尖锐。前胸背板具明显的脊；中胸盾纵沟不完全且不明显。前翅缘脉粗或楔形，等长于或长于痣脉。并胸腹节具侧褶，无明显中脊，末端常具半球形的颈。柄后腹具腹柄，圆形至长卵圆形。

分布：世界广布。世界已知 40 余种，中国记录 12 种，浙江分布 4 种。

（167）蚜虫楔缘金小蜂 *Pachyneuron aphidis* (Bouché, 1834)（图 5-27）

Diplolepis aphidis Bouché, 1834: 1-170.

Pachyneuron aphidis: Xiao *et al.*, 2009: 351.

主要特征：雌体长 1.5 mm 左右，体黑色具蓝绿色光泽，复眼淡赭红色。触角深褐色。触式 11353，触角索节长与宽相当，具黄色毛。头宽于胸部，胸部紧凑而突起，并胸腹节较平滑，后部无颈。前翅透明，翅脉褐色；缘脉粗呈楔形，短于痣脉；缘室上表面无毛，基脉具毛；前翅透明斑下不封闭。足基节及腿节中部与体同色，其余为黄色或黄褐色。腹部具腹柄，柄后腹光滑、六边形。

分布：浙江、黑龙江、吉林、辽宁、内蒙古、北京、河北、山西、山东、河南、陕西、甘肃、宁夏、新疆、湖北、福建、广东、广西、四川、贵州、云南；世界广布。

图 5-27　蚜虫楔缘金小蜂 *Pachyneuron aphidis* (Bouché, 1834)

（168）丽楔缘金小蜂 *Pachyneuron formosum* Walker, 1833（图 5-28）

Pachyneuron formosum Walker, 1833: 380.

主要特征：雌体长 2 mm 左右，体绿色有金属光泽。触角柄节、梗节黄褐色，索节褐色。足基节与体同色，腿节、后胫节、端跗节黄褐色，其余黄色。柄后腹褐色光滑。头较胸宽，触角位于颜面中部，柄节伸达中单眼；各索节长大于宽，外被有 1 轮长感觉毛。胸部膨起；小盾片横沟不明显，但其后部刻点大

图 5-28　丽楔缘金小蜂 *Pachyneuron formosum* Walker, 1833

而深。并胸腹节具密刻点，具明显的侧褶和颈，颈前缘具横脊，与并胸腹节前部分开，后部褐色具浅刻纹并带光泽。翅基片黄色，前翅前缘室上表面无毛，基脉无毛，基室偶见毛；缘脉短于后缘脉，长于痣脉。腹柄长大于宽，具刻点。柄后腹宽于胸部，长大于宽，两端尖、中部宽。

生物学：寄主为食蚜蝇科蛹。国外记载的该种寄生于黄腿食蚜蝇 *Syphus ribesii*（德国）和同食蚜蝇 *Xanthandrus comtus*（意大利）。中国标本寄主记录为桃粉蚜、*Dendrolimus* sp. 和 *Delias* sp.。

分布：浙江、黑龙江、吉林、辽宁、内蒙古、北京、河北、山西、山东、陕西、宁夏、甘肃、新疆、江苏、福建、广东、四川、贵州、云南、西藏；英国，法国，德国，意大利。

（169）食蚜蝇楔缘金小蜂 *Pachyneuron groenlandicum* (Holmgren, 1872)（图 5-29）

Pteromalus groenlandicus Holmgren, 1872: 100.

Pachyneuron groenlandicum: Lundbeck, 1897: 248.

主要特征：雌体深绿色，具金属光泽。触角柄节基部 2/3 黄褐色，其余褐色。足除基节与体同色外其余均为黄色。头宽于胸部，中单眼与两后单眼之夹角为 145°。唇基中齿平截，颊不外突。触角柄节伸过中单眼；梗节稍长于第 1 索节；各索节长大于宽，各节具 1 轮长感觉毛。并胸腹节短于小盾片，具较粗糙的刻点，侧褶明显，颈部较宽而光滑，两侧有横纹。前翅前缘室上表面无毛，基脉具 3 根毛，透明斑下开放；缘脉明显短于后缘脉，长于痣脉。腹柄长大于宽，与基节长相当，上具刻点。柄后腹卵圆形，光滑，长大于宽。

生物学：寄主为食蚜蝇蛹、瑞典麦秆蝇。

分布：浙江、黑龙江、吉林、辽宁、内蒙古、北京、河北、山西、河南、宁夏、新疆、上海、福建、广西、四川、云南；日本，瑞典，荷兰，瑞士，捷克，摩尔多瓦。

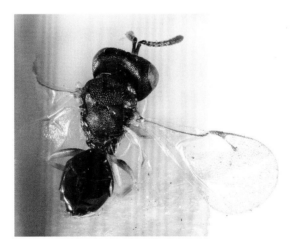

图 5-29　食蚜蝇楔缘金小蜂 *Pachyneuron groenlandicum* (Holmgren, 1872)

（170）松毛虫楔缘金小蜂 *Pachyneuron solitarium* (Hartig, 1838)（图 5-30）

Chrysolampus solitarius Hartig, 1838: 250.

Pachyneuron solitarium: Xu *et al*., 1991: 73.

主要特征：雌体长 1.5–2.0 mm，体黑色具蓝绿色光泽，复眼褐色。触角深褐色。足基节及腿节中部与体同色，其余黄色或黄褐色。头横宽，触角位于颜面中部，柄节长过中单眼；触式 11263，索节长稍大于宽。头宽于胸部，胸部又宽于腹部；胸部紧凑而突起，中胸盾纵沟不完整，小盾片横沟不明显；并胸腹节无明显的中脊和侧褶，原侧褶位隆起并在并胸腹节中部呈"V"形，并胸腹节后部具半球形的颈。前翅缘脉粗并等于痣脉长；基脉毛列完整，基室具数目不等的毛；前翅透明斑下封闭。腹柄短于足基节长；柄后腹光滑，呈卵圆形，长大于宽，第 1 节长为整个柄后腹长的 1/3。

分布：浙江（临安）、黑龙江、吉林、辽宁、内蒙古、北京、河北、山西、山东、甘肃、新疆、江苏、湖南、福建、广东、广西、四川、云南；古北区。

图 5-30　松毛虫楔缘金小蜂 *Pachyneuron solitarium* (Hartig, 1838)

75. 璞金小蜂属 *Platygerrhus* Thomson, 1878

Platygerrhus Thomson, 1878: 13. Type species: *Platygerrhus gracilis* Thomson, 1878.

主要特征：体具金属光泽；触式 11263，触角着生于复眼下缘连线上方；唇基基部幕骨窝显著，下缘中部无齿；触角洼浅，复眼无被毛。前胸背板钟形，无明显的领、颈之分；中胸盾纵沟完整，小盾片后缘具后沟；并胸腹节长，具中脊，无侧褶。胸腹侧片大，无斜脊。前翅在缘脉与痣脉不具翅斑。腹部矛形，与胸部等宽，长度与头胸长之和相当；柄后腹第一节背板后缘不凹入。

分布：古北界、新北界及欧洲。世界已知 16 种，中国记录 3 种，浙江分布 1 种。

（171）璞金小蜂 *Platygerrhus* sp.

主要特征：雌体长 2.8mm 左右。头胸部紫黑色，部分墨绿色或蓝绿色；腹部紫黑色，背面两侧略带深绿色；触角柄节淡黄色，其余紫黑色；足基节褐色，其余亮黄色。

复眼大，颊部短；唇基上方刻纹浅，两侧无沟，端部微突。触角显著高于复眼下缘连线；柄节不达中单眼前缘；梗节与鞭节长度之和大于头宽；索节、棒节上的条形感觉器大。前胸背板呈倒钟形，后缘与中胸盾片间缢缩。中胸盾片前方显著膨起，中区也呈倒钟形，盾纵沟深而宽，小盾片沟后区降低，仅在后缘呈窄的横带状。并胸腹节中脊和侧褶显著。前翅基室仅端部有毛；基脉上毛少但完整；后缘脉长于缘脉，长于痣脉。腹部矛形，长大于宽，稍大于头胸长之和。

分布：浙江。

76. 尖盾金小蜂属 *Psilocera* Walker, 1833

Psilocera Walker, 1833a: 371. Type species: *Psilocera obscura* Walker, 1833.

主要特征：头胸被毛，柄后腹绿色具金属光泽。触角位于复眼下缘线之上，触式 11353，棒节膨大。唇基下缘具 2 齿。中胸盾片具完整的盾纵沟，部分种类小盾片背面向上突起呈三角形角状突。后足基节背面被毛。缘脉长于后缘脉。柄后腹上下扁平。

分布：世界分布。目前世界记录 32 种，中国仅记录 1 种。

（172）尖盾金小蜂 *Psilocera* sp.

主要特征：雌体长 3.8 mm 左右，深绿色，头胸密被刻点。触角柄节、梗节、环节深黄色，其余黑褐色；足基节与体同色，其余为深黄色；柄后腹绿色具金属光泽。

头被毛，具网状刻点。触角位于复眼下缘线上方；梗节与鞭节长之和大于头宽；第 1、2 环节横宽，第 3 环节长方形；各索节均被一轮感觉毛；棒节膨大，腹面具明显的微毛区。唇基下缘对称，中部明显凹入，两侧各具 1 齿；上颚具 2 齿。下脸小，颊短。胸部具网状刻纹及毛。前胸背板短；中胸盾片具完整的盾纵沟，小盾片具网状刻点及散生毛，无沟后线，小盾片中部向背面明显突起，呈三角形尖突；并胸腹节陡，颈向后伸，具中脊及横脊。足细，后足基节背面具毛。前翅基部 1/3 光滑无被毛，缘脉长于后缘脉，痣脉痣明显。柄后腹背腹扁平，光滑。

分布：浙江、海南、广西；巴西、老挝，巴布亚新几内亚，斯里兰卡。

77. 扁腹长尾金小蜂属 *Pycnetron* Gahan, 1925

Pycnetron Gahan, 1925: 91. Type species: *Pycnetron curculionidis* Gahan, 1925.

主要特征：腹部侧扁强，腹末节极度延长，头、胸部粗壮；两触角着生近；触角 3 环节（雄 2 环节）。前胸与中胸等宽，前部呈直角跌下，无颈，前缘无脊；中胸盾纵沟完整，三角片沟深，小盾片后端不突出，直立，横沟不明显；并胸腹节短而陡，前部中间部分具一方形凹陷区，气门外方被 1 圈状脊。中胸侧板具侧腹背脊，起始于胸腹侧片下方，向下延伸经腹面与另一侧的该脊相连，形成中胸前腹板。前翅呈三角形，后缘脉比缘脉稍长。

生物学：寄生于象甲幼虫，中国的种类寄生于为害油松的木蠹象及小蠹幼虫。

分布：除新热带区外，均有分布。世界已知 3 种，中国记录 1 种，浙江分布 1 种。

（173）松扁腹长尾金小蜂 *Pycnetron curculionidis* Gahan, 1925

Pycnetron curculionidis Gahan, 1925: 93.

主要特征：雌复眼平滑，唇基边缘具刻纹，中央具齿，下部平滑。触角着生于颜面中部，膨大但很短，长小于头宽；柄节未达中单眼；环节横形；第 1 索节长稍大于宽，其他索节各节亚正方形或横形；棒节显著长于后 3 索节长之和；棒节腹面具一行微毛延伸至第 3 棒节。中躯隆起。前胸背板窄于中胸盾片，无缘脊，后部两侧突出。盾纵沟完整；小盾片具横沟，后部伸长，长于中胸盾片。并胸腹节中脊在后部不明显，侧褶完整，颈部球形。前翅基部光裸；透明斑外被毛；基室光裸无毛；基脉具毛；肘脉完整；缘脉长于后缘脉和痣脉之和，后缘脉长于痣脉。腹柄较短，腹部长大于宽；柄后腹第 1 背板柄状。

分布：浙江、河南、台湾。

78. 罗葩金小蜂属 *Rhopalicus* Förster, 1856

Rhopalicus Förster, 1856: 1-66. Type species: *Cleonymus maculifer* Förster, 1841.

主要特征：头宽大于高；唇基下缘中部凹陷；触式 11263，触角着生于复眼下缘连线上方；梗节短于或等于第 1 索节；各索节均具 2 轮感觉毛；棒节长短于末 2 索节长之和。胸部较隆起，被网状刻点；前胸背板半圆形，前缘无明显的脊；中胸侧板上部较光滑；并胸腹节具完整的中脊，侧褶仅在基部明显。前翅具褐色翅斑，位于缘脉基部下方或痣脉处。后足胫节具 1 距。

生物学：本属种类均寄生于为害针叶树干的多种小蠹虫幼虫或蛹，也寄生于为害树干的木蠹象幼虫，是针叶树蛀干害虫的重要天敌。

分布：古北区、东洋区、新北区。目前世界已知约 10 种，中国记录 3 种，浙江分布 1 种。

（174）长痣罗葩金小蜂 *Rhopalicus tutela* (Walker, 1836)

Cheiropachus tutela Walker, 1836: 14.

Rhopalicus tutela: Hanson, 1937: 206.

主要特征：雌体长 4.8–5.0 mm。体蓝绿色具光泽；触角柄节、梗节棕黄色，其余各节褐色；前足基节基部、后足基节与体同色，各足腿节褐色；其余黄棕色或浅褐色。颜面被网状刻点。口上沟仅在两侧明显，区内具纵刻纹。触角位于复眼下缘连线上方；柄节伸达或稍超过中单眼；环节亚方形，窄于并短于索节；第 1 至 5 索节长大于宽，第 6 索节长稍短于宽，为亚方形，各索节被 2 轮感觉毛；棒节各具 1 轮感觉毛，短于末 2 索节长之和；梗节与鞭节长之和短于头宽。头宽大于胸宽，胸部较长且平缓。前胸领部呈半圆形，前缘无脊，无陡降。盾纵沟不完整，呈蓝色，伸至中胸盾片长的约 1/2 处；小盾片横沟不明显，仅在两侧角处呈凸脊状；三角片被两排斜向长毛。并胸腹节较短；具完整的中脊，无侧褶；气孔大且明显外凸；颈部不明显，与前方形呈"∧"形脊；并胸腹节前方基部无短纵脊，前侧凹明显。前翅缘室上表面无毛，下表面被 3 列以上毛列；基脉完整，具 2 列毛；基室无毛，后缘开放；透明斑后缘开放；前缘脉褐色，缘脉、后缘脉黄色；缘脉基部下方无褐色翅斑，痣脉痣下方具一较大的褐色翅斑；后缘脉长于缘脉，长于痣脉。前、中、后足无明显膨大。柄后腹背面凹陷，长卵形，长大于宽；柄后腹第 1 节背板后缘中部向前切入。

分布：浙江、黑龙江、河南、陕西、青海、云南；古北区，东洋区及新北区。

79. 叶甲金小蜂属 *Schizonotus* Ratzeburg, 1852

Schizonotus Ratzeburg, 1852: 230. Type species: *Pteromalus sieboldi* Ratzeburg, 1848.

主要特征：体躯粗壮，体蓝绿色或黄绿色；唇基伸出；触角着生于或稍高于复眼下连线，触式 11263。胸部短而紧凑，强烈隆起；前胸领短且前缘不呈脊状；盾纵沟不完整，小盾片中部突起，后部具深刻横沟；并胸腹节较平缓，侧褶明显而完整，中脊完整，颈部明显；后缘脉短，与痣脉等长；后足胫节 1 距。腹柄短；柄后腹呈五边形或椭圆形。

生物学：主要寄生于鞘翅目的叶甲科，此外还有瓢虫科的个别种类。

分布：古北区、东洋区、新北区。世界已知 4 种，中国记录 3 种，浙江分布 1 种。

（175）杨叶甲金小蜂 *Schizonotus sieboldi* (Ratzeburg, 1848)（图 5-31）

Pteromalus sieboldi Ratzeburg, 1848: 230.

Schizonotus sieboldi: Graham, 1969: 819.

主要特征：雌体长 2.2 mm 左右。头、胸部铜绿色，具金属光泽；柄后腹深褐色，背面具金属光泽。

触角柄节黄褐色，梗节及环节浅褐色，索节背面褐色，腹面黄褐色；足除腿节中部显褐色外，其余各部黄褐色；前翅透明，翅脉黄褐色。颜面被深网状刻纹。唇基被弱的纵刻纹，下缘光滑，中部稍上凹无浅洼。触角着生位置高于复眼下连线；柄节不伸达中单眼；梗节与鞭节长度之和小于头宽；第 2 环节宽于第 1 环节，两环节长度之和小于第 2 环节宽；各索节横宽，每节具一轮感觉器；棒节微膨大。后头无脊。头宽长于胸宽，中躯长大于宽。前胸背板前缘向前缓降，后缘具一窄的光滑条带。盾纵沟不完整且不明显。并胸腹节侧褶呈脊状，侧褶中部向内侧引出两条短横脊，两侧褶以外的区域较光滑；中脊在后部分呈倒"Y"形的两斜脊，斜脊后具一个三角形的光滑区域，后缘呈新月形向上凹进；气孔椭圆形，紧邻并胸腹节前缘。前翅翅缘从后缘脉末端到翅最外端无缘毛，其后翅缘具短缘毛，翅面上的毛极稀疏；基室光滑，基脉无毛；缘室内背面无毛，腹面具一完整毛列但毛列稀疏；亚缘脉长于缘脉，缘脉长于痣脉，缘脉与后缘脉等长；痣脉细，较直，痣脉末端略微膨大，外形圆润，在靠近基部的地方具一指形突。柄后腹五边形，长短于宽，柄后腹宽大于胸宽，第 1 节最长。

生物学：主要寄生于杨叶甲，此外寄主还包括弧斑叶甲、白杨叶甲、柳二十斑叶甲、欧洲杨柳叶甲、美洲杨叶甲、柳圆叶甲。

分布：浙江、吉林、辽宁、内蒙古、河北、山西、山东、陕西、湖南、海南；古北区，东洋区，新北区。

图 5-31　杨叶甲金小蜂 *Schizonotus sieboldi* (Ratzeburg, 1848)

80. 糙刻金小蜂属 *Semiotellus* Westwood, 1839

Semiotus Walker, 1834b: 288. Type species: *Semiotus mundus* Walker, 1834.

Semiotellus Westwood, 1839: 70. Replacement name for *Semiotus* Walker, 1834.

主要特征：体长中等，体绿色具金属光泽。触式 11253；触角位于面部中央或稍上。头、胸部具明显或不明显的刻点，胸部具粗糙不平的具毛刻点；前翅被密毛，透明斑小；前翅下表面缘脉后方有一列不规则的毛列；缘脉长于痣脉。

分布：除非洲外，世界各地均有记录。世界已知 20 余种，中国记录 6 种，浙江分布 1 种。

（176）斜棒糙刻金小蜂 *Semiotellus plagiotropus* Xiao et Huang, 1999

Semiotellus plagiotropus Xiao et Huang, 1999: 411.

主要特征：雌体长 4 mm 左右，颜面绿色，胸部深蓝紫色，柄后腹褐蓝色；触角柄节黄色，梗节褐黄色，其余各节褐色；足基节与体同色，腿节中部及端跗节褐色，其余各节黄色。颜面具小而密的网状刻点，散布脐状刻点；触角之间具一小纵脊；下脸较为凸起；口上沟明显；左、右上颚各具 3 齿。触角位于颜面中部，柄节超过中单眼，梗节与第 1 索节等长；各索节均为方形或亚方形，被一轮感觉毛；棒节膨大，各棒节间呈斜缝状，端棒节端部斜切，微毛区大；梗节与鞭节长之和稍大于头宽；后头无脊。胸部向前后伸长，平缓。盾纵沟深而完整；并胸腹节中脊完整，侧褶从后缘向前伸，占并胸腹节长的 2/3。前翅透明斑外被密毛；基室及基脉被散毛；缘脉稍长于后缘脉，长于痣脉。腹柄明显，长稍大于宽，两侧各具一根长毛；柄后腹长大于宽，比胸部长。

分布：浙江（临安）、福建。

81. 斯夫金小蜂属 *Sphegigaster* Spinola, 1811

Sphegigaster Spinola, 1811: 149. Type species: *Diplolepis pallicornis* Spinola, 1808.

主要特征：触式 11263；唇基下端两齿；颊下部具较大的凹陷；无后头脊。前胸领前缘中央常具齿或脊；盾纵沟不完整；并胸腹节中域具均匀刻点，无侧褶，中脊有或无。腹柄细长；柄后腹第 1 和第 2 节背板极大，占柄后腹大部分。

分布：世界分布。世界已知 60 余种，中国记录 16 种，浙江分布 1 种。

（177）横节斯夫金小蜂 *Sphegigaster stepicola* Boucek, 1965

Sphegigaster stepicola Boucek, 1965: 12.

主要特征：雌体长 1.6–2 mm，体蓝绿色，腹部呈黑色。触角柄节、梗节暗棕色，有金属反光，鞭节褐色。头宽大于高，颊外边向中汇聚强。口上沟不清晰，唇基上无纵刻纹；颊下部凹陷占颊长之半。触角位于颜面中部；柄节不达中单眼；各索节均横形、等长，向端部逐节略增粗；索节、棒节每一节具一排感觉毛。前胸领前侧角不突出，两侧平行，前缘无明显的齿或脊。小盾片略长于中胸盾片、隆起。并胸腹节无中脊。前翅前缘室前中部有一排完整的毛，端部后方有一排毛；基室光裸，后缘开放；基脉外透明斑后缘开放；缘脉长于后缘脉，明显长于痣脉。腹柄长大于宽，前部两侧各有 2 根短毛，后部明显变细。柄后腹第 1 节背板后缘直，长为第 2 节之半。

分布：浙江、内蒙古、北京、河北、云南；印度，欧洲，北非。

82. 刻柄金小蜂属 *Stictomischus* Thomson, 1876

Stictomischus Thomson, 1876:220, 234. Type species: *Stictomischus scaposus* Thomson, 1876.

主要特征：触角 13 节，着生于颜面中部；盾纵沟一般深，完整；并胸腹节中脊完整，侧褶有或无；前翅基脉外透明斑缩小或消失，痣一般较大；后翅前缘室前缘具毛；胸腹侧片前缘常具斜脊，其三角面凹陷；腹柄具刻点。

分布：全北区，东洋区和大洋区。该属目前记录 30 个种，中国记录 12 种，浙江记录 1 种。

（178）刻柄金小蜂 *Stictomischus* sp.

主要特征：雌体长 2–2.2 mm，蓝黑色。触角柄节、梗节蓝黑色，鞭节黑褐色。足基节蓝黑色，其余褐色或浅棕色。

头宽大于高。口上沟不清晰，唇基表面具微弱刻点；齿式 4.4；颚眼沟清晰。触角柄节不达中单眼；梗节长等于第一索节；第一至第四索节长大于宽，末两索节近方形，各索节均具两排感觉毛；棒节长大于末两索节之和；梗节加鞭节大于头宽。并胸腹节具中脊，侧褶仅后半部明显，中域中央光滑，两侧具纵刻点，气门沟深，胝毛长。胸腹侧片前缘具斜脊，三角面刻点弱；中胸前侧片具深刻点，后侧片下部刻点浅。前翅无无毛区；后缘脉长于缘脉，缘脉长于痣脉；痣长等于或略小于宽。腹柄长大于宽，两侧平行；柄后腹第一节背板等于或长于柄后腹全长之半。

分布：浙江。

83. 毛链金小蜂属 *Systasis* Walker, 1834

Systasis Walker, 1834b: 288. Type species: *Systasis encyrtoides* Walker, 1834.

主要特征：体中等大小，蓝绿色具金属光泽；头、胸部散布脐状刻点。触式 11253，触角着生于颜面中部。胸部隆起；中胸盾片具完整而深的盾纵沟。前翅透明斑大，透明斑外被稀毛；下表面缘脉之后具一排规则的长毛，上表面缘脉下部至痣脉下具一无毛带；缘脉长于痣脉。

分布：世界广布。世界已知 50 余种，中国记录 9 种，浙江分布 2 种。

（179）拟跳毛链金小蜂 *Systasis encyrtoides* Walker, 1834

Systasis encyrtoides Walker, 1834b: 296.

主要特征：雌体长 1.6–2.4 mm，黑蓝绿色具光泽；触角黑褐色；足基节、腿节与体同色，各足胫节中部及端跗节褐色，其余各节黄色。颜面具小而密的网状刻点；触角之间具纵形突脊；唇基具小网状刻点，口上沟明显。触角位于颜面中上部，柄节伸达头顶；梗节与鞭节长之和大于头宽，各节结合较松；梗节长相当于环节与第 1 索节长之和；各索节方形或亚方形，具感觉毛；棒节较膨大。上颊短。胸部隆起，被规则的网状刻点。前胸背板两侧长，中部几不可见，稍窄于中胸；中胸盾片前缘明显向前伸出，盾纵沟深而完整；并胸腹节中脊完整，侧褶几乎完整。前翅基室无毛，基室后缘开放；后缘脉与痣脉之间光滑无毛；缘脉长于后缘脉，后缘脉等长于痣脉，痣稍膨大。无明显腹柄；柄后腹与胸宽相当，长大于宽，与头、胸部之和相当。

分布：浙江（临安）、黑龙江、吉林、北京、山东、宁夏、甘肃、福建、海南、云南；英国，瑞典，捷克，德国，法国，摩尔多瓦，美国，加拿大。

（180）长腹毛链金小蜂 *Systasis longula* Boucek, 1956

Systasis longula Boucek, 1956: 326.

主要特征：雌体长 2 mm 左右，黑蓝绿色具光泽；触角黑褐色；足 1–4 跗节黄色，端跗节褐色，其余各节均与体同色。颜面具小而密的网状刻点；两触角窝之间具纵形突脊；唇基区具小网状刻点，口上沟明显。触角位于颜面中部，柄节最多伸达中单眼，梗节与鞭节长之和与头宽相当；梗节长相当于环节与第 1 索节长之和；第 1 索节长稍大于宽，其他各索节均方形或亚方形，具感觉毛；棒节不明显膨大。胸部隆起，被规则网状刻点。前胸背板两侧长，中部几乎不可见，稍窄于中胸；中胸盾片前缘明显向前伸出，盾纵沟深而完整；并胸腹节短，中脊完整，侧褶几乎完整。前翅透明斑外被较密的毛；基脉无毛或具几根毛；基室无毛，基室后缘开放；缘室上表面无毛，下表面被毛；缘脉长于后缘脉，长于痣脉；痣稍呈方形。无明显腹柄；柄后腹长大于宽，大于头、胸部长，各节具浅网纹。

分布：浙江（临安）、黑龙江、山东、江苏、福建、海南、广西、四川；捷克，斯洛伐克。

84. 克氏金小蜂属 *Trichomalopsis* Crawford, 1913

Trichomalopsis Crawford, 1913: 251. Type species: *Trichomalopsis shirakii* Crawford, 1913.

主要特征： 头、胸部及并胸腹节具蓝绿色金属光泽。头宽略大于长，颜面平坦，不凹陷；复眼大，卵圆形，无被毛；触角着生于颜面中部或稍高，触式 11263；梗节长于第 1 索节，索节由基至端部略微膨大，棒节 3 节末端收缩但不尖锐；具弱的后头脊。前胸短；无盾纵沟或不完整；并胸腹节具中脊、侧褶，颈呈半球状。前翅缘脉长于痣脉。前足腿节不明显膨大，后足胫节末端具 1 距。柄后腹长，卵圆形，无腹柄或较短。

生物学： 大多数种类以其他昆虫的卵、幼虫、蛹或成虫为寄主。寄主包括双翅目（蝇科、寄蝇科等）、膜翅目（主要是茧蜂）、鞘翅目的造瘿昆虫，以及鳞翅目（主要是蛾类）、半翅目（猎蝽科）的部分昆虫；甚至能寄生于蛛形纲的园蛛科和逍遥蛛科，共计 6 目 57 科 230 种。不同种类可以寄生于同样的寄主；同一种类又可以寄生于不同种类的寄主。克氏金小蜂一般寄生于在保护性场所中隐蔽生活的寄主，如虫瘿内的寄主幼虫或寄主蛹内。通常通过产卵器刺透这些保护性的阻碍物而到达寄主。

分布： 世界广布。世界已知 54 种，中国记录 26 种，浙江分布 4 种。

（181）绒茧克氏金小蜂 *Trichomalopsis apanteloctena* (Crawford, 1911)（图 5-32）

Trichomalus apanteloctenus Crawford, 1911: 267.

Trichomalopsis apanteloctena: Kamijoc & Grissell, 1982: 80.

主要特征： 雌体长约 2 mm。体及足基节孔雀绿色；复眼、单眼赤褐色；口器、触角柄节、梗节基部、翅基片及足基节以外的其余部分黄褐色，触角鞭节暗褐色；翅透明，翅脉淡黄色。颜面被刻点。复眼大小适中，内缘几乎平行；颊外边向中会聚不强，颊及唇基上具纵刻纹，唇基下缘中央明显凹入；上颚左、右各具 4 齿；后头脊尖锐，中部强曲。触角位于复眼下缘连线；梗节与鞭节之和小于头宽；各索节具一轮感觉毛；棒节腹面具微毛区；柄节未达中单眼，长大于复眼宽；环节横形；F_1 长大于宽，F_1 长短于梗节长，F_2–F_4 方形，长与宽等长，F_5–F_6 近方形，长稍大于宽；棒节长与 F_4–F_6 长度之和相当。中躯长大于宽。前胸背板短，前缘无脊，后缘光滑。中胸盾纵沟不完整，仅前部明显；小盾片较大，与中胸盾片几乎等长。

图 5-32 绒茧克氏金小蜂 *Trichomalopsis apanteloctena* (Crawford, 1911)

并胸腹节后方缢缩呈柄状；中脊弱或缺失，褶脊明显；胝在气孔周围具毛。前翅前缘室完全被毛，前翅缘脉和后缘脉等长，长于痣脉。后足基节近基部背面被毛，外表面具网状刻纹。柄后腹纺锤形，后躯与中躯等长，柄后腹第 1 节背板长占整个柄后腹的 1/3。

分布：浙江、吉林、辽宁、内蒙古、北京、天津、河北、山西、山东、陕西、甘肃、新疆、江苏、上海、湖北、江西、湖南、福建、台湾、广东、海南、广西、四川、贵州、云南；朝鲜，日本，印度，孟加拉国，越南，菲律宾，马来西亚。

（182）平背克氏金小蜂 *Trichomalopsis deplanata* Kamijo *et* Grissell, 1982

Trichomalopsis deplanata Kamijo *et* Grissell, 1982: 85.

主要特征：雌体长 1.5–2.4 mm。体蓝绿色；柄节和梗节黄褐色；跗节端部色暗；翅基片黄色。翅透明，翅脉淡黄色。头横形，被规则细微网纹。颊外边向中会聚不强；复眼适中，略微突出，内缘几乎平行；唇基具辐射状刻纹，下缘微凹，上颚左、右各具 4 齿；后头脊明显。触角着生位置高于复眼下缘连线；柄节长大于复眼宽，未伸达中单眼；梗节及鞭节长之和短于头宽；环节横形；F_1 短于梗节，方形，F_2–F_6 长大于宽；棒节长与 F_4–F_6 长度之和等长。中躯宽短，背面较平，均匀微弱隆起。前胸背板前部无缘脊。小盾片扁平，横沟明显。并胸腹节中脊不太强，略微弯曲；颈部具较粗的网纹刻纹，侧脊锐利；胝在气孔周围无毛。后足基节近基部背面无毛。前翅前缘室被毛，缘脉长于痣脉，长于后缘脉。后躯长大于中躯，腹柄横形，几乎光滑。柄后腹卵圆形，柄后腹第 1 节背板长占整个柄后腹的 1/3。

分布：浙江、黑龙江、吉林、辽宁、内蒙古、北京、甘肃、江西、湖南、福建、广西、四川、贵州、云南；朝鲜，韩国，日本，印度。

（183）稻克氏金小蜂 *Trichomalopsis oryzae* Kamijo *et* Grissell, 1982（图 5-33）

Trichomalopsis oryzae Kamijo *et* Grissell, 1982: 76.

主要特征：雌体长 1.3–2.1 mm。体黑色至蓝黑色；胸部背面和小盾片有铜色光泽。柄节黄褐色，端部暗色；梗节和鞭节暗褐色；足黄褐色；基节同体色。翅基片淡黄色。头呈横形，被规则细微的网纹。颊外边向中会聚不强；复眼不明显很大，内缘几乎平行；唇基具纵刻纹，两侧有弱的凹入，前部光滑；上颚左、右两侧都具 4 齿；后头脊明显。触角着生位置高于复眼下缘连线；柄节伸达头顶，长大于复眼宽；梗节与鞭节长之和小于头宽；环状节第 2 节比第 1 节长；F_1 短于梗节，F_1–F_3 长与宽等长，F_4–F_5 长小于宽，F_6 长与宽等长；棒节长大于 F_4–F_6 长度之和。中躯长大于宽。前胸背板中央具弱脊；小盾片比中胸盾片稍长，横沟弱；后胸背板窄；并胸腹节中脊弱，侧脊强，颈状部占并胸腹节长的 1/3，强隆起，深网纹。后足基节

图 5-33 稻克氏金小蜂 *Trichomalopsis oryzae* Kamijo *et* Grissell, 1982

近基部区域背面无毛。前翅缘脉与后缘脉等长，长于痣脉。后躯与中躯等长，长大于宽；腹柄明显，与并胸腹节颈等长，具微弱刻纹；柄后腹第 1 节背板占整个腹长的 1/3 以上。

分布：浙江、北京、河北、山东、宁夏、甘肃、江西、福建、四川；朝鲜，韩国，日本。

（184）素木克氏金小蜂 *Trichomalopsis shirakii* Crawford, 1913

Trichomalopsis shirakii Crawford, 1913: 252.

　　主要特征：雌体长 1.8–2.8 mm。体绿色至蓝绿色，具铜色光泽。腹部墨绿色。复眼赤豆色，单眼红褐色；触角柄节褐黄色，端部较暗；梗节和鞭节黄褐色至暗褐色；足基节与体同色。翅基片黄白色。翅脉淡黄色，翅透明。头近正方形，被规则细微的网纹。颊外边向中会聚不强；复眼椭圆形，不突出，内缘几乎平行；唇基下缘微凹入；上颚适中，左具 3 齿，右具 4 齿；后头脊很强，缓曲。触角着生位置高于复眼下缘连线；柄节长于复眼宽，伸达头顶；梗节与鞭节之和小于头宽；梗节长等于环状节及索节第 1 节长之和；环节横形；F$_1$ 长大于宽，F$_2$–F$_5$ 与宽等长，F$_6$ 横形，长小于宽；棒节长略大于 F$_4$–F$_6$ 长度之和。中躯窄于头宽。前胸背板脊弱；中胸盾片宽大，小盾片较大，与中胸盾片几乎等长，稍横形，后缘近圆形；并胸腹节颈占整个并胸腹节长的 1/3，胝在气孔周围具稀疏的毛。后足基节近基部区域背面被毛，外表面具网状刻纹；前翅基室和基脉无毛，稍长于或等于后缘脉。后躯长于中躯，长大于宽。柄后腹卵圆形，平滑有光泽，腹部第 1 节背板占柄后腹长的 1/3。

　　分布：浙江、吉林、内蒙古、河北、山西、河南、陕西、甘肃、上海、安徽、湖北、江西、湖南、台湾、四川、贵州、云南；朝鲜，日本，印度。

85. 长体金小蜂属 *Trigonoderus* Westwood, 1832

Trigonoderus Westwood, 1832: 127. Type species: *Trigonoderus princeps* Westwood, 1832.

　　主要特征：头呈方形；触式 11263；触角着生于复眼下缘连线稍上方；颊区在头部下方两侧突出；唇基端部中央具一锐齿。前胸盾片前缘中部具弱脊；中胸盾纵沟深而完整，小盾片具明显横沟和沟后区；并胸腹节不显著向后突出于后足基节基部之后，表面光滑。胸腹侧片中部有 1 显著片脊划分出 1 大三角区，位于翅基片之前，三角形区内有显著的皱脊或刻纹。前翅缘脉长不及痣脉，后缘脉长度几乎达翅顶角，长于缘脉；痣脉长钩状。腹部第一节背板后缘中部刻入或凹入；产卵器微露出。

　　生物学：寄生于蛀干害虫如天牛科、小蠹科的幼虫或蛹。

　　分布：古北界、新北界、东洋界及新热带。世界已知 19 种，中国记录 2 种，浙江分布 1 种。

（185）长体金小蜂 *Trigonoderus* sp.

　　主要特征：雌体长 4.6 mm 左右，暗绿色具铜色光泽；触角柄节黄褐色，其余紫褐色，棒节端部色较淡；足基节及后足腿节同体色。

　　头宽大于高，颜面上的毛较长而密。单眼区隆起较高；额区顶部较平坦；唇基下缘中部具小齿。触角柄节未达中单眼；梗节短，2 个环状节小，梗节与鞭节长度之和大于头宽，棒节明显膨大。前胸领前缘脊明显；中胸盾纵沟深，小盾片沟后区表面无毛；并胸腹节中脊突出，侧褶在后部 1/3 突出，后缘的脊连成"W"形，侧胝上毛密而长。前翅基室具密毛；基脉及肘脉上毛完整；缘脉短于缘前脉，大于痣脉，小于后缘脉。柄后腹阔矛形，长大于宽，长于头胸长之和，腹背面深凹。

　　分布：浙江。

十七、旋小蜂科 Eupelmidae

主要特征：体小至较大型，长 1.3–7.5 mm，在热带有的长达 9 mm；粗壮至很长。常具强烈金属光泽，有时呈黄或橘黄色。触角雌性 11–13 节（包括 1 环状节）；雄性 9 节，偶有分支。前胸背板有时明显呈三角形，延长。雌性中胸盾片中部显著下凹或凸起，盾纵沟弱；中胸侧板膨起，通常无沟或凹痕，相当光滑或网状刻条。雄性有时中胸背板膨起且盾纵沟深；中胸侧板有划分。前翅正常或很短。长翅型缘脉很长，痣脉、后缘脉较长。中足胫节 1 距，但雌性甚粗大。跗节 5 节，有些翅萎缩而靠跳跃进行活动的种类，中足胫节和跗基节扩大，具成列的刺状突起。腹部近于无柄，产卵管不露出至伸出很长。当纵飞行肌收缩时，胸部在中胸盾片、小盾片缝处弯曲呈屋脊状，到胸部上方、头部向后靠在前胸背板上方，这是本科在膜翅目中的现象。

生物学：旋小蜂寄生于鞘翅目、鳞翅目、双翅目、直翅目、半翅目、脉翅目和膜翅目。绝大多数为初寄生，也偶兼性重寄生于其他昆虫幼期阶段。常为单寄生，也有聚寄生；一般为内寄生，也有外寄生。常寄生于卵期，也有寄生于幼虫或蛹期，少数可在蚧总科成虫体内生活。还有些捕食昆虫卵、幼虫或蜘蛛的卵。在我国最常见、作用也最大的是寄生于半翅目和鳞翅目害虫卵的平腹小蜂属，人工繁殖释放此蜂防治荔枝椿象有很好的效果。

分布：该科是一个较大的科，已知 71 属约 750 种，世界广布，以热带地区为多。我国南北均有。常分为 2 亚科：丽旋小蜂亚科 Calosotinae 和旋小蜂亚科 Eupelminae。浙江已知 2 属（平腹小蜂属 *Anastatus* 和小蜂属 *Eupelmust*）3 种。

86. 平腹小蜂属 *Anastatus* Motschulsky, 1859

Anastatus Motschulsky, 1859, 8: 116.

主要特征：体黄色到褐色到黑色，带绿色或紫红色。雌性有时翅短，偶翅大形。头在触角洼侧区及触角间散生白色鬓毛，前面观头近方形或明显宽大于高，触角窝前缘或中央与复眼下缘连线齐，两窝间距等于或明显小于其至口缘的距离，但明显大于其至复眼的距离，触角洼区凹陷。上颚二齿。触角 11173 式，环节变化较大，环状或方形。

生物学：寄生于鳞翅目、半翅目蝽科、直翅目的卵。

分布：世界广布。中国记录 13 种，浙江分布 2 种。

（186）白跗平腹小蜂 *Anastatus albitarsis* Ashmead, 1904

Anastatus albitarsis Ashmead, 1904b: 154.

主要特征：雌个体大小因寄主卵粒大小而异，从松毛虫 *Dendrolimus* sp.卵中羽化出来的体长 2.0–2.3 mm，体黑褐色；复眼赭褐色；后头、前胸、并胸腹节微带蓝色；头及胸部具紫色金属光泽。腹部蓝褐色，近基部有 1 窄的浅色横带。前翅基半部几乎透明，痣脉下有一大深褐色斑；翅毛暗褐色，翅端褐色。足褐色；前足基节和腿节，以及后足基节、腿节和胫节及各足末跗节黑褐色；各足第 1–4 跗节黄白色。头略宽于胸部。触角着生于复眼下缘连线与口缘之间；柄节侧扁，几乎达前单眼；梗节长为宽的 2.5 倍，与第 1 索节约等长；第 1–7 索节依次渐短而宽；棒节 3 节，斜截，稍长于前 3 索节之和。前胸背板具细纵刻纹；中胸和小盾片具网状刻纹。前翅狭长，亚缘脉、缘脉、后缘脉及痣脉间之比约为 15∶10∶7∶3。中足强壮，胫节距与第 1 跗节大致等长；第 1、2 跗节腹面具黑褐色刺状突，第 3 节仅有 2–3 个微突。腹部短于胸部，后部宽钝；背面较平滑；产卵管隐蔽。雄蜂与雌蜂形态差异很大。触角除第 7 索节宽大于长及第 6 索节方形外均长大于宽，但第 1 索节与梗节均较短，长不及宽的 1.5 倍。中胸隆起，中胸侧板虽完整但不膨起，中足不特别强大；前翅透明，无褐色暗斑。

生物学：寄生于马尾松毛虫思茅松毛虫、云南松毛虫、银杏大蚕蛾、栎掌舟蛾、竹镂舟蛾、油茶枯叶蛾等，室内可用柞蚕、蓖麻蚕卵繁殖。此种用于防治马尾松毛虫，每亩（1 亩≈666.7m²）放蜂量为 3000–5000 头时，寄生率有时可达 38.74%–70.63%，是一种很有利用前途的蜂种。

分布：浙江、山东、江西、湖南；日本。

（187）舞毒蛾卵平腹小蜂 *Anastatus japonicus* Ashmead, 1904 （图 5-34）

Anastatus japonicus Ashmead, 1904b: 158.

主要特征：雌体长 2.2–3.0 mm。头绿色，具紫色反光。触角柄节黄色，梗节及鞭节铜黑色。中胸盾片两侧黑绿铜色，中叶之后紫蓝色，中叶闪耀金铜色；小盾片及三角处除略带绿色外其色泽与中胸侧板同为黄褐色。翅褐色，近基部透明，在缘脉末端后方有一弯曲透明横带将翅分为基部、翅中及痣脉后方的 3 条褐色横带，端横带甚宽，翅尖无色。腹部几乎近墨绿色，第 1 腹节背板有一黄点。头背面观横宽，OOL 约等于单眼直径；单眼排列呈钝三角形。触角着生于复眼下端连线上或稍下方；柄节伸达前单眼；梗节不短于第 2 索节的 2/3；索节自第 2 节起逐渐变短变粗，第 6、7 节长不及宽；棒节 3 节，长与索节末 3 节之和相等。中胸盾片中叶具强烈刻点，侧叶仅呈极轻微的线状网纹并有光泽；小盾片及三角片与中胸盾片的刻纹相同；中胸侧板具细线纹，有光泽；并胸腹节发亮。前翅亚缘脉与缘脉约等长，后缘脉长约为痣脉的 2 倍。腹部略短于胸部，由基至端逐渐变宽，末端圆钝，腹基完全平滑，末端具细横线；产卵管微露出腹末。雄体长 1.8 mm。头绿色；触角黑色，柄节下面黄色；胸部墨绿色；翅透明无色。背面观头横宽，宽约为长的 2 倍。复眼具稀疏细毛；OOL 不及单眼直径。触角着生于复眼下缘连线上，柄节短而宽，外侧微凹，高不及前单眼；梗节很短，约为第 1 索节的 1/3；索节长，粗细均匀，第 1 索节长为宽的 2 倍，长于等长的第 2、3 索节，第 4 节以下逐渐变短；棒节分节不明，与第 4–6 索节之和等长。中胸盾片、三角片及小盾片平坦，刻点细微；并胸腹节刻点细致发光，中央有纵脊。腹部短于胸部，基部狭窄，光滑。

生物学：寄主为舞毒蛾。据记载大蚕蛾科的行列半白大蚕蛾、毒蛾科的白斑合毒蛾及茧蜂科的黑腿盘绒茧蜂亦为其寄主。

分布：浙江（衢州）、华北、江苏、福建；日本，美国（引入），欧洲。

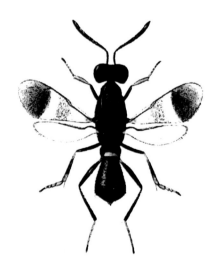

图 5-34　舞毒蛾卵平腹小蜂 *Anastatus japonicus* Ashmead, 1904

87. 旋小蜂属 *Eupelmus* Dalman, 1820

Eupelmus Dalman, 1820: 136, 180.

主要特征：雌头正面观宽等于或略大于高，上颚 3 齿，复眼圆，微具毛，颊短于复眼高径。触角着生于复眼下缘连线附近，13 节，柄节柱状，索节棒状，棒节不膨大，3 节。前胸通常短，中胸盾片后端凹陷呈槽，小盾片末端圆，三角片内侧稍分开。胸腹侧片前面具较大的浅色区域。翅有时呈短翅型，痣后脉常短于缘脉。足不长，中足胫节末端膨大，具长而粗壮的距。腹长于头胸合并之长，1–6 节背板后缘中央至少略内凹，产卵器长，但少有长过于腹。雄头宽大于长，触角线形，触角洼呈"自"型到"丫"型。胸部显著隆起，具深而完整的盾纵沟，中胸侧板凹陷，中足胫节不膨大，腹短于胸，卵圆形。

生物学：初寄生或次寄生昆虫的茧。一些种类则寄生鳞翅目、鞘翅目及半翅目昆虫的卵。

分布：世界广布。中国记录 16 种，浙江分布 1 种。

（188）栗瘿蜂旋小蜂 *Eupelmus urozonus* Dalman, 1820

Eupelmus urozonus Dalman, 1820: 123.

主要特征：雌体长 2.0–2.5 mm。体金属蓝绿色；前胸有紫色光泽；腹部第 1 节以后有铜色光泽；触角黑色。密被淡色毛；足转节、腿节基部、胫节基部和端部、跗节黄色；腿节黑褐色；基跗节腹面有 2 列黑齿。产卵管鞘基部黑色，中部黄色，端部黄褐色。体较细长。触角柄节较粗壮，长约为宽的 3 倍；环状节1 节；索节 7 节，第 1 节最细长，以后各节依次渐粗而渐短；棒节 3 节。胸部背面微隆；中胸盾片光滑，宽大；小盾片较长。中胸侧板宽大平滑，无侧板沟。前翅亚缘脉约与缘脉等长；后缘脉和痣脉明显，前者稍长于后者或等长。中足基节与前足远离，而与后足靠拢。腹部略呈圆筒状，第 4、5、6 和 7 节背板中央向后伸而两侧凹入；腹部第 2 节两侧尾须上有长刚毛数根。产卵管鞘约为腹长的 1/3。

生物学：寄主为栗瘿蜂幼虫等。

分布：浙江、辽宁、北京、山东、河南、陕西、湖南、福建、广西；古北区，东洋区。

十八、跳小蜂科 Encyrtidae

主要特征：体微小至小型，长 0.25–6.0 mm，一般 1–3 mm。常粗壮，但有时较长或扁平。平滑或有刻点。暗金属色，有时黄色，褐色或黑色。头宽，多呈半球形。复眼大，单眼三角形排列。触角雌性 5–13 节，雄性 5–10 节；柄节有时呈叶状膨大，雌性触角颇不相同；无环状节；索节常 6 节，雌性圆筒形至极宽扁，雄性有时呈分支状节。中胸盾片常大而隆起；无盾纵沟，如有则浅。小盾片大；三角片横形，内角有时相接。中胸侧板很隆起，多少光滑，绝无凹痕或粗糙刻纹，常占胸部侧面的 1/2 以上。后胸背板及并胸腹节很短。翅一般发达；前翅缘脉短，后缘脉及痣脉也相对较短，几乎等长。中足常发达，适于跳跃，基节位置侧观约在中胸侧板中部下方；其胫节长，内缘排有微细的棘，距及跗基节粗而长；跗节 5 节，极少数 4 节。腹部宽，无柄，常呈三角形；腹末背板侧方常前伸，臀板突（pygidium）具长毛，位于腹部背侧方基半位置，通常此背板中后部延伸呈叶状。产卵管不外露或露出很长。

生物学：跳小蜂科寄主极为广泛。几乎能寄生于有翅亚纲任何一目昆虫，有直翅目、半翅目、鳞翅目、鞘翅目、脉翅目、双翅目和膜翅目。多数种类寄生于介壳虫，有的也能寄生于螨、蜱和蜘蛛。在昆虫上寄生于卵、幼虫、蛹，有一种寄主是木虱成虫。有内寄生，也有外寄生。一些种为重寄生，寄生于其他跳小蜂或蚜小蜂科、金小蜂科、茧蜂科、螯蜂科等的虫体上。也有些种兼有捕食习性，如花翅跳小蜂属的某些种寄生的同时也可捕食介壳虫卵。在热带地区有些种为害植物。寄主鳞翅目幼虫的一些属有多胚生殖习性，如佛州点缘跳小蜂寄生于银纹夜蛾幼虫，由一个卵可分裂出 2200 多个体，寄主在老熟时才被杀死，寄主幼虫常扭曲变形。跳小蜂科是在害虫自然控制和生物防治上重要的小蜂类群之一，如指长索跳小蜂，从中国香港被引入美国（夏威夷）以防治为害柑橘的橘鳞粉蚧；红蜡蚧扁角跳小蜂从中国无意中带入日本控制了柑橘上的红蜡蚧；球蚧花角跳小蜂被引入加拿大防治榛蜡蚧等，都得到很好的效果。

分布：全世界含 513 属 3595 多种，本科一般分为 2 亚科：跳小蜂亚科 Encyrtinae 和四突跳小蜂亚科 Tetracneminae。中国记录 105 属 272 种，浙江已知 32 属 73 种。

分属检索表

1. 具副背板或至少末节背板以一膜质区与产卵管外瓣连接，或边缘，或基部近尾须板；前翅无毛斜带边缘不清，几乎均无刺毛；下生殖板三角形，一般达到腹端；上颚齿均尖锐（**四突跳小蜂亚科 Tetracneminae**）⋯⋯⋯⋯⋯⋯ 2
- 缺副背板（个别例外）；前翅无毛斜带基侧毛较端侧毛粗长，均具刺毛；下生殖板常短而近矩形，不达腹端；上颚常具一平齿（**跳小蜂亚科 Encyrtinae**）⋯⋯⋯⋯⋯⋯⋯⋯⋯⋯⋯⋯⋯⋯⋯⋯⋯⋯⋯⋯⋯⋯⋯⋯ 4
2. 柄节长不及宽的 3 倍 ⋯⋯⋯⋯⋯⋯⋯⋯⋯⋯⋯⋯⋯⋯⋯⋯⋯⋯⋯⋯⋯ **长索跳小蜂属 Anagyrus**
- 柄节长过宽的 3 倍 ⋯⋯⋯⋯⋯⋯⋯⋯⋯⋯⋯⋯⋯⋯⋯⋯⋯⋯⋯⋯⋯⋯⋯⋯⋯⋯⋯⋯⋯⋯⋯ 3
3. 前翅大部分烟褐色，具无色斑 ⋯⋯⋯⋯⋯⋯⋯⋯⋯⋯⋯⋯⋯⋯⋯ **佳丽跳小蜂属 Callipteroma**
- 前翅大部分无色透明，具烟褐色斜带 ⋯⋯⋯⋯⋯⋯⋯⋯⋯⋯⋯⋯⋯ **克氏跳小蜂属 Clausenia**
4. 跗节 4 节 ⋯⋯⋯⋯⋯⋯⋯⋯⋯⋯⋯⋯⋯⋯⋯⋯⋯⋯⋯⋯⋯ **寡节跳小蜂属 Arrhenophagus**
- 跗节 5 节 ⋯⋯⋯⋯⋯⋯⋯⋯⋯⋯⋯⋯⋯⋯⋯⋯⋯⋯⋯⋯⋯⋯⋯⋯⋯⋯⋯⋯⋯⋯⋯⋯⋯ 5
5. 索节 4 节 ⋯⋯⋯⋯⋯⋯⋯⋯⋯⋯⋯⋯⋯⋯⋯⋯⋯⋯⋯⋯⋯⋯ **横索跳小蜂属 Plagiomerus**
- 索节 6 节 ⋯⋯⋯⋯⋯⋯⋯⋯⋯⋯⋯⋯⋯⋯⋯⋯⋯⋯⋯⋯⋯⋯⋯⋯⋯⋯⋯⋯⋯⋯⋯⋯⋯ 6
6. 前翅短缩，明显不达腹端 ⋯⋯⋯⋯⋯⋯⋯⋯⋯⋯⋯⋯⋯⋯ **花翅跳小蜂属 Microterys**（短翅型）
- 前翅正常，至少非常接近腹端 ⋯⋯⋯⋯⋯⋯⋯⋯⋯⋯⋯⋯⋯⋯⋯⋯⋯⋯⋯⋯⋯⋯⋯⋯⋯⋯ 7
7. 小盾片具一簇多少排列紧密的粗而长的黑色刚毛，在皂马跳小蜂属 Zaomma 中个别种小盾片上刚毛不成簇但刚毛较长并近直立，或具 2 根或者 2 根以上鳞状刚毛，或前翅亚缘脉末端有三角形膨大 ⋯⋯⋯⋯⋯⋯⋯⋯⋯⋯⋯⋯⋯⋯ 8

- 小盾片不具一丛或一簇明显的刚毛或鳞状毛；前翅亚缘脉末端无三角形膨大，如有，则触角整个扁平膨大 ……………………13
8. 触角整个扁平膨大 ……………………**尖角跳小蜂属 *Pareusemion***
- 至少索节圆筒形 ……………………9
9. 前翅缘脉至多长稍大于宽，比痣脉和后缘脉短数倍；上颚无齿，具圆的锐边 ……………………**跳小蜂属 *Encyrtus***
- 前翅缘脉至少与痣脉等长；上颚具3尖齿或2尖齿1平齿或1尖齿1平齿 ……………………10
10. 下生殖板伸达腹端；产卵管通常强烈外露，外露部分至少是腹长的1/3 ……………………**原长缘跳小蜂属 *Prochiloneurus***
- 下生殖板不超过腹部的3/4；产卵管不或几乎不外露，如果强烈突出，则下生殖板几乎不超过腹部之半 ……………………11
11. 前翅缘脉长至少为痣脉的3倍；缘前脉强烈下弯 ……………………**刷盾跳小蜂属 *Cheiloneurus***
- 前翅缘脉仅稍长于痣脉；缘前脉正常 ……………………**皂马跳小蜂属 *Zaomma***
12. 触角整个扁平膨大 ……………………13
- 至少索节圆筒形 ……………………16
13. 前翅具1或2条烟褐色纵向放射线 ……………………**巨角跳小蜂属 *Comperiella***
- 前翅透明或多少呈均匀的烟褐色，具1或2个透明斑或带，但不具烟褐色放射状斑纹或带 ……………………14
14. 至少头、胸部大部分黄色或橙色 ……………………**扁角跳小蜂属 *Anicetus***
- 体暗色具金属光泽，非黄色或橙色 ……………………**优赛跳小蜂属 *Eusemion***
15. 中胸盾片至少前部1/3具盾纵沟 ……………………16
- 中胸盾片无盾纵沟 ……………………19
16. 前翅翅基三角区的毛与缘脉外方的毛一致，具明显的无毛斜带 ……………………17
- 前翅翅基三角区几乎光裸，没有无毛斜带 ……………………18
17. 下生殖板不超过腹长的4/5；尾须着生于腹部的基半部 ……………………**阔柄跳小蜂属 *Metaphycus***
- 下生殖板伸达或几乎伸达腹端；尾须时常着生在腹部的端半部 ……………………**艾菲跳小蜂属 *Aphycus***
18. 盾纵沟完整 ……………………**瓢虫跳小蜂属 *Homalotylus***
- 盾纵沟不超过中胸盾片之半 ……………………**草蛉跳小蜂属 *Isodromus***
19. 前翅烟褐色，或由暗色和灰白色刚毛组成的明显花纹而呈烟褐色（不包括这样一些种类：前翅淡黄色或淡褐色，或缘脉下有一个不超出或很少超出痣脉端部的小斑点，不包括前翅具均匀浅烟褐色的种类，若如此则棒节黑色）；上颚2尖齿或3尖齿，或2尖齿1平齿 ……………………20
- 前翅无色透明(或缘脉下有一个不超出或很少超出痣脉端部的小斑点)，如果前翅为均匀的浅烟褐色，则棒节非黑色)，如果前翅具烟褐色斑纹，则上颚4齿 ……………………21
20. 前翅缘脉点状或几乎点状，翅在缘脉之下具一大的暗褐色斑或宽横带，无透明带 ……………………**细柄跳小蜂属 *Psilophrys***
- 前翅缘脉长至少为宽的2倍；翅烟褐色较上述广泛，且常至少在翅脉端部具1个透明带 ……………………**花翅跳小蜂属 *Microterys*（长翅型）**
21. 前翅缘脉点状或缺如 ……………………**点缘跳小蜂属 *Copidosoma***
- 前翅缘脉长过于宽 ……………………22
22. 下生殖板接近或达到腹端 ……………………23
- 下生殖板不超过腹长的0.8处 ……………………24
23. 触角柄节强烈扁平膨大 ……………………**花角跳小蜂属 *Blastothrix***
- 触角柄节细瘦 ……………………**盾绒跳小蜂属 *Teleterebratus***
24. 产卵管露出腹末至少为腹长的0.2倍 ……………………**汤氏跳小蜂属 *Thomsonisca***
- 产卵管不露出腹末或稍露出 ……………………25
25. 前翅缘脉长度短于宽的2倍；中胸盾片在三角片之上略向后扩展；中胸盾片和小盾片不具细网状刻纹 ……………………

88. 阿德跳小蜂属 *Adelencyrtus* Ashmead, 1900

Adelencyrtus Ashmead, 1900: 401. Type species: *Encyrtus chionaspidis* Howard, 1896.

主要特征：雌虫额略窄；复眼大；上颚 4 齿；下颚须 4 节；下唇须 3 节。触角短，着生于口缘；柄节短；梗节长过索节 1–3 节；索节第 1–4 节短，第 5–6 节近方形；棒节 3 节，长约为索节第 1–6 节之和。前胸背板约为中胸背板长的 0.5 倍；小盾片末端钝圆。前翅缘脉稍长过痣脉；后缘脉短。腹部长过胸部；产卵管稍露出。

生物学：寄主为盾蚧科。

分布：世界广布。世界已知 25 种，中国记录 19 种，浙江分布 3 种。

分种检索表

1. 前翅透明；棒节长过索节第 1–6 节之和 ………………………………… 轮盾蚧阿德跳小蜂 *A. aulacaspidis*

- 前翅有烟褐色横带；棒节短于索节第 1–6 节之和 …………………………………………………………… 2

2. 前翅有 4 条烟褐色横带 ………………………………………………… 蛇眼蚧阿德跳小蜂 *A. lindingaspidis*

- 前翅具 2 烟褐色横带 …………………………………………………………… 双带阿德跳小蜂 *A. bifasciatus*

（189）轮盾蚧阿德跳小蜂 *Adelencyrtus aulacaspidis* (Brethes, 1914)

Prionomitus aulacaspidis Brethes, 1914: 29.

Adelencyrtus aulacaspidis: Ferrière, 1949: 371.

主要特征：雌体长 1.1 mm。体黑色；头部及小盾片后缘具绿色金属光泽，触角褐色。足浅黄褐色；中足腿节和胫节均具一黑色环。头背观横宽，头顶宽约为头宽的 1/4；后头缘具 1 对黑而稍长的毛。单眼排列近等边三角形。触角柄节长为宽的 3.3 倍；梗节长为宽的 1.7 倍；索节第 1–4 节宽过于长，第 5–6 节几乎呈方形，并各具 2–3 条纵感觉器；棒节 3 节，稍膨大，端部收窄稍尖，较索节稍短。中胸盾片上细毛较多，三角片每侧各具 3–4 根毛，小盾片具 10 根毛。前翅缘脉长约为宽的 3 倍，较痣脉略长；后缘脉长仅及缘脉之半。中足胫节距与基跗节近等长。腹端尖，产卵管稍突出。雄虫与雌虫相似。主要区别：触角仅 5 节；柄节浅黄色，其他各节褐色；索节仅 2 节，甚短宽；棒节极长，较其他各节之和为长，不分节，密布绒毛。

生物学：寄主为矢尖蚧（柑橘）、桑白蚧（梅、桑）；据记载还有蔷薇白轮蚧和胡颓子白轮蚧。

分布：浙江（杭州）、福建；俄罗斯，日本，新西兰，智利，阿根廷，西欧，北美洲。

（190）双带阿德跳小蜂 *Adelencyrtus bifasciatus* (Ishii, 1923)

Anabrolepis bifasciata Ishii, 1923: 106.

Adelencyrtus bifasciatus: Compere & Annecke, 1961: 57.

主要特征：雌体具金属光泽。头几乎半球形，侧面观呈三角形。额洼上有 1 窄而浅的沟和 1 列银白色的毛。触角索节基部细，向端部渐加粗，几乎横形或方形；索节第 5–6 节黄色；棒节 3 节，几乎与索节等长，较宽大。前翅具 2 条暗色横带，此带与中部相连。腹部卵圆形，略短于胸部，产卵管突出。雄虫触角具极长而不分节的棒节；索节 2 节短小，环状。

分布：浙江（杭州、金华、台州、衢州）、江苏、上海、安徽、福建、台湾、广西、四川；日本，印度，孟加拉国，美国。

注：中名有用双带无软鳞跳小蜂的。

（191）蛇眼蚧阿德跳小蜂 *Adelencyrtus lindingaspidis* (Tachikawa, 1963)

Anabrolepis lindingaspidis Tachikawa, 1963: 166.

Adelencyrtus lindingaspidis: Japoshvili et al., 2016: 351.

主要特征：雌体长 2 mm。单眼排列呈尖锐的三角形，后单眼紧靠复眼缘，触角梗节明显短于第 1–3 索节之和；索节各节向端部渐宽，第 1–3 节横宽，等长，第 4 节与第 5 节等长，第 6 节长稍过于宽；棒节与索节第 3–6 节之和等长，前翅有 4 条烟褐色横带。雄单眼排列呈钝三角形，OCL 为单眼直径的 1.5 倍；触角索节 2 节，第 2 节基缘和端缘平行；前翅缘脉长为宽的 4.0 倍，为痣脉的 2.0 倍。

生物学：寄主为桑白蚧、蛇眼蚧；据记载寄主还有箭头林圆蚧。

分布：浙江（杭州）、山东、江苏、安徽；日本。

89. 长索跳小蜂属 *Anagyrus* Howard, 1896

Anagyrus Howard in Howard & Ashmdad, 1896: 638. Type species: *Anagyrus greeni* Howard, 1896.

主要特征：雌虫额顶等于或宽于复眼；复眼大，卵圆形，被毛；后单眼近眼眶；颊短于复眼纵径；上颚 2 齿；下颚须 4 节；下颚须 3 节。触角位于口缘；柄节强烈扩大；梗节与索节第 1 节近等长；索节第 1–6 节长过宽；棒节 3 节；中胸背板密生白毛，小盾片三角形，平坦。前翅无毛；缘脉短，后缘脉几乎不发育；痣脉长于缘脉。腹末尖，产卵器隐蔽。雄虫复眼小；颊长；触角位于复眼下缘同一水平；梗节很短，索节各节具轮生长毛；棒节不分节，短于索节第 5–6 节之和。体色比雌虫深。

生物学：寄主为粉蚧科及瓢虫科。

分布：全北区、旧热带区、新热带区和澳洲区。世界已知 155 种，中国记录 42 种，浙江分布 4 种。

分种检索表

（192）指长索跳小蜂 *Anagyrus dactylopii* (Howard, 1898)

Aphycus dactylopii Howard, 1898: 242.

Anagyrus dactylopii: Liao, 1978: 87.

主要特征：雌体长 1.8–2.0 mm，红褐色。触角柄节基部和端部、梗节端半、索节第 2–6 节、棒节白色；后头、触角柄节、梗节基半、索节第 1 节、前胸背板黑色。足淡棕色。翅透明。头部宽为高的 1.8 倍。单眼区呈钝三角形。复眼上有许多短钝的钉状毛。触角窝靠近口缘。触角柄节横向扩大，长度为梗节及索节第 1 节之和。小盾片长宽相等，与中胸盾片等长；小盾片有 2 对粗大的鬃毛。前翅缘脉短，仅为其宽的 2 倍；后缘脉稍伸出；痣脉细长；透明斑不达痣脉；无毛区域远离翅基部；前缘室有一列整齐排列的细毛。中足胫节末端有许多钉状刺；后足除一个较大的距之外，还有 1 个不很明显的较小的距。产卵管鞘稍伸出腹末。雄体长 1.2–1.5 mm。体棕黑色。触角柄节基部 1/3 白色，腹面有 1 白色条纹，梗节深棕色，索节淡棕褐色，棒节淡棕色。胸侧片及翅基片黄色。足淡棕色。触角窝位于口缘上部。触角柄节稍扩大，长为宽的 2.5 倍；梗节短，长宽相等；索节 6 节，柱状，第 1 节最长，长为宽的 4 倍，其余各节几乎相同，长为宽的 2.5 倍；棒节不分节，长约等于最末 2 索节之和；各索节有 2–3 根环状排列弯曲的长毛，第 6 索节腹面有 5 根直立的杯状毛，棒节腹面有 2 根杯状毛。前翅长为宽的 2 倍；缘脉短，其长不超过其宽的 2 倍；后缘脉仅稍微伸出，痣脉长度为缘脉与后缘脉之和。中足跗节有许多钉状毛。

生物学：寄主为橘鳞粉蚧、橘小粉蚧、康氏粉蚧；据记载寄主还有丝鳞粉蚧、多种粉蚧。

分布：浙江（台州、温州）、山东、江苏、福建、广东、香港；印度，美国（夏威夷）。

（193）四斑长索跳小蜂 *Anagyrus quadrimaculatus* Xu *et* He, 1995

Anagyrus quadrimaculatus Xu *et* He, 1995: 243.

主要特征：雌体长 1.6 mm。体浅黄红褐色。触角柄节近端部、梗节端部、索节第 2–6 节及棒节、翅基片、各足（除了基节）浅黄白色；触角柄节近基部和端部、单眼三角区前的 4 个斑浅黑色；复眼、触角柄节大部分、梗节基部、索节第 1 节、唇基两侧（稍具）、后头、前胸背板领片、前后翅腋槽及腹部黑色。翅透明。头背观宽为长的 2.3 倍，为中单眼处额顶宽的 2.1 倍。头前面观宽为高的 1.4 倍；触角窝间距为其直径的 1.5 倍；触角窝上缘紧靠复眼下缘连线，下缘至唇基边缘间距为触角窝直径的 0.7 倍。触角柄节腹面明显膨大，长为最宽处的 2 倍。中胸背板及小盾片平坦。前翅长为宽的 2.3 倍；亚缘脉、缘脉、后缘脉长分别为痣脉的 5.6 倍、0.7 倍、0.6 倍；翅面基部三角区有纤毛，缘脉下方 1 条透明无毛横带被 4 列毛分开，与后缘以 2 列毛相隔；透明横带外方均匀着生纤毛。产卵管微露。

生物学：寄主为竹鞘绒蚧（毛竹）。

分布：浙江（湖州）。

（194）绵粉蚧长索跳小蜂 *Anagyrus schoenherri* (Westwood, 1837)

Encyrtus schoenherri Westwood, 1837: 441.

Anagyrus schoenherri: Gahan, 1949: 360.

主要特征：雌体长约 1.4 mm。体橘黄色。触角柄节中部黑色，基部和亚端部黄色；梗节背面褐色，腹面和端部淡黄色；索节淡褐色；棒节白色。翅透明。头横宽，与胸等宽。触角着生于复眼下缘连线之下；柄节扁大，长仅为最宽处的 2 倍；棒节 3 节略膨大，与末 3 索节之和等长。头顶宽于复眼横径，单眼排列约呈 120°的三角形，单、复眼间距略小于后单眼间距，后头缘锐利。胸长于宽，背面平坦；小盾片近正三角形，末端有 2 根黑色长刚毛。前翅缘脉与后缘脉等长，痣脉长。中足较细长，胫距略短于基跗节。腹部长三角形，略短于和窄于胸部，产卵管不突出。雄体略短。体背面黑褐色。头、胸部腹面、侧面和足黄色，腹部腹面黑褐色。触角柄节背面暗褐色，腹面灰黄色；梗节以后各节亦灰黄色。触角较细长，柄节小于雌性，长大于宽的 2 倍；梗节短，仅为第 1 索节长之半；索 6 节，均具为各节宽度 2 倍的弯曲长毛，各索节向端部渐细渐短，但长各为宽的 2 倍；棒节不分节，长约为末 2 索节之和。其他同雌蜂。

生物学：寄主为蜡绵粉蚧、枫香绵蚧、三棱绵蚧、柿绒蚧；在国外还寄生于踯躅粉蚧、柿绵粉蚧、苹大绵粉蚧、绵蜡蚧、榛蜡蚧。

分布：浙江（杭州）、河南、陕西；俄罗斯，日本，伊朗，德国，荷兰。

（195）亚白足长索跳小蜂 *Anagyrus subalbipes* Ishii, 1928

Anagyrus subalbipes Ishii, 1928: 90.

主要特征：雌体长 2 mm。头部、前胸背板、中胸背板和中胸侧板浅褐橙黄色，在触角窝、后头和颊的后部之间黑褐色。上颚浅黄色，顶端暗褐色。柄节黑色，在基部和端部有浅白色带；梗节黑色，端部 1/2 浅白色；第 1 索节黑色，其余索节和棒节白色。后胸侧板、并胸腹节和腹部浅黑褐色。并胸腹节两侧橙黄色。翅基片除端部 1/2 青褐色外浅白色，翅透明。足浅白色，所有跗节浅黄色；前足基节、腿节外缘和后足胫节的外缘青褐色。头宽略大于高；前单眼处额顶为头宽的 1/3。单眼排列呈钝三角形，OOL 与 OCL 略小于单眼直径。上颚 2 齿，下齿较小。触角柄节腹面膨大，长稍大于宽的 2 倍；梗节长，约为端宽的 3 倍；索节长均大于宽，向端部稍加宽，第 1 节长稍大于宽的 2 倍，并明显短于梗节；棒节稍宽于索节末节，并稍短于端部 3 索节之和。前翅长为宽的 2.4 倍，翅面除无毛斜带外，纤毛均匀；亚缘脉、缘脉、痣脉和后缘脉比约为 38：4：7：2；亚缘脉有 28 根毛，中足胫节端部有 12 个刺。

生物学：寄主为嗜桔粉蚧、康氏粉蚧、藜臀纹粉蚧；在国外寄生于藤臀纹粉蚧。

分布：浙江（台州、温州）、辽宁、河北、山东、陕西、湖北、湖南、福建、台湾、广东、香港、广西、四川、贵州、云南；日本。

90. 扁角跳小蜂属 *Anicetus* Howard, 1896

Anicetus Howard, 1896: 639. Type species: *Anicetus ceylonensis* Howard, 1896.

主要特征：雌虫体多呈黄色。头背面观横宽，额顶狭窄；复眼被毛。触角着生于颜面中部稍下方，显著扁平，膨大；梗节三角形；索节 6 节，短；棒节 3 节，斜截。中胸盾片及小盾片相当平坦；小盾片上具黑褐色刚毛。前翅均匀烟褐色，近翅端有环状带；缘脉稍短于痣脉。腹部三角形，短于胸部；产卵管突出或不突出。雄虫体呈黑色，具金属光泽；翅无色。触角线形，细长；索节各节具轮生长毛；棒节不分节。

生物学：寄主蚧科。

分布：东洋区、新北区、旧热带区。世界已知 29 种，中国记录 12 种，浙江分布 8 种。

分种检索表

1. 柄节和梗节背面圆或隆起 ………………………………………………………… 软蚧扁角跳小蜂 *A. annulatus*
- 柄节与梗节背面平坦，梗节不强烈前突 ……………………………………………………………………… 2
2. 棒节第 3 节没有或很少有长条形感觉孔，棒节背缘至多与索节等长 ……………………………………… 3
- 棒节第 3 节有许多长条形，或与外缘垂直的感觉孔，棒节背缘长过索节 ……………………………… 4
3. 棒节第 3 节细瘦，上缘明显少于第 2 节的 0.5 倍，其上有平行于外缘的感觉孔；小盾片背面有 40–60 根刚毛 …………
 ……………………………………………………………………… 蜡蚧扁角跳小蜂 *A. ceroplastis*
- 棒节第 3 节上缘长过第 2 节的 0.5 倍；小盾片背面有 32 根刚毛 ……………… 阿里嘎扁角跳小蜂 *A. aligarhensis*
4. 棒节第 3 节上有许多与外缘垂直的感觉孔 …………………………………… 浙江扁角跳小蜂 *A. zhejiangensis*
- 棒节第 3 节有许多长条形感觉孔 ……………………………………………………………………………… 5
5. 索节第 4–6 节各节背缘明显长过第 1–3 节各节 …………………………………………………………… 6
- 索节第 5–6 节各节背缘明显长过第 1–4 节各节 …………………………………………………………… 7
6. 前翅透明斑上有 2 列毛；棒节节间缝完整 ………………………………………… 红蜡蚧扁角跳小蜂 *A. beneficus*
- 前翅透明斑上有 1 列毛；棒节节间缝常不完整 …………………………………………… 食红扁角跳小蜂 *A. rubensi*
7. 棒节节间缝完整；前翅透明斑上有 6 根刚毛排成 1 列 ……………………… 红帽蜡蚧扁角跳小蜂 *A. ohgushii*
- 棒节节间缝不完整；前翅透明斑上有 4 根刚毛排成 1 列 ……………………………… 霍氏扁角跳小蜂 *A. howardi*

（196）阿里嘎扁角跳小蜂 *Anicetus aligarhensis* Hayat, Alam *et* Agarwal, 1975

Anicetus aligarhensis Hayat, Alam *et* Agarwal, 1975: 34.

　　主要特征：雌体长 1.3–1.8 mm。体黄褐色。前翅端部有烟褐色半圆形环带。后足胫节上有 2 浅黑褐色环。头宽为复眼间距的 5 倍。单眼排列呈锐三角形，中单眼直径为复眼间距的 1/3，OCL（侧单眼至后头缘间距）等于单眼直径。上颚 3 齿。触角第 1–3 索节较短，第 4–6 索节较长；棒节的背面长稍大于索节长；棒节节间沟完整，其第 3 节外侧仅具 1 个弯条形感觉器；第 3 节背面长大于第 2 节的 1/2。胸部小盾片上具刚毛 32 根。并胸腹节每侧气门外方有 4–8 根小毛。前翅缘脉下方具众多粗大刚毛；后缘脉短于缘脉，缘脉稍短于痣脉，后缘脉稍超过痣脉 1/2；在缘脉和后缘脉前缘共有 5 根粗刚毛（不包括端部的一根）。产卵管伸出部分与腹长之比为 1∶5，生殖刺突与中足胫节距之比为 1∶0.8。雄外生殖器的生殖铗具柄，钩爪基齿平截，端齿尖。
　　生物学：寄主为日本蜡蚧。
　　分布：浙江（湖州、嘉兴、杭州）、江苏、江西；印度。

（197）软蚧扁角跳小蜂 *Anicetus annulatus* Timberlake, 1919

Anicetus annulatus Timberlake, 1919: 190.

　　主要特征：雌形态与蜡蚧扁角跳小蜂相似，但体较小，体长 0.78–1.18 mm。体红黄蜂蜡色；中胸盾片具淡紫色反光；复眼紫黑色；特别膨大的触角柄节下缘、颜面中部及颊中一横带黑褐色；触角黄褐色；小盾片边缘、后胸后侧方及腹基褐色至黑褐色。前翅除基部及端部透明无色外褐色，尤以缘脉下的粗大刚毛区及褐斑边缘部分烟褐色。后足胫节具 2 个褐色环，基跗节黑色。触角棒节显著长于索节，分 3 节，各节呈梯形。小盾片具刚毛 10–14 根。前翅基部近 1/3 处具斜走刚毛 1 列。腹部末端产卵管几乎不突出。

生物学：寄主为褐软蜡蚧、橘软蜡蚧、网纹蜡蚧、橘绿绵蜡蚧、多角绵蚧、桑绵蜡蚧。

分布：浙江（杭州、台州、衢州）、辽宁、山东、宁夏、江苏、上海、湖北、江西、湖南、福建、广东、广西、四川、贵州；日本，美国（自日本引进）。

（198）红蜡蚧扁角跳小蜂 *Anicetus beneficus* Ishii *et* Yasumatsu, 1954

Anicetus beneficus Ishii *et* Yasumatsu, 1954: 69.

主要特征：雌虫本种形态与软蚧扁角跳小蜂甚相似。但体较大，体长 1.5–2.0 mm。体黄褐色；头顶、中胸盾片及腹基部具淡紫色反光。触角柄节下缘、棒节背部、棒节第 3 节全部及颊中横带、后胸背板、并胸腹节及腹基部 1/3 黑褐色。前翅烟褐色，具半圆形暗色环带。足黄色，后足胫节有 2 个浅黑褐色环，基跗节端半黄白色。头宽为复眼间距的 5 倍。单眼排列呈三角形；OOL 不及单眼直径的 1/2；OCL 和 POL 约等于单眼直径。触角第 1–3 索节较短，第 4–6 索节较长；棒节长稍大于索节，棒节背部长稍大于索节背部长。前翅缘脉下方粗，刚毛排成整齐的 2 列；后缘脉短，长约为缘脉的 1/2；缘脉与后缘脉在翅前缘有粗刚毛 6 根。小盾片上刚毛 32–38 根。并胸腹节每侧气门外方有细毛 8–10 根，排成 1 列。产卵管稍突出，伸出腹端部分为腹长的 0.22 倍。雄虫生殖铗钩爪具 2 个小齿。

生物学：寄主为红蜡蚧、日本蜡蚧、松红蜡蚧等。

分布：浙江（杭州、台州、衢州）、河南、江苏、上海、安徽、江西、湖南、福建、广东、广西、四川、贵州；日本。

（199）蜡蚧扁角跳小蜂 *Anicetus ceroplastis* Ishii, 1928

Anicetus ceroplastis Ishii, 1928: 150.

主要特征：雌体长约 1.8 mm。体通常黄红褐色。后胸背板和腹基部褐色；额颜区、中胸盾片、后胸侧板和腹基部具紫色闪光；颜面及颊中央具 1 黑褐色横带。触角扁平扩大，黄褐色，柄节下缘、棒节上部及棒节第 3 节全部浅黑褐色。前翅除基部 1/3 和端缘一圈透明外均为褐色，近端缘环形部分色最浓。后翅前缘有 1 淡褐色斑点，其余均透明。后足胫节具 2 褐色环；基跗节端半褐色，第 2–4 跗节黄白色，第 5 跗节黑褐色。头背面观横宽，宽为复眼间距的 7 倍。上颚 3 齿。触角柄节、梗节上面平坦；棒节背面长稍短于索节，棒节第 3 节仅具与外缘平行的线形感觉孔，无棒形感觉孔。前翅缘脉下方透明斑旁有粗刚毛 3–5 列，排列不规则；亚缘脉上约有刚毛 14 根；翅基 1/3 处刚毛呈不规则排列；前缘脉上有刚毛 5 根左右。小盾片刚毛数为 40–46 根。腹短于胸；产卵管长，超过腹长的 1/3。雄体较小。形态和雌虫差别甚大，全体黑色；触角细长多毛；翅透明；生殖铗钩爪具 1 小齿，弯钩状；齿基极宽，似呈方形。

生物学：寄主为日本蜡蚧、龟蜡蚧、角蜡蚧、伪角蜡蚧。

分布：浙江（杭州、温州）、山东、河南、陕西、江苏、安徽、江西、湖南、福建、广东、海南、四川、贵州；日本。

（200）霍氏扁角跳小蜂 *Anicetus howardi* Hayat, Alam *et* Agarwal, 1975

Anicetus howardi Hayat, Alam *et* Agarwal, 1975: 36.

主要特征：雌体长 1.6 mm。体黄褐色。前翅具烟褐色半圆形环带；后足胫节的 2 浅黑褐色环较弱。头宽为复眼间距的 6 倍。单眼排列呈三角形，中单眼直径稍大于复眼间距的 1/3。OCL 等于单眼直径。上颚 3 齿。触角第 1–4 索节较短，第 5–6 索节较长；棒节第 2 节间沟不完整，第 3 节侧面约具 8 个弯条形感觉器。小盾片具刚毛 20 根。前翅缘脉下方有粗刚毛 4 根排成 1 列；缘脉与痣脉约等长，后缘脉超过缘脉的

1/2；在缘脉与后缘脉的前缘有粗刚毛 3 根（不包括后缘脉端部的 1 根）。产卵管伸出部分与腹长之比为 1：4.5。生殖刺突与中足胫节距之比为 1：0.67。雄外生殖器的生殖铗短柄，钩爪基齿平截，端齿尖。

生物学：寄主为红蜡蚧、日本蜡蚧、龟蜡蚧。

分布：浙江（嘉兴、杭州、衢州）、安徽、福建；印度。

（201）红帽蜡蚧扁角跳小蜂 *Anicetus ohgushii* Tachikawa, 1958

Anicetus ohgushii Tachikawa, 1958a: 77.

　　主要特征：雌体长 0.8–2.0 mm。体黄褐色；复眼紫红色；触角柄节下缘、棒节背缘浅黑褐色；后胸背板、并胸腹节及腹基部黑褐色。前翅烟褐色较淡，具半圆形暗色环带和透明部位。足黄色；后足胫节有 2 浅黑褐色环，基跗节端半浅褐色，跗节第 2–4 节黄白色，第 5 节黑褐色。单眼排列呈三角形；POL 为单眼直径的 3 倍，OOL 为单眼直径的 1/2，OCL 等于单眼直径。触角第 1–4 索节较短，第 5、6 索节较长；棒节明显长于索节，节间沟完整，棒节第 3 节上有弯棒形感觉孔 9–10 个。小盾片上具刚毛 22–33 根。并胸腹节每侧气门外方仅具小毛 1 根。前翅缘脉下方具粗大刚毛 6 根，排成 1 列；后缘脉长超过缘脉的 1/2，缘脉和后缘脉在翅前缘具粗刚毛 4 根；缘脉上具粗刚毛 3 根。产卵管外露部分与腹长之比为 1：3.4。雄生殖铗钩爪具 1 弯钩形小齿。

　　生物学：寄主为红蜡蚧、日本蜡蚧、龟蜡蚧、红帽蜡蚧。

　　分布：浙江（杭州、金华）、河南、陕西、江西、湖南、福建、广东、四川、贵州；日本。

（202）食红扁角跳小蜂 *Anicetus rubensi* Xu *et* He, 1997

Anicetus rubensi Xu *et* He, 1997: 90.

　　主要特征：雌体长 1.4 mm。体浅黄至红褐色。触角第 6 索节、下颚须、下唇须均浅黄白色；后足胫节具 2 个黑褐色环；前翅缘脉外方近端部具烟褐色环带。头部背面观宽为长的 2.0 倍、为前单眼处额顶宽的 5.4 倍；单眼区呈锐三角形，前后单眼间距为 POL 的 1.8 倍。POL、OCL、OOL 分别为前单眼直径的 0.8 倍、0.5 倍、0.3 倍。触角柄节及梗节背面平坦；索节第 1–3 节短，第 4–6 节较长；棒 3 节，长为索节全长的 1.3 倍，第 3 节背长为第 2 节的 0.6 倍，其上每侧约有 6 个长条形感觉孔，第 2 节间缝不达腹缘。中胸盾片及小盾片隆起，小盾片上有 22 根刚毛（副模中 18–22 根），并胸腹节气门外侧有 5 根刚毛。前翅长为宽的 2.2 倍；亚缘脉上具 10 根刚毛；亚缘脉、缘脉、后缘脉长分别为痣脉的 7.2 倍、1.2 倍、0.5 倍；缘脉上方有 4 根粗刚毛，下方有 6 根（副模中 5–6 根）粗刚毛排成 1 列。中足胫节末端有 9 根刺，距长为基跗节的 0.9 倍。腹部三角形，腹端尖。度量：以中足胫节长为 100（=0.48 mm），下列各部相对长度分别为：胸部长 147，腹部长 100，并胸腹节气门间距 94，产卵管长 131，产卵管露出腹末部分 22，产卵管鞘长 44，产卵管外瓣宽 26。雄体长 1.0 mm。体黑色。翅透明。触角鞭节、前足胫节端部、中足胫节基部及端部 0.5、后足胫节基部及端部、各足跗节浅褐色。外生殖器的生殖铗钩爪基齿平截。

　　生物学：寄主为红蜡蚧。

　　分布：浙江（台州、衢州）。

（203）浙江扁角跳小蜂 *Anicetus zhejiangensis* Xu *et* Li, 1991

Anicetus zhejiangensis Xu *et* Li, 1991: 219.

　　主要特征：雌体长 1.7 mm。体浅黄褐色，杂有浅褐色和橘黄色。头顶、中胸盾片、小盾片和腹基部具紫色闪光。颜面在触角窝之间有暗褐色带横过洼间突，伸向颊两侧后方，颜面其余部分青草黄色。复眼浅绿色，单眼红色。触角浅黄色，柄节和梗节背缘黑褐色；柄节腹缘有狭窄的暗褐边；棒节第 1 节背缘、第 2 节背面 1/2 和第 3 节大部分暗褐色。胸部腹面青褐色；前胸腹板上多少具明显褐斑。前翅具暗烟褐色斑，近翅端的半圆形环带色尤其深。足青黄色；各足端跗节、后足膝部和胫节上 2 斑、后足基跗节端部 1/2 更多，均暗褐色。头背面观宽为长的 2 倍，为中单眼处头顶宽的 6 倍；头顶有微细的横向鳞纹。触角窝直径稍小于触角窝与口之间的距离。上颚 3 齿，上齿平截，中、下齿尖。触角柄节与梗节背缘平坦，柄节长稍大于宽（1.45∶1）。中胸盾片宽大于长，中胸盾片和三角片上均有微细的横向鳞纹。小盾片具刚毛 25–28 根。腹部卵圆形，稍短于胸部（120∶135）。产卵管伸出部分与腹长之比为 1∶3.4。雄体长 1.3 mm。体黑色，局部有绿色金属光泽。触角浅褐色，各鞭节长均具长毛，翅无色透明。腹部短，生殖铗钩爪具 2 齿，基齿平截，端齿尖。

生物学：寄主为日本蜡蚧（大叶黄杨、悬铃木）、角蜡蚧（珊瑚冬青）。

分布：浙江（杭州）。

91. 艾菲跳小蜂属 *Aphycus* Mayr, 1876

Aphycus Mayr, 1876: 695. Type species: *Encyrtus apicalis* Dalman, 1820.

主要特征：雌虫头部圆形，复眼近于光裸，单眼排列呈等边三角形。触角着生于口缘；柄节稍呈纺锤形；梗节等于或长过索节第 1–3 节之和；索节各节常宽过于长，向末端扩大；棒节 3 节，与索节近于等长。小盾片三角形。前翅大，有些种类有烟褐色横带，缘脉点状，后缘脉几乎不发育，痣脉长。腹部短，产卵器露出腹末。雄虫翅无色，缘脉下有时有暗色斑；棒节不分节。

生物学：寄主粉蚧科。

分布：分布于古北区、东洋区、新北区；世界已知 27 种，中国记录 3 种，浙江分布 2 种。

（204）单带艾菲跳小蜂 *Aphycus apicalis* (Dalman, 1820)

Encyrtus apicalis Dalman, 1820: 153.

Aphycus apicalis: Mayr, 1876: 695.

主要特征：雌体长 1.8 mm。体火红橘黄色，触角浅黄白色，棒节白色；前胸背板领片略青色，并胸腹节褐色；腹部浅黑褐色；产卵管伸出腹末部分青色，端部青褐色。前翅有 1 条烟褐条横带。中、后足胫节青褐色，端部浅黄白色。头顶长为宽的 2 倍；单眼排列呈等边三角形；OCL 等于单眼直径。触角柄节扁而细长，不膨大；梗节长约为基部 3 索节之和；各索节向端部渐宽，第 1–4 索节宽大于长，第 5、6 索节近方形，第 6 索节宽为第 1 索节的 2 倍；棒节长卵形，长约为第 3–6 索节之和。产卵管伸出腹末部分约为腹长的 1/3。

生物学：蔗洁粉蚧（甘蔗）。

分布：浙江（台州）；欧洲。

注：本种别名枣粉蚧短索跳小蜂。

（205）札幌艾菲跳小蜂 *Aphycus sapproensis* (Compere *et* Annecke, 1961)

Waterstonia sapporensis Compere *et* Annecke, 1961: 40.

Aphycus sapproensis: Hayat, 2006: 306.

主要特征：雌体长 1.4 mm。头橘黄色；触角青褐色，棒节白色。中胸背板及腹基部橘黄色；前胸腹节和中胸侧板多为浅褐色；腹部除基部外浅黑褐色。中、后足胫节暗色，仅端部浅黄色。产卵管伸出腹末部分青色，端部青褐色。背面观头宽为头顶宽的 3.7 倍，头顶长为宽的 3.3 倍。单眼排列呈锐三角形；OCL 约为单眼直径的 1/2。触角柄节细瘦，长为梗节与索节之和；梗节长为第 1–4 索节之和；第 1–3 索节近等长，各索节宽大于长，第 6 索节宽为第 1 索节的 2 倍；棒节端部斜截，长为第 2–6 索节之和，中足胫节距稍短于基跗节，产卵管伸出腹末约为腹长的 1/2。

生物学：寄主为一种粉蚧（枣）。

分布：浙江（金华）；日本。

注：本种别名札幌华特跳小蜂。

92. 寡节跳小蜂属 *Arrhenophagus* Aurivillius, 1888

Arrhenophagus Aurivillius, 1888: 144. Type species: *Arrhenophagus chionaspidis* Aurivillius, 1888.

主要特征：雌虫头部前面观略呈三角形；背面观额顶很宽；复眼圆，较小且光裸；颊长过复眼纵径；上颚末端尖锐；下颚须 2 节；下唇须 1 节。触角索节 2 节，环状；棒节长而不分节。翅被均匀的毛；缺无毛斜带；缘脉及后缘脉几乎不发育；痣脉短而不明显。跗节 4 节，末节稍长过第 1 节。雄虫触角索节 4 节；棒节 3 节。

生物学：寄主为盾蚧科。

分布：世界广布；世界已知 2 种，中国记录 3 种，浙江分布 1 种。

（206）盾蚧寡节跳小蜂 *Arrhenophagus chionaspidis* Aurivillius, 1888

Arrhenophagus chionaspidis Aurivillius, 1888: 144.

主要特征：雌体长 0.3–0.5 mm。体黑褐色，腹部色较浅，具金属反光。触角 5 节；索节呈环状，小，仅 2 节；棒节膨大不分节。胸部极隆起。前翅较宽阔，缘脉、后缘脉和痣脉均极不明显，呈烟褐色斑；亚缘脉烟褐色。跗节 4 节。

生物学：寄主为柑桔并盾蚧（雄若虫）、矢尖蚧（雄若虫）、松突圆蚧、桑白蚧；据记载国外寄主还有 *Acanthococcus aceris*、*Aspidiotus hederae*、蔷薇白轮蚧、米兰白轮蚧、樟白轮蚧、柳雪盾蚧、白背盾蚧、松单蜕盾蚧、台湾单蜕盾蚧、*F. saprosmae*、越桔单蜕盾蚧、苏铁盾蚧、茶长蛎蚧、椰袋盾蚧、棉并盾蚧、福氏笠盾蚧、梨圆蚧、蛎形笠盾蚧、柑桔簇盾蚧。

分布：浙江（杭州）、福建、台湾、广东；俄罗斯，日本，印度，斯里兰卡，法国，美国，牙买加，圭亚那，澳大利亚，马德拉群岛，西印度群岛，北非，南非。

93. 花角跳小蜂属 *Blastothrix* Mayr, 1876

Blastothrix Mayr, 1876: 697. Type species: *Encyrtus sericeus* Dalman, 1820.

主要特征：雌虫复眼大，被毛；后头边缘锐利；颊长，约等于复眼纵径；额顶与复眼近等宽；上颚具尖齿及截齿；下颚须 4 节；下唇须 3 节。触角着生位置不靠近口缘；柄节一般强烈扁平膨大；梗节短，索节第 1–6 节长过于宽；棒节 3 节，短于索节第 4–6 节之和，末端稍平截。中胸背板密生白毛。翅无色；缘脉长过于宽，约等于痣脉；后缘脉长过缘脉。前足腿节扁阔。腹部短于胸部；产卵管不露出或稍露出。雄虫额顶宽过复眼；触角着生于复眼下缘同一水平；柄节中央稍膨大；梗节短；索节第 1–6 节长过于宽，具轮毛；棒节不分节。

生物学：寄主为蚧科及绛蚧科。

分布：古北区、东洋区、旧热带区；世界已知 30 种，中国记录 9 种，浙江分布 1 种。

（207）中国花角跳小蜂 *Blastothrix chinensis* Shi, 1990

Blastothrix chinensis Shi, 1990: 462.

主要特征：雌体长约 2 mm。头部蓝绿色，头顶、中胸背板有古铜色闪光。触角黑褐色，梗节末端和第 5–6 索节色较淡。前胸背板蓝绿色。翅基片白色，端部褐色。胸腹侧片后缘白色。翅透明。各足基节同体色，前足和后足除腿节两端和胫节基部黄白色外，其余黑褐色；中足腿节黄白色，端部 1/3 处有 1 黑褐色斑，胫节除基部黄白色外，大部浅褐色，近两端各有一个不大明显的黑褐色环；除基跗节黄白色外，其余跗节黑褐色。后胸背板、并胸腹节及腹部黑褐色，有蓝绿色闪光。头部前面观长宽约相等。头顶宽为头宽的 1/3。触角柄节下方扩展，长为其最宽处的 2.6 倍，最宽处在端半部；梗节长为其端部宽的 2 倍；索节 6 节，第 1–6 节由基部至端部渐宽，第 1–5 节长大于宽，长度约相等，第 6 节近方形，较其他索节短，第 1 索节与梗节等长；棒节 3 节，明显宽于第 6 索节，而略长于第 5、6 索节长度之和。中足胫节距略短于基跗节。头部、前胸背板、中胸背板上有细小刻点。腹部略短于胸部，产卵管不突出。雄体长约 1.7 mm。与雌虫相似。触角柄节黑褐色，两端色较淡；棒节背面黑褐色，腹面色较淡；索节和棒节黄白色，其上具稀疏黑色长毛。翅透明，脉浅褐色。足黄白色，但各足基节、前足腿节下缘和跗节、中足胫节基部和端跗节、后足腿节、胫节和跗节色较暗。

生物学：寄主栗绛蚧。

分布：浙江（杭州、绍兴）、河南。

94. 佳丽跳小蜂属 *Callipteroma* Motschulsky, 1863

Callipteroma Motschulsky, 1863: 35. Type species: *Callipteroma quinqueguttata* Motschulsky, 1863.

主要特征：雌虫头部侧面观扁豆形；背面观额顶宽；后单眼间距与单复眼间距相等；颊很短；上颚具 2 尖齿。触角很长，线状，着生于复眼下缘连线下；柄节圆筒形；梗节短；索节第 1–6 节长过于宽；棒节 3 节。小盾片三角形；并胸腹节两侧被浓密的白毛。翅在停息时向上竖起；前翅狭长，烟褐色，具无色斑或带；缘脉与痣脉近相等；后缘脉短。足长；中足跗节第 1 节与第 2–5 节之和等长。腹部延长，末端尖锐；产卵管不露出。雄虫触角被短毛；柄节与索节第 1 节等长；梗节长几不过于宽。

生物学：寄主粉蚧科。

分布：分布于古北区、东洋区、旧热带区，世界已知 6 种，中国记录 1 种，浙江分布 1 种。

（208）六斑佳丽跳小蜂 *Callipteroma sexguttata* Motschulsky, 1863

Callipteroma sexguttata Motschulsky, 1863: 35.

主要特征：雌体长 2.0 mm。体黑褐色。触角柄节、胸部腹面及腹基部、各足腿节、胫节两端、跗节第 1–4 节浅黄褐色；触角梗节、鞭节黑色；前翅大部分烟褐色，翅基及端缘透明，烟褐色区内有 5 个明显的透明斑；后翅基部烟褐色，端部浅烟褐色。头部背面观宽为长的 1.5 倍，为头顶宽的 2.0 倍；后头缘锋锐，略凹入。头前面观宽为高的 1.0 倍；触角窝间距为其长径的 1.0 倍，下缘在复眼下缘连线之上，至唇基间距为触角窝长径的 0.6 倍；下颚须 4 节；下唇须 3 节，末端尖。触角柄节细瘦，长为最宽处的 8.0 倍；梗节长为端宽的 1.8 倍，为第 1 索节的 0.28 倍；第 1 索节长为宽的 6.6 倍，其余索节等宽，向端部渐短，第 6 节长为宽的 3.1 倍；棒节稍短于第 5–6 索节之和，与第 6 索节等宽，末端圆。中胸盾片和小盾片隆起，后者具 16 根刚毛。前翅长为宽的 3.4 倍；亚缘脉、缘脉、后缘脉长分别为痣脉的 6.0 倍、1.6 倍、0.4 倍；除缘脉下方 1 纵条无毛外，烟褐色部分均匀着生纤毛。中足胫节末端有 11 根刺，距与基跗节等长。腹部短卵形，末端圆；臀刺突着生于腹基部，产卵管隐蔽。

生物学：寄主粉蚧。

分布：浙江（杭州）、广西；印度，斯里兰卡，欧洲。

注：本种别名：五斑佳丽跳小蜂。

95. 刷盾跳小蜂属 *Cheiloneurus* Westwood, 1833

Cheiloneurus Westwood, 1833b: 343. Type species: *Encyrtus elegans* Dalman,1820.

主要特征：雌虫体常局部黄色。头部大；额顶狭窄；复眼大而无毛；颊长；上颚具 3 尖齿或 1 尖齿和 1 截齿；下颚须 4 节，下唇须 3 节。触角短，着生于颜面下方口缘附近；柄节稍扁平膨大；梗节长过第 1 索节；索节第 1–6 节渐宽；棒节 3 节。中胸盾片具银白色毛；小盾片末端有毛簇；翅大而狭窄，暗色；缘脉长；痣脉弯曲且短；后缘脉短于痣脉。腹部长；产卵管不露出或稍露出。雄虫体具金属光泽；额顶前方宽；颊较长；触角丝状；柄节短；梗节长宽相等；索节第 1–6 节长过于宽，具轮毛；棒节不分节。翅无色；缘脉相对较短；痣脉较长。腹部长不过胸部。

生物学：寄主鳌蜂科及小蜂总科，主要是蚜小蜂科、跳小蜂科。为下列昆虫的重寄生蜂：半翅目蚧科和粉蚧科等及双翅目果蝇科等。

分布：全世界 100 种以上，世界广布，中国 7 种，浙江 2 种。

（209）长缘刷盾跳小蜂 *Cheiloneurus claviger* Thomson, 1876

Chiloneurus claviger Thomson, 1876: 50.
Cheiloneurus claviger: Sugonjaev, 1962: 190.

主要特征：雌体长 1.7–2 mm。体红黄色夹有褐色。前胸背板黑色，中胸盾片前部 1/3 黑色，中央红黄色，后部 1/3 淡黄色；颊、后胸背板和腹部黑褐色；小盾片红黄色，小盾片后缘灰暗。触角黑褐色，但柄节下半部白色，第 1 索节全部和第 2 索节下缘褐色，第 3–5 索节几乎全为黄白色；第 6 索节和棒节黑色，棒节端部颜色较浅。前足基节、前中足腿节（除上缘和下缘褐色外）、后足基节（除基部褐色外）和后足跗节（除基跗节基半部黑色外）白色；中足基节色暗；前足胫节、中足胫节基部和后足腿节黑褐色；中足胫节端部和前中足跗节褐黄色至红黄色，后足胫节和基跗节基部黑色。颊、中胸盾片中部和三角片具黑色刚毛，中胸盾片后部 1/3 具银色刚毛，小盾片端部具一簇刚毛。头顶宽约等于复眼长径。单眼排列呈钝角三角形。颊短于复眼长径，具隆起线。下颚须 4 节，下唇须 3 节。上颚犁状，无齿，具一锐利边缘。触角着生于复眼下缘连线上；柄节长约为宽的 5 倍；索节第 1–3 节长大于宽，第 4 节近方形，第 5–6 节宽约为长的 2.5 倍；棒节宽，3 节，端部稍斜截。前翅透明斑之外烟褐色并向端部渐淡，在亚缘脉近端部具一横形粗刚毛群；缘脉短，长过于宽；后缘脉和痣脉约等长。腹部与胸部等长或稍长（不包括产卵管），长椭圆形，末端尖。产卵管露出为腹长的 1/6 以上。

生物学：寄主花翅跳小蜂，是下列蚧虫的重寄生蜂：橘绿绵蜡蚧（柑橘）、日本蜡蚧、白蜡虫、褐软蜡蚧、刺槐球蚧、朝鲜球坚蚧（梅）、皱大球蚧、栎球蚧、角蜡蚧、竹巢粉蚧；据记载还有、臀纹粉蚧、长尾堆粉蚧。

分布：浙江、辽宁、河北、河南、陕西、江西、湖南、广西、四川；俄罗斯，日本，英国，瑞典，匈牙利，奥地利，捷克，西班牙。

注：本种别名为刷盾长缘跳小蜂、锤角长缘跳小蜂、蜡蚧刷盾长缘跳小蜂。

（210）隐尾毁螯跳小蜂 *Cheiloneurus lateocaudatus* (Xu *et* He, 2003)

Echthrogonatopus lateocaudatus Xu *et* He, 2003: 527.

Cheiloneurus lateocaudatus: Noyes, 2019.

主要特征：雌体长 0.85–1.0 mm。体蓝黑色，局部带铜色及绿色反光。复眼、前胸、小盾片、并胸腹节及腹基部带紫黑色。小盾片除边缘外呈天鹅绒状，无光泽。触角紫褐色。足浅黄褐色，中足基节基部及跗节末端黑褐色。翅透明，翅脉及翅毛淡紫褐色；翅基片及翅基骨片暗褐色。头部：背面观呈半球形，与胸部大致等宽或略宽；复眼大无毛；额顶窄狭，仅占头宽的 0.17–0.2 倍。中胸盾片宽 2 倍于长，稍膨起，具网状刻纹，并密布银白略带黄色的刚毛；小盾片长略大于宽，近舌状，后端圆，呈天鹅绒状并具较稀疏的黄褐色刚毛。并胸腹节短，侧方多白毛。前翅长约为宽的 2.8 倍；亚缘脉约为缘脉的 4 倍，缘脉约为痣脉的 2 倍，后缘脉短。痣脉下方具向后下方斜走的无毛带，但此带不达后缘，其下方封闭。斜带内方基室中的毛较斜带外方稀；臀角缘毛约为翅最宽处的 0.1 倍。腹部长为胸部的 0.7 倍，三角形；臀刺突前移近腹基部。雄虫触角细长，淡黄褐色，与体等长；索节 6 节，各节有两轮刚毛，第 1、2 索节较短而宽，约等长，长均为宽的 1.5 倍，稍长于梗节，稍短于其他索节，但比第 3、4 索节宽；第 5 索节较第 6 节稍长稍宽，但均比第 3、4 节长，长均为宽的 2.5 倍；棒节粗，不明显 3 节，短于前 2 索节之和。额顶与复眼等宽。

生物学：寄主稻虱红单节螯蜂（从螯蜂茧中羽化，每茧出蜂 4–6 头）、黑腹螯蜂、侨双距螯蜂等。

分布：浙江（杭州、金华）、陕西、江苏、上海、安徽、湖北、江西、湖南、福建、广东、广西、四川、贵州、云南；印度。

96. 克氏跳小蜂属 *Clausenia* Ishii, 1923

Clausenia Ishii, 1923: 98, Type species: *Clausenia purpurea* Ishii,1923.

主要特征：雌虫头背面观明显横宽；上颚 2 齿；下颚须 4 节；下唇须 3 节。触角索节棒状；第 1–6 索节长稍过于宽；棒节明显宽过第 6 索节，分 3 节，末端斜截。前翅相当宽，缘脉长过痣脉；后缘脉不发达。雄虫触角索节中央略膨大，被短毛；棒节不分节。

生物学：寄主粉蚧科。

分布：古北区、东洋区。世界已知 12 种，中国记录 1 种，浙江分布 1 种。

注：别名蓝绿跳小蜂属。

（211）粉蚧克氏跳小蜂 *Clausenia purpurea* Ishii, 1923

Clausenia purpurea Ishii, 1923: 98.

主要特征：雌体长 1.8–2.6 mm。体黑褐或黑色，有蓝绿色金属光泽。触角梗节短于第 1 索节。腹部卵形。产卵管不突出。其外瓣片长为最宽处的 2 倍，产卵管鞘长显著地短于外瓣片的最宽处。雄体长 1.5–2.4 mm。与雌虫相似。触角柄节黑褐色，下缘膨大，其长为最宽处的 2 倍；梗节暗褐色，长宽约相等；索节和棒节淡褐色，索节各节长宽约相等，被有稀疏褐色长毛，棒节端部尖，被短毛。外生殖器粗短，其长为最宽处的 3 倍，生殖铗有 2 个小钩。

生物学：寄主为橘小粉蚧、臀纹粉蚧；在国外寄主还有康氏粉蚧、杜鹃皑粉蚧。

分布：浙江（舟山、台州）、福建、台湾、四川；日本，以色列，美国（以色列及美国系从日本引进）。

注：①此蜂别名有粉蚧三色跳小蜂、粉蚧蓝绿跳小蜂；②引进美国后成为康氏粉蚧的有效天敌，引进以色列后成为橘小粉蚧的有效天敌。

97. 盾蚧跳小蜂属 *Coccidencyrtus* Ashmead, 1900

Coccidencyrtus Ashmead, 1900: 383. Type species: *Eucyrtus ensifer* Howard,1885.

主要特征：雌虫头部隆起；额不宽于复眼；后头具锐利边缘；颊几乎等于复眼纵径；上颚具 1 尖齿和 1 截齿；下颚须 3 节；下唇须 2 节。触角着生于口缘；柄节长，圆筒形；梗节长过于宽，长过索节第 1 节；索节各节长不过于宽，第 1–5 节常较小，最后 1 节特别大；棒节通常与索节第 1–6 节之和等长，至少不短于第 4–6 节之和。盾纵沟仅中胸盾片前端明显；小盾片宽，平坦，上有六角形网纹。翅透明；缘脉短。腹短于胸；产卵管不露出或稍露出。雄虫额顶宽；复眼小；触角着生于口缘略高处；柄节短且稍扁；梗节短；索节第 1–6 节梯形或长卵形，末端强烈收缩，具轮毛；棒节不分节，短于索节第 5–6 节之和。

生物学：寄主为盾蚧科。

分布：世界广布，世界已知 33 种。中国记录 4 种，浙江分布 1 种。

（212）长棒盾蚧跳小蜂 *Coccidencyrtus longiclavatus* Xu, 2005

Coccidencyrtus longiclavatus Xu in Xu et Lin, 2005: 97.

主要特征：雌体长 1.4 mm。体黑色。触角柄节、梗节端部、索节、各足转节、腿节两端、前足胫节两端，以及中、后足胫节基部及端部 0.5–0.6、跗节浅黄白色。触角棒节浅褐色。前翅透明。头背面观宽为长的 2.5 倍，为前单眼处额顶宽的 2.3 倍；单眼区呈锐三角形，POL、OCL、OOL 分别为前单眼直径的 1.0 倍、1.5 倍、0.5 倍，前后单眼间距为 POL 的 1.1 倍。头前面观宽为高的 1.3 倍；触角窝间距为其长径的 1.7 倍，上缘在复眼下缘连线以下，下缘至唇基边缘间距为触角窝直径的 0.5 倍；下颚须 4 节，末端斜截；下唇须 3 节。触角柄节腹面稍膨大，长为最宽处的 4.6 倍；梗节长为端宽的 1.8 倍；索第 1–5 节近方形，第 4–6 节宽稍大于长，第 6 节最宽；棒节 3 节，长为各索节之和的 1.2 倍，宽为索节第 6 节的 2 倍。中胸盾片及小盾片隆起。前翅长为宽的 2.2 倍；亚缘脉上具 7 根刚毛，缘前脉上具 3 根刚毛；亚缘脉、缘脉、后缘脉长分别为痣脉的 8.3 倍、0.73 倍、0.6 倍。中足胫节距与基跗节等长。腹卵圆形，末端钝圆。

生物学：寄主为梨圆蚧、核桃圆蚧、长白蚧。

分布：浙江（台州）、山东、江苏、福建、云南。

98. 巨角跳小蜂属 *Comperiella* Howard, 1906

Comperiella Howard, 1906a: 121. Type species: *Comperiella bifasciata* Howard, 1906.

主要特征：雌虫体背腹扁平；头侧观呈三角形；颜面与额顶间夹角呈脊；复眼大而裸；上颚具 2 尖齿及 1 截齿；下颚须 4 节；下唇须 3 节。触角着生于口缘上方，显著扁平膨大；梗节三角形；索节短而宽；棒节长，分 3 节。中胸盾片及小盾片平坦；小盾片上具天鹅绒状细致刻纹。前翅具黑色放射状斑带；亚缘脉末端弯曲；缘脉粗短；痣脉与缘脉等长。腹部扁宽，略短于胸。雄虫触角丝状；索节各节具轮生长毛。翅透明无色。

生物学：寄主为盾蚧科。

分布：世界广布。世界已知 8 种，中国记录 4 种，浙江分布 3 种。

分种检索表

1. 前翅具 1 条烟褐色横带，基部下方有 1 烟褐色三角形斑；产卵管不露出 ······················ 印度巨角跳小蜂 *C. indica*
- 前翅有 2 条横带；产卵管露出 ·· 2
2. 前翅有 2 条横带强度分开，下面的横带伸达翅缘 ······························· 双带巨角跳小蜂 *C. bifasciata*
- 前翅有 2 条横带多少平行，下方的横带短，不达翅缘 ························· 单带巨角跳小蜂 *C. unifasciata*

（213）双带巨角跳小蜂 *Comperiella bifasciata* Howard, 1906

Comperiella bifasciata Howard, 1906a: 122.

　　主要特征：雌体长 1.1–1.3 mm。体通常蓝黑色。头顶浅黄色，中央具 1 甚宽黑色纵带。前胸背板和中胸盾片有 1 条无光泽而窄的黑色中纵带和 2 条宽而闪光的蓝绿色亚中带。前翅有 2 条分支的黑色纵带；前条较宽达翅尖，后条较窄伸达翅外缘。各足基节、腿节和前中足胫节基半及后足腿节黑褐色；各足第 5 跗节黑褐色，其余跗节污黄色；前、中足胫节端部污黄色。头侧面观呈三角形，复眼裸。触角着生于近口缘；柄节扁平扩展，梗节三角形，索节横形；棒节 3 节，斜切，约与第 1 索节等宽，端部不特别窄。前翅亚缘脉在端部略弯曲。腹部宽圆，产卵管稍突出。

　　生物学：寄主为椰圆蚧、黄圆蚧、红圆蚧、拟褐圆蚧、橙褐圆蚧、蔷薇圆蚧、柳杉圆盾蚧、罗汉松蚧、糠片蚧、矢尖蚧、蛇眼蚧；在国外寄主还有 *Aonidiella taxus*、*Aspidiotus destructor*、*A. orientalis*、酱褐圆蚧、*Nuculaspis abietis*、*Quadraspidiotus gigas*、*Hemiberlesia rapax* 等。1941 年美国曾从我国华南、台湾引入美国加利福尼亚州防治红圆蚧、黄圆蚧。

　　分布：浙江（台州、衢州、温州）、山东、河南、江苏、上海、江西、湖南、福建、台湾、广东、香港、广西、四川、贵州、云南；俄罗斯，日本，印度，印度尼西亚，以色列（1945 年由美国引进），斐济，毛里求斯，匈牙利，西班牙，美国，南非。

（214）印度巨角跳小蜂 *Comperiella indica* Ayyar, 1934

Comperiella indica Ayyar, 1934: 219.

　　主要特征：雌体长 0.9 mm。体黑色，小盾片上具蓝绿色金属光泽。头顶黄褐色，中央的褐色纵条纹较短宽。与单带巨角跳小蜂相似，可区别如下：①前翅仅具 1 条较宽的烟褐色纵条，纵条基部附有 1 烟褐色三角形斑，基部长度仅为宽纵条的 1/4；②中足胫节除基部稍带黑褐色外，大部分黄白色，后足胫节全部黑褐色；③头宽约为复眼间距的 4 倍，前单眼直径约为复眼间距的 1/3；④OOL 约为单眼直径的 2 倍，POL 稍大于单眼直径；⑤触角棒节与第 1 索节等宽，稍向端部趋窄；⑥前翅长约为宽的 3 倍，宽约为烟褐色宽纵条的 2 倍；⑦产卵管全长与中足胫节等长，不露出腹末。

　　生物学：寄主为椰圆蚧、黄圆蚧、费氏圆蚧、桔林圆蚧；此外在印度寄生于圆盾蚧。

　　分布：浙江（温州）、江西、湖南、福建；印度。

（215）单带巨角跳小蜂 *Comperiella unifasciata* Ishii, 1925

Comperiella unifasciata Ishii, 1925: 25.

　　主要特征：雌虫本种体形、大小与双带巨角跳小蜂相似。但前翅 2 纵带的后 1 条短，不伸达翅外缘。前胸背板颈片中央具 1 白色斑纹；中胸盾片中部淡蓝绿色。前翅长稍大于宽的 3 倍。触角棒节与第 1 索节等宽并向端部渐窄，柄节长稍过于宽。雄蜂与前种比较，本种各索节背、腹缘几乎直形（前种腹缘几乎呈直线，而背缘较隆起）；本种在单眼之间为橘红色斑纹（前种单眼外侧除了侧单眼和复眼边缘间的区域围以1 橘红色斑纹）；生殖铗较粗短（双带巨角跳小蜂较细长）。

生物学：寄主椰圆蚧、黄圆蚧、费氏圆蚧、蛇眼蚧、红蜡蚧(?)、恶性圆蚧、柳杉圆盾蚧、橙褐圆蚧、桔林圆蚧。

分布：浙江（杭州）、河南、上海、安徽、江西、湖南、福建、广东、四川；日本，印度，印度尼西亚（引进），斐济（引进）。

注：廖定熹等（1987）报道的单带巨角跳小蜂实为印度巨角跳小蜂。

99. 点缘跳小蜂属 *Copidosoma* Ratzeberg, 1844

Copidosoma Ratzeberg, 1844: 157. Type species: *Copidosoma boucheanum* Ratzeberg, 1844.

主要特征：雌虫头前面观高大于宽；复眼圆形或卵圆形，较小，表面光裸或具毛；颊长，颜面宽；单眼排列呈等边三角形；上颚 3 齿；下颚须 4 节；下唇须 3 节。触角着生于近口缘；柄节长，圆筒形；梗节长过于宽；索节丝状，第 1–6 节均长过于宽，有时索节较短，宽过于长；棒节稍宽过索节或显著膨大，末端圆，或斜截。中胸盾片隆起；小盾片三角形。前翅宽大，有时为短翅型；缘脉点状；后缘脉不发达；痣脉直且长过缘脉和后缘脉之和。足长而细；中足胫节端距与第 1 跗节等长。腹部三角形或卵圆形，有时侧扁而平展；产卵管长度不等，有时隐蔽。雄虫额顶宽；复眼较小；触角毛略多；棒节不分节，披针形。中胸盾片及翅均宽大。

生物学：寄主鳞翅目幼虫，营多胚生殖。

分布：全北区、旧热带区、新热带区和澳洲区。世界已知 178 种，中国记录 34 种，浙江分布 1 种。

（216）佛州点缘跳小蜂 *Copidosoma floridanum* (Ashmead, 1900)

Berecyntus floridanus Ashmead, 1900: 365.

Copidosoma floridanum: Noyes & Hayat, 1984: 257.

主要特征：雌体长 0.8–0.9 mm。体黑色；中胸盾片具蓝绿色光泽，三角片、小盾片具紫铜色光泽。触角黑褐色。前翅透明，紧接缘脉下有淡烟色斑。前中足腿节端部、所有胫节基部和距黄白色；前、中足跗节淡褐色；后足跗节褐色。头与胸部等宽；单眼呈钝三角形排列。触角柄节细长，约为梗节与第 1–3 索节之和；梗节长稍大于其端宽的 2 倍，等于第 1–3 索节长之和；索节 6 节，第 1 索节长宽相等，余节向端部渐宽渐长；棒节斜截，分节不明显，其长约等于前 5 节之和。前翅亚缘脉：缘前脉：缘脉：后缘脉之比为 24：3：4：2；亚缘脉上具刚毛约 10 根。中足胫节具 1 长距，其长约为基跗节的 3/4。腹部短，只及胸部长之半，三角形，末端尖，产卵管微突。雄蜂与雌蜂相似，唯触角细长，棒节分节明显，端部不斜截。

生物学：寄主斜纹夜蛾、银纹夜蛾，在日本寄主还有弧翅夜蛾、除虫菊弧翅夜蛾。

分布：浙江（杭州）、山西、江西、湖南、广西；日本。

注：本种别名斑翅多胚跳小蜂、夜蛾跳小蜂；Sonan（1944）报道在台湾寄生于斜纹夜蛾的 *Copidosoma truncatellum* 可能是本种误订。

100. 毁螫跳小蜂属 *Echthrogonatopus* Perkins, 1906

Echthrogonatopus Perkins, 1906: 256. Type species: *Echthrogonatopus exitlosus* Perkins, 1906.

主要特征：雌虫头半球形；头背面观横宽；复眼大并具稀疏绒毛；额顶宽小于复眼横径；单眼区呈锐三角形；POL 大于单复眼间距；后头脊锋锐。前面观触角洼深长；洼底平滑，洼外颜面具细网状刻纹；上颚 3 齿；下颚须 4 节，下唇须 3 节。触角着生于近口缘；柄节圆筒形；梗节长过索节第 1 节；索节第 1–6 节均宽过于长，向端部渐大；棒节 3 节，与索节近等长。中胸盾片横宽，密布银白色刚毛；小盾片上的网状刻纹较中胸盾片上的细致。前翅具无毛斜带；缘脉稍长；痣脉及后缘脉均短。腹部短于胸部；产卵管稍露出。雄虫复眼小；额顶宽过复眼横径；触角长；梗节与索节第 1 节近等长；索节第 1–6 节均长过于宽；棒节与索节第 5–6 节之和等长。

生物学：寄主为螯蜂科，从茧内羽化，聚寄生。

分布：东洋区、新北区、非洲热带区和澳洲区。世界已知 4 种，中国记录 1 种，浙江分布 1 种。

（217）黑角毁螯跳小蜂 *Echthrogonatopus nigricornis* (Hayat, 1980)

Metapterencytus nigricornis Hayat, 1980: 644.

Echthrogonatopus nigricornis: Hayat, 1981: 13.

主要特征：雌体长 0.9 mm。体黑色。头具蓝黑色金属光泽，胸部及腹部具绿色及紫铜色金属光泽。触角、腹部黑褐色。足（除了中足基节基部）黄白色。前翅透明。头：背面观宽为长的 2 倍，为前单眼处头顶宽的 5 倍；头顶渐并入颜面；单眼区呈锐三角形排列，前后单眼间距为 POL 的 1.7 倍，POL、OCL 分别为前单眼直径的 1.5 倍、2.0 倍；后头脊锋锐。头前面观宽为高的 1.1 倍；触角窝向上收敛，之间突起，间距为其长径的 2 倍，上缘在复眼下缘连线以下，触角窝唇基间距为触角窝长径的 0.7 倍；上颚具 3 个尖齿；下颚须 2 节；下唇须 2 节。触角柄节腹面稍膨大，长为最宽处的 5 倍；梗节长为端宽的 2.1 倍，为第 1–3 索节之和；索节第 1 节长为宽的 1.1 倍，第 2、5 节方形，第 3、4、6 节宽过于长，各索节向端部渐宽，第 6 节长为宽的 0.4 倍；棒节 3 节，膨大，长为索节第 2–6 节及第 1 节的 0.5 倍之和，端部强烈斜截。中胸盾片平坦，具横列白毛；小盾片平坦，表面呈天鹅绒状并具暗色长毛；并胸腹节两侧具白毛。前翅长为宽的 2.7 倍；亚缘脉上具 6 根刚毛；缘前脉稍膨大，其上具 3 根刚毛；亚缘脉、缘前脉、缘脉、后缘脉长分别为痣脉的 6.7 倍、2.2 倍、2.9 倍、0.4 倍；翅基三角区具众多纤毛；透明斑内无毛，后缘开放。中足胫节距与基跗节等长。腹部三角形；产卵管隐蔽。

生物学：寄主稻虱红单节螯蜂、黑腹单节螯蜂、侨双距螯蜂等。

分布：浙江（杭州、金华）、江苏、上海、安徽、湖北、江西、湖南、福建、广东、广西、四川、贵州、云南。

101. 跳小蜂属 *Encyrtus* Latreille, 1809

Encyrtus Latreille, 1809: 31. Type species: *Chrysis infida* Ross,1790.

主要特征：雌虫头大，具分散大型刻点；额顶宽；复眼无毛，卵圆形或圆形；颊几与复眼长径相等；上颚无齿，末端尖锐；下颚须 4 节；下唇须 3 节。触角柄节长，末端略膨大；索节 6 节；棒节 3 节，末端呈横切状。三角片隆起，内端几乎相接，其后缘具成排刚毛；小盾片隆起，末端具 1 簇刚毛；前翅缘脉短；后缘脉及痣脉均长，二者大致等长。中足胫距与第 1 跗节大致等长；后足腿节及胫节稍膨大。腹部卵圆形；产卵管不突出。雄虫体呈黑色。复眼小；额顶宽。触角着生于复眼下缘连线上；梗节圆形，显著短于第 1 索节；索节线形，密生毛；棒节长，不分节，末端尖锐。前翅有时无色。腹部长，狭于胸部。

生物学：寄主为蚧科。

分布：全北区、旧热带区、新热带区和澳洲区。世界已知约 90 种，中国记录 6 种，浙江分布 1 种。

（218）纽绵蚧跳小蜂 *Encyrtus sasakii* Ishii, 1928

Encyrtus sasakii Ishii, 1928: 99.

主要特征：雌体长约 2 mm，粗短。体黑色有光泽，背面密被黑色粗毛。复眼黑褐色，单眼褐色。触角柄节黄色，其余黄褐色。小盾片前部淡黄色，上有同色毛，后部黄褐色，上有黑色长刚毛簇。胸部侧板和并胸腹节琥珀色。翅淡烟色，基部透明；亚缘脉基部 3/5 处有一锐三角形暗斑，尖端指向翅后缘，上密生黑色粗毛；在缘脉与痣脉附近暗褐色，向翅端色渐淡，毛亦由黑而粗，渐转为淡而细，近痣脉端部有一横波形透明斑；翅中部稍后缘有一条纵透明带。足黄褐色；基节淡乳白色，似透明状；中足胫节端半和跗节带黄色，端跗节褐色。头部半球形。触角柄节细长；梗节长约为宽的 1.7 倍；索节 6 节，第 1 节细长；以后各节渐宽而短，第 2–3 节方形，第 4–6 节各节宽大于长；棒节最宽，3 节，末端几乎呈截形，长稍大于前 2 索节之和；自索节第 2 节起，各节均具感觉器。前胸背板短，中胸背板宽大于长，三角片内角相接，后胸背板短。前翅亚缘脉最长，上有 10 根黑毛，后缘脉和痣脉等长，较缘脉长。腹部略侧扁，约与胸部等长，两侧几乎平行，末端钝。

生物学：寄主为纽绵蚧（柞、柑橘、合欢、朴树、枫香、枣、茶、梨）、本球坚蚧（梅）、桃球蚧、枣大球蚧、草履蚧；在日本还寄生于一种绛蚧。

分布：浙江（杭州、台州、衢州、温州）、辽宁、河北、河南、陕西、宁夏、江西、湖南；日本。

注：本种别名刷盾短缘跳小蜂。

102. 优赛跳小蜂属 *Eusemion* Dahlbom, 1857

Eusemion Dahlbom, 1857: 293. Type species: *Encyrtus corniger* Walker,1838.

主要特征：雌虫额顶横形，长过于宽，边缘具脊；复眼几乎光裸；单眼排列呈锐三角形；颜面具深凹陷；上颚 3 齿。触角着生于口缘；柄节呈长方形扩展；索节各节很短；棒节大而宽阔，3 节。前翅中央暗色；缘脉粗长；痣脉和后缘脉较短，几乎相等；腹部稍呈三角形；产卵管稍露出。雄虫额顶宽阔；触角长，着生于复眼下缘水平线上；柄节短；索节第 1–6 节长过于宽；棒节不分节。翅无色。

生物学：寄主为蚧科。

分布：古北区。世界已知 4 种，中国记录 1 种，浙江分布 1 种。

（219）敛眼优赛跳小蜂 *Eusemion cornigerum* (Walker, 1838)

Encyrtus corniger Walker, 1838a: 114.

Eusemion cornigerum: Thomson, 1876: 154.

主要特征：雌体黑褐色，胸部具绿色金属光泽。前翅中央暗色。额横形。复眼几乎裸，向上方收敛。单眼排列呈锐三角形，颜面具深凹陷，头顶边缘具脊。触角着生于口缘，柄节呈长方形扁平膨大，索各节很短，棒节大而宽阔，分 3 节。上颚 3 齿。前翅缘脉粗长，痣脉和后缘脉较短，几乎相等。腹部稍呈三角形，产卵管稍露出。雄蜂头顶宽阔。触角长丝状，着生于复眼下缘水平线上；柄节短，索节各节长过于宽，棒节不分节。翅无色透明。

生物学：寄主为白蜡虫、竹巢粉蚧、红蜡蚧、角蜡蚧，据记载寄主还有 *Pulvinaria betulae*、*Luzulaspis bisetosa*、褐软蜡蚧。

分布：浙江（湖州）、陕西、湖北、湖南、香港、云南；欧洲。

注：本名别名优赛跳小蜂，中名新拟，意指复眼收敛。

103. 瓢虫跳小蜂属 *Homalotylus* Mayr, 1876

Homalotylus Mayr, 1876: 752. Type species: *Encyrtus flaminius* Dalman, 1820.

主要特征：雌虫头卵圆形；额顶具稀疏大型圆刻点；复眼大而长；后单眼和复眼眶极接近；额顶宽过复眼；后头缘锋锐；颊短于复眼长径；上颚 3 齿；下颚须 4 节；下唇须 3 节。触角着生于口缘附近；柄节长；梗节长大于宽，常长过索节第 1 节；索节 5 节，各亚节大致等长；棒节不分节，常为白色或黄色，末端呈斜切状。中胸盾片具成排的白毛；小盾片长，三角形，略隆起。前翅不大，前、后缘近于平行，具色斑；缘脉几呈点状；痣脉及后缘脉长，两者几等长。足细长；中足胫距与第 1 跗节等长。腹部卵圆形，平整，短于胸部。雄虫额顶较宽；前翅较小，不若雌虫前翅那样具暗黑色斑。

生物学：寄主为瓢甲科幼虫。

分布：世界广布。世界已知 28 种，中国记录 8 种，浙江分布 2 种。

（220）隐尾瓢虫跳小蜂 *Homalotylus flaminius* (Dalman, 1820)

Encyrtus flaminius Dalman, 1820: 123.

Homalotylus flaminius: Timberlake, 1919: 133.

主要特征：雌体长约 2 mm。体色黑褐而有时带红褐色。触角大部分黑色，棒节白色。中胸盾片蓝色，三角片及小盾片暗红色。前翅中央有 1 宽横带，烟色并具蓝色光泽。并胸腹节及腹部黑色，具蓝色光泽。足黑色，中足胫节距和跗节白色。头卵圆形，后头脊尖锐；上颚具 3 齿，下唇须 3 节。触角柄节细长，索节各节几乎等长。腹部比胸部短，末端钝。产卵管不突出，极少外露。

生物学：寄主为大红瓢虫、七星瓢虫、稻红瓢虫、红点唇瓢虫、黑背小瓢虫、龟纹瓢虫、异色瓢虫、六斑月瓢虫（幼虫体内）。

分布：浙江、河南、陕西、江西、湖南、广东、广西、四川、贵州；俄罗斯，日本，印度，以色列，中亚，美国，巴西，澳大利亚，欧洲，北非。

（221）中华瓢虫跳小蜂 *Homalotylus sinensis* Xu *et* He, 1997

Homalotylus sinensis Xu *et* He, 1997: 90.

主要特征：雌体长 2.1 mm。体黑褐色。头部、中胸盾片、并胸腹节及腹部具弱的蓝绿色金属光泽；三角片及小盾片表面呈黑色天鹅绒状。触角棒节、翅基片基半、中足腿节近基部的环、胫节端距、第 1–4 跗节白色；口缘、中足腿节、胫节黄褐色；前翅中部具 1 条烟褐色横带。头部背面观宽为长的 1.8 倍，为前单眼处头顶宽的 4.9 倍；单眼区呈锐三角形；POL、OCL、OOL 分别为前单眼直径的 1.0 倍、2.5 倍、0.1 倍；前后单眼间距为 POL 的 2.0 倍。头前面观宽为高的 0.9 倍；触角窝上缘在复眼下缘连线以下，紧靠口缘；触角窝间距为其窝径的 2.2 倍；下颚须 4 节；下唇须 3 节，末端尖。触角柄节细瘦，长为最宽处的 7.5 倍；梗节长为端宽的 2.3 倍，为索节第 1 节的 1.5 倍；索节第 1 节最长，长为宽的 1.5 倍，第 2–6 节大小相等，近方形；棒节稍长过索节第 4–6 节之和，末端斜截至基部。中胸盾片及小盾片平坦；并胸腹节两侧有浓密的白毛。前翅长为宽的 2.7 倍；亚缘脉上具 30 根刚毛；翅中部的烟褐色横带中有少量鳞片状毛；亚缘脉、缘脉、后缘脉长分别为痣脉的 4.5 倍、0.4 倍、0.8 倍。中足胫节末端有 7 根刺；距长为基跗节的 1.1 倍。腹部两侧近平行，末端圆钝；产卵管不露出腹末。雄体长 2.0 mm；黑色。触角棒节长为宽的 4.3 倍；索节第 1–6 节均方形。其余与雌虫相似。

生物学：寄主为七星瓢虫幼虫。

分布：浙江（杭州）、山西、河南。

104. 草蛉跳小蜂属 *Isodromus* Howard, 1887

Isodromus Howard, 1887: 488. Type species: *Isodromus icerya* Howard, 1887.

主要特征：雌虫头卵圆形，后头具锐脊；复眼大，椭圆形，光滑无毛；额顶长略大于宽；单眼排列呈等边三角形或锐角三角形；颊长与复眼横径约相等；上颚 3 齿；下颚须 4 节；下唇须 3 节。触角相当短，末端膨大；柄节长；梗节长于第 1 索节；索节由基向端逐渐加宽；棒节末端呈斜切状。中胸盾片有时具盾纵沟；三角片大；小盾片长，三角形，相当隆起。前翅大；缘脉呈点状；后缘脉短于痣脉。足长；中足胫节端距与第 1 跗节等长或稍短。腹部短，卵圆形。雄虫与雌虫相似，但腹部较短。

生物学：寄主为草蛉科和褐蛉科幼虫。

分布：全北区、旧热带区、新热带区和澳洲区。世界已知 16 种，中国记录 5 种，浙江分布 2 种。

（222）黑色草蛉跳小蜂 *Isodromus niger* Ashmead, 1900

Isodromus niger Ashmead, 1900: 379.

主要特征：雌体长 2.0–2.3 mm。体黑色。触角褐色；翅基片浅黄褐色。前翅透明无色无斑纹，翅脉褐色。前中足黄褐色，后足褐色；中后足跗节及中足胫节端距浅黄色。头背面观宽为长的 1.6 倍；侧面观三角形。后单眼紧接复眼，与后头缘间距约与单眼直径等长；后头缘脊锋锐。头前面观高过于宽，触角洼略凹陷呈 U 形；颊不特别膨起，长约为复眼长径之半。触角着生于复眼下缘连线下方，靠近口缘；柄节长，但不达中单眼，且不达复眼中部；梗节长为宽的 1.5–1.7 倍；索节 6 节均横宽；棒节不分节，末端呈斜切状。头顶及颜面具细网状刻点，颜面及颊具赤黄色扁刚毛。前胸横宽，无缘脊；中胸背板宽过长 2 倍以上；小盾片约与中胸等长，长宽大致相等，末端略尖；三角片横宽，内角相接。小盾片及三角片上的网状刻纹较中胸盾片清晰。前翅缘脉呈点状，痣脉发达，后缘脉甚短。中足胫节端距略短于第 1 跗节。腹部短于胸部，至多与胸部等长，而狭于胸部；产卵管隐蔽。雄蜂与雌蜂大体相似。唯体较短小，颜面黄色，腹部亦较短小。

生物学：寄主从草蛉科中育出。据国外记载寄主还有益蛉、加州草蛉、草蛉、北美草蛉及瓢虫科和舞毒蛾(?)。

分布：浙江、辽宁、江西、台湾、四川；日本，匈牙利，美国。

（223）赵氏草蛉跳小蜂 *Isodromus zhaoi* Li *et* Xu, 1997

Isodromus zhaoi Li *et* Xu, 1997: 95.

主要特征：雌体长 1.6 mm。体黑色。后头边缘、前胸背板两侧及后缘、中胸盾片（除了前缘）、小盾片两侧及末端、中胸侧板前部 0.25、各足基节及跗节第 1–4 节橙黄色；后单眼前方额顶及颜面黄褐色；触角、后单眼后方额顶、颊、小盾片中央、中胸侧板中央、各足腿节及胫节浅褐至深褐色。前翅缘脉下方具 1 条烟褐色横带。头部背面观宽为长的 1.5 倍，为前单眼处头顶宽的 3.3 倍；单眼区呈等边三角形；POL、OCL、OOL 分别为前单眼直径的 3.0 倍、1.5 倍、0.5 倍；前后单眼间距与 POL 等长。触角窝上缘远在复眼下缘连线以下；触角窝间距稍超过其长径。触角柄节腹面稍膨大，长为宽的 4.6 倍；梗节长为端宽的 2.1 倍，为索节第 1 节的 3.7 倍，等于索节第 1–3 节之和；索节第 1 节长为宽的 0.7 倍，第 2 节稍长，其余索节等长，向端部渐宽，末索节长为宽的 0.5 倍；棒节长，为索节第 4–6 节及第 3 节的 0.5 倍之和，稍宽过末索节，末端斜切至基部 0.25 处。中胸盾片及小盾片隆起；小盾片上有 20 根刚毛。前翅长为宽的 2.6 倍；亚缘脉上具 16 根刚毛；缘脉点状；亚缘脉、后缘脉长分别为痣脉的 6.3 倍、0.4 倍；翅基三角区几乎光裸，有 6 根刚毛排成 1 列；三角区以 4 根刚毛与透明斑隔开；缘前脉下方有 6 根刚毛排成 1 列。中足胫节距长为基跗节的 0.8 倍。腹部两侧平行，末端钝；产卵管稍露出腹末。

生物学：寄主为草蛉科。

分布：浙江（杭州）。

105. 莱曼跳小蜂属 *Lamennaisia* Girault, 1922

Lamennaisia Girault, 1922: 40. Type species: *Lamennaisia guadridentata* Girault, 1922.

主要特征：头部隆起；额宽过复眼；颊稍短于复眼纵径；上颚 4 齿。触角着生在复眼下缘连线上；柄节圆筒形；梗节长过于宽，长于索节第 1 节；索节 6 节；棒节大，分 3 节。中胸盾片具纵刻纹，中度隆起。翅无色；缘脉短；后缘脉稍长过缘脉；痣脉长过后缘脉。腹部短于胸部；产卵器不露出或稍露出。

生物学：寄主不明，可能是薪甲科幼虫。

分布：全北区、旧热带区、新热带区和澳洲区。世界已知 4 种，中国记录 1 种，浙江分布 1 种。

（224）混淆莱曼跳小蜂 *Lamennaisia ambigua* (Nees, 1834)

Encyrtus ambiguus Nees, 1834: 239.

Lamennaisia ambigua: Noyes *et* Hayat, 1984: 292.

主要特征：雌体长 0.9 mm。体黑色。各足腿节基部浅黄白色；触角褐色。前翅透明。单眼区呈锐角三角形；POL、OCL、OOL 分别为前单眼直径的 1.8 倍、1.0 倍、0.5 倍。上颚 4 齿，内齿远离末端。触角柄节腹面稍膨大，长为最宽处的 4.0 倍；梗节长为端宽的 1.7 倍，为第 1 索节的 1.5 倍；索节第 1–6 节均近方形，向端部渐宽；棒节长为索节第 4–6 节及第 3 节的 0.5 之和，宽过末索节，末端稍平截。中胸盾片隆起，上有网状刻纹；小盾片隆起，上有纵刻纹。前翅长为宽的 2.3 倍；亚缘脉上具 6 根刚毛；缘前脉上有 4 根刚毛；亚缘脉、缘前脉、缘脉、后缘脉长分别为痣脉的 5.0 倍、2.2 倍、1.0 倍、0.8 倍；翅基三角区外缘有 9 根刚毛；透明斑中有 10 根刚毛排成 2 列；透明斑外方均匀着生刚毛。中足胫节末端有 5 根刺；距长为基跗节长的 1.2 倍。腹部短，心形，末端圆；产卵管稍露出腹末。以中足胫节长为 100（=0.28 mm），下列各部相对长度分别为：胸部长 159，腹部长 100，产卵管长 127，产卵管鞘长 18，产卵管外瓣宽 27。雄体长 0.8 mm。

分布：浙江（杭州）；俄罗斯，蒙古国，印度，泰国，印度尼西亚，以色列，阿富汗，西欧，美国（加利福尼亚州）。

106. 阔柄跳小蜂属 *Metaphycus* Mercet, 1917

Metaphycus Mercet, 1917: 138. Type species: *Aphycus zebratus* Mercet, 1917.

主要特征：雌虫体多呈黄色或褐黄色。头背面观横宽；额顶长过于宽；复眼具毛；POL 大于 OOL。头前面观宽略大于长；颊略短于复眼长径；下颚须 2–4 节；下唇须 2–3 节。触角着生于口缘附近；索节颜色不一致；柄节扁平膨大；棒节末端圆锥形或略呈斜切状。中胸盾片具微弱的盾纵沟。前翅宽大；缘脉及后缘脉均不发达；痣脉明显。腹部短于胸部；产卵器隐蔽。雄虫体色较暗。触角有时与雌虫不同（色泽单一，柄节较小，索节上具长毛）。

生物学：寄主为蚧科、盾蚧科、胶蚧科、链蚧科和绒蚧科。

分布：全北区、旧热带区、新热带区和澳洲区。世界已知约 200 种，中国记录 39 种，浙江分布 5 种。

分种检索表

1. 下颚须及下唇须 2 节 ·· 2
- 下颚须及下唇须至少 3 节 ·· 3
2. 触角柄节黑色，两端黄白色；索节第 1–4 节黑色，第 5–6 节黄白色 ················· 球蚧阔柄跳小蜂 *M. dispar*
- 触角柄节大部分淡黄色，中部有一个暗色斑；索节第 1–3 节褐色；第 4–6 节白色 ········· 艾贝阔柄跳小蜂 *M. alberti*
3. 下颚须 4 节，下唇须 3 节 ·· 阿雷阔柄跳小蜂 *M. aretus*
- 下颚须及下唇须 3 节 ·· 4
4. 胫节具暗色环或索节第 1–4 节较小，柄节长为宽的 2.5–3 倍 ·········· 绵蚧阔柄跳小蜂 *M. pulvinariae*
- 胫节无暗色环且索节第 2–5 节较小，柄节长为宽的 2.5 倍 ··············· 锤角阔柄跳小蜂 *M. claviger*

（225）艾贝阔柄跳小蜂 *Metaphycus alberti* (Howard, 1898)

Aphycus alberti Howard 1898: 247.

Metaphycus alberti: Compere 1957: 222.

主要特征：雌体长（包括产卵管鞘）0.72–1.1 mm。额顶青橙色；单眼区橙色，后头缘至后单眼之间橙色，颊浅褐色；后头孔上方具暗褐色区，其余部分白色。触角支角突淡褐色，柄节大部分淡黄色，中部有一个暗色斑，背缘淡黄色；梗节基半部淡褐色，其余部分白色；F_1–F_3 褐色；F_4–F_6 白色；棒节暗褐色，末端渐趋浅色。前胸背板颈部褐色，后缘白色半透明；前胸背板两侧斑点小且不明显，其余部分白色；胸部背面橙色；且中胸盾片两侧和后缘，三角片有不明显的宽泛的褐色，刚毛黄色、银色或半透明；翅基片白色，末端淡青灰褐色；后胸背板橙色；中胸侧板淡黄色；前胸腹板和中胸腹板淡青黄色；并胸腹节中部橙色，侧方暗褐色，两侧白色。足大部分青黄色。前翅透明，透明斑中断，痣脉约为缘脉的 2.3 倍。脉序黄褐色，后翅透明。腹部大部分黄色；肛下板至近端部淡褐色；产卵管鞘黄色。头具多角形网状刻纹，网眼大小稍小于复眼的小眼面；单眼排列呈锐三角形，顶角小于 35°。复眼未达到后头边缘，距离远小于复眼单个小眼面直径；额顶两侧平行；触角洼浅而 U 形；触角柄节长为宽的 2.7–3.5 倍；F_1–F_4 最小，且几乎相等，横置，F_5 稍大，F_6 最大，宽稍过于长，F_5–F_6 上有线状感觉器；棒节 3 节，末端多少圆形，有一个稍短的斜切。上颚具 3 个近相等的齿，下颚须和下唇须各 2 节。盾纵沟不完整，约达到中胸盾片 0.4 倍处。产卵器稍伸出，产卵器长为产卵管鞘长的 5.2 倍。

生物学：寄主为褐软蜡蚧和蜡蚧。

分布：浙江（宁波、黄岩）、福建、广东、重庆、四川；瑞士，美国，哥斯达黎加，澳大利亚，南非。

（226）阿雷阔柄跳小蜂 *Metaphycus aretus* Wang, Zheng *et* Zhang, 2012

Metaphycus aretus Wang, Zheng *et* Zhang, 2012: 810.

主要特征：雌体长（包括产卵管鞘）约 1 mm。头大部分橘黄色；单眼区橘色，后头缘至后单眼橘色，颊适度宽阔斜切，浅褐色；近上颚处有深褐色窄带；触角支角突棕色，柄节黑色，背缘白色；近端部背缘白斑略宽；梗节基部 3/4 深棕色，端部 1/4 白色；F_1–F_4 背侧黑色，腹侧狭窄白色；F_5–F_6 白色；棒节黑色，末端渐趋浅色。后头孔上方具黑色斑，其余部分白色。前胸背板黄色，后缘棕色；前胸背板两侧黑斑小且不明显；胸部背面橘黄色；且中胸盾片和三角片具有不明显的橘红色边缘；翅基片淡棕色，端部颜色略深；中胸背板橘黄色，前缘中部浅褐色；后胸背板黑色；中胸侧板黄白色；中胸腹板黄白色；并胸腹节黑色。

前翅透明，翅痣下方具烟褐色斑；后翅透明。足黄白色，末跗节端部黑褐色。腹部大部分黑色，背面近基部白色，腹部侧面和腹面颜色同背面；肛下板端部黑褐色；产卵管鞘浅黄色。头宽约为额顶宽的 3 倍；单眼排列呈等边三角形，POL 约为其直径的 2 倍；复眼未达到后头边缘，距离约为复眼单个小眼面直径；复眼内缘近平行。中胸背板轻微隆起，中胸盾片略小于宽；三角片相接；盾纵沟不完整，约达到中胸盾片0.7 倍处；前翅长为宽的 2.3 倍；亚缘脉与缘脉之间具透明中断，缘脉与后缘脉很短，痣脉较长，痣脉端部有 4 个泡状感受器；无毛斜带中间被 2 列刚毛阻断，中足胫节距约等于基跗节长度。腹部短于胸部，尾须片位于腹部的 1/3 处，产卵器几乎不伸出，产卵器长为中足胫节长的 0.5 倍。

分布：浙江（临安、宁波）。

（227）锤角阔柄跳小蜂 *Metaphycus claviger* (Timberlake, 1916)

Aphycus claviger Timberlake, 1916: 620.

Metaphycus claviger: Noyes & Hayat, 1984: 298.

主要特征：雌体长 0.7 mm。头顶和中胸背板黄色；颜面、颊和整个虫体腹面浅青黄色；前胸背板的领片和翅基片淡白色，前者在每边角上有浅黑色点。触角柄节黑色，基部和端部浅黄白色；梗节基部 1/2 黑色，端部黄色；第 1–3 索节浅黑褐色，第 4–6 索节黄色；棒节黑色，端部 1/2 渐趋黄色。翅透明。足浅青黄色，端跗节浅黑色。头顶长稍大于宽的 2 倍。单眼排列呈锐三角形，POL 小于单眼直径。触角柄节长约为宽的 3 倍；梗节长约为第 1–3 索节之和；各索节向端部渐宽，第 6 索节宽几乎为第 1 节的 2 倍；棒节 3节，卵形，稍大于第 2–6 索节之和。前翅无毛斜带向上方收窄，下方由 3 行毛所隔断而形成 1 分隔区。腹部短于胸部；产卵管粗壮，几乎不露出腹末。中足胫节距与生殖刺突之比为 1：0.8。雄体长 0.5 mm。体色较雌虫深。触角柄节浅黄色，梗节和鞭节均匀褐色。头顶长为宽的 1.5 倍。单眼排列呈等边三角形。触角索节第 1–5 节等长，第 6 节特别长，为第 5 节的 2 倍，各节向端部稍加宽；棒节卵形，端部尖，比第 6 索节宽 1/3，长约与第 1–6 索节之和相等。前翅无毛斜带比雌虫更明显，分隔区大，且与无毛斜带仅以 2 行毛相隔，与翅后缘以 1 列毛相隔。

生物学：寄主为日本蜡蚧。

分布：浙江（余杭）、福建；新西兰。

（228）球蚧阔柄跳小蜂 *Metaphycus dispar* (Mercet, 1925)

Euaphycus dispar Mercet, 1925: 25.

Metaphycus dispar: Trjapitzin, 1975: 8.

主要特征：雌体长 0.9–0.98 mm。体橙黄色；后头褐色。前胸前缘褐色，小盾片后缘、后胸、并胸腹节黄褐色。腹部基半黄褐色。触角柄节黑色，两端黄白色；梗节基部黑色，末端黄白色；索节第 1–4 节黑色，第 5–6 节黄白色；棒节黑色，末端黄白色。足浅黄色。翅透明无色。头背面观横宽至半圆形；头顶长约为宽的 1.5 倍，单眼排列呈锐角三角形。触角柄节下方中央膨大，长约为宽的 3 倍；梗节长为宽的 2 倍多，约等于第 1–3 索节之和；索节由基至端逐渐变大，第 1–2 节念珠状，第 3–6 节宽大于长；棒节仅稍短于末 5 索节之和，而明显宽于末索节，卵圆形，末端圆钝。产卵管不突出。雄体长 0.9 mm。体黑褐色，单眼区间为黑褐色。触角褐色，柄节基部黄褐色，端部褐色；棒节不分节，长约等于端 4 索节之和。

生物学：寄主为朝鲜球坚蚧、桃盔蜡蚧（青梅），国内过去报道寄主为白蜡虫的种名，实系为白蜡虫阔柄跳小蜂的错误鉴定。

分布：浙江（奉化）、河南；日本。

注：别名蜡蚧阔柄跳小蜂。

（229）绵蚧阔柄跳小蜂 *Metaphycus pulvinariae* (Howard, 1881)

Aphycus pulvinariae Howard, 1881: 365.

Metaphycus pulvinariae: Compere, 1957: 227.

主要特征：雌体长约 1.4 mm。头、胸部淡黄色，中胸背板与小盾片暗黄色，复眼黑色，单眼红色。触角柄节两端和背面黄色、中间黑色，梗节基半黑色，端半黄色；索节背面褐色、腹面黄色，向端部色渐淡；棒节淡黄色。并胸腹节两侧和腹部褐色。翅透明，脉淡黄色。足均淡黄色。头略宽于胸部，头顶约为头宽的 1/4，单眼呈锐三角形。触角柄节扁平膨大，长仅为最宽处的 2.5–3 倍；梗节长为宽的 2.5 倍，并略宽于前 4 索节；索节 6 节，均宽于长，由基向端逐节渐宽渐长；棒节 3 节，膨大，近圆形，长约为末 3 索节之和，宽为索节第 6 节的 2 倍。前翅长为最宽处的 2 倍；缘脉很短，约为痣脉的 1/3；后缘脉长为痣脉的 2 倍。中足第 1 跗节长几乎为其余 4 节之和，胫节距长略超过第 1 跗节之半。腹部三角形，短于胸部，末端钝，产卵管不突出。雄体长约 1.2 mm。头顶、前胸背板、中胸背板后半部或两侧暗黄色，后头和胸部的其他部分暗褐色，腹部黑色。触角的颜色亦较雌蜂暗些，其他特征同雌蜂。

生物学：寄主为一种绵蚧（杨树）、橘绿绵蜡蚧、蜡绵粉蚧、褐软蜡蚧、日本球坚蚧、朝鲜球坚蚧、乌黑副盔蚧；据记载寄主还有：紫薇绒蚧、水木坚蚧、松柏木坚蚧、球坚蚧、黑带球坚蚧、野漆树绵蚧、桑树绵蚧、槭叶绵蚧、槭绵蚧、桦树绵蚧、黑盔蚧。寄生率一般为 10% 左右。

分布：浙江（黄岩）、吉林、河南、陕西、上海、湖北、江西、湖南、福建、广东、四川、贵州；日本，美国，加拿大。

107. 花翅跳小蜂属 *Microterys* Thomson, 1876

Microterys Thomson, 1876: 155. Type species: *Encyrtus sylvius* Dalman,1820.

主要特征：雌虫体黄色或局部具金属光泽；索节颜色不一致；棒节黑色。前翅常烟褐色并具横带。背面观额顶狭窄；复眼大，稍具毛；单眼区呈锐三角形或等边三角形；后头具锐脊。前面观头圆，额顶长宽近相等或宽过于长；颊长近与复眼横径等长；触角着生于近口缘；柄节多少扁平膨大，向末端渐宽；棒节 3 节；上颚 3 齿；下颚须 4 节，下唇须 3 节。前翅缘脉长过于宽，几与痣脉等长；后缘脉短于痣脉。腹部卵圆形，短于胸部；产卵管一般隐蔽。雄虫常具金属光泽；额顶宽；颊与复眼长径等长；触角长；柄节短，中部稍膨大；梗节短于索节第 1 节；索节第 1–6 节均长过于宽，密布短毛；棒节不分节。翅无色；缘脉短。

生物学：寄主为蚧科、盘蚧科、链蚧科、绛蚧科。

分布：全北区、旧热带区、新热带区和澳洲区。世界已知约 150 种，中国记录 48 种，浙江分布 20 种。

分种检索表

1. 前翅缘脉外方均匀烟褐色 ·· 匀色花翅跳小蜂 *M. unicoloris*
- 前翅缘脉外方有透明横带 ··· 2
2. 前翅有 2 条烟褐色横带 ··· 3
- 前翅有 3 条烟褐色横带 ··· 6
3. 前翅 2 条烟褐色横带中央相连 ··· 4
- 前翅 2 条烟褐色横带中央不相连 ·· 5
4. 柄节最宽处在柄节中央；棒节长为索节第 4–6 节之和；后足胫节有 2 个浅黑色斑 ··· 瘤毡蚧花翅跳小蜂 *M. metaceronemae*
- 柄节最宽处在柄节端部；棒节长为索节第 5–6 节之和；后足胫节黄色 ················· 黄胫花翅跳小蜂 *M. flavitibiaris*

5. 中胸背面黑褐色；腹部心形 ··· 球蚧花翅跳小蜂 *M. didesmococci*

- 中胸背面中央大部分铜绿色，两侧黄褐色；腹部卵圆形，约与胸部等长 ··············· 柯氏花翅跳小蜂 *M. clauseni*

6. 索节第 6 节部分黑色 ··· 何氏花翅跳小蜂 *M. hei*

- 索节第 6 节白色 ··· 7

7. 索节第 4 节至少部分黑褐色 ··· 8

- 索节第 4 节完全白色 ··· 16

8. 索节第 4 节下缘黑褐色，第 4 节大部分及第 5–6 节白色 ································· 短腹花翅跳小蜂 *M. breviventris*

- 索节第 4 节完全黑褐色，仅第 5–6 节白色 ··· 9

9. 梗节与索节第 1 节等长 ··· 赵氏花翅跳小蜂 *M. zhaoi*

- 梗节长过索节第 1 节 ·· 10

10. 体黄褐色至红褐色，至多腹部暗褐色 ··· 11

- 体暗褐色至黑褐色，仅头部有时黄褐色 ·· 14

11. 头宽小于额顶宽的 5.0 倍 ··· 12

- 头宽为额顶宽的 5.0–6.0 倍 ··· 13

12. 头宽为额顶宽的 3.6 倍 ··· 石井花翅跳小蜂 *M. ishiii*

- 头宽为额顶宽的 4.6 倍 ··· 廖氏花翅跳小蜂 *M. liaoi*

13. 腹部浅黄色至红褐色 ··· 红黄花翅跳小蜂 *M. rufofulvus*

- 腹部黑褐色 ··· 桑名花翅跳小蜂 *M. kuwanai*

14. 腹部圆形；柄节长为宽的 4.0 倍 ··· 兴津花翅跳小蜂 *M. okitsuensis*

- 腹部三角形；柄节长为宽的 3.1–3.5 倍 ··· 15

15. 体大型，长 2.3 mm；前翅亚缘脉长为痣脉的 5.8 倍；腹部与中足胫节等长；产卵管短于胸部 ····················· ··· 白蜡虫花翅跳小蜂 *M. ericeri*

- 体小型，长 0.9 mm；前翅亚缘脉长为痣脉的 4.5 倍；腹部明显长过中足胫节；产卵管长过胸部 ····················· ·· 长棒花翅跳小蜂 *M. longiclavatus*

16. 梗节短于索节第 1 节 ··· 美丽花翅跳小蜂 *M. speciosus*

- 梗节长过索节第 1 节 ·· 17

17. 产卵管外露部分短于腹部长的 0.13 倍 ··· 后缘花翅跳小蜂 *M. postmarginis*

- 产卵管外露部分长为腹部长的 0.2–0.25 倍 ·· 18

18. 前翅烟褐色外带明显与中带相连，中带不间断 ··· 聂特花翅跳小蜂 *M. nietneri*

- 前翅烟褐色外带不明显与中带相连，中带间断 ·· 19

19. 额顶狭窄，头宽为中单眼处额顶宽的 7.0 倍；梗节及索节第 1–3 节黄褐色；腹部长于胸部 ·························· ·· 拟聂特花翅跳小蜂 *M. pseudonietneri*

- 额顶宽，头宽为中单眼处额顶宽的 6.0 倍；梗节及索节第 1–3 节浅黑色；腹部短于胸部 ··························· ·· 露尾花翅跳小蜂 *M. nuticaudatus*

（230）短腹花翅跳小蜂 *Microterys breviventris* Xu, 2000

Microterys breviventris Xu in Xu *et al*., 2000: 263.

主要特征：雌体长 1.3 mm。体暗褐色。触角索节第 4 节大部分及第 5–6 节浅黄白色；触角梗节、第 1–3 索节、第 4 索节下缘、口缘两侧及端跗节黄褐色；触角棒节黑色。前翅翅基三角区透明，外方具 3 条烟褐色横带，中带与外带明显分开。头背面观宽为长的 1.8 倍，为额顶宽的 4.5 倍；单眼区呈锐角三角形，POL、OCL、OOL 分别为前单眼直径的 1.0 倍、1.5 倍、0.2 倍，前后单眼间距为 POL 的 1.2 倍。头前面观宽为高的 1.1 倍；触角窝间距为其长径的 1.6 倍，上缘在复眼下缘连线以下；触角窝唇基间距为触角窝长径的 0.8 倍。触角柄节腹面稍膨大，长为最宽处的 3.6 倍；梗节长为端宽的 2.0 倍，为第 1 索节的 1.4 倍；第 1 索节长为宽的 1.8 倍，其余各节等长，向端部渐宽，第 6 节长为宽的 0.8 倍；棒节长为第 4–6 索节之和，稍宽过第 6 索节，末端稍斜截。中胸盾片平坦；小盾片隆起，其上有 38 根刚毛。前翅长为宽的 2.4 倍；亚缘脉上具 18 根刚毛；亚缘脉、缘脉、后缘脉长分别为痣脉的 5.0 倍、1.0 倍、0.8 倍；翅基三角区内粗纤毛稀少；缘脉外方的 2 条透明横带纤毛弱；其余部分均匀着生纤毛。中足胫节端部有 9 根刺；距与基跗节等长。腹部三角形，末端尖；产卵管稍露出腹末。

生物学：寄主为日本壶链蚧。

分布：浙江（松阳）。

（231）柯氏花翅跳小蜂 *Microterys clauseni* Compere, 1926

Microterys clauseni Compere, 1926: 35.

主要特征：雌体长 1.06–1.75 mm。头部橘黄色，复眼黑色，单眼红色。触角柄节、梗节及第 1–4 索节黄白色，棒节黑褐色。后头中央有一近三角形褐色斑。下颚须和下唇须褐色。胸部背面大体黑褐色具蓝绿色闪光，但前胸背板、中胸盾片两侧缘、三角片两侧及翅基片橘黄色。胸部侧板、腹板橘黄色。前翅痣脉下有一无色透明横带。足黄色，后足胫节中部及各足端跗节褐色。腹部黑色。产卵管鞘茶褐色。头部前面观宽大于高。触角着生于复眼下缘连线下方而更靠近唇基；柄节扁平，端部略扩展，长为其最宽处的 3.3 倍；梗节柱状，长为宽的 2 倍，为第 1 索节长的 1.5 倍；索节由基部向端部变宽，第 1–4 索节长显著大于宽，第 5–6 索节近方形；棒节 3 节，宽于末索节，长于末 3 索节长度之和。上颚 3 齿。下颚须 4 节，端部钝圆。下唇须 3 节，第 2 节明显小。头部背面观宽大于长。颜额区长为宽的 2 倍。复眼裸，长达后头缘。单眼呈锐角三角形排列。胸部长大于宽。中胸盾片和小盾片稍隆起，表面密布刻点。前翅长约宽的 2.4 倍，翅面密布微毛，中部有一透明横带，痣脉下有一向翅后缘近中部倾斜的叉状无毛带，无毛带外缘近痣脉处有锥状刺毛 4–5 根；缘脉：痣脉：后缘脉=1：2：1.5，亚缘脉上约有 17 根刚毛。中足胫节距发达，约与第 1 跗节等长。腹部扁平，短于胸部。产卵管外露部分约为后足端跗节长的 2/3。雄体长约 1.5 mm。体黑褐色有青蓝色光泽。触角柄节黄白色，梗节深褐色，索节和棒节淡褐色。梗节小，第 1 索节明显长于其他各索节。前翅透明，密被微毛，无透明横带，缘脉短于后缘脉。足黄色，中足后基节、后足腿节中部和胫节大部分黑褐色。中足胫节距甚大，长于中足基跗节。

生物学：寄主为日本蜡蚧；据记载在日本寄主为日本蜡蚧和伪角蜡蚧。

分布：浙江（杭州、义乌）、河北、山东、河南、陕西、江苏、安徽、江西、湖南、贵州；日本。

（232）球蚧花翅跳小蜂 *Microterys didesmococci* Shi, Si *et* Wang, 1992

Microterys didesmococci Shi, Si *et* Wang, 1992: 16.

主要特征：雌体长 2.1–2.5 mm。体黑褐色，具蓝绿色或古铜色金属光泽。头部黄褐色，单眼区前两复眼间黑褐色，有暗蓝色闪光。复眼灰绿色，端部黑褐色。触角柄节、梗节、索节褐色，第 5–6 索节较淡；棒节黑褐色。上颚黄褐色，端部黑褐色。足黄色，基节、端跗节、前足腿节腹面、中足胫节距及后足腿节、胫节黑褐色。前翅淡烟褐色，中部有一无色透明横带，痣脉下有一叉状透明纹。并胸腹节及腹部黑褐色，有暗蓝色金属光泽，产卵管鞘黄褐色。头部前面观宽略大于高。颜面及颊有稀疏刚毛，表面有极细的网状刻纹。触角着生于复眼下缘连线下方而靠近唇基。头部背表面布有大小不等刻点和稀疏刚毛。头顶长为宽的 1.5 倍，其宽为头宽的 1/4。复眼裸，长达后头缘。单眼正三角形排列，OOL 小于而 OCL 约等于单眼直径。POL 为 OOL 的 6 倍。头部侧面观颜面与头顶垂直，但在复眼下缘处向后倾斜。胸部长大于宽。前翅长约为宽的 2 倍，中部有一少毛透明横带，痣脉下有一向翅后缘近中部倾斜的叉状无毛带；无毛带外缘近痣脉处有锥状刺毛 4–6 根；缘脉：痣脉：后缘脉=1：1：0.8；亚缘脉上约有 22 根刚毛。中足胫节距发达，约与第 1 跗节等长。腹部扁平，心形，约与胸部等长。产卵管鞘略外露，外露部分等于后足末跗节之半。雄体长约 1.8 mm。全体黑褐色，有青蓝色光泽。触角柄节黄白色，梗节深褐色，索节和棒节淡褐色。梗节小，第 1 索节明显长于其他各索节。前翅透明，密被微毛，无透明横带，缘脉长于后缘脉。足黄色，各足基节、后足腿节和胫节黑褐色。中足胫节距约与中足基跗节等长。

生物学：寄主为朝鲜球坚蚧。

分布：浙江（余杭、上虞）、北京、山东、河南。

（233）白蜡虫花翅跳小蜂 *Microterys ericeri* Ishii, 1923

Microterys ericeri Ishii, 1923: 109.

主要特征：雌体长约 1.5 mm。体淡黄红褐色。触角黑褐色，但第 5–6 索节白色；中胸盾片、小盾片和腹部黑褐色有蓝色光泽；三角片黄褐色。翅褐色，有 3 条无色横带，中间 1 褐色横带间断呈 3–4 个褐点。足红褐色。头横形，有细刻点和稀疏浅圆刻纹。单眼排列呈锐三角形。额窝凹陷呈圆形。触角着生于口缘上方；柄节长过头顶；梗节长为宽的 2 倍，长于第 1 索节；索节向端部渐粗，第 1–3 索节长均大于宽，第 4–6 索节宽均大于长；棒节 3 节。前翅缘脉与痣脉等长，后缘短于缘脉。腹部比胸部短，末端尖；产卵管稍突出。

生物学：寄主为白蜡虫雄虫。

分布：浙江（杭州）、吉林、河北、江苏、江西、湖南、四川、云南；日本。

（234）黄胫花翅跳小蜂 *Microterys flavitibiaris* Xu, 2000

Microterys flavitibiaris Xu in Xu *et al.*, 2000: 264.

主要特征：雌体长 2.0 mm。体黑褐色，背面有蓝绿色金属光泽，中胸盾片及小盾片上的金属光泽尤为强烈。触角第 5–6 索节、下颚须第 1 节和下唇须白色；头、前胸背板周缘、中胸盾片两侧、小盾片外侧、各足（除了基节、末跗节）黄褐色；口缘、触角梗节、第 1–4 索节、棒节、触角洼上部、末跗节浅黑色。前翅具 2 条烟褐色带，内带与外带在中部相连。头背面观宽为长的 1.6 倍，为额顶宽的 5.4 倍；触角窝唇基间距与触角窝长径相等；下颚须 4 节，末端斜截；下唇须 3 节，末端圆。中胸盾片平坦；小盾片隆起，有 48 根刚毛。前翅长为宽的 2.2 倍；亚缘脉上具 18 根刚毛；亚缘脉、缘脉、后缘脉长分别为痣脉的 4.7 倍、0.9 倍、0.9 倍；翅基三角区内粗纤毛较密，缘脉外方 2 个透明斑内纤毛弱；其余部分均匀着生纤毛。中足胫节端部有 11 根刺；胫距与基跗节等长。腹部三角形，末端圆；产卵管稍露出腹末。度量：以中足胫节长为 100（=0.81 mm），下列各部相对长度分别为：胸部长 123，腹部长 84，产卵管长 88，产卵管鞘长 19，产卵管外瓣宽 20。

分布：浙江（遂昌）。

（235）何氏花翅跳小蜂 *Microterys hei* Xu, 2000

Microterys hei Xu in Xu *et al.*, 2000: 265.

主要特征：雌体长 1.6 mm。体浅黄褐色。触角第 4 索节大部分及第 5 节、第 6 节基部、下颚须及下唇须浅黄白色；触角梗节、第 1–3 索节、第 4 索节下缘、腋槽、后胸背板中央浅黑色；触角棒节、第 6 索节端部黑色。前翅具 3 条烟褐色带，中带与外带不明显分开。头背面观宽为长的 1.5 倍，为额顶宽的 5.1 倍。单眼区呈锐三角形，POL、OCL、OOL 分别为前单眼直径的 1.0 倍、1.5 倍、0.3 倍。头前面观宽为高的 1.2 倍。触角窝间距为其长径的 1.7 倍，上缘远在复眼下缘连线以下；触角窝唇基间距为触角窝长径的 0.7 倍。下颚须 4 节，末端尖；下唇须 3 节，末端圆。触角柄节腹面明显膨大，长为最宽处的 2.8 倍；梗节长为端宽的 1.8 倍，为第 1 索节的 1.2 倍；第 1 索节长为宽的 2.0 倍，第 1–3 节等长，其余亚节向端部渐短宽，第 6 节长为宽的 0.7 倍；棒节长为第 4–6 索节之和，宽过第 6 索节，末端圆。中胸盾片平坦；小盾片隆起，其上有 42 根刚毛。前翅长为宽的 2.4 倍；亚缘脉上具 17 根刚毛；亚缘脉、缘脉、后缘脉长分别为痣脉的 4.8 倍、0.9 倍、0.8 倍；翅基三角区粗纤毛较少，缘脉外方的 2 条透明带内纤毛弱，其余部分均匀着生纤毛。中足胫节末端有 9 根刺；胫距与基跗节等长。腹部三角形，末端尖；产卵管稍露出腹末。雄体长 1.3 mm。体黑色；头、中胸盾片有绿色金属光泽，小盾片和腹部有紫铜色金属光泽；触角柄节、中胸侧板和足浅黄褐色；触角鞭节、后足胫节除了端部及跗节浅黑色。

　　分布：浙江（临安）。

（236）石井花翅跳小蜂 *Microterys ishiii* Tachikawa, 1963

Microterys ishiii Tachikawa, 1963: 213.

　　主要特征：雌体长 1.8 mm。体黄褐至红褐色。下列部分浅黄白色：触角索节第 5–6 节、下颚须、下唇须；下列部分浅黑色：触角梗节、索节第 1–4 节、腹部、触角棒节。前翅具 3 条烟褐色横带。头部背面观宽为长的 2.2 倍，为前单眼处额顶宽的 3.6 倍；单眼区呈锐角三角形；POL、OCL、OOL 分别为前单眼直径的 2.0 倍、1.5 倍、0.3 倍；前后单眼间距与 POL 等长。头前面观宽为高的 1.2 倍；触角窝间距为其长径的 1.5 倍，上缘在复眼下缘连线以下；触角窝唇基间距为触角窝长径的 0.7 倍；下颚须 4 节，末端斜截；下唇须 3 节，末端圆。触角：柄节腹面明显膨大，长为最宽处的 3.2 倍；梗节长为端宽的 2.1 倍，为索节第 1 节的 1.5 倍；索节各亚节等长，向端部渐宽，第 1 节长为宽的 1.6 倍，第 5 节方形，第 6 节长为宽的 0.9 倍；棒节长为索节第 4–6 节之和，稍宽过末索节，末端稍斜截。胸部：中胸盾片隆起；小盾片稍隆起，上有 28 根刚毛。前翅：长为宽的 2.3 倍；亚缘脉上具 16 根刚毛；亚缘脉、缘脉、后缘脉长分别为痣脉的 4.5 倍、0.8 倍、0.6 倍；翅基三角区内粗纤毛稀疏；缘脉外方的 2 条透明横带内纤毛弱；其余部分均匀着生纤毛。足：中足胫节末端有 8 根刺；距长为基跗节的 0.9 倍。腹部卵形，末端尖。

　　生物学：寄主为橘绿绵蜡蚧（柑橘）。

　　分布：浙江、湖南；日本。

（237）桑名花翅跳小蜂 *Microterys kuwanai* Ishii, 1928

Microterys kuwanai Ishii, 1928: 135.

　　主要特征：雌体长 1.5–1.6 mm。体黄红褐色，复眼墨绿色。触角、梗节和第 1–4 索节褐色，第 5–6 索节黄白色，棒节黑色。后胸背板、并胸腹节和腹部褐色。前翅有 3 个淡褐色横带，中横带窄且明显二度中断；翅脉淡褐色，但后缘脉黄白色。足端跗节褐色。头横形，头顶在中单眼处宽度为 1/6。单眼锐角三角形排列，侧单眼靠近复眼，与后头缘的距离大于其直径。上颚 3 齿。触角柄节下方略扩展，长为其最宽处宽度的 3 倍；梗节长为其端部宽的 2 倍，略长于第 1 索节；索节 6 节，从基部向端部逐渐变宽；棒节与末 3 索节之和等长。前翅密被微毛，微毛形成 3 个横带；中带窄，明显二度中断；前翅缘脉长于后缘脉。产卵管略突出。

　　生物学：寄主为一种软蚧、栗绛蚧、皱大球蚧；据记载寄主还有褐软蜡蚧、栎盘蚧、茶绵蜡蚧、枫香绵蚧。

　　分布：浙江、河南、湖南；日本。

（238）廖氏花翅跳小蜂 *Microterys liaoi* Xu, 2000

Microterys liaoi Xu *in* Xu *et al.*, 2000: 267.

主要特征：雌体长 1.6 mm。体黄褐色。触角第 5–6 索节浅黄白色；梗节、第 1–4 索节、端跗节浅黑色，棒节黑色；前翅翅基三角区透明，外方具 3 条烟褐色带，中带与外带明显分开。头背面观宽为长的 2.0 倍，为额顶宽的 4.6 倍。头前面观宽为高的 1.2 倍；触角窝间距为其长径的 2.0 倍，上缘远在复眼下缘连线以下；触角窝唇基间距为触角窝长径的 0.4 倍。下颚须 4 节，末端斜截；下唇须 3 节，末端尖。触角柄节腹面稍膨大，长为最宽处的 4.2 倍；梗节长为端宽的 2.1 倍，为第 1 索节的 2.0 倍；索节第 1 节长为宽的 1.4 倍，第 1–2 节等长，第 3–6 节渐宽，第 6 节横宽；棒节长为第 4–6 索节之和，稍宽过第 6 索节，末端平截。中胸盾片隆起；小盾片隆起，上有 32 根刚毛。前翅长为宽的 2.4 倍；亚缘脉上具 17 根刚毛；亚缘脉、缘脉、后缘脉长分别为痣脉的 4.6 倍、0.8 倍、1.1 倍；翅基三角区有少数粗刚毛；缘脉外方的 2 条透明横带纤毛弱；其余部分均匀着生纤毛。中足胫节距与基跗节等长。腹部卵形，末端圆钝；产卵管稍露出腹末。度量：以中足胫节长为 100（=0.3 mm），下列各部相对长度分别为：胸部长 137，腹部长 137，产卵管长 120，产卵管鞘长 31，产卵管外瓣宽 23。

生物学：寄主为栗绛蚧（板栗）。

分布：浙江（诸暨）。

（239）长棒花翅跳小蜂 *Microterys longiclavatus* Xu, 2000

Microterys longiclavatus Xu *in* Xu *et al.*, 2000: 268.

主要特征：雌体长 0.9 mm。体黑褐色。头除了后头孔周围黄褐色；触角第 5–6 索节、下颚须、下唇须、翅基片、前中足、后足胫节末端及跗节浅黄白色；触角棒节黑色。前翅翅基三角区透明，外方具 3 条浅烟褐色带，中带中央宽阔中断，与外带不明显分开。头背面观宽为长的 2.0 倍，为额顶宽的 4.0 倍；单眼区呈等边三角形；POL、OCL、OOL 分别为中单眼直径的 1.5 倍、1.0 倍、0.5 倍。头前面观宽为高的 1.1 倍；触角窝间距为其长径的 1.8 倍，上缘在复眼下缘连线以下；触角窝唇基间距为触角窝长径的 0.6 倍；下颚须 4 节，末端尖；下唇须 3 节，末端圆。触角柄节腹面稍膨大，长为最宽处的 3.1 倍；梗节长为端宽的 1.8 倍，为第 1 索节的 2.2 倍；索节第 1 节方形，其余索节等长，向端部渐宽，第 6 节长为宽的 0.7 倍；棒节为第 3–6 索节之和，宽过第 6 索节，末端圆。中胸盾片隆起；小盾片隆起，上有 20 根刚毛。前翅长为宽的 2.4 倍；亚缘脉上具 12 根刚毛；亚缘脉、缘脉、后缘脉长分别为痣脉的 4.5 倍、0.9 倍、0.9 倍；翅基三角区内纤毛与三角区外方的纤毛相似，缘脉外方的 2 条透明横带纤毛弱；其余部分均匀着生纤毛。中足胫节距稍长过基跗节。腹部三角形，末端尖；产卵管稍露出腹末。度量：以中足胫节长为 100（=0.3 mm），下列各部相对长度分别为：胸部长 130，腹部长 130，产卵管长 144，产卵管鞘长 35，产卵管外瓣宽 17。雄体长 0.8 mm。体黑色。翅透明。触角柄节、鞭节、翅基片、足浅黄白色；触角梗节和后足基节浅黑色。

生物学：寄主为栗绛蚧（板栗）。

分布：浙江（余姚）。

（240）瘤毡蚧花翅跳小蜂 *Microterys metaceronemae* Xu, 2000

Microterys metaceronemae Xu *in* Xu *et al.*, 2000: 97.

主要特征：雌体长 2.3 mm。体黑色，中胸盾片和小盾片有强烈的绿色金属光泽，中胸侧板和腹部有弱的绿色金属光泽。触角索节第 4 节下方大部分及第 5–6 节、下颚须第 1–3 节、下唇须第 1–2 节白色；触角柄节、梗节、第 1–3 索节、第 4 索节上方、口缘两侧、下颚须第 4 节、下唇须第 3 节浅黑色；头部（除了口缘）、支角突、前胸背板两侧及后缘、中胸盾片两侧、三角片两侧、前足、中足除基节、后足（除了基节、腿节基半、胫节 2 个浅色黑斑）黄褐色。前翅翅基三角区外方烟褐色，仅在缘脉外方的前缘及后缘各有 1 个透明斑。头背面观宽为长的 1.8 倍，为额顶宽的 5.5 倍；单眼区呈锐三角形；POL、OCL、OOL 分别为前单眼直径的 1.0 倍、1.0 倍、0.2 倍。头前面观宽为高的 1.2 倍；触角窝间距为其长径的 2.2 倍，上缘远在复眼下缘连线以下；触角窝唇基间距为触角窝长径的 0.8 倍；下颚须 4 节，末端斜截；下唇须 3 节，末端圆。触角柄节中央腹面明显膨大，长为最宽处的 2.8 倍；梗节长为端宽的 2.0 倍，为第 1 索节的 1.3 倍；索节第 1 节长为宽的 1.8 倍，其余索节向端部渐短渐宽，第 4–5 节方形，第 6 节长为宽的 0.6 倍；棒节长为第 4–6 索节之和，宽过末索节，末端平截。中胸盾片平坦；小盾片隆起，有 62 根刚毛。前翅长为宽的 2.4 倍；亚缘脉上具 17 根刚毛；亚缘脉、缘脉、后缘脉长分别为痣脉的 4.6 倍、0.8 倍、0.8 倍；翅基三角区有少数粗刚毛；缘脉外方 2 个透明斑中纤毛弱；其余部分均匀着生纤毛。中足胫节端部有 10 根刺；胫距与基跗节等长。腹部心形，末端钝圆；产卵管稍露出腹末。度量：以中足胫节长为 100（=0.85 mm），下列各部长度分别为：胸部长 139，腹部长 92，产卵管长 91，产卵管鞘长 17，产卵管外瓣宽 23。雄体长 1.5 mm。体黑色。翅透明。触角柄节、翅基片、各足（除了后足基节）浅黄色；触角梗节及鞭节、后足基节、后足胫节的 2 个斑浅黑色。

生物学：寄主油茶瘤毡蚧。

分布：浙江（青田）。

（241）聂特花翅跳小蜂 *Microterys nietneri* (Motschulsky, 1859)

Encyrtus nietneri Motschulsky, 1859: 170.

Microterys nietneri: Trjapitzin, 1989: 174.

主要特征：雌体长 1.67 mm。体浅黄褐色。触角索节第 4–6 节大部分及第 5、6 节浅白色；触角棒节黑色。前翅烟褐色，痣脉外方有 2 条透明无色横带，近痣脉的 1 条带边缘直，近翅端的 1 条中部中断。头部背观宽为中单眼处头顶宽的 5.8 倍。单眼区强烈锐三角形，前后单眼间距为后单眼间距的 3 倍。头前面观宽为高的 1.1 倍。触角窝间距为其直径的 2 倍，上缘在复眼下缘以下，下缘距至唇基边缘间距为触角窝直径的 1.0 倍。触角柄节腹面膨大，长为最宽处的 3.0 倍；梗节长为端宽的 2 倍，索节第 1 节长为宽的 1.7 倍，第 4 节方形，第 5–6 节长为宽的 0.8 倍；棒节长为索节第 4–6 节之和，稍宽过末索节。中胸盾片及小盾片隆起，小盾片上有 20–24 根刚毛。前翅长为宽的 2.6 倍；亚缘脉上具 10–14 根刚毛；缘脉、后缘脉稍短于痣脉。腹部短于胸部，产卵管露出部分为腹长的 0.20–0.25 倍。

生物学：寄主褐软蜡蚧、红蜡蚧、龟蜡蚧、日本蜡蚧、多角绵蚧、垫囊绿绵蚧；据记载还有橘软蜡蚧、咖啡绿软蚧、槭绵蚧、水木坚蚧、桧柏木坚蚧、梨形原绵蚧、咖啡黑盔蚧、廿字脊纹蚧。

分布：浙江（义乌、黄岩）、安徽、湖南、福建、广东、广西、四川、贵州、云南；俄罗斯（从美国引进），日本，巴基斯坦，印度，斯里兰卡，马来西亚，斐济，以色列，美国，澳大利亚，新西兰，南非。

（242）露尾花翅跳小蜂 *Microterys nuticaudatus* Xu, 2000

Microterys nuticaudatus Xu in Xu et Chen, 2000: 99.

主要特征：雌体长 1.5 mm。体暗褐色，头部黄色。触角第 4–6 索节浅黄白色；梗节、第 1–3 索节浅黑色；棒节黑色。前翅翅基三角区透明，外方具 3 条烟褐色横带，中带与外带不明显分开。头背面观宽为长的 2.0 倍，为头顶宽的 4.7 倍；单眼区呈锐角三角形。头前面观宽为高的 1.1 倍；触角窝间距为其长径的 1.5 倍，上缘远在复眼下缘连线以下；触角窝唇基间距为触角窝长径的 0.7 倍；下颚须 4 节，末端斜截；下唇须 3 节，末端圆。触角柄节腹面稍膨大，长为最宽处的 3.0 倍；梗节长为端宽的 1.8 倍，为第 1 索节的 1.5

倍；索节第 1 节长为宽的 1.8 倍，各索节等长，向端部渐宽，第 6 节方形；棒节长为第 4-6 索节之和，稍宽过第 6 索节，末端圆。中胸盾片及小盾片隆起；小盾片上有 28 根刚毛。前翅长为宽的 2.4 倍；亚缘脉上具 15 根刚毛；翅基三角区内粗纤毛稀疏；缘脉外方的 2 条透明横带纤毛弱；其余部分均匀着生纤毛。中足胫节末端有 5 根刺；距与基跗节等长。腹部短卵形，末端尖。

分布：浙江（松阳）。

（243）兴津花翅跳小蜂 *Microterys okitsuensis* Compere, 1926

Microterys okitsuensis Compere, 1926: 38.

主要特征：雌体长 1.8 mm。体大部分火红黄色；触角索节第 5-6 节浅黄色；触角棒节黑色；胸部暗褐色，具弱的金属光泽；腹部浅黑色。前翅具 3 条烟褐色横带。头背面观宽为长的 2.5 倍；单眼区呈等边三角形；下颚须 4 节，末端尖，下唇须 3 节，末端圆。触角柄节稍膨大，长为最宽处的 4.0 倍，等于梗节、索节第 1-2 节及第 3 节基半之和；梗节长为端宽的 2.0 倍，长过第 1 索节；索节第 1-3 节长过于宽，第 4 节方形，第 5-6 节宽过于长；棒节长为索节第 4-6 节之和，稍宽过第 6 节。中胸盾片及小盾片稍隆起。前翅长为宽的 2.3 倍；亚缘脉上具 16 根刚毛；翅基三角区内粗纤毛稀疏；缘脉外方的 2 条透明横带内纤毛弱，其余部分均匀着生纤毛。中足胫节距与基跗节等长。腹部三角形；产卵管稍露出腹末。

生物学：寄主为褐软蜡蚧、橘绿绵蜡蚧。

分布：浙江（黄岩）、湖南；日本。

（244）后缘花翅跳小蜂 *Microterys postmarginis* Xu, 2000

Microterys postmarginis Xu *in* Xu *et* Chen, 2000: 100.

主要特征：雌体长 1.5 mm。体浅黄褐色。触角第 4-6 索节、下生殖板浅黄白色；中胸盾片、中胸侧板红褐色；触角梗节、第 1-3 索节、后胸背板、腹部（除了下生殖板）浅黑色；触角棒节黑色。前翅翅基三角区透明，外方具 3 条烟褐色横带，中带与外带不明显分开。头背面观宽为长的 1.9 倍，为额顶宽的 5.2 倍；单眼区呈等边三角形。前后单眼间距与 POL 等长；头前面观宽与高相等；触角窝间距为其长径的 1.5 倍，上缘在复眼下缘连线以下，触角窝唇基间距为触角窝长径的 0.9 倍；下颚须 4 节，末端斜截；下唇须 3 节，末端圆。触角柄节腹面稍膨大，长为最宽处的 3.2 倍；梗节长为端宽的 1.7 倍，为第 1 索节的 1.3 倍；索节第 1 节长为宽的 1.6 倍，其余索节向端部渐宽，第 6 节长为宽的 0.9 倍；棒节长为第 4-6 索节之和，宽过第 6 索节，末端圆。中胸盾片平坦；小盾片隆起，其上有 42 根刚毛。前翅长为宽的 2.4 倍；亚缘脉上具 14 根刚毛；翅基三角区内粗纤毛稀疏；缘脉外方的 2 条透明横带纤毛弱，其余部分均匀着生纤毛。中足胫节距与基跗节等长。腹部短，圆形；产卵管稍露出腹末。

生物学：寄主为日本壶链蚧（厚朴）。

分布：浙江（松阳）。

（245）拟聂特花翅跳小蜂 *Microterys pseudonietneri* Xu, 2000

Microterys pseudonietneri Xu *in* Xu *et* Chen, 2000: 101.

主要特征：雌体长 1.5 mm。体浅黄褐色。触角索节第 4-6 节浅黄白色；触角梗节、第 1-3 索节黄褐色；触角棒节黑色。前翅翅基三角区透明，外方具 3 条烟褐色带，中带与外带明显分开。头背面观宽为长的 2.0 倍，为额顶宽的 7.0 倍；单眼区呈锐三角形，前后单眼间距为 POL 的 2.4 倍。头前面观宽为高的 1.4 倍；触角窝间距为其长径的 1.7 倍，上缘在复眼下缘连线以下，下缘至唇基边缘间距为触角窝长径的 0.8

倍；下颚须 4 节，末端斜截；下唇须 3 节，末端圆。触角柄节腹面膨大，长为最宽处的 3.0 倍；梗节长为端宽的 2.0 倍，为第 1 索节的 1.9 倍；第 1 索节长为宽的 1.3 倍；其余索节等长，向端部渐宽，第 6 索节长为宽的 0.9 倍；棒节长为第 4–6 索节之和，稍宽过第 6 索节，末端圆。中胸盾片平坦；小盾片隆起，其上有 24 根刚毛。前翅长为宽的 2.8 倍；亚缘脉上具 12 根刚毛；翅基三角区有少数粗刚毛；缘脉外方的 2 条透明横带纤毛弱；其余部分均匀着生纤毛。中足胫节末端有 5 根刺；胫距长为基跗节的 1.2 倍。腹部卵圆形，末端圆。雄体长 1.0 mm。体黑色，翅透明。

生物学：寄主为褐软蜡蚧（柑橘）、日本蜡蚧（柑橘）、橘绿绵蜡蚧、紫胶蚧。

分布：浙江（金华、温州）、福建、广东、云南。

（246）红黄花翅跳小蜂 *Microterys rufofulvus* Ishii, 1928

Microterys rufofulvus Ishii, 1928: 138.

Microterys ceroplastae Xu, 1985: 412.

主要特征：雌体长约 1.7 mm。体红黄色。腹部较暗；触角柄节下缘、梗节和第 1–4 索节褐色，第 5–6 索节白色，棒节黑色；前翅有 3 条烟褐色横带，中间 1 褐色带中断两次呈 3 个斑点；足黄色，末跗节褐色。头横宽，与胸部等宽；头顶窄，约为头宽的 1/4；单眼排列呈锐三角形，侧单眼紧靠复眼。颜面具圆凹，触角间略隆起。触角着生于唇基上方；柄节扁平膨大，长约为宽的 3 倍；梗节略长于第 1 索节，长为宽的 2 倍；索节 6 节，由基至端渐粗，第 1–3 节长均大于宽，第 4–6 节则宽大于长；棒节 3 节，略膨大，与末 2 索节等长。中胸背板、三角片、小盾片具同样密度和长度的黄褐色刚毛；翅基片基部具 5 根较长的褐色刚毛；中胸侧板满布平行的纵条纹。中足胫节距与第 1 跗节等长。前翅缘脉长为宽的 2 倍，几乎与痣脉等长，略长于后缘脉。腹部扁平略短于胸部，末端钝，产卵管不突出。

生物学：寄主为纽绵蚧、红蜡蚧、日本蜡蚧、橘绿绵蜡蚧、柿绵粉蚧（柿）。

分布：浙江（杭州）、河南、陕西、江西；日本。

（247）美丽花翅跳小蜂 *Microterys speciosus* Ishii, 1923

Microterys speciosus Ishii, 1923: 70.

主要特征：雌体长 1.5 mm。体浅黄红褐色。触角柄节、梗节和索节基部 4 节浅黑褐色；梗节的上缘和索节基部 3 节的上缘色较深；第 5–6 索节黑色。前翅烟褐色，有 2 条透明无色横带，2 带之间烟褐色带两次中断。头宽约为复眼间距的 6 倍；梗节长为端宽的 2 倍；第 1 索节长稍大于宽，第 6 索节宽稍大于长，各索节向端渐短宽；棒节长等于第 4–6 索节之和。前翅缘脉、痣脉、后缘脉之比为 6.5：8.5：5.1，亚缘脉上有毛 15–23 根。小盾片上有刚毛 40–50 根。产卵管稍伸出腹末。中足胫距长与生殖刺突之比为 1.17：1；产卵管全长、中足胫节、生殖刺突之比为 105：80：25。雄虫不明。

生物学：寄主为红蜡蚧、龟蜡蚧、日本蜡蚧、红帽蜡蚧；据记载寄主还有咖啡绿软蚧。

分布：浙江（杭州）、河南、江西、湖南、福建、台湾、广西、四川；日本。

注：中名有用蜡蚧花翅跳小蜂的。

（248）匀色花翅跳小蜂 *Microterys unicoloris* Xu, 2000

Microterys unicoloris Xu *in* Xu *et* Chen, 2000: 103.

主要特征：雌体长 1.9 mm。体浅黄褐色。触角第 5–6 索节浅白色；棒节黑色。前翅浅烟褐色。头背面观宽为长的 2.5 倍，为中单眼处头顶宽的 4.6 倍。头前面观宽为高的 1.1 倍；触角窝间距为其长径的 1.4 倍，上缘远在复眼下缘连线以下；触角窝唇基间距为触角窝长径的 0.8 倍；下颚须 4 节，末端尖；下唇须 3 节。触角柄节腹面明显膨大，长为最宽处的 2.8 倍；梗节长为端宽的 1.7 倍，为第 1 索节的 1.8 倍；索节第 1 节长为宽的 1.5 倍，其余索节向端部渐短渐宽，第 6 节长为宽的 0.7 倍；棒节长为第 4–6 索节之和，明显宽过末索节。中胸盾片及小盾片隆起；小盾片上有 34 根刚毛；前翅长为宽的 2.3 倍；亚缘脉上具 12 根刚毛；亚缘脉、缘脉、后缘脉长分别为痣脉的 5.0 倍、0.9 倍、0.6 倍；翅基三角区内纤毛较粗；缘脉外方均匀着生纤毛。中足胫节距为基跗节的 1.1 倍。腹部心形；产卵管稍露出腹末。雄体长 1.3 mm。体黑色，具绿金属光泽。触角柄节、翅基片、各足浅黄白色。

　　生物学：寄主为红蜡蚧。

　　分布：浙江（杭州）。

　　注：中名和学名新拟，意指前翅整个均匀浅烟褐色。

（249）赵氏花翅跳小蜂 *Microterys zhaoi* Xu, 2000

Microterys zhaoi Xu in Xu et Chen, 2000: 104.

　　主要特征：雌体长 2.0 mm。体黄褐色。触角第 5–6 索节浅黄白色；触角梗节及第 1–4 索节上缘、端跗节浅黑色；触角棒节、中胸侧板除了前端、后胸背板、腹部黑色。前翅翅基三角区透明，外方具 3 条烟褐色带，中带与外带不明显分开。头背面观宽为长的 2.2 倍，为额顶宽的 5.4 倍；单眼区呈锐角三角形，前后单眼间距为 POL 的 2.0 倍；POL、OCL、OOL 分别为前单眼直径的 1.0 倍、1.5 倍、0.2 倍。头前面观宽为高的 1.2 倍；触角窝间距为其长径的 2.3 倍，上缘远在复眼下缘连线以下；触角窝唇基间距为触角窝长径的 1.2 倍；下颚须 4 节，末端斜截；下唇须 3 节，末端圆。触角柄节腹面膨大，长为最宽处的 3.0 倍；梗节长为端宽的 2.1 倍，与第 1 索节等长；索节第 1 节长为宽的 2.7 倍，各索节等长，向端部渐短渐宽，第 6 节长为宽的 0.8 倍；棒节长为索节第 5–6 节及第 4 节 1/2 之和，稍宽于第 6 索节，末端平截。中胸盾片平坦；小盾片隆起，其上有 54 根刚毛。前翅长为宽的 2.5 倍；亚缘脉上具 18 根刚毛；亚缘脉、缘脉、后缘脉长分别为痣脉的 4.8 倍、0.8 倍、0.9 倍；翅基三角区内粗纤毛众多；缘脉外方的 2 条透明横带纤毛弱；其余部分均匀着生纤毛。中足胫节末端有 7 个小刺；距与基跗节等长。腹部心形，末端平截；产卵管稍露出腹末。

　　生物学：寄主为日本壶链蚧（厚朴）。

　　分布：浙江（松阳）。

108. 卵跳小蜂属 *Ooencyrtus* Ashmead, 1900

Ooencyrtus Ashmead, 1900: 381. Type species: *Encyrtus clisiocampae* Ashmead, 1893.

　　主要特征：本属为粗壮和方形的类群，绝不明显细长或长形。明显区别于其他属的特征为：复眼大；中胸盾片后缘中央从弱到强向后突出覆盖在三角片上，因此背面观两三角片内角不相连；中胸侧板大，后缘延伸，与腹基部相连，完全盖住后胸侧板，侧面观并胸腹节着生于后基节之上。

　　生物学：寄主大多数种类寄生于双翅目或鳞翅目昆虫的卵，但有些种也寄生于鳞翅目蛹、半翅目若虫、双翅目蛹，也是鳞翅目茧蜂的重寄生者。

　　分布：世界广布。中国记录 27 种，浙江分布 4 种。

分种检索表

1. 全部基节和腿节黑色或褐色（如果腿节黄色，带不明显的褐色，则棒节末端稍斜切，索节方形或横宽，柄节近圆筒形）‥ 2
- 不是全部基节和腿节黑色或褐色 ‥‥‥‥‥‥‥‥‥‥‥‥‥‥‥‥‥‥‥‥‥‥‥‥‥‥‥‥‥‥‥‥‥‥‥‥‥‥‥ 3

（250）榆角尺蠖卵跳小蜂 *Ooencyrtus ennomophagus* Yoshimoto, 1975

Ooencyrtus ennomophagus Yoshimoto, 1975: 833.

主要特征：雌体长 0.7 mm。头顶和中胸盾片蓝黑色，具金属光泽；额及颜面烟色至浅黑色，有绿色至紫色金属反光，尤其在颊和后头区；触角烟褐色，柄节和梗节端部均浅黄色；上颚浅红褐色；小盾片浅红污黑色，两侧和端缘浅蓝污黑色；中胸侧板烟褐色具浅紫色反光。足暗褐至浅褐色；中后足基节端部、转节、腿节端部、胫节、第 1–4 跗节青黄色至浅黄色。腹部黑色，有蓝黑色金属反光。头顶，额具网状刻纹。上颚 3 齿，腹面 2 齿尖锐，背齿钝。下唇须 3 节。触角 11 节；柄节不达前单眼，与梗节等宽；梗节稍宽过索节第 1 节；第 1–4 索节约等长，短于等长的第 5–6 索节；棒节长卵形，末端钝圆，宽过索节第 6 节约 1/4，与前 4 索节约等长。中胸盾片宽过于长，后缘弯曲，具纵长网纹。小盾片突起，具网状刻点，中部有细小顶针状刻点和 1 对半直立的刚毛。足长，中足胫节距短于基跗节（3.0∶5.0）。前翅宽匙形，缘脉点状，后缘脉约为痣脉长的 1/3；透明斑达到痣脉；基半稀疏具毛，亚缘脉具 8 根毛。腹部与胸部等长等宽，背面观近心形；产卵管几乎不露出。雄体长约 0.6 mm。与雌虫相似，但胸部稍长过腹部（4.0∶3.0）；小盾片侧缘和端缘部分光滑，有金属虹彩；触角窝在复眼下缘连线上，触角鞭节有密集的长毛，梗节短于索节第 1 节，棒节 1 节；前翅无后缘脉。

生物学：寄主为榆角尺蠖卵。

分布：浙江（杭州，从美国引进）；美国。

（251）桑蟥卵跳小蜂 *Ooencyrtus hercle* Huang *et* Noyes, 1994

Ooencyrtus hercle Huang *et* Noyes, 1994: 28.

主要特征：雌体长 0.5–0.6 mm。头、胸部略褐色或浅黑色，有弱的蓝色金属光泽；触角支角突、柄节和梗节浅黑色，鞭节茶褐色；小盾片前部铜色，后部 0.25 左右蓝或紫色；中胸侧板、足基节、腿节基部、腿节端部、胫节基部 0.67 暗褐色；胫节端部 0.33 茶褐色。翅透明。腹部暗褐浅黑色，稍具金属光泽。产卵管褐色。头顶有细网状刻纹，两颊上的刻纹纵向伸长。复眼不明显具毛。后头缘圆。触角窝至口缘间距稍短于触角窝长径；触角梗节加鞭节约与头宽等长；梗节稍长过第 1–2 索节之和；索节各节向端部扩大，第 1–3 索节近方形，明显小于第 4–6 节；棒节与第 3–6 索节之和等长，节间缝平行，端部圆，感觉区仅限于端部。上颚 1 尖齿 1 平齿。小盾片有明显较深的网纹，多角形刻纹在侧面伸长，末端平滑有光泽。后缘脉与痣脉等长。腹部短于胸部；产卵管鞘长为产卵管的 0.2 倍。雄体长 0.54 mm。除触角外，与雌虫相似，但头顶相对较宽，头顶宽为头宽的 0.4 倍；梗节和鞭节之和明显大于头宽；各索节长大于宽，基部最长的毛稍长过索节直径；阳茎长为中足胫节的 0.67 倍，生殖铗中度伸长，每侧有 1 钩爪。

生物学：寄主为桑蟥卵。

分布：浙江（湖州、杭州）；加拿大，美国。

（252）长脉卵跳小蜂 *Ooencyrtus longivenosus* Xu *et* He, 1996

Ooencyrtus longivenosus Xu *et* He *in* Xu *et al*., 1996: 69.

主要特征：雌体长 1.1 mm。体黑色；触角、前中足、后足腿节两端、胫节、跗节浅黄褐色；触角梗节上缘、后足基节及腿节中央浅黑色；中胸盾片上具蓝绿色金属光泽；小盾片上具紫铜色金属光泽。翅透明，前翅缘脉下方具浅烟褐色横带。触角柄节腹面稍膨大，长为最宽处的 5 倍；梗节长为端宽的 2.2 倍，为第 1 索节的 1.9 倍；第 1 索节长为宽的 1.5 倍，第 5 节最长，末索节长为宽的 1 倍，其余索节向端部渐宽；棒节比末索节稍宽，稍长于第 4–6 索节之和。中胸盾片及小盾片隆起；小盾片前部 1/2 具刻纹，后部 1/2 光滑。前翅长为宽的 2.3 倍；亚缘脉上具 13 根刚毛；缘脉点状，亚缘脉、后缘脉长分别为痣脉的 6.4 倍、1.6 倍；翅三角区外方均匀着生纤毛。中足胫节距长为基跗节的 0.7 倍。产卵管稍露出腹末。雄体长 1 mm。体黑色。翅透明。

生物学：寄主为竹卵圆蝽。

分布：浙江（德清）。

（253）松毛虫卵跳小蜂 *Ooencyrtus pinicolus* (Matsumura, 1926)

Encyrtus pinicola Matsumura, 1926: 44.

Ooencyrtus pinicolus: Ishii, 1938a: 99.

主要特征：雌体长 1.0–1.6 mm。体深紫褐色具蓝色光泽，额具紫色光泽，颜面具绿色光泽，中胸盾片前部及小盾片后部蓝绿色；腹部第 1 背板亮绿色，其余部分具紫铜色光泽；触角柄节黑色，梗节及索节 1–4 节暗褐色，索节第 5–6 节及棒节黄褐色。头部背面观横宽，宽为长的 2.2 倍，略宽于胸部并与腹部等宽。复眼具毛，后缘到达后头；无后头脊；额顶散生具毛刻点。触角窝唇基间距大于触角窝横径（3∶5）。触角柄节中部以上膨大，其长为宽的 3.7–4.1 倍。胸部背面稍隆起。中胸盾片、小盾片及三角片上有细密网纹；小盾片后部的刚毛明显较长，小盾片端部浅凹。并胸腹节短。前翅缘脉点状，后缘脉稍长过痣脉。腹部稍短于胸部，产卵管稍露出。

生物学：寄主为落叶松毛虫、马尾松毛虫、欧洲松毛虫、杉小毛虫、芦苇枯叶蛾、毒蛾、杉茸毒蛾、古毒蛾、柳毒蛾。

分布：浙江（杭州、衢州）、黑龙江、吉林；俄罗斯。

109. 尖角跳小蜂属 *Pareusemion* Ishii, 1925

Pareusemion Ishii, 1925: 21. Type species: *Pareusemion studiosum* Ishii, 1925.

主要特征：雌虫背面观额顶相当窄；侧面观头宽过于高，明显三角形；前面观颜面支角突间稍隆起；上颚 3 齿。触角扁平膨大；索节 6 节很短；棒节 3 节。胸部粗壮；三角片相接；小盾片多少隆起，端部有一簇直立的长刚毛。腹部卵形，稍短于胸部；产卵管稍露出。

生物学：寄主为介壳虫的寄生蜂。

分布：东洋区。世界已知 2 种，中国记录 1 种，浙江分布 1 种。

（254）褐软蜡蚧尖角跳小蜂 *Pareusemion studiosum* Ishii, 1925

Pareusemion studiosum Ishii, 1925: 23.

主要特征：雌体形和斑纹与 *Eusemion* 相似，但在烟褐色翅面上有大的透明斑点。头宽大于高，侧观明显三角形，且背观近半圆形，背面平坦；额顶相当窄；颊长；触角洼深，上方形成圆脊，刚达复眼下缘；颜面在支角突间稍隆起；复眼卵圆形，被稀绒毛；上颚 3 齿。触角甚粗壮，着生于近口缘；柄节下部三角形膨大，上缘中部角状；梗节扁平，向端部突然加宽，且宽大于长；索节 6 节，几乎与梗节等长，索节各节短宽，向端部加宽，第 1 节窄于梗节，末节宽于棒节；棒节 3 节，宽扁，很长，长为索节的 3 倍，下方由端部向基部斜截。胸部粗壮，与头同宽；中胸背板宽稍大于长；三角片相遇；小盾片大，长宽相等，多少凸起，端部有 1 簇直立的长刚毛。产卵管稍突出。前翅缘脉长约为宽的 4 倍，稍长于后缘脉的 2 倍，后缘脉稍短于痣脉。后翅相当宽，缘室窄。足相当短，后腿节和胫节多少宽扁。腹部卵形，稍短于胸部。雄头宽稍大于高；触角洼中等深，延伸到复眼中部，上方形成一圆脊；颜面在触角窝间隆起；复眼卵圆形，有稀绒毛；上颚与雌蜂同；触角 9 节，着生于颜面中部；柄节短，下方稍膨大；梗节甚短，长几乎等于宽；索节 6 节，每节上缘圆形突起，第 1 节比梗节稍宽且长，各节均有稀疏长毛，稍向端部加长；棒节 1 节，长约为末 2 索节之和。头、胸部同宽；中胸盾片宽稍大于长，三角片相遇；小盾片长宽相等。腹部稍短于胸部。翅面纤毛很细，缘脉很短，长稍大于宽，与痣脉等长，痣脉稍长于后缘脉。

生物学：寄主为褐软蜡蚧。

分布：浙江（杭州、椒江）、福建、广西、贵州；日本。

110. 横索跳小蜂属 *Plagiomerus* Crawford, 1910

Plagiomerus Crawford, 1910b: 89. Type species: *Plagiomerus diaspidis* Crawford,1910.

主要特征：雌虫体黑褐色；复眼大；上颚具 4 锐齿。触角索节 4 节，棒节 3 节。胸部背板具黑色细刚毛，其上刻纹呈纵向鳞纹状；小盾片上为粗长刚毛。翅透明，密生纤毛；前翅缘脉和痣脉大致等长。腹部略长于胸部；产卵器伸出腹末。该属可以下列特征与近缘属相区别：①上颚 4 齿；②索节 4 节；③小盾片上为粗长刚毛，而不是鳞片。

生物学：寄主为盾蚧科。

分布：东洋区、新北区、新热带区、澳洲区。世界已知 6 种，中国记录 5 种，浙江分布 1 种。

（255）盾蚧横索跳小蜂 *Plagiomerus diaspidis* Crawford, 1910

Plagiomerus diaspidis Crawford, 1910b: 90.

主要特征：雌体长 1 mm。体黑褐色；触角黄色，柄节和棒节褐色；足黄白色，中足腿节端部内侧黑褐色，中足胫节基部 1/3 处有一黑褐色环，后足腿节两侧黑褐色；翅透明，密生纤毛，翅脉褐色。复眼大；上颚具 4 锐齿。触角索节和梗节之和长于棒节，索节 4 节，第 2 节横形，其余各节长宽约相等；棒节 3 节。胸部背板具黑色细刚毛，有纵向鳞状刻纹。前翅缘脉和痣脉约等长。腹部略长于胸部；产卵管伸出腹末。雄虫不明。

生物学：寄主为月季白轮蚧、一种白轮蚧，据记载寄主还有盾蚧科的 *Diaspis echinocacti*。

分布：浙江（杭州、鄞州）、湖南、广东、四川；意大利，美国（夏威夷）。

注：别名盾蚧四索跳小蜂。

111. 原长缘跳小蜂属 *Prochiloneurus* Silvestri, 1915

Prochiloneurus Silvestri, 1915: 350. Type species: *Prochiloneurus pulchellus* Silvestri,1915.

主要特征：雌虫头部长过于宽；额顶狭窄；复眼卵圆形，稍具毛；触角着生于近口缘；柄节较长，圆筒形；梗节长约为宽的 2 倍；索节各节渐宽，第 1 节长稍过于宽，第 3–6 节宽过于长；棒节 3 节，强烈膨大，末端斜切，与索节第 1–6 节之和等长。小盾片末端具细毛簇。前翅长且窄；多少暗色；缘脉较长；痣脉及后缘脉较短。腹部与胸部近于等长；腹末平截；产卵管长约为腹部长的 0.5 倍。

生物学： 寄主为其他跳小蜂科种类；尤其是粉蚧科和蚧科，以及瓢甲科的寄生蜂。

分布： 世界广布。世界已知 32 种，中国记录 4 种，浙江分布 1 种。

（256）长崎原长缘跳小蜂 *Prochiloneurus nagasakiensis* (Ishii, 1928)

Cheiloneurus nagasakiensis Ishii, 1928: 145.

Achrysopophagus nagasakiensis: Tachikawa, 1963: 144.

Prochiloneurus nagasakiensis: Trjapitzin, 1968: 116-121.

主要特征： 雌体长约 1.4 mm。体黑色，具蓝绿色金属光泽。触角柄节浅黑褐色，顶端白色；梗节浅黑色，顶端色较浅；索节各节均为白色；棒节黑色。前翅中部烟褐色，缘脉后方色甚深呈三角形斑，翅基部 1/3 和较宽的端缘透明无色。足黑褐色，端跗节浅褐色；前足跗节浅褐色；中足腿节基部 1/3 和顶端、中后足胫节顶端和第 1–4 跗节白色；头顶狭窄，仅约为头宽的 1/9。复眼大，眼缘向前方稍收敛。单眼排列呈三角形；侧单眼靠近复眼缘，POL 约为单眼直径的 2 倍。上颚 3 齿。触角柄节近圆筒形；梗节长为端宽的 2 倍，与第 1、2 索节之和等长；第 1 索节长宽约相等，其余各节宽大于长，向端部渐增宽，第 1 节和第 6 节较其余各节长；棒节特大，比末索节宽得多，与各索节之和等长。前胸背板和中胸盾片具鳞状纹，并有稀疏白毛；三角片、小盾片具细网纹，小盾片端部具一簇粗长刚毛。并胸腹节光滑。前翅除基部三角区外，密生纤毛；缘脉长，略短于痣脉的 4 倍，后缘脉较痣脉略短，端部具粗长刚毛 1 根。腹部略短于胸部，腹末平截。产卵管长，伸出部分约达腹长的 3/5。雄虫末明。

生物学： 寄主为橘小粉蚧、*Paracoccus flavidus*、柿绵粉蚧、藤臀纹粉蚧、*Pulvinaria kuwacola*。

分布： 浙江（黄岩）；日本。

112. 细柄跳小蜂属 *Psilophrys* Mayr, 1876

Psilophrys Mayr, 1876: 727. Type species: *Encyrtus longicornis* Walker, 1847.

主要特征： 雌虫头部较大；额顶具大型刻点；复眼具毛；后头具锐缘；单眼排列呈钝三角形；颊与复眼纵径等长或较长；上颚齿不明显；下颚须 4 节；下唇须 3 节。触角较长，丝状，着生于口缘；柄节圆筒形，较长；梗节及索节第 1–6 节长过于宽；棒节细瘦，末端圆或稍平截。小盾片较大，三角形，稍突出。前翅中央暗色，无缘毛；缘脉几呈点状，与后缘脉或痣脉等长。足较长且纤细；中足胫节端距与基跗节等长。腹部卵圆形，与胸部等长；产卵管不突出。雄虫触角梗节长稍过于宽；索节较粗，第 1–6 节宽；棒节长，3 节。

生物学： 寄主为绛蚧科。

分布： 全世界 5 种，分布于全北区，中国 3 种，浙江 1 种。

（257）红蚧细柄跳小蜂 *Psilophrys tenuicornis* Graham, 1969

Psilophrys tenuicornis Graham, 1969: 235.

主要特征： 雌体长 2.0–2.4 mm。体黑褐色。头具蓝绿色反光，单、复眼红褐色；触角除柄节黄褐色外其余为黑褐色；上颚黄褐色；下唇须、下颚须、胸部和腹部黑褐色；足除了前足胫节、中足胫节和距、各足第 1–4 跗节黄褐色外，其余为黑褐色。产卵管黄色。头横形，生有稀疏的黑色短毛。单眼呈钝三角形排列。额宽阔，颊与复眼纵径等长或较长。上颚齿不明显。下颚须 4 节，下唇须 3 节。后头具锐利边缘。触角丝状，光滑无毛，着生于口缘；柄节细长，圆筒形，长为宽的 8–9 倍；梗节短于第 1 索节；索节 6 节，第 1 和第 6 索节等长，较短，第 2–5 索节等长，较长；棒节 3 节，逐节短缩，其长约等于第 5、6 索节之和，末端圆形或稍截切。胸、腹部具稀疏黑色短毛。小盾片较大，三角形，稍突出。前翅密被细毛，基部有一透明无毛区，中部在痣脉下有一三角形暗色区域，缘脉几乎呈点状，与后缘脉等长，痣脉约为后缘脉的 2 倍。足细长，中足胫距与第 1 跗节等长。腹部卵圆形，与胸部等长，产卵管略突出。雄体长 1.8–2.1 mm。与雌蜂相似。但触角索节和棒节上具稀疏黑色短毛，索节逐节短缩，棒节短于第 5、6 索节之和。

生物学：寄主为栗绛蚧。

分布：浙江（余姚）、河北、河南、福建、广东、四川、贵州；俄罗斯，欧洲。

113. 木虱跳小蜂属 *Psyllaephagus* Ashmead, 1900

Psyllaephagus Ashmead, 1900: 382. Type species: *Encyrtus pachypsyllae* Howard,1885.

主要特征：头部具纤细刻纹；后头缘锐利；额顶几与复眼等宽；复眼大，被毛；单眼区呈等边三角形；颊短于复眼纵径；上颚 1 尖齿，1 截齿。触角着生处距口缘与距复眼下缘等长；柄节长，末端稍膨大；梗节长过索节第 1 节；索节第 1–6 节近等长，末端稍粗大；棒节 3 节，膨大，末端略斜切。小盾片三角形，稍隆起。翅大，无色；缘脉点状；后缘脉长几等于痣脉。腹部短于胸部；产卵管不露出。雄虫触角索节被短毛，稍扁。

生物学：寄主为木虱科若虫或其寄生蜂。

分布：全北区、旧热带区、新热带区和澳洲区。世界已知约 160 种，中国记录 4 种，浙江分布 1 种。

（258）阔柄木虱跳小蜂 *Psyllaephagus latiscapus* Xu, 2000

Psyllaephagus latiscapus Xu in Xu et al., 2000: 39.

主要特征：雌体长 1.9 mm。体黑色；头、前胸背板、中胸盾片和小盾片具强烈绿色金属光泽，并胸腹节具紫色光泽，腹基部具弱的绿色金属光泽，其余部分具紫色和红铜色光泽；触角柄节端部的斑、翅基片基半、足（除了中足基节基部和后足基节）浅黄色。翅无色透明。上颚具 1 尖齿及 1 截齿。触角柄节腹面膨大，长为最宽处的 2.4 倍；梗节长为端宽的 1.8 倍；索节第 1–6 节向端部渐宽，第 1 节长为宽的 2.3 倍，第 6 节长宽相等，第 1–4 节均与梗节等长，第 5 节长为梗节的 0.9 倍，第 6 节长为梗节的 0.7 倍；棒节 3 节，膨大，长为第 5–6 索节之和，末端圆钝。胸部背面着生白色刚毛；中胸盾片稍隆起，后缘中央向后突出，覆盖三角片相接处；小盾片平坦；并胸腹节与后足基节相接。前翅长为宽的 2.5 倍；亚缘脉上具 18 根刚毛；缘脉长稍过于宽；亚缘脉、缘脉、后缘脉长分别是痣脉的 5.0 倍、0.3 倍、0.8 倍；翅基三角区在亚缘脉下方有 2 行毛；三角区外部的毛形成 6–7 列；透明斑外方均匀着生纤毛。中足胫节末端有 12 根刺；距与基跗节等长。腹部三角形，末端尖；臀刺突着生近腹基部；下生殖板伸达腹部 0.4 处。雄触角柄节浅黄色；鞭节褐色；棒节不分节；其余同雌虫。

生物学：寄主为朴木虱。

分布：浙江（杭州）。

114. 亚翅跳小蜂属 *Submicroterys* Xu, 2004

Submicroterys Xu in Xu et Huang, 2004: 250. Type species: *Submicroterys cerococci* Xu,2004.

主要特征：雌虫体浅黄至红褐色。触角索节具白色节；棒节黑色。前翅缘脉外方具 2 条烟褐色带，内带与外带明显分开，但外带在中央向内带靠近。头部背面观宽；单眼区呈锐三角形；前面观宽明显过于高；触角窝间距宽，上缘在复眼下缘连线以下；触角窝唇基间距短于触角窝长径；下颚须 4 节，末端稍尖；下唇须 3 节，末端圆。触角柄节腹面稍膨大；梗节长过索节第 1 节。胸部：中胸盾片平坦；小盾片隆起。前翅：长为宽的 2.4–2.6 倍；亚缘脉长；缘脉长过痣脉，约为后缘脉长的 2 倍；翅基三角区有少数粗刚毛；缘脉外方的透明带中纤毛弱；其余部分均匀着生纤毛。足：中足胫节距稍长过基跗节。腹部心形，末端钝圆；产卵管稍露出腹末。雄虫黑色；翅透明。

生物学：寄主为粉蚧科、绒蚧科。

分布：古北区、东洋区。世界已知 3 种，中国记录 3 种，浙江分布 1 种。

（259）壶蚧亚翅跳小蜂 *Submicroterys cerococci* Xu, 2004

Submicroterys cerococci Xu *in* Xu *et* Huang, 2004: 250.

主要特征：雌体长 1.1 mm，体浅黄色至红褐色。触角索节第 3–6 节浅黄白色；下列部分浅黑色：触角梗节、索节第 1–2 节上缘、下颚须第 4 节、中胸盾片（稍具）、小盾片后半（稍具）；下列部分黑色：触角棒节、后足基节及前翅腋槽。前翅翅基三角区透明，外方具 2 条烟褐色带，内带与外带明显分开，但外带在中央向内带靠近。触角窝唇基间距为触角窝长径的 0.7 倍；下颚须 4 节，末端尖；下唇须 3 节，末端圆。触角：柄节腹面中央稍膨大，长为最宽处的 4.0 倍；梗节长为端宽的 2.4 倍，为索节第 1 节的 1.5 倍；索节第 1 节长为宽的 2.2 倍，其余索节向端部渐宽，末索节方形；棒节长为索节第 4–6 节之和，稍宽过末索节。胸部：中胸盾片平坦；小盾片隆起，有 20 根刚毛。前翅：长为宽的 2.6 倍；亚缘脉上具 17 根刚毛；亚缘脉、缘脉、后缘脉长分别为痣脉的 7.4 倍、1.3 倍、0.5 倍；翅基三角区有少数粗刚毛，缘脉外方的透明带中纤毛弱；其余部分均匀着生纤毛。中足胫节距长为基跗节的 1.1 倍。腹部心形，末端钝圆；产卵管稍露出腹末。雄体长 0.8 mm。体黑色。翅透明。下列部位浅黄色：触角柄节、翅基片大部分、前中足、后足基节；下列部位浅黑色：触角索节、翅基片端部、后足除了基节。

生物学：寄主为一种竹壶蚧。

分布：浙江（德清）。

115. 蚜蝇跳小蜂属 *Syrphophagus* Ashmead, 1900

Syrphophagus Ashmead, 1900: 397. Types species: *Encyrtus mesograptac* Ashmead,1896.

主要特征：雌虫头背面观横宽；前单眼处额顶宽约等于复眼横径；后头脊锋锐；复眼大并具绒毛；前面观颊长几乎与复眼长径相等；上颚 3 齿；下颚须 4 节，下唇须 3 节。触角短，着生于近口缘；柄节圆筒形或末端稍膨大；梗节长过索节第 1 节；索节第 1–6 节长均稍过于宽，向端部渐宽；棒节 3 节，末端圆钝或稍呈平截状。小盾片三角形稍隆起。翅无色；缘脉与痣脉几等长；后缘脉短。腹部三角形，短于胸部；产卵管隐蔽。雄虫前单眼处额顶宽过复眼横径；触角着生于复眼下缘连线上；柄节短，基部膨大；梗节短于索节第 1 节；索节第 1–6 节均长过于宽，具长毛；棒节不分节，短于索节第 5–6 节之和，末端圆钝。

生物学：寄主蚜科（初寄生或重寄生）、木虱科和双翅目（大多为食蚜蝇幼虫）。

分布：全北区、旧热带区、新热带区和澳洲区。世界已知约 70 种，中国记录 4 种，浙江分布 2 种。

（260）鳞纹蚜蝇跳小蜂 *Syrphophagus aeruginosus* (Dalman, 1820)

Encyrtus aeruginosus Dalman, 1820: 170.

Syrphophagus aeruginosus: Trjapitzin, 1978: 287.

主要特征：雌体长 1.5–1.7 mm。体黑色；头顶、颜面、中胸盾片、小盾片末端及腹基部具蓝绿色金属光泽；触角褐色至黑褐色，柄节蓝黑色；颜面下方蓝色或紫色；三角片及小盾片青铜色或紫色；并胸腹节黑褐色带蓝色；胸侧板紫褐色；腹部黑褐色带紫色，基部带铜绿色金光。翅透明。足褐色至黑色，前后足转节、足关节、胫节末端及跗节黄色至黄褐色；中足胫节除近基部有黑斑外、跗节及距均黄色至黄褐色。头圆形似凸透镜，头顶区与复眼等宽或略宽，具皮肤状细网状刻纹及稀疏大点状刻纹。中胸盾片具鳞状细致刻纹，并具 7–8 横排灰色刚毛；三角片与中胸盾片刻纹一致；小盾片具细网状刻纹及灰色刚毛，末端较光滑。前翅缘脉与痣脉等长，后缘脉很短；后翅宽，其后缘脉毛较前翅长。中足胫节端距与第 1 跗节等长、膨大；后足胫节末端具 2 距。腹部宽卵圆形，略短于胸部，背面光滑，刻纹细致；第 1、2 节等长；产卵管粗壮，略微露出。雄蜂与雌蜂相似。但头顶宽大于长，较复眼宽，具白毛；POL 约与单眼直径相等；触角着生于复眼下缘连线上；柄节很短，略侧扁，中部略膨大；梗节亚念珠形，较索节短；索节均长大于宽，等宽等长；棒节不分节，膨大，末端收缩略呈斜切状，短于前面两索节合并之长；鞭节黄至褐黄色，具黄褐或浅褐色长毛。

生物学：寄主为双翅目的食蚜蝇；捕食下列蚜虫的食蚜蝇：麦二叉蚜、麦长管蚜、*Brachyodus noxius*、*Siphanaphis pedi*。

分布：浙江（黄岩）、河北；俄罗斯，中亚，西欧，北非。

（261）蚜虫蚜蝇跳小蜂 *Syrphophagus aphidivorus* (Mayr, 1876)

Encyrtus aphidivorus Mayr, 1876: 712.

Syrphophagus aphidivorus: Noyes *et* Hayat, 1984: 339.

主要特征：雌体长 1.0 mm。体褐色，头、胸及腹基部有蓝色反光，腹背并带紫色。触角褐色。翅无色透明或略带浅黄色。足褐黑色，胫节末端及跗节黄色。头横宽，有微细刻点。复眼间距与复眼横径相等；复眼卵圆形，颊与复眼长径等长。单排列呈等边三角形；后单眼靠近复眼，后头脊锋锐；颜面凹陷。触角着生于口缘；柄节细长；梗节显著长于第 1 索节；索节由基向端逐渐膨大，第 1–3 索节小，呈念珠状，其余显著增大，第 3–4 索节略长过于宽；棒节 3 节，中部膨大，卵圆形，与第 3–6 索节合并等长。胸部具网状刻纹。小盾片略长于中胸盾片，稍膨起，末端圆。前翅缘脉长为宽的 2 倍，长于痣脉，后缘脉甚短几乎无。中足胫节端距与第 1 跗节等长。腹部短于胸部，产卵管隐蔽。

生物学：寄主为菜小脉蚜茧蜂、烟蚜茧蜂及下列蚜虫上的其他蚜茧蜂：麦长管蚜、棉蚜、桃蚜、桃粉蚜、萝卜蚜、小米蚜、柑桔绣线菊蚜、豆蚜、大豆蚜、刺槐蚜、椰蚜、栎蚜、洋麻蚜。

分布：浙江（杭州）、黑龙江、河北、山东、河南、江西、湖南、福建、广东、四川、云南；印度，俄罗斯，欧洲，北美洲。

注：本种别名蚜虫跳小蜂。

116. 盾绒跳小蜂属 *Teleterebratus* Compere *et* Zinna, 1955

Teleterebratus Compere *et* Zinna, 1955: 108. Type species: *Teleterebratus perversus* Compere *et* Zinna, 1955.

主要特征：雌虫复眼具毛；触角着生于复眼下缘连线以下；柄节圆筒形；梗节长约为柄节长的 0.5 倍，长过索节第 1 节；索节第 1–4 节较小，第 5–6 节较大，均横宽；棒节 3 节，与索节近等长；上颚 3 齿。中胸盾片和小盾片平坦。前翅透明；痣脉长过后缘脉。下生殖板达到腹端；产卵管明显露出，长至少为腹部长的 0.25 倍。

生物学：寄主为盾蚧科及绒蚧科中的致瘿种类。

分布：东洋区、澳洲区。世界已知 3 种，中国记录 1 种，浙江分布 1 种。

（262）彼佛盾绒跳小蜂 *Teleterebratus perversus* Compere et Zinna, 1955

Teleterebratus perversus Compere et Zinna, 1955: 110.

主要特征：雌体长 0.7 mm。体黑褐色；各足腿节末端、胫节两端、跗节浅黄白色；翅无色。头部背面观宽为额顶宽的 3.0 倍；前后单眼间距为 POL 的 0.8 倍；触角窝间距为其长径的 1.7 倍，上缘在复眼下缘连线以下；触角窝唇基间距为触角窝长径的 0.8 倍。触角柄节稍膨大，长为最宽处的 3.8 倍；梗节长为宽的 2.1 倍，为第 1 索节的 3.5 倍；索节第 1–6 节均横宽，第 1–4 节较小，第 5–6 节较大，第 6 节长为宽的 0.8 倍；棒节 3 节，长为第 1–6 索节之和，稍宽过末索节，末端圆。中胸盾片稍隆起；小盾片稍隆起，上有 12 根刚毛。前翅长为宽的 2.5 倍；亚缘脉上具 3 根刚毛，缘前脉上有 6 根刚毛；亚缘脉、缘前脉、缘脉、后缘脉长分别为痣脉的 4.4 倍、2.0 倍、0.7 倍、0.7 倍；翅基三角区内有众多纤毛；其余部分均匀着生纤毛。中足胫节距长为基跗节的 0.9 倍。腹部心形，末端尖。

生物学：寄主为桑白蚧、矢尖蚧。

分布：浙江（杭州）、四川。

117. 汤氏跳小蜂属 *Thomsonisca* Ghesquière, 1946

Thomsonisca Ghesquière, 1946: 369. Type species: *Thomsoniella typica* Mercet,1921.

主要特征：雌虫头部背面观宽为长的 2 倍；复眼具毛；上颚具 2 尖齿，1 截齿；下颚须 3 节，下唇须 2 节。触角着生在复眼下缘连线上；柄节短，圆筒形；索节 7 节；棒节 2 节。胸部隆起；三角片内角相接。翅脉发达。腹部卵圆形至心形，稍长过胸部；产卵管露出。雄虫与雌虫相似，但触角具长毛。

生物学：寄主为盾蚧科。

分布：古北区、东洋区。世界已知 6 种，中国记录 2 种，浙江分布 1 种。

（263）盾蚧汤氏跳小蜂 *Thomsonisca amathus* (Walker, 1838)

Encyrtus amathus Walker, 1838b: 421.

Thomsonisca amathus Noyes & Hayat, 1984: 343.

主要特征：雌体长 0.7–1 mm。体黑褐色，头、胸部略带紫色；触角柄节、梗节黑褐色，其余浅褐色；复眼和单眼暗红色；足黄褐色至浅褐色。头背面观近半圆形，头顶宽；单眼排列近等边三角形，OOL 和 OCL 均小于单眼直径，POL 约等于单眼直径。触角 11 节，柄节长约为宽的 3.2 倍；梗节长为宽的 1.4 倍，较第 1 索节略短；索节 7 节，第 1 索节稍短，其余各节等长；棒节 2 节，稍短于末 2 索节之和；各索节和棒节分别具 6–8 个纵感觉器。中胸盾片、小盾片均具纵网纹；中胸盾片多毛；三角片尖端几乎相触，各具 2–3 根毛；小盾片末端稍尖，具 8–10 根毛。前翅宽阔，缘毛短；亚缘脉具 11 根长毛；缘脉短，长约为宽的 2.5 倍，前缘具 3 根长毛；后缘脉短于缘脉，痣脉与缘脉几乎等长。中足胫节端距略长于基跗节。腹端尖，产卵管稍伸出。雄触角 9 节，索节仅 6 节，棒节 1 节，均具轮生长毛；各索节端部具 1–2 个突起状感觉器，第 4–6 索节各具 1–3 个纵感觉器；棒节长约为末索节的 2 倍，具 6–7 个纵感觉器。

生物学：寄主为红圆蚧（柑橘）、黄圆蚧（柑橘）、桑白蚧（桑、梅）、胡颓子白轮蚧、蔷薇白轮蚧和柳雪盾蚧。

分布：浙江（吴兴、上虞）、江苏、上海、湖南、福建、广西；俄罗斯，日本，瑞典，德国，瑞士，法国，西班牙，匈牙利。

注：本种别名盾蚧多索跳小蜂。

118. 皂马跳小蜂属 *Zaomma* Ashmead, 1900

Zaomma Ashmead, 1900: 401. Type species: *Encyrtus argentipes* Howard,1894.

主要特征：雌虫复眼大，具毛；单眼排列呈锐三角形；触角着生于口缘附近；柄节圆筒形；梗节长过索节第 1 节；索节 6 节，方形或宽过于长；棒节 3 节。上颚 3 齿。中胸背板上具纵刻纹；三角片内角相接，具横刻纹；小盾片末端具密集长刚毛，成簇或不成簇。翅透明；缘脉长过于宽，超过痣脉。腹部卵圆形；产卵管露出。雄虫梗节小；索节各节长过于宽，具弯曲长毛；棒节不分节。

生物学：寄主为跳小蜂科其他种类，初级寄主是盾蚧科种类。

分布：全北区、旧热带区、新热带区和澳洲区。世界已知 13 种，中国记录 2 种，浙江分布 2 种。

（264）绒蚧皂马跳小蜂 *Zaomma eriococci* (Tachikawa, 1963)

Metapterencyrtus eriococci Tachikawa, 1963: 214.

Zaomma eriococci: Trjapitzin, 1978: 240.

主要特征：雌体长 1.2 mm。体黑色。头顶及中胸盾片上具蓝色金属光泽。触角柄节端部、第 1–4 索节沿背缘、第 5–6 索节全部、前足腿节端部 2/5、中足腿节近基部的环、胫节及跗节、后足胫节端部 1/3 及跗节浅白色；触角柄节、前足胫节、跗节浅黄褐色；触角柄节基部、梗节、第 1–4 索节背缘、产卵管鞘浅黑色。翅透明。头部背观宽为长的 1.8 倍，为头顶宽的 5.3 倍。中胸盾片隆起，被稀疏白毛；小盾片隆起，背面呈天鹅绒状，中部被稀疏粗刚毛。前翅长为宽的 2.3 倍；亚缘脉上具 9 根刚毛；亚缘脉、缘脉、后缘脉长分别为痣脉的 7.7 倍、2.1 倍、1.1 倍；翅基三角区外方均匀着生纤毛。中足胫节距长为跗节第 1 节的 1.3 倍。雄体长 1 mm。体黑色。翅透明。触角梗节球状；索节第 1 节最长，长为宽的 3 倍；其余部位与雌虫相似。

生物学：育自竹巢粉蚧上的花翅跳小蜂。

分布：浙江（德清）、河南、湖南；日本。

（265）盾蚧皂马跳小蜂 *Zaomma lambinus* (Walker, 1838)

Encyrtus lambinus Walker, 1838a: 102.

Zaomma lambinus: Gordh & Trjapitzin, 1979: 34.

主要特征：雌体长 1.0–1.1 mm。体黑色；头部具蓝色光泽，但额上光泽紫铜色；胸部无光泽，腹部光泽铜色。触角黑色，但末 2 索节淡黄色。前足白色，但腿节中部与胫节中部黑色；中足白色，但腿节后半部和胫节亚基部黑色；后足黑色，但转节、胫节两端和跗节白色。中胸背板前半部的刚毛黑色，后半部的刚毛白色。翅透明。头与胸部等宽，头顶窄；单眼排成锐三角形；复眼近三角形，有短毛；颊长约与复眼纵径相等。触角较短，着生于口缘；柄节柱状，中部略膨大；梗节比索节粗，长与前 3 索节之和相等；索节 6 节，由基部向末端逐节扩大，前 5 节均宽大于长，第 6 节近方形；棒节 3 节，略膨大，末端尖。前翅缘脉明显长大于宽，并略长于痣脉，后缘脉短。小盾片宽三角形，无光泽，末端具黑色刚毛束。腹部宽三角形，扁平，略宽于和短于胸部，产卵管略突出。

生物学：寄主为桑白蚧、胡颓子白轮蚧、红蜡蚧中的其他跳小蜂，据报道曾从下列蚧虫中育出：桑笠盾蚧、榆牡蛎蚧、蔷薇白轮蚧、橙褐圆蚧、褐圆蚧、日本蜡蚧、椰圆蚧、牡蛎蚧。可能寄生于 *Plagiomerus diaspidis*、*Epitetracnemus extranea*。

分布：浙江（黄岩）、河南、甘肃、青海、江苏、上海、湖北、湖南、福建、广东；俄罗斯，日本，印度，菲律宾，印度尼西亚，英国，瑞士，西班牙，美国（夏威夷），新西兰，突尼斯。

十九、蚜小蜂科 Aphelinidae

主要特征：体微小至小型，长 0.2–1.4 mm，常短粗或扁平，极少数为长形。体色淡黄至暗褐色，少数黑色，仅少数稍具光泽。复眼大。触角 5–8 节；索节 2–4 节，雄性有时多 1 节。前胸背板很短。中胸盾纵沟深而直；三角片突向前方，宽阔分开；小盾片宽，甚平。中胸侧板常斜向划分，但有时不划分，略鼓起，大而呈盾形。后胸背板悬骨长，舌形。少数短翅；正常翅一般前翅缘脉较长，常不短于亚缘脉，痣脉很短，无后缘脉，翅面上具 1 无毛斜带，自痣脉处斜伸向翅后缘。中足基节明显位于中胸侧板中部之后；中足胫距较长而发达；跗节 4 或 5 节。腹部无柄，产卵管不外露或露出很短。

生物学：蚜小蜂寄主主要是半翅目蚧总科，行内寄生或外寄生（在介壳之下），或为捕食性，捕食介壳虫的卵。部分寄生于蚜总科、粉虱总科和木虱总科，少数寄生于半翅目猎蝽总科、鳞翅目或直翅目昆虫的卵，极少数种寄生于螯蜂科、瘿蚊科或斑腹蝇科的幼虫或蛹。蚜小蜂一般以老熟幼虫或蛹越冬。成虫以蚜虫及介壳虫的蜜露为食或以产卵管刺入寄主，取食活虫体液。有些蚜小蜂科雌性和雄性个体发育差异很大。雌性初寄生于半翅目昆虫体内（通常为蚧总科），而雄性寄主可能外寄生于半翅目，或重寄生于半翅目体内的其他姬小蜂、蚜小蜂或跳小蜂幼虫及预蛹上，或者初寄生于鳞翅目卵中。某些重寄生性种类雄性可能兼性寄生于本种的雌性体上，有时甚至寄生于本种的雄性体上。蚜小蜂两性个体发育的差异极大，其未成熟阶段也表现出异乎寻常的二型现象。蚜小蜂科是小蜂总科在生物防治上最重要的一个科。在 216 项利用寄生性昆虫进行的生物防治成功的项目中，有 90 个项目涉及蚜小蜂。例如，温室粉虱恩蚜小蜂被用于防治园艺植物上十分严重的害虫温室粉虱，在我国也获得很大成功。

分布：本科中等大小，世界广布，含 45 属约 1000 种。本科在热带种类十分丰富。我国已记载 18 属约 155 种（黄健，1994）。浙江已知 10 属 26 种。

分属检索表(雌虫)

1. 跗节 4 节 ··· 2
- 跗节 5 节，偶有前中足跗节 4 节 ·· 4
2. 触角 5 节（触角式 1121）；前翅具无毛斜带，有时无毛斜带边界不明显 ··············· 桨角蚜小蜂属 *Eretmocerus*
- 触角 7–8 节；前翅一般没有无毛斜带 ··· 3
3. 触角 7 节 ·· 四节蚜小蜂属 *Pteroptrix*
- 触角 8 节 ·· 短索蚜小蜂属 *Archenomus*
4. 触角至多 6 节；前翅一般有无毛斜带 ··· 5
- 触角至少 7 节；前翅一般没有无毛斜带 ·· 7
5. 触角 4 节 ·· 长棒蚜小蜂属 *Marlatiella*
- 触角 6 节 ··· 6
6. 并胸腹节长，后缘中央具扇叶突 ··· 黄蚜小蜂属 *Aphytis*
- 并胸腹节短，后缘中央无扇叶突 ··· 花翅蚜小蜂属 *Marietta*
7. 触角 7 节 ··· 8
- 触角 8 节 ··· 9
8. 触角式 1141 ·· 花角蚜小蜂属 *Azotus*
- 触角式 1132 ·· 异角蚜小蜂属 *Coccobius*
9. 三角片小，明显向前突出，两三角片之间的距离大于三角片的长度；中胸盾中叶刚毛减少 ········· 恩蚜小蜂属 *Encarsia*
- 三角片大，两三角片之间的距离约等于三角片的长度；中胸盾中叶多毛 ··············· 食蚧蚜小蜂属 *Coccophagus*

119. 黄蚜小蜂属 *Aphytis* Howard, 1900

Aphytis Howard, 1900: 168. Type species: *Aphytis chilensis* Howard, 1900.

主要特征：雌体粗壮，微小，常黄或黄灰色，有时具杂色。头横宽，与胸部等宽；单眼排列呈等边或钝角三角形，复眼大，具细微刚毛。上颚通常发达，具 2 尖齿及 1 截齿；须式一般为 2-1。触角通常 6 节；柄节柱状；梗节梨形或近圆锥形，长常大于宽；索节常 3 节，F3 明显较 F1 和 F2 长；棒节不分节。前胸背板短，通常由两块骨片组成；中胸盾片为梯形，具若干对刚毛；三角片以中胸盾片及小盾片间沟为准，约向前伸过自身长度的一半；小盾片宽，具 2 对刚毛；后胸背板带状或呈弓形，前中部具一表皮内突；后悬骨长，端部宽圆；并胸腹节长，后缘具有鳞状的扇叶突。腹部近无柄，略长于胸部；产卵器外瓣从基部到 3/4 处具一纵脊。雄虫通常无明显的性二型特征，与雌性相比，体色较浅，前翅更为透明，触角棒节感器少；外生殖器腹侧突发达，具一爪；阳茎基侧突缺。

生物学：寄主为半翅目盾蚧科昆虫，营体外寄生。

分布：世界广布。世界已知约 115 种，中国记录 40 种，浙江分布 4 种。

分种检索表

1. 头部后头孔每边有 1 条窄而明显的黑色横带；前翅具明显的暗色晕斑 ························· 桑盾蚧黄蚜小蜂 *A. proclia*
- 头部无上述特征 ··· 2
2. 并胸腹节与小盾片等长或更长，扇叶突小、不重叠 ·························· 金黄蚜小蜂 *A. chrysomphali*
- 并胸腹节不及小盾片长，扇叶突大且重叠 ··· 3
3. 前胸腹板后部微暗色；中胸腹板叉状内突暗色；前翅斜毛区有 35–50 根刚毛 ················· 岭南黄蚜小蜂 *A. lingnanensis*
- 前胸腹板黄色；中胸腹板叉状内突仅纵干暗色；前翅斜毛区有 50–60 根刚毛 ················· 矢尖蚧黄蚜小蜂 *A. yanonensis*

（266）金黄蚜小蜂 *Aphytis chrysomphali* (Mercet, 1912)

Aphelinus chrysomphali Mercet, 1912: 135.

Aphytis chrysomphali: Mercet, 1927: 489.

主要特征：雌体长 0.35–1.0 mm。体黄色，胸部腹板暗黑色，小盾片后缘镶有黑边。足黄色，中足烟褐色。前翅透明，在亚缘脉与缘脉结合处的下方带烟色，沿翅后缘具一暗褐色条直至无毛带。头背面观横宽。头顶沿后头缘除许多细小苍白刚毛外，还有 2 对长刚毛。颜额区具网状刻纹。下颚须 2 节，下唇须 1 节。触角细长，柄节长为宽的 5–7 倍，与棒节等长或稍长。胸部刚毛细长苍白。前胸及中胸背板具网状刻纹；中胸盾片常具 10 根（少数 11–12 根）刚毛，后端 1 对及前侧方的 1 根较其余的为长且粗，中胸盾片侧叶上具 2 根刚毛，三角片上仅具 1 根刚毛；小盾片上具 4 根刚毛。小盾片卵圆形，其长约为中胸盾片中长的 2/3–4/5。后盾片短，除边缘外具网状刻纹，其后缘几乎直。并胸腹节长，几乎与小盾片等长或略长，其端部的扇叶突数目为 3+3 至 6+7 个，小而圆，常不重叠，左、右两套扇叶突在中间相距较远。前翅长约 2.5–2.7 倍于宽；缘毛长常为翅宽的 1/6；三角区具刚毛 24–41 根，分列 4–5 行；亚缘脉具 2 根粗刚毛，缘脉前缘具显著而约等长的刚毛 5–11 根（常为 8–10 根）。中足胫距几乎与第 1 跗节等长。产卵管和产卵管鞘长分别为中足胫节的 1.4–1.7 倍和 0.4–0.5 倍。雄体长 0.56–0.86 mm。构造、毛序、刻纹及体色等均与雌蜂相似，区别之处在于触角。柄节长约为宽的 4–5.5 倍，略长于棒节；梗节长 1.6–2 倍于宽，较第 3 索节长 1.2–1.3 倍；棒节长为宽的 3–3.25 倍，具 3–4 个长形感觉器。中胸盾片具刚毛 10 根。并胸腹节几乎和小盾片等长。前翅三角区具刚毛 21–27 根，分列 3–4 行；亚缘脉具 12–15 个泡突；缘脉具 6–8 根显著的刚毛，沿翅的前缘排列。外生殖器长为中足胫节的 0.5–0.7 倍。指钩突 0.25–0.3 倍于阳茎及内突合并之长。

生物学：寄主为褐圆蚧（柑橘）、橙褐圆盾蚧、椰圆盾蚧、红圆蚧（柑橘）、矢尖蚧（柑橘）、糠片蚧（柑橘）、长牡蛎蚧（柑橘）、蚌臀网盾蚧（柑橘）、长白蚧、黄圆蚧、棕圆蚧、黑点蚧、榆牡蛎蚧、琉璃梯圆蚧、梨圆蚧、桑盾蚧（桃、李、杏、梅等）；蔷薇白轮盾蚧（刺梨）等。

分布：浙江（宁波、临海）、江苏、上海、江西、福建、台湾、广东、香港、四川、贵州。

（267）岭南黄蚜小蜂 *Aphytis lingnanensis* Compere, 1955

Aphytis lingnanensis Compere, 1955: 303.

主要特征：雌体长 0.73–1.05 mm。体黄色，小盾片后缘具浅黑色窄边。胸部腹板弱微暗色。触角柄节浅色，腹方微暗色，其余各节弱烟色。前翅缘前脉下方及斜毛区基部弱烟色，翅后缘、无毛斜带外侧具 1 条暗褐色条纹。头顶和胸部背板具网状纹。头顶沿后头缘具 2 对长刚毛。上颚发达，具一明显的下齿。下颚须 2 节，下唇须 1 节。触角柄节细长，长为宽的 5–6 倍，长为棒节的 1.2 倍；梗节长为宽的 1.6–2.0 倍，长为第 3 索节的 1.3–1.4 倍；中胸盾片中叶具 9–13 根（通常 10–12 根）毛，盾侧叶各 2 根毛，三角片 1 根毛。小盾片 4 根毛，板形感觉器与 2 对毛约等距或稍接近前 1 对毛。小盾片长为中胸盾片中叶的 0.71–0.77 倍。后胸背板短，后缘近于直。并胸腹节长为小盾片的 0.7–0.8 倍；扇叶突数 3+4 至 7+8，大，延长，强烈重叠，扇叶突的两部分明显分开。前翅长为宽的 2.40–2.66 倍，缘毛不超过翅宽的 1/4；缘脉下方斜毛区具 30–51 根毛，呈 4–5 列。亚缘脉具 2 根长毛（很少 3 根），具 12–23 个泡突；缘脉前缘具 9–13 根明显、近等长的刚毛。中足胫距为基跗节长的 0.75–1.0 倍。产卵管为中足胫节长的 1.64–1.90 倍。雄体长 0.69–0.96 mm。基本上与雌性相似。但触角柄节长为宽的 4.5–6.0 倍，为棒节的 1.25 倍；梗节长为宽的 1.75–2.00 倍，为第 3 索节长的 1.3–1.7 倍。中胸盾片中叶具 10–15 根毛。并胸腹节比雌性稍短，为小盾片长的 0.6–0.8 倍。前翅长为宽的 2.3–2.6 倍，缘脉下方斜毛区 20–37 根毛，呈 3–5 列；亚缘脉具 14–21 个泡突；缘脉前缘具 7–12 根刚毛。

生物学：寄主为红圆蚧（柑橘、柚），据记载寄主还有夹竹桃圆蚧、黄圆蚧、褐圆蚧、橙褐圆盾蚧、棕榈圆盾蚧、可可三叶圆蚧等。

分布：浙江（建德）、福建。

（268）桑盾蚧黄蚜小蜂 *Aphytis proclia* (Walker, 1839)

Aphelinus proclia Walker, 1839: 9.

Aphytis proclia: Ferrière, 1965: 93.

主要特征：雌体长 0.82–1.2 mm。体淡黄色，具暗色斑纹。后头孔两侧有 1 条明显的黑色横条纹，单眼与黑色横条纹之间为 2 块浅褐斑。前胸背板中央暗色。中胸盾片中叶有时具 1 对微暗色斑纹，前缘、盾纵沟及后缘中部浅黑色。小盾片前端、近中部及两侧具暗色斑，中纵线明显浅色。腹部背板前缘、侧缘及后侧缘浅黑色。第 1 背板前缘和第 5 背板具暗横带，第 6 背板后缘脊黑色。触角柄节浅色，具 1 条暗纵纹，棒节基部色浅，端部浅黑色。前翅痣脉下方具 1 明显的暗斑，斜毛区基部具 1 条弧形暗横带，亚缘脉端部下方呈微暗云斑。翅后缘、无毛斜带的外侧具 1 条窄的暗褐色条纹。产卵管外瓣的脊及侧部黑色。头部、胸部及腹部两侧的毛粗黑。头顶沿后头缘具 1 对长刚毛。复眼具细毛。上颚发达，具 2 齿及 1 截齿。下颚须 2 节，下唇须 1 节。柄节细长，长为宽的 4.5–6.0 倍，长于棒节；梗节稍长于第 3 索节；第 1 索节梯形，第 2 索节宽为长的 1.5–2.0 倍，第 3 索节长稍大于宽。中胸盾片中叶具 9–15 根毛，毛数因体大小而异。盾侧叶具 2 根毛（很少 3 根），三角片 1 根毛。小盾片卵圆形，为中胸盾片中叶长的 0.75–0.80 倍，具 4 根毛，板形感觉器稍接近前 1 对毛。并胸腹节为小盾片长的 0.6–0.75 倍；扇叶突数 5+5 至 10+10，延长，稍窄，不重叠。前翅长约为宽的 3.0 倍。缘毛通常约为翅宽的 1/6；亚缘脉具 2 根长毛，基向的一根约为另一根长的 2/3，具 15–23 个泡突；缘脉前缘具 7–13 根（通常 10–12 根）近等长的刚毛。中足胫距略短于基跗节。

产卵管和产卵管鞘长为中足胫节的 1.5 倍和 0.33–0.41 倍。雄体长 0.82–1.06 mm。近似雄性。但色略浅。触角棒节多少一律暗色。触角 6 节；第 3 索节具 1 个条形感觉器，棒节 1 节，具 3–4 个条形感觉器。中胸盾片中叶具 11–15 根毛。并胸腹节略小于小盾片长的 2/3；扇叶突数 5+6 至 7+8。缘脉前缘具 7–12 根明显、近等长的刚毛。翅色斑如同雌性，痣脉下方的横带后部逐渐色弱。外生殖器为中足胫节长的 0.8–1.0 倍，指突长，为阳茎和阳茎内突长的 0.31–0.34 倍。

生物学： 寄主为桑盾蚧（李、女贞），据记载寄主还有栎笠圆盾蚧（栎）、柳长蚧（柳）、梨笠圆盾蚧、福氏笠盾蚧（梨）、柳黑长蚧（柳）、榆长蚧（榆）、榆牡蛎蚧（采自丁香）、灰圆盾蚧（梨）、橙褐圆盾蚧（柑橘、玫瑰）、红圆蚧、棕榈栉圆盾蚧（室内饲养寄主）、夹竹桃圆蚧（室内饲养寄主）、杨笠圆盾蚧 *Quadraspidiotus gigas*。本种为双亲种，是广泛分布的全北区种类。1957–1958 年，从缅甸引入美国加利福尼亚州，在红圆蚧上成功地进行了繁殖。历史上有关本种分布记录的资料十分繁多，由于近缘种类之间很容易混杂，因此这些资料很多可能需要进一步证实。

分布： 浙江、陕西、江西、湖南、福建、台湾、广东、四川；俄罗斯，日本，缅甸，塞浦路斯，英国，意大利，法国，匈牙利，德国，奥地利，墨西哥，美国，萨尔瓦多，北非。

（269）矢尖蚧黄蚜小蜂 *Aphytis yanonensis* DeBach *et* Rosen, 1982

Aphytis yanonensis DeBach *et* Rosen, 1982: 626-634.

主要特征： 雌体长 1.1–1.21 mm。体红黄色，小盾片后缘具浅黑色条纹。触角柄节浅色，腹向弱暗褐色，其余烟色。前翅后缘、无毛斜带的外侧具 1 暗褐色条纹。足黄色。头顶和胸部背板具网状纹。头顶沿后头缘具 2 对长刚毛。触角柄节长为宽的 4.95–5.25 倍，明显长于棒节；梗节长为宽的 1.70–1.85 倍，为第 3 索节长的 1.15–1.30 倍；第 1 索节近梯形，宽为长的 1.1–1.4 倍，第 2 索节短，第 3 索节长为宽的 1.20–1.35 倍，具 2 个条形感觉器（很少 1 个）。小盾片为中胸盾片中叶长的 0.75–0.80 倍；通常具 4 根毛，板形感觉器约与 2 对毛等距，或稍接近前 1 对毛，刚毛或板形感觉器数常更多。并胸腹节为小盾片长的 0.75–0.80 倍。扇叶突数 6+6 至 7+8，大，延长，强烈重叠。中足胫距为基跗节长的 0.86–0.97 倍。产卵管和第 3 产卵瓣分别为中足胫节长的 1.90 倍和 0.39–0.46 倍。雄体长 0.92–0.93 mm。体黄色，胸部腹板色素比雌性更显著，前胸腹板明显微暗色，中间具 1 浅黑色纵条纹；中胸腹板叉状内突的纵干黑色，两侧臂弱微暗色；后胸腹板具明显的微暗色横区，其他同雌性。

生物学： 寄主为矢尖蚧（柑橘）；据记载室内饲养寄主有夹竹桃圆蚧。

分布： 浙江、四川、福建；日本（1980 年从四川引进），美国（引进）。

120. 短索蚜小蜂属 *Archenomus* Howard, 1898

（270）长角短索蚜小蜂 *Archenomus longiclava* (Nikolskaya, 1959)

Pteroptrix longicornis Nikolskaya, 1959: 467.

Archenomus longiclava: Huang, Lin *et* Lin, 1992: 163.

主要特征： 雌体长 0.65–0.7 mm。体深褐色，头黄褐至暗橙色，触角黄褐色。中胸盾片两侧缘及后缘、盾侧片橙黄色；小盾片鲜黄白色；并胸腹节浅褐色。前翅几乎透明；缘脉下方烟褐色。足浅黄色，后足基节及腿节除两端外深褐色。腹部黑褐色，端部烟褐色。头背面观横宽。单眼排列几乎成直线，侧单眼至眼眶之距约为单眼直径的 2 倍，颊长与复眼长径等长。上颚具 3 齿。下颚须与下唇须各 1 节。触角柄节长约为宽的 6 倍；梗节长为宽的 2 倍，等于第 1–2 索节之和；索节 3 节，长之比为 2 : 1.5 : 2.5；棒节长为宽的

7 倍，为索节长的 2.7 倍，各节几乎等长，第 1 节最宽，端部渐窄，各具 6 个长形感觉器。中胸盾片具 3 对刚毛，盾侧叶和三角片各 1 根毛，小盾片具 2 对毛。前翅缘脉粗，边缘具 3–5 根（常为 4 根）长刚毛；缘毛略长于翅最宽处之半。中足胫节距明显长于基跗节。腹部显著长于胸部。产卵管稍露出。雄蜂与雌蜂相似，但触角较粗短，第 2 索节呈环状。

生物学：寄主为桑白蚧（桑、梅、构）。

分布：浙江（吴兴、上虞）、江苏、上海；俄罗斯。

121. 花角蚜小蜂属 *Azotus* Howard, 1898

Azotus Howard,1894.

主要特征：雌虫体长约 1mm。雌虫体长约 1mm。上颚 2 尖齿及 1–2 个小齿。下颚须和下唇须各 1 节。触角 7 节。中胸盾片中叶具 2 对毛。盾侧叶 2 根毛，三角片 1 根毛。小盾片大部分为斜纵形网状纹，具 2 对毛，板形感觉器近后 1 对毛。中胸后悬骨为小盾片长的 2.58 倍，末端钝圆。后胸背板窄，具刻纹。并胸腹节为小盾片长的 0.76 倍，后缘略突出，具显著的网状纹。前翅长为宽的 2.8 倍。缘毛为翅宽的 0.42 倍；亚缘脉长于缘脉，具 1 根毛；缘脉前缘具 3 根毛；痣脉伸长，末端膨大。翅基部及前缘室无毛。中足胫距稍短于基跗节。产卵管长，基部从第 1–2 腹节伸出，强烈突出腹末端。

分布：中国记录 1 种，浙江分布 1 种。

（271）双带花角蚜小蜂 *Azotus perspeciosus* (Girault, 1916)

Ablerus perspeciosus Girault, 1916a: 292.

Azotus perspeciosus: Tachikawa, 1958b: 62.

主要特征：雌体长 0.67 mm。头部黄褐色至浅褐色，触角窝上方有 1 条暗褐色条纹横过头部，后头孔上缘两侧暗褐色，上颚端部黑褐色，胸部和腹部背板暗褐色，腹板浅褐色至暗褐色。触角柄节基部和中部、梗节基部浅褐至暗褐色，第 1、3 索节及棒节黑褐色，其余部分浅白色。前翅缘脉端部下方及近翅端具 2 条浅褐色横带，缘前脉基部下方具 1 条浅褐色的短斜带，近缘脉端部的一簇黑毛粗长。足基节、腿节和胫节的大部分暗色，末跗节略暗。第 3 产卵瓣暗褐色。复眼无毛。上颚具 2 尖齿及 1–2 个小齿。下颚须和下唇须各 1 节。触角 7 节，触角式 1141；柄节长为宽的 4.78 倍；梗节长为宽的 1.77 倍，约与第 1 索节等长或稍长；第 1 索节长为宽的 1.81 倍，各索节长度之比为 16：14：9：17；棒节长为宽的 3.21 倍，长于第 1–3 索节；除第 3 索节外，其余索节分别具 1–2 个条形感觉器，棒节具 6 个条形感觉器，棒节背缘的基部和中部各具 1 根长刚毛。中胸盾片中叶具 2 对毛。盾侧叶具 2 根毛，三角片 1 根毛。小盾片大部分为斜纵行网状纹，具 2 对毛，板形感觉器近后 1 对毛。中胸后悬骨为小盾片长的 2.58 倍，末端钝圆。后胸背板窄，具刻纹。并胸腹节为小盾片长的 0.76 倍，后缘略突出，具显著的网状纹。前翅长为宽的 2.80 倍。缘毛为翅宽的 0.42 倍；亚缘脉长于缘脉，具 1 根毛；缘脉前缘具 3 根毛；痣脉伸长，末端膨大。翅基部及前缘室无毛。中足胫距稍短于基跗节。产卵管长，基部从第 1–2 腹节伸出，强烈突出腹末端，产卵管为中足胫节长的 2.65 倍。第 3 产卵瓣为中足基跗节长的 3.39 倍。

生物学：寄主为长牡蛎蚧（柑橘）；据记载还有胡颓子白轮盾蚧、褐圆蚧、竹鞘丝绵盾蚧、桑白盾蚧、樟臀网盾圆蚧、蛇眼臀网盾蚧、杨笠圆盾蚧、榆蛎盾蚧、栎美盾蚧。据 Compere（1926）记述，可能是蚧黄蚜小蜂的重寄生蜂。

分布：浙江、河南、陕西、上海、福建、四川；日本，意大利，南斯拉夫，法国，美国，阿根廷（引进）。

122. 异角蚜小蜂属 *Coccobius* Ratzeburg, 1852

Coccobius Ratzeburg, 1852: 195. Type species: *Coccobius annulicornis* Ratzeburg, subsequent designation of Gahan and Fagan, 1923, 37.

Physcus Howard, 1895: 43. Type species: *Coccophagus varicornis* Howard, by monotypy: Synonymy by Hayat, 1983: 78.

主要特征：雌触角式 1132。触角各节颜色多不均一。中胸盾中叶大，密被刚毛；盾侧叶窄；三角片小，具 1 根毛；小盾片大，端部阔圆，有 4–6 根毛。前翅透明，不具无毛斜带，翅盘密被纤毛；前缘室几乎与缘脉等长；痣脉长，末端略膨大；后缘脉缺或很短。足跗节 5–5–5 式。肛下板未达腹末端，产卵器至多稍有伸出。雄虫与雌相近，触角 8 节；鞭节颜色均一，且较难区分为索节及棒节。雄性外生殖器伸长，指状突缺。

生物学：寄主为盾蚧科。

分布：世界已知 107 种，中国记录 19 种，浙江分布 2 种。

（272）褐黄异角蚜小蜂 *Coccobius fulvus* (Compere *et* Annecke, 1961)

Physcus fulvus Compere *et* Annecke, 1961: 21-23.

Coccobius fulvus: Hayat, 1985: 301.

主要特征：雌体长 0.9–1.2 mm。体褐黄色。腹部背板两侧呈不规则的微暗色。后头孔两侧具暗色短条纹。触角第 1–2 索节和 2 节棒节黑褐色，其余各节浅色至浅黄色。前胸背板两侧端的粗毛基部、三角片前端部分、翅基片和小盾片两侧等或多或少暗色。翅透明。前后足基节有时略暗。头顶和胸部背板具网状纹。复眼具细毛。上颚 2 齿及 1 截齿。下颚须 2 节，下唇须 1 节。触角 7 节，触角式 1132。中胸盾片中叶大；侧叶狭小，各 1 根毛。三角片小，各 1 根毛，两个三角片的中间间隔约为三角片长的 3 倍或稍大。小盾片大，为中胸盾片中叶长的 0.93 倍，板形感觉器近中间具 1 对毛。中胸后悬骨稍长于小盾片。前翅长为宽的 2.90 倍。缘毛为翅宽的 0.18 倍。亚缘脉短于缘脉，具 7 根刚毛。缘脉前缘具 11 根刚毛，仅稍长于缘脉中央的一列毛。痣脉细长，端部稍膨大。前缘室具 1–2 列约 25 根细毛。中足胫距略短于基跗节。腹部末端钝圆。产卵管基部从第 4 腹节伸出，略突出腹末端；产卵管为中足胫节长的 1.46 倍。第 3 产卵瓣为中足基跗节长的 1.55 倍。雄体长约 0.93 mm。体黑褐色。触角暗褐色。翅透明。足基节和腿节暗色，胫节基部略暗色，胫节端部及跗节褐黄色。触角 8 节，梗节之后呈鞭节状。前翅长为宽的 2.43 倍，雄性外生殖器为中足胫节长的 0.7 倍。

生物学：寄主为矢尖蚧（柑橘），据记载还有紫牡蛎蚧、突叶并盾蚧、臀纹粉蚧、橘雪蚧、长白蚧盾蚧（柑橘）。

分布：浙江、陕西、台湾、广东、四川、贵州；日本（引进），美国（引进），大洋洲。

（273）牡蛎蚧异角蚜小蜂 *Coccobius testaceus* (Masi, 1909)

Physcus testaceus Masi, 1909: 36.

Coccobius testaceus: Hayat 1983: 81.

主要特征：雌体长 0.63–0.8 mm。体黄褐色，局部褐色。触角第 1 索节及棒节黑色，棒节末端色淡，柄节、梗节及第 2、3 索节黄色。翅脉黄褐色；足黑褐至黄褐色。复眼间距大于复眼宽。触角柄节与梗节及第 1 索节合并等长；梗节较第 1 索节短，约为宽的 1.5 倍；索节 3 节，等长，长约为宽的 1.5–2 倍；棒节 2 节，较宽大，长于末 2 索节合并之长，但短于 3 个索节合并之长。中胸盾片长宽大致相等，小盾片则宽大于长；中胸盾片及小盾片上的刚毛短而细。前翅长，缘脉具 10–13 根刚毛，亚缘脉具 7–8 根，痣脉相当长而稍膨大，缘毛相当短。中足跗节短，第 1 跗节稍长于其后各节之和。腹部卵圆形，稍长于胸部。产卵管微露出。雄体长 0.5–0.7 mm。与雌蜂相似。体暗褐色，尤以头、前中胸及腹部几乎呈黑色。触角纯红褐色，第 1 索节色较深，较长，具许多长形感觉器。第 1–4 索节等长；棒节第 2 节较第 1 节短。

生物学：寄主为多种牡蛎蚧，据资料记载，还有若干种其他盾蚧。

分布：浙江；美国（加利福尼亚州），亚洲（中亚细亚），欧洲（引入）。

123. 食蚧蚜小蜂属 *Coccophagus* Westwood, 1833

Coccophagus Westwood, 1833: 344. Type species: *Entedon scutellaris* Dalman, designated by Westwood, 1840: 73.

Aneristus Howard, 1895: 351. Type species: *Aneristus* Howard, by monotypy. Synonymy, 1983: 81.

主要特征：雌体常褐色至黑色，有时黄色至橙黄色。触角绝大多数 8 节，部分种类触角颜色不均一；触角 1133 式。棒节一般短于索节。胸部宽，前胸背板短且完整。中胸盾中叶通常密被刚毛，每盾侧叶具 4 或更多刚毛，每三角片至少有 2 根毛。三角片大，明显前伸，间距约为 1 个三角片的长度。小盾片具 3 对刚毛，或密被刚毛。前翅阔，缘毛短。亚缘脉具 2 根以上的刚毛。痣脉短，后端稍膨大；后缘脉短，有时明显。足跗节 5–5–5 式，中足胫节端距常短于基附节。产卵器一般不突出腹部末端。

雄与雌相近，有时体色更深一些。触角具更多的感器。雄性外生殖器常无指突，但据 Hayat（1998）报道该属雄性外生殖器变异较大，其中某些种类中有指突。

生物学：多为蚧科的体内寄生蜂，一些种类寄生粉蚧科。雄性往往营次寄生。

分布：世界已知 267 种，中国记录 33 种。浙江分布 8 种。

分种检索表

1. 前翅具暗褐色斑 ·· 2
- 前翅透明，翅中部无暗褐色斑 ·· 3
2. 前翅中部具 1 块大的暗褐色斑；小盾片具 3 对毛 ······················ 斑翅食蚧蚜小蜂 *C. ceroplastae*
- 前翅仅缘脉下方暗色 ··· 模德食蚧蚜小蜂 *C. modestus*
3. 小盾片具 3 对刚毛 ··· 4
- 小盾片具 1–2 对长刚毛，还具较密细毛 ·· 7
4. 体黑色 ·· 炭角食蚧蚜小蜂 *C. anthracinus*
- 至少小盾片部分黄色 ··· 5
5. 3 对足的基节全部暗色，足大部分暗色，腿节基部略浅色 ·············· 赖食蚧蚜小蜂 *C. lycimnia*
- 至少 1 对足的基节黄色 ·· 6
6. 中足腿节全部浅黄白色 ······································· 日本食蚧蚜小蜂 *C. japonicus*
- 中足腿节或多或少暗褐色 ··································· 夏威夷食蚧蚜小蜂 *C. hawaiiensis*
7. 胸部背板大部分黄色，或者部分黄色 ······················· 赛黄盾食蚧蚜小蜂 *C. ishii*
- 胸部背板完全黑色；足大部分暗褐色 ························· 黑色食蚧蚜小蜂 *C. yoshidae*

（274）炭角食蚧蚜小蜂 *Coccophagus anthracinus* Compere, 1925

Coccophagus anthracinus Compere, 1925: 309.

主要特征：雌体长 1.2 mm。与赖食蚧蚜小蜂 *C. lycimnia* 相似，但小盾片与体同为黑色；又与黑色食蚧

蚜小蜂 *C. yoshidae* 相似，但小盾片仅具 3 对刚毛。

　　生物学：寄主为龟形绵蚧黑盔蚧（柑橘）。

　　分布：浙江。

（275）斑翅食蚧蚜小蜂 *Coccophagus ceroplastae* (Howard, 1895)

Aneristus ceroplastae Howard, 1895: 351.

Coccophagus ceroplastae: Hayat & Singh, 1989: 33.

　　主要特征：雌体长 0.8–1.2 mm。体褐黑色。触角柄节浅褐色；翅透明，前翅中部具 1 暗褐色大斑。前足胫节及末跗节稍暗色。第 3 产卵瓣暗褐色。中足胫节大部分黄色。头顶和胸部背板具网状纹。复眼具细毛。上颚具 2 齿及 1 截齿。下颚须 2 节，下唇须 1 节。触角具密毛，8 节，触角式 1133；柄节长为宽的 4 倍；梗节长为宽的 1.3 倍，短于第 1 索节；索节向端部渐宽，第 1 索节长为宽的 1.33 倍，第 2 索节长于第 3 索节，宽均大于长；棒节明显短于索节，第 1 棒节长为宽的 0.70 倍，约与第 3 索节等长，各棒节长为 21：21：23；索节和棒节分别具多个条形感觉器。中胸盾片中叶具较密的细毛，侧叶具 4 根毛，三角片 2 根毛。小盾片具 3 对毛，板形感觉器近中间具 1 对毛。后胸背板和并胸腹节窄。中胸后悬骨短，为小盾片长的 0.74 倍，末端变窄。前翅长为宽的 2.38 倍。缘毛短，为翅宽的 0.09 倍。亚缘脉明显短于缘脉，具 6 根毛，缘脉前缘具 13 根毛，约与缘脉中央的一列毛等长。痣脉短，端部膨大。翅除基室后半部大部分无毛外，密布纤毛。前缘室具 1 列约 16 根毛。中足胫距稍短于基跗节。腹末端钝圆。产卵管基部从第 2–3 腹节伸出，产卵管长为中足胫节长的 0.90 倍。第 3 产卵瓣为中足基跗节长的 0.44 倍。

　　生物学：寄主龟蜡蚧（水栀、柑橘）、绵蚧（柑橘）；据记载寄主还有 *Ceroplastes cirridipdeiformis*、蜡蚧、褐软蜡蚧、橘黑盔蚧、伪角蜡蚧、日本龟蜡蚧、红蜡蚧、柑橘多角绵蚧（柑橘）、刷毛绿软蚧（柑橘）等多种绵蚧、橘灰软蚧及黑软蚧。

　　分布：浙江、江西、福建、台湾、广东、四川、云南；日本，印度，斯里兰卡，菲律宾，伊朗，牙买加，美国（引进），巴拿马，澳大利亚，维尔京群岛，西印度群岛，南非。

（276）夏威夷蚧食蚜小蜂 *Coccophagus hawaiiensis* Timberlake, 1926

Coccophagus hawaiiensis Timberlake, 1926: 315.

　　主要特征：雌体长 0.8–0.9 mm。体黑色，小盾片后部大部分黄色。触角柄节和梗节浅褐色，其余暗褐色。翅透明。前足基节暗褐色，各足腿节或多或少暗褐色，末跗节和前足胫节稍有暗色，其余浅黄色。第 3 产卵瓣暗褐色。复眼具细毛。上颚 2 齿及 1 截齿。下颚须 2 节，下唇须 1 节。触角具较密的毛，8 节，触角式 1133；柄节长为宽的 5 倍；梗节长为宽的 1.33 倍，短于第 1 索节；第 1 索节长为宽的 2.1 倍，第 2 索节稍长于第 3 索节；棒节长于第 1–2 索节，各棒节长之比为 18：17：19；索节和棒节分别具多个条形感觉器。中胸盾片中叶具较密的细毛。每盾侧叶 4 根毛，每三角片 2 根毛。小盾片前部黑褐色区网状纹显著，后部浅色区网状纹甚弱，具 3 对长刚毛，板形感觉器约与前两对刚毛等距。后胸背板和并胸腹节短。前翅阔，长为宽的 2.21 倍；密布纤毛；缘毛短，为翅宽的 0.10 倍；亚缘脉明显短于缘脉，具 7 根毛；缘脉前缘具 12–13 根毛，约与缘脉中央的一列毛等长；后缘脉和痣脉短，痣脉端部膨大；前缘室具 1–2 列约 18 根毛。中足胫距短于基跗节。腹末端略突。产卵管基部从第 2–3 腹节伸出，略突出腹末端，产卵管为中足胫节长的 1.13 倍，第 3 产卵瓣为中足基跗节长的 0.37 倍。本种与日本食蚧蚜小蜂 *Coccophagus japonicus* 十分相似，但本种中足腿节或多或少暗褐色或黑褐色。

　　生物学：寄主为龟蜡蚧（柑橘、龙眼）、红蜡蚧（白玉兰、荔枝）、1 种软蚧（白玉兰）；据记载寄主还有橘绿绵蜡蚧、多角绿绵蚧、角蜡蚧、日本蜡蚧、伪角蜡蚧、褐软蜡蚧、橘灰软蚧、刷毛绿软蚧、日本卷毛蚧、柿树绵粉蚧、日本原绵蚧、梨形原绵蚧、橘绵蚧、橘小绵蚧、蜡丝绵蚧、桑树绵蚧、冲绳绵蚧、多角绵蚧、日本柳绵蚧、橘黑盔蚧、香蕉黑盔蚧。

分布： 浙江、北京、山东、河南、江苏、福建、台湾、广东、四川、贵州、云南；日本，美国（夏威夷）。

（277）赛黄盾食蚧蚜小蜂 *Coccophagus ishiii* Compere, 1931

Coccophagus ishiii Compere, 1931: 103.

主要特征： 雌体长 1.3–1.4 mm。体黑色，小盾片 2/3 的后部黄色。翅透明。足基节暗褐暗色，后足腿节端向大部分浅褐色。头顶和胸部背板具网状纹。复眼具细毛。上颚 2 齿及 1 截齿。下颚须 2 节，下唇须 1 节。触角具较密的毛，8 节，触角式 1133；柄节长为宽的 4.25 倍；梗节显著短于第 1 索节，长为宽的 1.20 倍；索节依次渐短，第 1 索节长为宽的 1.74 倍；棒节短于索，各棒节长度之比为 23：18：17；索节和棒节分别具多个条形感觉器。中胸盾片中叶具较密的细毛。每盾侧叶 4 根毛，每三角片 2 根毛。小盾片后端和近后端各有 1 对刚毛，同时具较密的细毛，小盾片部黄色区毛浅色，板形感觉器位于小盾片近前部。后胸背板和并胸腹节短。前翅阔，长为宽的 2.04 倍；缘毛短；亚缘脉短于缘脉，具 9 根毛；缘脉前缘具 18 根毛；痣脉短。中足胫距短于基跗节。腹末端略凹。产卵管基部从第 2–3 腹节伸出，抵腹末端，产卵管为中足胫节长的 0.89 倍。第 3 产卵瓣为中足基跗节长的 0.38 倍。雄性近似于雌性，但小盾片完全黑褐色。

生物学： 寄主为恶性绵蚧、橘软蚧（柑橘）、绵蚧；据记载寄主有红蜡蚧（柑橘）、绵蜡蚧（柑橘）、橘灰软蚧、软蚧（柑橘）、核桃圆蚧、球蚧、橘小绵蚧、蜡丝绵蚧、野漆树绵蚧、缘绵蚧、桑树绵蚧、胡桃蚧、构骨褐软蜡蚧。

分布： 浙江（黄岩）、北京、山东、陕西；日本。

（278）日本食蚧蚜小蜂 *Coccophagus japonicus* Compere, 1924

Coccophagus japonicus Compere, 1924: 122.

主要特征： 雌虫本种与夏威夷蚧食蚜小蜂 *C. hawaiiensis* 十分相似。最大的区别在于本种中足腿节完全黄色，而夏威夷蚧食蚜小蜂中足腿节或多或少黑褐色。Compere（1931）认为二者之间有过渡类型。

生物学： 寄主为龟蜡蚧（水栀、柑橘、荔枝）、红蜡蚧（荔枝）、角蜡蚧、1 种软蚧（白玉兰）；据记载寄主还有褐软蜡蚧、日本蜡蚧、橘灰软蚧、油榄黑盔蚧、*Pulvinaria* sp.、日本绿绵蚧、伪角蜡蚧。

分布： 浙江、北京、江苏、上海、福建、广东、四川；日本，美国（引进）。

（279）赖食蚧蚜小蜂 *Coccophagus lycimnia* (Walker, 1839)

Aphelinus lycimnis Walker, 1839: 11.

Coccophagus lycimnia: Compere, 1931: 100.

主要特征： 雌体长 0.9 mm。体褐色至黑色。触角柄节和梗节暗褐色。翅透明。足、腿节基部略浅色，小盾片后部近 2/3 及后胸背板中部、前中足腿节端部、前中足胫节及后足胫节端部褐黄色。第 3 产卵瓣暗褐色。复眼具细毛。上颚 2 齿及 1 截齿。下颚须 2 节，下唇须 1 节。触角具较密的短毛，8 节，触角式 1133；柄节长为宽的 3.85 倍；梗节长为宽的 1.33 倍。中胸盾片中叶除后缘 1 对长刚毛外，还具较密的细毛；每盾侧叶 4 根毛，每三角片 2 根毛。小盾片前部黑褐色区网状纹显著，后部浅色区网状纹甚弱，具 3 对长刚毛，板形感觉器近前 1 对毛。前翅宽，长为宽的 2.33 倍；缘毛短，为翅宽的 0.08 倍；亚缘脉稍短于缘脉，具 7–8 根毛；缘脉前缘具 14 根毛约与缘脉中央的一列毛等长；后缘脉和痣脉短，痣脉端部膨大。中足胫距短于基跗节。腹末端略平。臀节背板约具 10 根毛。产卵管基部从第 2 腹节伸出，稍突出腹末端，产卵管约与中足胫节等长。第 3 产卵瓣为中足基长的 0.62 倍。雄体褐黑色。触角柄节和梗节暗褐色，其余黄褐色。足暗褐色，腿节基部、前中足腿节端部浅色，胫节浅黄色。触角第 1 索节最长。腹部较短小。

生物学：寄主为日本球坚蚧（♂若蚧，♀成蚧）（李）；据记载其寄主甚多，还有柽柳尾绵蚧、龟蜡蚧、日本蜡蚧、红蜡蚧、中华蜡蚧、橘绿绵蜡蚧、油茶绿绵蚧、褐软蜡蚧、橘灰软蚧、日本盘粉蚧、朝鲜球坚蚧、毛球坚蚧、黄杨囊毡蚧、绒茧蚧、日本球坚蚧、苹果球坚蚧、柿树真绵蚧、菲丽蚧、球蚧、侧柏球坚蜡蚧、黑腰球坚蚧、欧洲桃球坚蚧、球蚧、杏蜡蚧、地梅鲁丝蚧、葡萄新绵蚧、双瘤古北蚧、褐盔蚧、东方盔蚧、桃树木坚蚧、栎树木坚蚧、绵粉蚧、松坚蜡蚧、大杉苞蚧、杂食盾链蚧、臀纹粉蚧、蜡丝绵蚧、槭叶绵蚧、葡萄绵蚧、梨木虱、橘黑盔蚧、香蕉黑盔蚧、油榄黑盔蚧、杏鬃球蚧、正褐软蜡蚧、龟甲盘蚧、金合欢蜡蚧、橘蜡蚧、盔蜡蚧、黑软蚧。以幼虫在寄主体内越冬，翌年 3 月下旬至 4 月上旬化蛹，4 月中旬至 5 月中旬羽化。据 1983 年 3–5 月在河南的调查，对刺槐树上东方盔蚧的寄生率平均达 68.47%。

分布：浙江、北京、河北、山东、河南、江西、福建；俄罗斯，日本，印度，欧洲，北美洲，南美洲，大洋洲。

（280）模德食蚧蚜小蜂 *Coccophagus modestus* Silvestri, 1915

Coccophagus modestus Silvestri, 1915: 355.

主要特征：雌体长 1.3 mm。体黑色无黄斑，与黑色食蚧蚜小蜂 *C. yoshidae* 相似，但前翅缘脉下方暗色。
生物学：寄主为龟蜡蚧、软蚧类、盔蚧类（柑橘）。
分布：浙江、湖南。

（281）黑色食蚧蚜小蜂 *Coccophagus yoshidae* Nakayama, 1921

Coccophagus yoshidae Nakayama, 1921: 98.

主要特征：雌体长 1.6 mm。体黑色。触角浅褐色至暗褐色。足大部分暗褐色；前中足胫节、后足胫节端部及第 1–4 跗节浅黄色，前中足腿节端部及中足腿节基部浅色。第 3 产卵瓣暗褐色。复眼具细毛。上颚 2 齿及 1 截齿。下颚须 2 节，下唇须 1 节。触角具较密的毛，8 节，触角式 1133；柄节较细长，长为宽的 4.50 倍；梗节长为宽的 1.53 倍，明显短于第 1 索节；索节依次渐短，第 1、2 索节长分别为宽的 1.84 倍和 1.24 倍，第 3 索节长稍大于宽；棒节较短，短于第 1+2 索节；索节和棒节分别具多个条形感觉器。中胸盾片中叶密布细毛，每盾侧叶 4 根毛，每三角片 2 根毛。小盾片除 2 对长刚毛外，密布细毛，板形感觉器位于前 1 对毛的前方。前翅阔，长为宽的 2.05 倍；缘毛甚短，为翅宽的 0.04 倍；亚缘脉明显短于缘脉，具 7–8 根毛；缘脉前缘具 16 根毛，约与缘脉中央的一列毛等长；后缘脉和痣脉短；翅密布纤毛；前缘室具 1–2 列约 21 根毛。中足胫距短于基跗节。腹末端略平。第 2–3 背板两侧各具 1 列 6–7 根毛，第 4–6 背板各具 1 横列的毛，臀节背板毛较密。产卵管基部从第 2–3 腹节伸出，略突出腹末端，产卵管为中足胫节长的 1.46 倍，第 3 产卵瓣为中足基跗节长的 0.52 倍。

生物学：寄主为褐软蜡蚧（柑橘）、1 种软蚧（玫瑰）；据记载寄主还有橘灰软蚧、*Metaceronema japonica*、*Pulvinaria (Chloropulvinaria) aurantii*、*P. (Chl.) oritsuensis*、油榄黑盔蚧、龟形绵蚧、绵蚧、多角绿绵蚧、红蜡蚧、日本蜡蚧、*Eulecanium* sp.、角蜡蚧、多种绵蜡蚧。
分布：浙江、北京、山东、江苏、上海、江西、福建、广东、四川；日本，美国（引进）。

124. 恩蚜小蜂属 *Encarsia* Förster, 1878

Encarsia Förster,1878: 65. Type species: *Encarsia tricolor* Föerster, 1878 by monotypy.

Prospaltella Ashmead 1904a: 126. Replacement name for *Prospalta* Howardnec Walker. Synonymy by Viggiani & Mazzone, 1979: 44.

主要特征：雌体色完全浅色至大部分暗褐色。头部背面观横宽。触角 8 节，柄节圆筒形或稍扁，但不膨大。每侧叶具 1–5 根刚毛，通常 2–3 根。每三角片具 1 根刚毛，2 个三角片之间的距离大于 1 个三角片的长度。小盾片通常具 2 对刚毛和 1 对盘状感觉器。前翅缘脉长于亚缘脉，无后缘脉，痣脉很短，总是短于缘脉的 1/40。雄虫体色深于雌虫，触角 7–8 节。

生物学：寄主主要包括半翅目的粉虱和盾蚧，少数寄生蚜虫或木虱科、鳞翅目和叶蝉科的卵。

分布：世界广布。世界已知 446 种，中国记录 105 种（包括台湾 80 种），浙江分布 6 种。

分种检索表

1. 前翅缘毛长过翅宽 ·· 长缨恩蚜小蜂 *E. citrina*
 - 前翅缘毛长不过翅宽的一半 ··· 2
2. 前翅缘毛长为翅宽的一半 ·· 红圆蚧恩蚜小蜂 *E. aurantii*
 - 前翅缘毛长不及翅宽的 1/3 ·· 3
3. 触角式 1142 ·· 温室粉虱恩蚜小蜂 *E. formosa*
 - 触角式 1133 ··· 4
4. 第 1 索节略长于第 2 索节 ·· 桑盾蚧恩蚜小蜂 *E. berlesei*
 - 第 1 索节长约为第 2 索节的 1/2 ··· 5
5. 足浅黄色，翅透明 ·· 牡蛎蚧恩蚜小蜂 *E. perniciosi*
 - 足浅黄色，后足基节和腿节暗褐色。翅透明，前翅缘脉下方弱烟色 ·············· 黄盾恩蚜小蜂 *E. smithi*

（282）红圆蚧恩蚜小蜂 *Encarsia aurantii* (Howard, 1894)

Coccophagus aurantii Howard, 1894: 236.

Encarsia aurantii: Huang, 1994: 335.

主要特征：雌体长 0.4–0.7 mm。体褐黄色。头橙黄色；后头、前胸、三角片、并胸腹节及腹端褐色。触角和足浅黄色。头横宽。触角 8 节；梗节长于第 1 索节，约与第 2、3 索节等长；棒节 3 节略膨大，长于 3 节索节；第 2–3 索节及第 1–3 棒节上均具 1–3 个长形感觉器。前翅在缘脉下略显黑色晕斑，缘脉上具 5–6 根长刚毛，缘毛长约为翅宽的 1/2。腹末圆，产卵管很短，长约为中足胫节的 1/2。

生物学：寄主为紫牡蛎蚧、长牡蛎蚧。据记载，橙褐圆盾蚧、长春藤圆蚧、红圆蚧、黄圆蚧、黑褐圆蚧、榆牡蛎蚧、蛇眼臀网盾蚧、梨圆蚧、*Leucaspis pini*、*L. loewi* 等均为其寄主。

分布：浙江、广东、四川；伊朗，高加索黑海沿岸，北美洲，大洋洲，南美洲。

注：别名有红圆蚧金黄蚜小蜂、红圆蚧扑虱蚜小蜂。

（283）桑盾蚧恩蚜小蜂 *Encarsia berlesei* (Howard, 1906)

Prospalta berlesei Howard, 1906b: 292.

Encarsia berlesei: Huang & Polaszek, 1998: 1880.

主要特征：雌体长 0.70–0.84 mm。头部橙黄色，口区、颊及后头区浅褐色至暗褐色，上颚黄褐色。胸部背板黄色，触角、前胸背板、中胸盾中叶前缘、三角片部分、中胸侧板、并胸腹节及腹部浅褐色。翅透明，前翅缘脉下方微弱烟色。头顶具刻纹。复眼具细毛。上颚 3 齿。下颚须 2 节，下唇须 1 节。触角具较密的细毛，8 节，触角式 1133；柄节长为宽的 4.23 倍；梗节长为宽的 1.7 倍，稍长于第 1 索节；第 1 索节长为宽的 2.10 倍，略长于第 2 索节、与第 3 索节约等长，第 3 索节最宽；棒节约与梗节和索节之和等长；第 3 索节及棒节各节分别具 2–3 个条形感觉器。中胸盾片中叶大部分为五角形或六角形网状纹。

具 8 根毛；每盾侧叶 2 根毛，每三角片 1 根毛。小盾片网状纹弱，具 2 对毛，板形感觉器位于前 1 对毛之间。中胸后悬骨为小盾片长的 1.33 倍，末端宽圆。前翅长为宽的 2.64 倍；缘毛为翅宽的 0.25 倍；亚缘脉短于缘脉，具 2 根毛，缘脉前缘具 8–9 根毛；后缘脉甚短，痣脉短，末端稍膨大；翅除基部外，密布纤毛；前缘室具 9 根细毛，亚缘脉端部下方具 2–3 根毛。中足胫距短于基跗节。腹末端宽圆。产卵管基部从第 3 腹节伸出，突出腹末端，产卵管为中足胫节长的 1.22 倍。第 3 产卵瓣为中足基跗节长的 1.5 倍。

生物学：寄主为桑盾蚧（李、桃、女贞）；据记载寄主还有栋美盾蚧、小并盾蚧、突叶并盾蚧。

分布：浙江、福建；日本，斯里兰卡，俄罗斯（引入），美国，阿根廷，巴西，乌拉圭，西欧。

（284）长缨恩蚜小蜂 *Encarsia citrina* (Craw, 1891)

Coccophagus citrinus Craw, 1891: 28.

Encarsia citrinus: Huang & Polaszek, 1998: 1888.

主要特征：雌体长 0.3–0.6 mm。头部土黄色；口区、两颊下方及后头区、前胸背板、三角片和中胸侧板、中胸盾片中叶前缘部分、胸部腹板大部分、腹部、后足基节及第 3 产卵瓣暗褐色。触角浅褐色。翅透明，前翅缘脉下方弱烟色。足浅黄色。复眼具细毛。上颚 3 齿。下颚须和下唇须各 1 节。触角具细毛，8 节，触角式 1133；柄节长为宽的 4 倍多；梗节长为宽的 1.5–2.0 倍，长宽均大于第 1 索节；索节 3 节近等长，但渐膨大，长分别大于宽；棒节明显长于索节及梗节之和，棒节各节具 2–3 个条形感觉器。中胸盾片中叶具 2 对毛，后 1 对毛接近后缘中央；每盾侧叶和三角片各 1 根毛。小盾片具 2 对毛，板形感觉器近前 1 对毛。后胸背板和并胸腹节短，平滑。前翅狭长，长约为宽的 4 倍；缘毛长过翅宽，可达 1.2 倍；亚缘脉约与缘脉等长，具 2 根细毛；缘脉前缘 4 根毛（或 5–6 根）；痣脉短，末端尖；痣脉下方具一无毛小区；翅除基部外，具稀疏的毛；前缘室 5–6 根毛，亚缘脉端部下方具 1 根毛。产卵管短，基部从第 5 腹节伸出，抵腹末端，产卵管为中足胫节长的 1.07 倍，第 3 产卵瓣为中足基跗节长的 1.40 倍。

生物学：寄主为红圆蚧（柑橘）、黄圆蚧（柑橘、棕榈、罗汉松、桉、龙舌兰）、褐圆蚧（柑橘）、长牡蛎蚧（柑橘）、松突圆蚧（松）、糠片蚧（柑橘）、黑点蚧（柑橘、柚）、矢尖蚧（柑橘）；据记载寄主还有囷圆盾蚧、红豆杉肾圆盾蚧、针叶树害虫柳杉圆盾蚧、椰圆盾蚧、常春藤圆盾蚧、蔷薇白轮盾蚧、桧柏唐盾蚧、雪盾蚧、橙褐圆盾蚧、褐软蜡蚧、灰圆盾蚧、灰圆盾蚧、波氏白背盾蚧、凤梨白背盾蚧、白背盾蚧、仙人掌白背盾蚧、冬青狭腹盾蚧、少腺单锐盾蚧、黄炎栉圆盾蚧、棕榈栉圆盾蚧、长棘栉圆盾蚧、桂花栉圆盾蚧、留片线盾蚧、紫牡蛎盾蚧、牡蛎盾蚧、针型眼蛎盾蚧、榆蛎盾蚧、留片盾蚧、日本白片盾蚧、加州黑盾蚧、红绵盾蚧、橄榄片盾蚧、松针雪盾蚧、苏铁褐点并盾蚧、雪盾蚧、突叶并盾蚧、桑白盾蚧、樟网盾蚧、牡丹网盾蚧、杨笠圆盾蚧、桦笠圆盾蚧、梨圆笠盾蚧、卫矛矢尖盾蚧、椰圆蚧（柑橘）、恶性圆蚧（柑橘）及多种盾蚧科种类。

分布：浙江、江苏、江西、福建、台湾、广东、四川；俄罗斯，日本，印度尼西亚，印度，澳大利亚，太平洋诸岛，欧洲，北美洲，非洲，南美洲。

（285）温室粉虱恩蚜小蜂 *Encarsia formosa* Gahan, 1924

Encarsia formosa Gahan, 1924: 14.

主要特征：雌体长 0.5–0.6 mm。触角黄色及暗色，头、胸部及腹柄节背板暗褐色至黑褐色，偶有中胸盾中叶中部具黑色三角斑。翅透明。足黄色，前后足基节基部暗色。腹部产卵管浅黄色。复眼具细毛。上颚 3 齿。下颚须和下唇须各 1 节。触角式 1142；柄节细长，长为宽的 5.8 倍；梗节长为宽的 1.90 倍，长于第 1 索节，约与第 2 索节等长；棒节短于索节，第 1 棒节约长为宽的 2.24 倍，与第 4 索节、第 2 棒节约等长；除第 1 索节外，其余鞭节分别具 2–3 个条形感觉器。中胸盾片中叶具近 20 根毛，每盾侧叶 2 根毛，每三角片 1 根毛。小盾片 2 对毛，板形感觉器位于前 1 对毛之间。中胸后悬骨为小盾片长的 1.16 倍，末端钝圆。前翅长为宽的 2.40 倍；缘毛为翅宽的 0.28 倍；亚缘脉短于缘脉，具 2 根毛；缘脉具 6 根毛。痣脉稍长，略弯曲；前缘室具 1 列约 11 根细毛，亚缘脉端部下方具 2–3 根毛。中足第 4 跗节与第 5 跗节融合，胫距明显短于基跗节。腹末端稍突。产卵管基部自第 4 腹节伸出，略突出腹末端，产卵管为中足胫节长的 0.90 倍。第 3 产卵瓣为中足基跗节长的 0.84 倍。雄体长 0.5–0.6 mm。头部、中胸盾纵沟及翅基片黄褐色，颊及触角下的颜面暗褐色至黑色。胸部及腹部黑色，触角及足的颜色与雌性一致。触角梗节长略大于宽，比第 1 棒节短得多；第 1 索节长为宽的 2 倍多，与第 2 索节近等长且较粗，第 2–4 索节以及第 1 棒节近等长等宽，末节棒节略短。

　　生物学：寄主为温室粉虱蛹。

　　分布：浙江（引进）、北京（引进）、云南；英国，美国（夏威夷），加拿大，新西兰大洋洲，欧洲。

　　注：温室粉虱恩蚜小蜂（亦称丽蚜小蜂、温室粉虱蚜小蜂）是蔬菜上温室粉虱的重要天敌。目前世界上已有 20 多个国家利用温室粉虱恩蚜小蜂防治温室粉虱，不少国家还进行了繁蜂商品化生产，取得了较好的防治效果。1979 年中国农业科学院生物防治研究室自英国引进该蜂，对其进行了饲养繁殖和释放技术的研究，1986 年开始进行繁蜂商品化生产技术研究。1986–1988 年，共繁蜂 2747.3 万头，放蜂示范防治面积达 18.59 万 m^2（约 278.9 亩），取得十分明显的防治效果（任惠芳等，1981；程洪坤和魏淑贤，1989）。

（286）牡蛎蚧恩蚜小蜂 *Encarsia perniciosi* (Tower, 1913)

Prospaltella perniciosi Tower, 1913: 125.

Encarsia perniciosi: Hayat, 2012: 261.

　　主要特征：雌体长 0.6–0.7 mm。体褐黄色，头橙黄色，后头、前胸、三角片、并胸腹节及腹端褐色。触角和足浅黄色，略有黑迹。头横宽。触角 8 节；第 1 索节长约为第 2 索节的 1/2，第 2、3 索节等长；棒节几乎不膨大，长于 3 个索节；除第 1 鞭节外第 2–6 鞭节上均具 1–3 个长形感觉器。前翅在缘脉下略显黑色斑，缘脉边上具 5–6 根长刚毛，缘毛长明显短于翅宽的 1/2。腹末圆，产卵管很短，长约为中足胫节的 1/2。

　　生物学：寄主为长牡蛎蚧、糠片蚧、柑橘蚧虫。

　　分布：浙江、江西、广东。

（287）黄盾恩蚜小蜂 *Encarsia smithi* (Silvestri, 1926)

Prospaltella smithi Silvestri, 1926: 179.

Encarsia smithi: Viggiani & Mazzone, 1979: 45.

　　主要特征：雌体长 0.8 mm。头部、胸部背板黄褐色；小盾片黄色；口缘、后头区、侧单眼后方横带、前胸背板、中胸盾中叶前部（有时大部分）、三角片、中胸侧板、后胸背板两侧、并胸腹节及足浅黄色；腹部暗褐色；触角黄色至黄褐色。翅透明，前翅缘脉下方弱烟色。复眼具细毛。上颚 3 齿。下颚须和下唇须各 1 节。触角式 1133；柄节长为宽的 4.13 倍；梗节长略大于宽，长于第 1 索节；第 1 索节短小，长为宽的 1.12 倍，约为第 2 索节长的一半，第 2 索节约与第 3 索节等长；第 1 棒节长为宽的 1.73 倍，约与第 3 索节等长；除第 1 索节外，其余鞭节各具 2–4 个条形感觉器。中胸盾片中叶具 5 对刚毛；每盾侧叶和三角片各 1 根毛。小盾片 2 对毛，板形感觉器近前 1 对毛。并胸腹节中部具明显的斜刻纹。前翅长为宽的 2.48 倍；缘毛为翅宽的 0.24 倍；亚缘脉约与缘脉等长，具 2 根毛；缘脉前缘具 6–7 根毛；痣脉短，末端尖；前缘室具 1 列约 7 根细毛，亚缘脉端部下方具 2 根毛。腹末端突出。产卵管基部从第 3–4 腹节伸出，稍突出腹末端，产卵管为中足胫节长的 1.28 倍。第 3 产卵瓣为中足基跗节长的 1.40 倍。雄体黄褐色至暗褐色。与雌性相似，但前翅完全透明。

　　生物学：寄主为黑刺粉虱（柑橘）；据记载寄主还有吴氏粉虱、通草粉虱、柑橘黑粉虱、*A. hussini*、烟粉虱。

　　分布：浙江、湖南、福建、台湾、广东、澳门、广西；巴基斯坦，印度，斯里兰卡，墨西哥。

125. 桨角蚜小蜂属 *Eretmocerus* Haldeman, 1850

Eretmocerus Haldeman, 1850: 111. Type species: *Eretmocerus corm* Haldeman, 1850 by monotypy.

Ricinusa Risbec, 1951: 403. Type species: *Ricinusa aleyrodiphaga* Rsbee, 1951 by original designation. Synonymy by Ferriere, 1965: 170.

　　主要特征：雌体多黄色至黄褐色，0.6mm 左右。触角 5 节，1121 式。支角突长；柄节细长；梗节长度多变，长为宽的 2 倍以上；两索节小，有时呈环状；棒节大，柱状或端部渐宽。上颚具 2 小齿及 1 截齿或具 3 齿。头横宽且额顶较宽；触角窝近口缘。前胸背板中部膜质。盾中叶具 2–8 根毛(通常 4–6 根)，每盾侧叶具 2–3 根毛，每三角片具 1 根毛，小盾片具 2 对刚毛。并胸腹节后缘中部突起。前翅前缘室明显长于缘脉；缘前脉发达；痣脉长，至少为缘脉的一半。亚缘脉具 2–3 根毛；缘脉 3–4 根毛；无毛斜带明显，内侧具 1–2 列毛，后端封闭。后翅窄，沿前缘具 1–2 列毛，后缘有 1 列毛，翅盘常光裸或具少数几根毛。足细长，跗节 4-4-4 式，中足胫节端距长不到基附节的一半。产卵器不突或仅略突出。雄虫与雌相近。触角 3 节，1101 式，具 1 长的布满感器的棒节。外生殖器阳茎基腹缘端部有 1 杆状延伸，指状突明显，具 2 钩爪。

　　生物学：半翅目粉虱的体内寄生蜂。

　　分布：世界已知 84 种，中国记录 10 种，浙江分布 1 种。

（288）长跗桨角蚜小蜂 *Eretmocerus longipes* Compere, 1936

Eretmocerus longipes Compere, 1936: 320.

　　主要特征：雌体长 0.78 mm。体黄色，复眼红色。翅透明。复眼具细毛。上颚 3 齿。下颚须 2 节，下唇须 1 节。触角式 1121；柄节长为宽的 4.18 倍；梗节长为宽的 1.90 倍，长于索节；第 1 索节三角形，约与第 2 索节等长，第 2 索节宽为长的 1.60 倍；棒节大，长为宽的 3.47 倍，为梗节长的 3.14 倍，棒节约具 9 个条形感觉器。中胸盾片中叶网状纹弱，具 3 对毛；每盾侧叶 3 根毛，每三角片 1 根毛。小盾片具 2 对毛，板形感觉器略近后 1 对毛。前翅长为宽的 2.32 倍；缘毛长为翅宽的 0.20 倍；亚缘脉长于缘脉，具 3 根毛；缘脉短，前缘具 2 根毛；痣脉长，端部稍膨大；无毛斜带外侧具较密的纤毛，缘脉下方的斜毛区，约具 12 根毛；亚缘脉下方仅具 1 根毛，前缘室近中部具 2 根细毛，端部 3–4 根毛。足的末跗节端部两侧伸长，似被分节。中足胫距明显短于基跗节。腹末端突出。产卵管为中足胫节长的 1.32 倍，第 3 产卵瓣约与中足基跗节等长。雄体色较雌性暗，中胸盾片前缘及两角、盾纵沟、小盾片前后缘暗色。前翅基部弱烟色。

　　生物学：寄主为桑粉虱；据记载还有木槿上的一种粉虱。

　　分布：浙江（湖州）、福建；美国（夏威夷）。

126. 花翅蚜小蜂属 *Marietta* Motschulsky, 1863

Marietta Motschulsky, 1863: 51. Type species: *Marietta leopardina* Motschulsky, 1863 by monotypy.

Perissopterus Howard, 1895: 20. Type species: *Aphelnus pulcheldus* Howard, 1895 by original designation. Synonymy by Girault. 1916a: 43. Synonymy by De Santis, 1948: 139.

Pseudaphelinus Brethes, 1918: 157. Type species: *Pseudaphelinus caridei* Brethes, 1918 by monotypy and original designation. Synonymy with *Perissopterus* through transfer of the type species by Brethes, 1920: 289. Synonymy by De Santis, 1946: 5; 1948: 139.

主要特征：雌身体常具暗色和浅色形成的豹纹状斑纹。复眼光滑无毛。触角式 1131，F1，F2 横宽，呈环状；F3 明显长。前胸背板为完整的 1 块骨片，三角片不或不明显前伸，中胸盾中叶刚毛少，每盾侧叶有 2 或 3 根毛，每三角片有 1 根毛，小盾片一般 2 对刚毛。中胸侧板大无斜缝。后胸背板通常长于并胸腹节，后者后缘无扇叶突。前翅具暗色刚毛形成的特殊图案；亚缘脉有 2–4 根毛；缘脉长于前缘室；痣脉短，无柄。足附节 5–5–5 式，中足胫节端距较粗。产卵器长，几乎始于腹部基部。雄与雌相近，触角有时 5 节，雄性外生殖器具指突和明显的阳基侧突。

生物学：介壳虫、蚜虫等的重寄生蜂。

分布：世界已知 21 种，中国记录 2 种，浙江分布 1 种。

（289）瘦柄花翅蚜小蜂 *Marietta carnesi* (Howard, 1910)

Perissopterus carnesi Howard, 1910: 162.

Marietta carnesi: Dozier, 1933: 87.

主要特征：雌体长 0.5–0.7 mm。头部褐黄色。胸部背板灰黄色，具白色斑。前翅无毛斜带外侧翅面具约 5 个浅褐色斑环。触角和足白色间有暗褐色斑。复眼无毛。上颚 2 尖齿及 1 截齿。下颚须 2 节，下唇须 1 节。触角具细毛，触角式 1131；柄节长为宽的 5.0–6.4 倍；梗节长为宽的 1.8–1.9 倍，约与 3 节索节等长；第 1 索节小，斜三角形，第 2 索节略呈梯形，第 3 索节长为宽的 1.0–1.3 倍，为棒节长的 0.4–0.5 倍，具 2 个条形感觉器；棒节粗大，长为宽的 2–3 倍，具 7–8 个条形感觉器。中胸盾片中叶约具 20 根细毛；每盾侧叶 3 根毛，每三角片 2 根毛。小盾片 2 对毛。板形感觉器近后 1 对毛。后胸背板长约为小盾片长的一半，中间部分呈"钻石形"刻纹。前翅长为宽的 3.2 倍；缘毛短，为翅宽的 0.2 倍；亚缘脉稍短于缘脉，具 3–5 根刚毛；缘脉前缘具 7–8 根刚毛，缘脉上还具 4 根粗毛；痣脉短，下方具 6–7 根暗褐色刚毛；缘脉下方有 30–40 根暗褐色刚毛围成近三角形圈。中足胫节及其各跗节末端和基跗节侧缘具小刺毛，中足胫距约与基跗节等长或稍短。腹末端稍突出。产卵管基部从第 2–3 腹节伸出，稍突出腹末端，产卵管约为中足胫节长的 2 倍。第 3 产卵瓣为中足基跗节长的 1.31 倍。雄与雌性相似。棒节近端部稍浅色。外生殖器为中足胫节长的 0.83 倍。

生物学：寄主红圆蚧（柚）、褐圆蚧（柑橘）、松突圆蚧（松）、紫牡蛎蚧（柚）、竹巢粉蚧（竹）、糠片蚧（柑橘）、矢尖蚧（柑橘）；据记载寄主有白尾安粉蚧、甘蔗白轮盾蚧、酱褐圆盾蚧、双带巨角跳小蜂、仙人掌白背盾蚧、大洋叉盾蚧、葛氏牡蛎盾蚧、长白盾蚧（柑橘）、黑点盾蚧、桑白盾蚧、蚌臀网盾蚧（柑橘）、绵蚧、梨笠圆盾蚧、椰圆蚧（柑橘）、竹刺球粉蚧。还可重寄生于膜翅目小蜂总科：*Anabrolepis oceanica*、蚧黄蚜小蜂、美洲花翅蚜小蜂、*Encarsia citrina*、*E. perniciosi*、*Plagiomerus diaspidis* 等。

分布：浙江、陕西、江苏、上海、福建、广东、香港、四川；俄罗斯，日本，印度，西班牙，美国（夏威夷），新喀里多尼亚岛，澳大利亚，毛里求斯，西加罗林群岛。

127. 长棒蚜小蜂属 *Marlatiella* Howard, 1907

Marlatiella Howard, 1907. 12: 73.

主要特征：雌触角着生于口缘，4 节，索节各节形状相同，环状，明显窄于梗节，棒节长不分节。前翅具光裸的斜向小条纹，缘脉比亚缘脉长，肘脉很长，近末端呈圆形扩展，缨毛明显短于翅宽的 1/2。跗节 5 节，中足跗节第 1 节与以后 2 节之和等长。中足胫节距几于跗节第 1 节等长，后足跗节比中足的长。产卵管稍突出。

生物学：寄主为介壳虫。

分布：东非，亚洲。世界已知 2 种，中国记录 1 种，浙江分布 1 种。

（290）长白蚧长棒蚜小蜂 *Marlatiella prima* Howard, 1907

Marlatiella prima Howard, 1907: 73.

　　主要特征：雌体长 0.6–0.8 mm。橙黄色。中胸盾片中叶前缘、小盾片周缘、并胸腹节后缘、腹部第 1 背板基缘、第 5 和第 6 背板中部微暗色至暗色。翅透明。足黄色，第 3 产卵瓣浅黄色。复眼具细毛。触角具较密的短毛，4 节；柄节较短，长为宽的 4.33 倍；梗节长为宽的 1.54 倍；索节 1 节，甚小，呈环状节；棒节长大，不分节，长于柄节、梗节及索节之和，长为宽的 3.63 倍，具十几个条形感觉器。中胸盾片中叶 6 根毛（2，2，2）；每盾侧叶 1 根毛，每三角片 2 根毛。小盾片后缘宽圆，稍短于中胸盾片中叶，具 2 对毛，板形感觉器近前 1 对毛。后胸背板窄，平滑。并胸腹节为后胸背板长的 3.33 倍，具网状纹。前翅较狭长，长为宽的 2.92 倍；缘毛短，为翅宽的 0.22 倍；亚缘脉显著短于缘脉，具 1 根毛，缘脉长，前缘具 9–11 根毛；痣脉短，端部膨大；亚缘脉端部下方仅 1–2 根细毛；前缘室 2 根毛。中足胫距稍长于基跗节。腹末端稍突出。产卵管长，基部从第 2 腹节伸出，突出腹末端，产卵管为中足胫节长的 1.79 倍。第 3 产卵瓣为中足基跗节长的 1.69 倍。雄与雌相似。体长 0.5–0.6 mm。触角仅 3 节，棒节极长、大，上具许多条形感觉器。头部和胸部色较深，腹部褐色。腹末端钝圆。

　　生物学：寄主为长白蚧（柑橘）、长牡蛎蚧（柑橘）。

　　分布：浙江、天津、江西、福建、四川；俄罗斯，日本。

128. 四节蚜小蜂属 *Pteroptrix* Westwood, 1833

Pteroptrix Westwood, 1833: 344. Type species: *Pteroptrix dimidiatus* Westwood, 1833 by monotypy.

Archenomus Howard, 1898: 136. Type species: *Archenomus bicolor* Howard, 1898 by monotypy.

Casca Howard, 1907: 83. Type species: *Casca chinensis* Howard, 1907 by monotypy and original designation.Synonymy by Novitzky, 1962: 193.

　　主要特征：雌体小，通常体长在 o.s 左右。头一般黄褐色至黑褐色；中胸盾片中叶一般前半部黑褐色，其两侧及侧叶浅色；小盾片白色至黄色；胸部其余部分及腹部大致黑褐色；前翅常在缘脉下方呈褐色；后翅透明。头部后头孔部具一横沟，此横沟在一些种中，与头部正面的横沟连成一体。触角 7–8 节；柄节腹面不扩展；索节 2–3 节，棒节 3 节；但在某些种类中 F3 形如棒节，因而看起来棒节为 4 节。上颚一般具 2 齿及 1 截齿或 3 齿；下颚须及下唇须 1 节。前胸背板中央膜质，明显短于中胸背板。中胸背板中叶刚毛变化较大，侧叶及三角片一般各具 1 根刚毛，小盾片刚毛 2 对。前翅形状，缘毛的长短及缘脉的长短在不同种类变化很大；一般无无毛斜带；后缘脉退化。跗节 4-4-4 式；中足胫节端距一般近等长于或显著长于基附节。产卵器最多略突出于腹端。雄虫与雌相近。触角 7–8 节，鞭节感器多。触角为 8 节的种类中，F2 很短，且无感器。

　　生物学：盾蚧科的体内寄生蜂。

　　分布：世界已知 71 种，中国记录 27 种，浙江分布 1 种。

（291）中华四节蚜小蜂 *Pteroptrix chinensis* (Howard, 1907)

Casca chinensis Howard, 1907: 83.

Pteroptrix chinensis: Xu & Huang, 2004: 423.

　　主要特征：雌体长 0.5–0.7 mm。体黄褐色。触角和足浅黄色。腹部背板浅色至暗褐色。翅透明，缘脉下方弱烟色。复眼具细毛。上颚 3 齿。下颚须和下唇须各 1 节。触角式 1123；柄节长为宽的 4.57 倍；梗节长为宽的 1.56 倍，长为第 1 索节 1.16 倍；第 1 索节长为宽的 1.38 倍，长于第 2 索节，约为第 1 棒节长的 0.50 倍，第 2 索节长略大于宽；棒节长，约等于柄节、梗节和索节之和，棒节各节近等长，分别具 2–5 个条形感觉器。中胸盾片中叶具 4–7 根毛；每盾侧叶 1 根毛，每三角片 1 根毛。小盾片具 2 对毛，板形感觉器靠近前 1 对毛。中胸后悬骨为小盾片长的近 2 倍。前翅稍窄，长为宽的 2.94 倍；缘毛长，为翅宽的 0.7–0.8 倍；亚缘脉长于缘脉，具 1 根毛；缘脉短，前缘具 4 根毛；痣脉短，端部稍膨大；前缘室中部具 3–4 根细毛及端部 3–4 根毛；亚缘脉端部下方具 2 根短毛。中足胫距长于基跗节。腹末端略圆。产卵管基部从第 3–4 腹节伸出，稍突出腹末端，产卵管为中足胫节长的 0.97 倍。第 3 产卵瓣为中足基跗节长的 1.17 倍。雄触角柄节膨大；2 节索节等长，各索节长大于宽。

生物学：寄主为红圆蚧（柚）、黄圆蚧（柑橘）；据记载，寄主还有椰圆蚧 *Aspidiotus destructor*（柑橘）、蔷薇白轮盾蚧、雪盾蚧、褐圆盾蚧（柑橘）、皱大球蚧（核桃）、松突圆蚧（松）、蛎盾蚧、留片盾蚧、长白盾蚧（柑橘）、片盾蚧、东方盔蚧（桃）、桑白盾蚧（桑）、蚌臀网盾蚧（柑橘）、梨圆笠盾蚧。

分布：浙江、河北、河南、江苏、福建、广东、广西、四川；俄罗斯，欧洲（引入），北美洲（引入）。

二十、扁股小蜂科 Elasmidae

主要特征：小型，体较长，1.5–3.0 mm；整个虫体上面平。体不具金属光泽，常黑色，有浅色斑。触角着生处近于口缘；触角9节（包括1环状节），雄性触角1–3索节分支状。中胸盾片长宽约相等。三角片向前突出。并胸腹节横形，平坦，后端圆。前翅长过腹部末端，楔形或前后缘近于平行；缘脉甚长，为亚缘脉长的3–4倍；痣脉和后缘脉特别短。后足基节呈盘状、扇形，或三角形扁平扩大；腿节亦明显侧扁；胫节多少侧扁，其上几乎都有特殊刚毛组成的菱形斑纹；跗节4节。腹柄很短，看起来几乎无柄，整个腹部的横切面略呈三角形，产卵管几乎不露出。

生物学：扁股小蜂为抑性初级外寄生蜂，通常聚寄生于生活在袋囊中、缀叶内、丝网中及茧中的鳞翅目 Lepidoptera 幼虫体上。有些扁股小蜂寄主为做茧的茧蜂和姬蜂而为重寄生。甚至同一种蜂兼有两种寄生习性。例如，赤带扁股小蜂和白足扁股小蜂均以寄生于稻纵卷叶螟幼虫为主，偶尔也寄生于纵卷叶螟绒茧蜂。化蛹于植株表面。

分布：扁股小蜂科是一个小科，仅含一个扁股小蜂属 *Elasmus*，约有200种。本科在旧大陆的热带地区种类比较丰富，我国常见，尚无系统研究。浙江已知1属4种。

129. 扁股小蜂属 *Elasmus* Westwood, 1833

主要特征：雌体长2–3 mm，雌的体常侧扁，多呈铁青色间或黄色，胸部三角片前伸超过翅基连线，前翅长，呈倒楔状，缘脉有时很长，痣脉短，前胸背面观可见，中胸盾纵沟有时只前方可见；后足基节特别膨大呈盘状，腿节亦适当膨大，胫节外侧具黑色刚毛所组成菱状花纹，或其前后缘各具一排刚毛组成的平行刚毛列1对。

分布：世界已知200种，浙江分布4种。

分种检索表

1. 后足基节全部黑色，或仅末端色浅 ·· 2
- 后足基节黄色，至少下面1/3鲜明；腹部部分红色，至少腹下面红色 ····················· 3
2. 腹部或多或少呈红色，至少腹下面红色；后足腿节基部多少透明白色 ············ 赤带扁股小蜂 *E. cnaphalocrocis*
- 腹部黑褐色，带绿色金属光泽；后足腿节黑褐色，仅末端浅色 ············ 菲岛扁股小蜂 *E. philippenensis*
3. 腹部背面黑色，腹面红色 ··· 白足扁股小蜂 *E. corbetti*
- 腹部红黄色，但腹部末端及每节两侧各具一黑色点 ························· 甘蔗白螟扁股小蜂 *E. zehntneri*

（292）赤带扁股小蜂 *Elasmus cnaphalocrocis* Liao, 1987

Elasmus cnaphalocrocis Liao in Liao *et al.*, 1987: 124.

主要特征：雌体长1.2–1.4 mm。体黑色带蓝绿色，局部有紫色反光及铜色光泽。触角柄节、梗节下侧及末端、翅基片基部、后胸盾片、前足（除基节及腿节基部黑色外）、中后足转节和胫节、后足基节末端和腿节两端、翅脉淡黄白色至淡黄褐色；触角及足的其余部分褐至红褐色；腹部近基部火红黄色。头近半球形。触角洼上方及两侧呈弧状钝脊左右张开，下端开放。触角着生于复眼下缘连线上方，触角间有上窄下宽鼻状纵脊直达唇基。额区圆，有较稀疏的刻点；后头脊锋锐。单眼排列呈钝三角形。触角棒形，10节；柄节长大约为宽的3倍，近末端1/3处略侧扁膨大；梗节梨形，长略大于端宽；环状节2节；索节3节，约等长，依次渐宽，第 1 索节长大于宽，第 2 节呈方形，第 3 节横宽；棒节 3 节，长卵圆形，与索节末 3 节合并大致等长，末端收缩。颊短，约等于复眼横径之半。前胸短，前窄后宽。中胸盾片宽大于长；小盾片圆形，长宽大致相等；后胸盾片末端突出呈透明的锐三角形。头及前、中胸盾片均有细刻点及黑色刚毛，小盾片基部一对刚毛尤为强大。并胸腹节与体轴接近平行。前翅狭长，缘脉甚长，痣脉甚短，后缘脉较痣脉长。后足基节盘状扁平膨大，自侧面观将并胸腹节及腹基遮蔽；腿节亦较前中足更长、大，略侧扁；胫节亦稍侧扁，其外侧有黑色刚毛所组成的菱形纹。腹部与胸部等长，末端收缩略呈三角锥形，背面略凹陷，腹面呈脊状。腹部光滑，每节背面两侧和第 3 节起腹面两侧及末端均具棕黑色刚毛。产卵管不突出或微突。

　　生物学：寄主为稻纵卷叶螟幼虫。一般寄生于 2–3 龄幼虫，聚寄生于体外。每幼虫上出蜂数平均 6.9（1–12）头。雌性比例为 75%–85%。在山区安吉县的第 3 代稻纵卷叶螟幼虫被寄生的可高达 81.1%，有很大的控制作用。此蜂偶尔也会作为重寄生蜂，寄生于纵卷叶螟绒茧蜂和拟螟蛉盘绒茧蜂。

　　分布：浙江、安徽、湖北、江西、湖南、福建、贵州；马来西亚。

（293）白足扁股小蜂 *Elasmus corbetti* Ferrière, 1930

Elasmus corbetti Ferrière, 1930: 357.

　　主要特征：雌体长 2.5–2.6 mm。体暗绿色，唯后胸盾片黄色；腹部第 2 背板及以后背板稍带褐色，基部绿色；腹板除末端外火红色。触角褐色，柄节黄色。足全部鲜黄色，仅后足基节上半部与体色相同为暗绿色，中、后足腿节的上下缘各具一狭窄的褐色带。头背面观颜面膨起。头顶具细微皱刻点。复眼后面具锐缘脊。单眼排列呈钝三角形，OOL 与前后单眼间距相等。触角着生于复眼下缘连线上；柄节短，高仅及颜面中部稍上方；梗节细长，长为宽的 2 倍；环状节短小，横宽；3 个索节均长大于宽 2 倍以上，第 3 节略短于前两节；棒节 3 节，短于第 2、3 索节合并之长，第 2 节横宽，第 3 节末端收缩。前胸短。中胸盾片长不及宽，小盾片具细微刻皱、发亮。后胸盾片浅黄色，末端向后延伸呈透明薄片。并胸腹节具细微刻皱，发亮。翅长，伸达腹末。前翅除基部靠后缘部分外被黑色短纤毛。足表面几乎平滑；后足胫节具由黑色纤毛所组成的菱状纹，末端具 2 距，内距长，外距短。腹部窄于胸部而长于头、胸部合并之长，末端尖锐，除第 1 及第 6 节背板长大于宽外，其余腹节均横宽。产卵管微突出。

　　生物学：寄主为稻纵卷叶螟、稻显纹纵卷叶螟幼虫，偶有寄生于纵卷叶螟绒茧蜂，从茧内钻出。

　　分布：浙江、安徽、湖北、江西、湖南、福建、广东、广西、四川、贵州、云南；马来西亚。

　　注：别名稻卷螟扁股小蜂。

（294）菲岛扁股小蜂 *Elasmus philippenensis* Ashmead, 1904

Elasmus philippenensis Ashmead, 1904c: 138.

　　主要特征：雌体长 1.4–1.6 mm。体黑色，带暗绿色金属光泽。触角柄节浅黄白色，梗节与鞭节浅褐色。翅基片及后胸小盾片黄白色。翅透明。后足基节除了端部、腿节除两端外黑褐色，其余部分黄白色。触角柄节长不过宽的 3 倍；第 1 索节短于梗节，第 2、3 索节近方形；棒节长稍短于索节之和。产卵管几乎不露出腹末。雄体长 0.9–1.2 mm，与雌蜂相似，但下列部分不同：触角色较暗，柄节较粗短，长为宽的 2 倍，柄节长宽相等，第 1–3 索节各有 1 粗长带毛的分支，第 4 索节长，棒节不分节。

　　生物学：寄主为瓜螟、棉大卷叶螟幼虫体外，聚寄生。在马来西亚也有寄生于稻纵卷叶螟的记录。

　　分布：浙江（杭州）、湖北；菲律宾，马来西亚。

（295）甘蔗白螟扁股小蜂 *Elasmus zehntneri* Ferrière, 1929

Elasmus zehntneri Ferrière, 1929: 417.

主要特征：雌体长 2.8–3 mm。头、胸部黑色，带绿色光泽；腹部橙黄色，末端黑色，第 2、3 腹节两侧及第 4、5 节两侧的三角形斑点黑色。触角黄色，梗节上面带黑色。足浅黄色至几乎白色，中后足基节及腿节上侧缘黑色，跗节略微褐色。头短，略窄于胸部。触角 10 节，柄节下面扁平；第 1 环状节很短，斜置，第 2 环状节短，较第 1 环状节稍长；第 1 索节长为宽的 3 倍，第 2、3 索节渐短渐宽；棒节 3 节。胸部长而狭，背面扁平。中胸盾片具细纤毛，小盾片几乎呈方形，长略大于宽。并胸腹节基部宽，后端向下凹陷，光滑发亮。足基节显著膨大；胫节短，后足胫节具由硬刚毛所组成的菱形花纹；后足跗节特别长。前翅缘脉长于亚缘脉，痣脉很短，翅基具狭窄的无毛区。腹部呈长三角形锥状；产卵管微突出。雄虫据文献记载，体长 2–2.5 mm。较雌虫小。腹部淡黄色，第 2–5 腹节两侧的三角形黑斑较宽；第 5 节的两侧黑斑在背面相连，致使该节仅后端保留黄色。触角第 1–3 索节具分支；第 4 索节长约为第 3 个分支的 2/3；棒节狭窄。

生物学：寄主为橙尾禾白螟（甘蔗白螟）。据记载亦寄生于 *S. intacta*。

分布：浙江（温岭）、广东、广西；印度尼西亚。

二十一、姬小蜂科 Eulophidae

体微小至小型，长 0.4–6.0 mm，体骨化程度差，死后常扭曲变形。体黄至褐色，或具暗色斑，有时色斑上或整体均具金属光泽。触角常着生于复眼下缘水平线处或下方。触角（不包括环状节）7–9 节，索节最多 4 节，环状节有时可多达 4 节；有的雄性索节具分支。盾纵沟常显著；小盾片上常具亚中纵沟；三角片常前伸，超过翅基连线，以致中胸盾片侧叶后缘多少前凹。前翅缘脉长，后缘脉和痣脉一般较短，有时很短。跗节均为 4 节。腹部具明显的腹柄，一般为横形。产卵管不外露或露出很长。

生物学：该蜂一般营寄生性生活，个别兼有寄生和捕食生活。寄主有双翅目、鳞翅目、鞘翅目、膜翅目、半翅目、脉翅目、缨翅目昆虫以及瘿螨和蜘蛛。姬小蜂的寄生方式多样，变化很大。昆虫的卵、幼虫和蛹期都有被寄生的，瘿螨和蜘蛛只见卵被寄生。通常为单期寄生，也有卵–幼虫或幼虫–蛹跨期寄生。有内寄生，也有外寄生。有容性寄生，也有抑性寄生。有初寄生，也有重寄生，甚至三重寄生的。有的种兼有初寄生和重寄生习性。极少为捕食性。多为隐蔽性生活的昆虫幼虫，尤其是潜叶性昆虫幼虫的初寄生。金色姬小蜂属和潜蝇姬小蜂属化蛹前在寄主体周围用粪便堆成一圈柱形物，随后在此圈内化蛹，其周围的柱形粪便变硬后作用如同坑道柱，以防止植物干燥后寄主蛀道被毁坏。裹尸姬小蜂属在其寄主幼虫旁或寄主体下方做一稀网，裹住寄主尸体，在网内化蛹，蛹从网外可见。姬小蜂一般以预蛹或蛹越冬。也有些种以成虫越冬。某些姬小蜂的交配习性很复杂，可用来区分近缘种。

分布：姬小蜂科是较大的科。全世界已知 331 属约 3200 种。浙江已知 4 亚科 16 属 31 种。

分属检索表

1. 亚缘脉至缘脉间连续 ·· 2
- 亚缘脉至缘脉间中断 ·· 3

2. 盾纵沟不完整，或仅在后 1/3 有痕迹；雄蜂触角常分支（**姬小蜂亚科 Eulophinae**） ·············· 4
- 盾纵沟深而完整；雄蜂触角常简单（**凹面姬小蜂亚科 Entedontinae**） ···························· 8

3. 前翅后缘脉发达（**狭面姬小蜂亚科 Elachertinae**） ·· 11
- 前翅无后缘脉（**啮小蜂亚科 Tetrastichinae**） ·· 14

4. 雌蜂索节 2 节；雄蜂索节 2–3 节，不分支 ·························· **潜蝇姬小蜂属 *Diglyphus***
- 雌蜂索节 3–4 节；雄蜂索节 4–5 节，常分支 ··· 5

5. 翅的前缘室很窄，触角着生在颜面近中部，柄节伸过前单眼；雌蜂索节 4 节，雄蜂索节上有 3 个长分支 ·······
   ··· **短胸姬小蜂属 *Hemiptarsenus***
- 翅的前缘室较宽，触角着生在颜面近口缘，柄节不达前单眼；雌蜂索节 4 节，雄蜂索节上有 3 个长分支 ·············· 6

6. 中胸盾中叶至少在前半部有许多着生不规律的毛；并胸腹节有中隆线、侧褶和横脊；雄蜂索节 4 节，有 3 个小分支 ······
   ·· **什毛姬小蜂属 *Pnigalio***
- 中胸盾中叶通常有 3–5 对毛；并胸腹节无横脊；雄蜂索节 4–5 节 ····································· 7

7. 具额颜缝 ··· **兔唇姬小蜂属 *Dimmockia***
- 无额颜缝 ··· **羽角姬小蜂属 *Sympiesis***

8. 体高度骨化，头和胸不皱缩；常具明显腹柄 ······················· **柄腹姬小蜂属 *Pediobius***
- 体骨化弱，至少头和腹皱缩，有时胸部也皱缩；常无腹柄 ··· 9

9. 索节 2 节，雄蜂索节极少为 3 节 ····························· **新金姬小蜂属 *Neochrysocharis***
- 雌蜂索节至少 3 节 ·· 10

10. 前翅最多有 1 个从痣脉发出的微弱毛列 ························· **金色姬小蜂属 *Chrysocharis***

- 前翅有 2 个从痣脉发出的毛列 ·· 纹翅姬小蜂属 *Teleopterus*
11. 后足胫节有很长的距，较长的距长过基跗节 ··· 裹尸姬小蜂属 *Euplectrus*
- 后足胫节距较基跗节短得多 ··· 12
12. 索节 3 节 ·· 狭面姬小蜂属 *Stenomesius*
- 索节 2 节 ··· 13
13. 后缘脉长几乎为痣脉的 2 倍，雄蜂触角柄节膨大，体具金属光泽 ··············· 敌奥姬小蜂属 *Diaulinopsis*
- 后缘脉短，雄蜂触角柄节正常，胸部常为黄色 ·· 瑟姬小蜂属 *Cirrospilus*
14. 雌虫产卵管伸出腹末至少为腹长的 1/5 ··· 长尾啮小蜂属 *Aprostocetus*
- 雌虫产卵管不伸出腹末，或稍露出 ··· 15
15. 中胸盾片中纵沟明显且完整 ··· 啮小蜂属 *Tetrastichus*
- 中胸盾片无中纵沟或仅其后端隐约可见 ···································· 奥啮小蜂属 *Oomyzus*

130. 潜蝇姬小蜂属 *Diglyphus* Walker, 1844

（296）豌豆潜蝇姬小蜂 *Diglyphus isaea* (Walker, 1838)

Cirrospilus isaea Walker, 1838c: 385.

Diglyphus isaea: Graham, 1959: 178.

主要特征：雌体长 1.6 mm。体金属蓝黑色；触角、胸部常铜褐色，腹部有明显的金属光泽。腿节和胫节以暗褐色为主，黄褐相间。翅透明，翅脉淡黄色。头横形。触角梗节长为宽约 1.5 倍，较第 1 索节短；第 1 索节横形，第 2 索节方形；棒节 3 节；梗节、索节、棒节均被细毛。胸部盾侧沟细弱，强弯曲。小盾片具 1 对侧纵沟，有刚毛 1 列。并胸腹节短，具中脊。前翅长而宽；缘脉较亚缘脉长，之间折断痕明显；痣脉明显；翅缨短，翅面被细密毛。跗节 4 节，距短。腹部末端宽而钝。

生物学：寄主为豌豆彩潜蝇、紫云英潜叶蝇幼虫。是豌豆彩潜蝇寄生蜂优势种之一，对潜蝇第 3 代幼虫的寄生率最高，抑制作用最大，第 1 代次之，第 2 代最低。

分布：浙江（杭州、鄞州、奉化）、北京、江西；俄罗斯，日本，欧洲，美国。

（297）白柄潜蝇姬小蜂 *Diglyphus albiscapus* Erdös, 1951

Diglyphus albiscapus Erdös, 1951: 196.

主要特征：雌体长 1.0–1.5 mm。体蓝绿色至暗绿色；头部在触角下有 1 对黄色斑，在中单眼有 1 横黄带；梗节和鞭节黑色；有时中胸盾片和小盾片上具紫铜色金属光泽。各基节和后足腿节的 2/3 与胸部同色，其余均为黄白色，跗节端部暗色。翅透明，翅脉褐色。头部具细刻纹，额洼光滑，中央具纵脊；复眼被稀毛。柄节与梗节、第 1–2 索节之和等长；梗节长稍过于宽，稍短于第 1 索节；第 1 索节方形，长大于或稍短于宽，第 2 索节横形；棒节长为宽的 1.7–2.0 倍，明显呈棒状。胸部宽短，长为宽的 1.5–1.6 倍；中胸盾片具细网纹；盾侧沟完整；小盾片具 1 对侧纵沟，网纹更细。并胸腹节稍凸起，具弱皱纹，胝片具 6 或 7 根毛。前翅前缘室颇宽，反面有一排完整的毛；缘脉与亚缘脉等长，为后缘脉的 3 倍；痣脉与后缘脉等长；翅面毛颇稀，缘毛短。腹与胸等长。雄 1.2–1.7 mm。鞭节具较长的毛；第 1 索节长稍大于宽，第 2 索节方形。腹部长为宽的 1.6 倍；腹基部背面有一白色大斑。

生物学：寄主为豌豆彩潜蝇、美洲斑潜蝇幼虫；据报道也寄生于麦叶毛眼水蝇。

分布：浙江（杭州）、山东、江西；俄罗斯，欧洲。

131. 短胸姬小蜂属 *Hemiptarsenus* Westwood, 1833

（298）潜蝇短胸姬小蜂 *Hemiptarsenus dropion* (Walker, 1839)

Eulophus dropion Walker, 1839: 158.

Hemiptarsenus dropion: Boucek, 1959: 143.

　　主要特征：雌体长 1.7 mm。体以黄色和褐色为主；复眼褐黑色，下颚及下唇基黄色。触角柄节深褐色，梗节、第 1–4 索节褐色，第 2 棒节浅褐色。中胸背板中部红褐色；小盾片横沟以上红褐色，以下墨绿色；三角片、并胸腹节红褐色，腹部中部至端部颜色加深。翅基红褐色，翅脉黄色，翅面有白色纤毛。足除基节、腿节端部、跗节端部为褐色外其余黄色。触角着生于复眼下缘连线上方；柄节较长；梗节短；索节 1–4 节等长，长为宽的 1.5 倍，第 3 索节上长型感觉器明显；棒节 2 节，较索节粗。胸部背板微隆起；前胸光滑，前胸背板横宽，后端内缩明显。中胸盾片宽大于长，盾侧沟不明显。三角片大而明显。小盾片微隆起，侧纵沟深，横沟明显。后胸背板横宽，具不明显的中脊和褶。并胸腹节具较粗刻点。腹部隆起，末端削尖，腹柄很短。

　　生物学：寄主为豌豆彩潜蝇、葱斑潜蝇。

　　分布：浙江（开化）、江西；俄罗斯，欧洲。

（299）异角短胸姬小蜂 *Hemiptarsenus varicornis* (Girault, 1913)

Eriglyptoideus varicornis Girault, 1913: 154.

Hemiptarsenus varicornis: Boucek, 1988: 627.

　　主要特征：体长 0.6–1.5 mm。体褐色至暗褐色，有铜绿色金属光泽；雄虫体褐色至暗褐色。触角褐色至暗褐色，但雌性末节白色。雌性足基节及第 2–4 跗节褐色，转节及基跗节灰色，但前跗节浅褐色；腿节灰色，但雄性背方、雌性中足腿节背方和后足腿节褐色；雄性胫节浅褐色。头部较光滑。触角 8 节，被毛和条形感觉器；雌性触角不分支，雄性触角第 3–5 节上各有 1 个不分节的长分支。胸部背板有网皱；中胸盾片上有 4 对鬃；小盾片上有 2 对鬃。前翅透明，无色斑；前翅长为宽的 2.2 倍；亚缘脉有 6–8 条背鬃，后缘脉长是痣脉长的 2.8–3.0 倍；翅端圆。并胸腹节较光滑。腹柄长明显大于宽。腹部光滑，有疏毛。

　　生物学：寄主为豌豆彩潜蝇、美洲斑潜蝇。

　　分布：浙江（开化）、北京、台湾、广东、海南；丹麦，美国，塞内加尔，马里亚纳群岛，留尼汪岛。

132. 什毛姬小蜂属 *Pnigalio* Westwood, 1833

（300）潜蝇什毛姬小蜂 *Pnigalio katonis* (Ishii, 1953)

Eulophus katonis Ishii, 1953: 2.

Pnigalio katonis: Boucek & Askew, 1968: 260.

　　主要特征：雌体长 1.6–2.0 mm。全体蓝绿色，有铜色金属光泽，头部色较暗。触角褐色，柄节色较浅。足黄色，后足腿节色稍暗。腹部暗黑色，背面基部有一黄褐斑。头、胸部密具刻点。颜面和颊大部分光滑。

触角梗节小；索节 4 节，第 1 索节较长，其余依次渐短，但长均大于宽，第 4 索节长约为宽的 1.5 倍；棒节 2 节，不特别宽，比前节稍长，各节被长毛。前胸背板较长略呈钟形；中胸盾片刻点较粗，具杂乱的白色长毛；盾侧沟不完全，仅前端 1/3 明显；小盾片无纵沟。并胸腹节常具明显的中脊、亚侧脊、横分脊和褶，光滑，具有角状突出，尖端呈齿状。前翅缘脉稍长于亚缘脉，约为后缘脉的 2 倍；后缘脉约为痣脉的 1.5 倍。腹部长椭圆形，约与胸部等长或略长，末端尖。臀突鬃长。雄触角第 1–3 索节具 3 分支；后足基节色较暗；腹基部背面黄斑呈圆形。

生物学：寄主为豌豆彩潜蝇、葱斑潜蝇，幼虫的外寄生；据报道寄主还有紫云英植潜蝇、豆叶东潜蝇。

分布：浙江（杭州）、北京、江西；日本。

133. 兔唇姬小蜂属 *Dimmockia* Ashmead, 1904

（301）稻苞虫兔唇姬小蜂 *Dimmockia secunda* Crawford, 1910

Dimmockia secunda Crawford, 1910a: 24.

主要特征：雌体长 1.5–2.3 mm。体蓝绿色带金光。复眼棕褐色；触角柄节黄褐色，梗节以下褐色。翅基片褐色；翅透明，翅上下两面均被金黄褐色毛，翅脉褐色。足纯黄色。腹部平滑、黑褐色带金丝反光，腹面基部及中央黄褐色，第 1 节背面末端中部微显黄褐色，基部带紫色。头背面观宽大于长，头顶宽几乎为长的 3 倍。后头缘圆，无锐脊。头具细网状刻皱纹。触角着生于复眼下缘连线上；柄节短柱状，高不及中单眼；梗节长为宽的 1.5–1.7 倍；环状节仅 1 节，短小；索节 4 节，第 1 节最长，为宽的 1.5 倍，以下各节渐短，第 4 节呈方形或长稍大于宽；棒节 2 节，均长大于宽，略短于末 2 索节合并之长，末端收缩但不尖锐。中胸盾片及小盾片均宽大于长，分别有 3–5 对和 2 对黑褐色粗大刚毛；盾纵沟不完整。并胸腹节横宽，后侧陡斜；中纵脊及侧褶均完整，其两中室横宽。前翅翅基室无毛，其外侧有无毛带；缘脉：痣脉：后缘脉长度之比=23：4：9。腹卵圆形，略宽于胸而与头等宽，扁平，背面略下凹，腹面膨起，产卵管隐蔽。雄体长 1.5–2.3 mm。体色及形态与雌蜂相似，唯整个触角黄褐色，第 1–3 索节有分支；棒节 2 节，均长大于宽，较末 2 索节合并之长短但较宽。有时中、后足基节黑褐色。翅脉黄褐色。腹与胸大致等长、等宽或稍狭；腹背面近基部的黄褐色斑纹较雌蜂为显。

生物学：本种为我国稻苞虫常见的寄生蜂，聚寄生，稻苞虫蛹内出蜂数平均 43（1–148）头，雌性比例为 95%左右。在稻纵卷叶螟、隐纹稻苞虫、稻眼蝶上也有寄生，从蛹内羽化。也寄生于稻田中的多种姬蜂、茧蜂及寄蝇，如横带驼姬蜂、广黑点瘤姬蜂、具柄凹眼姬蜂、黄眶离缘姬蜂、弄蝶绒茧蜂、纵卷叶螟绒茧蜂、螟蛉盘绒茧蜂、拟螟蛉绒茧蜂、稻苞虫赛寄蝇和银颜筒须寄蝇等，从蜂茧或围蛹内羽化。

分布：浙江、河南、陕西、江苏、安徽、湖北、江西、湖南、福建、广东、海南、广西、四川、贵州、云南。

134. 羽角姬小蜂属 *Sympiesis* Förster, 1856

（302）棉大卷叶螟羽角姬小蜂 *Sympiesis derogatae* Kamijo, 1965

Sympiesis derogatae Kamijo, 1965: 74.

主要特征：雌体长 2.1–3.4 mm。体暗绿色具铜色光泽；柄节淡黄色，梗节和鞭节黄褐色。足淡黄褐色，后足基节基部暗色；前、中足基节具 1 暗斑。翅透明，翅脉和翅面毛淡黄色。腹部第 2–4 节背板有 1 大黄斑；腹部腹面黄褐色，边缘部褐黑色。头横形，与胸等宽；鞭节长为头宽的 1.3 倍；第 1 索节长为宽的 2.5 倍，比第 2 索节稍长；第 4 索节长近宽的 2 倍。胸较粗短，长为宽的 1.6 倍。中胸盾具粗网纹；盾侧沟完全而明显；三角片密具网纹；小盾片长宽相等。后胸盾片网纹弱，有时后部光滑。并胸腹节平，中部有时有一些弱纵脊，或 1 条浅纵沟；无褶。前翅亚缘脉几乎与缘脉等长；痣脉短；亚缘脉∶缘脉∶后缘脉∶痣脉之比为 42∶44∶20∶6。腹部长大于头、胸部长之和，长为宽的 2.1–2.5 倍，梭形；末节背板宽稍大于长（12∶9）。雄体长 1.9–2.8 mm。触角柄节较粗短，梗节小。腹部几乎与胸部等长，基部稍窄；第 1 节背板后部至第 3 节背板有 1 大黄白斑，其余紫黑色。触角鞭节具 3 个分支。

生物学：寄主为棉大卷叶螟及栀子卷叶蛾老熟幼虫，聚寄生。

分布：浙江（平湖、萧山）、湖北、江西。

135. 金色姬小蜂属 *Chrysocharis* Förster, 1856

（303）暗柄金色姬小蜂 *Chrysocharis phryne* Walker, 1839

Chrysocharis phryne Walker, 1839: 160.

主要特征：雌体长 1.5–1.8 mm。体金属蓝绿色；颜面小盾片紫色；触角暗黑色。足基节同体色，腿节以暗色为主，跗节端部褐色，其余浅黄色。腹基部蓝绿色，其余紫黑色。头部额两侧和复眼内缘有明显黑鬃。颜面凹入，额区上部常光滑；后头中央具锐脊。触角鞭节较细长，梗节和鞭节长之和几乎不小于头宽。单眼隆起。头顶有明显网纹。头、胸具细刻点。前胸背板无脊，前胸背板和中胸盾片长略大于宽；索节 3 节，各节明显分开；棒节 2 节，具网纹。前翅长为宽的 1.5 倍；缘脉长于亚缘脉，约近后缘脉的 3 倍，后缘脉是痣脉的近 2 倍；亚缘脉有 2 根黑鬃。腹比胸略短，卵圆形，光滑。第 1 背板长稍小于腹长的 2/5。腹柄不长于并胸腹节，前部细，锥状，光滑；后部扩大，两侧呈直角状突出，具皱纹或网纹。

生物学：寄主为豌豆彩潜蝇蛹，据报道寄主还有马蒿等植物上的潜叶蝇。

分布：浙江（奉化）、江西；俄罗斯，日本，欧洲。

注：中名有用潜蝇釉姬小蜂的。

（304）底比斯金色姬小蜂 *Chrysocharis pentheus* Walker, 1839

Chrysocharis pentheus Walker, 1839: 38.

主要特征：雌体长 0.9–1.0 mm。体金绿色；胸部两侧和腹面、腹部除了基部暗褐色。复眼墨绿色；口器黄褐色；颜面褐色；触角梗节白色，余节暗褐色；足基节同体色，余节黄白色。头、胸具刻点。头长宽相当，有粗网皱；头顶两侧刻点较弱；额叉上部明显具皱纹。无后头脊。复眼内缘不内凹。触角 7 节，柄节柱状，梗节长是宽的 4 倍，环状节呈片状；索节 3 节，索节各节长均大于宽；棒节 2 节，各节明显分开；棒节末端有一刺突。胸稍宽于头，胸部背板有粗网皱。前胸背板具脊。中胸盾片后端下沉，宽大于长，上有 2 对鬃；小盾片长宽相等，具较细刻点和一对鬃；三角片伸过翅基连线，隆起，具细网纹。并胸腹节横宽，具细刻纹，背面中央有 T 形或倒 Y 形脊突，后部有颈状部。前翅透明，无色斑，翅长为宽的 1.6 倍；前翅缘脉长稍小于亚缘脉的 2 倍，两脉之间有断痕，亚缘脉有 2 条背引鬃；后缘脉约为痣脉长的 1.8 倍，翅端稍平截。腹部宽，短于胸部，几乎圆形；除第 1、2 节背板中央光滑外，其余均具网纹和黄褐色毛。腹柄短，后部扩大微具网纹。雄体较小，触角柄节色暗；足黄褐色。

生物学：寄主为豌豆彩潜蝇、美洲斑潜蝇；据报道寄主还有马蒿、女贞、扁豆等上的潜叶蝇幼虫。

分布：浙江（杭州、衢州、开化）、北京、山东、江西、台湾、广东、海南；朝鲜，日本，以色列，欧洲，北美洲。

注：中名有用白柄金色姬小蜂。

136. 新金姬小蜂属 *Neochrysocharis* Kurdjumov, 1912

（305）美丽新金姬小蜂 *Neochrysocharis formosus* (Westwood, 1833)

Chrysonotomyia formosa Westwood, 1833c: 420.

Neochrysocharis formosus: Yefremova, 2015: 22.

主要特征：雌体长 0.6–1.5 mm。头和胸部暗褐色，腹部褐色，有铜绿色金属光泽。触角暗褐色，但柄节黄白色，被黄白色毛。足基节褐色，其余各节灰色。头、胸部及腹部第 1 背板具细而一致的网纹。头、胸部等宽。无后头脊。复眼内缘不内凹；触角 7 节，被较长的毛和较粗短的条形感觉器，环状节 2 或 1 节，微小，圆碟状；索节 2 节，第 1 索节稍短，第 2 索节长大于宽；棒节 3 节，较宽，长约为前 2 索节的 3.3 倍，有端刺，尖。前胸背板无横脊。盾侧沟完整；中胸盾片和小盾片各具一对鬃。小盾片上的网纹平而密。前翅长为翅宽的 1.4 倍，痣脉下有 1 楔形暗斑，翅端稍平；缘脉长为宽的 2 倍以上；亚缘脉上有 2 根鬃；后缘脉短于痣脉。并胸腹节有较强的网皱；无明显中脊。腹部长椭圆形，比胸部稍长，最宽处在腹中部。腹柄短小，光滑而微具网纹。第 1 背板特长。雄足基节和后足腿节褐色，其余各节黄白色。

生物学：寄主为豌豆彩潜蝇、美洲斑潜蝇幼虫。

分布：浙江（杭州、开化）、北京、山东、上海、江西、广东；以色列，美国，意大利，南斯拉夫，英国，马里亚纳群岛。

注：中名有用美丽新姬小蜂的。

（306）点腹新金姬小蜂 *Neochrysocharis punctiventris* (Crawford, 1912)

Derostenus punctiventris Crawford, 1912a: 179.

Neochrysocharis punctiventris: Schuster & Wharton, 1993: 1189.

主要特征：雌体长 0.8–1.0 mm，小型种。头、胸部暗褐色至黑色，腹部蓝绿色，有铜绿色金属光泽。触角暗褐色，柄节黄白色；被黄白色毛。足除基节和后足腿节为暗褐色外，其余黄白色。头、胸部及腹部背板均具细而一致的网纹。头、胸部等宽。触角 7 节，被毛和条形感觉器；索节 2 节，第 1 索节稍短，第 2 索节长大于宽；棒节 3 节，较宽，长约为索节的 3.3 倍，有端刺。复眼内缘不内凹。无后头脊。头前胸背板无横脊。盾侧沟完整；中胸盾片上有 2 对鬃；小盾片长宽约相等，上有 1 对鬃。并胸腹节较光滑，无明显中脊。前翅长为翅宽的 1.9 倍，端部圆截，透明无色斑；亚缘脉有 2 条背鬃，缘脉长为宽的 2 倍以上；后缘脉与痣脉等长。腹部长椭圆形，比胸部稍长，最宽处在腹中部。腹柄短小，光滑而微具网纹。腹部第 1 节背板特长。

生物学：寄主为美洲斑潜蝇幼虫，数量较少。

分布：浙江（杭州）、江西、广东；美国，危地马拉，塞内加尔。

注：别名点腹青背姬小蜂。

137. 柄腹姬小蜂属 *Pediobius* Haliday, 1846

（307）潜蛾柄腹姬小蜂 *Pediobius pyrgo* (Walker, 1839)

Entedon pyrgo Walker, 1839: 118.

Pediobius pyrgo: Kamijo, 1977: 12.

主要特征：雌体长 1.3–1.6 mm。体金属蓝绿色；触角黑色有蓝色光泽；中胸盾片黑褐色。翅无色透明，翅基片褐色，翅脉黄褐色。足跗节白色，端部黑色。头、胸部具粗刻点；头部背面观横宽，具后头脊。触角着生处近复眼下缘连线；柄节不达头顶；环状节 1 节；索节 3 节，长大于宽，各节具柄；棒节 2 节，长约为前节长的 1.5 倍，末端具一刺突。中胸盾侧沟明显；三角片向前突出，有较细网纹；小盾片长稍大于宽；并胸腹节光滑，亚中脊与后部渐分开，横分脊和褶完全。前翅缘脉长过亚缘脉的 2 倍；痣脉稍短于后缘脉。腹柄长，具粗网纹；腹部长卵圆形，约与胸等长，比胸稍窄，最宽处约在前部 1/3 处；第 1 腹节背板最长，占腹长的 2/5，光滑；其余各节前缘具细刻点和稀毛；产卵管鞘明显突出。雄触角索节 4 节；腹柄长大于宽；腹部短，末端钝；腹部第 1–2 背板几乎盖住整个腹部。

生物学：寄主为一种潜叶蝇；据报道寄生还有豆秆黑潜蝇及豌豆等上的潜叶蝇蛹及稻苞虫、稻纵卷叶螟、稻眼蝶蛹。

分布：浙江（杭州）、河南、江苏、湖北、江西、湖南、福建、广东、四川、贵州；日本。

（308）皱背柄腹姬小蜂 *Pediobius ataminensis* (Ashmead, 1904)

Pleurotropis atamiensis Ashmead, 1904b: 160.

Pediobius ataminensis: Boucek & Askew, 1968: 90.

主要特征：雌体长 2 mm。体黑色有金绿光泽，触角褐色，颜面、头顶、胸侧及腹部微具紫色，腹部且带有蓝色；足胫节末端及跗节黄白色；翅脉浅褐色。头横宽；头顶具刻点，颜面中部触角洼凹陷。触角短，着生于颜面下方，位于复眼下缘连线上；索节 4 节，呈念珠状；棒节末端有刺突，后头脊锋锐，略内凹。前胸前缘有锐边，中胸盾片及小盾片具鳞状刻纹；中胸盾纵沟不完整；并胸腹节光滑，具一对亚中脊，其后端分开，并与侧脊相连而延长形成一对斜方形的环状脊。翅透明，缘脉很长，痣脉甚短。腹柄长为宽的 1.6–2 倍；柄后腹圆形，背面略膨起，末端尖锐，腹部第 1 节背板最长，覆盖腹部 1/2 以上。

生物学：寄主为螟蛉裹尸姬小蜂。

分布：浙江（东阳、遂昌）、陕西、江苏、安徽、江西、湖南、广东、四川；日本。

（309）瓢虫柄腹姬小蜂 *Pediobius foveolatus* (Crawford, 1912)

Pleurotropis foveolatus Crawford, 1912b: 7.

Pediobius foveolatus: Kerrich, 1973: 163.

主要特征：雌体长 1.5–1.8 mm。头上部为蓝绿色至蓝黑色；额叉上之三角区有青铜色光泽，额叉下与头上部同色；唇基和触角蓝绿色，柄节和梗节色颇暗；胸部和并胸腹节两侧暗蓝绿色具铜黄和青铜色光泽，并胸腹节背面鲜蓝绿色。腹部暗黄铜色至黑褐色；第 1 腹节背板基部 2/3 蓝绿色，其后各节背板后缘鲜绿色。足暗蓝绿色，跗节淡黄色。体色有一定的变化，多数学者认为这种变化仍属于本种变异范围之内。头宽为长的 2.5–3.0 倍。单眼略呈钝角三角形排列；头部刻点颇粗，但侧单眼两侧及后部较细。复眼被毛。触角柄节长为宽的 6 倍，第 1 索节长约为宽的 2.5 倍，第 3 节方形；各节明显具柄。胸部具网纹，中胸盾前部网眼略呈横形；小盾片前的网眼呈纵形，略细，后部较宽而大。盾侧沟前方明显，后方变宽呈卵圆形，内缘界线清楚，外缘较模糊；沟后有粗鬃 1 根。并胸腹节 2 条纵脊渐向两侧分开，脊间光滑，常具 1 条很弱而不明显的中脊；颈状部甚隆起；并胸腹节后部截形或浅凹入。腹柄长宽相等（非洲标本稍长），端缘脊起，具细网纹，有时具短纵脊。第 1 腹节背板约为腹长的 1/2，具细网纹，以后各节具极细网纹或条纹；后缘光滑。后足胫节距弯曲，长度超过基跗节端部。翅缘脉长为亚缘脉的 1.5 倍；痣脉甚短；后缘脉长于痣脉。

生物学：寄主为茄二十八星瓢虫，可在 6–7 月采到。

分布：浙江（杭州、遂昌）、江西；日本，印度，美国（引进）。

（310）稻苞虫柄腹姬小蜂 *Pediobius mitsukurii* (Ashmead, 1904)

Derostenus mitsukurii Ashmead, 1904b: 161.

Pediobius mitsukurii: Boucek & Askew, 1968: 95.

　　主要特征：雌体长 1.4–1.8 mm。体蓝绿黑色，局部有铜紫色反光。触角柄节同体色，梗节黑褐色，鞭节褐色，均带紫色。足除基节同体色外黄色，有的浅褐黄色，爪紫黑色。翅透明，翅脉淡黄色至褐色。腹柄紫黑色。头顶及颜面均具粗糙刻点，之间以横沟分界。头顶沿复眼缘具粗刚毛数根。后头脊完整明显，略向前凹陷。头前面观呈三角形，宽大于长；复眼突出，下缘有凹边。触角洼不明显；颜面下部光滑。触角着生于复眼下缘连线上；柄节柱状，中部以上略膨大外倾，高达横沟，与梗节及 1–2 索节合并大致等长；梗节与第 2+3 索节等长，长为宽的 1.5 倍；索节 3 节，节间相连处呈柄状，第 1 索节长为宽的 1.6–1.8 倍，第 2、3 索节长为宽的 1.3–1.4 倍；棒节 2 节，与末 2 索节等长或稍短，末端有刺突。前胸背板短，具粗刚毛 4 根，有横脊。盾纵沟不明显，其后端向下凹陷呈一浅槽；小盾片长稍大于宽，前端稍窄，后端圆钝，网纹近于纵列。前、中胸及小盾片上分别具刚毛 4、4、2 根。前翅狭长；基部下缘无毛带下端开放，中间被一行散生刚毛向基部插入；后缘脉长为痣脉的 1.5 倍，痣脉短；亚缘脉背面具粗刚毛 2 根。后足胫距短于第 1 跗节，稍弯曲。腹部短于胸部，但长过胸半；腹柄横宽，长不及宽之半，具刻点；腹部圆形，第 1 腹节最长，几乎覆盖整个腹部；腹部光滑，散生黄色刚毛；第 1 背板背面及两侧下伸部分具细刻点纹，其后端细网纹呈纵走排列。产卵管不突出。雄体长 1.4–1.6 mm。形态与雌蜂相似，唯触角柄节及梗节黄褐色，鞭节褐色，触角着生部位高于复眼下缘连线。腹部较短小，长仅及胸长之半，腹柄较雌蜂长，近方形。

　　生物学：本种为稻苞虫常见的寄生蜂，在稻纵卷叶螟、稻眼蝶上也能寄生，从蛹内羽化。在稻苞虫上此蜂钻进虫苞，在老熟幼虫、预蛹或初蛹上产卵，1 头稻苞虫蛹可出蜂 47–438 头（平均 147.02 头），每头稻纵卷叶螟蛹内出蜂可 30 头，1 头稻眼蝶蛹出蜂 174 头。雌性比例为 75%–85%。浙江杭州在稻苞虫上的寄生率上曾有 12.28% 的记录，7 月一世代历期 18–19 天。在稻苞虫蛹内，有与稻苞虫兔唇姬小蜂共寄生的情况，已如前述，偶然也有与寄蝇或广黑点瘤姬蜂共寄生的，与寄蝇共寄生的仅出蜂 54 头，比当时平均 130 头大幅减少。据日本 Ishii（1953）记载它还能寄生于豌豆潜叶蝇，但国内从豌豆潜叶蝇上所羽化的小蜂与之不同。

　　分布：浙江、江苏、湖北、江西、湖南、福建、广东、四川、贵州；日本。

138. 纹翅姬小蜂属 *Teleopterus* Silvestri, 1914

（311）潜蝇纹翅姬小蜂 *Teleopterus erxias* (Walker, 1848)

Entedon erxias Walker, 1848: 227.

Teleopterus erxias: Viggiani & Pappas, 1975: 169.

　　主要特征：雌体长 1.0 mm，小型种。体紫黑色，有蓝绿色金属光泽。复眼紫黑色，单眼褐色。前中足基节黑褐色，转节淡褐色，腿节、胫节褐色，后足腿节和胫节颜色较深，跗节白色。翅微烟色，翅脉褐色。腹部基部蓝绿色，两侧黑褐色，中间褐色。体均具细刻点。头部长与宽相近。后头脊不明显。触角位于复眼下缘连线下方。触角索节 4 节，长略大于宽，但变化较大。前胸背板无横脊；中胸盾纵沟仅前端 1/3 明显；小盾片后端光滑，具 1 对鬃。并胸腹节光滑，略具微刻纹，无中脊和褶。前翅端部圆宽，翅缨较长；具 2 行从痣脉伸出的毛列，1 行几乎与翅前缘平行伸向翅前角，另 1 行指向翅外缘；亚缘脉与缘脉之间有折断痕；缘脉比亚缘脉长得多；后缘脉明显短于痣脉。腹柄短小，光滑。腹部长于胸部，小于头、胸部之和，几乎圆形；第 1、3 节较长。具紫色粗短毛。

生物学：寄主为美洲斑潜蝇；据报道寄主还有豌豆、女贞上的潜叶蝇幼虫。

分布：浙江（杭州、开化）、江西；俄罗斯，日本，欧洲。

139. 敌奥姬小蜂属 *Diaulinopsis* Crawford, 1912

（312）潜蝇敌奥姬小蜂 *Diaulinopsis arenaria* Erdös, 1951

Diaulinopsis arenaria Erdös, 1951: 171.

主要特征：雌体长 1.5 mm。体黄色透明。复眼深褐色，单眼褐色。触角以黄色为主。前胸背板深褐色；中胸盾片黄色透明；小盾片稍透明；后胸背板浅褐色半透明。并胸腹节颜色较后胸深。腹部中下方有一褐色横宽，其余黄色透明。前翅透明，翅脉淡黄色。足除基节、跗节末端褐色外，其余浅黄色。头背面观横宽，单眼排列呈钝三角形。触角位于复眼下缘连线下方；触角梗节长大于宽，较索节长；索节 2 节，第 1 索节有 2 鬃；棒节 3 节。颈片与前胸背板等宽。盾侧沟无或不明显；小盾片无纵沟，但横沟明显。后胸背板较窄。并胸腹节有明显的刻纹。腹柄短，腹部椭圆形。前翅翅缨较长，翅面密被长细毛，缘脉与亚缘脉之间有折断痕。足基节膨大。

生物学：寄主为豌豆彩潜蝇。

分布：浙江（开化）、北京；欧洲。

140. 瑟姬小蜂属 *Cirrospilus* Westwood, 1832

（313）兰克瑟姬小蜂 *Cirrospilus lyncus* Walker, 1838

Cirrospilus lyncus Walker, 1838c: 381.

主要特征：雌体长 1.4 mm。体黄色，颜面与头顶交界处、前胸背板前半及后半中央、中胸盾片前缘、小盾片、后胸背板中央及并胸腹节、第 4–5 腹节背板及第 6 腹节背板前缘、产卵管鞘黑褐色。头顶宽。单眼排列呈钝三角形。触角梗节上有长毛；索节 2 节，第 1 索节长为宽的 1.8 倍，与梗节等长，第 2 索节长为宽的 1.5 倍，短于梗节；棒节 3 节稍宽于索节，第 3 节末端具刺突。中胸盾纵沟完整而明显。小盾片上具 2 侧沟及 2 对长刚毛。并胸腹节具中脊及细网纹。前翅长为宽的 2.5 倍；缘脉长过亚缘脉，为痣脉的 3 倍，后缘脉与痣脉等长。腹部卵圆形，末端尖。产卵管稍露出腹末。

生物学：寄主为豌豆彩潜蝇。

分布：浙江（开化）；欧洲。

（314）竹舟蛾姬小蜂 *Trichospilus diatraeae* Cherian *et* Margabandhu, 1942

Trichospilus diatraeae Cherian *et* Margabandhu, 1942: 101.

Cirrospilus (Zagrammosoma) lutelieatus: Liao *in* Liao *et al*., 1987: 115.

主要特征：雌体长 1.6–1.8 mm。体火红色，但触角鞭节、胸部中央一纵带及近两侧透明带、前中足基节、转节、腿节基半部、跗节基部、有时胫节末端及后足腿节基半黄色；复眼朱红色；复眼内缘下方及复眼的前下方一横截、触角洼上缘及侧缘脊、上颚端部、胸部亚纵带及中胸两侧 4 纵带、前胸腹板后端、后足基节、腹部每节两侧 4 斑及末节、前翅亚缘脉末端及痣脉下 1 斑、头胸部刚毛以及跗爪黑褐色（干标本这些纵带常分不清）。体较扁平。头横宽。复眼无毛。触角着生于复眼下缘连线上。触角洼较平坦，下方开放，平滑。后头脊不甚明显，至复眼后方消失。触角柄节甚短，柱状，其顶端达颜面中部，与中单眼相距甚远。后头略凹陷，均具细皱刻纹。前胸背板呈钟形。前胸及中胸背板均具皱状刻纹。盾纵沟明显；三角片平滑，交于内角。小盾片两侧有一对纵沟，纵沟内侧具条状刻纹。并胸腹节长，平滑，中纵脊明显。前翅翅基无毛区有刚毛一排斜向后缘 1/3 附近，前缘室及基室均无毛亦无缘毛；亚缘脉无折断痕，具粗刚毛 4–5 根；缘脉：痣脉：后缘脉＝11.5：2：1.3；缘脉上有粗刚毛 7–9 根；在缘脉基部及痣脉周围各有褐色斑 1 个；除缘脉中部下方 1 无色透明部分外，前翅端部 2/3 呈浅褐色与两褐色斑相渗连。前中足基节无刻点，后足基节上面刻点明显，下面平滑无刻点；后足胫节末端具 1 距，较第 1 跗节略短；自第 2 跗节起每节后缘两侧有毛。腹部近圆形，扁平无刻纹；产卵管自第 3 腹节下方伸出，长不过腹末；第 7 腹节之盾侧片上的刚毛束有粗长刚毛 3 根，较一般刚毛长 2–3 倍。

生物学：寄主为竹篦舟蛾，从蛹内羽化，聚寄生。

分布：浙江（富阳）。

（315）普通瑟姬小蜂 *Cirrospilus pictus* (Nees, 1834)

Eulophus pictus Nees, 1834: 165.

Cirrospilus pictus: Kamijo, 1987: 47.

主要特征：雌体长 1.65 mm。体柠檬黄色，唯以下部分紫黑色：后头下方圆点、前胸与中胸背板之间一大斑，小盾片除两侧前方及并胸腹节除两侧黄色外，腹部背板中部及尾端、胸部黑色部分并具蓝绿反光。眼紫红色；触角淡褐色。翅透明无色。翅脉黄褐色，翅及翅脉被褐色毛。体有细微刻点但无闪耀金属光泽。头横宽，上宽下窄；颜面下凹，中上部触角洼凹陷尤为显著，头顶、颊及后颊相对地略膨起。触角着生于颜面中部下方，位于复眼下缘连线上。柄节高达头顶；梗节长 2 倍于宽；环状节 2 节，短小；索节 2 节，均长大于宽，第 1 索节较第 2 索节长；棒节略膨大，长略小于索节合并之长。单眼排列呈 130° 钝三角形。后头圆，略凹陷。中胸背板坚实平坦，盾纵沟明显；小盾片的一对纵沟明显，具等长刚毛 2 对。并胸腹节短，有不明显的中脊。前翅狭长，亚缘脉长约为缘脉的 1.5 倍，无折断痕，痣脉短于缘脉之半而长于后缘脉。足细长。腹无柄，略长于胸或与头、胸合并等长，两侧平行，末端收缩；产卵器微突出，自腹中部第 4 节腹面伸出。

生物学：寄主为绒茧蜂。据记载此蜂首先自茧蜂羽化。

分布：浙江（杭州）、江苏；日本。

141. 裹尸姬小蜂属 *Euplectrus* Westwood, 1832

（316）螟蛉裹尸姬小蜂 *Euplectrus noctuidiphagus* Yasumatsu, 1953

Euplectrus noctuidiphagus Yasumatsu, 1953: 164.

主要特征：雌体长 1.8–2.4 mm。体黑色；复眼红褐色；触角柄节基部、上颚褐黄色；口缘、触角其余部分、足、翅基片、腹部背面前端黄褐色；腹部腹面褐色至暗褐色。翅透明无色，翅脉及翅上毛均褐黄色。

足末端色较深。头、胸部有油光，具细微点刻，散被浅黄色有光泽长刚毛。背面观头窄于胸。头顶宽，单眼排列呈 120°钝三角形。触角着生于复眼下缘水平线上。触角窝略凹陷。触角柄节伸达头顶；索节 4 节，均 3–4 倍长于宽。后头有缘脊。前胸长但狭于中胸部，其前缘锋锐。中胸点刻较粗，略呈不规则横列，盾纵沟明显。并胸腹节光滑，有明显的中脊。前翅亚缘脉无折断痕、与缘脉约等长而倍于后缘脉之长，痣脉短于后缘脉。足相当粗大；后足胫节末端有 2 长距，内距长于第 1 跗节，约等于跗节长的一半。腹圆形、光滑、有柄，第 1 节长达腹半。雄体长 1.6–2 mm。形态与雌蜂相似，唯触角柄节纯黄色，腹部较短小，前端窄而后端宽，略呈马蹄形或盾形。

生物学：寄主为稻螟蛉、黏虫、稻条纹螟蛉、白脉黏虫、劳氏黏虫等幼虫。在稻螟蛉幼虫体外群集寄生，老熟后用丝作粗网状茧即化蛹其中，成虫羽化交尾后寻觅寄主幼虫产卵，1–2 天后幼虫孵化直接将口器刺进寄主体内吸取养分营寄生生活。据记载其近缘种的生活史周期甚短，在适合的环境，夏季只要 10–15 天即完成一代，成虫寿命较长，在有补充营养条件下可活一两个月，有人还观察到能以成虫越冬。寄生蜂：绒茧灿金小蜂、皱背腹柄姬小蜂。

分布：浙江、山东、河南、江苏、安徽、湖北、江西、湖南、福建、广东、广西、四川、贵州、云南。

142. 狭面姬小蜂属 *Stenomesius* Westwood, 1833

（317）纵卷叶螟狭面姬小蜂 *Stenomesius maculatus* Liao, 1987

Stenomesius maculatus Liao in Liao *et al.*, 1987: 120.

主要特征：雌体长 1.5–1.7 mm。体火红色。触角柄节同体色，唯近末端及梗节至棒节黑褐色。复眼紫黑色，微带褐色。单眼区及其向后头孔方向延伸的带黑褐色。前胸背板中央、小盾片、后胸及并胸腹节亚中纵脊间、腹中部的一近圆形斑点、腹基或多或少以及露出体外的产卵管黑色。腹部近末端处黄白色。头具砂轮状细刻纹而无粗大刻点。头背面观横宽，额颜区近方形，后头脊完整。单眼区呈钝三角形，稍膨起，POL 与 OCL 相等，约为单眼直径的 1.5 倍。头正面观亦横形，复眼圆形突出，无毛。触角洼浅，不甚显著，但触角窝间有纵脊状突起。颜面四周膨起。触角着生于颜面中部偏下方；柄节柱状，细长，高超过中单眼；梗节长大于宽，约为端宽的 1.5 倍；环状节短小，横宽；索节 4 节，长均为宽的 2 倍左右；棒节 2 节，较索节的一节为长，末端收缩；触角各节均有黑色刚毛，鞭节有长形感觉器。颊长短于复眼长径之半。胸、腹部大致等长。前胸后缘附近、中胸盾片及小盾片上各具黑色粗刚毛 2 对，盾侧片及翅基片上各 1 对。三角片光滑无毛。前胸圆而光滑。中胸盾片宽大于长，盾纵沟明显。小盾片长宽大致相等，较中胸盾片长，小盾片之两侧 1 对纵沟在近端部会合；三角片前端超过翅基连线。中胸背板及小盾片均具刻点，但不甚显著。并胸腹节长，具一对亚中纵脊及侧脊，两脊间长卵圆形，略膨起，平滑。前翅自基至端均具毛，肘脉上毛列完整；缘脉约为后缘脉的 2 倍，后缘脉约为痣脉长的 2 倍，痣脉较缘前脉稍长；亚缘脉上有刚毛 5–6 根，缘脉上有刚毛 15–16 根。中、后足胫节外侧各有刚毛一列，后足胫节 2 端距均短，长距亦短于基跗节之半。跗节 4 节，除末节稍大外，各节大致等长。腹长卵圆形，末端较基部为窄，腹柄宽略大于长，有中脊。腹光滑，其两侧和后半部及产卵管鞘上均具刚毛。产卵管鞘与端跗节约等长。臀侧突鬃中有 1 根较其余者显著长 2 倍以上。雄体长 1.1–1.2 mm。与雌蜂形态相似。唯触角着生于复眼下缘连线上；柄节扁平膨大；头顶具细圆刻点；头正面观三角形，除口缘附近火红色外黑褐色。腹部短于胸部，椭圆形。

生物学：寄主为稻纵卷叶螟幼虫。

分布：浙江、安徽、湖北、江西、湖南、福建、广东、广西、四川、贵州、云南。

注：中名有用纵卷叶螟大斑黄小蜂的。

（318）螟蛉狭面姬小蜂 *Stenomesius tabashii* (Nakayama, 1929)

Elachertus tabashii Nakayama, 1929: 248.

Stenomesius tabashii: He *et al.*, 1979: 13.

主要特征：雌体长 1.6–2.0 mm。体大致黄褐色。头顶中央及其前后斑纹、触角柄节及鞭节、中胸盾片前半、三角片后下端、后胸盾片、并胸腹节大部分（中央、两侧及颈）、中胸侧板后方或连同中胸腹板、腹中部两侧缘、第 4 和 5 腹节背后方中央均黑褐色；小盾片、三角片及并胸腹节亚中脊两侧各 1 斑赤褐色或暗赤褐色。足淡黄褐色，端跗节及爪暗黄褐色。翅透明，脉淡黄色。头背面观横宽，后头无缘脊；光滑无刻纹，头顶具浅黄色长刚毛 10 余根。触角着生于复眼下缘连线上方。触角洼略呈凹槽。触角柄节柱状，伸过头顶；环状 1 节，短小；索节 4 节，第 1–3 节约等长等宽。唇基末端呈横截状。胸部与头等宽，具皮革状刻纹。中胸前半狭，后端平坦，后缘几乎平直；小盾片长于中胸盾片，侧方有浅沟达于后方，侧沟外方平滑。前胸背板、中胸盾片、小盾片及三角片上每侧各具刚毛 2 根。并胸腹节中央有一对纵脊，以在基部 1/3 短横脊相连处最狭，纵沟间光滑，纵沟外侧略有刻点，在后方的胸后颈上刻点明显。前翅长约为宽的 3 倍；缘脉长为后缘脉的 2 倍或痣脉的 4 倍。足细长，跗节 4 节；后足胫节末端 2 距均短。腹部卵圆形，扁平，短于胸部，后端收缩，产卵管稍突出。雄体长 1.3 mm。头部色斑较大，有时全部浓褐色；腹背面后方 3/4 处具黑褐色宽横带。触角柄节扁平膨大，长为宽的 2 倍；索节 4 节等长，各节长为宽的 2 倍；棒节长为第 1 索节的 1.5–1.7 倍。

生物学：寄生于稻螟蛉幼虫体内，为聚寄生。通常寄生于 3 龄以上幼虫（1–2 龄幼虫被刺虫死，但并不在其上产卵寄生）。在落水的寄主虫苞中继续生活，经 3–4 天即钻出寄主体外，初为黄绿色，后变淡绿色。在浙江 7–8 月经 4–5 天即羽化成虫。一条螟蛉幼虫所出蜂数，一般 20 多头，据记载亦有不满 10 头或超过 100 头的。秧田内的寄生率高达 40.6%。

分布：浙江（东阳）、江苏、湖北；朝鲜。

143. 长尾啮小蜂属 *Aprostocetus* Westwood, 1833

（319）天牛卵长尾啮小蜂 *Aprostocetus fukutai* Miwa *et* Sonan, 1935

Aprostocetus fukutai Miwa *et* Sonan, 1935: 90.

主要特征：雌体长 3 mm。体黑色带青蓝色光泽。触角柄节、梗节、颜面中部及唇基末端黄褐色；索节以下黑褐色并有长毛；前胸背板两侧下缘白色；足黄褐色，但基节基部（前足 2/3，中后足 1/3）黑褐色。翅透明无色，翅脉淡黄褐色。头前面观梯形，上端略宽于下端。颜面长略大于宽，近头顶处及中部凹陷；头顶及颜面两侧沿复眼部分膨起，均有细微刻点；颊区亦稍膨起。颊长约为复眼长径之半。触角洼明显但两侧缘无锐边。触角窝间有盾状隆起。触角 9 节，着生于复眼下缘连线上；柄节伸过头顶；梗节长为宽的 2 倍；环状节短小；索节 3 节，第 1 索节最长，约为宽的 4 倍；棒节 3 节，与第 2+3 索节等长。唇基呈方形。单眼排列呈 120° 钝三角形，单眼区与头顶间有沟，OOL 约为单眼直径的 1.5 倍。中胸盾片及小盾片有细致的纵刻纹和细毛。盾纵沟明显；小盾片与中胸盾片等长，上有 2 纵沟。并胸腹节平滑。足细长。前翅缘脉长，约为亚缘脉的 1.5 倍，亚缘脉有折断痕，无后缘脉。腹部狭长，末端收缩尖锐，光滑，无柄，长于头、胸部合并之和。产卵管突出，约为腹长的 1/2。雄蜂与雌蜂形态相似。唯触角被长毛，柄节扁平膨大；足除后足基部黑褐色外浅黄褐色；腹部仅与胸部等长。

生物学：寄主星天牛、桑天牛卵，聚寄生。

分布：浙江、江苏、上海、台湾、广东；日本。

注：别名天牛卵姬小蜂。

144. 奥啮小蜂属 *Oomyzus* Rondani, 1870

（320）菜蛾奥啮小蜂 *Oomyzus sokolowskii* (Kurdjumov, 1912)

Tetrastichus sokolowskii Kurdjumov, 1912: 238.

Oomyzus sokolowskii Fitten *et al.*, 1991: 3.

主要特征：雌体长 1–1.5 mm。体蓝绿黑色而有油光。触角黑褐色。翅脉褐色。足基节及腿节中部黑褐色，转节、腿节两端、胫节及跗节黄白色，跗节末节黄褐色。头前面观三角形。触角着生于颜面中部；柄节高不及前单眼；梗节略长于第 1 索节，二者均长于其宽；第 2、3 索节大致等长而稍短于第 1 索节（原描述第 2 节亦短于第 3 节）；棒节长卵圆形，显较索节宽大且不短于末 2 索节合并之长，第 1 棒节较第 2 节长，第 3 棒节较第 1 节 2/3 长，而于其末端具一刺突，此刺突亦约为末节长的 2/3。中胸盾片及小盾片均膨起，具细网状刻纹，并带紫铜色油光而非金属光泽。中胸盾片盾纵沟完整，无中纵沟或仅其后端隐约可见，其两侧具刚毛 2 对；翅基片上及小盾片上各 1 对白色刚毛，小盾片的 1 对纵沟微弱，纵沟间距较纵沟与边缘间距离为短。翅端圆，缘前脉上面中部具刚毛 1 根及小瘤 1 个，下面则具较细小的刚毛若干根；缘脉长卵圆形。并胸腹节有中脊，两侧区具细网状刻纹，左、右后侧方有陷窝 1 对，气门与后胸间距离很短，长最多不超过气门短径之半。腹与胸大致等长而狭于胸（头、胸则大致等宽），卵圆形。产卵管起自腹中部之前，不突出腹端。

生物学：寄主为小菜蛾蛹，从菜蛾盘绒茧蜂、粉蝶盘绒茧蜂和微红盘绒茧蜂等菜地蜂茧中育出。聚寄生。

分布：浙江、福建；印度，非洲，古北区，新北区。

145. 啮小蜂属 *Tetrastichus* Walker, 1844

（321）蜡蚧啮小蜂 *Tetrastichus ceroplastae* (Girault, 1916)

Neomphaloidella ceroplasteae Girault, 1916b: 100.

Tetrastichus ceroplastae: Avidov *et al.*, 1963: 205.

主要特征：雌体长 1.8 mm。触角柄节和梗节淡黄褐色，鞭节褐色，具毛。第 1–3 跗节淡黄白色，第 4 跗节黑褐色。头宽为复眼间距的 1.7 倍。触角柄节长为第 1 索节的 3 倍，不膨大；梗节与第 3 索节等长，长约为宽的 1.5 倍；第 1–2 索节均稍长于第 3 索节；棒节 3 节，与第 2+3 索节等长，宽为第 3 索节的 1.5 倍，顶端有刺突。中胸盾片中央有 1 条中纵沟，中叶两侧各有 1 列毛；小盾片上有 2 条纵沟、2 对刚毛和 1 对小孔。前翅亚缘脉端部至翅后缘有 5 根毛排成 1 列；缘脉长约为亚缘脉的 2 倍，约为痣脉的 4 倍。中足胫节距稍长于基跗节，基跗节比其余各跗节之和长。产卵管全长约为中足胫节的 2 倍。雄体长 1.5 mm。体色同雌虫。头宽约为复眼间距的 1.4 倍。触角柄节不膨大，约与第 2+3 索节等长；梗节长约为端部宽的 2 倍；索节 4 节长均大于宽，第 1 索节最短，第 2–4 索节较长并向端部渐长渐宽，各节背面均有一束刚毛（8 根）；棒节 3 节，与第 3+4 索节等长，各节背、腹面亦各有 1 束长刚毛。缘脉长约为亚缘脉的 1.5 倍，约为痣脉的 3 倍。腹部长卵形，腹末圆钝。

生物学：寄主为红蜡蚧、日本蜡蚧。

分布：浙江、福建；印度。

（322）卡拉啮小蜂 *Tetrastichus chara* Kostjukov, 1978

Tetrastichus chara Kostjukov, 1978: 456.

主要特征：体长 0.9 mm。体黄褐至暗褐色，前胸背板、小盾片、腹部端半、后足基节基部黑褐色。触角柄节长为宽的 3.2 倍；环状节 4 节；索节 3 节等长，长均为宽的 1.5 倍；棒节 3 节，末端尖。前胸背板短，中胸盾片具中纵沟，小盾片具 1 对侧沟，并胸腹节具 1 中纵脊。前翅缘脉与亚缘脉等长，长为痣脉的 4.0 倍，亚缘脉具 1 根毛，透明斑内具毛。腹部长过胸部。产卵管不露出腹末。

生物学：寄主为豌豆彩潜蝇。

分布：浙江（开化）；俄罗斯。

（323）瓢虫啮小蜂 *Tetrastichus coccinellae* Kurdjumov, 1912

Tetrastichus coccinellae Kurdjumov, 1912: 223.

主要特征：雌体长 1.4–1.7 mm。体黑至黑褐色，带铜色泛红或蓝色反光。触角黑褐色。复眼红色。前、中足胫节及跗节褐色，后足胫节中部黑褐色。翅脉黑褐色。体具细致刻纹。头背面横宽。后头无脊。单眼排列呈三角形。头正面观近三角形。复眼小，近圆形，复眼无毛。颜颊缝明显，颊长稍短于复眼直径。触角着生于复眼下缘连线上方，触角洼明显，其上端与单眼区为界，下端与唇基相接。触角窝间有略微膨起平滑的小丘，将触角洼下端分隔为左、右两支。触角柄节长，高达中单眼；梗节长大于宽，但较第 1 索节稍短；索节 3 节，均长大于宽 1.3 倍左右，粗细大体一致；棒节较末 2 索节合并之长为长，粗细亦一致，末端收缩；索节及棒节上均具长形感觉器。中胸盾片及小盾片均宽大于长，膨起；盾纵沟及小盾片上的 1 对纵沟均明显；胸背具细网状刻纹。后胸小盾片短圆光滑。并胸腹节中脊明显，其后方向两侧分开沿后端绕向气门呈环形，两侧环表面平滑，略有不甚明显的皱网状刻纹；气门外侧则为细网状刻纹；并胸腹节后端有浅褐色后颈；气门大，圆形。前翅长过腹；亚缘脉上面中部具 1 根粗大刚毛；除基室、痣脉上方 1 小区及痣脉下方至后缘无毛区外，密布纤毛；缘脉长约 3 倍于痣脉，无后缘脉。腹短而圆，产卵管隐蔽或稍突出。雄体长 1.3 mm。与雌蜂形态相似，触角柄节细长，长 3 倍于宽；梗节略长于索节第 1 节；索节 4 节，其中第 1 节最短，比梗节稍短，第 4 节最长，索节上长刚毛均超过本节之长；棒节较末 2 索节为粗且长。柄节黑色；梗节褐色；索节鲜黄褐色，基部褐色；棒节黑褐色。腹基无鲜明斑点。

生物学：寄主为七星瓢虫、双斑唇瓢虫、十一星瓢虫。

分布：浙江、山东、河南、湖南、广东、云南；印度，欧洲，非洲。

（324）霍氏啮小蜂 *Tetrastichus howardi* (Oliff, 1893)

Euplectrus howardi Oliff, 1893: 381.

Tetrastichus howardi: Boucek, 1988: 694.

主要特征：雌体长 1.75 mm。体褐黑色；头、中胸微紫蓝色，腹带紫色；触角柄节、足除了前足基节褐色；触角其余部分暗红褐色；上颚、口缘及翅脉红褐色；后足基节基部黑褐色（原描述前足基节、腿节褐色）；跗节除末端褐色外红黄色；翅透明无色。头横形。颜面具细刻纹，中、上部及额凹陷。触角着生于复眼下缘连线上；柄节伸达头顶；梗节长为宽的 2.5 倍；索节 3 节，第 1 节长于梗节，长为宽的 2.5 倍，第 2 节方形，第 3 节横宽；棒节 3 节，分节不甚明显，末端尖并有一刺突。颊长略短于复眼横径。头顶具细刻纹。单眼排列呈 120° 钝三角形。中胸盾片及小盾片刻纹较头部的明显，外观略呈纵刻线，小盾片上的更为清晰。中胸盾片中部后端 2/3 有中纵沟；小盾片上的 1 对纵沟平行。并胸腹节具革质的点皱刻纹，有不甚显著的中纵脊及 2 侧褶脊。前翅亚缘脉有折断痕；缘脉与亚前缘脉等长，约为痣脉的 3 倍，无后缘脉。

腹部无柄，略呈披针形，长于胸部，以第 2 腹节处最宽，末端收缩，产卵管不突出。

生物学：寄主为二化螟、大螟。从蛹内羽化，聚寄生。

分布：浙江；印度。

注：别名印啮小蜂。

（325）螟卵啮小蜂 *Tetrastichus schoenobii* Ferriere, 1931

Tetrastichus schoenobii Ferriere, 1931: 290.

主要特征：雌体长 0.9–1.5 mm；雄蜂 0.8–1.3 mm。全体金绿色，略有青色闪光。触角柄节黄色，其余褐色；足除前足基节基部和后足基节大部分呈绿色外为淡黄色。头横宽，上颊很短。单眼排列呈钝三角形，侧单眼有浅沟与复眼缘相连。雌蜂触角着生于颜面中部，10 节；柄节短，很少伸达前单眼；梗节短于柄节长度的 1/2；环状节 2 节，第 1 节很小；索节 3 节，各节约等长；棒节 3 节，狭长，几乎与前 2 索节之和等长。雄蜂触角 11 节，狭小；柄节上有几乎与柄节等长的狭长感觉器；索节 4 节，第 1 节最小，约与梗节等长。中胸盾片盾纵沟深，中纵沟很浅，近前端不明显；小盾片与中胸盾片等长，上有两条纵沟细而明显。并胸腹节有纵走中脊及 2 侧褶脊。翅缘毛短；亚缘脉上具 1 毛，缘脉长于亚缘脉，为痣脉长缘脉的 3 倍。雌蜂腹部尖叶形，不宽于胸而稍长于头、胸部之和，产卵管微突出。雄蜂腹部卵形，比胸部略长。

生物学：此蜂在我国寄生于三化螟、橙尾禾白螟、莎草螟和荸荠白螟的卵块中。据记载国外还寄生于稻白螟的卵块中。此蜂室内不停地饲育，在浙江一年发生 11–12 代，以成长幼虫越冬。产卵于寄主卵内，多产在卵块表层卵粒中，孵化后先在卵内营寄生生活，食完后又继续取食下方附近的卵粒。其食量随寄主卵块的大小及蜂产卵多少而有差异，平均食三化螟卵约 4 粒，食荸荠白螟卵约 7 粒。有时也会取食已被赤眼蜂或黑卵蜂寄生的卵粒。若寄生较迟，啮小蜂幼虫也能取食螟卵中已形成的蚁螟，而残留其头部，但不能完成发育。在我国南方热带地区，如广东崖县在 5 月初至 6 月中旬此蜂寄生率可达 72.36%–99.86%（1966 年），不但能控制当时螟害的发生，而且晚稻三化螟害也较轻。在亚热带地区，如浙江等地有早期凋落现象，其作用年间有波动，一般不高。

分布：我国长江流域及以南各省均有发现，北限为安徽安庆；印度、越南、泰国、斯里兰卡、马来西亚、印度尼西亚、菲律宾。

（326）稻纵卷叶螟啮小蜂 *Tetrastichus shaxianensis* Liao, 1987

Tetrastichus shaxianensis Liao in Liao *et al.*, 1987: 107.

主要特征：雌体长 1.5–1.7 mm。体黑色具铜色光泽，颜面、腹部微带紫褐色，颊、后头、胸背微带蓝绿色反光，复眼赭褐红色。触角柄节黄色，梗节及鞭节黑褐色，其上的刚毛黄褐色。翅基片褐色。足基节、胫节及跗节黄色，腿节黑褐色，前、中腿节基端、后腿节基端 1/3 及转节黄至浅黄褐色，跗爪褐色。翅淡黄色至淡黄褐色，翅面纤毛、缘脉及后缘脉上的刚毛黑褐色。产卵管红褐色。头、胸部均具细网状刻纹。头背面观横宽。单眼排列约呈 150°，三角形，POL>OOL。头正面观亦宽大于长，略呈梯形，上宽下窄。头顶呈弧形。触角洼相当大，呈瓦状浅槽，四面有不明显的边。触角着生于复眼下缘连线下方。触角柄节柱状，伸达头顶，至端部渐宽。复眼小，光滑无毛。颊长与复眼长径几乎相等。前胸短，其后缘有 6–8 根粗刚毛。中胸盾片及小盾片细网刻纹略呈纵向。中胸盾片的盾纵沟、中纵沟以及小盾片上的 1 对侧沟均完整。中胸盾片宽大于长（10∶7），有 3 对刚毛；小盾片长宽大致相等，与中胸盾片大致等长，有 2 对刚毛。并胸腹节具中纵脊及不规则的皱脊；气门椭圆形。翅长过腹，基部无毛，亚缘脉上仅有刚毛 1 根，缘脉上有刚毛 8–9 根；亚缘脉∶缘脉∶痣脉长度之比为 7∶6∶2。后足胫距短，长为第 1 跗节之半。腹部卵圆形，背面平滑，腹面呈屋脊状，与头、胸合并之长大致相等，较胸部宽。腹柄短。

生物学：寄主为稻纵卷叶螟蛹，聚寄生。

分布：浙江、江苏、湖北、江西、湖南、福建、广东、广西、四川、云南。

二十二、赤眼蜂科 Trichogrammatidae

主要特征：体微小至小型，不包括产卵管长 0.3–1.2 mm，包括产卵管可达 1.8 mm；体粗壮至细长；黄或橘黄至暗褐色，无金属光泽。触角短，5–9 节；柄节长，与梗节呈肘状弯曲；常有 1–2 个环状节和 1–2 个环状的索节；棒节 3–5 节；雄性触角上一般具长轮毛，雌性的毛一般较短。多数属的触角雌、雄相似，仅少数属（如赤眼蜂属）特征不同。前胸背板很短，背观几乎看不到。盾纵沟完整。翅常发育完全，但有时变短；前翅无后缘脉；缘脉从较长至几乎缺如，有时甚膨大；痣脉较长至很短；一些属（如赤眼蜂属）翅面上的纤毛明显排列成行，呈放射状分布。跗节 3 节。腹部无柄，与胸部宽阔相连。产卵管隐藏或露出很长。

生物学：赤眼蜂科为卵寄生，被寄生卵在其该蜂幼虫进入预蛹期排出"蛹便"后，卵壳即呈褐色至黑色。所现颜色因属种不同而异。寄主有鳞翅目鞘翅目、膜翅目、脉翅目、双翅目、半翅目、缨翅目、广翅目、革翅目、直翅目和蜻蜓目，但以鳞翅目为主。单寄生或聚寄生。营初寄生生活，偶有重寄生，我们曾试验证实松毛虫赤眼蜂可把卵产在松毛虫卵内的平腹小蜂幼虫上。也有记载其寄生于鳞翅目卵内的黑卵蜂上。许多赤眼蜂直接把卵产入多少暴露的寄主卵中，少数几种能在水下游泳，寻找龙虱科、仰蝽科和蜻蜓目等产在水中的卵寄生。有些赤眼蜂成蜂具负载共栖（寄附）习性，如有些种爬附于螽斯成虫体上以接近刚产下的新鲜螽斯卵；南美洲的异赤眼蜂属一种寄附于蛱蝶体上。赤眼蜂被广泛地用于多种害虫尤其是鳞翅目害虫的生物防治上。我国及世界上许多国家均通过繁殖释放赤眼蜂属种类进行应用。有些赤眼蜂在自然界有很大的控制作用，如褐腰赤眼蜂在我国南方稻区黑尾叶蝉上的卵寄生率高的可达 90%，对控制该虫的发生有很大的作用。

分布：赤眼蜂科世界广布，含 74 属 532 种。本科分 2 亚科：赤眼蜂亚科 Trichogrammatinae 和纹翅卵蜂亚科 Lathromerinae。我国已记录 2 亚种 41 属 142 种。浙江省缺乏研究，目前仅知 3 属 8 种。

分属检索表

1. 雌虫触角棒节不分节；雄虫触角无索节 ·· 赤眼蜂属 *Trichogramma*
- 雌虫触角棒节分 3 节；雄虫触角有索节 ··· 2
2. 雄虫触角索节 2 节 ··· 邻赤眼蜂属 *Paracentrobia*
- 雄虫触角索节 1 节 ·· 寡索赤眼蜂属 *Oligosita*

146. 寡索赤眼蜂属 *Oligosita* Walker, 1851

Oligosita Walker, 1851: 212. Type species: *Oligosita collina* Walker, 1851 by monotypy.

主要特征：雌虫触角 7 节，环状节 1 节，索节 1 节，棒节 3 节；索节与棒节明显分开，棒节具明显的条形感觉器。前翅翅面纤毛稀疏至中等稠密，前翅长不超过宽的 4 倍。并胸腹节盾片无 1 小三角形盾片，雄性外生殖器简单管状，不分节，末端直或向腹面弯曲。

生物学：寄生于鞘翅目叶甲科；半翅目沫蝉科、叶蝉科、角蝉科、扁腊蝉科；链蚧科、粉蚧科、蚧科、飞虱科、盲蝽科；鳞翅目；缨翅目蓟马科；膜翅目姬小蜂科。

分布：世界已知 97 种，中国记录 26 种，浙江分布 1 种。

（327）长突寡索赤眼蜂 *Oligosita shibuyae* Ishii, 1938

Oligosita shibuyae Ishii, 1938b: 180.

主要特征：雌体长 0.96–1.04 mm。全体黄色；但上颚、产卵管黄褐色，触角柄节、梗节、环状节及索节、前胸背板、后胸侧板、各足胫节、跗节及前翅翅脉淡灰褐色，触角棒节大部分暗褐色，痣脉及缘前脉下方具灰褐色晕斑，翅透明。头部正面观近圆形，宽稍大于高，明显宽于胸部。复眼具细毛，长度占头高的 0.55；复眼内侧及头顶具若干刚毛；触角着生于两复眼下缘连线之上；上颚末端 3 齿；下颚须 1 节，端部 2 毛。触角细长；除环状节外，各节具刚毛；柄节长棒状，长为宽的 3.5 倍，为梗节的 1.6 倍，端部略细；梗节长梨形，长为宽的 2 倍；环状节明显；索节近圆筒形，长为宽的 2 倍，略短于梗节长度；棒节 3 节，长锥形，为柄节、梗节及环状节长度之和，为索节的 3 倍；第 1 棒节最粗短，长为宽的 1.2 倍；第 2 棒节最长，为宽的 1.75 倍，第 3 棒节长度介于第 1、2 棒节之间，长为宽的 2.3 倍；索节及各棒节具若干锥状感觉器，端部 2 棒节还有条形感觉器；棒节末端有一棒状端突，显著突出棒节顶端。胸部仅及腹长的一半。中胸盾片及小盾片各具 2 支刚毛和细刻纹。后胸背板及并胸腹节具纵皱纹。内悬骨较短，向后伸达腹部的 0.33，末端分 2 叶。前翅略窄长，末端斜圆，长为宽的 3.8 倍；翅脉较长，伸至翅长的 0.63 处；缘脉约与亚缘脉等长，为痣脉的 3 倍；痣脉基部明显收窄如颈状，其下具灰褐色痣斑；翅面纤毛较稀少，除缘脉下方近后缘处有 4–5 根短纤毛外，其余均在痣脉以外端部翅面，排列不规则；缘毛较长，最长者略长于翅宽，后翅的与前翅的等长，为宽的 2 倍；后翅翅脉为翅长一半；翅面纤毛 2 列；后缘最长缘毛短于前翅最长者，为前翅宽的 0.8 倍。足较细长，各足节具细毛。腹部长锥状，末端不尖削，明显长于头、胸部之和；各节腹侧具细网纹；产卵管较发达，长度占腹部的 0.56，为后足胫节的 1.5 倍；末端不明显露出腹末。雄体长 0.92–0.95 mm，体色及大部分特征与雌虫相似。但触角棒节较短，长为宽的 3.1 倍，稍长于柄节；棒节端部没有棒状端突。前翅略窄，长为宽的 4.5 倍；缘毛最长者为翅宽的 1.5 倍；外生殖器简单管状，稍向腹面弯曲，长为宽的 7 倍，为后足胫节的 0.65 倍。

生物学：寄主为黑尾叶蝉、褐飞虱等的卵，单寄生。

分布：浙江、辽宁、北京、湖北、江西、湖南、福建、台湾、广东、广西；日本。

147. 邻赤眼蜂属 *Paracentrobia* Howard, 1897

Paracentrobia Howard, 1897: 178. Type species: *Paracentrobia punctata* Howard, 1897 by monotypy.

主要特征：雌虫触角环状节 2 节，索节 2 节，棒节 3 节，索节广阔的相连但分节明显。前翅长，端部圆；缘毛短，翅面纤毛稠密，规则或不规则排列，通常无清晰的 Rs 1 毛列。

生物学：寄主为双翅目突眼蝇科；半翅目叶蝉科、角蝉科；鳞翅目夜蛾科。

分布：全世界 46 种，中国已知 8 种，浙江 1 种。

（328）褐腰赤眼蜂 *Paracentrobia andoi* (Ishii, 1938)

Japania andoi Ishii, 1938b: 179.

Paracentrobia andoi: He et al., 1979: 65.

主要特征：雌体长 0.5–0.75 mm。体黄色；颊和后头近褐色；触角浅棕色。前胸及中胸侧板大部分褐色。腹部第 1–3 背板或第 1–4 背板褐色，第 5 背板亦常呈现褐色部分。前翅透明，但于前缘端部下方色暗，痣脉下方有暗色晕斑，翅脉褐色。足浅黄褐色，后足基节及后足腿节中部大部分褐色。触角柄节较短，其长仅为梗节的 1.5 倍左右；梗节粗大，其长为近端部最宽处的 2 倍；环状节扁平，呈鳞片状，共 2 节（原记述为 1 节）；索节 2 节，第 1、2 索节相连处宽阔，各索节均宽过于长；棒节长为梗节的 2 倍，中央的 1 节最大，其基缘较平直，长宽几乎相似，各节紧密相接。前翅长为其最宽处的 2 倍，翅端圆弧形；前翅缘前脉与缘脉长度相似，翅面上的纤毛于痣脉之外分布散乱，不呈毛列，臀角上的缘毛约为翅宽的 1/6。

生物学：寄主为黑尾叶蝉卵及其他叶蝉卵；褐飞虱卵及其他飞虱卵。此蜂是黑尾叶蝉的重要天敌。

分布：浙江、江苏、上海、安徽、湖北、江西、湖南、福建、台湾、广东、海南、广西、四川、贵州、云南；日本，马来西亚。

148. 赤眼蜂属 *Trichogramma* Westwood, 1833

Trichogramma Westwood, 1833: 444. Type species: *Trichogramma evanescens* Westwood, 1833 by monotypy.

主要特征：体粗短；雌性触角环状节 2 节，A2 紧贴 F1；索节 2 节；棒节 1 节；雄性触角环状节 2 节，A2 嵌入下一节基部；索节与棒节愈合呈 1 节；前翅宽圆，翅脉呈"S"形连续弯曲，翅面纤毛大部分规则排列，具 Rsl；后翅翅面具 2–3 列纤毛；内悬骨端部不分叶；后躯 T1 具一排尖齿。雄性外生殖器 I 型。

分布：世界已知 232 种，中国记录 30 种，浙江分布 6 种。

分种检索表

1. 阳基背突有明显的、近于半圆形的侧叶 ··· 2
- 阳基背突无明显的侧叶，或仅基部收窄而成弧形的侧缘 ··· 4
2. 阳基背突伸达腹中突基部至阳基侧瓣末端的距离（D）的 3/4 以上，侧叶宽圆；腹中突长大，其长度相当于 D 的 3/5–3/4
   ·· 松毛虫赤眼蜂 *T. dendrolimi*
   阳基背突伸达 D 的 1/2 左右，侧叶呈半圆；腹中突长度相当于或略短于 D 的 1/2 ··············· 3
3. 腹中突的两侧呈直线，末端尖锐；阳基于侧瓣的基部处收窄；阳基背突的侧缘向腹面掀起 ········ 舟蛾赤眼蜂 *T. closterae*
- 腹中突的两侧缘成弧形向外弯曲，阳基于侧瓣的基部处不收窄 ······················· 拟澳洲赤眼蜂 *T. confusum*
4. 有明显的腹中突；D 的长度相当于或小于阳基全长的 1/4 ··· 5
- 腹中突不明显；两钩爪基部的内侧相连；阳基细长；D 的长度超过阳基全长的 1/4 ············· 稻螟赤眼蜂 *T. japonicum*
   阳基背突较宽，最宽处的侧缘将到达阳基的外缘；腹中突长度相当于 D 的 1/4–1/3 ··········· 广赤眼蜂 *T. evanescens*
- 阳基背突较窄，最宽处的侧缘远不及阳基的外缘；腹中突长度仅相当于 D 的 1/3 ············· 玉米螟赤眼蜂 *T. ostriniae*

（329）舟蛾赤眼蜂 *Trichogramma closterae* Pang *et* Chen, 1974

Trichogramma closterae Pang *et* Chen, 1974: 444.

主要特征：雄体长 0.6 mm。体黄色，前胸背板和中胸盾片褐色，腹部深褐色。触角最长的毛约为鞭节最宽处的 2 倍；前翅较宽，前翅臀角上的缘毛长度约为翅宽的 1/7。阳基背突三角形，端部钝圆，有明显的超过半圆的侧叶，侧叶的外缘向腹面掀起，末端伸达阳基背突的 1/2；腹中突锐三角形，两边呈直线，末端尖锐，其长达阳基背突的 1/2。中脊成对；阳基侧瓣相当于阳基长度的 1/3；钩爪末端超过阳基背突的 1/2。阳茎稍长于内突，两者全长相当于阳基的长度、短于后足胫节。雌体色同雄蜂，但腹中部有黄色的横带；产卵管长度相当于后足胫节的 1.25 倍。

生物学：寄主为杨扇舟蛾、分月扇舟蛾、黄刺蛾、杨目天蛾、构月天蛾、李枯叶蛾、柳毒蛾。

分布：浙江（杭州）、北京、河北、山东、安徽、云南。

（330）广赤眼蜂 *Trichogramma evanescens* Westwood, 1833

Trichogramma evanescens Westwood, 1833a: 444.

主要特征：雄体长 0.6 mm。体暗黄色，头、前胸及腹部黑棕色。触角毛甚长，且末端尖锐，其中最长的近于鞭节最宽处的 2.54 倍。前翅臀角上的缘毛长度相当于翅宽的 1/6。阳基背突强度骨化，广三角形，有较宽的圆弧形的侧缘，基部明显收窄，末端伸达阳基背突的 1/3，腹中突呈锐三角形，其长约为阳基背突的 1/4；中脊成对，向前伸达阳基的 1/3；钩爪伸达阳基背突的 1/3。阳茎稍长于其内突，两者之和稍长于阳基的全长，短于后足胫节。雄体色与雄蜂相同；产卵管与后足胫节等长。

生物学：寄主为甘蓝夜蛾、菜粉蝶等。据记载寄生于、螟蛾科、卷叶蛾科、灯蛾科、毒蛾科、凤蝶科、菜蛾科、食蚜蝇科的一些种类。

分布：浙江、黑龙江、吉林、辽宁、内蒙古、北京、山西、陕西、新疆、湖南；据记载分布于古北区和埃及。

（331）松毛虫赤眼蜂 *Trichogramma dendrolimi* Matsumura, 1926

Trichogramma dendrolimi Matsumura, 1926: 45.

主要特征：雌体长 0.5–1.4 mm。体黄色，腹部黑褐色。触角毛长，最长的为鞭节最宽处的 2.5 倍；前翅臀角上的缘毛长为翅宽的 1/8。雄性外生殖器阳基背突有明显宽圆的侧叶，末端伸达阳基背突的 3/4 以上；腹中突长为阳基背突的 3/5–3/4；中脊成对，向前延伸至中部而与一隆脊连合，此隆脊几乎伸达阳基的基缘；钩爪伸达阳基背突的 3/4。阳茎与其内突等长，两者全长相当于阳基的长度，短于后足胫节之长。雌虫在 15℃下培养出来的成虫体黄色，中胸盾片淡黄色，腹基部及末端呈褐色；20℃下培养出来的中胸盾片色泽仍为淡黄色，腹部仅于末端呈褐色；在 25℃以上培养出来的成虫全体黄色，仅腹部末端及产卵管末端有褐色部分。

生物学：寄主枯叶蛾科（松毛虫等）、夜蛾科、卷蛾科、灯蛾科、大蚕蛾科、毒蛾科、螟蛾科、刺蛾科、舟蛾科、尺蛾科、弄蝶科的一些种。松毛虫赤眼蜂是国内利用较广的赤眼蜂种，一般用柞蚕、蓖麻蚕、松毛虫的卵大量培养，散放以防治松毛虫、棉铃虫、玉米螟、甘蔗螟虫、稻纵卷叶螟、柑橘卷叶蛾等害虫。

分布：据现有标本检查，我国自黑龙江至海南岛均有分布；俄罗斯，朝鲜，日本。

（332）拟澳洲赤眼蜂 *Trichogramma confusum* Viggiani, 1976

Trichogramma confusum Viggiani, 1976: 182.
Trichogramma australicum Pang *et* Chen, 1978: 103.

主要特征：雄体长 0.5–1.0 mm。体暗黄色，中胸盾片及腹部黑褐色。触角毛颇长而略尖，最长的为鞭节最宽处的 2.5 倍。前翅臀角上的缘毛长约为翅宽的 1/6。雄性外生殖器；阳基背突呈三角形，有明显的呈半圆形的侧叶，末端达阳基背突的 1/2；腹中突长约为阳基背突的 1/3；中脊成对，其长与阳基背突长相等；钩爪末端伸达阳基背突的 1/2 左右。阳茎与其内突等长，两者全长相当于阳基长，略短于后足胫节。雌虫在 15–20℃下培养出来的成虫体暗黄色，中胸盾片褐色，腹部全部褐色；在 25℃下培养出来的腹部褐色而中央出现暗黄色的窄横带；在 30–35℃下培养出来的中胸盾片亦为暗黄色，腹部褐色而中央出现较宽的暗黄色横带。

生物学：寄主为夜蛾科、天蛾科、灯蛾科、卷蛾科、细蛾科、螟蛾科、弄蝶科、枯叶蛾科的一些种。拟澳洲赤眼蜂也是国内应用较广的赤眼蜂种。主要用蓖麻蚕卵、米蛾、柞蚕 *Antheraea pernyi* 卵、松毛虫卵大量培养，散放以防治甘蔗螟虫、稻纵卷叶螟、蓖麻夜蛾等。

分布：浙江、辽宁、河北、山东、河南、陕西、江苏、安徽、江西、湖南、福建、广东、广西等；国外记载分布于东洋区及澳洲区。

注：拟澳洲赤眼蜂过去曾被误订为澳洲赤眼蜂 *Trichogramma australicum* Girault。Viggiani（1976）检查了 Girault 指定原模的玻片，其中有雄性的个体，并补充描述了澳洲赤眼蜂雄性外生殖器的特征，认为他们所订的 *T. australicum* 不符合模式特征，并将该种新订为 *T. confusum*（拟澳洲赤眼蜂）。但拟澳洲赤眼蜂

与螟黄赤眼蜂 *T. chilonis* Ishii 是否为同种，看法尚未一致。

（333）玉米螟赤眼蜂 *Trichogramma ostriniae* Pang *et* Chen, 1974

Trichogramma ostriniae Pang *et* Chen, 1974: 448.

　　主要特征：雄体长 0.6 mm 左右。体黄色，前胸背板及腹部黑褐色。触角鞭节细长；鞭节上的毛最长的约为鞭节最宽处的 3 倍。前翅臀角上的缘毛长为翅宽的 1/6。雄性外生殖器：阳基背突呈三角形，基部收窄，两边向内弯曲，末端伸达阳基背突的 1/2；腹中突呈长三角形，其长为阳基背突的 4/9；中脊成对，向前伸展的长度仅相当于阳基的 1/2；钩爪伸达阳基背突的 1/2，相当于阳基背突伸展的水平。阳茎稍长于其内突，两者之和近于阳基的全长，明显短于后足胫节。雌体黄色，前胸背板、腹基部及末端黑褐色。产卵管稍短于后足胫节。

　　生物学：寄主为玉米螟、黄刺蛾、棉褐带卷蛾。

　　分布：浙江、北京、河北、山西、山东、河南、江苏、安徽。

（334）稻螟赤眼蜂 *Trichogramma japonicum* Ashmead, 1904

Trichogramma japonicum Ashmead, 1904b: 165.

　　主要特征：雄体长 0.5–0.8 mm。体黑褐至暗褐色。触角柄节淡黄色，其余黄褐色。触角毛长而尖，最长的为鞭节最宽处的 2.5 倍。前翅外缘的缘毛长度差异不大，臀角上的缘毛长为翅宽的 1/5；翅面上的毛列与 Cu1 的基部甚接近。雄性外生殖器：腹中突不明显；中脊自两钩爪之间向基部伸出，其长为阳基全长的 1/4；阳基背突末端钝圆，基部渐次收窄而无侧叶；钩爪伸达阳基背突的 1/2。阳茎明显长于其内突，两者全长相当于阳基的长度，等于或稍长于后足胫节。雌体色与雄性相似。产卵管略超出腹端。

　　生物学：寄主为螟蛾科（三化螟、二化螟、稻纵卷叶螟等）、灰蝶科、夜蛾科、弄蝶科和沼蝇科中一些种的卵。

　　分布：浙江、辽宁、江苏、安徽、四川及其以南各省均已发现；朝鲜，日本，印度，越南，泰国，菲律宾，马来西亚等。

二十三、缨小蜂科 Mymaridae

主要特征：体小，长 0.35–1.8 mm；无金属光泽，常黄至暗褐色，具浅色或暗色斑纹。触角 8–13 节，个别为 6 节；雄性触角常长，丝状；雌性触角稍长，但端部棒状显著，棒节不分节或分为 3 节。触角窝间距大于至复眼距离，一般着生位置很高；在中单眼下方具 1 横沟（有时称为横片或脊），此沟两端沿内眼眶呈竖向延伸一段。中胸小盾片一般横分为前、后两部分。并胸腹节常较长，常在气门后方具 1 刚毛。前翅翅脉减少，缘脉短，有时可达翅长的一半以上，痣脉长缨小蜂特别短，无后缘脉；后翅均为柄状；翅有时缩小，甚至退化消失。跗节 4 或 5 节。腹部从明显具柄至宽阔，与胸部连接；产卵管隐藏至露出腹末很长。

生物学：该科均内寄生于其他昆虫卵。寄主主要为半翅目叶蝉总科和飞虱科（占已知寄主的 45%），以及半翅目网蝽科和盲蝽科、鞘翅目象甲科和龙虱科等及啮虫目。少数寄生于鳞翅目、脉翅目、直翅目、蜻蜓目卵及蚧总科等，其中多数需要证实。以单寄生为主，少数聚寄生。缨小蜂一般在新鲜卵上产卵。寄生于隐蔽性场所的寄主卵，如包埋在植物组织中、产在鳞苞下或土中的卵。缨小蜂无特别寄主专化性，同一属种类可寄生于几个不同科昆虫的卵。龙虱缨小蜂能寄生于龙虱科产在水面下的卵，产卵时蜂成虫能在水下游泳，翅像桨一样划动，雌蜂羽化后不马上爬出水面，交配也在水中进行。成虫能在水下连续呆 15 天，顺着伸出水面的植物茎秆爬出。

缨小蜂科有几种已被成功地用于生物防治，最知名的为短胸缨小蜂，防治南欧、南非、新西兰及南美洲的桉树象甲。

分布：世界广布。世界已知 105 属约 1370 种，中国记录 20 属 32 种，浙江分布 3 属 4 种。

分属检索表

1. 跗节 5 节 ·· 柄翅小蜂属 *Gonatocerus*
- 跗节 4 节 ·· 2
2. 腹部无柄，中悬骨强烈突入腹部 ·· 缨翅缨小蜂属 *Anagrus*
- 腹部具短柄，中悬骨不突入腹部 ·· 长缘缨小蜂属 *Anaphes*

149. 长缘缨小蜂属 *Anaphes* Haliday, 1833

Anaphes Haliday, 1833, 1: 346

主要特征：雌虫跗节 4 节；腹柄节极短；内悬骨不伸达腹部；雌性触角索节 6 节，棒节 1–3 节；雄性触角鞭节 10–11 节；并胸腹节中部具纵沟；前翅亚缘脉中部到前翅后缘具一斜毛列。

分布：世界已知约 250 种，中国记录 8 种，浙江分布 1 种。

（335）负泥虫缨小蜂 *Anaphes nipponicus* Kuwayama, 1932

Anaphes nipponicus Kuwayama, 1932: 93.

主要特征：雌体长 0.5–0.7 mm。体黑色而有光泽，全体着生稀疏的灰白毛。触角柄节及梗节暗黄色，其余各节暗褐色；复眼黑色。足灰黄色，中、后足基节黑色，翅透明而有虹彩，周缘及基部稍带暗色，缘毛及翅面上的纤毛褐色。头略宽于胸。颜面平坦，头顶稍突出，单眼排列成 150° 左右的钝三角形；复眼大，卵形；上颚尖锐，明显弯曲。触角稍短于体长，9 节，柄节圆筒形，基部稍膨大，长为宽的 3 倍；梗节末端粗大，短于柄节之半；索节长过于宽，向末端渐粗，第 1 节最短，近于方形，第 2 节与梗节约等长，第 3–6 节形状大致相似，长约为宽的 3 倍，各节有 1 感觉孔；棒节纺锤形，略短于第 5–6 索节之和，稍狭于第 6 索节的 2 倍。雄触角 12 节，比雌蜂稍长，约为体长的 1.5 倍，索节各节侧面均有 1 沟状的感觉孔，第 1、9 索节及末节的长相似，稍长于其他索节。胸部相当发达，背面隆起。前翅狭长，稍弯曲，基部狭小，外缘圆，翅脉伸达翅长的 1/3；翅面上的纤毛排成 6–9 纵列，但不整齐，分布于缘脉外方，其中有一由 13 根纤毛组成的斜横毛列自缘脉下方伸出。翅脉上着生 9–10 根毛；缘毛长于翅宽，腹长与胸相似，腹基部狭窄，但无腹柄，呈卵圆锥形；产卵管稍露出腹部末端。足细长，跗节 4 节。

生物学：寄主为稻负泥虫，单寄生于卵内。

分布：浙江、黑龙江、湖北、江西、湖南、福建、广东、贵州；日本。

150. 缨翅缨小蜂属 *Anagrus* Haliday, 1833

Anagrus Haliday, 1833, 1: 346.

　　主要特征：雌虫跗节 4 节；无腹柄节；内悬骨伸入腹部；雌性触角索节 6 节，棒节 1 节；雄性触角鞭节 11 节；后小盾片分成两个近三角形的部分；前翅翅脉上的下位鬃着生于基鬃和端鬃之后方。

　　分布：世界已知 97 种，中国记录 24 种，浙江分布 2 种。

（336）长管飞虱缨小蜂 *Anagrus longitubulosus* Pang *et* Wang, 1985

Anagrus longitubulosus Pang *et* Wang, 1985: 181.

　　主要特征：雌体长 0.7 mm，头宽与胸宽相似。体黄褐色；触角除柄节外、中胸盾片中线两侧前部、盾片侧叶暗褐色；复眼黑褐色；单眼红色。触角索节 6 节，棒节 1 节；自柄节至棒节各节长依次为 0.078 mm、0.031 mm、0.039 mm、0.047 mm、0.049 mm、0.055 mm、0.055 mm、0.057 mm、0.088 mm；棒节纺锤形，长为宽的 3 倍。前翅长 0.57 mm，近端部处最宽，达 0.046 mm，长宽比为 12.4∶1；亚缘脉长 0.12 mm，缘脉长 0.073 mm，痣脉长 0.01 mm，翅脉总长与前翅长度的比值为 1∶2.8；缘脉上有 3 根刚毛；翅面上自缘脉末端附近沿翅面的中央有一较整齐的毛列，该毛列至翅端部呈散乱分布，与翅面端部的纤毛混生；在翅的正、反面沿翅边缘各有一列纤毛；翅缘具长缨毛，最长的位于近翅端的后缘，长约 0.17 mm。后翅短于前翅，甚狭窄，沿前缘的 3/4 处至翅端部有纤毛 7 条；翅的正、反两面沿翅的后缘各有一排纤毛；后缘中间的缨毛最长，但比前翅最长的缨毛短。产卵管向前伸达第 1 腹节基部，向后伸出腹部末端，外伸部分相当于后足跗节长度，为腹长的 3/4–4/5，全长 0.50 mm，相当于悬骨长度的 3 倍。雄体长 0.68 mm，头宽 0.13 mm。体黄褐色；触角第 3–8 节、中胸盾片、腹部末端及各节背面暗褐色；复眼黑褐色；单眼红色。触角第 1–4 节长度依次为 0.078 mm、0.039 mm、0.055 mm、0.062 mm，其中梗节最短；第 4–13 节等长，第 13 节末端收细呈锥形。翅的形态与雌蜂相似。

　　生物学：寄主为褐飞虱、白背飞虱、灰飞虱。单寄生于卵内。

　　分布：浙江、江苏、安徽、湖北、江西、湖南、福建、广东、广西、四川。

（337）稻虱缨小蜂 *Anagrus nilaparvatae* Pang *et* Wang, 1985

Anagrus nilaparvatae Pang *et* Wang, 1985: 176.

　　主要特征：雌体长 0.79 mm；头宽 0.16 mm；胸宽与头宽相似。体黄褐色，头顶、口器、触角第 4–9 节、中胸盾片前部暗褐色。复眼黑褐色，单眼红色。触角柄节内侧具若干平行横斜纹。棒节纺锤形，长为宽的 3 倍。前翅长 0.65 mm，近端部最宽处宽 0.077 mm，长宽比为 8.4∶1；亚缘脉长 0.13 mm，缘脉长 0.07 mm，痣脉长 0.008 mm，翅脉总长与前翅长度比值为 1∶3.13，缘脉上有 3 根刚毛。翅面上自缘脉基部的后方沿翅中央有一毛列，在毛列与前缘之间有散乱分布的约 20 根纤毛；在毛列与后缘之间有散乱分布的 8–10 条纤毛；在翅的正面与反面沿边缘各有一列纤毛；臂角上最长的缨毛长 0.159 mm，约为翅长的 1/4。后翅短于前翅，甚狭窄，沿前缘 1/2 处到翅的端部有纤毛 17 条，后缘在正、反面各有 1 列纤毛；后缘中间的缨毛最长，但比翅臂角的缨毛短。产卵管向前达腹部基部，向后伸出于腹部末端，其长度约 0.2 mm，为中悬骨长度的 1.3 倍。雄体长 0.65 mm，头宽 0.21 mm，胸宽 0.19 mm。体黄褐色，头顶、触角 4–13 节、中胸盾片及侧叶、腹部暗褐色，从前胸至腹部第 2 节沿背中线有 1 条浅色带，其两侧亦各有一条较短的浅色带。复眼黑红褐色，单眼红色。触角 13 节：第 1–6 节长度依次为 0.068 mm、0.044 mm、0.055 mm、0.068 mm、0.68 mm、0.065 mm，其中梗节最短，第 3 节短于其远端各节，第 4–8 节近等长，末节末端收细。翅形态与雄蜂相似。外生殖器特征为阳基细长，钩爪末端分叉。

生物学：寄主为褐飞虱、灰飞虱、白背飞虱、稗飞虱、伪褐飞虱、拟褐飞虱、黑边黄脊飞虱、黑面飞虱、黄脊飞虱、大褐飞虱。

分布：浙江、陕西、江苏、上海、安徽、湖北、江西、湖南、福建、广东、广西、四川、贵州、云南。

151. 柄翅小蜂属 *Gonatocerus* Nees, 1834

Gonatocerus Nees, 1834, 192.

主要特征：雌虫跗节 5 节；腹基部明显收缩，具或长或短的腹柄节；内悬骨不伸入腹部；雌性触角索节 7 或 8 节；雄性触角鞭节 11 节；前胸背板无横脊；头部具角下沟，伸达唇基部边缘；下位鬃位于基鬃和端鬃中间。

分布：世界已知 261 种，中国记录 43 种，浙江分布 1 种。

（338）叶蝉柄翅小蜂 *Gonatocerus longicrus* Kieffer, 1913

Gonatocerus longicrus Kieffer, 1913: 201.

主要特征：雌体长 0.6–0.7 mm。体橙黄色，复眼黑色，单眼赤褐色；后颊、后头、触角鞭节、中胸盾片中叶前方相邻的 2 个斑纹及侧叶前方，三角片外方、小盾片中央的宽纵纹，并胸腹节、后足基节外方、各腹节背板的 4 个小点（或扩展相连成横带）。体细弱。颜面有横沟；触角细长，雌蜂的比体略短，11 节，末节膨大呈棍形，比前 3 节之和稍长。跗节 5 节。翅狭长，基部较细，前翅最宽处约为翅长的 1/4，翅脉甚短，不达前缘基部的 1/3，缘脉短于亚缘脉，缘毛明显短于翅宽，后翅极狭，前缘缘毛稍长于翅宽，后缘缘毛则长于翅宽的 2 倍以上。雌蜂腹长约与头、胸部之和等长，产卵管稍伸出。雄腹背中段均浅褐色或黑褐色。有时斑纹变黑色且扩大，全体看起来似黑色。触角线形，比体略长，13 节，各鞭节大小约相等。雄蜂腹长仅与胸长相等。

生物学：寄主为黑尾叶蝉、灰飞虱、大青叶蝉。单寄生于卵内。在浙江早稻期间相当普遍，在 5 月、6 月黑尾叶蝉的各种卵寄生蜂中，分别占 57% 和 66%，寄生率可达 20%，而后此蜂比例则逐步下降为褐腰赤眼蜂所代替。在 8 月，蜂在寄主卵内发育的历期约 10 天（平均气温 29.3℃，寄主卵期 6 天）。

分布：浙江、陕西、江苏、上海、安徽、湖北、江西、湖南、福建、台湾、广东、广西、四川、贵州、云南。

注：台湾省记载寄生于褐飞虱的 *Gonatocera* sp. 可能与本种同。

第六章　细蜂总科 Proctotrupoidea

主要特征：细蜂总科微小至小型，细。体暗色或金属色。触角直或膝状。前胸背板后角伸达翅基片；两腹侧部细，伸向前足基节前方而相接。大多数前翅脉序退缩，但少数有闭室；后翅无明显的脉序或闭室，也无臀叶。有些种无翅。腹部尖，侧缘有明显的脊或锋锐，或圆滑；产卵管针状，自腹部顶端伸出。

生物学：细蜂总科均为寄生性蜂，多为初寄生蜂，也有重寄生蜂。

分布：世界广布。

分科检索表

1. 触角 13 节；前翅中室不完整，Rs+M 脉基部不曲折；前翅翅痣宽，通常有 1 关闭的很小的径室······**细蜂科 Proctotrupidae**
- 触角 14 节或 16 节；前翅中室不完整，Rs+M 脉基部曲折；前翅翅痣不特别宽，径室不特别狭小 ·······················2
2. 触角 16 节，包括 1 环状节；腹部宽度稍大于高度，侧观背板高度等于腹板高度；前翅中室三角形，不与 R 脉接触·······
··**柄腹细蜂科 Heloridae**
- 触角 14 节，无环状节；腹部强度侧扁，高度明显大于宽度，侧观背板高度明显大于腹板高度；前翅中室多角形，与 R 脉接触 ···**窄腹细蜂科 Roproniidae**

二十四、细蜂科 Proctotrupidae

主要特征：前翅长 1.4–7.4 mm。有 1 种雌性无翅型，2 种有时为短翅型。体通常稍为侧扁，腹部侧方无脊。雌雄性触角均为 13 节，着生于头部前面中央；触角不呈膝状，也不明显呈棒形。上颚具 1 或 2 端齿。下颚须 4 节；下唇须 3 节；足转节 1 节；足胫节距式 1–2–2。前翅前缘脉、亚前缘脉、径脉均发达；其余翅脉有时稍发达，但通常仅由弱沟显出；翅痣通常大；径室通常非常短；均无第 2 迴脉。后翅没有由翅脉包围的翅室，通常仅在前缘附近有一明显的脉。腹部基部有 1 结实的柄，由第 1 背板和第 1 腹板组成；此柄长或中等，或短到实际上消失的都有。柄后腹有 2–4 背板愈合而成的合背板（syntergite），占腹部长的大部分；由 1–4 腹板愈合而成合腹板（synsternite）。产卵管鞘坚硬，伸出腹端；末端几乎总是下弯。产卵管可伸到鞘的端部之外，但绝不可能像姬蜂总科那样可与鞘分开。头部和体躯一般黑色，偶尔部分铁锈色；翅透明至黑色，除少数种外无斑，有时在近翅痣处有暗色斑点，前沟细蜂属 *Nothoserphus* 前翅中部常为烟褐色。

分布：世界广布。分为 3 族：分沟细蜂族 Disogmini、隐颚细蜂族 Cryptoserphini 和细蜂族 Proctotrupini，其中后两个族浙江省有分布。

隐颚细蜂族 Cryptoserphini Kozlov, 1970

主要特征：后头脊完整或不完整，有时仅头部上方存在。上颚通常中等发达至较弱或退化，具一端齿，有时其上缘还有一小的前端齿，有时退化为一卵圆形小片。触角角下瘤有或无，若有则呈卵圆形，且通常小而低，有时呈一长脊。前胸背板侧面通常有一前沟缘脊，此脊有时较粗壮，且向背面呈一角突或瘤状突。后胸侧板几乎总有一无刻皱的大而光滑区域。并胸腹节背表面非常短至中等长，除有一中纵脊外常光滑。跗爪简单，或在非细蜂属 *Afroserphus* 爪的中部具 2 或 3 个细齿。前翅长约为宽的 2.5 倍。翅痣中等宽至非常宽而短；径脉第 1 段从翅痣中央附近发出，当径室异常短时，径脉则在很端部发出。肘间横脉弱而短，通常无色。径室各异，从非常短至长为翅痣宽的 2.2 倍（沿前缘脉测量）。第 1 盘室和第 2 盘室分开。后盘脉通常发自后小脉前端下方。腹部通常无柄，有时具柄，长约为宽的 2.0 倍。合背板稍侧扁，毛稀少。雌性腹部末端常伸出。产卵管鞘短至长，细长至粗壮，经常几乎无毛或具稀疏的毛，但有时具中等密度的毛。

分布：世界广布。

分属检索表

1. 径脉第 1 段从翅痣下角垂直伸出，然后折成锐角斜向前缘脉 ·· 2

- 径脉斜行弯曲或几乎垂直地直接从翅痣下角或下部伸向前缘脉，没有一条短而垂直的从翅痣伸出的径脉第 1 段（前沟缘脊向背方延伸而与前胸背板侧面前上方瘤状突的顶端相交，呈一锐脊；前胸背板侧面凹槽内光滑，或具一些斜的或横的皱纹；后胸侧板下方 0.3±常有横皱纹，其余部位光滑）················· **短细蜂属 Brachyserphus**

2. 径室短，其前缘脉长为翅痣宽的 0.25–0.65 倍；径脉基部垂直的一段翅脉粗而短，不长于其宽度或稍长于其宽度（颊具一发达的竖脊；上颊极短；上颚非常短；具盾纵沟；小盾片均匀隆起，具稀疏的小刻点；跗爪简单）···········
　　···················· **前沟细蜂属 Nothoserphus**

- 径室中等长，其前缘脉长为翅痣宽的 0.6–2.0 倍；径脉基部垂直的一段翅脉稍长于宽度至长约为宽的 2.0 倍············ 3

3. 后足胫节长距达后足基跗节中央与端部 0.2 之间；中胸侧板缝光滑无凹窝，或仅在少数种上半部有微弱的小凹窝 ·········
　　·················· **隐颚细蜂属 Cryptoserphus**

- 后足胫节长距止于后足基跗节中央之前与中央附近；中胸侧板缝有时呈畦状，即具小凹窝 ·················· 4

4. 上颚具 2 齿；中胸侧板缝整段有凹窝；前缘脉不伸出径室之外，如伸出也小于径室前缘脉长的 0.3 倍；产卵管鞘长为后足胫节 0.6–1.0 倍············ **洼缝细蜂属 Tretoserphus**

- 上颚 1 齿，短宽而薄；中胸侧板缝仅在中央横沟上方有凹窝或无凹窝；前缘脉伸达径室之外的一段长为径室前缘脉长的 0.4–1.9 倍；产卵管鞘长为后足胫节的 0.9–1.8 倍 ············ **柄脉细蜂属 Mischoserphus**

152. 前沟细蜂属 *Nothoserphus* Brues, 1940

Nothoserphus Brues, 1940: 263. Type species: *Nothoserphus mirabilis* Brues, 1940.

主要特征：前翅长 1.7–4.5 mm。体较壮。头部很短，横形。唇基中等大小，光滑，均匀拱起，端部稍隆，具有一窄的缘折。颊具一发达的竖脊，脊后凹入。上颊极短。后头平坦或凹入。后头脊完整，上部靠近后头孔。上颚很小，难以看见。触角鞭节 11 节，中等长，雄性具椭圆形或线形的角下瘤。颈部具一竖脊。前胸背板侧面前上方具一膨大的隆瘤。盾纵沟中等短至长而深。中胸侧板前部具毛。中胸侧板的中央横沟宽，有时前半部不明显。中胸侧板缝呈凹窝状。后胸侧板前上方具一侧光滑区，为侧板表面的 0.2–0.4 倍。并胸腹节背表面非常短，长约为小盾片宽的 0.3 倍，侧面观并胸腹节从近基部开始即向后下方倾斜。后足胫节长距伸达后足基跗节基部的 0.25–0.4。翅痣短宽。径脉垂直段长为宽的 0.4–1.3 倍。径室前缘脉长为翅痣宽的 0.25–0.65 倍。前缘脉止于径室端部或刚超过。腹部具柄，长为宽的 0.3–1.1 倍。合背板基部具一条长的中纵沟，其侧方有时有短纵沟。产卵管鞘长约为后足胫节的 0.4 倍，有时很短而缩入体内。

分布：古北区、东洋区。世界已知 20 种，中国记录 18 种，浙江分布 6 种。

分种检索表

1. 盾纵沟非常短，与翅基片等长或稍长，有时非常短仅存一凹窝；后胸侧板光滑区占其表面的 0.35–0.5 倍 ·················· 3

- 盾纵沟明显较长，至少伸过中胸盾片中央；后胸侧板光滑区非常小，最多占其表面的 0.2 倍 ·················· 2

2. 中胸盾片中叶盾纵沟前无一畦沟；后单眼间无突起；前胸背板侧面凹槽内及其上方光滑或有弱皱；盾纵沟后端分隔，其距约为翅基片之长 ·················· **瓢虫前沟细蜂 N. epilachnae**

-　中胸盾片中叶在盾纵沟前有一畦沟；后单眼间有 1 对刀片状突起或 1 对圆形突起。前胸背板侧面凹槽内及其上方具粗糙
　皱纹；盾纵沟后端以楔状狭脊分开 ·· 珍奇前沟细蜂 **N. mirabilis**

3.　盾纵沟长明显短于翅基片，仅有前方一小凹陷（背观腹柄长为端宽的 0.6 倍；合背板基部中纵沟伸达合背板基部至第 1 对
　窗疤间距的 0.55 处，侧纵沟各 1 条；径室前缘脉长为翅痣长的 0.12 倍；后足腿节长为宽的 5.25 倍；足除基节和端跗节外
　褐黄色；前翅长 1.9 mm） ·· 中华前沟细蜂 **N. sinensis**

-　盾纵沟与翅基片等长或稍长 ··· 4

4.　产卵管鞘短，长为后足胫节的 0.2–0.25 倍 ··· 5

-　产卵管鞘较长，长为后足胫节的 0.33–0.42 倍（侧单眼间距与单复眼间距约等长；前沟背板侧面后下方有 1 纵列 5 个凹窝；
　第 1 窗疤宽约为长的 8.0 倍；前翅长 2.1 mm） ·································· 窗疤前沟细蜂 **N. thyridium**

5.　后胸侧板光滑区小，其长为侧板长的 0.35 倍，与其后的小室状网皱之间无脊分开；合背板中纵沟侧方各有 3 条纵沟；上
　颊侧观长为复眼横径的 0.33 倍；触角第 2 鞭节长为端宽的 2.9 倍；前翅长 1.7 mm ··········· 短管前沟细蜂 **N. breviterebra**

-　后胸侧板光滑区较大，其长为侧板长的 0.4–0.45 倍，与其后的小室状网皱之间有 1–3 条细脊分开；合背板中纵沟侧方无
　纵沟或有 2 浅纵沟；上颊侧观长为复眼横径的 0.5–0.56 倍；触角第 2 鞭节长为端宽的 3.2–4.0 倍 ·································
　·· 棉田前沟细蜂 **N. gossypium**

（339）中华前沟细蜂 *Nothoserphus sinensis* He *et* Xu, 2015（图 6-1）

Nothoserphus sinensis He *et* Xu, 2015: 82.

　　主要特征： 雌前翅长 1.9 mm。体黑褐色。触角柄节、梗节及基部鞭节褐黄色，其余鞭节至端部渐褐色。
须及翅基片黄色。足褐黄色，胫节和第 1–4 跗节色较浅，基节和端跗节暗褐色。翅透明，翅痣和强脉浅褐色。

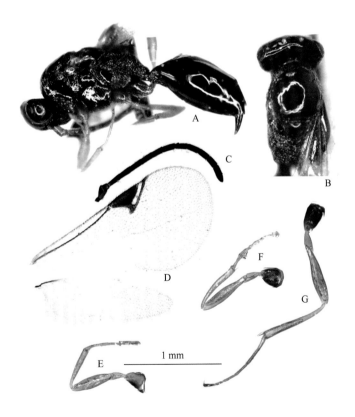

图 6-1　中华前沟细蜂 *Nothoserphus sinensis* He *et* Xu, 2015

A. 整体，侧面观；B. 头部和胸部，背面观；C. 触角；D. 翅；E. 前足；F. 中足；G. 后足

A–G. 1.0×标尺

盾纵沟长明显短于翅基片，仅有前方一小凹陷。背观腹柄长为端宽的 0.6 倍；合背板基部中纵沟伸达合背板基部至第 1 对窗疤间距的 0.55 处，侧纵沟各 1 条；径室前缘脉长为翅痣长的 0.12 倍；后足腿节长为宽的 5.25 倍。

分布：浙江。

（340）短管前沟细蜂 *Nothoserphus breviterebra* He *et* Xu, 2015（图 6-2）

Nothoserphus breviterebra He *et* Xu, 2015: 85.

主要特征：雌前翅长 1.7 mm，体黑色。触角基部褐黄色，至端部色渐黑褐色。须黄色。翅基片黄褐色。足褐黄色，基节、前中足端跗节和后足跗节暗褐色。翅透明，翅痣和强脉浅褐色。额光滑，均匀拱隆，有很稀带毛细刻点。盾纵沟与翅基片等长或稍长。产卵管鞘短，长为后足胫节的 0.2–0.25 倍。后胸侧板光滑区小，其长为侧板长的 0.35 倍，与其后的小室状网皱之间无脊分开；合背板中纵沟侧方各有 3 条纵沟；上颊侧观长为复眼横径的 0.33 倍；触角第 2 鞭节长为端宽的 2.9 倍。

分布：浙江。

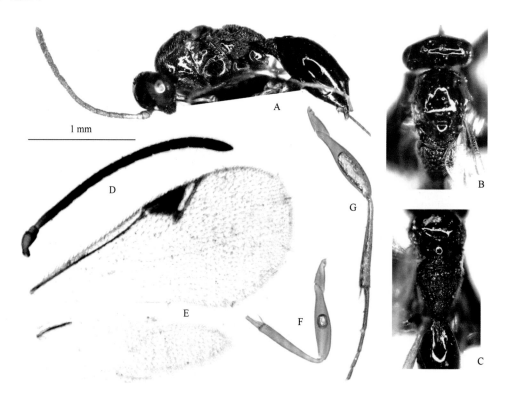

图 6-2　短管前沟细蜂 *Nothoserphus breviterebra* He *et* Xu, 2015

A. 整体，侧面观；B. 头部和胸部，背面观；C. 并胸腹节和腹部，背面观；D. 触角；E. 翅；F. 中足；G. 后足

A-G. 1.0×标尺

（341）棉田前沟细蜂 *Nothoserphus gossypium* He *et* Xu, 2015（图 6-3）

Nothoserphus gossypium He *et* Xu, 2015: 86.

主要特征：雌前翅长 2.2 mm，体黑色。触角褐黄色，至端部色渐暗。须和翅基片黄褐色。足褐黄色，端跗节暗褐色。翅透明，翅痣和强脉浅褐色。盾纵沟与翅基片等长或稍长。产卵管鞘短，长为后足胫节的 0.2–0.25 倍。后胸侧板光滑区较大，其长为侧板长的 0.4–0.45 倍，与其后的小室状网皱之间有 1–3 条细脊分开；合背板中纵沟侧方无纵沟或有 2 浅纵沟；上颊侧观长为复眼横径的 0.5–0.56 倍；触角第 2 鞭节长为端宽的 3.2–4.0 倍。

　　分布：浙江。

图 6-3　棉田前沟细蜂 *Nothoserphus gossypium* He *et* Xu, 2015

A. 整体，侧面观；B. 头部和胸部，背面观；C. 胸部和腹部，背面观；D. 触角；E. 翅；F. 前足；G. 后足；H. 中足；I. 产卵管鞘

A-C. 1.0×标尺；D-H. 0.8×标尺；I. 2.5×标尺

（342）窗疤前沟细蜂 *Nothoserphus thyridium* He *et* Xu, 2015（图 6-4）

Nothoserphus thyridium He *et* Xu, 2015: 89.

　　主要特征：雌前翅长 2.1 mm。体黑色；腹部端部棕褐色。触角除柄节褐黄色外，其余黄褐色，至端部色渐暗。须和翅基片污黄色。足褐黄色，基节除了端部浅褐色，端跗节黑褐色。翅透明，翅痣和强脉浅褐色。盾纵沟与翅基片等长或稍长。产卵管鞘较长，长为后足胫节的 0.33–0.42 倍。侧单眼间距与单复眼间距约等长；前沟背板侧面后下方有 1 纵列 5 个凹窝；第 1 窗疤宽约为长的 8.0 倍；前翅长 2.1 mm。

　　分布：浙江。

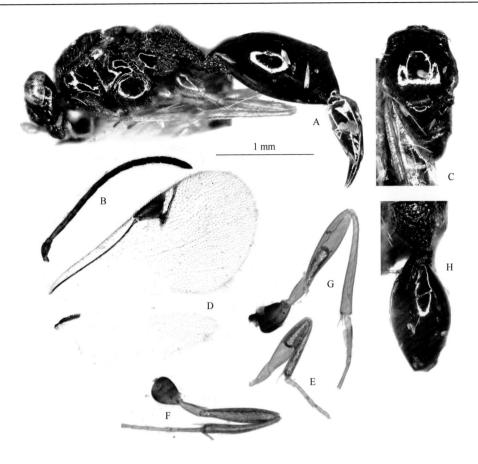

图 6-4　窗疤前沟细蜂 *Nothoserphus thyridium* He *et* Xu, 2015

A. 整体，侧面观；B. 触角；C. 中胸背板；D. 翅；E. 前足；F. 中足；G. 后足；H. 并胸腹节、腹柄和合背板基部，背面观

A. 0.8×标尺；B-G. 1.0×标尺

（343）瓢虫前沟细蜂 *Nothoserphus epilachnae* Pschorn-Walcher, 1958（图 6-5）

Nothoserphus epilachnae Pschorn-Walcher, 1958a: 725.

主要特征：雌前翅长 3.1–5.0 mm。体较粗壮。体黑褐色。触角柄节、梗节及基部鞭节褐黄色，其余鞭节至端部渐褐色。须黄褐色。翅基片黑色。足褐黄色，基节和端跗节黑褐色。翅透明，翅痣和强脉浅褐色。前胸背板侧面下半几乎光滑；并胸腹节中央不凹入。小盾片前沟有 2 条发达的纵脊，有时近中央还有 1–2 条弱脊；合背板基部中纵沟两侧几乎无纵皱纹；合背板以后背板有粗细两种刻点。雄性触角角下瘤在第 5–7 鞭节；颊长约为复眼长的 0.5 倍；体较粗壮；侧单眼间距：单复眼间距约为 7：8。

分布：浙江、陕西、台湾、华南（地点不详）、云南；越南，印度尼西亚。

（344）珍奇前沟细蜂 *Nothoserphus mirabilis* Brues, 1940（图 6-6）

Nothoserphus mirabilis Brues, 1940: 263.

主要特征：前翅长 1.7–3.0 mm。体较壮实。体色：体黑色。触角柄节、梗节、鞭节基部黄褐色，鞭节至端部渐暗褐色。口须黄褐色。足黄褐色，基、中后足端跗节或后足其余跗节褐色。翅基片褐色。翅基部 0.3 和端部 0.15 半透明，其余部分稍呈烟褐色，以翅痣后方和附近颜色最暗；翅痣、径脉、亚前缘脉暗褐色，前后翅缘脉淡褐色。头部在两侧单眼间具一对强度突出的刀片状突起，中单眼之后区域强度凹陷。

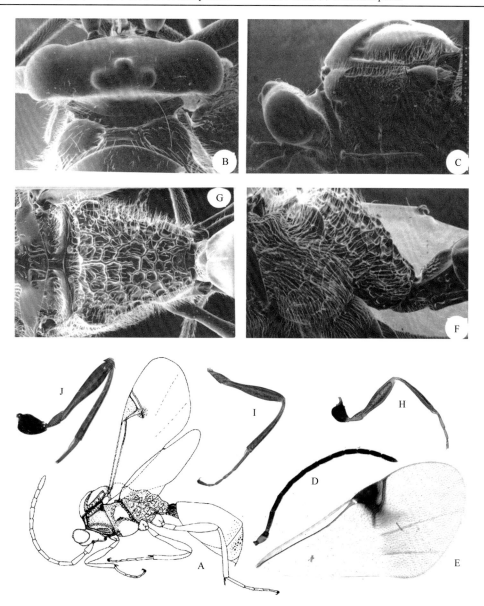

图 6-5　瓢虫前沟细蜂 *Nothoserphus epilachnae* Pschorn-Walcher, 1958（A. 仿自何俊华和樊晋江, 1991；B, C, F, G. 仿自 Lin, 1987）

A. 整体，侧面观；B. 头部，背面观；C. 头部、前胸和中胸，侧面观；D. 触角；E. 翅；F. 后胸侧板、并胸腹节和腹柄，侧面观；

G. 并胸腹节、腹柄和合背板基部，背面观；H. 前足；I. 中足；J. 后足

中胸盾片中叶盾纵沟前有一长而弯曲的畦状沟。雄性触角第 4–7 鞭节着生角下瘤，着生部位近鞭节基部；前翅长 1.7–3.0 mm。

分布：浙江、湖南、福建、台湾、广东、贵州；尼泊尔，印度尼西亚。

153. 洼缝细蜂属 *Tretoserphus* Townes, 1981

Tretoserphus Townes *in* Townes & Townes, 1981: 69. Type species: *Proctotrypes laricis* Haliday, 1839.

主要特征：前翅长 2.1–3.7 mm。身体各部分比例适中。唇基中等宽，中等隆起，末端平截；端缘双层，即有内外两薄片，中间以沟相隔。颊短，从复眼至上颚基部具一强沟。后头脊完整或几乎完整，若完整则

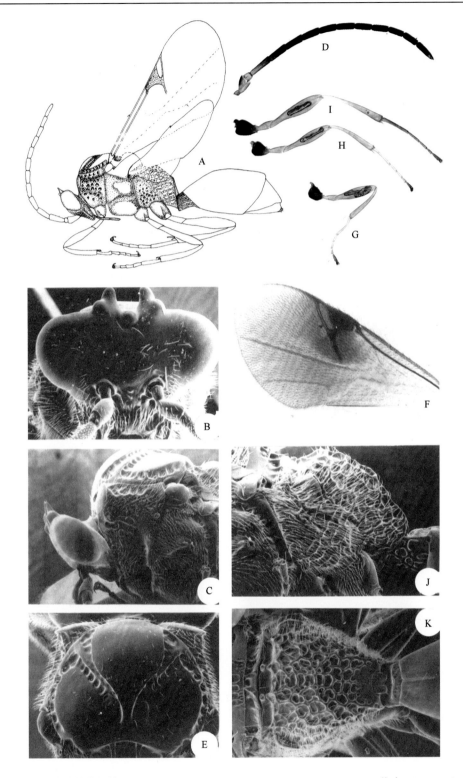

图 6-6　珍奇前沟细蜂 *Nothoserphus mirabilis* Brues, 1940（B, C, E, F, J, K　仿自 Lin, 1987）

A. 整体，侧面观；B. 头部，前面观；C. 头部、前胸和中胸盾片，侧面观；D. 触角；E. 中胸盾片；F. 前翅；G. 前足；H. 中足；I. 后足；

J. 后胸侧板、并胸腹节和腹柄，侧面观；K. 并胸腹节、腹柄和合背板基部，背面观（A, D, G-I. ♂；其余♀）

下端与口后脊相接。上颚长，中等坚固，具 2 齿，上齿长约为下齿的 0.35 倍。触角鞭节中等长至中等短，雄性具椭圆形的角下瘤。前胸背板侧面前方上部具一发达的瘤状突起，其边缘无脊状边镶嵌。颈部和前胸背板侧面凹槽光滑，或有时上部具细皱或细点皱。盾纵沟长为翅基片的 0.3–1.3 倍。中胸侧板前缘毛带完全或中断；横穿中胸侧板的中央横沟深而完整；中胸侧板缝从上至下都有凹窝。后胸侧板的前上方具侧光滑区，约为其面积的 0.4 倍；光滑区被一细而中等斜的沟分为不相等的两部分；光滑区的前上方以一细脊同并胸腹节侧缘相接。翅痣中等宽。径脉第 1 段从翅痣端部 0.45 处发出，其垂直翅脉长约为宽的 2.5 倍。径室前缘边长约为翅痣宽的 1.2 倍。前缘脉刚终止于径室端部之后。后足胫节长距约止于后足基跗节基部的 0.4 处。腹部无柄。合背板基部约具 17 条（原记述如此，中国种 7–11 条）纵沟。产卵管鞘长为后足胫节的 0.5–1.1 倍，具稀疏垂直或分叉的毛，或几乎裸露。

　　分布：全北区。世界已知 9 种，中国记录 6 种，浙江分布 2 种。

（345）落叶松洼缝细蜂 *Tretoserphus laricis* (Haliday, 1839)（图 6-7）

Proctotrupes laricis Haliday, 1839: 14.

Tretoserphus laricis: Townes & Townes, 1981: 69.

　　主要特征：雌前翅长 3.4 mm。体黑色。触角黑色。口器和翅基片黄褐色。足基节黑褐色；基节以下铁锈色至暗褐色，但跗节部分稍暗。翅痣和强脉暗褐色。产卵管鞘黑褐色。前胸背板侧面前上方的瘤状突高，呈钝圆锥形突出；触角第 2 节长为宽的 3.0 倍；产卵管鞘长为后足胫节的 0.56–0.6 倍，产卵管长为中宽的 7.5 倍，表面几乎光滑；前翅长约 3.4 mm。触角第 2、10 鞭节长分别为端宽的 3.0 倍和 2.0 倍；端节长为端前节的 1.85 倍。

　　分布：浙江、新疆。

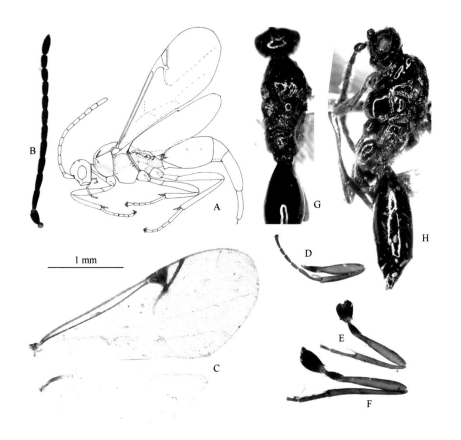

图 6-7　落叶松洼缝细蜂 *Tretoserphus laricis* (Haliday, 1839)（A. 仿自何俊华等，2004）

A, G. 整体，侧面观；B. 触角；C. 翅；D. 前足；E. 中足；F. 后足；G. 头部、胸部和腹部基部，背面观；

H. 头部、胸部和腹部，侧面观（A-F. ♀；G-H. ♂）

A. 0.6×标尺；其余 1.0×标尺

（346）天目山洼缝细蜂 *Tretoserphus tianmushanensis* He *et* Xu, 2015（图 6-8）

Tretoserphus tianmushanensis He *et* Xu, 2015: 118.

　　主要特征： 雌前翅长 2.5 mm。体黑色。触角黑色。须浅褐色。翅基片黄褐色。足褐色，基节、转节、后足胫节和跗节黑褐色。翅透明，翅痣和强脉褐色。前胸背板侧面前上方的瘤状突中等高，呈半球形突出。产卵管鞘长为后足胫节的 0.52–0.54 倍，端部几乎不收窄；腹部第 1 窗疤宽为长 2.0–3.5 倍。后胸侧板光滑区前段为斜沟，后段为弱凹窝，从中央分割成上下几乎等大的两部分；腹部第 1 窗疤宽为长的 2.8 倍；前翅翅痣长和径室前缘长分别为翅痣宽的 1.75–2.0 倍和 1.23–1.38 倍；产卵管长为中宽的 6.7 倍。

　　分布： 浙江（临安）。

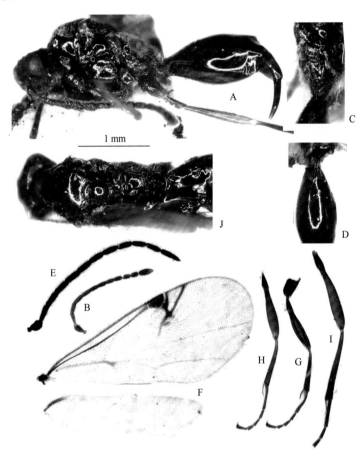

图 6-8　天目山洼缝细蜂 *Tretoserphus tianmushanensis* He *et* Xu, 2015

A. 整体，侧面观；B, E. 触角；C. 并胸腹节，背面观；D. 合背板基部，背面观；F. 翅；G. 前足；H. 中足；I. 后足；

J. 头部、胸部和腹部基部，背面观（A-D. ♀；E-J. ♂）

A, C, D, J. 1.5×标尺；B, E-I. 1.0×标尺

154. 隐颚细蜂属 *Cryptoserphus* Kieffer, 1907

Cryptoserphus Kieffer, 1907:288. Type species: *Cryptoserphus longicalcar* Kieffer, 1908.

　　主要特征： 前翅长 2.1–4.1 mm。体狭长。唇基窄至宽，末端平截，端缘薄而不锐，具一窄的反折。复眼至上颚基部颊区具一深沟或者没有。后头脊完整，下方与口后脊相接。上颚中等长而壮至短而弱，上缘有一个小的亚端齿或无。触角鞭节较细，没有明显的角下瘤。前胸背板凹槽和颈的侧面光滑，背侧部的前

方具明显突出的瘤，其边缘无脊状边镶嵌。盾纵沟通常存在，长约为翅基片的 0.8 倍或有时缺。中胸侧板前缘有一毛带，此毛带可能中断。横穿中胸侧板的中央横沟完整。中胸侧板缝光滑，极少数种上半部有小凹窝。后胸侧板的前上方是一大而光滑的无刻点区；光滑区的前上方无脊（或有一弱而低的细脊）与并胸腹节侧缘相接（在隐颚细蜂族中除尖细蜂属 Oxyserphus 和尖脊细蜂属 Phoxoserphus 外，其他属中均有此脊）。后足胫节长距伸达后足基跗节中部至端部的 0.2 处。翅痣中等宽。径脉第 1 段从翅痣近端部 0.45 处伸出，长约为宽的 2.0 倍。径室前缘脉长约为翅痣宽的 1.75 倍。前缘脉达于径室端部或刚超过。腹部无柄。合背板基部具 5–9 条纵沟。产卵管鞘长为后足胫节的 0.6–1.1 倍，具非常稀疏的毛或无毛。

分布：古北区、东洋区。世界已知 33 种，中国记录 20 种，浙江分布 1 种。

（347）针尾隐颚细蜂 *Cryptoserphus aculeator* (Haliday, 1839)（图 6-9）

Proctotrupes aculeator Haliday, 1839: 14.

Cryptoserphus aculeator: Townes & Townes, 1981: 91.

主要特征：雌前翅长 2.5–3.8 mm。体黑色。触角柄节和梗节褐黄色，有时褐色；鞭节除基部外呈黑褐色。口器、翅基片褐黄色。足黄褐色，但后足色稍深；中后足基节除端部外黑褐色；前中足端跗节褐色；后足胫节端部和跗节暗褐色。前胸背板背面颈部黑色，前胸背板侧面后下角具 1 个凹窝，颈凹内光滑；合背板疤宽为长的 1.8–2.2 倍，疤距为疤宽的 1.8–2.5 倍。中胸侧板中央横沟后下方无平行细皱；后胸侧板光滑区长和高分别为侧板的 0.7 倍和 0.8 倍，其下方仅有 1 条细脊。

分布：浙江（临安、开化、庆元）、陕西、福建、广东。

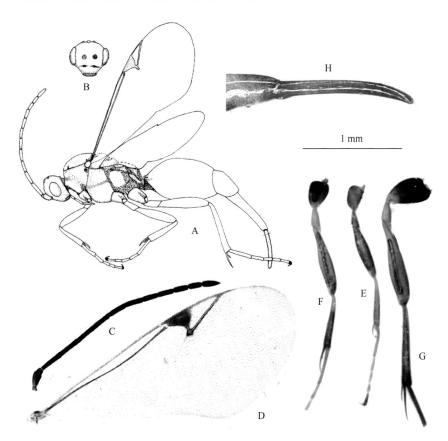

图 6-9　针尾隐颚细蜂 *Cryptoserphus aculeator* (Haliday, 1839)（A. 仿自何俊华和樊晋江，1991）

A. 整体，侧面观；B. 头部，前面观；C. 触角；D. 翅；E. 前足；F. 中足；G. 后足；H. 产卵管鞘

A, B. 0.6×标尺；C-G. 1.0×标尺；H. 2.5×标尺

155. 柄脉细蜂属 *Mischoserphus* Townes, 1981

Mischoserphus Townes *in* Townes & Townes, 1981: 95. Type species: *Cryptoserphus arcuator* Stelfox, 1950.

主要特征：前翅长 2.2–3.6 mm。体中等细。唇基小，中等强度拱隆，光滑，其端部平截或稍拱，端缘锐，稍反折。复眼至上颚间的颊沟有或无。后头脊通常完整，下端与口后脊相连，有时后头脊下方不完整，或仅在背方存在。上颚短宽、薄，端部钝或尖。鞭节细，无明显角下瘤。前胸背板颈部和凹槽光滑。前胸背板侧面背前方有一突出的圆形隆瘤。盾纵沟长为翅基片长的 0.8–1.2 倍。中胸侧板前缘在翅基片正下方有毛，但其下方至（或几乎至）水平横沟无毛。中胸侧板中央水平横沟完整。中胸侧板缝在横沟上方有时有凹窝，有时无凹窝，水平横沟下方无凹窝。后胸侧板有一大而无毛的光滑区，光滑区背前方有一脊与并胸腹节侧上缘相连。后足胫节长距止于后足基跗节中央附近。翅痣小；径脉第 1 段发自翅痣中央附近，长为宽的 1.5–2.5 倍；径室前缘脉长为翅痣宽的 1.7–2.2 倍；径脉端部外方相连的前缘脉长为径室前缘脉长的 0.4–1.9 倍。腹部无腹柄，或有时有一腹柄，长至多为高的 1.0 倍。合背板基部坚固，约有 9 条纵沟。产卵管鞘长为后足胫节的 0.9–1.8 倍，细，圆柱形，无毛，微弯，至端部渐细。

分布：世界广布。世界已知 24 种，中国记录 5 种，浙江分布 2 种。

（348）中华柄脉细蜂 *Mischoserphus sinensis* He *et* Xu, 2004（图 6-10）

Mischoserphus sinensis He *et* Xu, 2004: 154.

图 6-10　中华柄脉细蜂 *Mischoserphus sinensis* He *et* Xu, 2004（A, C, G, H. ♀，仿自何俊华等，2004；其余 ♂ 均原图）
A. 整体，侧面观；B, G. 触角；C. 翅痣及径室；D. 前足；E. 中足；F. 后足；H. 产卵管鞘
A. 0.8×标尺；H. 2.0×标尺；其余 1.0×标尺

主要特征：雌前翅长 2.3 mm。体黑色。触角柄节、梗节和第 1 鞭节腹方褐黄色，其余褐色。口器、翅基片淡黄色。前胸背板侧面下方、腹部端部褐黄色。足褐黄色；但后足基节基部、胫节端部和跗节褐色。中胸侧板缝在水平沟上方有不明显凹窝，近于光滑；径脉第 1 段长为宽的 1.5 倍；径脉端部外方相连的前缘脉长为径室前缘脉长的 0.36 倍；合背板基部中纵沟伸达合背板基部至第 1 窗疤间距的 0.3 处。

分布：浙江（临安）。

（349）佐村柄脉细蜂 *Mischoserphus samurai* (Pschorn-Walcher, 1964)（图 6-11）

Cryptoserphus samurai Pschorn-Walcher, 1964: 2.

Mischoserphus samurai: Townes & Townes, 1981: 104.

主要特征：雌前翅长 2.8 mm。体黑色。触角柄节、梗节和第 1 鞭节基部褐黄色，其余褐色。翅基片、腹部端部、产卵管鞘端部褐黄色。口器淡黄色。足褐黄色；但后足基节基部、胫节端部和跗节褐色。中胸侧板缝在水平沟上方无凹窝，近于光滑；径脉第 1 段长为宽的 2.2 倍；径脉端部外方相连的前缘脉长为径室前缘脉长的 0.57 倍；合背板基部中纵沟长伸至基部至第 1 窗疤间距的 0.7 处。

分布：浙江（临安）。

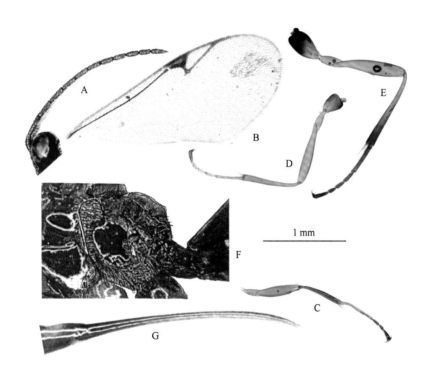

图 6-11　佐村柄脉细蜂 *Mischoserphus samurai* (Pschorn-Walcher, 1964)（A, F, G. 仿自何俊华等，2004）

A. 触角；B. 前翅；C. 前足；D. 中足；E. 后足；F. 中胸后部、后胸、并胸腹节和腹部基部，侧面观；G. 产卵管鞘

A–E. 1.0×标尺；F, G. 2.0×标尺

156. 短细蜂属 *Brachyserphus* Hellén, 1941

Brachyserphus Hellén, 1941: 42. Type species: *Codrus parvulus* Nees, 1834.

主要特征：前翅长 1.6–3.3 mm。体粗壮，稍侧扁。唇基中等宽，稍拱起，端部平截部位宽或稍隆起，端缘狭而不锐。颊短，从复眼至上颚基部具一深沟或者没有。后头脊完整或下端不明显，若下段存在则达上颚后关节。上颚长，单齿。触角鞭节短，雄性触角有或没有明显的角下瘤。盾纵沟与横轴呈 20°（比其他属更加近于横向），长约等于翅基片的长度。前胸背板侧面前上方具一粗壮的大瘤，瘤下方有一与前沟缘脊相连的垂直脊嵌边。前胸背板侧面光滑或具一些横行的或斜行的细皱。中胸侧板前缘有一连续的中等宽度的毛带。中胸侧板的中央横沟完整。中胸侧板缝呈凹窝状。后胸侧板除前缘和上缘、下方 0.25 和后方 0.25 外，光滑无毛；光滑区前上方有一条脊与并胸腹节侧缘相接。后足胫节距伸达后足基跗节基部的 0.4 处。翅痣非常宽。径脉第 1 段从翅痣近中央处伸出，其垂直段消失。径室前缘脉长约为翅痣宽的 0.3 倍。前缘脉终止于径室端部。腹部无柄。合背板基部具一条中纵沟，其侧方各具一对凹痕。产卵管鞘长为后足胫节的 0.4–1.0 倍，粗壮，末端下弯，渐细，被有垂直的或近于垂直的或易卷曲的稀毛，其下缘的毛垂直或卷曲。

　　分布：古北区、东洋区、新北区。世界已知 22 种，中国记录 13 种，浙江分布 2 种。

（350）天目山短细蜂 *Brachyserphus tianmushanensis* He *et* Xu, 2011（图 6-12）

Brachyserphus tianmushanensis He *et* Xu, 2011: 135.

　　主要特征：雌前翅长约 2.3 mm。体黑色。触角柄节、梗节和第 1 鞭节、第 2–3 鞭节腹方红褐色，其余黑褐色。翅基片暗褐色。腹部亚端部及产卵管鞘端部红褐色。足褐黄色；基节和端跗节暗褐色，但前足基节内侧赤褐色。前胸背板侧面光滑；前沟缘脊无凹缺，但中央上方脊后有小而深的凹窝，窝内无刻点，脊上段后方具少许刻点；后下角具 2 个明显凹窝。中胸侧板前缘宽毛带完整，但下方毛稀；侧缝具凹窝，但下段的弱而少；后下角具平行横刻条。

　　分布：浙江（临安）。

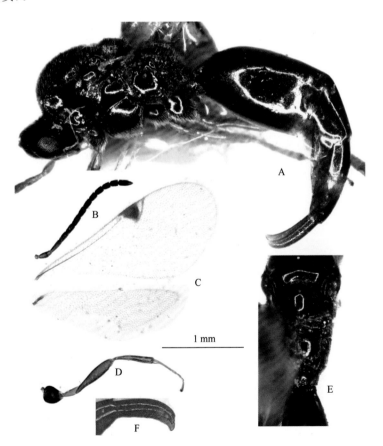

图 6-12　天目山短细蜂 *Brachyserphus tianmushanensis* He *et* Xu, 2011（仿自 He and Xu, 2011）

A. 整体，侧面观；B. 触角；C. 翅；D. 中足；E. 胸部，背面观；F. 产卵管鞘

A, E. 1.5×标尺；B-D. 1.0×标尺；F. 2.4×标尺

（351）两色短细蜂 ***Brachyserphus bicoloratus*** **He et Xu, 2015**（图 6-13）

Brachyserphus bicoloratus He et Xu, 2015: 223.

主要特征：雄前翅长 1.9 mm。体黑色。触角黑褐色。翅基片前半黑褐色，端半暗红色。足红褐色；基节除了端部黑色，跗节暗褐色。前胸背板侧面光滑，前缘下半有弱刻点；前沟缘脊中央上方凹缺后有一深凹窝，窝内有少许刻点，脊上段后方光滑；后下角有 2 个凹窝。中胸侧板前缘宽毛带下半无毛；侧缝仅在上段有明显凹窝，下段凹窝小。后胸侧板光滑区长和高分别为侧板的 0.7 倍和 0.8 倍，光滑区内下缘和后缘有一列小凹窝；侧板下方 0.2 和后方 0.3 有网皱，且均有一细脊与光滑区分开。

分布：浙江（临安）。

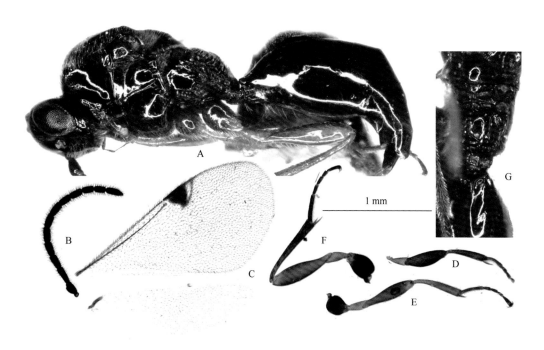

图 6-13　两色短细蜂 *Brachyserphus bicoloratus* He et Xu, 2015

A. 整体，侧面观；B. 触角；C. 翅；D. 前足；E. 中足；F. 后足；G. 并胸腹节、腹柄和合背板基部，背面观

A, G. 1.5×标尺；B-F. 1.0×标尺

细蜂族 Proctotrupini Latreille, 1802

主要特征：后头脊完整，或仅在近口后脊一段缺。上颚镰刀形，单齿，或在中沟细蜂属 *Parthenocodrus* 中双齿。角下瘤有或无。前沟缘脊短而不明显或无。前胸背板侧面沿颈部通常有一折向前胸背板凹槽的脊，但并不穿过。前胸背板侧面前上方无瘤或明显肿大。盾纵沟短，不明显，或缺，或有时被一长而弱的凹痕所替代。后胸侧板完全具刻纹，或在前上方 0.7 或更小范围内光滑。并胸腹节背表面中等长至长。跗爪除叉齿细蜂属 *Exallonyx* 外简单。前翅长约为宽的 2.5 倍（有时翅退化或缺）。翅痣中等宽；径脉第 1 段从翅痣中央附近发出。肘间横脉短，通常着色。径室短至非常短。第 1 盘室和第 2 盘室通常愈合。腹部通常具柄，长为宽的 0.4–3.5 倍，在无翅细蜂属 *Paracodrus* 中无明显的柄。合背板圆筒形或稍微侧扁至中度侧扁，通常有少许毛，但有时在其下半部具中等密度的毛。雌性腹部端节通常不能延伸。产卵管鞘短或长，几乎总是下弯，表面具有中等稀至中等密的毛。

生物学：大多数种类寄生于鞘翅目幼虫，特别是隐翅虫科、步甲科和叩甲科。还有从蜈蚣中养出的报道。

分布：世界广布。

分属检索表

1. 前中足跗爪近基部各具一长的、黑色分叉的齿；前胸背板侧面沿其上缘和颈的上部具毛，通常其他部分无毛。世界广布
·· 叉齿细蜂属 *Exallonyx*
- 前中足跗爪简单；前胸背板侧面通常具毛，均匀分布，但常具有一中央无毛区。多分布于北半球 ························· 2

2. 头部触角窝之间具一发达的中竖脊；合背板侧面下半部有毛或无毛；雄性后足胫节长距约为后足基跗节长的 0.65 倍，下弯。（前胸背板侧面除少数发自颈部的脊外光滑，仅在前上缘和后下角分布有毛；合背板侧面下半部无毛） ··············
·· 脊额细蜂属 *Phaneroserphus*
- 头部触角窝之间没有发达的中竖脊；合背板侧面下半部多毛；雄性后足胫节长距约为后足基跗节长的 0.3–0.75 倍 ······ 3

3. 额的下部中央具一圆形肿状突起；小脉约在基脉对过，或在基脉外方，其距为小脉长的 0.45 倍；雄性后足胫节距长约为后足基跗节的 0.65 倍，雌性约为 0.5 倍；雄性抱器末端下弯，呈针状。古北区和东洋区 ············· 肿额细蜂属 *Codrus*
- 额的下部中央无肿状突起；小脉在基脉外方，其距为小脉长的 0.5–0.8 倍；雄性后足胫节长距长约为后足基跗节的 0.3–0.6 倍，雌性约为 0.3–45 倍；雄性抱器末端宽，呈三角形片状物或尖 ··· 4

4. 复眼密布细毛；产卵管鞘很短，长为后足胫节的 0.17 倍；足端跗节稍粗于基跗节，前足第 3–4 跗节明显短；雌性触角末端稍呈棒状。中国 ··· 毛眼细蜂属 *Trichoserphus*
- 复眼无密的细毛；产卵管鞘较长，长为后足胫节的 0.25–1.5 倍；足端跗节不粗于基跗节，前足第 3–4 跗节正常；雌性触角末端稍呈鞭状。（产卵管鞘长约为后足胫节的 0.6–1.5 倍；前胸背板侧面具有或多或少的刻皱；腹柄长约为高的 0.4 倍；合背板几乎总是呈红褐色或部分红褐色） ·· 细蜂属 *Proctotrupes*

157. 肿额细蜂属 *Codrus* Panzer, 1805

Codrus Panzer, 1805: 9. Type species: *Codrus niger* Panzer, 1800.

主要特征：前翅长 3.0–5.8 mm。额区下部中央具一圆形肿状突起。触角窝之间有一钝中竖脊。上颚单齿。前胸背板侧面光滑，有毛或具一中央无毛区。并胸腹节有网状皱褶，背表面具一中纵脊，通常在近中纵脊两侧各有一光滑区。雄性后足胫节长距长为后足基跗节的 0.6–0.7 倍；在雌性中为 0.5 倍。跗爪简单。径室前缘脉长为翅痣宽的 0.3–0.8 倍。第 1 盘室和第 2 盘室分离。小脉在基脉对过或在外方，其距约为小脉长的 0.45 倍。腹柄长为宽的 1.0–2.7 倍。合背板侧面下半部覆有中等密度的毛。雄性抱器稍下弯，末端细长针形。产卵管鞘长为后足胫节的 0.3–0.4 倍，具光泽和稀疏的刻点，均匀下弯，向末端尖细。

分布：世界广布。世界已知 30 种，中国记录 24 种，浙江分布 3 种。

分种检索表

1. 雌性（前翅径脉与前缘脉相接处夹角 28°；腹柄背表面基部 0.7 具夹点斜纵刻皱，端部 0.3 中央具 4 条断续纵皱；腹柄侧观背缘长为中高的 3.2 倍，基部 0.4 具有连夹点网皱和纵刻皱的横皱 9 条，其后下方光滑） 满皱肿额细蜂 *C. rugulosus*
- 雄性 ··· 2

2. 前翅径脉和前缘脉相接处夹角 33°–37°（翅痣长为宽的 1.76 倍；腹柄背面中长为中宽的 1.6 倍，具 5 条细纵脊；腹柄侧面背缘长为中高的 1.3 倍；合背板基部侧纵沟各 2 条；后足腿节长为宽的 5.0 倍） ······ 天目山肿额细蜂 *C. tianmushanensis*
- 前翅径脉和前缘脉相接处夹角 28°（触角第 2、10 鞭节长分别为端宽的 5.4 倍和 4.6 倍；腹柄背面具 3 条强纵脊；腹柄侧面背缘长为中高的 2.1 倍；合背板基部中纵沟伸达至第 1 窗疤的 1.0 处，侧纵沟各 2 条） ···
··· 细腿肿额细蜂 *C. tenuifemoratus*

（352）满皱肿额细蜂 *Codrus rugulosus* He *et* Xu, 2015（图 6-14）

Codrus rugulosus He *et* Xu, 2015: 237.

　　主要特征：雌前翅长 4.2 mm。体黑色。触角黑褐色，柄节端部和梗节暗褐色。须黄色。上颚端半、翅基片、产卵管鞘顶端褐黄色。前中足红褐色，前足基节基部和中足基节（除了端部）黑色，第 3–5 跗节浅褐色；后足红褐色，基节最基部、腿节端部 0.7、胫节和第 2–5 跗节黑色至黑褐色，基跗节暗红褐色。翅稍带烟黄色；翅痣和强脉褐色；肘间横脉、中脉（浅）、小脉、盘脉、亚盘脉浅褐色。腹柄背表面基部 0.7 具夹点斜纵刻皱，端部 0.3 中央具 4 条断续纵皱；腹柄侧观背缘长为中高的 3.2 倍，基部 0.4 具有连夹点网皱和纵刻皱的横皱 9 条，其后下方光滑。

　　分布：浙江。

图 6-14　满皱肿额细蜂 *Codrus rugulosus* He *et* Xu, 2015

A. 整体，侧面观；B. 触角；C. 前翅；D. 翅痣；E. 后胸侧板、并胸腹节和腹柄，侧面观；F. 并胸腹节、腹柄和合背板基部，背面观；G. 产卵管鞘

A, C. 1.0×标尺；B. 1.6×标尺；D-F. 2.0×标尺；G. 4.0×标尺

（353）天目山肿额细蜂 *Codrus tianmushanensis* He *et* Xu, 2010（图 6-15）

Codrus tianmushanensis He *et* Xu *in* Xu & He, 2010: 89.

主要特征：雄前翅长 3.5 mm。体黑色。触角浅褐色，柄节、梗节及第 1 鞭节基部和末节端部黄褐色。须黄色。翅基片、抱器端部黄褐色。足黄褐色，后足腿节色稍深，端跗节浅褐色。翅透明，稍带烟黄色；翅痣和强脉浅褐色，肘间横脉、肘脉、中脉、小脉、盘脉、亚盘脉浅黄褐色。翅痣长为宽的 1.76 倍；腹柄背面中长为中宽的 1.6 倍，具 5 条细纵脊；腹柄侧面背缘长为中高的 1.3 倍；合背板基部侧纵沟各 2 条；后足腿节长为宽的 5.0 倍。

分布：浙江（临安）。

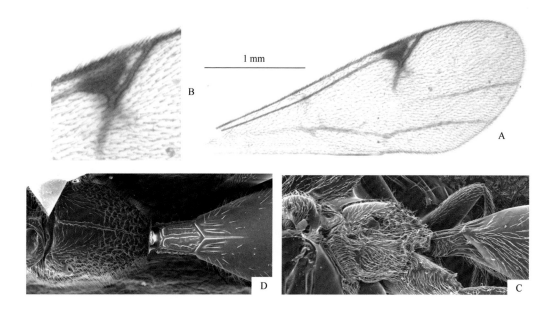

图 6-15 天目山肿额细蜂 Codrus tianmushanensis He et Xu, 2010（仿自 He and Xu，2010）

A. 前翅；B. 翅痣；C. 后胸侧板、并胸腹节和腹柄，侧面观；D. 并胸腹节、腹柄和合背板基部，背面观

A. 1.0×标尺；B-D. 2.0×标尺

（354）细腿肿额细蜂 Codrus tenuifemoratus He et Xu, 2015（图 6-16）

Codrus tenuifemoratus He et Xu, 2015: 265.

主要特征：雄前翅长 4.3 mm。体黑色。触角黑褐色。须黄褐色。翅基片、窗疤和抱器端部红褐色。足褐黄色，转节及腿节基部黄色，基节及后足胫节和跗节黑褐色。翅稍带烟黄色；翅痣和强脉黄褐色；肘间横脉、中脉（浅）、小脉、盘脉、亚盘脉浅褐色。触角第 2、10 鞭节长分别为端宽的 5.4 倍和 4.6 倍；腹柄背面具 3 条强纵脊；腹柄侧面背缘长为中高的 2.1 倍；合背板基部中纵沟伸达第 1 窗疤的 1.0 处，侧纵沟各 2 条。

分布：浙江（安吉）。

158. 毛眼细蜂属 *Trichoserphus* He et Xu, 2015

Trichoserphus He et Xu, 2015: 324. Type species: *Trichoserphus sinensis* He et Xu, 2015.

主要特征：前翅长 2.7–3.1 mm。颊长于上颚基部宽。头背观上颊长为复眼长的 0.75–0.8 倍。复眼密布细毛。颜面中央上方有 1 小瘤突。触角稍呈棒状；第 2 鞭节细长，长为宽的 5.0–5.5 倍。前胸背板侧面凹槽内及前方具微弱浅刻点；中央无毛区有或无。无盾纵沟。中胸侧板光滑，包括镜面区也满布细毛；侧

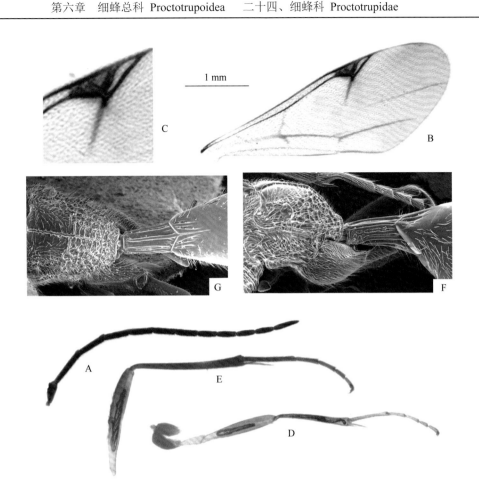

图 6-16　细腿肿额细蜂 *Codrus tenuifemoratus* He *et* Xu, 2015

A. 触角；B. 前翅；C. 翅痣；D. 中足；E. 后足；F. 后胸侧板、并胸腹节和腹柄，侧面观；G. 并胸腹节、腹柄和合背板基部，背面观

A, B, D, E. 1.0×标尺；C, F, G. 2.0×标尺

缝整段具小凹窝。后胸侧板密布不规则细网皱。并胸腹节具细网皱，背表面中纵脊侧方皱纹弱，基部无光滑区；后表面无中纵脊。前翅稍狭长；第 1 盘室和第 2 盘室愈合；小脉在基脉外方。足端跗节稍粗于基跗节；前中足第 3–4 跗节明显短，跗爪简单；前足腿节较粗短。腹柄背面长约为宽的 1.5 倍，表面有纵脊。合背板基部中纵沟达基部至第 1 对窗疤的约 0.35 处。合背板下方具稀毛。产卵管鞘短，长为后足胫节的 0.12–0.17 倍。

分布：浙江、陕西。世界已知 2 种，中国记录 2 种，浙江分布 1 种。

（355）中华毛眼细蜂 *Trichoserphus sinensis* He *et* Xu, 2015（图 6-17）

Trichoserphus sinensis He *et* Xu, 2015: 325.

　　主要特征：雌体长 2.6 mm，前翅长 2.7 mm。体黑色；须污黄色。触角黑褐色。上唇、上颚、前胸背板侧面前缘、翅基片暗黄褐色。足褐色；前足基节腹方、转节和腿节腹方黄褐色。翅略带烟黄色；翅痣和强脉褐色，弱脉无色。前胸背板侧面满布带毛微弱浅刻点，无中央无毛区；后下角有 1 凹窝。腹部合背板基部中纵沟两侧侧纵沟各 4 条；第 1 窗疤宽为长的 2.5 倍，疤距为疤宽的 0.8 倍；第 10 鞭节长为宽的 2.5 倍。

　　分布：浙江（庆元、龙泉）。

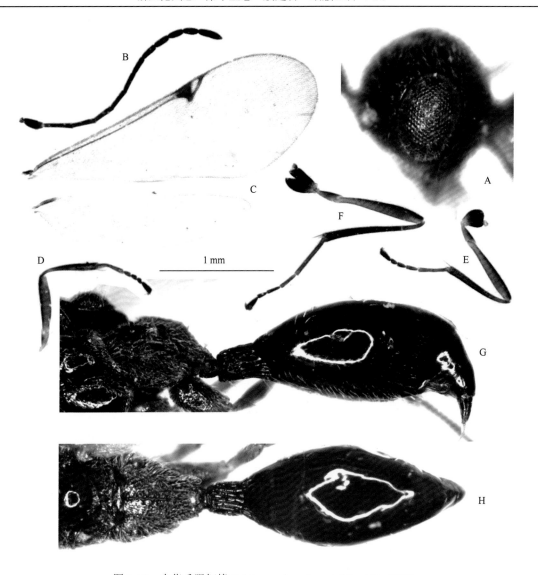

图 6-17　中华毛眼细蜂 *Trichoserphus sinensis* He *et* Xu, 2015

A. 头部，侧面观；B. 触角；C. 翅；D. 前足；E. 中足；F. 后足；G. 后胸侧板、并胸腹节和腹部，侧面观；H. 并胸腹节和腹部，背面观

A. 3.0×标尺；B-F. 1.0×标尺；G, H. 2.0×标尺

159. 细蜂属 *Proctotrupes* Latreille, 1796

Proctotrupes Latreille, 1796: 108. Type species: *Proctotrupes brevipennis* Latreille, 1802.

　　主要特征：前翅长 3.1–8.8 mm。额中央无明显肿状突起。触角窝间具一低而弱的中竖脊，中央通常具有一个小瘤状突。上颚单齿。前胸背板侧面一部分或全部覆有细毛（有时仅前面和背面具毛），具不同程度的细皱和刻皱。并胸腹节具有网状细皱或多数纵向刻皱，通常背面有一长的中纵脊，有时纵脊被细皱所掩盖。后足胫节长距长约为后足基跗节的 0.33 倍。跗爪简单。径室前缘脉长约为翅痣宽的 0.33 倍。第 1 盘室和第 2 盘室愈合。小脉在基脉外方，其距为小脉长度的 0.5–0.8 倍。腹柄长为宽的 0.4 倍。合背板几乎总是红色或部分红色或红褐色（*P. maurus* 为黑色，*P. bistriatus* 有时为暗褐色）。合背板侧面下半部有中等密的毛。雄性抱器窄三角形。产卵管鞘长为后足胫节的 0.6–1.5 倍，整个下弯或仅在末端下弯，向末端渐细或顶端圆钝；表面具刻点，或刻点和纵沟均有。

分布：全北区。世界已知 9 种，中国记录 4 种，浙江分布 3 种。

分种检索表

1. 前胸背板侧面无中央无毛区；后胸侧板上方 0.3± 的刻纹比下方 0.7± 细密；中后足胫节距雄性稍弯曲，雌性强度弯曲；产卵管鞘具纵沟 ·· 短翅细蜂 *P. brachypterus*
- 前胸背板侧面中央几乎总具有 1 无毛区；后胸侧板上方 0.3± 的刻纹同其他部分相同，但前上角通常比其他部分稍光滑；中后足胫节距直；产卵管鞘无纵沟 ·· 2
2. 前胸背板侧面中央无毛区大小为翅基片的 0.7–1.0 倍；颊脊接近口后脊处常缺或弱，近口后脊处常有几条斜皱；胸部黑色；并胸腹节网皱不斜向中纵脊；雌性产卵管鞘长约为后足胫节的 1.0 倍 ······································ 膨腹细蜂 *P. gravidator*
- 前胸背板侧面中央无毛区大小约为翅基片的 2.0 倍；颊脊伸达或不达口后脊；雌性产卵管鞘长为后足胫节的 0.80–1.05 倍 ··· 中华细蜂 *P. sinensis*

（356）短翅细蜂 *Proctotrupes brachypterus* (Schrank, 1780)（图 6-18）

Serphus brachypterus Schrank, 1780: 307.

Proctotrupes brachypterus: Johnson, 1992: 321.

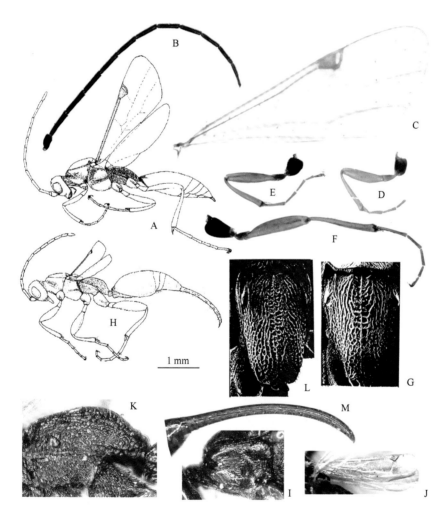

图 6-18　短翅细蜂 *Proctotrupes brachypterus* (Schrank, 1780)（A, H. 仿自何俊华等，2004；G, L. 仿自 Townes and Townes, 1981）

A, H. 整体，侧面观；B. 触角；C, J. 前翅；D. 前足；E. 中足；F. 后足；G, L. 并胸腹节，背面观；I. 前胸背板，侧面观；

K. 后胸侧板和并胸腹节，侧面观；M. 产卵管鞘（A-G. ♂；H-M. ♀）

A, H. 0.5×标尺；B, C, J. 1.0×标尺；D-F. 0.8×标尺；G, I, K, L. 2.0×标尺；M. 1.5×标尺

　　主要特征：雌（短翅型）体长 7.0–8.0 mm（不包括产卵管鞘）；前翅长 2.2–3.0 mm。头、胸部黑色，颊近上颚具一暗锈色小斑。上颚铁锈色，基部黑色。口须褐色。触角浅褐色。翅基片铁锈色。基节、转节黑色至褐红色；腿节、胫节铁锈色；跗节暗褐色。翅面具细弱褐色毛。腹部铁锈色，腹柄黑色，腹部末端 3 节铁锈色。产卵管鞘铁锈色。径室向后方强度收窄；后胸侧板具细而密网皱。并胸腹节相对较长，具小室状网皱，皱纹多呈纵向；中纵脊强而完整。

　　分布：浙江（杭州、常山）、河南、新疆、江苏、湖北、湖南。

（357）膨腹细蜂 *Proctotrupus gravidator* (Linnaeus, 1758)（图 6-19）

Serphus gravidator Linnaeus, 1758: 565.

Proctotrupes gravidator: Johnson, 1992: 324.

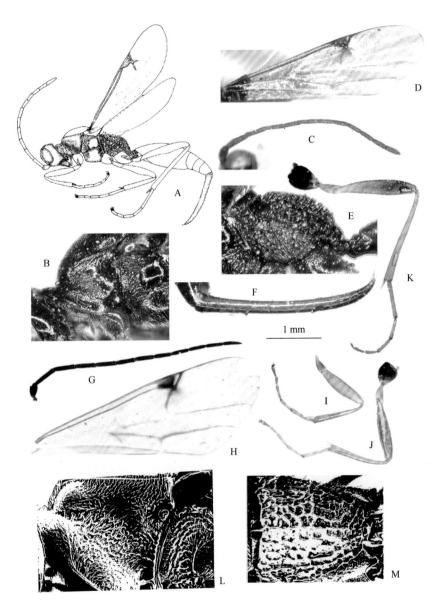

图 6-19　膨腹细蜂 *Proctotrupus gravidator* (Linnaeus, 1758)（A. 仿自何俊华等，2004；L, M. 仿自 Townes and Townes, 1981）

A. 整体，侧面观；B, L. 前胸背板，侧面观；C, G. 触角；D, H. 前翅；E. 后胸侧板、并胸腹节和腹柄，侧面观；F. 产卵管鞘；I. 前足；J. 中足；

K. 后足；M. 并胸腹节，背面观　（A-F. ♀；G-M. ♂）

A. 0.6×标尺；B, E, F, L, M. 2.0×标尺；C, D. 1.0×标尺；G-K. 0.8×标尺

主要特征：雌性体长（不包括产卵管鞘）约 5.2 mm；前翅长约 4.0 mm。体黑色。触角和上颚带有铁锈色斑。口须淡褐色至黑色。翅基片铁锈色至暗褐色。足基节黑褐色至黑色；转节铁锈色；腿节铁锈色，或稍呈烟褐色至暗褐色；胫节和跗节褐黄色或铁锈色至暗褐色。腹部铁锈色或褐铁锈色，但腹柄黑色，端部铁锈色。产卵管鞘铁锈色，下弯的端部黑色。翅面稍带褐色。翅痣和强脉暗褐色。前胸背板侧面中央无毛区大小为翅基片的 0.7–1.0 倍；颊脊接近口后脊处常缺或弱，近口后脊处常有几条斜皱；胸部黑色；并胸腹节网皱不斜向中纵脊；雌性产卵管鞘长约为后足胫节的 1.0 倍。

分布：浙江（杭州）、辽宁、内蒙古、河北、山东、陕西、甘肃、新疆、湖北、江西、广西、四川、云南、西藏。

（358）中华细蜂 *Proctotrupus sinensis* He *et* Fan, 2004（图 6-20）

Proctotrupus sinensis He *et* Fan *in* He *et al*., 2004: 331.

主要特征：雌虫体长 6.8 mm；前翅长 5.3 mm。体黑色；腹柄黑色，合背板大部分或全部铁锈色，有时合背板末端及其后方腹节暗铁锈色至黑褐色。唇基和触角柄节黑色。上颚部分铁锈色。口须淡褐色。翅基片铁锈色。足铁锈色；基节黑褐色（浙江、河南、河北、吉林等地标本腿节中部褐色）。翅面稍带褐色；翅痣和强脉暗褐色。产卵管鞘铁锈色，但端部下弯部位变黑。前胸背板侧面中央无毛区大小约为翅基片的 2.0 倍；颊脊伸达或不达口后脊；雌性产卵管鞘长为后足胫节的 0.8–1.05 倍。

分布：浙江（杭州、庆元）、吉林、辽宁、内蒙古、北京、河北、山东、河南、陕西、甘肃、新疆、湖北、江西、贵州。

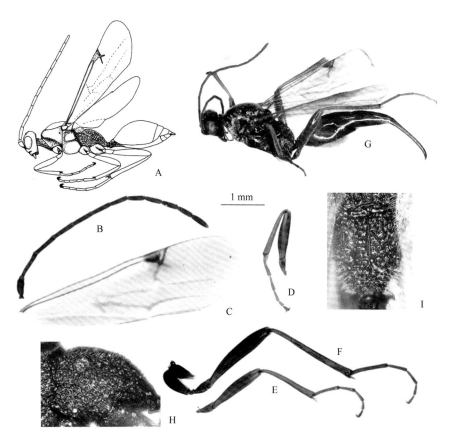

图 6-20　中华细蜂 *Proctotrupus sinensis* He *et* Fan, 2004（A. 仿自何俊华等，2004）

A, G. 整体，侧面观；B. 触角；C. 前翅；D. 前足；E. 中足；F. 后足；H. 后胸侧板和并胸腹节，侧面观；I. 并胸腹节，背面观（A-F. ♂；G-I. ♀）

A, G. 0.7×标尺；B, C. 1.0×标尺；D-F. 0.8×标尺；H, I. 2.0×标尺

160. 脊额细蜂属 *Phaneroserphus* Pschorn-Walcher, 1958

Phaneroserphus Pschorn-Walcher, 1958b: 60. Type species: *Proctotrupes calcar* Haliday, 1839.

主要特征：前翅长 2.2–3.8 mm。额区下部和触角窝之间有一高至非常高的中竖脊。雌性触角柄节粗大，鞭节中央稍粗；雄性触角鞭节鞭状，至端部渐细。雌性上颊和颊较长，复眼相对较小；雄性上颊和颊较雌性短，而复眼相对较大。上颚单齿。前胸背板侧面除发自颈部的弱脊外光滑；前方近上缘和后下角有毛，其他部分无毛。并胸腹节有网状刻皱，背表面具一中纵脊，有时不明显，通常中纵脊基部近两侧各有一光滑区。雄性后足胫节长距强度弯曲，长约为后足基跗节的 0.65 倍；在雌性中为 0.47 倍。跗爪简单。径室前缘脉长约为翅痣宽的 1.25 倍。第 1 盘室和第 2 盘室愈合。小脉在基脉外方其距约为小脉长的 1.5 倍。腹柄长为宽的 1.1–1.6 倍。合背板侧面下半部完全无毛。产卵管鞘长为后足胫节的 0.24–0.35 倍，具稀疏刻点，微下弯，向末端渐细。

分布：全北区。世界已知 25 种，中国记录 20 种，浙江分布 1 种。

（359）三角脊额细蜂 *Phaneroserphus triangularis* He et Xu, 2015（图 6-21）

Phaneroserphus triangularis He et Xu, 2015: 359.

主要特征：雌体长 2.8 mm；前翅长 2.3 mm。体黑色。触角柄节、梗节和第 1 鞭节黄褐色，其余鞭节黑褐色。须黄色。上唇、翅基片黄褐色。足褐黄色；前足基节浅黄褐色，前中足腿节中部浅褐色；后足基节基部、腿节除了两端和胫节背方黑褐色。翅透明；翅痣和强脉淡褐色，弱脉无色。头部侧面观额向前突出部分长为复眼横径的 0.71 倍；并胸腹节前侧方光滑区倒三角形，长为并胸腹节基部至气门间距的 1.7 倍；合背板基部纵沟 3 条。

分布：浙江（庆元、龙泉）、广东。

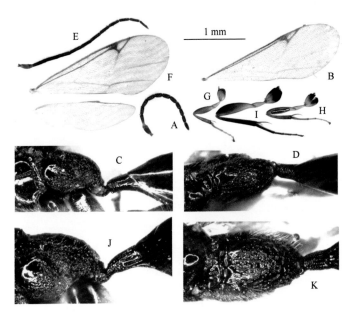

图 6-21 三角脊额细蜂 *Phaneroserphus triangularis* He et Xu, 2015

A, E. 触角；B, F. 翅；C, J. 后胸侧板、并胸腹节和腹柄，侧面观；D, K. 并胸腹节、腹柄和合背板基部，背面观；

G. 前足；H. 中足；I. 后足（A-D. ♀；E-K. ♂）

A, B, E-I. 1.0×标尺；C, D, J, K. 2.0×标尺

161. 叉齿细蜂属 *Exallonyx* Kieffer, 1904

Exallonyx Kieffer, 1904: 34. Type species: *Exallonyx formicarius* Kieffer, 1904.

主要特征：前翅长 1.6–5.8 mm。额部触角窝之间具一中竖脊。上颚单齿。前胸背板侧面光滑，但有一脊与颈部后缘相平行，并向上延伸而与前沟缘脊相接（若前沟缘脊存在）。前胸背板侧面上缘有毛带，有 1–5 列毛宽，但上缘的前后两端变宽且不规则。前胸背板侧面颈脊之前有毛，有时前沟缘脊之后和颈脊上段后方有少数毛，有时颈脊中下段和前胸背板洼槽之间亦具毛；其他部分均光滑无毛。前中足跗爪淡黄色至淡褐色，近基部有一黑色分叉的长齿。后足跗爪有时在基部具一短黑齿。前中足端跗节通常小。径室前缘脉长为翅痣宽的 1.0–2.0 倍。径脉直接从翅痣下角伸出，然后以锐角折伸向前缘脉。第 1 盘室和第 2 盘室（若可看出）愈合。小脉（若可看出）在基脉外方，其距约为小脉长的 1.5± 倍。腹柄背面长为宽的 0.5–3.5 倍。合背板上的毛通常很稀少，有时中等密。产卵管鞘长为后足胫节长的 0.2–0.7 倍，向末端渐细，下弯（除 *E. pallidistigma*），表面有刻点或刻条或两者均有。

分布：世界广布。世界已知 351 种，中国记录 189 种，浙江分布 40 种。

分种检索表

1. 腹柄侧面有分散的毛；合背板侧面毛中等密，毛区下缘与合背板下缘相距约为翅基片的 0.3 或更近；产卵管鞘长约为后足胫节的 0.24 倍，表面有刻点，但无刻条 ·················· 短角原叉齿细蜂 *E. brevicornis*
- 腹柄侧面无毛，但在基部常有毛；合背板侧面毛稀少或有时稍密，但毛区下缘与合背板下缘相距约为翅基片长的 0.5 或更远；产卵管鞘长为后足胫节的 0.2–0.7 倍，表面有刻点或细刻条或两者均有 ······················ 2
2. 前胸背板侧面后下角 2 个凹窝或偶有 3 个凹窝，垂直排列，相同深度，二者之间有一窄脊或高皱褶相隔 ·················· 3
- 前胸背板侧面后下角单个凹窝，或极少数在凹窝上方还有 1–3 个浅窝 ································· 24
3. 腹柄基部侧下方有多条横脊，侧面纵脊终止于最后方横脊 ··································· 4
- 腹柄基部侧下方仅有一横脊，侧面纵脊终止于或接近于此横脊 ····························· 12
4. 雄性 ··· 5
- 雌性 ··· 6
5. 腹柄背面仅具纵脊 ··· 赵氏叉齿细蜂 *E. chaoi*
- 腹柄背面具横皱和纵脊，或仅具横皱（转节黑褐色；合背板基部中纵沟伸至第 1 窗疤的 0.85 处；亚侧纵沟长为中纵沟的 0.2 倍；第 1 窗疤宽为长的 3.0–5.0 倍） ····················· 浙江叉齿细蜂 *E. zhejiangensis*
6. 前胸背板侧面背面具单列毛 ··· 7
- 前胸背板侧面背面具 2 列毛 ·· 10
7. 产卵管鞘表面具细长刻点（额脊正常高；头背观上颊长为复眼的 0.8 倍；并胸腹节后表面具横皱；前翅翅痣长为宽的 1.7 倍；腹柄背面端部中央具弱皱，侧方中央光滑；合背板基部中纵沟伸达基部至第 1 窗疤间距的 0.52 处，侧纵沟各 3 条，亚侧纵沟长为中纵沟的 0.8 倍；第 1 窗疤宽为长的 2.75 倍） ················· 长柄叉齿细蜂 *E. longistipes*
- 产卵管鞘表面具细纵皱 ··· 8
8. 额脊弱；并胸腹节背表面大部分光滑；合背板基部中纵沟伸达基部至第 1 窗疤间距的 0.46 处，侧纵沟各 4 条，亚侧纵沟长为中纵沟的 0.72 倍；第 1 窗疤疤距为疤宽的 0.3 倍 ····················· 红足叉齿细蜂 *E. rufipes*
- 额脊中等高；并胸腹节背表面光滑区短，仅达于气门后缘；合背板基部中纵脊伸达基部至第 1 窗疤间距的 0.78–0.83 处，侧纵沟各 2 条，亚侧纵沟长为中纵沟的 0.3–0.4 倍；第 1 窗疤疤距为疤宽的 0.6–0.75 倍 ·················· 9
9. 腹柄背面基部 3 条横皱后具不规则皱；腹柄侧面基部具连有纵脊的横脊 4 条，其后另具 5 条纵脊；前胸背板侧面背缘中央单列毛，前后多列毛 ··································· 皱胸叉齿细蜂 *E. rugosus*
- 腹柄背面基部 3 条横皱后光滑；腹柄侧面基部具连有纵脊的横脊 5 条，其后光滑；前胸背板侧面背缘均为单列毛 ········ 弱沟叉齿细蜂 *E. delicatus*

10. 触角第 2、10 鞭节长分别为端宽的 1.5–1.8 倍和 1.3–1.5 倍；合背板基部中纵沟伸达第 1 窗疤间距的 0.7–0.8 处（上颊背
　　观长为复眼的 1.1 倍；前翅翅痣长为宽的 2.2 倍；第 1 窗疤宽为长的 2.0 倍，疤距为疤宽的 0.6 倍）……………………
　　……………………………………………………………………………………………… **突额叉齿细蜂** *E. exsertifrons*
-　触角第 2、10 鞭节长分别为端宽的 2.0–2.5 倍和 1.5–1.8 倍；合背板基部中纵沟伸达第 1 窗疤间距的 0.55–0.6 处 ……… 11
11. 触角第 2、10 鞭节长分别为端宽的 2.5 倍和 1.5 倍；腹柄侧面背缘长为中高的 1.0 倍，基部横脊腹方愈合而光滑；后足腿
　　节长为宽的 3.5 倍 ……………………………………………………………………………… **屈氏叉齿细蜂** *E. qui*
-　触角第 2、10 鞭节长分别为端宽的 2.0–2.3 倍和 1.7–1.8 倍；腹柄侧面背缘长为中高的 0.5–0.86 倍，基部横脊腹方不光滑；
　　后足腿节长为宽的 3.8–4.2 倍 ……………………………………………………………… **浙江叉齿细蜂** *E. zhejiangensis*
12. 抱器渐窄，末端变尖细，下弯，爪状；合背板基部有 3 条纵沟（1 条中纵沟，2 条侧纵沟）；前胸背板侧面颈脊上段后
　　方一定无毛；翅痣后侧缘较直 …………………………………………………………………… **吴氏叉齿细蜂** *E. wuae*
-　抱器窄三角形，较直，顶端尖锐或窄圆；前胸背板侧面颈脊上段后方有毛；翅痣后侧缘通常稍弯曲 …………………… 13
13. 合背板最下方毛与其下缘接近，最下方毛窝与合背板下缘之距约为其毛长的 1.0–1.4 倍 ……………………………… 14
-　合背板最下方毛与其下缘远离，最下方毛窝与合背板下缘之距约为其毛长的 1.6 倍 ………………………………………… 17
14. 雄性 ……… 15
-　雌性 ……… 16
15. 触角玻片标本在高倍显微镜下具小水泡状、条状或椭圆角下瘤；上颊背观长为复眼的 0.62–0.76 倍；腹柄侧面背缘长为
　　中高的 1.0 倍（腹柄背面基部 0.2 具横皱，其后为纵脊，中脊呈 "Y" 形；后胸侧板无光滑区；合背板基部亚侧纵沟长为
　　中纵沟的 0.95 倍；前翅长 2.5 mm）………………………………………………… **丫脊叉齿细蜂** *E. furcicarinatus*（部分）
-　触角玻片标本在高倍显微镜下无角下瘤；上颊背观长为复眼的 0.9 倍；腹柄侧面背缘长为中高的 0.5–0.6 倍（腹柄背面基
　　部无点皱或夹点横皱，仅有纵脊；前胸背板侧面背缘具双列毛；并胸腹节背表面光滑区长为基部至气门后端间距的 1.2
　　倍；合背板基部侧纵沟各 2 条；前翅长 2.1 mm）………………………………………… **短室叉齿细蜂** *E. brevicellus*
16. 合背板基部侧纵沟 3–4 条（前胸背板侧面前沟缘脊后方和颈脊上端无毛；合背板基部中纵沟伸至第 1 窗疤间距的 0.4 处，
　　亚纵沟长为中纵沟的 1.0 倍；前翅长 2.5–3.0 mm）…………………………………… **丫脊叉齿细蜂** *E. furcicarinatus*（部分）
-　合背板基部侧纵沟 1–2 条（后足基节浅红褐色；腹柄背面仅有纵脊；合背板基部亚侧纵沟长为中纵沟的 0.3 倍）………
　　……………………………………………………………………………………………………… **祝氏叉齿细蜂** *E. zhui*
17. 雄性 ……… 18
·　雌性 ……… 23
18. 前胸背板侧面背缘具单列毛 …… 19
-　前胸背板侧面背缘具双列毛或多列毛 …………………………………………………………………………………………… 20
19. 腹柄背面中长为中宽的 0.9–1.0 倍；腹柄侧面背缘长为中高的 0.7–0.8 倍；合背板基部侧纵沟 2 条（并胸腹节背表面光滑
　　区长为基部至气门后端间距的 2.5 倍，并胸腹节后表面具横皱，端部光滑；第 1 窗疤宽为长的 1.8 倍）…………………
　　……………………………………………………………………………………………………… **樊氏叉齿细蜂** *E. fani*
-　腹柄背面中长为中宽的 1.3–1.6 倍；腹柄侧面背缘长为中高的 1.1–1.3 倍；合背板基部侧纵沟 2–3 条（触角第 10 鞭节长
　　为端宽的 2.5 倍；并胸腹节光滑区占整个背表面，一侧光滑区长为基部至气门后缘间距的 2.8 倍；并胸腹节后表面具稀
　　网皱，端部光滑；前翅径室前缘脉长为翅痣宽的 0.35 倍；后足胫节长为基跗节的 0.73 倍）…………………………………
　　……………………………………………………………………………………………… **光鞘叉齿细蜂** *E. glabriterebrans*
20. 前胸背板侧面背缘具 2 列毛 ……………………………………………………………………………………………………… 21
-　前胸背板侧面背缘具 3 列毛或多列毛（中后足基节和转节褐黄色；后胸侧板前方光滑区长和高分别占侧板的 0.6–0.8 倍
　　和 0.8–0.9 倍；合背板基部侧纵沟各 2 条；前翅长 2.8–3.3 mm）……………………………… **光滑叉齿细蜂** *E. laevigatus*
21. 触角第 2 鞭节长为端宽的 3.1 倍；并胸腹节伸至后表面基部；前翅径脉第 1 段长为宽的 1.0 倍；合背板基部侧纵沟各 2
　　条；前翅长 2.7 mm ……………………………………………………………………………… **烟色叉齿细蜂** *E. fuliginis*
-　触角第 2 鞭节长为端宽的 2.3–2.7 倍；并胸腹节伸至后表面近端部；前翅径脉第 1 段长为宽的 1.5–2.0 倍；合背板基部侧
　　纵沟各 3 条 ……… 22
22. 颊长为复眼纵径的 0.34 倍；并胸腹节整个背表面为光滑区；前翅长 3.0 mm ……………………… **柳氏叉齿细蜂** *E. liui*

\- 　颊长为复眼纵径的 0.19 倍；并胸腹节背表面一侧光滑区长为基部至气门后端间距的 1.2 倍，其后具斜刻条或刻皱；前翅
　　长 2.9 mm ·· 条腰叉齿细蜂 *E. striopropodeum*

23. 腹柄侧面除基部有 1 斜横脊外，基本上光滑（产卵管鞘具长形刻点；腹柄背面基部 0.7 具细点皱，端部 0.3 光滑） ······
　　··· 网柄叉齿细蜂 *E. areolatus*

\- 　腹柄侧面除基部有 1 斜横脊外，其后具纵脊（上颊背观长为复眼的 1.2 倍；颊长为复眼纵径的 0.1 倍；合背板基部中纵
　　沟伸达基部至第 1 窗疤间距的 0.4 处，侧纵沟各 2 条；第 1 窗疤宽为长的 1.6 倍，疤距为疤宽的 1.0 倍） ·····················
　　··· 长颊叉齿细蜂 *E. longitemporalis*

24. 后翅后缘近基部 0.35 处无明显的缺刻，后翅后缘近基部非常窄 ·· 25

\- 　后翅后缘近基部 0.30 处具一明显的圆形缺刻 ··· 26

25. 并胸腹节背表面几乎全为光滑区所占；雌性触角端节长为亚端节的 1.7 倍，合背板基部亚侧纵沟长为中纵沟的 0.3 倍；
　　雄性后足腿节长为宽的 4.5 倍，翅痣长和径室前缘室长分别为翅痣宽的 1.6 倍和 0.4 倍 ···
　　··· 细点叉齿细蜂 *E. micropunctatus*

\- 　并胸腹节背表面至多 0.65 为光滑区；雌性触角端节长为亚端节的 2.0 倍，合背板基部亚侧纵沟长为中纵沟的 0.6–0.9 倍；
　　雄性后足腿节长为宽的 3.6 倍，翅痣长和径室前缘室长分别为翅痣宽的 1.8 倍和 1.0 倍 ······· 短颊叉齿细蜂 *E. brevigena*

26. 并胸腹节背表面基部光滑区短，通常不达并胸腹节气门之后；前胸背板侧面上缘毛带为 1–2 列稀疏的毛；抱器三角形，
　　不下弯 ··· 27

\- 　并胸腹节背表面基部光滑区中等长，远过并胸腹节气门之后；前胸背板侧面上缘毛带宽呈双列毛或多列毛，或单列毛或
　　有时仅有稀疏的毛；抱器各异，有时爪状下弯 ··· 34

27. 雄性 ··· 28

\- 　雌性 ··· 32

28. 中后足转节黑色或褐色（前胸背板上缘具不规则双列毛；中胸侧板仅前上角有毛；腹柄背面具 3 条强纵脊） ·············
　　··· 黑唇叉齿细蜂 *E. nigrolabius*

\- 　中后足转节红褐色、褐黄色或浅褐色 ··· 29

29. 合背板基部第 1 窗疤宽为长的 5.0 倍；前胸背板侧面后下角单个凹窝上方还有 2 个小凹窝 ···
　　··· 七脊叉齿细蜂 *E. septemicarinus*

\- 　合背板基部第 1 窗疤宽为长的 1.5–3.8 倍；前胸背板侧面后下角单个凹窝上方无小凹窝或仅有 1 个小凹窝 ············ 30

30. 合背板第 1 窗疤宽为长的 1.5–1.8 倍；触角第 2、10 节长分别为端宽的 2.5–3.0 倍和 3.0 倍（腹柄背面基部具 4 条弧形横
　　皱，其后具 5 条纵脊；头背观上颊长为复眼的 0.83 倍；第 1 窗疤疤距为疤宽的 0.28 倍） ········· 弓皱叉齿细蜂 *E. arcus*

\- 　合背板第 1 窗疤宽为长的 3.0–3.75 倍；触角第 2、10 节长分别为端宽的 2.2–2.4 倍（杭州叉齿细蜂和贵州叉齿细蜂有达
　　2.7–2.8 倍）和 2.2–2.4 倍 ·· 31

31. 合背板基部各具 4 条侧纵沟；前胸背板侧面后下角单凹窝上方还有 1 个小凹窝；触角端节长为亚端节的 1.74 倍 ·······
　　··· 马氏叉齿细蜂 *E. maae*

\- 　合背板基部各具 3 条侧纵沟；前胸背板侧面后下角单凹窝上方无小凹窝；触角端节长为亚端节的 1.4–1.5 倍（触角第 2–10
　　鞭节上角下瘤明显杆形；前翅翅痣长为径室前缘脉长的 3.1 倍；腹柄侧面基部具 2 条横脊） ····································
　　··· 杭州叉齿细蜂 *E. hangzhouensis*

32. 中、后足转节黑色或为褐色。（腹柄背面大部分具 6 条夹点横皱；腹柄侧面基部具连纵脊的横脊 4 条，其后方具斜纵脊
　　4 条；合背板基部各具侧纵沟 2 条；产卵管鞘具细长刻点） ··· 窄唇叉齿细蜂 *E. stenochilus*

\- 　中、后足转节褐黄色或红褐色 ·· 33

33. 触角第 2 鞭节长为端宽的 1.57 倍；唇基光滑无刻点；前翅翅痣长为宽的 2.05 倍；额脊弱；腹柄背面基部 0.7 具 5 条细横
　　皱，端部 0.3 光滑，有 1 不明显中纵脊；合背板基部侧纵沟各 3 条 ··· 盾脸叉齿细蜂 *E. peltatus*

\- 　触角第 2 鞭节长为端宽的 2.0 倍；唇基光滑有刻点；前翅翅痣长为宽的 1.06 倍；额脊强；腹柄背面基部半具 2 条细横皱，
　　端半中央光滑，两侧具 2–3 条短斜横脊；合背板基部侧纵沟各 2 条 ··· 具点叉齿细蜂 *E. punctatus*

34. 雌性 ··· 35

\- 　雄性 ··· 37

35. 产卵管鞘表面具刻点，无刻条（触角第 2、10 鞭节长分别为端宽的 2.7 倍和 2.1 倍，端节长为亚端节的 1.5 倍；腹柄背面基半中央具 6 条横刻皱，无纵脊；合背板基部中纵沟伸达基部至第 1 对窗疤间距的 0.85 处，两侧各具 2 条纵沟，亚侧纵沟浅而弱）·················· 近缘叉齿细蜂 *E. accolus*（部分）

- 产卵管鞘表面具刻条 ·· 36

36. 前胸背板侧面背缘双列毛；头背观上颊长为复眼的 0.85 倍；触角第 10 节长为端宽的 2.0 倍，端节长为亚端节的 1.38 倍；并胸腹节后表面光滑；腹柄背面基部 0.7 具 6 条横皱，端部 0.3 具 5 条纵脊；腹柄侧面基部具连有纵脊的横脊 4 条，其后另有纵脊 4 条；第 1 窗疤宽为长的 2.0 倍，疤距为疤宽的 0.9 倍；后足腿节红褐色 ··············· 双鬃叉齿细蜂 *E. varia*

- 前胸背板侧面背缘单列毛；头背观上颊长为复眼的 1.1 倍；触角第 10 节长为端宽的 1.5 倍，端节长为亚端节的 1.8 倍；并胸腹节后表面具网室；腹柄背面基部具不规则纵皱；腹柄侧面基部具连有纵脊的横脊 2 条，其后另有纵脊 5 条；第 1 窗疤宽为长的 3.0 倍，疤距为疤宽的 0.35 倍；后足腿节红褐色，背面褐色 ········ 针镞叉齿细蜂 *E. acuticlasper*（部分）

37. 抱器很细长，呈针状，稍下弯 ·· 38

- 抱器长三角形，非针状，不下弯 ·· 39

38. 前翅径脉第 1 段从翅痣中央伸出，长为宽的 1.0 倍；腹柄侧面基部具连纵脊的横脊 2 条；第 1 窗疤疤距为疤宽的 0.35 倍 ·· 针镞叉齿细蜂 *E. acuticlasper*（部分）

- 前翅径脉第 1 段从翅痣中央稍外方伸出，长为宽的 1.3 倍；腹柄侧面基部具连纵脊的横脊 1 条；第 1 窗疤疤距为疤宽的 0.15 倍 ·· 唐氏叉齿细蜂 *E. tangi*

39. 中后足转节黑色，或基本上黑褐色或暗褐色 ·· 40

- 中后足转节褐黄色或红褐色，少数种背面带浅褐色 ··· 41

40. 中后足腿节基本上红褐色；合背板基部中纵沟较长，伸达基部至第 1 对窗疤的 0.8–0.85 处；腹柄侧面基部具 3–4 条连纵脊的横脊（并胸腹节背表面光滑区小，长为基部至气门后端间距的 1.0 倍，后表面大部分光滑；径脉第 1 段长为宽的 1.5 倍）·· 双鬃叉齿细蜂 *E. varia*

- 中后足腿节烟褐色至黑色，至少后足腿节中部烟褐色；合背板基部中纵沟伸达基部至第 1 对窗疤的 0.55–0.75 处；腹柄侧面基部具 2 条或仅 1 条独立横脊（腹柄背面中长为中宽的 1.3 倍，腹柄侧面基部仅具单独的横脊 1 条，其后另有纵脊 6 条；腹部第 1 窗疤宽为长的 1.8–2.4 倍；合背板基部中纵沟伸达基部至第 1 对窗疤的 0.7–0.8 处；后足腿节两端和胫节基部浅褐色，其他部分黑褐色）·············· 黑色叉齿细蜂 *E. nigricans*

41. 腹柄短，背面中长为中宽的 0.4–0.5 倍，侧观背缘长为中高的 0.2–0.5 倍（前胸背板侧面上缘 2 列毛；并胸腹节背表面几乎全部为光滑区；腹柄背面具 1 条中纵脊，从其两侧伸出 2 条横脊；腹柄侧面背缘长为中高的 0.2 倍，基部 2 条连有纵脊的横脊；疤距为疤宽的 0.6 倍）·················· 短柄叉齿细蜂 *E. brevibasis*

- 腹柄较长，背面中长为中宽的 0.7–1.6 倍，侧观背缘长为中高的 0.5–1.3 倍 ············· 42

42. 前胸背板侧面上缘双列毛或 3 列毛 ·· 43

- 前胸背板侧面上缘单列毛（抱器长三角形，非针状，不下弯；并胸腹节后表面具网室或大部分光滑前胸背板背面前方具 8–9 条强横皱；合背板基部中纵沟伸达至第 1 窗疤间距的 0.85 处，两侧各有 2 条侧纵沟；前中足转节黄褐色）·········· 汤斯叉齿细蜂 *E. townesi*

43. 前胸背板侧面上缘 3 列毛（合背板上第 1 对窗疤间距为其宽度的 2.0 倍；触角黑褐色）····· 长沟叉齿细蜂 *E. longisulcus*

- 前胸背板侧面上缘 2 列毛 ·· 44

44. 合背板基部中纵沟两侧各有侧沟 3 条（上颊背观长为复眼的 0.78 倍；并胸腹节后表面近于光滑；翅痣长为宽的 2.0 倍；腹柄背面基部无横脊）·················· 天目山叉齿细蜂 *E. tianmushanensis*

- 合背板基部中纵沟两侧各有侧沟 2 条 ··· 45

45. 腹柄背面仅具 4–5 条纵脊；并胸腹节后表面前方具网室，后方光滑（触角鞭节无角下瘤；后足胫长距长为基跗节的 0.68 倍；头背观上颊长为复眼的 0.54 倍；合背板基部中纵沟伸至距第 1 窗疤的 0.85 处，亚侧纵沟长为中纵沟的 0.9 倍）····· 近缘叉齿细蜂 *E. accollus*（部分）

- 腹柄背面除具 6–7 条纵脊外，还有 2 条横皱；并胸腹节后表面大部分光滑或几乎全部具网皱（触角第 2 鞭节为端宽的 2.4 倍；并胸腹节后表面具网皱；腹柄侧面基部具独立的横脊 1 条；合背板基部中纵沟伸达第 1 窗疤间距的 0.53 处；第 1 窗疤宽为长的 3.0 倍，疤距为疤宽的 0.5 倍）·········· 纤细叉齿细蜂 *E. exilis*

（360）短角原叉齿细蜂 *Exallonyx brevicornis* (Haliday, 1939)（图 6-22）

Proctotrupes brevicornis Haliday, 1839: 9.

Exallonyx brevicornis: He *et* Fan *in* He *et al.*, 2004: 332.

主要特征：雄前翅长 3.6 mm。体黑色。须黄褐色。上唇、上颚端部和翅基片红褐色。触角黑褐色，柄节黄褐色。足基节除了端部黑褐色，前中足端跗节、后足胫节端部、跗节浅褐色，其余红褐色。翅透明，带烟黄色；翅痣和强脉黑褐色，弱脉浅黄色痕迹。前胸背板颈部背面具 6 条横皱，后方中央缺；侧面光滑，前沟缘脊发达；前沟缘脊之后无毛，颈脊之后具毛；背缘具连续的双列毛；后下角双凹窝。前翅翅痣长和径室前缘脉长分别为翅痣宽的 1.5 倍和 0.44 倍；翅痣后侧缘稍弯；后翅后缘近基部缺刻深。

分布：浙江（临安）。

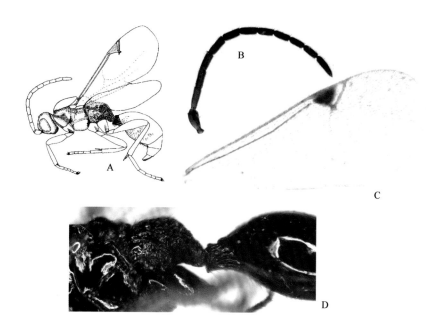

图 6-22　短角原叉齿细蜂 *Exallonyx brevicornis* (Haliday, 1939)（A. 仿自何俊华等，2004）
A. 整体，侧面观；B. 触角；C. 翅；D. 后胸侧板、并胸腹节和腹部基部，侧面观
A. 0.6×标尺；B, C. 1.0×标尺；D. 2.0×标尺

（361）丫脊叉齿细蜂 *Exallonyx furcicarinatus* He *et* Xu, 2015（图 6-23）

Exallonyx furcicarinatus He *et* Xu, 2015: 399.

主要特征：雄前翅长 2.5 mm。体黑色。须黄色。上唇、上颚端部和翅基片褐黄色。触角黑褐色，柄节基部和梗节黄褐色。前足灰黄色；中后足黄褐色，后足基节基半、腿节背缘及各足端跗节黑褐色。翅透明，带烟黄色；翅痣和强脉黑褐色，弱脉浅黄色痕迹。腹柄背面基部 0.2 具横皱，其后为纵脊，中脊呈"Y"形；后胸侧板无光滑区；合背板基部亚侧纵沟长为中纵沟的 0.95 倍。雌前翅长 2.5–3.0 mm。翅基片褐黄色。触角红褐色，柄节和鞭节至端部渐黑褐色。足红褐色；中后足基节黑褐色；后足胫节除了基部、基跗节褐色。翅痣和强脉褐色，弱脉浅黄色痕迹。

分布：浙江（临安）、福建。

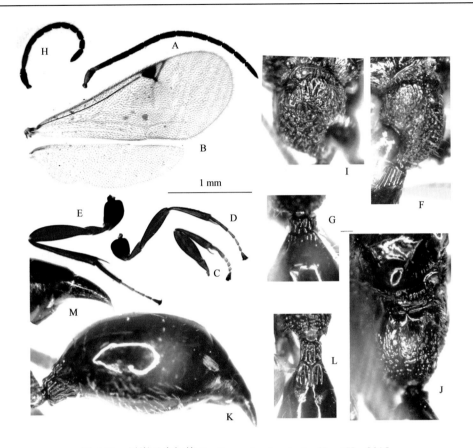

图 6-23　丫脊叉齿细蜂 *Exallonyx furcicarinatus* He et Xu, 2015

A, H. 触角；B. 翅；C. 前足；D. 中足；E. 后足；F, I. 后胸侧板、并胸腹节和腹部，侧面观；G, L. 并胸腹节、腹柄和合背板基部，背面观；

J. 并胸腹节，背面观；K. 腹部，侧面观；M. 产卵管鞘（A-G. ♂；H-M. ♀）

A-E, H. 1.0×标尺；F, G, I-L. 2.0×标尺；M. 3.2×标尺

（362）短室叉齿细蜂 *Exallonyx brevicellus* He et Xu, 2015（图 6-24）

Exallonyx brevicellus He et Xu, 2015: 416.

　　主要特征：雄前翅长 2.1 mm。体黑色。须和翅基片黄褐色。触角暗褐黄色。足褐黄色；中后足基节除了端部和腿节背缘黑褐色。翅透明，带烟黄色；翅痣和强脉暗褐黄色，弱脉浅黄色痕迹。腹柄背面基部无点皱或夹点横皱，仅有纵脊；前胸背板侧面背缘具双列毛；并胸腹节背表面光滑区长为基部至气门后端间距的 1.2 倍；合背板基部侧纵沟各 2 条。

　　分布：浙江（德清）。

（363）祝氏叉齿细蜂 *Exallonyx zhui* He et Xu, 2015（图 6-25）

Exallonyx zhui He et Xu, 2015: 431.

　　主要特征：雌前翅长 2.3 mm。体黑色。须黄褐色。上唇、上颚端部和翅基片褐黄色。触角基部褐黄色，其余黑褐色。前中足黄褐色；后足浅红褐色。翅透明，带烟黄色；翅痣和强脉黄褐色，弱脉无色。后足基节浅红褐色；腹柄背面仅有纵脊；合背板基部亚侧纵沟长为中纵沟的 0.3 倍。额脊中等高。后头脊正常高。颈部背面具 3–4 条细横刻条。前胸背板侧面光滑，前沟缘脊发达。中胸侧板前缘上角有稀毛区。

　　分布：浙江（临安）。

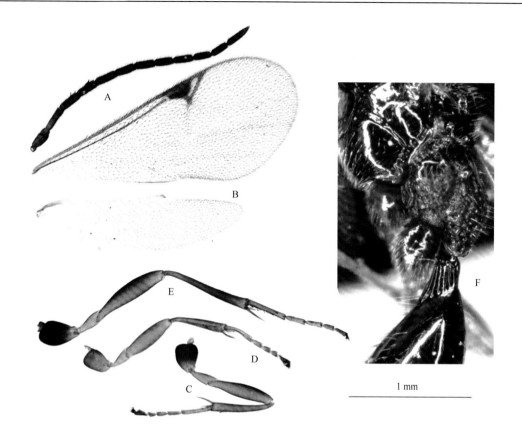

图 6-24　短室叉齿细蜂 *Exallonyx brevicellus* He *et* Xu, 2015

A. 触角；B. 翅；C. 前足；D. 中足；E. 后足；F. 后胸侧板、并胸腹节和腹部，侧面观

A-E. 1.0×标尺；F. 2.0×标尺

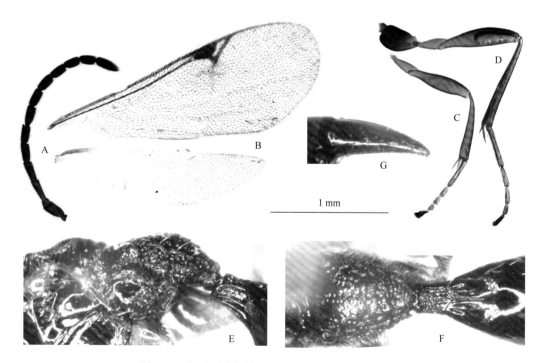

图 6-25　祝氏叉齿细蜂 *Exallonyx zhui* He *et* Xu, 2015

A. 触角；B. 翅；C. 中足；D. 后足；E. 后胸侧板、并胸腹节和腹部，侧面观；F. 并胸腹节、腹柄和合背板基部，背面观；G. 产卵管鞘

A-D. 1.0×标尺；E, F 2.0×标尺；G. 3.0×标尺

（364）樊氏叉齿细蜂 *Exallonyx fani* He *et* Xu, 2015（图 6-26）

Exallonyx fani He *et* Xu, 2015: 443.

　　主要特征：雄性前翅长 1.83 mm。体黑色。须黄色。上唇、上颚端部和翅基片褐黄色。触角基部腹方黄褐色，其余至端部渐黑褐色。足褐黄色，基节黑褐色至黑色，后足跗节浅褐色。翅透明；翅痣和强脉暗黄褐色，弱脉无色。并胸腹节后表面具横皱，端部光滑。额脊中等高。后头脊正常。前胸背板颈部背面具 6 条横皱。后翅后缘近基部有缺刻。合背板上仅窗疤附近有稀而短的毛，远离合背板下缘。抱器长三角形，不下弯，端尖。

　　分布：浙江（临安）。

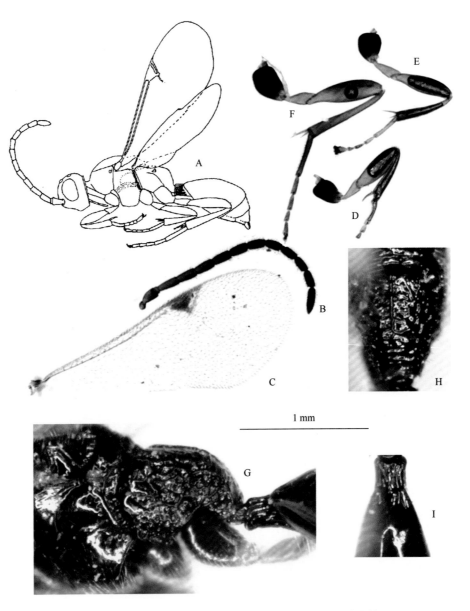

图 6-26　樊氏叉齿细蜂 *Exallonyx fani* He *et* Xu, 2015（仿自何俊华等，2004）

A. 整体，侧面观；B. 触角；C. 前翅；D. 前足；E. 中足；F. 后足；G. 后胸侧板和并胸腹节，侧面观；H. 并胸腹节，背面观；

I. 腹柄和合背板基部，背面观

A. 0.6×标尺；B-F. 1.0×标尺；G-I. 2.0×标尺

（365）光鞘叉齿细蜂 *Exallonyx glabriterebrans* He et Xu, 2015（图 6-27）

Exallonyx glabriterebrans He et Xu, 2015: 450.

主要特征：雄性前翅长 2.8 mm。体黑色。须和翅基片黄色。上唇、上颚除了端部红褐色。触角柄节、梗节和第 1 鞭节基部黄褐色，其余鞭节暗红褐色。足褐黄色，基节黑褐色至黑色，前中足胫节、距和跗节黄褐色。翅透明；翅痣和强脉褐色。触角第 10 鞭节长为端宽的 2.5 倍；并胸腹节光滑区占整个背表面，一侧光滑区长为基部至气门后缘间距的 2.8 倍；并胸腹节后表面具稀网皱，端部光滑；前翅径室前缘脉长为翅痣宽的 0.35 倍；后足胫节长为基跗节的 0.73 倍。

分布：浙江（临安、龙泉）。

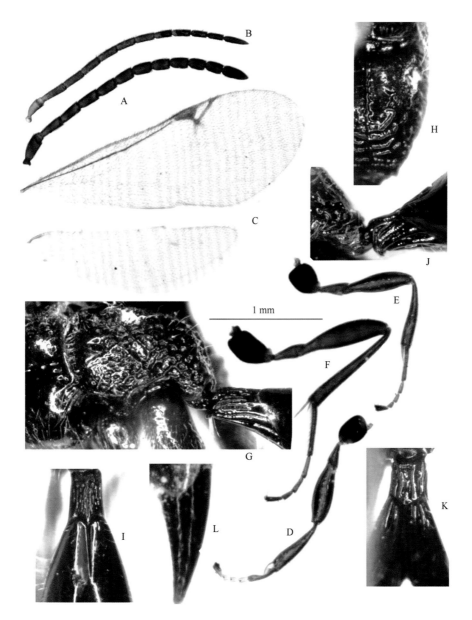

图 6-27　光鞘叉齿细蜂 *Exallonyx glabriterebrans* He et Xu, 2015

A, B. 触角；C. 翅；D. 前足；E. 中足；F. 后足；G. 后胸侧板和并胸腹节，侧面观；H. 并胸腹节，背面观；I, K. 腹柄和合背板基部，背面观；

J. 腹柄，侧面观；L. 产卵管鞘（B, J, K. ♂；余为♀）

A-F. 1.0×标尺；G-K. 2.0×标尺；L. 4.0×标尺

（366）烟色叉齿细蜂 *Exallonyx fuliginis* He *et* Fan, 2004（图 6-28）

Exallonyx fuliginis He *et* Fan *in* He *et al*., 2004: 342.

主要特征：雄前翅长 2.5 mm。体黑色。须黄色。上唇、上颚端部和翅基片褐黄色。触角黑褐色。足褐黄色，基节、转节背方、中后足腿节（除了两端）、后足胫节除了基部和基跗节黑褐色。翅透明，带烟黄色；翅痣和强脉褐色，弱脉浅黄色痕迹。触角第 2 鞭节长为端宽的 3.1 倍；并胸腹节伸至后表面基部；前翅径脉第 1 段长为宽的 1.0 倍；合背板基部侧纵沟各 2 条。前胸背板颈部背面具 5–6 条横皱；侧面光滑，前沟缘脊发达。合背板上仅窗疤附近有稀而短的毛，远离合背板下缘。

分布：浙江（临安）。

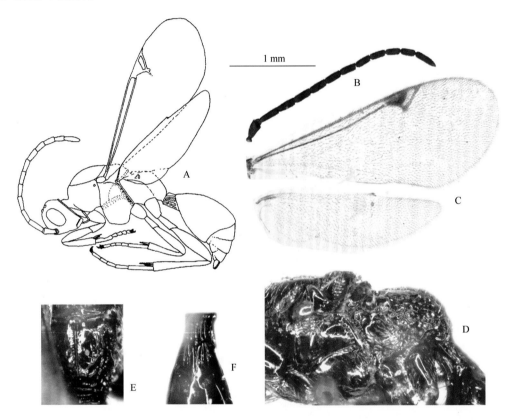

图 6-28　烟色叉齿细蜂 *Exallonyx fuliginis* He *et* Fan, 2004（A. 仿自何俊华等，2004）

A. 整体，侧面观；B. 触角；C. 翅；D. 中胸侧板、后胸侧板、并胸腹节和腹柄，侧面观；E. 并胸腹节，背面观；F. 腹柄和合背板基部，背面观

A. 0.6×标尺；B, C. 1.0×标尺；D–F. 2.0×标尺

（367）柳氏叉齿细蜂 *Exallonyx liui* He *et* Xu, 2015（图 6-29）

Exallonyx liui He *et* Xu, 2015: 467.

主要特征：雄前翅长 2.6 mm。体黑色。须和翅基片黄褐色。上唇、上颚端部红褐色。触角基半红褐色，至端部渐黑褐色。足褐黄色，前中足基节和各足端跗节浅黑褐色，后足基节（除了端部）黑色。翅透明，带烟黄色；翅痣和强脉褐色，弱脉浅黄色痕迹。颊长为复眼纵径的 0.34 倍；并胸腹节整个背表面为光滑区。前胸背板颈部背面具 3 条横皱；侧面光滑，前沟缘脊发达，沿脊后方有弱皱。径脉第 2 段直，两段相接处膨大。后翅后缘近基部缺刻深。

分布：浙江（临安）。

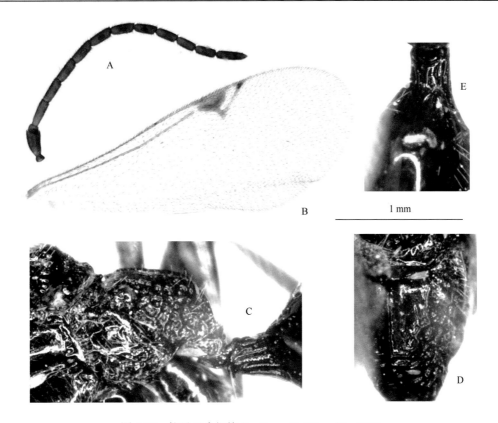

图 6-29　柳氏叉齿细蜂 *Exallonyx liui* He *et* Xu, 2015

A. 触角；B. 翅；C. 后胸侧板、并胸腹节和腹柄，侧面观；D. 并胸腹节，背面观；E. 腹柄和合背板基部，背面观

A, B. 1.0×标尺；C-E. 2.0×标尺

（368）条腰叉齿细蜂 *Exallonyx striopropodeum* He *et* Xu, 2015（图 6-30）

Exallonyx striopropodeum He *et* Xu, 2015: 469.

主要特征：雄前翅长 2.2 mm。体黑色。须和翅基片黄褐色。上唇、上颚端部红褐色。触角黑褐色，至基部渐红褐色。足黄褐色。基节黑褐色至黑色。翅透明；翅痣和强脉黑褐色，弱脉无色。颊长为复眼纵径的 0.19 倍；并胸腹节背表面一侧光滑区长为基部至气门后端间距的 1.2 倍，其后具斜刻条或刻皱。前胸背板颈部背面具 5 条横皱；侧面光滑，前沟缘脊发达；前沟缘脊之后无毛，颈脊之后具毛；背缘具稀疏的双列毛；后下角双凹窝。后翅后缘近基部有缺刻。

分布：浙江（杭州）。

（369）光滑叉齿细蜂 *Exallonyx laevigatus* Fan *et* He, 2003（图 6-31）

Exallonyx laevigatus Fan *et* He *in* Huang, 2003: 719.

主要特征：雄前翅长 2.6–3.3 mm。体黑色。须黄色。上唇、上颚端部和翅基片褐黄色。触角浅黑褐色，柄节、梗节、第 1 鞭节基部褐黄色。足褐黄色；前中足跗节黄褐色，中后足基节黑色；后足腿节背面，胫节端部和跗节暗褐黄色。翅透明；翅痣和强脉黄褐色，弱脉无色。中后足基节和转节褐黄色；后胸侧板前方光滑区长和高分别为侧板的 0.6–0.8 倍和 0.8–0.9 倍；合背板基部侧纵沟各 2 条。前胸背板颈部背面具 2–4 条横皱；侧面光滑，前沟缘脊发达；前沟缘脊之后无毛，颈脊之后具毛。

分布：浙江（临安）、福建。

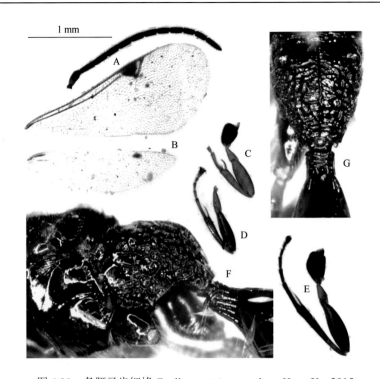

图 6-30 条腰叉齿细蜂 *Exallonyx striopropodeum* He *et* Xu, 2015

A. 触角；B. 翅；C. 前足；D. 中足；E. 后足；F. 后胸侧板、并胸腹节和腹柄，侧面观；G. 并胸腹节、腹柄和合背板基部，背面观

A-E. 1.0×标尺；F, G. 2.0×标尺

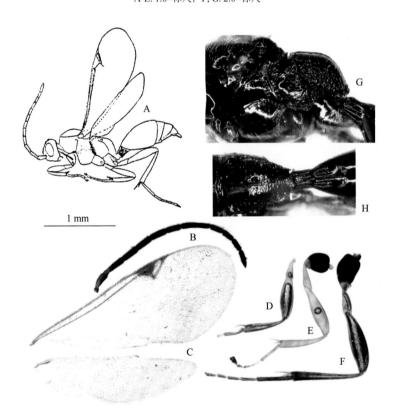

图 6-31 光滑叉齿细蜂 *Exallonyx laevigatus* Fan *et* He, 2003（A. 仿自樊晋江和何俊华，2003）

A. 整体，侧面观；B. 触角；C. 翅；D. 前足；E. 中足；F. 后足；G. 中胸侧板、后胸侧板、并胸腹节和腹柄，侧面观；

H. 并胸腹节、腹柄和合背板基部，背面观

A-F. 1.0×标尺；G, H. 2.0×标尺

（370）网柄叉齿细蜂 *Exallonyx areolatus* Xu, He *et* Liu, 2007（图 6-32）

Exallonyx areolatus Xu, He *et* Liu, 2007: 302.

　　主要特征：雌前翅长 2.6 mm。体黑色。上唇、上颚红褐色。下颚须和下唇须黄色。翅基片灰黄褐色。触角红褐色。足褐黄色；但前足基节暗褐黄色，中、后足基节黑色。翅透明，带烟黄色；翅痣和强脉褐色，弱脉无色。前胸背板颈部横皱不明显；侧面光滑，前沟缘脊发达；前沟缘脊之后无毛，颈脊之后无毛；背缘具连续的双列毛；后下角双凹窝。中胸侧板前缘上角和中央横沟上方为有毛区；背表面光滑，与后表面无皱脊分界。产卵管鞘具长刻点，有细毛。

　　分布：浙江（临安）。

图 6-32　网柄叉齿细蜂 *Exallonyx areolatus* Xu, He *et* Liu, 2007（仿自 Xu *et al.*, 2007）
A. 触角；B. 翅；C. 前足；D. 中足；E. 后足；F. 后胸侧板、并胸腹节和腹柄，侧面观；G. 并胸腹节，背面观；H. 腹柄，侧面观；
I. 腹柄和合背板基部，背面观；J. 产卵管鞘
A-E. 1.0×标尺；F-I. 2.0×标尺；J. 3.0×标尺

（371）长颞叉齿细蜂 *Exallonyx longitemporalis* He *et* Xu, 2015（图 6-33）

Exallonyx longitemporalis He *et* Xu, 2015: 503.

　　主要特征：雌前翅长 1.67 mm。体黑色。须和翅基片黄褐色。上唇、上颚端部红褐色。触角黑褐色，第 1 鞭节基部红褐色，第 3–11 鞭节腹方白色。足红褐色；前足跗节黄褐色；中足基节棕褐色；后足基节（除

了端部）黑色，后足胫节端部 0.4 和中后足端跗节黑褐色。翅透明；翅痣和强脉黑褐色，弱脉无色。上颊背观长为复眼的 1.2 倍；颊长为复眼纵径的 0.1 倍；合背板基部中纵沟伸达基部至第 1 窗疤间距的 0.4 处，侧纵沟各 2 条；第 1 窗疤宽为长的 1.6 倍，疤距为疤宽的 1.0 倍。

分布：浙江（安吉）。

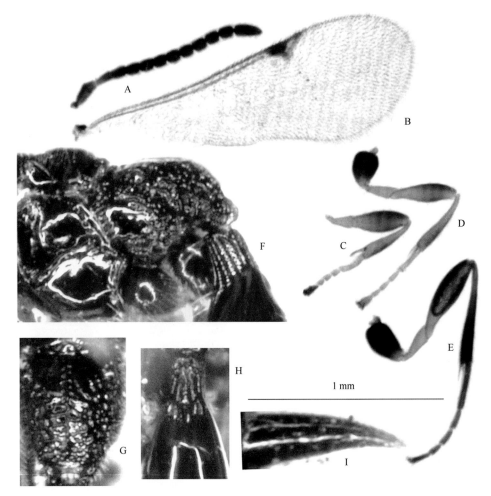

图 6-33　长颞叉齿细蜂 *Exallonyx longitemporalis* He *et* Xu, 2015

A. 触角；B. 翅；C. 前足；D. 中足；E. 后足；F. 后胸侧板、并胸腹节和腹柄，侧面观；G. 并胸腹节，背面观；

H. 腹柄和合背板基部，背面观；I. 产卵管鞘

A-E. 1.0×标尺；F-H. 2.0×标尺；I. 4.0×标尺

（372）赵氏叉齿细蜂 *Exallonyx chaoi* He *et* Fan, 2004（图 6-34）

Exallonyx chaoi He *et* Fan *in* He *et al*., 2004: 333.

主要特征：雄前翅长 2.5 mm。体黑色。须黄色。上唇、上颚中央和翅基片黄褐色。触角黑褐色，梗节、第 1 鞭节基部黄褐色。足基节黑色；前足转节内侧除了两端、腿节内侧除了端部、胫节端半背方褐黄色，其余黄褐色；中足转节、腿节除了端部、胫节、端跗节浅褐色，其余黄褐色；后足转节除了端部、腿节除了两端、胫节除了基半、跗节浅黑褐色，其余黄褐色。翅透明，带烟黄色；翅痣和强脉浅褐色，弱脉无色。

分布：浙江（临安）、贵州。

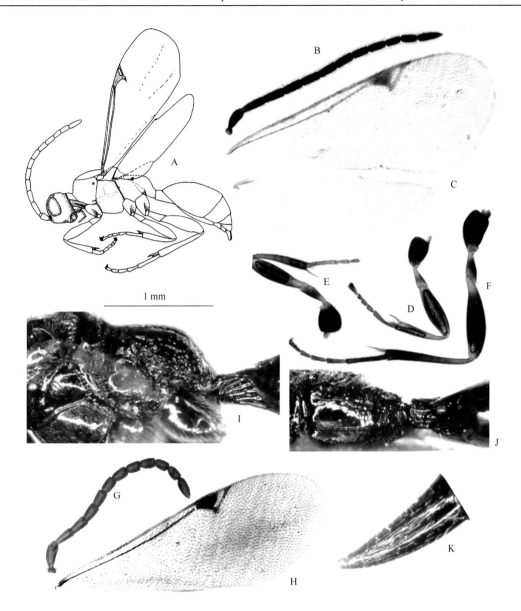

图 6-34　赵氏叉齿细蜂 *Exallonyx chaoi* He *et* Fan, 2004（A. 仿自何俊华等，2004）

A. 整体，侧面观；B，G. 触角；C，H. 翅；D. 前足；E. 中足；F. 后足；I. 后胸侧板和并胸腹节，侧面观；

J. 并胸腹节、腹柄和合背板基部，背面观；K. 产卵管鞘（A-F.♂；G-K.♀）

A. 0.6×标尺；B-H. 1.0×标尺；I，J. 2.0×标尺；K. 3.0×标尺

（373）浙江叉齿细蜂 *Exallonyx zhejiangensis* He *et* Fan, 2004（图 6-35）

Exallonyx zhejiangensis He *et* Fan *in* He *et al*., 2004: 335.

主要特征：雌前翅长 3.3 mm。体黑色，前胸背板侧面下缘和产卵管鞘端部红褐色。须、翅基片黄色。触角红褐色，至端部渐暗。足褐黄色；前足基节棕黑色，中后足基节（除了端部）黑色；前中足第 2–5 跗节或褐黄色。翅透明，带烟黄色；翅痣和强脉黑褐色，弱脉浅黄色痕迹。前胸背板颈部背面具 4–7 条横皱，中央无毛。后翅后缘近基部 0.35 处缺刻深。腹柄表面具约 8 条横皱，内夹细皱。合背板两侧各具 3 条弱纵沟，毛稀而短，远离合背板下缘。产卵管鞘具细纵刻皱，光滑，有细毛。

分布：浙江（临安）、陕西、贵州。

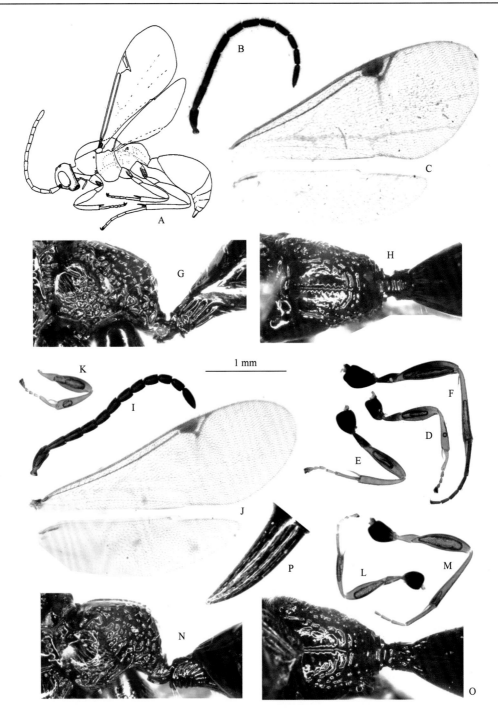

图 6-35　浙江叉齿细蜂 *Exallonyx zhejiangensis* He *et* Fan, 2004（A. 仿自何俊华等，2004）

A. 整体，侧面观；B, I. 触角；C, J. 翅；D, K. 前足；E, L. 中足；F, M. 后足；G, N. 后胸侧板、并胸腹节和腹柄，侧面观；

H, O. 并胸腹节、腹柄和合背板基部，背面观；P. 产卵管鞘（A-H. ♂；I-P. ♀）

A. 0.5×标尺；B, C, I, J. 1.0×标尺；D-F, K-M. 0.8×标尺；G, H, N, O. 2.0×标尺；P. 2.5×标尺

（374）长柄叉齿细蜂 *Exallonyx longistipes* He *et* Xu, 2015（图 6-36）

Exallonyx longistipes He *et* Xu, 2015: 540.

　　主要特征：雌前翅长 2.7 mm。体黑色。上唇、上颚端半红褐色。须黄色。翅基片褐黄色。触角黑褐色，

但基部 3 节带红褐色。翅基片褐黄色。足红褐色，但腿节中段色稍暗；基节黑褐色至黑色，第 2–4 跗节黄褐色。翅透明，带烟黄色；翅痣和强脉褐黄色，弱脉无色。额脊正常高；头背观上颊长为复眼的 0.8 倍；并胸腹节后表面具横皱；前翅翅痣长为宽的 1.7 倍；腹柄背面端部中央具弱皱，侧方中央光滑；合背板基部中纵沟伸达基部至第 1 窗疤间距的 0.52 处，侧纵沟各 3 条，亚侧纵沟长为中纵沟的 0.8 倍；第 1 窗疤宽为长的 2.75 倍。

分布：浙江（临安）、陕西。

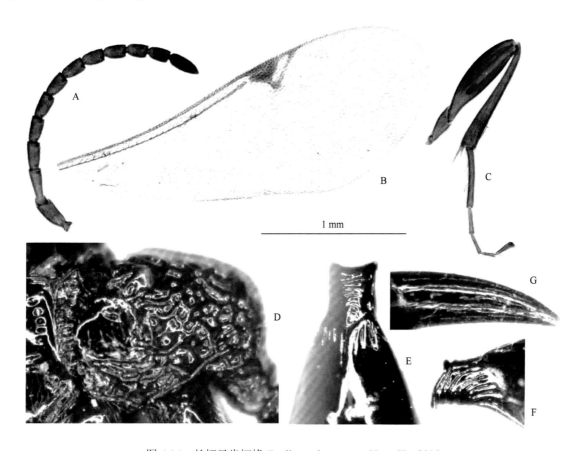

图 6-36　长柄叉齿细蜂 *Exallonyx longistipes* He et Xu, 2015

A. 触角；B. 前翅；C. 后足；D. 后胸侧板和并胸腹节，侧面观；E. 腹柄，侧面观；F. 腹柄和合背板基部，背面观；G. 产卵管鞘

A-C. 1.0×标尺；D-F. 2.0×标尺；G. 3.0×标尺

（375）红足叉齿细蜂 *Exallonyx rufipes* He *et* Xu, 2015（图 6-37）

Exallonyx rufipes He *et* Xu, 2015: 545.

主要特征：雌前翅长 2.4 mm。体黑色。须黄褐色。上唇、上颚端半红褐色。触角基部 3 节红褐色，其余黑褐色。翅基片褐色。足基节黑色，其余红褐色。翅透明，带烟黄色；翅痣和强脉黑褐色，弱脉浅黄色痕迹。额脊弱；并胸腹节背表面大部分光滑；合背板基部中纵脊伸达基部至第 1 窗疤间距的 0.46 处，侧纵沟各 4 条，亚侧纵沟长为中纵沟的 0.72 倍；第 1 窗疤疤距为疤宽的 0.3 倍。前胸背板颈部背面具 4–5 条横皱；侧面光滑，前沟缘脊发达。径脉第 2 段直两段相接处膨大不明显。后翅后缘近基部缺刻深。

分布：浙江（临安）。

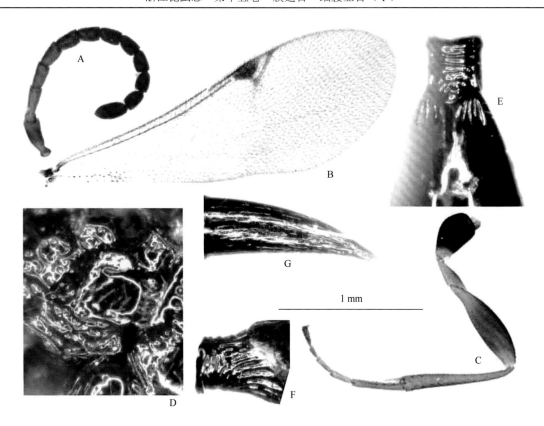

图 6-37　红足叉齿细蜂 *Exallonyx rufipes* He *et* Xu, 2015

A. 触角；B. 前翅；C. 后足；D. 后胸侧板和并胸腹节，侧面观；E. 腹柄，侧面观；F. 腹柄和合背板基部，背面观；G. 产卵管鞘

A-C. 1.0×标尺；D-F. 2.0×标尺；G. 3.0×标尺

（376）皱胸叉齿细蜂 *Exallonyx rugosus* He *et* Xu, 2015（图 6-38）

Exallonyx rugosus He *et* Xu, 2015: 546.

　　主要特征：雌前翅长 2.8 mm。体黑色。上唇、上颚端半红褐色。须黄色。触角红褐色，端部色暗。翅基片黄褐色。足红褐色，但后足腿节色稍暗；基节黑色，跗节第 2–5 节黄褐色。翅透明，带烟黄色；翅痣和强脉深褐色，弱脉无色。腹柄背面基部 3 条横皱后具不规则皱；腹柄侧面基部具连有纵脊的横脊 4 条，其后另具 5 条纵脊；前胸背板侧面背缘中央单列毛，前后多列毛。

　　分布：浙江（临安）。

（377）弱沟叉齿细蜂 *Exallonyx delicatus* He *et* Xu, 2015（图 6-39）

Exallonyx delicatus He *et* Xu, 2015: 548.

　　主要特征：雌前翅长 2.8 mm。体黑色。上唇、上颚端半红褐色。须黄色。触角红褐色，至端部色深。翅基片黄褐色。足红褐色；基节黑褐色，前中足第 2–4 跗节黄褐色。翅透明，带烟黄色；翅痣和强脉暗褐黄色，弱脉无色。腹柄背面基部 3 条横皱后光滑；腹柄侧面基部具连有纵脊的横脊 5 条，其后光滑；前胸背板颈部具 2 条横皱；侧面光滑，前沟缘脊发达；前沟缘脊之后无毛，颈脊之后具毛；背缘具连续的单列毛；后下角双凹窝。后翅后缘近基部缺刻深。

　　分布：浙江（临安）。

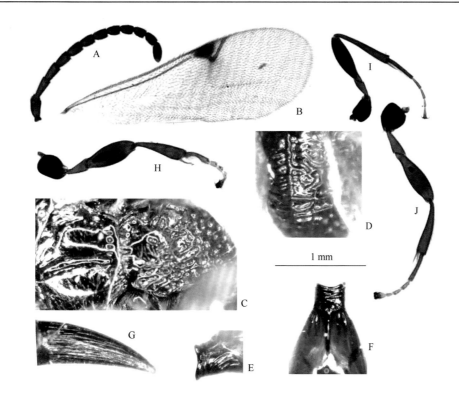

图 6-38　皱胸叉齿细蜂 *Exallonyx rugosus* He *et* Xu, 2015

A. 触角；B. 翅；C. 中胸侧板、后胸侧板和并胸腹节，侧面观；D. 并胸腹节，背面观；E. 腹柄，侧面观；

F. 腹柄和合背板基部，背面观；G. 产卵管鞘；H. 前足；I. 中足；J. 后足

A. 1.0×标尺；B-F. 2.0×标尺；G. 2.5×标尺；H-J. 0.8×标尺

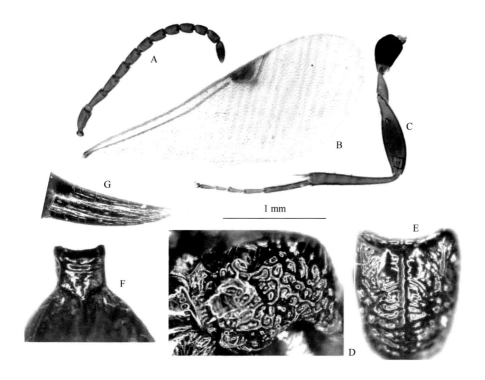

图 6-39　弱沟叉齿细蜂 *Exallonyx delicatus* He *et* Xu, 2015

A. 触角；B. 前翅；C. 后足；D. 后胸侧板和并胸腹节，侧面观；E. 并胸腹节，背面观；F. 腹柄和合背板基部，背面观；G. 产卵管鞘

A-C. 1.0×标尺；D-G. 2.0×标尺

（378）突额叉齿细蜂 *Exallonyx exsertifrons* He *et* Xu, 2015（图 6-40）

Exallonyx exsertifrons He *et* Xu, 2015: 553.

　　主要特征：雌前翅长 2.4 mm。体黑色。上唇、上颚端半红褐色。须黄色。触角基部红褐色，至端部渐黑褐色。翅基片黄褐色。足基节黑褐色，其余红褐色。翅透明；翅痣和强脉褐色，弱脉无色。上颊背观长为复眼的 1.1 倍；前翅翅痣长为宽的 2.2 倍；第 1 窗疤宽为长的 2.0 倍，疤距为疤宽的 0.6 倍。前胸背板颈部具 4–5 条横皱；侧面光滑，前沟缘脊发达。翅痣后侧缘稍弯；径脉第 1 段从翅痣稍外方伸出，内斜直；径脉第 2 段直，两段相接处稍膨大。

　　分布：浙江（临安）、吉林、陕西、湖北。

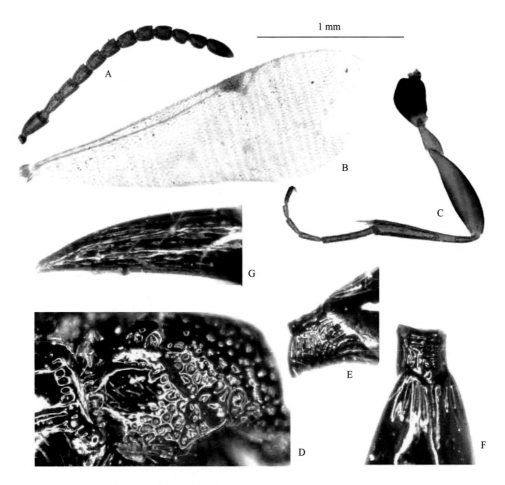

图 6-40　突额叉齿细蜂 *Exallonyx exsertifrons* He *et* Xu, 2015

A. 触角；B. 前翅；C. 后足；D. 后胸侧板和并胸腹节，侧面观；E. 腹柄，侧面观；F. 腹柄和合背板基部，背面观；G. 产卵管鞘

A-C. 1.0×标尺；D-F. 2.0×标尺；G. 3.0×标尺

（379）屈氏叉齿细蜂 *Exallonyx qui* He *et* Xu, 2015（图 6-41）

Exallonyx qui He *et* Xu, 2015: 556.

　　主要特征：雌前翅长 2.3 mm。体黑色。须黄色。上唇、上颚端部褐黄色。触角基部红褐色，至端部渐黑褐色。翅基片黄褐色。足暗黄褐色，前足基节、腿节背方、后足胫节背方（浅）褐色；中后足基节黑褐色。翅透明，带烟黄色；翅痣和强脉暗褐黄色，弱脉浅黄色痕迹。腹柄侧面背缘长为中高的 1.0 倍，基部横脊腹方愈合而光滑；后足腿节长为宽的 3.5 倍。前胸背板颈部背面具 3 条横皱；侧面光滑，前沟缘脊发达。

　　分布：浙江（临安）。

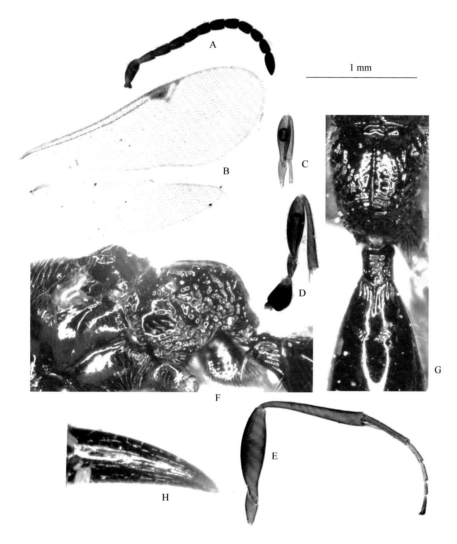

图 6-41　屈氏叉齿细蜂 *Exallonyx qui* He *et* Xu, 2015

A. 触角；B. 翅；C. 前足；D. 中足；E. 后足；F. 后胸侧板、并胸腹节和腹柄，侧面观；G. 并胸腹节、腹柄和合背板基部，背面观；H. 产卵管鞘

A-E. 1.0×标尺；F, G. 2.0×标尺；H. 3.0×标尺

（380）吴氏叉齿细蜂 *Exallonyx wuae* Xu, He *et* Liu, 2007（图 6-42）

Exallonyx wuae Xu, He *et* Liu, 2007: 306.

　　主要特征：雌前翅长 2.5 mm。体黑色。上唇、上颚端半红褐色。须黄褐色。触角基部红褐色，至端部渐呈棕褐色。翅基片红褐色。足基节黑色（前足的色浅），其余浅红褐色。翅透明，带浅烟黄色；翅痣和强脉浅褐色，弱脉浅黄色痕迹。颊长为复眼长径的 0.5 倍；额脊强而高。后头脊正常高。第 1 窗疤宽为长的 4.0 倍，疤距为疤宽的 0.26 倍；合背板基部中纵沟深，两侧各具 2 条弱侧纵沟。合背板近于光滑，其上的毛稀而短，远离合背板下缘。

　　分布：浙江（龙泉）。

图 6-42　吴氏叉齿细蜂 *Exallonyx wuae* Xu, He *et* Liu, 2007（仿自 Xu *et al.*, 2007）

A. 触角；B. 前翅；C. 后足；D. 后胸侧板和并胸腹节，侧面观；E. 腹柄，侧面观；F. 腹柄和合背板基部，背面观；G. 产卵管鞘

A-C. 1.0×标尺；D-F. 2.0×标尺；G. 3.0×标尺

（381）近缘叉齿细蜂 *Exallonyx accolus* He *et* Fan, 2004（图 6-43）

Exallonyx accolus He *et* Fan *in* He *et al.*, 2004: 341.

　　主要特征：雄体长 4.3 mm；前翅长 3.5 mm。体黑色。须黄色。上唇、上颚端部和翅基片褐黄色。触角暗红褐色。足黄褐色，基节黑褐色至黑色。翅透明；翅痣和强脉黑褐色，弱脉浅黄色痕迹。触角第 2、10 鞭节长分别为端宽的 2.7 倍和 2.1 倍，端节长为亚端节的 1.5 倍；腹柄背面基半中央具 6 条横刻皱，无纵脊；合背板基部中纵沟伸达基部至第 1 对窗疤间距的 0.85 处，两侧各具 2 条纵沟，亚侧纵沟浅而弱。前胸背板颈部背面具 7–8 条横皱；侧面光滑，前沟缘脊发达。

　　分布：浙江（临安）。

（382）双鬃叉齿细蜂 *Exallonyx varia* He *et* Fan, 2004（图 6-44）

Exallonyx varia He *et* Fan *in* He *et al.*, 2004. 336.

　　主要特征：雌体长 5.2 mm；前翅长 3.9 mm。体黑色。须黄褐色。上颚端部和翅基片红褐色。触角黑褐色，柄节端半、梗节、第 1 鞭节、其余各鞭节基部红褐色。足基节、转节背面黑色至黑褐色；前中足第 2–5 跗节黄褐色，其余红褐色。翅透明，带烟黄色；翅痣和强脉黑褐色，弱脉浅黄色痕迹。前胸背板侧面

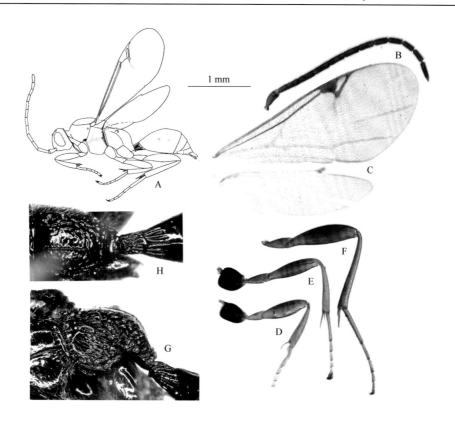

图 6-43　近缘叉齿细蜂 *Exallonyx accolus* He *et* Fan, 2004（A. 仿自何俊华等，2004）

A. 整体，侧面观；B. 触角；C. 翅；D. 前足；E. 中足；F. 后足；G. 后胸侧板、并胸腹节和腹柄，背面观；

H. 并胸腹节、腹柄和合背板基部，背面观

A. 0.5×标尺；B-F. 1.0×标尺；G, H. 2.0×标尺

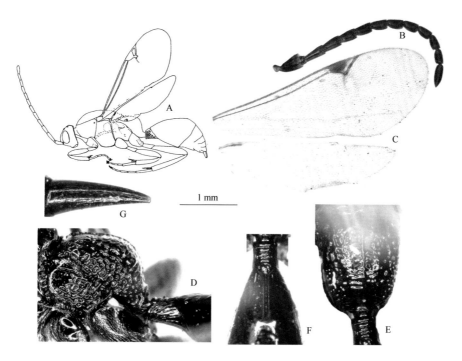

图 6-44　双鬃叉齿细蜂 *Exallonyx varia* He *et* Fan, 2004（A. 仿自何俊华等，2004）

A. 整体，侧面观；B. 触角；C. 翅；D. 后胸侧板、并胸腹节和腹柄，侧面观；E. 并胸腹节，背面观；F. 腹柄和合背板基部，侧面观；G. 产卵管鞘

A. 0.5×标尺；B, C. 1.0×标尺；D-F. 2.0×标尺；G. 3.0 ×标尺

背缘双列毛；头背观上颊长为复眼的 0.85 倍；并胸腹节后表面光滑；腹柄背面基部 0.7 具 6 条横皱，端部 0.3 具 5 条纵脊；腹柄侧面基部具连有纵脊的横脊 4 条，其后另有纵脊 4 条。

　　　分布：浙江（临安）。

（383）针铗叉齿细蜂 *Exallonyx acuticlasper* Fan *et* He, 2003（图 6-45）

Exallonyx acuticlasper Fan *et* He *in* Huang, 2003: 718.

　　　主要特征：雄体长 3.8 mm；前翅长 3.3 mm。体黑色。须黄色。额突、上唇、上颚端部和翅基片红褐色。触角黑褐色，柄节和梗节褐黄色。足红褐色，前足基节基部、中后足腿节除了端部黑褐色至黑色；前足第 2–5 跗节黄色，后足跗节浅褐色。翅透明，带烟黄色；翅痣和强脉黑褐色，弱脉浅黄色痕迹。前胸背板侧面背缘单列毛；并胸腹节后表面具网室；腹柄背面基部具不规则纵皱；腹柄侧面基部具连有纵脊的横脊 2 条，其后另有纵脊 5 条。

　　　分布：浙江（庆元、龙泉）、福建。

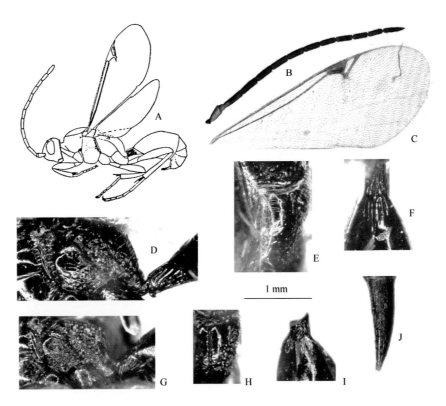

图 6-45　针铗叉齿细蜂 *Exallonyx acuticlasper* Fan *et* He, 2003（A. 仿自樊晋江和何俊华，2003）

A. 整体，侧面观；B. 触角；C. 翅；D, G. 后胸侧板、并胸腹节和腹柄，侧面观；E, H. 并胸腹节，背面观；

F, I. 腹柄和合背板基部，背面观；J. 产卵管鞘（A–F. ♂；G–J. ♀）

A. 0.7×标尺；B, C. 1.0×标尺；D–I. 2.0×标尺；J. 4.0×标尺

（384）唐氏叉齿细蜂 *Exallonyx tangi* He *et* Xu, 2015（图 6-46）

Exallonyx tangi He *et* Xu, 2015: 612.

　　　主要特征：雄体长 3.0 mm；前翅长 2.5 mm。体黑色。触角红棕色。柄节、梗节、第 1 鞭节基部色稍浅。须、翅基片黄色。足黑褐色至黑色黄褐色，但后足腿节中段、胫节和跗节带浅褐色。翅透明；翅痣

和强脉黑褐色，弱脉浅黄色痕迹。前翅径脉第 1 段从翅痣中央稍外方伸出，长为宽的 1.3 倍；腹柄侧面基部具连纵脊的横脊 1 条；第 1 窗疤疤距为疤宽的 0.15 倍。前胸背板颈部背面前方 0.3 具多条横皱，其余基本上光滑；侧面光滑，前沟缘脊发达；前沟缘脊之后无毛，颈脊之后具毛；背缘具稀疏的不连续的单列毛；后下角单凹窝。

分布：浙江（龙泉）。

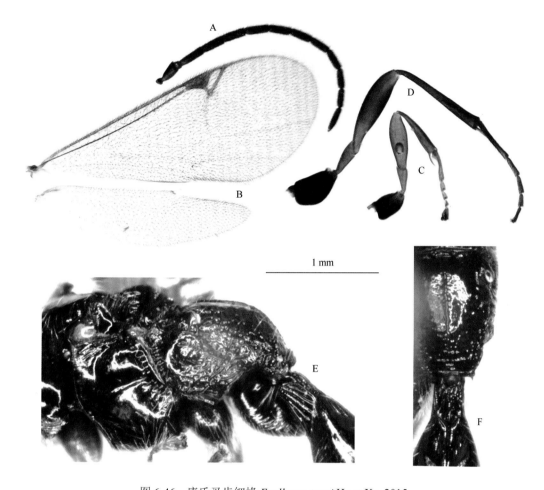

图 6-46　唐氏叉齿细蜂 *Exallonyx tangi* He *et* Xu, 2015

A. 触角；B. 翅；C. 前足；D. 中足；E. 后胸侧板、并胸腹节和腹柄，侧面观；F. 并胸腹节、腹柄和合背板基部，背面观

A-D. 1.0×标尺；E, F. 2.0×标尺

（385）黑色叉齿细蜂 *Exallonyx nigricans* He *et* Fan, 2004（图 6-47）

Exallonyx nigricans He *et* Fan *in* He *et al*., 2004: 338.

主要特征：雄体长 2.8 mm；前翅长 2.4 mm。体黑色。须黄褐色，颚须端节褐色。上唇浅褐色。上颚端部和翅基片褐黄色。触角黑褐色。足基节黑褐色至黑色；转节、腿节两端和前足腿节前面、前足胫节除了背面、前中足第 2–4 跗节黄褐色，其余部位浅褐色。翅透明，带烟黄色；翅痣和强脉浅褐色，弱脉无色。中后足腿节烟褐色至黑色，至少后足腿节中部烟褐色；合背板基部中纵沟伸达基部至第 1 对窗疤的 0.55–0.75 处；腹柄侧面基部具 2 条或仅 1 条独立横脊。

分布：浙江（临安）。

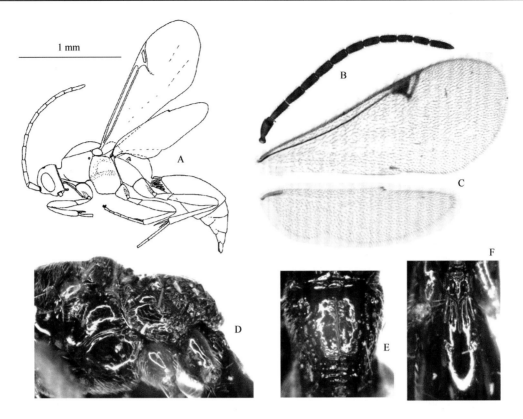

图 6-47　黑色叉齿细蜂 *Exallonyx nigricans* He *et* Fan, 2004（A. 仿自何俊华等，2004）

A. 整体，侧面观；B. 触角；C. 翅；D. 中胸侧板、后胸侧板、并胸腹节和腹柄，侧面观；E. 并胸腹节，背面观；F. 腹柄和合背板基部，背面观

A. 0.7×标尺；B, C. 1.0×标尺；D-F. 2.0×标尺

（386）短柄叉齿细蜂 *Exallonyx brevibasis* He *et* Fan, 2004（图 6-48）

Exallonyx brevibasis He *et* Fan *in* He *et al.*, 2004: 338.

　　主要特征：雄体长 3.5 mm；前翅长 2.9 mm。体黑色。须黄褐色。上唇、上颚端部和翅基片红褐色。触角黑褐色。足基节、转节背方、中后足腿节（除了两端）黑褐色至黑色；后足胫节端半和跗节（基跗节稍深）浅褐色。翅透明；翅痣和强脉浅褐色，弱脉无色。前胸背板侧面上缘 2 列毛；并胸腹节背表面几乎全部为光滑区；腹柄背面具 1 条中纵脊，从其两侧伸出 2 条横脊；腹柄侧面背缘长为中高的 0.2 倍，基部具 2 条连有纵脊的横脊；疤距为疤宽的 0.6 倍。

　　分布：浙江（临安）。

（387）长沟叉齿细蜂 *Exallonyx longisulcus* He *et* Fan, 2004（图 6-49）

Exallonyx longisulcus He *et* Fan *in* He *et al.*, 2004: 339.

　　主要特征：雄前翅长 3.0 mm。体黑色。口须淡黄色。触角黑色，柄节基部、梗节、第 1 鞭节基部黄褐色。翅基片黄褐色。足黄褐色；基节黑色，后足跗节褐色。翅半透明；翅痣和强脉烟褐色。弱脉淡黄色。前胸背板侧面上缘 3 列毛；合背板上第 1 对窗疤间距为其宽度的 2.0 倍。唇基宽为长的 0.29 倍，中等隆起，亚端部悬垂物前下方观新月形。触角鞭节无突出的角下瘤。前胸背板侧面后下角单凹窝。后足腿节长为宽的 4.67 倍。合背板基部中纵沟两侧各具 2 条侧纵沟，长达中纵沟的 0.59 处。

　　分布：浙江（临安）。

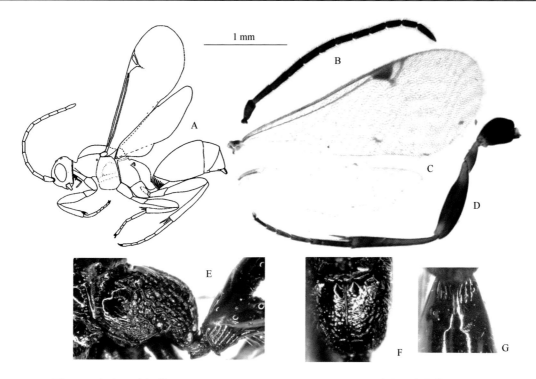

图 6-48 短柄叉齿细蜂 *Exallonyx brevibasis* He *et* Fan, 2004（A. 仿自何俊华等，2004）

A. 整体，侧面观；B. 触角；C. 翅；D. 后足；E. 后胸侧板、并胸腹节和腹柄，侧面观；F. 并胸腹节，背面观；G. 腹柄和合背板基部，背面观

A. 0.6×标尺；B-D. 1.0×标尺；E-G. 2.0×标尺

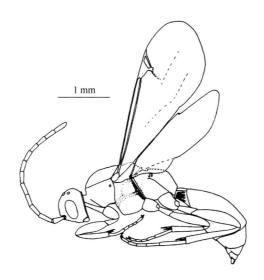

图 6-49 长沟叉齿细蜂 *Exallonyx longisulcus* He *et* Fan, 2004（仿自何俊华等，2004）

整体，侧面观 1.0×标尺

（388）天目山叉齿细蜂 *Exallonyx tianmushanensis* He *et* Fan, 2004（图 6-50）

Exallonyx tianmushanensis He *et* Fan *in* He *et al*., 2004: 339.

主要特征： 雄体长 2.7 mm；前翅长 2.5 mm。体黑色。须黄色。上唇、上颚端部和翅基片褐黄色。触角黑褐色。足褐黄色，基节黑褐色；前中足端跗节和后足跗节浅褐色。翅透明；翅痣和强脉浅褐色，弱脉无色。合背板基部中纵沟两侧各有侧沟 3 条。上颊背观长为复眼的 0.78 倍；并胸腹节后表面近于光滑；翅痣长为宽的 2.0 倍；腹柄背面基部无横脊。前胸背板颈部背面具不完整横皱 7 条；侧面光滑，前沟缘脊发达；前沟缘脊之后无毛，颈脊之后具毛；背缘具连续的双列毛；后下角单凹窝。

　　分布：浙江（临安）。

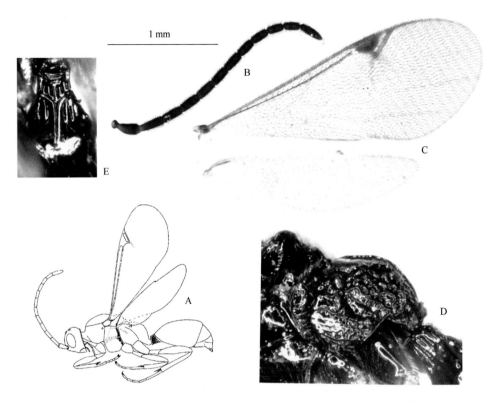

图 6-50　天目山叉齿细蜂 *Exallonyx tianmushanensis* He *et* Fan, 2004（A. 仿自何俊华等，2004）

A. 整体，侧面观；B. 触角；C. 翅；D. 后胸侧板、并胸腹节和腹柄，侧面观；E. 腹柄和合背板基部，背面观

A. 0.5×标尺；B, C. 1.0×标尺；D, E. 2.0×标尺

（389）纤细叉齿细蜂 *Exallonyx exilis* He *et* Fan, 2004（图 6-51）

Exallonyx exilis He *et* Fan *in* He *et al*., 2004: 341.

　　主要特征：雄体长 2.9–3.3 mm；前翅长 2.3–2.7 mm。体黑色。须黄色。上唇、上颚端部红褐色。触角背面浅黑褐色，腹面基半黄褐色。翅基片褐黄色。足基节黑褐色；转节、腿节红褐色；后足腿节背面、胫节（除了基部）和跗节浅褐色；前中后足胫节和跗节黄褐色或红褐色浅褐色。翅透明；翅痣和强脉浅褐色，弱脉浅黄色痕迹。腹柄背面除具 6–7 条纵脊外，还有 2 条横皱；并胸腹节后表面大部分光滑或几乎全部具网皱。触角第 2 鞭节为端宽的 2.4 倍；并胸腹节后表面具网皱；腹柄侧面基部具独立的横脊 1 条。

　　分布：浙江（临安）。

（390）汤斯叉齿细蜂 *Exallonyx townesi* He *et* Fan, 2004（图 6-52）

Exallonyx townesi He *et* Fan *in* He *et al*., 2004: 342.

　　主要特征：雄体长 3.1 mm；前翅长 2.7 mm。体黑色，前胸背板侧面和柄后腹带棕黑色。须黄色。上唇、上颚端部和翅基片褐黄色。触角黑褐色。足基节除了端部黑色，前中足端跗节及后足跗节浅褐色，

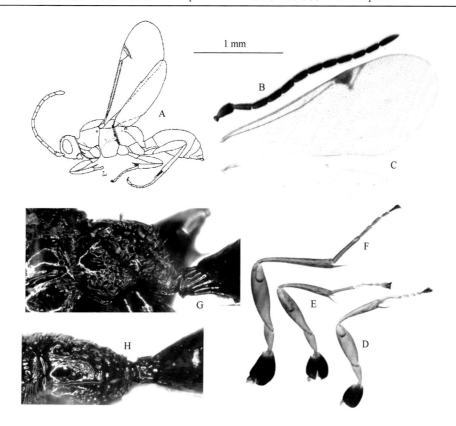

图 6-51　纤细叉齿细蜂 *Exallonyx exilis* He *et* Fan, 2004（A. 仿自何俊华等, 2004）

A. 整体, 侧面观；B. 触角；C. 翅；D. 前足；E. 中足；F. 后足；G. 后胸侧板、并胸腹节和腹柄, 侧面观；H. 并胸腹节、腹柄和合背板基部, 背面观

A. 0.5×标尺；B-F. 1.0×标尺；G, H. 2.0×标尺

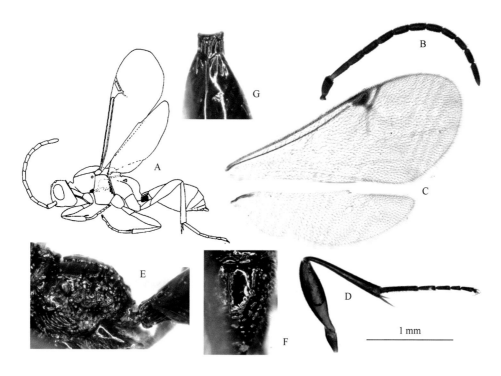

图 6-52　汤斯叉齿细蜂 *Exallonyx townesi* He *et* Fan, 2004（A. 仿自何俊华等, 2004）

A. 整体, 侧面观；B. 触角；C. 翅；D. 后足；E. 后胸侧板、并胸腹节和腹柄, 侧面观；F. 并胸腹节, 背面观；G. 腹柄和合背板基部, 背面观

A. 0.6×标尺；B-D. 1.0×标尺；E-G. 2.0×标尺

其余黄褐色。翅透明；翅痣和强脉浅褐色，弱脉浅黄色痕迹。前胸背板侧面上缘单列毛；抱器长三角形，非针状，不下弯；并胸腹节后表面具网室或大部分光滑。前胸背板背面前方具 8–9 条强横皱；合背板基部中纵沟伸达至第 1 窗疤间距的 0.85 处，两侧各有 2 条侧纵沟。

　　分布：浙江（杭州）。

（391）黑唇叉齿细蜂 *Exallonyx nigrolabius* Liu, He *et* Xu, 2006（图 6-53）

Exallonyx nigrolabius Liu, He *et* Xu, 2006: 140.

　　主要特征：雄前翅长 3.9 mm。体黑色。上唇黑色，上颚端半、须黄色。触角柄节、梗节及第 1 鞭节基部褐色，其余黑褐色。翅基片红褐色。足基节和转节黑色，其余各节红褐色。翅透明，带烟黄色；翅痣和强脉黑褐色，弱脉无色。前胸背板颈部具 8 条细横皱；侧面光滑，前沟缘脊发达；前沟缘脊之后具 2 根毛，颈脊之后具毛；背缘具连续的不规则双列毛；后下角单凹窝。中胸侧板仅前上角有毛；腹柄背面具 3 条强纵脊。

　　分布：浙江（临安）、陕西。

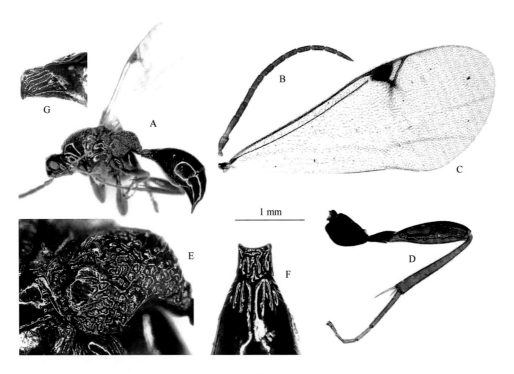

图 6-53　黑唇叉齿细蜂 *Exallonyx nigrolabius* Liu, He *et* Xu, 2006（仿自 Liu *et al.*, 2006）

A. 整体，侧面观；B. 触角；C. 前翅；D. 后足；E. 后胸侧板和并胸腹节，侧面观；F. 腹柄和合背板基部，背面观；G. 腹柄，侧面观

A. 0.5×标尺；B, C. 1.0×标尺；D-G. 2.0×标尺

（392）七脊叉齿细蜂 *Exallonyx septemicarinus* He *et* Xu, 2015（图 6-54）

Exallonyx septemicarinus He *et* Xu, 2015: 673.

　　主要特征：雄前翅长 3.25 mm。体黑色。上唇暗火红色，上颚端半和翅基片红褐色。须黄色。触角柄节、梗节和第 1 鞭节基部暗火红色，其余暗褐色。足基节黑褐色，其余各节红褐色。翅透明；翅痣和强脉黄褐色，弱脉无色。前胸背板颈部具 4–5 条横皱；侧面光滑，前沟缘脊发达；前沟缘脊和颈脊之后无毛；

背缘具非常稀疏的双列毛；后下角单凹窝，其上方另外具 2 小浅凹窝。合背板上的毛稀而短，远离合背板下缘。抱器三角形，不下弯，端尖。

　　分布：浙江（临安）。

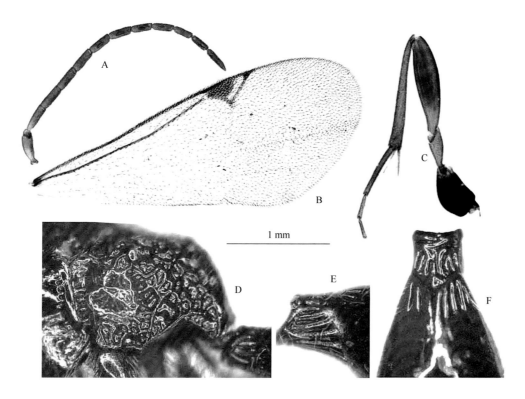

图 6-54　七脊叉齿细蜂 *Exallonyx septemicarinus* He *et* Xu, 2015

A. 触角；B. 前翅；C. 后足；D. 后胸侧板和并胸腹节，侧面观；E. 腹柄，侧面观；F. 腹柄和合背板基部，背面观

A–C. 1.0×标尺；D. 2.0×标尺；E, F. 2.5×标尺

（393）弓皱叉齿细蜂 *Exallonyx arcus* **Xu, Liu** *et* **He, 2007**（图 6-55）

Exallonyx arcus Xu, Liu *et* He, 2007: 802.

　　主要特征：雄前翅长 2.1 mm。体黑色。上唇、上颚端半红褐色，须黄色。触角柄节、梗节和第 1 鞭节褐黄色，其余各节褐色。翅基片褐色。足褐黄色；腿节背方色稍深，前中足跗节色稍浅；前足基节浅黑褐色，中后足基节黑褐色。翅透明，带烟黄色；翅痣和强脉褐黄色，弱脉无色。前胸背板颈部具 4–5 条细横皱；前沟缘脊弱；侧面光滑，前沟缘脊之后无毛，颈脊之后无毛；背缘具双列毛；后下角单凹窝。腹柄背面基部具 4 条弧形横皱，其后具 5 条纵脊；头背观上颊长为复眼的 0.83 倍；第 1 窗疤疤距为疤宽的 0.28 倍。

　　分布：浙江（临安）。

（394）马氏叉齿细蜂 *Exallonyx maae* **He** *et* **Xu, 2015**（图 6-56）

Exallonyx maae He *et* Xu, 2015: 682.

　　主要特征：雄前翅长 2.25 mm。体黑色。须黄色。上唇、上颚端半和翅基片红褐色。触角红褐色，向末端渐暗红褐色。足红褐色，但基节黑褐色，后足胫节端部和跗节深褐色。翅透明，略带烟黄色；翅痣

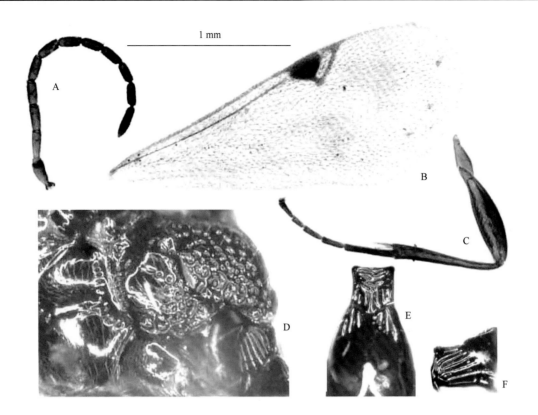

图 6-55　弓皱叉齿细蜂 *Exallonyx arcus* Xu, Liu *et* He, 2007（仿自 Xu *et al.*, 2007）

A. 触角；B. 前翅；C. 后足；D. 后胸侧板和并胸腹节，侧面观；E. 腹柄，侧面观；F. 腹柄和合背板基部，背面观

A-C. 1.0×标尺；D-F. 2.0×标尺

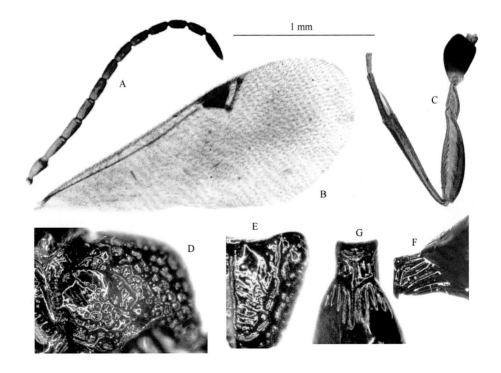

图 6-56　马氏叉齿细蜂 *Exallonyx maae* He *et* Xu, 2015

A. 触角；B. 前翅；C. 后足；D. 后胸侧板和并胸腹节，侧面观；E. 并胸腹节，背面观；F. 腹柄，侧面观；G. 腹柄和合背板基部，背面观

A-C. 1.0×标尺；D-G. 2.0×标尺

和强脉褐色，弱脉无色。前胸背板颈部具 4–5 条横皱，侧观隆起；侧面光滑，前沟缘脊发达；前沟缘脊之后无毛，颈脊之后具毛；背缘具稀疏的双列毛；后下角单个凹窝，上方另具 1 小而浅凹窝。合背板近乎光滑，其上的毛稀而短，远离合背板下缘。抱器三角形，不下弯，端尖。

分布：浙江（临安）。

（395）杭州叉齿细蜂 *Exallonyx hangzhouensis* He et Fan, 2004（图 6-57）

Exallonyx hangzhouensis He et Fan *in* He *et al.*, 2004. 336.

主要特征：雄前翅长 2.6 mm。体黑色。须黄色。上唇、上颚端部红褐色。触角红褐色，至端部渐褐色。翅基片褐黄色。足红褐色；基节黑褐色至黑色；后足胫节端部和基跗节浅褐色。翅透明，带烟黄色；翅痣和强脉暗褐黄色，弱脉无色。触角第 2–10 鞭节上角下瘤明显杆形；前翅翅痣长为径室前缘脉长的 3.1 倍；腹柄侧面基部具 2 条横脊。前胸背板颈部背面具许多条细而中断的横皱；侧面光滑，前沟缘脊发达；前沟缘脊之后无毛，颈脊之后具毛；背缘具连续的双列毛；后下角单个凹窝。

分布：浙江（杭州）。

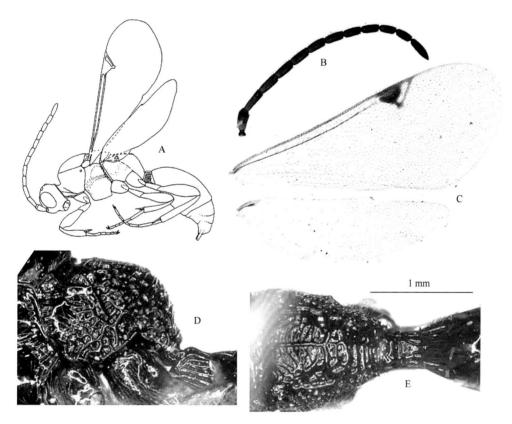

图 6-57　杭州叉齿细蜂 *Exallonyx hangzhouensis* He et Fan, 2004（A. 仿自何俊华等，2004）

A. 整体，侧面观；B. 触角；C. 翅；D. 后胸侧板、并胸腹节和腹柄，侧面观；E. 并胸腹节、腹柄和合背板基部，背面观

A. 0.5×标尺；B, C. 1.0×标尺；D, E. 2.0×标尺

（396）窄唇叉齿细蜂 *Exallonyx stenochilus* He et Xu, 2015（图 6-58）

Exallonyx stenochilus He et Xu, 2015: 669.

主要特征：雌前翅长 3.6 mm。体黑色。上唇黑色，须黄色。上颚端半、翅基片红褐色。触角柄节、梗节及第 1、2 鞭节红褐色，其余鞭节黑褐色。足红褐色；基节、中后足转节黑色，前足转节及后足腿节（除了两端）黑褐色，前足腿节暗红褐色。翅透明，翅痣和强脉深褐黄色，弱脉浅黄色。前胸背板颈部具 4 条横皱；腹柄背面大部分具 6 条夹点横皱；腹柄侧面基部具连纵脊的横脊 4 条，其后方具斜纵脊 4 条；合背板基部各具侧纵沟 2 条；产卵管鞘具细长刻点。

　　分布：浙江（临安）。

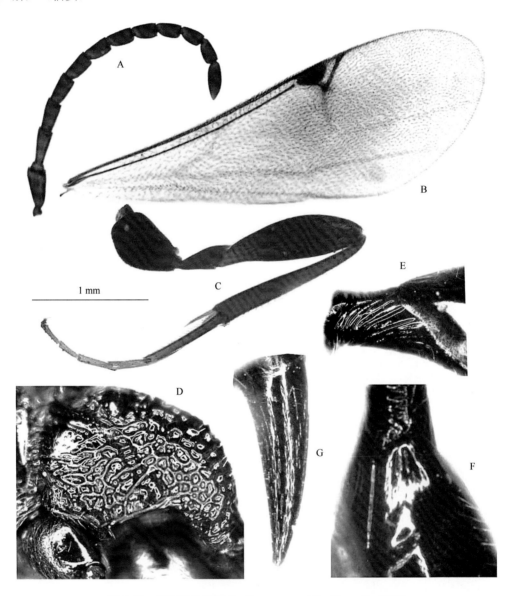

图 6-58　窄唇叉齿细蜂 *Exallonyx stenochilus* He et Xu, 2015

A. 触角；B. 前翅；C. 后足；D. 后胸侧板和并胸腹节，侧面观；E. 腹柄，侧面观；F. 腹柄和合背板基部，背面观；G. 产卵管鞘

A-C. 1.0×标尺；D-F. 2.0×标尺；G. 2.5×标尺

（397）盾脸叉齿细蜂 *Exallonyx peltatus* He et Xu, 2015（图 6-59）

Exallonyx peltatus He et Xu, 2015: 696.

　　主要特征：雌前翅长 2.4 mm。体黑色。须浅黄色。上唇、上颚端半和翅基片红褐色。触角柄节、梗节和第 1 鞭节红褐色，其余浅黑褐色。足基节黑褐色至黑色，转节和腿节红褐色，前中足胫节和跗节黄褐色，后足胫节端半和跗节褐色。翅透明，翅痣和强脉暗褐黄色，弱脉无色。前胸背板颈部具 6 条横皱；触角第 2 鞭节长为端宽的 1.57 倍；唇基光滑无刻点；前翅翅痣长为宽的 2.05 倍；额脊弱；腹柄背面基部 0.7 具 5 条细横皱，端部 0.3 光滑，有 1 不明显中纵脊；合背板基部侧纵沟各 3 条。

分布：浙江（临安）。

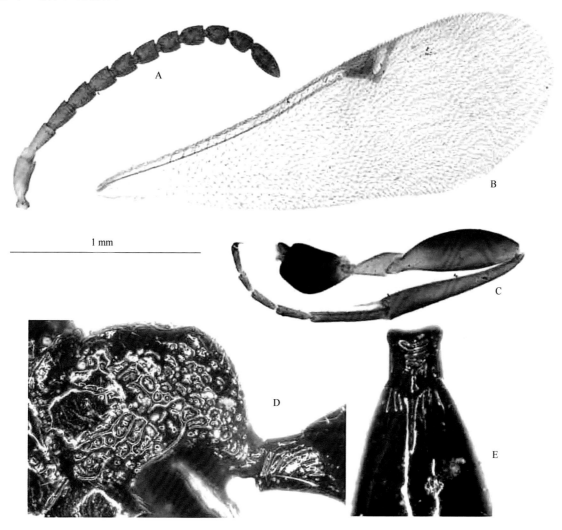

图 6-59 盾脸叉齿细蜂 *Exallonyx peltatus* He *et* Xu, 2015

A. 触角；B. 前翅；C. 后足；D. 后胸侧板、并胸腹节和腹柄，侧面观；E. 腹柄和合背板基部，背面观

A-C. 1.0×标尺；D, E. 2.0×标尺

（398）具点叉齿细蜂 *Exallonyx punctatus* He *et* Xu, 2015（图 6-60）

Exallonyx punctatus He *et* Xu, 2015: 697.

主要特征：雌前翅长 2.7 mm。体黑色。下颚须和下唇须黄褐色。上唇、上颚端半和翅基片红褐色。触角基部红褐色，至端部渐棕褐色。足红褐色，但基节黑褐色至黑色，前中足转节和第 2-4 跗节黄褐色。翅透明，翅痣和强脉暗褐黄色，弱脉浅黄色。前胸背板颈部具 4-5 条横皱；侧面光滑，前沟缘脊发达。触角第 2 鞭节长为端宽的 2.0 倍；唇基光滑，有刻点；前翅翅痣长为宽的 1.06 倍；额脊强；腹柄背面基半具 2 条细横皱，端半中央光滑，两侧具 2-3 条短斜横脊；合背板基部侧纵沟各 2 条。

分布：浙江（临安）。

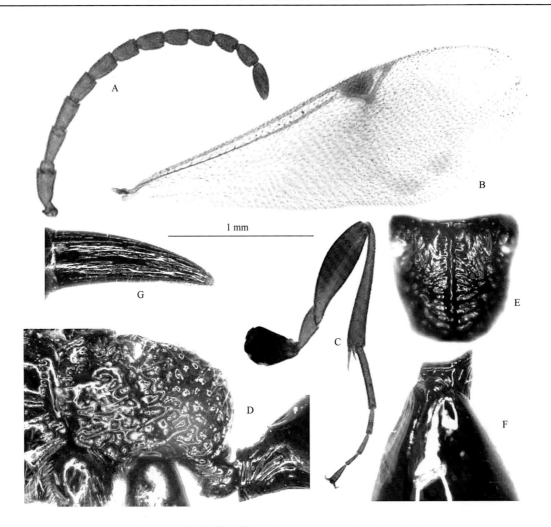

图 6-60　具点叉齿细蜂 *Exallonyx punctatus* He *et* Xu, 2015

A. 触角；B. 前翅；C. 后足；D. 后胸侧板、并胸腹节和腹柄，侧面观；E. 并胸腹节，背面观；F. 腹柄和合背板基部，背面观；G. 产卵管鞘

A. 1.0×标尺；B, C. 0.8×标尺；D-F. 2.0×标尺；G. 2.5×标尺

（399）细点叉齿细蜂 *Exallonyx micropunctatus* He *et* Xu, 2015（图 6-61）

Exallonyx micropunctatus He *et* Xu, 2015: 713.

　　主要特征：雌蜂前翅长 1.4 mm。体黑色。须、上唇、上颚端部和翅基片污黄色。触角黑褐色。足浅褐色；中后足基节褐色；各足转节、胫节基半和跗节黄褐色。翅透明，带烟黄色；翅痣和强脉浅褐黄色，弱脉无色。触角端节长为亚端节的 1.7 倍；前胸背板颈部背面具 3 条细横皱；背板侧面光滑，前沟缘脊发达；并胸腹节背表面几乎全被光滑区所占；合背板基部亚侧纵沟长为中纵沟的 0.3 倍。后翅狭，长为宽的 4.7 倍；后缘基部无缺刻。

　　分布：浙江（安吉、临安、开化）、贵州。

（400）短颊叉齿细蜂 *Exallonyx brevigena* He *et* Fan, 2004（图 6-62）

Exallonyx brevigena He *et* Fan *in* He *et al.*, 2004: 333.

　　主要特征：雄蜂前翅长 1.54 mm。体棕红色，并胸腹节和腹柄黑色。须、上唇、上颚基部和翅基片黄

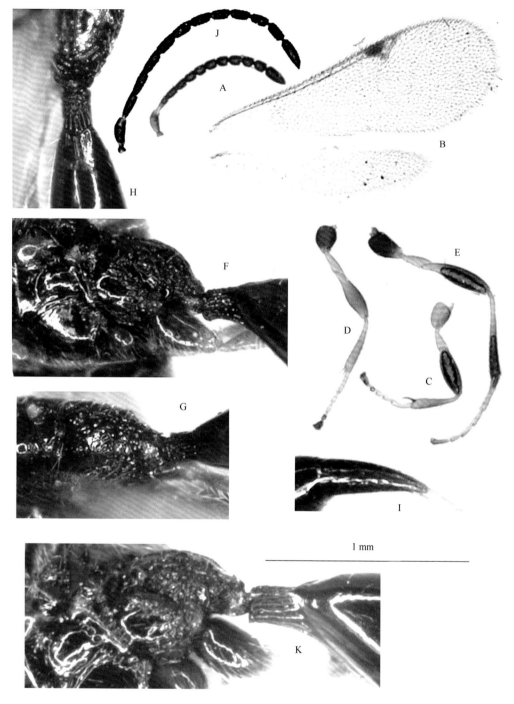

图 6-61　细点叉齿细蜂 *Exallonyx micropunctatus* He *et* Xu, 2015

A, J. 触角；B. 翅；C. 前足；D. 中足；E. 后足；F, K. 后胸侧板、并胸腹节和腹柄，侧面观；G. 并胸腹节，背面观；

H. 腹柄和合背板基部，背面观；I. 产卵管鞘（A-I. ♀；J, K. ♂）

A-E, J. 1.0×标尺；F-H, K. 2.0×标尺；I. 3.0×标尺

色。触角黑褐色。足黄褐色，中后足基节红褐色。翅透明，带烟黄色；翅痣和强脉浅黄褐色，弱脉无色。
额脊弱；后足腿节长为宽的 3.5 倍；翅痣长为翅痣宽的 1.7 倍；产卵管鞘长分别为后足胫节长和自身宽的
0.56 倍和 3.7 倍。前胸背板颈部背面具 4–5 条弱横皱；背板侧面光滑，前沟缘脊发达；产卵管鞘长为后足
胫节的 0.56 倍，为鞘中宽的 3.7 倍，表面光滑，具细长刻点。

　　分布：浙江（杭州、开化、松阳）。

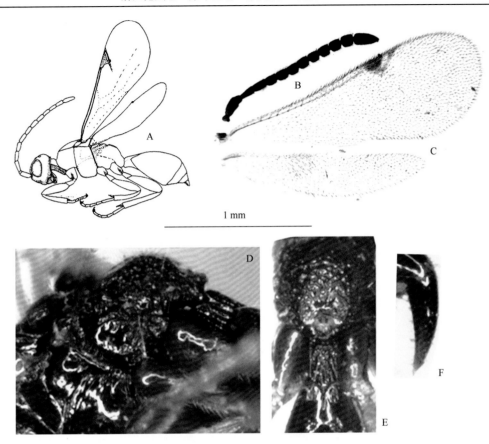

图 6-62　短颊叉齿细蜂 *Exallonyx brevigena* He *et* Fan, 2004（A. 仿自何俊华等，2004）

A. 整体，侧面观；B. 触角；C. 翅；D. 后胸侧板、并胸腹节和腹柄，侧面观；E. 并胸腹节、腹柄和合背板基部，背面观；F. 产卵管鞘

A. 0.5×标尺；B, C. 1.0×标尺；D, E. 2.0×标尺；F. 3.0×标尺

二十五、柄腹细蜂科 Heloridae

主要特征：头横宽；上颚 2 齿。触角平伸，16 节（包括 1 环状节），着生于颜面中央。前胸背板从上方可见，前端突出稍呈颈状。中胸盾片盾纵沟明显；小盾片近半圆形，稍隆起；并胸腹节后端钝圆。前翅端部较宽；缘脉末端呈痣状，具前缘室；缘室狭，密闭；中脉不伸达亚前缘脉，从中段突然向外方弯折至迴脉基部，形成一个三角形小室；后翅也宽，有一明显的亚前缘脉。足胫节距 1–2–2，爪具栉齿。腹柄长，至基部稍粗；柄后腹倒圆锥形；第 2 背板非常大。

生物学：本科寄生草蛉科幼虫。已知种均为草蛉属及其相近属幼虫的单个内寄生蜂。

分布：柄腹细蜂科是一个小科，除化石属种外，现仅存柄腹细蜂属 *Helorus* 一个属，约 12 种。分布于世界上大多数动物地理区。在低纬度的热带地区尚未见分布。

162. 柄腹细蜂属 *Helorus* Latreille, 1802

Helorus Latreille, 1802: 309. Type species: *Helorus ater* Latreille, 1802.

主要特征：见柄腹细蜂科的特征。

生物学：本科寄生于草蛉科幼虫。

分布：分布于世界上大多数动物地理区。在低纬度热带地区尚未见分布。世界已知 17 种，中国记录 9 种，浙江分布 3 种。

分种检索表

1. 颜面和中胸盾片有小而深刻点，或为很粗糙夹点刻皱；腹柄（腹部第 1 节）背面长为宽的 1.7–2.0 倍（但澳洲柄腹细蜂 *H. australiensis* 长约为宽的 2.3 倍，諏访柄腹细蜂 *H. suwai* 长为宽的 3.6 倍） ·················· 2
- 颜面和中胸盾片基本上光滑，其刻点细而浅以致不明显；腹柄背面为宽的 2.5–3.8 倍（小脉对叉或刚前叉；臀板刻点小而深，点距为点径的 0.7 倍；后足胫节和端跗节黄褐色；触角第 1 鞭节长为端宽的 2.8 倍） ···· **红角柄腹细蜂** *H. ruficornis*
2. 颜面、头顶、中胸盾片中叶具很粗糙夹点刻皱（雌性臀板基宽为中长的 1.5 倍，基方刻点距离为点径的 0.3–0.5 倍，至后端更细而密） ··· **中华柄腹细蜂** *H. chinensis*
- 颜面、头顶、中胸盾片中叶具中等大小刻点（腹柄背表面有发达的网皱、纵皱或纵脊，有时具少许刻点；雌性臀板刻点深，小至中等大小；翅稍带烟黄色） ··········· **畸足柄腹细蜂** *H. anomalipes*

（401）中华柄腹细蜂 *Helorus chinensis* He, 1992（图 6-63）

Helorus chinensis He, 1992: 1295.

主要特征：体长 6.7 mm；前翅长 4.6 mm。体黑色。上颚、触角鞭节黑褐色。须褐黄色，但颚须基部 2 节烟褐色。足黑色至黑褐色；跗节、前中足胫节赤褐色。翅基半透明，外半稍带烟褐色，翅痣及翅脉烟褐色。颜面、头顶、中胸盾片中叶很粗糙夹点刻皱。前胸背板侧面前沟缘脊发达，其后方凹入部位下方 0.7 有完整的水平刻条 8 条，上方 0.3 光滑。雌性臀板基宽为中长的 1.5 倍，基方刻点距离为点径的 0.3–0.5 倍，至后端更细而密。

分布：浙江（杭州、龙游）、江苏、上海、湖北、湖南。

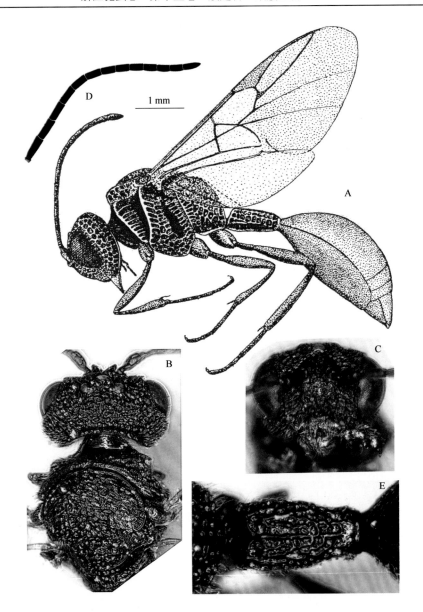

图 6-63　中华柄腹细蜂 *Helorus chinensis* He, 1992（A. 仿自何俊华，1992）

A. 整体，侧面观；B. 头部和胸部，背面观；C. 头部，前面观；D. 触角鞭节；E. 腹柄，背面观

A. 1.0×标尺；B-D. 1.5×标尺；E. 2.5×标尺

（402）畸足柄腹细蜂 *Helorus anomalipes* (Panzer, 1798)（图 6-64）

Sphex anomalipes Panzer, 1798: 23.

Helorus anomalipes: Townes, 1977: 7.

主要特征：体长 4.5–6.0 mm；前翅长 2.9–4.1 mm。体黑色；触角鞭节黑褐色；上颚基部红褐色；须及翅基片黄褐色。足黑褐色；前中足腿节最端部、胫节、跗节黄褐色；中足跗节、后足胫节、跗节带褐色。翅透明，稍带烟黄色；翅痣及翅脉黑褐色。前胸背板侧面前沟缘脊强，其后方凹入部位从上至下满布横刻条 17–18 条。颜面、头顶、中胸盾片中叶具中等大小刻点。腹柄背表面有发达的网皱、纵皱或纵脊，有时具少许刻点；雌性臀板刻点深，小至中等大小。

分布：浙江（杭州）、辽宁、内蒙古、河北、山西、山东、陕西、宁夏、甘肃、新疆。

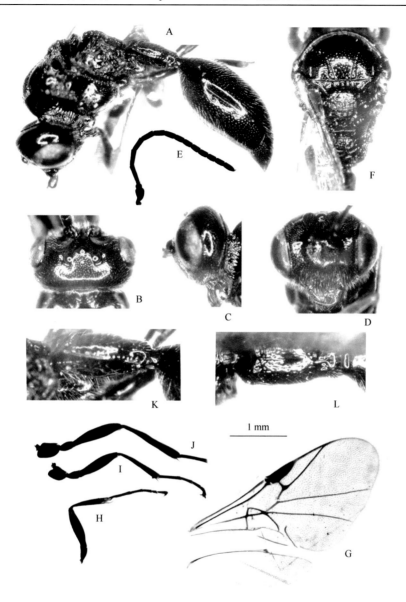

图 6-64　畸足柄腹细蜂 *Helorus anomalipes* (Panzer, 1798)

A. 整体，侧面观；B. 头部，背面观；C. 头部，侧面观；D. 头部，前面观；E. 触角；F. 胸部，背面观；G. 翅；H. 前足；I. 中足；

J. 后足；K. 腹柄，侧面观；L. 腹柄，背面观

A. 1.25×标尺；B-D, F. 1.5×标尺；E, G-J. 1.0×标尺；K, L. 2.5×标尺

（403）红角柄腹细蜂 *Helorus ruficornis* Förster, 1856（图 6-65）

Helorus ruficornis Förster, 1856: 143.

　　主要特征：雌性体长 4.5 mm；前翅长 3.2 mm。黑色；触角暗黄褐色；上颚基部黄色，端齿红褐色；须及翅基片浅黄褐色。足黄褐色至浅黄褐色，基节除端部、后足腿节除两端黑褐色。翅透明，翅痣黑褐色，翅脉黑褐色至黄褐色。前胸背板侧面前沟缘脊强。颜面和中胸盾片基本上光滑，其刻点细而浅以致不明显；腹柄背面长为宽的 2.5–3.8 倍。小脉对叉或刚前叉；臀板刻点小而深，点距为点径的 0.7 倍；后足胫节和端跗节黄褐色；触角第 1 鞭节长为端宽的 2.8 倍。

　　分布：浙江（杭州）、河南、陕西。

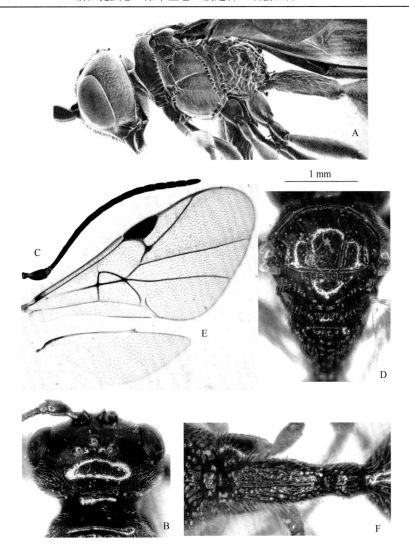

图 6-65　红角柄腹细蜂 *Helorus ruficornis* Förster, 1856（A. 仿自 Townes, 1977）

A. 头部、胸部和腹柄，侧面观；B. 头部，背面观；C. 触角；D. 胸部，背面观；E. 翅；F. 腹柄，背面观

A. 1.25×标尺；B, D. 1.5×标尺；C, E. 1.0×标尺；F. 2.3×标尺

二十六、窄腹细蜂科 Roproniidae

主要特征：体小型。雌雄触角均为 14 节，无环状节，第 3 节基部明显缢缩。前翅有翅痣；中室多边形；基脉上半段骨化，直伸达亚前缘脉。腹部腹柄明显，柄后腹强度侧扁。

分布：古北区、东洋区、新北区。

163. 窄腹细蜂属 *Ropronia* Provancher, 1886

Ropronia Provancher, 1886: 154. Type species: *Ropronia pediculata* Provancher, 1886.

主要特征：头横宽。触角窝深，之间有薄片状脊，水平部位偶尔有纵槽，侧上方有或无额侧瘤；雌雄触角均为 14 节。前翅有翅痣；第 1 盘室多边形。腹部腹柄明显，短于第 2 节背板；第 2 节背板长，约为高的 2 倍，至少为柄后腹长的 1/2；第 3、4 节背板非常短，之和短于第 2 节背板；柄后腹不强度侧扁，侧观多少为舵形，背缘弧形。

分布：古北区、东洋区、新北区。世界已知 39 种，中国记录 30 种，浙江分布 7 种。

分种检索表

1. 前翅具烟褐色大斑，位于翅痣和中脉之间 ·· 短角窄腹细蜂 *R. brevicornis*
- 前翅烟褐色斑较小，位于翅痣和径脉之间 ··· 2
2. 头部完全黑色，但唇基端部中央黄色 ·· 3
- 头部黑色，但颜面、颊和口器黄褐色或黄白色 ·· 4
3. 唇基端缘直，中央无 2 个钝齿；后足黑色，胫节亚基部背方有 1 黄褐色斑（背观上颊在复眼之后稍膨出，长与复眼相近；小盾片前沟内有 3 个凹窝）··· 斑足窄腹细蜂 *R. pectipes*
- 唇基端缘波浪形，中央有 2 个钝齿（体型较小，体长 5.8 mm；后足跗节黄褐色；翅痣下方烟褐色斑较小，其宽明显短于径脉第 1 段；唇基完全黑色；亚盘脉从第 1 盘室中央稍下方伸出）··········· 浪唇窄腹细蜂 *R. undaclypeus*（部分）
4. 中胸盾片中叶前半具夹点横皱，或整个中叶具粗而深刻点；前胸背板侧面后角黄色；中胸侧板全部黑色（触角窝间片状突起的水平部位中央有纵沟；第 1 盘室长为高的 1.37 倍；肘间横脉长为径脉第 1 段的 1.4 倍；第 2 节背板黄褐色，后半上方黑色；后足跗节浅褐色）·········· 四川窄腹细蜂 *R. szechuanensis*
- 中胸盾片中叶具细而浅刻点，或后方近于光滑；前胸背板侧面后角及下角黄色；中胸侧板前缘连镜面区或仅下缘中央一小点黄色 ·· 5
5. 腹部第 2 节背板中央大部分为红褐色，腹板基部黑色；中足浅黄褐色；后足跗节浅黄褐色··· 浪唇窄腹细蜂 *R. undaclypeus*（部分）
- 腹部第 2 节背板中央大部分为黑色，腹板中央有白色矩形斑；中足胫节端半和跗节黑褐色；后足跗节基本上黑色 ······· 6
6. 触角窝间额中脊水平部位长三角形槽状，中央有 1 纵沟，背侧方额侧瘤发达 ············· 7
- 触角窝间额中脊水平部位片状，中央无中纵沟，背侧方额侧瘤无或很弱 ························· 8
7. 雌性（前翅第 1 盘室长为高的 2.3 倍；肘间横脉长为第 1 迴脉的 1.13 倍；第 2 节背板长为高的 1.6 倍；触角腹面全部浅色）··· 红腹窄腹细蜂 *R. rufiabdominalis*（部分）
- 雄性（前翅第 1 迴脉长为径脉第 1 段的 1.09–1.18 倍；基脉上段长为下段的 0.76 倍；第 1 盘室长为高的 2.0–2.1 倍；腹柄背面长为最宽处的 4.4–5.2 倍）························· 红腹窄腹细蜂 *R. rufiabdominalis*（部分）
8. 头顶具细横皱；腹柄具细点皱；触角窝内壁光滑，无小刺状突 ················· 浙江窄腹细蜂 *R. zhejiangensis*
- 头顶具刻点，无明显细横皱；腹柄基本上光滑，仅最基部有弱皱；触角窝内壁外侧上方有 1 个小刺状突 ·· 具刺窄腹细蜂 *R. spinata*

（404）短角窄腹细蜂 *Ropronia brevicornis* Townes, 1948

Ropronia brevicornis Townes, 1948: 88.

　　主要特征：雌虫体长 5.4 mm；前翅长 4.5 mm。全体被有稀疏的白色细毛。体黑色。须端节白色。上唇、上颚红褐色。触角柄节、梗节、第 1 鞭节基半黄褐色，其余褐色。前胸背板侧面后角及其下方圆斑白色。翅基片黑褐色。腹柄近末端白色，下生殖板红褐色。前中足基节、转节、腿节基部黑褐色，其余黄褐色；后足黑褐色；跗节浅褐色，但基跗节除了端部黄白色。翅半透明，带烟黄色，翅脉褐色，翅痣下方烟褐色斑大，位于径脉第 1 段和肘间横脉两侧。

　　分布：浙江（临安）、山西、福建、台湾。

（405）斑足窄腹细蜂 *Ropronia pectipes* He *et* Zhu, 1988（图 6-66）

Ropronia pectipes He *et* Zhu *in* He *et al.*, 1988: 208.

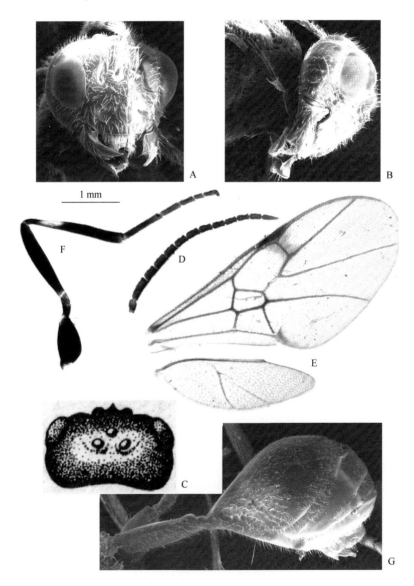

1 mm

图 6-66　斑足窄腹细蜂 *Ropronia pectipes* He *et* Zhu, 1988（C. 仿自何俊华等，1988）

A. 头部，前面观；B. 头部，侧面观；C. 头部，背面观；D. 触角；E. 翅；F. 后足；G. 腹部，侧面观

A-C, G. 1.6×标尺；D-F. 1.0 标尺

主要特征： 雄体长 5.5 mm；前翅长 4.5 mm。全体被有稀疏的白色或淡黄褐色细毛，触角和足上的细毛较密。头部及胸部黑色；单眼、触角支角突、上唇端缘、上颚（除了基部黑褐色）及须、前胸背板后角及后缘上方一小点、翅基片均藁黄色。触角黑褐色，梗节端部黄褐色。前中足藁黄色，腿节除两端外、中足胫节端部黑褐色；后足黑色，胫节亚基部背方有一长约为 0.2 倍的黄褐色斑（种名即据此特征而拟）。翅透明，略呈烟褐色，翅脉暗褐色，翅痣下方径脉第 1 段两侧有一烟褐色斑。腹部黑色，第 2 节背板前方及腹方略带红褐色。

分布： 浙江（临安、龙泉）。

（406）浪唇窄腹细蜂 *Ropronia undaclypeus* He *et* Zhu, 1988（图 6-67）

Ropronia undaclypeus He *et* Zhu *in* He *et al*., 1988: 209.

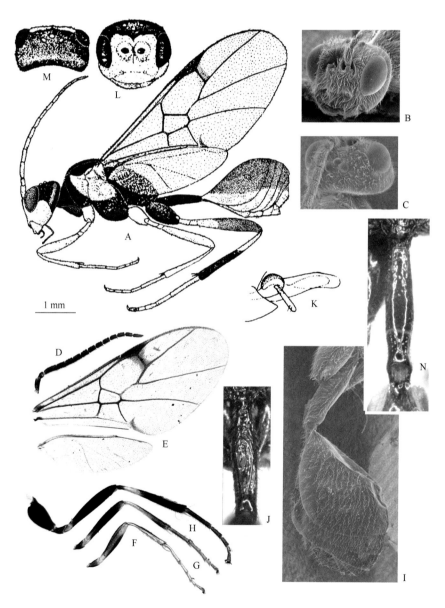

图 6-67　浪唇窄腹细蜂 *Ropronia undaclypeus* He *et* Zhu, 1988（A, K, M, L. 仿自何俊华等，1988）

A. 整体，侧面观；B, L. 头部，前面观；C, M. 头部，背面观；D. 触角；E. 翅；F. 前足；G. 中足；H. 后足；I. 腹部，侧面观；

J, N. 腹柄，背面观；K. 雄外生殖器

A-C, L, M. 1.5×标尺；D-H. 1.0×标尺；I, J, N. 2.0×标尺；K. 2.5×标尺

　　主要特征：雄体长 5.8 mm；前翅长 5.0 mm。全体被有稀疏的黄白色或黄褐色的细毛。体黑色。单眼、上颚中段和须淡黄褐色；触角黑褐色，但基部 3 节的腹面黄褐色；前胸背板后缘近翅基片的小斑淡黄褐色，下缘及翅基片暗黄褐色；第 2 腹节基部及腹部末端带红褐色。前足黄褐色，腿节和胫节背缘色较暗，基节和转节藁黄色；中足淡黄褐色，腿节除了两端、胫节端部 0.5 和端跗节黑褐色；后足黑色，第 2 转节、胫节基部 0.33 和跗节黄褐色。翅透明，略带烟褐色，翅脉暗褐色，前翅在翅痣与径脉之间有一淡烟褐色斑，前翅后缘在臀脉末端处也有一个近半月形的淡烟褐色斑。

　　分布：浙江（安吉、临安）、湖北、湖南、福建、贵州。

（407）四川窄腹细蜂 *Ropronia szechuanensis* Chao, 1962（图 6-68）

Ropronia szechuanensis Chao, 1962: 378.

　　主要特征：雌体长 6.8 mm；前翅长 5.5 mm。全体被有稀疏的白色细毛。头部及胸部黑色；头前面额瘤以下部位、颊、须、上颚、前胸背板侧面后上角及翅基片黄白色；上颚端齿红褐色。前中足黄白色；后足基节、腿节端部 2/3、胫节端部 3/5 黑色，其余黄白色。翅透明，翅脉褐色，翅痣下方径脉第 1 段两侧有浅烟褐色斑。腹柄黑色，柄后腹黄褐色，但第 2 节腹板黑色，第 2 节背板后半上方及第 3–4 节背板上方黑褐色。

　　分布：浙江（临安）、福建、台湾、四川。

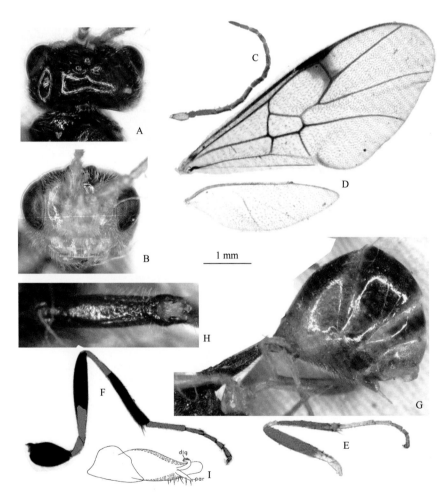

图 6-68　四川窄腹细蜂 *Ropronia szechuanensis* Chao, 1962（I. 仿自赵修复，1962）

A. 头部，背面观；B. 头部，前面观；C. 触角；D. 翅；E. 中足；F. 后足；G. 腹部，侧面观；H. 腹柄；I. 雄外生殖器

A, B, G. 1.6×标尺；C–F. 1.0×标尺；H. 2.5×标尺；I. 比例尺不详

（408）红腹窄腹细蜂 *Ropronia rufiabdominalis* He *et* Zhu, 1988（图 6-69）

Ropronia rufiabdominalis He *et* Zhu *in* He *et al.*, 1988: 207.

　　主要特征：雌前翅长 5.9 mm。全体被有稀疏的白色或黄褐色细毛。头部及胸部黑色；额区从触角洼侧瘤以下、颜面、唇基、上颚基半（端半红褐色）、须（除了端节淡褐色）、上颊下方和前胸背板侧面后缘及下缘均黄白色。触角背面黑褐色，柄节腹面及第 1 鞭节基部 0.67 腹面黄白色。翅基片淡褐色。前中足淡黄褐色，其腿节背面和胫节背面褐色；后足黑色，转节黄褐色，胫节亚基部约 0.4 部位黄白色，跗节黑褐色，基跗节基部 0.25 黄褐色。翅透明，翅脉暗褐色，翅痣下方无烟褐色斑。腹柄黑色，近末端红褐色；柄后腹红褐色（种名即据此特征而拟），端部色稍暗，在基部腹板黑色。

　　分布：浙江、河南、湖南、四川、贵州。

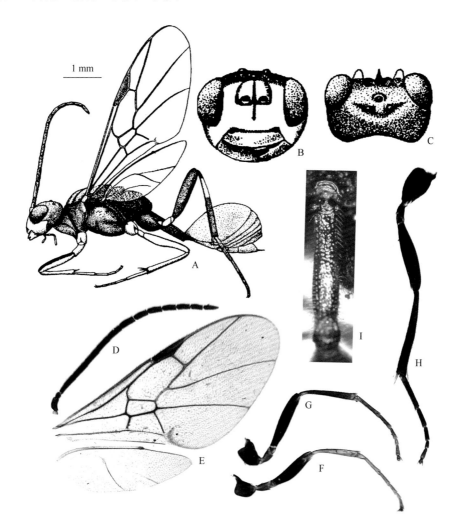

图 6-69　红腹窄腹细蜂 *Ropronia rufiabdominalis* He *et* Zhu, 1988（A-C. 仿自何俊华等，1988）

A. 整体，侧面观；B. 头部，前面观；C. 头部，背面观；D. 触角；E. 翅；F. 前足；G. 中足；H. 后足；I. 腹柄，背面观

A. 0.8×标尺；B, C. 1.6×标尺；D-H. 1.0×标尺；I. 3.2×标尺

（409）浙江窄腹细蜂 *Ropronia zhejiangensis* He, 1983（图 6-70）

Ropronia zhejiangensis He, 1983: 279.

　　主要特征：雄体长 6.0–8.6 mm；前翅长 4.8–6.4 mm。体黑色。上唇、唇基侧角、上颚亚端部、腹柄端部黄褐色。足黑色；前足腿节端部、胫节、跗节，中足胫节基部 2/3（除了背缘）及最端部、第 1–3 跗节端部及第 4–5 跗节，以及后足胫节亚基部外侧 1 斑点及所有距黄褐色。翅透明，略呈烟褐色，翅痣及翅脉暗褐色，翅痣下方径脉第 1 段两侧无烟褐色斑。触角窝内壁光滑，无小刺状突。

　　分布：浙江（临安、龙泉）、湖南、贵州。

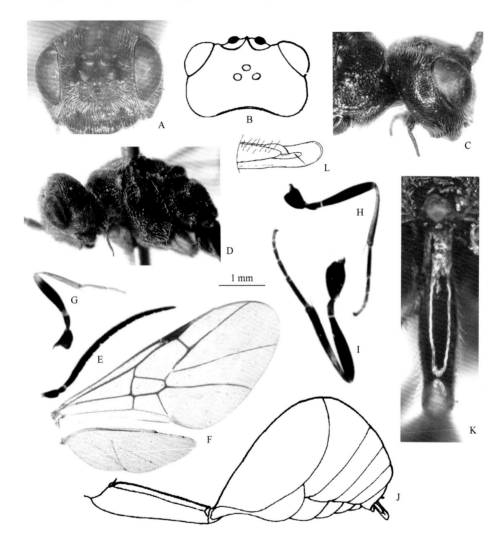

图 6-70　浙江窄腹细蜂 *Ropronia zhejiangensis* He, 1983（B, C, E, K. 仿自何俊华，1983）

A. 头部，前面观；B. 头部，背面观；C. 头部，侧面观；D. 头部和胸部，侧面观；E. 触角；F. 翅；G. 前足；H. 中足；I. 后足；

J. 腹部，侧面观；K. 腹柄，背面观；L. 外生殖器

A–C. 1.5×标尺；D. 1.0×标尺；E–I. 0.8×标尺；J. 1.4×标尺；K. 2.5×标尺；L. 6.0×标尺

（410）具刺窄腹细蜂 *Ropronia spinata* He et Xu, 2015（图 6-71）

Ropronia spinata He et Xu, 2015: 810.

　　主要特征：雌体长 6.2 mm；前翅长 5.2 mm。全体被有较密的白色细毛。体基本上黑色至黑褐色。头部触角窝以下、前胸背板侧面下方、背缘和后缘、腹柄最端部黄白色；上颚端半红褐色，口须端节黑褐色。触角柄节和梗节浅褐色，其腹方黄白色；鞭节黑褐色，其腹方端半褐黄色。翅基片浅褐色，前中足黄白色，其转节背缘、腿节背缘和胫节背缘浅褐色；后足黑褐色，其基节外侧 1 斑点、转节下方、胫节基部 0.35、

距、端跗节黄色或黄白色。

分布：浙江（临安）。

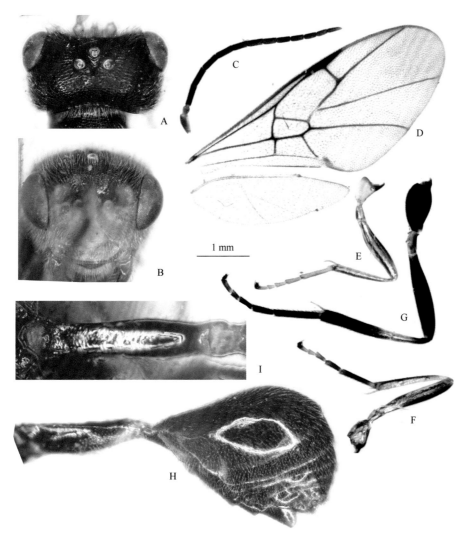

图 6-71 具刺窄腹细蜂 *Ropronia spinata* He et Xu, 2015

A. 头部，背面观；B. 头部，前面观；C. 触角；D. 翅；E. 前足；F. 中足；G. 后足；H. 腹部，侧面观；I. 腹柄，背面观

A, B, H. 1.5×标尺；C-G. 1.0×标尺；I. 2.5×标尺

164. 刀腹细蜂属 *Xiphyropronia* He et Chen, 1991

Xiphyropronia He et Chen, 1991: 1718. Type species: *Xiphyropronia tianmushanensis* He et Chen, 1991.

主要特征：体长 7.6 mm，前翅长 5.3 mm。额中央稍拱隆，下角微突出。颜面中央稍拱隆，无任何纵脊。上颚 2 齿，上齿稍长于下齿。触角相对较长，长为头高的 3.7 倍。胸部（包括并胸腹节）长，长为最高处的 2.2 倍。盾纵沟深而完整，伸至中胸盾片后缘，内具并列刻条；小盾片前沟内有几条短纵脊。并胸腹节倒三角形，有明显刻皱和明显中纵脊。翅脉见图 6-72A；腹柄细；柄后腹强度侧扁，背缘和腹缘近于平行，侧观呈刀形。第 2 节背板相当短，长约等于其高，稍短于腹柄；第 3、4 背板明显可见，长度之和约等于第 2 节背板。

分布：该属目前仅知 1 种，分布于中国浙江西天目山。世界已知 1 种，中国记录 1 种，浙江分布 1 种。

（411）天目山刀腹细蜂 *Xiphyropronia tianmushanensis* He *et* Chen, 1991（图 6-72）

Xiphyropronia tianmushanensis He *et* Chen, 1991: 1718.

主要特征：雄体长 8.5 mm；前翅长 5.3 mm。体黑色；腹部第 2、3 背板和第 4 背板基半红黄色。上颚和须浅黄色。足黑色；前足腿节端半、胫节和跗节、中足腿节端部、胫节两端和跗节褐黄色；后足跗节带褐色。翅膜透明，翅痣和翅脉褐色。额和颜面脸密布刻点；额侧方稍隆起，在触角窝之间有一弱的堤状脊；触角长，长为头高的 3.7 倍，鞭节渐细而短，端节与第 3 鞭节约等长。胸部密布刻点。前沟缘脊明显。盾纵沟内具并列刻条，在后方宽，不达盾片后缘。

分布：浙江（临安）。

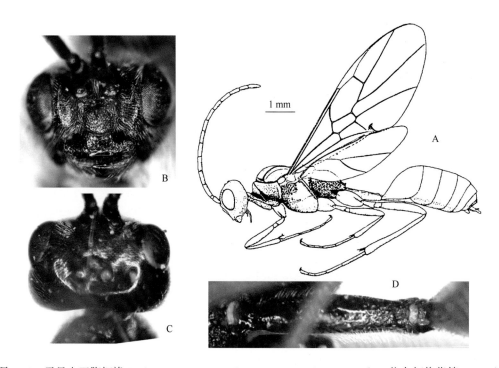

图 6-72　天目山刀腹细蜂 *Xiphyropronia tianmushanensis* He *et* Chen, 1991（A. 仿自何俊华等，1991）

A. 整体，侧面观；B. 头部，前面观；C. 头部，背面观；D. 腹柄

A. 1.0×标尺；B, C. 3.4×标尺；D. 5.0×标尺

第七章 分盾细蜂总科 Ceraphronoidea

主要特征：体长大部分不超过 4 mm；多为黑色，但也有黄褐色个体。外形颇似小蜂，但前胸背板侧观三角形并伸达翅基片。触角膝状，9–11 节，着生于唇基基部。中胸盾片大，横宽，通常有 1、2 或 3 条纵沟。小盾片大，多少隆起，通常在后方有一横沟（frenum），基角有斜沟将三角片明显分出。前翅缘脉痣状或线状，径脉发达，但不完全，无后缘脉；后翅无脉；也有无翅种类。前足胫节 2 距，是所有细腰亚目中唯一前足胫节具 2 个端距的类群。腹部近于无柄，多为卵圆形，两侧圆；第 2 节超过腹长的一半，基部有刻条。

生物学：均为寄生性种类，多为重寄生，但也有原寄生。重寄生种类多为外寄生。

分布：世界广布。

二十七、分盾细蜂科 Ceraphronidae

主要特征：体小型，前翅 0.3–3.5 mm。一般为黑色。触角着生于近口器处，膝状；雌性 7–10 节，有时端部呈棒状；雄性 10–11 节；无环状节。前胸背板向后伸达翅基片；翅痣线状。足转节 1 节，胫距式 2–1–2。沃氏器（Waterston's organ）存在。

生物学：分盾细蜂为内寄生性。该科寄主记录有双翅目瘿蚊科、果蝇科、蚤蝇科、食蚜蝇科和澳蝇科；半翅目粉虱科、蚜科和蚧科（这两科可能为重寄生）以及小型脉翅目草蛉科和粉蛉科；也有报道在蓟马（缨翅目）的成蛹上寄生。某些热带种类为鳞翅目幼虫–蛹的内寄生。有些种类是瘿蚊科捕食性种类的寄生蜂。也有不少是寄生于茧蜂科、姬蜂科、肿腿蜂科和螯蜂科而成的重寄生蜂。菲岛细蜂是我国稻田、棉田、蔗田、桑田园、果园及玉米上姬蜂、茧蜂、肿腿蜂和螯蜂上常见的寄生蜂，从茧内羽化，多寄生。分盾细蜂化蛹是在老熟的寄主幼虫体内。

分布：世界广布。

165. 分盾细蜂属 *Ceraphron* Jurine, 1807

Ceraphron Jurine, 1807: 303. Type species: *Ceraphron sulcalis* Jurine, 1807.

主要特征：中胸背板和小盾片平坦；中胸背板具明显中沟；胸部通常宽大与高；雄性触角鞭小节短，圆柱状；中胸背板和并胸腹节通常具小齿或端刺。

分布：世界分布。浙江分布 1 种。

（412）菲岛黑蜂 *Ceraphron manilae* Ashmead, 1904

Ceraphron manilae Ashmead, 1904c: 135.

主要特征：体长雌性 1.2–1.4 mm，雄性 0.9–1.0 mm。雌蜂黑色有光泽；触角末端 3 节黑色，余黄褐色；足黄褐色，基节黑色，前足腿节背面黑褐色。雄蜂黑褐色；触角黄褐色。头宽；头部及胸部有鲨皮状细纹，多细柔毛；后头脊细而完整。胸部近卵圆形；前胸不明显；中胸中央具 1 条浅纵沟。腹部光滑，背面稍隆起，腹面向侧方压缩，腹部呈三角锥形；第 2 背板大，占腹部大部分，基部具 10 条平行的短纵脊。翅透明，前缘脉细长，痣脉弧形，后缘近基部 1/3 处有 8 根细毛。足粗短，后腿节粗。

分布：浙江、湖北、江西、福建、台湾、贵州、云南；菲律宾。

二十八、大痣细蜂科 Megaspilidae

主要特征：体小型，通常黑色，翅发达者前翅长 0.3–3.5 mm，也有短翅或无翅的。雌雄性触角均为 11 节，通常着生处离口器很近，膝状，有时雌性触角呈棒状；无环状节。前胸背板侧角向后延伸达翅基片。足的转节为 1 节。沃氏器缺如。

生物学：本科为外寄生。它们寄生的范围非常广泛，包括半翅目（蜡蚧科、木虱科、粉蚧科和蚜科）、长翅目（雪蝎蛉科）、脉翅目（褐蛉科、草蛉科和粉蛉科）及双翅目（瘿蚊科、食蚜蝇科、秆蝇科、斑腹蝇科、舌蝇科、潜叶蝇科和蝇科），也有不少大痣细蜂为重寄生，寄生多种茧蜂、小蜂和瘿蜂。蚜大痣细蜂属具较大的经济重要性，大多数种寄生蚜虫体内的蚜茧蜂和蚜小蜂上而成为蚜虫的重寄生。此外，在蚁巢中也发现，推测是寄生于喜蚁性双翅目的。常见种卡氏蚜大痣细蜂具有假重寄生习性，即只在蚜虫体内物质已完全被吃光的蚜茧蜂幼虫或蛹上产卵寄生。大痣细蜂科幼虫有 4 龄。前 3 个龄期的幼虫为膜翅目型，末龄的也相似，但具一短臀角，这个臀角可使老熟幼虫扭动，从而避免被别的昆虫所寄生。

分布：世界广布。

166. 白木细蜂属 *Dendrocerus* Ratzeburg, 1852

Dendrocerus Ratzeburg, 1852: 180. Type species: *Dendrocerus lichtensteinii* Ratzeburg, 1852.

主要特征：雄性通常 POL 长于 LOL，雄性鞭节通常锯齿状，后胸侧板沟通常直，基节前沟缺。
分布：世界分布。中国记录 6 种，浙江分布 1 种。

（413）卡氏蚜大痣细蜂 *Dendrocerus carpenteri* (Curtis, 1829)

Ceraphron carpenteri Curtis, 1829: 249.
Dendrocerus carpenteri: He *et al.*, 2004: 353.

主要特征：雌体长 1.5 mm。体黑色有光泽；触角末 3 节黑色，其余黄褐色；足大体黄褐色，基节黑色，前足腿节背面带黑褐色。头横宽；头、胸部有鲨皮状细纹，多细柔毛；后头脊细而完整。胸部近卵圆形；前胸从背面看不出；中胸盾片正中有一条浅纵沟；小盾片盾形；后胸盾片短；并胸腹节亦甚短。翅透明，前缘脉细长，翅痣大而明显，半圆形，痣脉弧形。足粗短，后腿节粗。腹部光滑，背面仅稍隆起，腹面向侧方压缩，以致腹部呈三角锥形；第 2 背板甚大，占腹部大部分，基部有近于平行的短纵脊。

分布：浙江（杭州）、上海、湖北、江西、福建、台湾、贵州、云南；菲律宾等。

第八章　广腹细蜂总科 Platygastroidea

主要特征：体稍小，一般不长于 3 mm；触角不多于 12 节，触角窝与唇基背缘相连，若分开，其距离小于触角窝直径；无小盾片横沟（frenum），如有三角片，则与小盾片主要表面不在同一水平上；前翅无封闭的翅室，只有 1–2 条翅脉；前足胫节 1 距；腹部背面第 1 节通常非柄状，前侧角近于直角；腹部两侧尖钝，或有明显的翅缘。

生物学：寄生于昆虫及蜘蛛的卵。

分布：世界广布。

二十九、缘腹细蜂科 Scelionidae

主要特征：微小至小型，体长 0.5–6.0 mm。大多暗色，有光泽，无毛。触角膝状，着生在唇基基部，两触角窝距离很近，雌蜂 11–12 节，偶有 10 节，末端数节通常形成棒形，若棒节愈合时，亦有少到 7 节的；雄蜂丝形或念珠形，12 节，但寄生于蝗虫卵的缘腹细蜂属 *Scelio* 仅 10 节。盾纵沟有或无。并胸腹节短，常有尖角或刺。有翅，偶尔无翅；前翅一般有亚缘脉、缘脉、后缘脉及痣脉，无翅痣。足正常，各足 1 距，前胫节距分叉。腹部无柄或近于无柄；卵圆形、长卵圆形或纺锤形，稍扁；两侧有锐利的边缘或具有隆脊；以第 2、3 背板最长。

生物学：寄生于昆虫及蜘蛛的卵，在昆虫中包括直翅目、半翅目、纺足目、脉翅目、鳞翅目、鞘翅目、双翅目以及膜翅目中蚁的卵，多数寄生于害虫。

分布：世界广布。

（414）桑毛虫黑卵蜂 *Telenomus (Aholcus) abnormis* Crawford, 1911

Telenomus (Aholcus) abnormis Crawford, 1911: 270.

主要特征：雌体长 0.75 mm。体黑色，触角黑褐色，足黄褐色，但腿节及胫节外侧和端跗节较深。头宽于胸；触角 10 节，第 2 节稍长于第 3 节；颜面下部具细网纹；沿复眼内缘具 1 行刻点；触角窝上具光滑小区；单眼周围细网状；两侧单眼靠近复眼缘。中胸背板具细而密的刻点；小盾片光滑，有光泽，边缘具细小的纵脊沟；后小盾片中部具皱褶状网纹。腹部第 1–2 背板上各具 10 条纵脊沟，但第 2 背板的纵脊沟向端部变尖；第 2 背板长约等于宽。雄颜面和胸部刻纹较雌虫明显；触角鞭节（除第 1 鞭节外）近于四边形。

生物学：寄主为桑毛虫卵。

分布：浙江（嘉兴、杭州）、江苏。

（415）梧桐毒蛾黑卵蜂 *Telenomus (Aholcus) adenyus* Nixon, 1937

Telenomus (Aholcus) adenyus Nixon, 1937a: 117.

主要特征：雌体长 0.60 mm。体黑褐色，触角黄褐色，足黄色，端跗节稍深。头宽于胸部，约为头长的 3 倍。触角 10 节，第 1 节长为宽的 4.7 倍，为第 2 节长的 2.8 倍；第 2 节长为宽的 2 倍，为第 3 节长的

1.25 倍；第 3 节长为宽的 1.6 倍，为第 4 节长的 1.6 倍；第 4 节长宽相等，为第 5 节长的 1.25 倍；棒状部由第 6–10 节组成，第 8 与 9 节等长，第 9 节为第 3 节宽的 2 倍，第 10 节长为宽的 1.25 倍。额光滑，后头向内弯入；颊后缘具脊，延伸至后头；头顶具网纹。胸部拱起，卵圆形，被粗网纹；小盾片半月形，光滑。腹比胸长；第 1–2 背板具纵脊沟；第 2 背板长大于宽。雄体长 0.55–0.60 mm。胸与腹等长；触角 12 节；第 2 节长为宽的 1.3 倍，稍长于第 3 节；第 4 与 5 节等长；第 6–11 节念珠状，等长；第 12 节圆锥形；外生殖器具 3 个爪。

生物学：寄主为梧桐毒蛾。

分布：浙江；斯里兰卡。

（416）杨扇舟蛾黑卵蜂 *Telenomus* (*Aholcus*) *closterae* Wu et Chen, 1980

Telenomus (*Aholcus*) *closterae* Wu et Chen, 1980: 83.

主要特征：雌体长 0.75–0.90 mm。体黑色，触角及足黑褐色，足的转节、胫节两端及 1–4 跗节黄褐色。头宽为长的 5 倍，宽于胸。触角 10 节，第 1 节长为宽的 5.7 倍，长为第 2 节的 3 倍；第 2 节长为宽的 2 倍，长为第 4 节的 1.8 倍；第 5 节圆形；棒状部 5 节，由第 6–10 节组成；第 9 节宽为第 3 节的 1.5 倍；第 10 节圆锥形。额光滑；触角窝附近具横网纹；头顶具脊，后头弯，头顶具网纹。胸部拱起，具粗刻点；小盾片光滑，四周具稀刻点。胸比腹短，约等宽。腹部 1–2 背板基部具纵脊沟；第 2 背板长稍大于宽，纵脊沟为腹柄长的 1/2。雄体长 0.75–0.8 mm。体色似雌蜂。但触角及足色浅。触角 12 节，第 2 节比第 3 节短，第 4 节稍长于第 3 节，短于第 5 节，第 6 节以后逐渐变细，呈念珠状。雄外生殖器抱器上具 1 个爪，阳茎细长。

生物学：寄主为杨扇舟蛾、尺栖舟蛾、苎麻夜蛾。

分布：浙江（杭州）、北京、广西、贵州。

（417）松毛虫黑卵蜂 *Telenomus* (*Aholcus*) *dendrolimi* (Matsumura, 1925)

Holcaerus (?) *dendrolimi* Matsumura, 1925: 44.

Telenomus (*Aholcus*) *dendrolimi*: He et al., 2004: 307.

主要特征：雌体长 0.84–1.26 mm。体黑色；触角及足黑褐色；转节、腿节末端、胫节两端、跗节均黄褐色；前足转节基部及端跗节黑褐色。头略宽于胸部，宽为长的 3 倍；额光滑，仅具网状细纹；头顶具粗刻点；后头向内凹。复眼有毛；两侧单眼靠近复眼眼缘。触角 10 节，着生于颜面中央下方；第 3–10 节长为第 1 节的 2 倍多；第 2 节长于第 3 节；第 4 节短于第 3 节，第 5 节为第 3 节长的 1/2，但长于缘脉的 1/3。腹部近椭圆形，第 1–2 背板基部各具约 10 条纵脊沟；产卵管伸于尾端外。雄虫触角黑褐色，较雌虫略浅；触角 12 节，鞭节念珠状。

生物学：寄主为马尾松毛虫、油松毛虫、赤松毛虫、思茅松毛虫、落叶松毛虫等的卵，聚寄生。

分布：浙江、辽宁、河北、山东、河南、江苏、安徽、湖北、江西、湖南、福建、广东、广西、四川、贵州、云南；朝鲜，日本。

（418）茶毛虫黑卵蜂 *Telenomus* (*Aholcus*) *euproctidis* Wilcox, 1920

Telenomus euproctidis Wilcox, 1920: 79.

Telenomus (*Aholcus*) *euproctidis*: Wu et Chen, 1980: 79.

主要特征：雌体长 0.65–0.75 mm。体黑色，触角黑褐色（第 1–6 节稍浅），足黄色（端跗节黄色）。头宽为长的 3 倍，宽于胸。触角 10 节；第 1 节长为宽的 4.6 倍，为第 2 节长的 2.7 倍；第 2 节长为宽的 2.4 倍，为第 3 节长的 1.5 倍；第 3 长为宽的 1.6 倍，为第 4 节长的 1.2 倍；第 4 节长为宽的 1.3 倍，为第 5 节长的 1.6 倍；第 5 节最小；棒状部 5 节，由第 6–10 节组成；第 8 和第 9 节相似。额光滑，四周具刻点。后胸具细皱纹；胸比腹短且稍宽。腹部第 1–2 背板基部具纵脊沟，第 1 背板的纵脊沟长为第 2 背板的 1/2；第 2 背板长大于宽，纵脊沟稍长于第 1 节的。雄体长 0.6–0.65 mm。与雌蜂相似，但触角第 2–12 节黑褐色。第 1 节黄褐色。胸和腹部等长。触角 12 节；第 2 节和第 3 节等长；第 4 节和第 5 节也等长；第 6–11 节长宽相似，念珠状；第 12 节圆锥形，长为宽的 1.7 倍。外生殖器抱器上具 3 个爪。

生物学：寄主为茶毛虫卵，单寄生。

分布：浙江（嘉兴、杭州）、陕西、湖北、江西、湖南、福建、广西、四川、贵州；日本。

注：中名有用茶毒蛾黑卵蜂的。

（419）稻苞虫黑卵蜂 *Telenomus (Aholcus) parnarae* Wu et Chen, 1979

Telenomus (Aholcus) parnarae Wu et Chen in Wu et al., 1979: 395.

主要特征：雌体长 0.75–0.80 mm。体黑褐色；触角褐色，第 1 节浅褐色；前足基节褐色，中足及后足基节和端跗节浅褐色。头明显宽于胸部，约为头长的 2 倍；复眼被毛。触角 10 节；第 1 节长为宽的 5 倍，为第 2 节长的 3 倍；第 2 节长为宽的 2 倍，与第 3 节等长；第 4 节稍长于第 5 节；第 6–10 节组成棒状部，第 6 节长宽相等，第 6–9 节几乎等长。额及头顶均具细网纹；复眼上缘及外缘具脊。胸部椭圆，密布短小的白毛；中胸背板具细网纹；小盾片光滑，具稀疏刻点。前翅最长的缘毛约为翅最宽处的 1/4；后翅缘毛稍短于翅宽。腹部卵圆形，稍短于头及胸的和；第 2 背板中央最宽，宽稍大于长，具细网纹；第 1、2 背板基部具纵脊沟，第 2 纵脊沟长不超过背板的 1/4；其余各节光滑。雄体长 0.75–0.8 mm。体黑褐色。触角褐色，12 节；第 1 节长为第 2 节的 3 倍；第 2 节长稍大于宽，明显短于第 3 节；第 5 节外侧各具 1 个瘤状小突起。雄外生殖器阳茎窄而长，抱器具 3 个爪。

生物学：寄主为稻苞虫 *Parnara guttata*，曲纹稻苞虫 *P. ganga* 和么纹稻苞虫 *P. neso bada* 卵，单寄生。

分布：浙江、陕西、湖北、江西、四川、贵州。

（420）桑蟥黑卵蜂 *Telenomus (Aholcus) rondotiae* Wu et Chen, 1980

Telenomus (Aholcus) rondotiae Wu et Chen, 1980: 82.

主要特征：雌体长 0.7–0.75 mm。体黑褐色；触角及足黑褐色，胫节两端及第 1–4 跗节黄色。头宽为长的 2.1 倍，与胸宽相等。触角 10 节；第 1 节长为宽的 5.5 倍，长为第 2 节宽的 2.8 倍；第 2 节长为宽的 2.3 倍，长为第 3 节宽的 1.3 倍；第 3 节长为宽的 1.8 倍，长为第 4 节宽的 1.5 倍；第 4 节稍长于第 5 节；棒状部 5 节，由第 6–10 节组成；第 9 节长为宽的 2 倍；第 10 节圆锥状，长为宽的 1.4 倍。额中部光滑，沿复眼内缘具网纹；后头弯，无脊。胸部拱起，但较平坦，比腹部宽，具网纹；小盾片光滑。腹部第 1–2 背板基部具纵脊沟，第 2 背板稍大于宽，纵脊沟不超过腹柄。雄体长 0.65–0.70 mm。触角 12 节；第 2 节似第 3 节，第 4 节比第 3 节小；第 6–11 节念珠状，相似；第 12 节圆锥状，长为宽的 1.4 倍。雄外生殖器的抱器具 3 个爪，阳基长为基环的 1.8 倍，为阳茎的 2.2 倍；腹中突端部中央凹陷宽而深。

生物学：寄主为桑蟥卵，单寄生。

分布：浙江。

（421）野蚕黑卵蜂 *Telenomus (Aholcus) theophilae* Wu et Chen, 1980

Telenomus (Aholcus) theophilae Wu et Chen, 1980: 81.

主要特征：雌体长 0.95–1.0 mm。体黑色，触角及足黑褐色，足的转节及胫节两端、第 1–4 跗节均黄色。头宽为长的 3.5 倍，头宽于胸。触角 10 节；第 1 节长为宽的 5 倍，长为第 2 节宽的 2.6 倍；第 2 节长为宽的 1.4 倍，长为第 3 节宽的 1.2 倍；第 3 节长为宽的 2.3 倍，长为第 4 节宽的 1.6 倍；第 4 节长为宽的 1.3 倍，长于第 5 节；棒状部 5 节，由第 6–10 节组成，第 7 节最大，第 8–9 两节相似，第 9 节宽为第 3 节的 1.8 倍。额具细网纹，头顶具粗网纹；后头弯，无脊。胸部拱起，卵圆形，与腹部长宽相似。具密的粗网纹；小盾片光滑。腹部 1–2 背板基部具纵脊沟；第 2 背板长宽相等，纵脊沟仅达全长的 1/6。雄体长 0.9–0.95 mm。体色似雌蜂；触角 12 节，第 2 及第 3 节相似，第 4 及 5 节相似，第 6–11 节念珠状，各节长短相似，第 12 节圆锥状，长为宽的 2.3 倍。雄外生殖器抱器具 3 个爪；阳基长为阳茎的 2.4 倍，为基环的 2.6 倍，腹中突端部中央凹陷浅。

生物学：寄主为野蚕卵，单寄生。

分布：浙江、北京。

（422）草蛉黑卵蜂 *Telenomus acrobates* Giard, 1895

Telenomus acrobates Giard, 1895: 77.

主要特征：雌体长约 0.78 mm。体黑色；触角及足黑褐色，腿节末端、胫节两端和跗节黄褐色。头横形，稍宽于胸部，后头向内凹入。复眼有毛。额区宽而平滑，有反光。触角 11 节；第 1 节稍弯曲，长为宽的 5 倍，约为第 2 节的 3.1 倍，为第 3–11 节长的 0.45 倍；第 2 节长为宽的 1.75 倍；第 3 节比梗节稍狭而短；第 4、5 鞭节长宽几乎相等；第 6 节最小，圆珠形；棒节由 5 节组成；第 7 节长约等于宽，近圆形；第 8、9 节宽大于长；第 10 节最宽大，长宽相等；第 11 节长大于宽，末端收缩。胸部长稍大于宽，中胸背板具细密刻点和黄白色毛；小盾片三角形，较光滑，其上的刻点和黄白毛均较少。翅透明，痣脉较缘脉的 1/3 稍长。腹部比胸部短，甚光滑，末端宽，横截，端腹节稍露出；从第 2 背板中部向后成倾斜的平面，第 1、2 节背板前端各具纵脊沟 8–10 条。雄体长约 0.74 mm。触角颜色稍浅，12 节，其上毛较多，鞭节念珠状，腹部末端较尖。

生物学：寄主为大草蛉、丽草蛉、中华草蛉、晋草蛉卵，单寄生。

分布：浙江（杭州、东阳）、北京、河北、山东、河南、陕西、新疆、湖北、湖南；古北区。

（423）柑橘卷蛾黑卵蜂 *Telenomus adoxophyae* Wu *et* Chen, 1985

Telenomus adoxophyae Wu *et* Chen, 1985: 151.

主要特征：雌体长 0.45–0.5 mm。体黑褐色；触角和足褐色，但跗节 1–4 节黄褐色。头宽为长的 2.5 倍；宽于胸。头顶具网纹；额光滑，后头向内凹入。触角 11 节；第 1 节长为宽的 4.4 倍，为第 2 节长的 2.4 倍；第 2 节长为宽的 1.8 倍，为第 3 节长的 2 倍；第 3 和第 4 节相等；第 6 节最小；棒状部 5 节，由 7–11 节组成；第 9 节最大，为第 3 节宽的 1.8 倍，第 11 节圆锥形，长为宽的 1.4 倍。胸部卵圆形拱起，小盾片半月形，均具网纹。胸部和腹部约等长。腹部第 1 节和第 2 节背板基部具纵脊沟；第 2 节背板宽大于长，腹部末端平截状。雄体长 0.45 mm，体色似雌蜂，腹部比胸部短。触角 12 节，第 2 节为第 3 节长的 1.4 倍；第 3 节为第 4 节长的 1.2 倍，内侧上方有角状突起；第 6–11 节呈念珠状，各节大小相似；第 12 节长为宽的 1.8 倍。雄性外生殖器：阳基长为基环的 4.5 倍，长为阳茎长的 2 倍；阳茎长，端部窄，抱器上具爪 3 个。

生物学：寄主为柑橘卷蛾卵。

分布：浙江。

（424）黄胸黑卵蜂 *Telenomus angustatus* (Thomson, 1861)

Phanurus angustatus Thomson, 1861: 172.

Telenomus angustatus: Kieffer, 1912: 26.

主要特征：雌体长 0.7–1.1 mm。体黑色；足暗色，胫节和跗节浅黄色。头强度横形，背观宽为长的 2 倍。额光滑。头顶无脊，具很细革状纹。单眼靠近复眼缘。复眼具细毛。触角 11 节；第 2 节长为第 3 节的 2 倍，棒形；第 4 节长宽相似，与第 5 节等长；第 7–12 节组成明显棒形；第 7 节刚粗于第 6 节。胸部具很细革状刻点和细毛，有光泽，无盾纵沟。小盾片后方光滑，具分散细刻点。并胸腹节截形。翅几乎透明，缘毛长。腹部光滑，长于胸部，长为宽的 2–3 倍，后端尖。第 1 背板（腹柄）至后方中央有刻条。第 2 背板刚长于以下各节之和，除前方有短纵刻条外，还有不达中央的密而长的细刻条。第 3–5 背板等长。产卵管露出。雄虫头、胸部火红色，但头顶和中胸盾片中央色稍暗；口器、触角柄节及足蜜黄色。颜面具细刻状纹。触角第 2 节刚短于第 3 节，第 3–5 节稍长形。

生物学：寄主为土灰虻卵，单寄生。被寄生卵块的表层卵粒，寄生率有时甚高。

分布：浙江（东阳）、辽宁、河北、山西、山东、河南、陕西、广东、四川。

（425）油桐尺蠖黑卵蜂 *Telenomus buzurae* Wu et Chen, 1985

Telenomus buzurae Wu et Chen, 1985: 149.

主要特征：雌体长 0.7–0.85 mm。体黑色，触角和足黑褐色，转节和胫节两端以及第 1–4 跗节黄褐色。头宽约为长的 3 倍，宽于胸。触角 11 节；第 1 节为宽的 3.7 倍，为第 2 节长的 2.2 倍；第 2 节长为宽的 2 倍，为第 3 节长的 2.2 倍；第 3 与第 4 节约等长；第 5 节稍短于第 4 节；第 6 节最小，椭圆形；棒状部 5 节，由第 7–11 节组成；第 9–10 节近方形，大小相等；第 11 节圆锥形，长为宽的 1.4 倍；第 9 节为第 3 节宽的 1.5 倍。额中部光滑；头顶无脊，具粗网纹刻点，后头向内弯入，复眼外缘具脊。胸部椭圆形拱起，具粗网纹刻点；小盾片半月形，光滑。腹部第 1–2 背板基部具纵脊沟。雄体长 0.6–0.7 mm。体色似雌蜂，但触角和足黄褐色。胸部和腹部约等长；触角 12 节，第 1 节长为宽的 4 倍，为第 2 节长的 2.6 倍；第 2 节长为宽的 1.7 倍，为第 3 节长的 1.6 倍；第 4 和第 5 节约等长；第 6–11 节念珠状，但 6–8 节稍小于第 9–11 节；第 12 节圆锥形，长为宽的 1.4 倍。外生殖器阳基为基环长的 2.1 倍，为最宽处的 3.7 倍，抱器上具 3 个爪。

生物学：寄主为油桐尺蠖卵，单寄生。

分布：浙江（泰顺）、湖南、四川。

（426）二化螟黑卵蜂 *Telenomus chilocolus* Wu et Chen, 1979

Telenomus chilocolus Wu et Chen in Wu et al., 1979: 396.

主要特征：雌体长 0.58–0.65 mm。体黑褐色；足淡褐色，转节、腿节及胫节两端、第 1–4 跗节均淡黄色。头宽为长的 2 倍，略宽于胸部。触角 11 节，第 1 节为第 2 节长的 2.7 倍；第 2 节长为宽的 2 倍，为第 3 节长的 2 倍；第 3 节为第 4 节的 0.5 倍；第 4 节稍长于第 5 节；第 5 节与第 6 节等长，宽稍大于长；第 7–11 节组成棒状部；第 7 节最短，宽为长的 2 倍；第 9–10 节等长，第 11 节最长。额光滑闪光；头顶后缘具细网纹，无脊。腹部椭圆形，短于头及胸的和；第 2 背板后缘最宽，长宽相等；第 1–2 背板基部具纵脊沟，不超过背板长的 1/4，余各节光滑。雄体长 0.6 mm。触角淡褐色，末端较深，第 5 节端部有 1 个瘤状小突起。足基节黑褐色，余均淡黄色。外生殖器阳茎基部宽，端部窄，抱器上具 3 个爪。

生物学：寄主为二化螟卵。

分布：浙江、湖北、江西、湖南、福建、广东、四川。

（427）松茸毒蛾黑卵蜂 *Telenomus dasychiri* Chen et Wu, 1981

Telenomus dasychiri Chen et Wu, 1981: 111.

主要特征：雌体长 0.75-1.10 mm。体黑色。触角黑褐色，但第 1 节两端较浅；足黑褐色，胫节两端和第 5 跗节褐色，第 1-4 跗节黄褐色。头宽约为长的 3 倍，宽于胸部。复眼具短毛。触角 11 节；第 1 节长为最宽处的 4 倍，为第 2 节长的 2.5 倍；第 2 节长为最宽处的 2.5 倍，为第 3 节长的 1.8 倍；第 3 节稍长于第 4 节，为最宽处的 1.5 倍；第 6 节最小，圆形；第 7-11 节组成棒状部；第 8-10 节约等长；第 9 节宽为第 3 节的 1.8 倍；第 11 节圆锥形。额光滑，后头向内弯入，头顶具网纹，无脊。胸部卵圆形拱起，密布网纹和稀长的毛，小盾片半月形。腹部与胸部等长，宽于胸部。第 1-2 节背板基部具纵脊沟；第 2 背板宽大于长，纵脊沟稍长于腹柄。雄体长 0.55-0.85 mm。触角 12 节，黄褐色；第 2 节梨状，与第 3 节等长，稍短于第 4 节，与第 5 节约等长；第 4 节长为第 6 节的 1.6 倍；第 5 节端部变宽，侧上方具一向外伸的突起。腹部短于胸部。外生殖器阳基长度为基环的 3 倍，为最宽处的 3.3 倍；腹侧突中线分开，似无连接痕迹，骨化明显，其长度为阳基的 2/3；抱器上具爪 3 个；阳茎长度为阳基的 1/3，端部钝圆。

生物学：寄主为松茸毒蛾、马尾松毛虫、油松毛虫等的卵。

分布：浙江（宁波）、江苏、安徽、江西、湖南、福建、广东。

（428）等腹黑卵蜂 *Telenomus dignus* (Gahan, 1925)

Phanurus dignus Gahan, 1925: 108.

Telenomus dignus: Nixon, 1937b: 447.

主要特征：雌体长 0.74 mm。触角黑褐色，柄节基部黄褐色；前足基节黑色，其余淡黄褐色。头宽约为长的 2 倍；额凸出，仅后方稍陷入。触角 11 节，第 1 节长为宽的 4 倍，弯曲；第 2 节长为宽的 2 倍；第 3 节长大于宽，明显地短于并窄于第 2 节；第 4-5 节长宽几乎相等，第 6 节宽稍大于长，短于第 7 节；棒节由 5 节组成；第 8-10 节长方形，向端部增大；端节短，卵形。胸部长，小盾片半圆形。前翅最长缘毛约等于翅宽的 1/4；后翅最长缘毛约等于翅宽。后足胫节为基跗节长的 2 倍。腹部尖叶形，等于头与胸之和；第 1 背板基部具纵脊沟约 10 条，第 2 背板上 12 条；第 1-2 腹板各具 9 条较长的纵脊沟；其余各节光滑。雄虫触角鞭节末端褐色；柄节、梗节及鞭节大部分及足（除基节外）均黄褐色；触角 12 节；腹部近卵形。

生物学：寄主为三化螟卵，单寄生，只能寄生于卵块表层卵粒。

分布：浙江、江苏、安徽、湖北、江西、湖南、福建、台湾、广东、海南、广西、四川、贵州、云南；巴基斯坦，印度，菲律宾。

（429）稻蝽小黑卵蜂 *Telenomus gifuensis* Ashmead, 1904

Telenomus gifuensis Ashmead, 1904a: 72.

主要特征：雌体长 1.4-1.5 mm。体黑色；足（包括基节）、上颚和触角柄节浅黄色，梗节及索节黑褐色，棒节更深。头横宽，宽于胸；额几乎光滑，有光泽；头顶具细刻点；复眼大且毛多。触角细长，共 11 节；第 3 节为端节宽的 2 倍多，与第 2 节同长；第 4 节长约为端节宽的 1.5 倍；第 5 节长方形，长略大于宽；第 6 节圆形；棒节 5 节；第 7-10 节宽稍大于长。中胸背板密生网状刻点，小盾片光滑而有光泽；后小盾片中部半月形隆起，具皱纹。腹部长大于宽，第 1-2 背板具纵脊沟。雄虫触角细长，12 节；第 3 节明显地长于第 2 节；第 3-5 各节长均大于宽，第 6-11 节稍大于宽。

生物学：寄主为稻黑蝽、斑须蝽、碧蝽和广二星蝽卵，单寄生。

分布：浙江（杭州、东阳）、山东、江苏；日本。

（430）长腹黑卵蜂 *Telenomus rowani* (Gahan, 1925)

Phanurus rowani Gahan, 1925: 106.

Telenomus rowani: Nixon, 1937b: 447.

主要特征：雌体长 0.78–0.98 mm。触角第 1 节黄褐色，其余各节黑褐色。足黄色，端跗节黑褐色。头宽为长的 2.5 倍；与胸宽相等。复眼不达头的后缘；头顶具微网纹，余光滑。触角 11 节。胸部长宽相等；小盾片半月形，具细刻纹和稀的短毛。腹部尖叶形，长超过头及胸之和的 1/3，宽窄于头、胸部；第 1 背板基缘具细小而不规则的 8 条短纹；第 2 背板具 15 条纵脊沟，端缘向内凹；第 1–2 腹板各具 9 条纵沟。雄虫头顶、中胸背板、小盾片及腹部暗褐色；触角鞭节向端部渐变为深褐色，其余各节黄褐色。足黄褐色，末跗节及爪黑褐色。头宽约为长的 2 倍。触角 12 节，第 1 节短而厚，近似圆锥形；第 3–5 节宽约为其余各节宽的 2 倍；其余各节念珠状，向端部变小。后足基跗节很膨大。腹与胸等长。

生物学：寄主为三化螟卵，单寄生。

分布：浙江、江苏、安徽、湖北、江西、湖南、福建、台湾、广东、海南、广西、四川、贵州、云南；印度，越南，菲律宾，马来西亚。

（431）白螟黑卵蜂 *Telenomus scirophagae* Wu *et* Chen, 1979

Telenomus scirophagae Wu *et* Chen *in* Wu *et al.*, 1979: 395.

主要特征：雌体长 0.5–0.55 mm。体黑褐色。触角褐色，第 2–6 节浅褐色。头宽于胸部，头宽为长的 2 倍。触角 11 节，第 1 节长为宽的 3.5–4 倍，为第 2 节长的 2.5 倍；第 3 节稍长于第 4 节；第 5 节等于第 6 节；第 7–11 节组成棒状部。额光滑；头顶具细网纹，后缘无脊。中胸背板拱起，具细网纹；小盾片半月形，具细网纹；后胸被粗网纹。前翅最长缘毛为翅最宽处的 1/3；后翅缘毛等于翅宽。腹部长圆形，背腹向扁平，腹长超过胸长的 1 倍多；第 1–2 背板基部具纵脊沟；第 2 节纵脊沟不超过背板的 1/5，背板中央最宽；余各节光滑。产卵管明显伸出。雄体长 0.45 mm。体色较浅，头（除复眼外）、胸及足均褐色，腹部黑褐色。触角 12 节，第 6–11 节念珠状；雄外生殖器较小，抱器具 3 个爪。

生物学：寄主为白螟卵，单寄生。

分布：浙江、江苏、江西、广西、云南。

（432）大螟黑卵蜂 *Telenomus sesamiae* Wu *et* Chen, 1979

Telenomus sesamiae Wu *et* Chen *in* Wu *et al.*, 1979: 393.

主要特征：雌体长 0.6–0.65 mm。体黑褐色；触角褐色；足的基节褐色，余均淡黄褐色。头略宽于胸部，宽为长的 2 倍。触角 11 节，第 1 节长为第 2 节的 2.5 倍；第 2 节长为最宽处的 1.5 倍；第 3 节长于第 4 节；第 6 节最短；第 7–11 节组成棒状部；第 7 节最短；第 9–10 节等长。额平而光滑，头顶后缘无脊，密被细刻点；后头孔位置高，位于复眼上缘连线上。胸部极扁，中胸背板扁平，具带毛细刻点，小盾片半月形。前翅缘毛短，最长毛不超过翅最宽处的 1/5；后翅缘毛明显短于翅宽。腹部明显短于胸部；腹部扁平；第 2 背板后缘最宽，长宽相等；第 1、2 节背板基部具纵脊沟；其他背板光滑。雄体长 0.6 mm。胸及腹部均扁平。触角 12 节，黄褐色，端部较深；足浅黄色，仅前足基节及爪褐色。雄外生殖器抱器具 3 个爪。

生物学：寄主为大螟卵，单寄生。

分布：浙江、四川。

（433）稻蝽沟卵蜂 *Trissolcus mitsukurii*（Ashmead, 1904）

Telenomus mitskurii Ashmead, 1904a: 72.

Trissolcus mitsukurii: He *et al.*, 1979: 75.

主要特征：体长约 1.0 mm。体黑色；触角黄褐色，雌蜂棒节深褐色；足黄褐色，基节均黑色。头宽约为长的 2.5 倍，阔于胸。雌蜂触角 11 节，第 3 节稍长于第 2 节，棒状部 6 节，最宽处为第 3 节顶端宽的近 2 倍；雄蜂触角 12 节，念珠形，第 3 节长约为第 2 节的 2 倍、等于第 4 节、稍长于第 5 节，第 6–11 节几乎等长。胸部宽厚，中胸盾片拱起，有网状皱褶，在盾纵沟间呈纵皱；小盾片刻点细而浅。腹部宽扁，第 1 背板及第 2 背板基部 2/3 处有纵行沟脊，第 2 背板宽大于长。

生物学：寄主为稻褐蝽、花角缘蝽、稻绿蝽、碧蝽、斑须蝽。单寄生于卵内。

分布：浙江、山东、河南、安徽、湖北、江西、湖南、福建、广东、广西、四川、贵州、云南。

（434）黑足蝽沟卵蜂 *Trissolcus nigripedius* (Nakagawa, 1900)

Asolcus nigripedius Nakagawa, 1900: 17.

Trissolcus nigripedius: Watanabe, 1951: 21.

主要特征：雌体长 1.1–1.2 mm。体黑色；触角完全黑色；基节、第 1 转节、腿节除了端部、胫节除了端部及内侧黑色，足其余部位黄褐色。翅透明，翅脉带黄色。头横形，稍宽于胸；额具鳞状网皱，在触角插入部位之间无隆瘤，复眼内缘下方、触角窝上方具不规则的细横刻条。头顶具鳞状网皱，侧单眼之间无脊的痕迹，仅有突出的角。复眼裸。上颚 3 齿。触角相当细；第 3 节与第 2 节等长，为端宽的 2 倍，为第 4 节长的 1.5 倍；第 5 节稍横形；第 6 节圆形；棒节 5 节，由第 7–11 节组成，不明显分开，第 7–10 节稍横形。中胸背板有些平，密布网皱，在后半夹有不规则纵刻条。小盾片微光亮，但有很细鳞状网纹。中胸侧板凹在前下方无边缘。前翅痣脉相当长。后翅宽，在翅最宽部位的缘毛长为翅最宽处的 1/4。腹部长等于宽；第 1 背板强度横形，有纵刻条；第 2 背板长明显短于其宽（2：3）具相当弱的刻条，伸于近端部 1/3 处。雄体长 1.1–1.2 mm。触角第 2 节短，长为第 3 节的 0.5 倍；第 3–5 节稍长于其宽；第 6–11 节横形。

生物学：寄主为斑须蝽卵，单寄生。

分布：浙江（嵊州）、山东、河南；朝鲜，日本。

（435）飞蝗黑卵蜂 *Scelio uvarovi* Ogloblin, 1927

Scelio uvarovi Ogloblin, 1927: 393.

主要特征：雌体长 4.67–4.77 mm。体黑色；触角、上颚（除小齿外）、下唇须、翅基片、各腿节的中部及爪均暗褐色；基节、胫节、跗节红褐色。头部后方深陷；触角 12 节；头部表面被大型网状刻点，每一刻点内具 1 根粗而弯的毛；触角窝及单眼周围光滑，有光泽。胸部具更大的网状刻点，每一刻点内具 1 根细长毛；小盾片半月形，网状刻点似中胸；后小盾片由深纵脊沿一光滑的间隔与后胸背板相隔。前翅达第 5 腹节；后翅透明。腹部纺锤形；第 1 背板具 8 条纵脊线，第 2 节 16 条，第 3–4 节 20 条，第 5 节 16 条，第 6 节中央具粗刻点，每一刻点具 1 根刚毛，中央顶端具平行刚毛一列，10 根。腹部背板刻点与纵脊不如背板明显。雄体长 4.5 mm；体色似雌蜂；触角 10 节，红褐色，鞭节近似念珠状；前胸背板及两侧微隆起。腹部第 4 节具 22 条纵脊线；第 6 节具 8 条平行的纵脊线。足较雌蜂短且粗；前足胫节末端具 10–12 根毛。

生物学：寄主为飞蝗、稻蝗、负蝗及土蝗卵，单寄生。

分布：浙江、山东、江苏、安徽、湖南；古北区。

三十、广腹细蜂科 Platygasteridae

主要特征：体小型，长 0.5–2.5 mm。体黑色。头横宽，少数方形；单眼 3 个，排列成三角形；上颚端齿 2 个；颚须 1–2 节；唇须 1 节。触角膝状，着生于唇基的基部，雌雄多为 10 节，少数 9 节，柄节长，其端部略呈棍棒形。前胸背板不大，从上面刚可看见；有盾纵沟，或无；小盾片形状各异，半圆形或枕形，也有平坦，端部常呈锥形或刺状。并胸腹节短，有 1 中沟。前翅通常全无翅脉，少数有一末端膨大的亚前缘脉，更少数还有基脉和中脉并形成一翅室；后翅矛形，无翅脉。足长，腿节和胫节呈棒状，胫节距 1–1–1，跗节式 5–5–5，仅 *Iphitrachelus* Walker 属为 4–4–4。腹部无柄或近于无柄，近卵圆形、矩卵圆形或锥卵圆形，扁平，极少数非常长，沿两侧有锋锐的边缘或脊，可见 6 节，第 2 节最长。

生物学：主要寄生于双翅目，特别是形成虫瘿的瘿蚊科及相近科昆虫，也有寄生于半翅目的介壳虫和粉虱。据报道，有少数种类寄生于鞘翅目象甲科和叶甲科卵，从膜翅目泥蜂巢中和瘿蜂虫瘿中也有育出。单寄生或多寄生于寄主体内，一些种类营多胚生殖。通常产卵于寄主卵内，或刚孵化的寄主幼虫体内，但都要等到寄主幼虫老熟后，才完成自己发育，一般在寄主幼虫体内化蛹。

分布：世界广布。

（436）黑刺粉虱细蜂 *Amitus hesperidum* Silvestri, 1927

Amitus hesperidum Silvestri, 1927: 55.

主要特征：雌体长 0.7 mm。体黑色；触角第 1–7 节黄褐色。第 8 节（棒节）褐色。翅透明。前足和中后足转节、腿节基部、胫腿关节处及跗节黄褐色；其余浅褐色。头部和胸部近于等宽。头部和前胸背板有微细鱼鳞状刻纹，近于光滑。头顶圆；后头脊不发育；上颊短，在复眼后强度收窄；唇基亚三角形，相当拱隆；OOL 大于 OD；复眼裸；触角 8 节，棒节膨大，似为 3 节愈合而成。胸部短宽；背观可见前胸肩角；中胸盾片相当平；盾纵沟明显；小盾片大，稍拱；三角片小，但存在。胸腹侧脊强；中胸侧板中凹浅而明显，两端有深窝；后胸侧板具毛。并胸腹节短，前方有 3 条短中脊。前翅超过腹端，翅面散布微毛，缘毛相当长；仅在翅基部有亚缘脉短桩。足相当细长；胫节距式 1–1–1；前足胫距 2 叉；腿节中央稍粗；跗节 5 节。腹部短于头、胸部之和，长宽相近，扁，短椭圆形；第 1 背板横梯形；第 2 背板大，占腹长的 3/4，基部中央有 1 对凹窝，基侧方有数条短纵刻条。产卵管稍微突出。雄虫与雌蜂相似。触角较体为长，10 节，第 3–10 节具毛，第 3 节稍短于第 4 节，长为端节的 0.5 倍，第 4–9 节约等长；端节非棒状膨大。

生物学：寄主为黑刺粉虱，产卵于 1 龄若虫体内，从蛹背壳内羽化，时有较高的寄生率，是控制黑刺粉虱的重要天敌。

分布：浙江（杭州、黄岩）、江西、湖南、广东；日本，美国（关岛）（曾从墨西哥输入已定居）。

参 考 文 献

陈泰鲁, 吴燕如. 1980. 黑卵蜂属三新种(膜翅目: 缘腹细蜂科). 动物分类学报, 5(4): 427-429.

陈泰鲁, 吴燕如. 1981. 松毛虫的黑卵蜂记述(膜翅目: 缘腹细蜂科). 动物学集刊, 1: 109-112.

程洪坤, 魏淑贤. 1989. 丽蚜小蜂商品化生产技术. 生物防治通报, 5(4): 4.

樊晋江, 何俊华. 2003. 细蜂科. 716-723. 见: 黄邦侃. 福建昆虫志(第七卷). 福州: 福建科学技术出版社.

何俊华, 陈学新. 2007. 红腹举腹蜂 *Aulacus erythrogaster* 的新名. 昆虫分类学报, 29(1): 66.

何俊华, 陈学新, 樊晋江, 李强, 刘长明, 楼晓明, 马云, 王淑芳, 吴燕如, 徐志宏, 许再福, 姚建. 2004. 浙江蜂类志. 北京: 科学出版社, 1-1373.

何俊华, 陈学新, 马云. 2002. 浙江省举腹蜂科二新种(膜翅目). 动物分类学报, 27(1): 149-152.

何俊华, 陈樟福, 徐嘉生. 1979. 浙江省水稻害虫天敌图册. 杭州: 浙江人民出版社, 1-210.

何俊华, 樊晋江. 1991. 中国隐颚细蜂族分类研究. 浙江农业大学报, 17(2): 218-221.

何俊华, 樊晋江. 2004. 细蜂科. 326-345. 见: 何俊华. 浙江蜂类志. 北京: 科学出版社.

何俊华, 许再福. 2004. 中国柄脉细蜂属一新种记述(膜翅目, 细蜂科). 昆虫分类学报, 26(2): 151-155.

何俊华, 许再福. 2011. 中国短细蜂属种类记述(膜翅目: 细蜂科). 昆虫分类学报, 33(2): 132-142.

何俊华, 许再福. 2015. 中国动物志 昆虫纲 第五十六卷 膜翅目 细蜂总科(一). 北京: 科学出版社, 950pp.

何俊华. 1983. 窄腹细蜂属一新种(膜翅目: 窄腹细蜂科). 昆虫分类学报, 5(4): 279-280.

何俊华. 1992. 分盾细蜂科, 柄腹细蜂科. 1293-1296. 见: 湖南省林业厅. 湖南森林昆虫图鉴. 长沙: 湖南科学技术出版社.

何俊华. 2004. 浙江蜂类志. 北京: 科学出版社, 89-93.

何俊华, 朱坤炎, 童新旺. 1988. 中国窄腹细蜂属四新种记述(膜翅目: 窄腹细蜂科). 昆虫分类学报, 10 (3-4): 207-214.

黄大卫. 1993. 中国经济昆虫志 第四十一册 膜翅目: 金小蜂科(一). 北京: 科学出版社, 1-196.

黄建, 林晓琳, 林长福. 1992. 蚜小蜂科的分类研究: III 中国短索蚜小蜂属分类. 福建农学院学报, 21(2): 163-171.

黄健. 1994. 中国蚜小蜂科分类(膜翅目: 小蜂总科). 重庆: 重庆出版社, 1-348.

廖定熹. 1978. 天敌昆虫图册. 北京: 科学出版社, 79-90.

廖定熹. 1979. 我国食植性林木广肩小蜂初志并记述一新属五新种. 林业科学, 4: 256-263.

廖定熹, 李学骝, 庞雄飞, 陈泰鲁. 1987. 中国经济昆虫志 第三十四册 膜翅目: 小蜂总科(一). 北京: 科学出版社.

林乃铨. 1994. 中国赤眼蜂分类 (膜翅目: 小蜂总科). 福建: 福建科学技术出版社, 1-362.

刘经贤, 何俊华, 许再福. 2006. 中国叉齿细蜂属网腰细蜂种团二新种记述(膜翅目: 细蜂科). 昆虫分类学报, 28 (2): 139-144.

庞雄飞, 陈泰鲁. 1974. 中国的赤眼蜂属 *Trichogramma* 记述. 昆虫学报, 17(4): 441-454.

庞雄飞, 陈泰鲁. 1978. 赤眼蜂科. 100-106. 见: 中国科学院动物研究所, 浙江农业大学. 天敌昆虫图册. 北京: 科学出版社.

钱英, 何俊华, 李学骝. 1987. 中国洼头小蜂属三新种记述(膜翅目: 小蜂科). 浙江农业大学学报, 13(3): 332-338.

任惠芳, 王月恒, 魏炳传, 田毓起, 严毓骅. 1981. 丽蚜小蜂防治温室白粉虱的研究初报. 植物保护, 7(5): 4-6.

时振亚, 司胜利, 王合中. 1992. 河南花翅跳小蜂属研究及一新种. 河南农业大学学报, 26(1): 16-23.

吴燕如, 陈泰鲁. 1980. 中国黑卵蜂属 *Aholcus* 亚属记述(膜翅目: 缘腹细蜂科). 动物分类学报, 5(1): 79-84.

吴燕如, 陈泰鲁. 1985. 中国黑卵蜂五新种记述. 动物学集刊, 3: 147-153.

吴燕如, 陈泰鲁, 廖定熹, 何俊华. 1979. 黑卵蜂六新种记述. 动物分类学报, 4(4): 392-398.

徐志宏. 1985. 浙江省蜡蚧属的寄生蜂及五种中国新记录(膜翅目: 小蜂总科). 浙江农业大学学报, 11(4): 411-420.

徐志宏, 陈伟, 余虹, 李宝娟. 2000. 中国木虱跳小蜂属二新种(膜翅目: 跳小蜂科). 林业科学, 36(4): 39-41.

徐志宏, 何俊华. 1995. 中国大痣小蜂食植群记述 (膜翅目: 长尾小蜂科). 昆虫分类学报, 17(4): 243-253.

徐志宏, 何俊华, 朱志建. 刘振勇. 1996. 竹类害虫的六种寄生蜂及二新种记述(膜翅目:跳小蜂科). 昆虫分类学报, 18(1):

69-73.

徐志宏, 黄建. 2004. 中国介壳虫寄生蜂志. 上海: 上海科学技术出版社, pp. 524.

徐志宏, 李学骝. 1991. 中国扁角跳小蜂一新种(膜翅目: 跳小蜂科). 昆虫分类学报, 13(3): 219-221.

许再福, 何俊华. 2010. 中国肿额细蜂属五新种记述(膜翅目, 细蜂科). 昆虫分类学报, 32 (2): 81-92.

杨忠岐, 谷亚琴. 1994. 中国的光翅瘿蜂科及一新种记述(膜翅目: 瘿蜂总科). 昆虫分类学报, 16(3): 157-164

赵修复. 1962. 窄腹细蜂属 Ropronia 一新种记载(膜翅目: 窄腹细蜂科). 昆虫学报, 11(4) : 377-381.

赵修复. 1964. 中国南部冠蜂新种记述(膜翅目: 姬蜂总科). 昆虫学报, 13(3): 376-395.

Abe Y. 1997. Discovery of the genus *Ceroptres* (Hymenoptera: Cynipidae) in Japan and Korea. Applied Entomology and Zoology, 32(1): 253-255.

Ashmead W H. 1886. Description of a new chalcid parasitic on *Mantis carolina* Say. Canadian Entomologist, 18(3): 57-58.

Ashmead W H. 1897. Descriptions of some new genera in the family Cynipidae. Psyche, 8: 67-69.

Ashmead W H. 1900. On the genera of chalcid-flies belonging to the subfamily Encyrtinae. Proceedings of the United States National Museum, 22: 323-412.

Ashmead W H. 1904a. Descriptions of new Hymenoptera from Japan. Journal of New York Entomological Society, 12(2): 65-84.

Ashmead W H. 1904b. Descriptions of new Hymenoptera from Japan II. Journal of New York Entomological Society, 12(3): 146-165.

Ashmead W H. 1904c. Descriptions of new genera and species of Hymenoptera from the Philippine Islands. Proceedings of the United States National Museum, 28: 127-158.

Aurivillius C. 1888. Arrhenophagus, ett nytt slägte bland Encyrtiderna. Entomologisk Tidskrift, 9: 144.

Avidov Z, Rosen D, Gerson U. 1963. A comparative study on the effects of aerial versus ground spraying of poisoned baits against the Mediterranean fruit fly on the natural enemies of scale insects in *Citrus* groves. Entomophaga, 8(3): 205-212.

Ayyar T V. 1934. First record of the chalcid genus *Comperiella* Howard from India with a descriptions of a new species. Records of the Indian Museum, 36: 219-221.

Belizin V I. 1952. Gall wasps of the family Aspicerinae (Hymenoptera, Cynipidae) of the USSR. Entomologicheskoe Obozrenie, 32: 290-305.

Bischoff H. 1913. Trigonaloiden aus Formosa*. Archiv für Naturgeschichte Berlin, 79(2), A: 150-156.

Bischoff H. 1914. Eine weitere neue Trigonaloide von Formosa. Archiv für Naturgeschichte Berlin, 80(2), A: 93-96.

Boheman C H. 1834. Skandinaviska Pteromaliner. Kongliga Vetenskaps-Akademiens Handlingar, 1833: 329-380.

Boucek Z. 1951. The first revision of the European species of the family Chalcididae (Hymenoptera). Acta Ent. Mus. Nat. Pragae ⅩⅩⅦ, Suppl. 1. 108P. 17 Pls.

Boucek Z. 1956. Chalcidologické poznamky III, Torymidae, Pteromalidae, Perilampidae a Eucharitidae. Acta Entomologica Musei Nationalis Pragae, 30(462): 305-330.

Boucek Z. 1959. A study of central European Eulophidae, I: Eulophinae (Hymenoptera). Sborník Entomologického Oddeleni Národního Musea v Praze, 33: 117-170.

Boucek Z. 1965. A review of the Chalcidoid fauna of the Moldavian SSR, with descriptions of new species (Hymenoptera). Sborník Faunistickych Prací Entomologického Oddeleni Národního Musea v Praze, 11: 5-37.

Boucek Z. 1972. On some European Chalcididae (Hymenoptera) with the description of a new Euchalcis Dufour. Entomologist's Gazette, 23(4): 237-242.

Boucek Z. 1974. On the Chalcidoidea (Hymenoptera) described by C. Rondani. Redia, 55: 241-285.

Boucek Z. 1976. Changes in the classification of some African Chalcidoidea (Hymenoptera). Journal of the Entomological Society of Southern Africa, 39: 345-355.

Boucek Z. 1988. Australasian Chalcidoidea (Hymenoptera). A Biosystematic Revision of Genera of Fourteen Families, with a

---

* 台湾是中国领土的一部分。Formosa（早期西方人对台湾岛的称呼）一般指台湾, 具有殖民色彩。本书因引用历史文献不便改动, 仍使用 Formosa 一词, 但并不代表作者及科学出版社的政治立场。

Reclassification of Species. C. A. B. International, Wallingford, Oxon, pp. 1-832.

Boucek Z, Askew R R. 1968. Hym. Chalcidoidea. Palearctic Eulophidae (excl. Tetrastichinae). Index of Entomophagous Insects, Le François, Paris. 3: 260pp.

Boucek Z, Narendran T C. 1981. Indian calcid wasps (Hymenoptera) of the genus *Dirhinus* Parasitic on synanthropic and other Diptera. Systematic entomology, 6(3): 229-251.

Bouché P E. 1834. Naturgeschichte der Insekten, besonders in hinsicht ihrer ersten Zustande als Larven und Puppen, Berlin. v+216pp.

Brethes J. 1914. Description d'un nouveau Prionomitus de Chile. Anales de Zoología Aplicada, 1(1): 29.

Brues C T. 1940. Serphidae in Baltic amber, with the description of a new living genus. Proceedings of the American Academy of Arts and Sciences, 73: 259-264.

Brullé A. 1846. Histoire naturelle des insects, Hyménoptcrès. Tome quatrième. Librairie Ency- clopédique de Roret, Paris. 680 pp.

Buffington M L. 2002. Description of *Aegeseucoela* Buffington, new name, with notes on the status of *Gronotoma* Förster (Hymenoptera: Figitidae: Eucoilinae). Proceedings of the Entomological Society of Washington, 104(3): 589-601.

Burks B D. 1958. Superfamily Chalcidoidea. *In*: Krombein K V. Hymenoptera of America north of Mexico. Synoptic Catalogue. 1st supplement.) Agriculture Monographs. U.S. Department of Agriculture, 2(first supplement): 62-84.

Cameron P. 1883. Descriptions of new genera and species of Hymenoptera. Transactions of the Entomological Society of London, 1883: 187-197.

Cameron P. 1888. Descriptions of one new genus and some new species of parasitic Hymenoptera. Proceedings of the Manchester Literary and Philosophical Society, 26: 117-136.

Cameron P. 1904. On some new genera and species of Hymenoptera. Entomologist, 37: 109-111.

Cameron P. 1908. Descriptions of a new genus and two new species of parasitic Cynipidae from Borneo. Entomologist, 41: 299-300.

Cameron P. 1910. On new species of parasitic Cynipidae captured by Mr. John Hewitt, B. A., at Kuching, Borneo. Entomologist, 43: 131-133.

Cameron P. 1913. On some new and other species of Hymenoptera in the collections of the Zoological Branch of the Forest Research Institute, Dehra Dun. Part I. On the Parasitic Hymenoptera reared at Dehra Dun, Northern India, from the lac (Tachardia) and sal insects. Indian Forest Records, 4(2): 91-110.

Chao H F. 1964. Description of new species of Stephanidae (Hymenoptera, Ichneumonoidea) from South China. Acta entomologica Sinica, 13(3): 376-395.

Chen H Y, Hong C D, van Achterberg C, Pang H. 2020. New species and new records of Trigonalyidae (Hymenoptera) from Tibet, China. ZooKeys, 918: 83-98.

Chen H Y, Turrisi G F, Xu Z F. 2016. A revision of the Chinese Aulacidae (Hymenoptera, Evanioidea). ZooKeys, 587: 77-124.

Chen H Y, van Achterberg C, He J H, Xu Z F. 2014. A revision of the Chinese Trigonalyidae (Hymenoptera, Trigonalyoidea). ZooKeys, 385: 1-207.

Chen S H. 1949. Records of Chinese Trigonaloidae (Hymenoptera). Sinensia, 20(1-6): 7-18.

Cherian M C, Margabandhu V. 1942. A new species of *Trichospilus* (Hym.: Chalcidoidea) from South India. Indian Journal of Entomology, 4(2): 101-102.

Claridge M F. 1960. Synonymy and lectotype selection for two Fabricius species of *Eurytoma* (Hym., Eurytomidae). Entomologiske Meddelelser, 29: 248-249.

Compere H. 1924. A preliminary report on the parasitic enemies of the citricola scale (*Coccus pseudomagnoliarum* (Kuwana)) with descriptions of two new chalcidoid parasites. Bulletin of the Southern California Academy of Science, 23(4): 113-123.

Compere H. 1925. New chalcidoid (Hymenopterous) parasites and hyperparasites of the black scale, *Saissetia oleae* Bernard. University of California Publications in Entomology, 3: 295-326.

Compere H. 1926. New coccid-inhabiting parasites (Encyrtidae, Hymenoptera) from Japan and California. University of California Publications in Entomology, 4(2): 33-50.

Compere H. 1931. A revision of the species of *Coccophagus*, a genus of hymenopterous, coccid-inhabiting parasites. Proceedings of the United States National Museum, 78(7): 1-132.

Compere H. 1936. Notes on the classification of the Aphelinidae with descriptions of new species. University of California Publications in Entomology, 6(12): 277-322.

Compere H. 1955. A systematic study of the genus *Aphytis* Howard (Hymenoptera, Aphelinidae) with description of new species. University of California Publications in Entomology, 10(4): 271-319.

Compere H. 1957. Descriptions of species of *Metaphycus* recently introduced into California and some corrections. Bollettino del Laboratorio di Entomologia Agraria 'Filippo Silvestri', Portici, 15: 221-230.

Compere H, Annecke D P. 1961. Descriptions of parasitic Hymenoptera and comments (Hymenopt.: Aphelinidae, Encyrtidae, Eulophidae). Journal of the Entomological Society of Southern Africa, 24: 17-71.

Compere H, Zinna G. 1955. Tre nuovi generi e cinque nuove especie di Encyrtidae. Bollettino del Laboratorio di Entomologia Agraria 'Filippo Silvestri', Portici, 14: 94-116.

Craw A. 1891. Destructive insects, their natural enemies, remedies and recommendations. Destructive insects, their natural enemies, remedies and recommendations, California State Board of Horticulture, Division of Entomology, Sacramento, California: 28-29.

Crawford J C. 1909. New Chalcidoidea (Hymenoptera). Proceedings of the Entomological Society of Washington, 11: 51-52.

Crawford J C. 1910a. Technical results from the gypsy moth parasite laboratory. II. Descriptions of certain chalcidoid parasites. Technical Series, United States Department of Agriculture, Division of Entomology, 19: 13-24.

Crawford J C. 1910b. Three new genera and species of parasitic Hymenoptera. Proceedings of the United States National Museum, 38: 87-90.

Crawford J C. 1911. Descriptions of new Hymenoptera. 3. Proceedings of the United States National Museum, 41: 267-282.

Crawford J C. 1912a. Descriptions of new Hymenoptera. 5. Proceedings of the United States National Museum, 43: 163-188.

Crawford J C. 1912b. Descriptions of new Hymenoptera. 4. Proceedings of the United States National Museum, 42: 1-10.

Crawford J C. 1913. Descriptions of new Hymenoptera. 6. Proceedings of the United States National Museum, 45: 241-260.

Crawford J C. 1915. New Philippine Hymenoptera. Philippine Journal of Science (D), 9: 457-464.

Curtis J. 1829. British Entomology: being illustrations and descriptions of the Genera of Insects found in Great Britain and Ireland. The author, London. 6: 242-289.

Curtis J. 1831. British entomology: being illustrations and descriptions of the genera of insects found in Great Britain and Ireland. The author, London.8: 338-385.

Dahlbom A G. 1842. Onychia och *Callaspidia*. tvenne för Skanidnaviens Fauna nya Insekt-Slägen, hörande till GalläpleStekelarnes naturlinga grupp. Lund, Tryckt uti Akademiska Boktryckeriet, 1-16.

Dahlbom A G. 1857. Svenska Små-Ichneumonernas familjer och slägten. Öfversigt af Kongl. Vetenskaps-Akademiens Förhandlingar, 14: 289-298.

Dalla Torre K W, Kieffer J J. 1910. Cynipidae. Das Tierreich, 24. Berlin: 35pl. 891.

Dalman J W. 1820. Försök till Uppställning af Insect-familjen Pteromalini, i synnerhet med afseen de på de i Sverige funne Arter. Kungliga Svenska Vetenskapsakademiens Handlingar, 41(1): 123-182.

Dalman J W. 1826. Om Insekter inneslutne i Copal; jemte beskrifning på några deribland förekommande nya slägten och arter. Kungliga Svenska Vetenskapsakademiens Handlingar, 46: 375-410.

Deans A. 2005. Annotated catalog of the world's ensign wasp species (Hymenoptera: Evaniidae). Contributions of the American Entomological Institute, 34: 1-165.

Deans A R, Huben M. 2003. Annotated key to the ensign wasp (Hymenoptera: Evaniidae) genera of the world, with descriptions of three new genera. Proceeding of the Entomological Society of Washington, 105(4): 859-875.

DeBach P, Rosen D. 1982. *Aphytis yanonensis* n. sp. (Hymenoptera, Aphelinidae), a parasite of *Unaspis yanonensis* (Kuwana) (Homoptera, Diaspididae). Kontyû, 50: 626-634.

Dong Y Y, Liu Z W, Wang Y P, Chen X X. 2018. A taxonomic review of *Paramblynotus* Cameron, 1908 in China, with descriptions of five new species (Hymenoptera: Cynipoidea: Liopteridae). Zootaxa, 4486 (4): 510-534.

Dozier H L. 1933. Miscellaneous notes and descriptions of chalcidoid parasites (Hymenoptera). Proceedings of the Entomological Society of Washington, 35(6): 85-100.

Enderlein G. 1905. Zur Klassifikation der Evaniiden. Zoologischer Anzeiger, 28: 699-716.

Enderlein G. 1906. Neue Beiträge zur Kenntnis und Klassifikation der Stephaniden. Stettiner Entomologische Zeitung, 47: 289-306.

Enderlein G. 1913. Die Evaniiden fauna von Formosa. Zoologischer Anzeiger, 42: 318-327.

Erdös J. 1951. Eulophidae novae. Acta Biologica. Academiae Scientiarum Hungaricae, 2(1-3): 169-237.

Fabricius J C. 1775. Systema Entomologiae, Sistens Insectorum Classes, Ordines, Genera, Species, Adiectis Synonymis, Locis, Descriptionibus, Observationibus. Flensburgi et Lipsiae, Kortii. 832.

Fabricius J C. 1787. Mantissa Insectorum sistens species nuper detectas, Copenhagen, 1: 348pp.

Fabricius J C. 1798. Supplementum Entomologiae systematicae. Proft et Storon, Hafniae. 1-572.

Ferrer-Suay M, Selfa J, Villemant C, Andre-Ruiz M C, Pujade-Villar J. 2013. First records of charipinae (Hymenoptera: Cynipoidea: Figitidae) from the corsica island. Journal of Zoology, 96: 3-8.

Ferrière C. 1929. The asiatic and African species of the genus *Elasmus* Westw. (Hym, Chalcid.). Bulletin of Entomological Research, 20(4): 411-423.

Ferrière C. 1930. Notes on Asiatic Chalcidoidea. Bulletin of Entomological Research, 21(3): 353-360.

Ferrière C. 1931. New chalcidoid egg-parasites from South Asia. Bulletin of Entomological Research, 22(2): 279-295.

Ferrière C. 1949. Notes sur quelques encyrtides de la Suisse (Hym. Chalcidoidea). Mitteilungen der Schweizerischen Entomologischen Gesellschaft, 22: 369-384.

Ferrière C. 1965. Hymenoptera Aphelinidae d'Europe et du Bassin Mediterranéen. Faune de l'Europe et du Bassin Méditerranéen, Masson et Cie, Paris. 1: 206pp.

Förster A. 1841. Beiträge zur monographie der Pteromalinen Nees 1 Heft Aachen. 46pp.

Förster A. 1856. Hymenopterologische Studien. II. Heft. Chalcidiae und Proctotrupii. Ernstter Meer, Aachen., 152pp.

Förster A. 1869. Ueber die Gallwespen. Verhandlungen der Zoologische-botanische Gesselschaft Wien, 19: 327-370.

Gahan A B. 1922. A list of phytophagous Chalcidoidea with description of two new species. Proceedings of the Entomological Society of Washington, 24(2): 33-58.

Gahan A B. 1924. Some new parasitic Hymenoptera with notes on several described forms. Proceedings of the United States National Museum, 65: 1-23.

Gahan A B. 1925. A second lot of parasitic Hymenoptera from the Philippines. Philippine Journal of Science, 27: 83-109.

Gahan A B. 1949. Identity of the *Anagyrus* that parasitizes the pineapple mealy bug (Hymenoptera: Chalcidoidea: Encyrtidae). Proceedings of the Hawaiian Entomological Society, 13: 357-360.

Geoffroy E L. 1762. Histoire Abrégée des Insectes qui se Trouvent aux Environs de Paris; dans Laquelle ces Animaux sont Rangés Suivant un ordre Méthodique. Tome Second, Paris. pp. 1-690.

Ghesquière J. 1946. Contribution à l'étude de microhyménoptères du Congo Belge. X. Nouvelles dénominations pour quelques genres de Chalcidoidea et Mymaroidea. XI. Encore les gn. *Chalcis*, *Smiera*, et *Brachymeria* (Hym. Chalcidoidea). Revue de Zoologie et de Botanique Africaines, 39: 367-373.

Giard A. 1895. Sur quelques espèces nouvelles d'Hyménoptères parasites. Bull. Soc. Entomol.Fr., 1895: 74-80.

Giraud J. 1859. Signalements de quelques espèces nouvelles de Cynipides et de leurs galles. Verhandlungen der zoolocisch-botanischen Gesellschaft in Wien, 9: 337-374.

Giraud J. 1860. Ennumeration des Figitides de l'Autriche (Groupe de la famille des Cynipides). Verhandlungen der zoolo-gisch-botanischen Gesellschaft in Österreich (WIEN), 10: 123-174.

Girault A A. 1913. Australian Hymenoptera Chalcidoidea-IV. Memoirs of the Queensland Museum, 2: 140-296.

Girault A A. 1915. Australian Hymenoptera Chalcidoidea-VI. Supplement. Memoirs of the Queensland Museum, 3: 313-346.

Girault A A. 1916a. New miscellaneous chalcidoid halcidoid Hymenoptera with notes on described species. Annals of the

Entomological Society of America, 9(3): 291-308.

Girault A A. 1916b. Description of eleven new species of chalcid flies. Canadian Entomologist, 48: 100-103.

Girault A A. 1922. New chalcid flies from eastern Australia (Hymenoptera, Chalcididae). I. Insecutor Inscitiae Menstruus, 10: 39-49.

Gordh G, Trjapitzin V A. 1979. Notes on the genus *Zaomma* Ashmead, with a key to species (Hymenoptera: Encyrtidae). Pan-Pacific Entomologist, 55(1): 34-40.

Gravenhorst J L C. 1829. Disuisito de (*Cynipe psene*) auctorum et descriptio (Blastophagae), novi *Hymenopterorum generis*. Beiträge zur Entomologie, besonders in Bezug auf die schlesische Fauna. 1:27-33.

Graham M W R de V, Claridge M F. 1965. Studies on the *Stenomalina*-group of Pteromalidae (Hymenoptera: Chalcidoidea). Transactions of the Royal Entomological Society of London, 117(9): 263-311.

Graham M W R de V. 1956. A revision of the Walker types of Pteromalidae (Hym., Chalcidoidea). Part I (including descriptions of new genera and species). Entomologist's Monthly Magazine, 92: 76-98.

Graham M W R de V. 1957. A revision of the Walker types of Pteromalidae (Hym., Chalcioidea). Part III (including descriptions of new species). Entomologist's Monthly Magazine, 93: 217-236.

Graham M W R de V. 1959. Keys to the British genera and species of Elachertinae, Eulophinae, Entedontinae and Euderinae (Hym., Chalcidoidea). Transactions of the Society for British Entomology, 13(10): 169-204.

Graham M W R De V. 1969. The Pteromalidae of Northwestern Europe (Hymenoptera: Chalcidoidea). Bulletin of the British Museum (Natural History) (Entomology), Supplement 16: 1-908.

Grissell E E. 1995. Toryminae (Hymenoptera: Chalcidoidea: Torymidae): a redefinition, generic classification and annotated world catalogue of species. Memoirs on Entomology, International, 2: 1-474.

Habu A. 1960. A revision of the Chalcididae (Hymenoptera) of Japan, with descriptions of sixteen new species. Bulletin of the National Institute of Agricultural Sciences (Japan) Series C, No. 11: 131-363.

Habu A. 1961. A new *Brachymeria* species of Japan (Hymenoptera: Chalcididae). Kontyû, 29: 273-276.

Habu A. 1962. Chalcididae, Leucospidae and Podagrionidae (Insecta: Hymenoptera). Fauna Japonica. Biogeographical Society of Japan, Tokyo. 232pp.

Habu A. 1966. Descriptions of some *Brachymeria* species of Japan (Hymenoptera: Chalcididae). Kontyû, 34(1): 22-28.

Haliday A H. 1839. Hymenoptera Britannica Oxyura. Fasc. I. Hippolytus Baillière, London. 16 pp.

Hanson H S. 1937. Notes on the ecology and control of pine beetles in Great Britain. Bulletin of Entomological Research, 28(2): 185-236.

Hartig T. 1838. Uber den Raupenfrass im Koniglichen Charlottenburger Forste unfern Berlin, wahrend des Sommers 1837. Jahresberichte über die Fortschritte der Forstwissenschaft und Forstlichen Naturkundede im Jahre 1836 und 1837 nebst Original-Abhandlungen aus dem Gebiete und Cameralisten, Albert Förstner, Berlin, 1(2): 246-274.

Hartig T. 1840. Über die Familie der Gallwespen. Zeitschrift für die Entomologie, herausgeben von Ernst Friedrich Germar, 2: 176-209.

Hayat M, Alam M, Agarwal M M. 1975. Taxonomic survey of encyrtid parasites (Hymenoptera: Encyrtidae) in India. Aligarh Muslim University Publication, Zoological Series on Indian Insect Types, 9: 1-112.

Hayat M, Singh S. 1989. Description of a new *Coccophagus* of the lycimnia|-group (Hymenoptera: Aphelinidae) from the Khasi hills, with some other species records from India. Colemania, 5: 29-34.

Hayat M. 1980. On *Paraclausenia* gen. nov., *Metapterencyrtus* and *Neocharitopus* from India (Hymenoptera: Encyrtidae). Journal of Natural History, 14(5): 637-645.

Hayat M. 1981. Taxonomic notes on Indian Encyrtidae (Hymenoptera: Chalcidoidea). III. Colemania, 1: 13-34.

Hayat M. 1985. Notes on some species of *Coccobius* and *Prophyscus* (Hymenoptera: Aphelinidae), with special reference to Girault and Howard types. Oriental Insects, 18: 289-334.

Hayat M. 2006. Descriptions of eight new species of Encyrtidae from India, with some records (Hymenoptera: Chalcidoidea). Oriental Insects, 40: 303-315.

Hayat M. 2012. Additions to the Indian Aphelinidae (Hymenoptera: Chalcidoidea)-III: the genus *Encarsia* Förster. Oriental Insects, 45(2-3): 202-274.

Hayat M.1983. New combination for *Physcus testaceus* Masi. Synonymized by LaSalle and Bouček (1989): 132. 81.

He J H, Chen X X. 1991. *Xiphyropronia* gen. nov., a new genus of the Roproniidae (Hymenoptera: Serphoidea) from China. Canadian Journal of Zoology, 69: 1717-1719.

Hedicke H. 1913. Beiträge zur Kenntnis der Cynipiden. (Hym.) V: Newe zoophage Cynipiden der indomalayschen Region. Aspicerinae. Deutsche Entomologische Zeitschrift, 1-6: 441-445.

Hellén W. 1941. Ubersicht der Proctotrupoiden (Hym.) Ostfennoskandiens. 1. Heloridae, Proctotrupidae. Notulae Entomologicae, 21: 28-42.

Hill D S. 1967. Fig-wasps (Chalcidoidea) of Hong Kong 1. Agaonidae. Zoologische Verhandelingen, Leiden, 89: 1-55.

Holmgren A E. 1868. Häft 12. Hymenoptera. Kongliga Svenska Fregatten Eugenies Resa omkring Jorden. Vetenskapliga Iakttagelser, ii Zoologii; Insecta, Tafl. viii Stockholm. 391-442.

Holmgren A E. 1872. Insekter från Nordgrönland, samlade af Prof. A.E. Nordensköld år 1870. Granskade. Öfversig-t, f Kongl. Vetenskaps-Akademiens Förhandlingar, 1872(6): 97-105.

Hong C D, van Achterberg C, Xu Z F. 2011. A revision of the Chinese Stephanidae (Hymenoptera, Stephanoidea). ZooKeys, 110: 1-108.

Howard L O, Ashmead W H. 1896. On some reared parasitic hymenopterous insects from Ceylon. Proceedings of the United States National Museum, 18: 633-648.

Howard L O. 1881. *In*: Comstock J H. Report of the entomologist for 1880. Report of the parasites of Coccidae in the collections of the U.S. Department of Agriculture Part III. Report. United States Department of Agriculture. Washington. (Entomology) 1880, 350-372.

Howard L O. 1887. Report of the entomologist. Report of the United States Department of Agriculture, 1886: 488.

Howard L O. 1894. The hymenopterous parasites of the California red scale. Insect Life, 6: 227-236.

Howard L O. 1895. A new genus and species of the Aphelininae. Canadian Entomologist, 27(12): 350-351.

Howard L O. 1898. On some new parasitic insects of the subfamily Encyrtinae. Proceedings of the United States National Museum, 21: 231-248.

Howard L O. 1906a. An interesting new genus and species of Encyrtidae. Entomological News, 17(4): 121-122.

Howard L O. 1906b. On the parasites of *Diaspis pentagona*. Entomological News, 17: 291-293.

Howard L O. 1907. New genera and species of Aphelininae with a revised table of genera. Technical Series, Bureau of Entomology, United States Department of Agriculture, 12(4): 69-88.

Howard L O. 1910. Two new aphelinine parasites of scale insects. Entomological News, 21(4): 162-163.

Hu T. 1964. Investigations on the biology and utilization of *Dibrachys cavus* (Walker). Acta Entomologica Sinica, 13: 689-714.

Huang D W. 1986. *Agiommatus erionotus* a new species of Miscogasterinae (Hymenoptera: Chalcidoidea, Pteromalidae). Wuyi Science Journal, 6: 103-105.

Huang D W. 1991. On the Chinese species of the genus *Cryptoprymna* Foerster, with descriptions of 4 new species (Hymenoptera: Pteromalidae: Miscogasterinae). Wuyi Science Journal, 8(12): 55-61.

Huang D W, Noyes J S. 1994. A revision of the Indo-Pacific species of *Ooencyrtus* (Hymenoptera: Encyrtidae), parasitoids of the immature stages of economically important insect species (mainly Hemiptera and Lepidoptera). Bulletin of The Natural History Museum (Entomology Series), 63(1): 1-136.

Huang J, Polaszek A. 1998. A revision of the Chinese species of *Encarsia* Förster (Hymenoptera: Aphelinidae): parasitoids of whiteflies, scale insects and aphids (Hemiptera: Aleyrodidae, Diaspididae, Aphidoidea). Journal of Natural History, 32: 1825-1966.

Ishii T, Yasumatsu K. 1954. Description of a new parasitic wasp of *Ceroplastes rubens* Maskell. Mushi, 27: 69-74.

Ishii T. 1923 . Observations on the hymenopterous parasites of *Ceroplastes rubens* Mask., with descriptions of new genera and species of the subfamily Encyrtinae. Bulletin of Imperial Plant Quarantine Station Yokohama, 3: 69-114.

Ishii T. 1925. New Encyrtidae from Japan. Technical Bulletin, Imperial Plant Quarantine Service, Yokohama, 3: 21-30.

Ishii T. 1928. The Encyrtinae of Japan. I. Bulletin of the Imperial Agricultural Experiment Station of Japan, 3: 79-160.

Ishii T. 1932. Iconographia Insectorum Japonicorum. 346-349.

Ishii T. 1938a. Chalcidoid- and proctotrypoid-wasps reared from *Dendrolimus spectabilis* Butler and *D. albolineatus* Matsumura and their insect parasites, with descriptions of three new species. Kontyû, 12(3): 97-105.

Ishii T. 1938b. Descriptions of two new trichogrammatids from Japan. Kontyû, 12: 179-181.

Ishii T. 1953. A report on the studies of parasitic wasps of injurious insects. Bulletin of the Faculty of Agriculture, Tokyo University of Agriculture and Technology, 1(2): 1-10.

Japoshvili G, Higashiura Y, Kamitani S. 2016. A review of Japanese Encyrtidae (Hymenoptera), with descriptions of new species, new records and comments on the types described by Japanese authors. Acta Entomologica Musei Nationalis Pragae, 56(1): 345-401.

Johnson N F. 1992. Catalog of world species of Proctotrupoidea, exclusive of Platygasteridae (Hymenoptera). Memoirs of the American Entomological Institute, 51: 1-825.

Joseph K J, Narendran T C, Joy P J. 1970. Four new species of *Brachymeria* Westwood (Hym., Chalcididae) from the Calicut region. Oriental Insects, 4: 281-292.

Joseph K J, Narendran T C, Joy P J. 1972a. New species of oriental *Brachymeria* Westwood (Hym: Chalcididae) in the collections of the Bishop Museum, Honolulu. Entomological Society of India, 13(1): 30-37.

Joseph K J, Narendran T C, Joy P J. 1972b. Some new species of oriental *Brachymeria* Westwood (Hymenoptera: Chalcididae) in the collections of the Bishop Museum, Honolulu. Oriental Insects, 6(3): 343-350.

Joseph K J, Narendran T C, Joy P J. 1973. Oriental Brachymeria. A monograph on the oriental species of *Brachymeria* (Hymenoptera: Chalcididae). University of Calicut, Zoology Monograph No 1: vii+215pp.

Jurine L. 1807. Nouvelle Méthode de Classer les Hyménoptères et les Diptères. Hyménoptères. Tome Premier. Genéve, 319 pp.

Kamijo K. 1964. A new species of the genus *Diomorus* Walker (Hymenoptera: Torymidae). Insecta Matsumurana, 27(1): 16-17.

Kamijo K. 1965. Description of five new species of Eulophinae from Japan and other notes (Hymenoptera: Chalcidoidea). Insecta Matsumurana, 28(1): 69-78.

Kamijo K. 1977. Notes in Ashmead's and Crawford's types of *Pediobius* Walker (Hymenoptera, Eulophidae) from Japan, with description of a new species. Kontyû, 45(1): 12-22.

Kamijo K. 1987. Notes on Japanese species of *Cirrospilus* (Hymenoptera, Eulophidae) with descriptions of two new species. Kontyu, 55: 43-50.

Kamijo K, Grissell E E. 1982. Species of *Trichomalopsis* Crawford (Hymenoptera, Pteromalidae) from rice paddy, with descriptions of two new species. Kontyû, 50(1): 76-87.

Kerrich G J. 1973. A revision of the tropical and subtropical species of the eulophid genus *Pediobius* Walker (Hymenoptera: Chalcidoidea). Bulletin of the British Museum (Natural History) (Entomology), 29(3): 115-199.

Kieffer J J. 1900. Étude sur les Évaniides. Annales de la Société Entomologique de France, 68: 813-820.

Kieffer J J. 1902. Hymenoptera fam. Evaniidae. *In*: Wytsman P, Genera Insectorum, 2(2): 1-13 + 1 plate. Brussels, Belgium.

Kieffer J J. 1903. Les Evaniides. *In*: André E, Species des Hyménoptères d'Europe& d'Algerie, 7(2): 357-482.

Kieffer J J. 1904. Nouveaux proctotrypides myrmécophiles. Bull. Soc. Hist. Nat. Metz, 23: 31-58.

Kieffer J J. 1906. Description d'un genre nouveau et de neuf especes nouvelles. Marcellia, 5: 101-110.

Kieffer J J. 1907. Species des Hyménoptères d'Europe et d'Algérie. Vol. 10. Ed. E. André. Librarie Scientifique A. Hermann and Fils, Paris, 145-288.

Kieffer J J. 1910a. Description de nouveaux Hyménoptères. Bolletino del Laboratorio di Zoologia generale e agraria della Facoltà Agraria in Portici, 4: 105-117.

Kieffer J J. 1910b. Serphidae, Cynipidae, Chalcididae, Evaniidae und Stephanidae aus Äquatorialafrika. Wißenschaftliche Ergibnisse der Deutschen Zentral-Afrika-Expedition 1907-1908, 33(2): 17-21.

Kieffer J J. 1911. Étude sur les évaniides exotiques (Hym.) du British Museum de Londres. Annales de la Société Entomologique de France, 80: 151-231.

Kieffer J J. 1912. Hymenoptera, Ichneumonidae, Evaniidae. Das Tierreich, 30: I-XIX + 1-431. Berlin.

Kieffer J J. 1913. Description d'un nouveau mymaride des Indes Orientales. Records of the Indian Museum, 9: 201-202.

Kirby W F. 1883. Remarks on the genera of the subfamily Chalcidinae, with synonymic notes and descriptions of new species of Leucospidinae and Chalcidinae. The Journal of the Linnean Society of London, Zoology.17: 53-78.

Kostjukov V V. 1978. Hymenoptera II. Chalcidoidea 13. Eulophidae (Tetrastichinae). Opredeliteli Nasekomykh Evropeyskoy Chasti SSR, 3: 430-467.

Kurdjumov N V. 1912. Hyménoptères-parasites nouveaux ou peu connus. Russkoe Entomologicheskoe Obozrenie, 12(2): 223-240.

Kurdjumov N V. 1913. Notes on European species of the gneus *Aphelinus* Dalm. (Hymenoptera, Chalcidoidea), parasitic upon the plant-lice. Rev Russ Entomol, 13: 266-270.

Kuwayama S. 1932. Studies on the morphology and ecology of the rice leaf-beetle, *Lema oryzae* Kuwayama, with special reference to the taxonomic aspects. Journal of the Faculty of Agriculture, Hokkaido Imperial University, 33: 1-132.

Latreille P A. 1796. Précis des caractères génériques des insects, disposes dans un ordre naturel: i-xiv + 1-201+ 1-7. Paris & Bordeaux.

Latreille P A. 1802. Histoire naturelle, générale et particulière des crustacés et des insectes. Vol. 3. F. Dufart, Paris. 1-467.

Latreille P A. 1809. Genera Crustaceorum et Insectorum. 4: 399pp.

Li X L, Xu Z H. 1997. Notes on two new species of *Isodromus* Howard (Hym.: Encyrtidae). Wuyi Science Journal, 13: 94-97.

Li Y C, Xu Z F. 2017. First record of the genus *Zeuxevania* Kieffer, 1902 from Oriental Region (Hymenoptera: Evaniidae). Zootaxa, 4286(1): 129-133.

Li Y Q, Wang Y P, Chen X X. 2017. Description of a new species of *Disorygma* Förster (Hymenoptera: Figitidae: Eucoilinae) from China. Entomotaxonomia, 39(4): 288-293.

Lin K S. 1987. On the genus *Nothoserphus* Brues, 1940 (Hymenoptera: Serphidae) from Taiwan. Taiwan Agric. Res. Inst. Spec. Publ., 22: 51-66.

Linnaeus C. 1758. Systema Naturae, Edito Decima, Tomus I. Impensis Direct. Laurentii Salvii, 1-824.

Linnaeus C. 1767. Systema Naturae, Tomus I, Pars II, Impensis Direct. Laurentii Salvii, 533-1327.

Liu C M. 1995. The first report of Chinese *Trigonurella* and descriptions of two new species and a species newly recorded from China (Hymenoptera: Chalcididae). Wuyi Science Journal, 12: 89-97.

Liu Z W, Ronquist F, Nordlander G. 2007. The cynipoid genus *Paramblynotus*: revision, phylogeny, and historical biogeography (Hymenoptera, Liopteridae). Bulletin of the American Museum of Natural History, 304: 1-151.

Lobato-Vila I, Wang Y P, Melika G, Guo R, Ju X X, Pujade-Villar J. 2021. A taxonomic review of the gall wasp genus *Saphonecrus* Dalla-Torre and Kieffer and other oak cynipid inquilines (Hymenoptera: Cynipidae) from Mainland China, with updated keys to Eastern Palaearctic and oriental species. Zoological Studies, 60: 10.

Lobato-Vila I, Wang Y, Melika G, Guo R, Ju X, Pujade-Villar J. 2021. A review of the species in the genus *Synergus* Hartig (Hymenoptera: Cynipidae: Synergini) from Mainland China[*], with an updated key to the Eastern Palaearctic and Oriental species. Journal of Asia-Pacific Entomology, 24(1): 341-362.

Lundbeck W. 1897. Hymenoptera groenlandica. Videnskabelige Meddelelser fra Dansk Naturhistorisk Forening i Kjobenhavn, 1896: 220-251.

Maa T C. 1949. A rerision of the Asiatic Ibaliidae (Hym., Cynipidae). Treubia, 20: 263-274.

Masi L. 1909. Contribuzioni alla conoscenza dei Calcididi Italiani (parte 3a). Bollettino del Laboratorio di Zoologia Generale e Agraria della R. Scuola Superiore d'Agricoltura, Portici, 4: 3-37.

---

　　* 原文献为 Mainland China，正确应为 Chinese mainland。

Masi L. 1917. Chalcididae of the Seychelles islands. (With an appendix by J.J.Kieffer.) Novitates Zoologicae, 24: 121-230.

Masi L. 1926. H. Sauter's Formosa-Ausbeute. Chalcididae (Hym.). Konowia, 5(3): 264-279.

Masi L.1929. Contributo alla conoscenza dei Chalcididi orientali della sottofamiglia *Chalcidinae*. Boll. Lab. Entomol. H. Ist Sup. Agr. Bologna, 2: 155-188.

Masi L. 1936. On some Chalcidinae from Japan (Hymenoptera, Chalcididae). Mushi, 9: 48-51.

Matsumura S. 1925. On the three species of *Dendrolimus* (Lepidoptera), which attack spruceand fir-trees in Japan, with their parasites and predaceous insects. Yezhyeg. Zool. Muz. Akad. Nauk SSSR, 26: 27-50.

Matsumura S. 1926. On the three species of *Dendrolimus* (Lepidoptera) which attack spruce and fir trees in Japan with their parasites and predaceous insects. Ezhegodnik Zoologicheskago Muzeya Imperatorkoy Akademii Nauk, Leningrad, 26: 27-50.

Mayr G. 1876. Die europäischen Encyrtiden. Verhandlungen der Zoologisch-Botanischen Gesellschaft in Wien, 25: 675-778.

Mayr G. 1907. Zwei Cynipiden. Marcellia, 6: 3-7.

Mayr G L. 1878. Arten der Chalcidier-Gattung Eurytoma durch Zucht erhalten. Verhandlungen der Kaiserlich Königlichen Zoologisch-Botanischen Gesellschaft in Wien, 28: 297-334.

Melika G, Ács Z, Bechtold M. 2004. New species of cynipid inquilines from China (Hymenoptera: Cynipidae: Synergini). Acta Zoologica Academiae Scientiarum, 50: 319-336.

Melika G, Ros-Farré P, Pénzes Zs, Ács Z, Pujade-Villar J. 2005. *Ufo abei* Melika et Pujade-Villar (Hymenoptera: Cynipidae: Synergini) new genus and new species from Japan. Acta Zoologica Academiae Scientiarum Hungaricae, 51(4): 313-327.

Melika G, Tang C T, Yang M M, Bihari P, Bozsó M, Pénzes Z. 2012. New species of cynipid inquilines of the genus *Ufo* Melika & Pujade-Villar, 2005 (Hymenoptera: Cynipidae: Synergini). Zootaxa, 3478(1): 143-163.

Mercet R G. 1912. Un parasito dell 'pollroig'. Boletin de la Real Sociedad Española de Historia Natural, 12: 135-140.

Mercet R G. 1917. Especies españolas del género *Aphycus*. Boletin de la Real Sociedad Española de Historia Natural, 17: 128-139.

Mercet R G. 1925. El género *Aphycus* y sus afines. Eos. Revista Española di Entomologia. Madrid, 1: 7-31.

Mercet R G. 1927. *Calcididos africanos* y de la isla de Madera. Eos. Revista Española di Entomologia. Madrid, 3: 489-499.

Miwa Y, Sonan J. 1935. Pristocera formosana, a new species of bethylid wasp parasitizing on elaterid larvae. Transactions of the Natural History Society of Formosa, 25: 90-92.

Mokrzecki A. 1934. Die in de Forstschädlingen lebenden Parasiten des I und II. Grades aus der Gruppe der Chalcidoidea. Polskie Pismo Entomologiczne, 12: 143-144.

Monzen K. 1929. Studies on galls (in Japanese). Saito-hoonkai-jigyo-nenpo, 5: 295-368.

Monzen K. 1954. Revision of Japanese gall wasps with the description of new genus, subgenus, species and subspecies (II). Cynipidae (Cynipinae) Hymenoptera. Annual Report of Gakugei Faculty, Iwate University, 6: 24-38.

Motschulsky V de. 1863. Essai d'un catalogue des insectes de l'Ile Ceylon (Suite). Byulleten' Moskovskogo Obshchestva Ispytateley Prirody (Otdel Biologicheskiy), 36(3): 35.

Motschulsky V I. 1859. Etudes Entomologiques. 8. 187 pp., 2 plates.

Nakagawa H. 1900. Illustrations of some Japanese Hymenoptera parasitic on insect eggs. I. Special Report of the Agricultural Experiment Station, Tokyo, 6: 1-26.

Nakayama S. 1921. An enumeration of the Japanese Aphelininae, with descriptions of two species. Philippine Journal of Science, 18: 97-100.

Nakayama S. 1929. The more important insect enemeis of the rice crops in Chosen. Annals of the Agricultural Experiment Station, Chosen, 4(4): 248-250.

Narendran T C. 1976. Note on two little known species of *Antrocephalus* Kirby (Hymenoptera: Chalcididae) from India. Entomon, 1(2): 185-188.

Narendran T C. 1977. The systematic position of the genus *Tainania* (Hym: Chalcididae). Entomophaga, 22(3): 295-298.

Narendran T C. 1989. Oriental Chalcididae (Hymenoptera: Chalcidoidea). Zoological Monograph, Department of Zoology, University of Calicut, India, pp. 441.

Nees ab Esenbeck C G. 1834. Hymenopterorum *Ichneumonibus affinium*, Monographiae, genera Europaea et species illustrantes, Stuttgart und Tübingen. 2: 1-448.

Nikolskaya M N. 1959. The species of the genus *Pteropterix* Westw. in the USSR. Entomologicheskoe Obozrenie, 38(2): 467-469.

Nixon G E J. 1937a. New Asiatic Telenominae (Hym., Proctotrupoidea). Ann Mag Nat Hist, 20(10): 113-127.

Nixon G E J. 1937b. Some Asiatic Telenominae (Hymenoptera, Proctotrupoidea). Ann Mag, Nat Hist, 20(10): 444-475.

Noyes J.S. 2019. Universal Chalcidoidea Database. World Wide Web electronic publication. http://www.nhm.ac.uk/chalcidoids [2019-9].

Noyes J S, Hayat M. 1984. A review of the genera of Indo-Pacific Encyrtidae (Hymenoptera: Chalcidoidea). Bulletin of the British Museum (Natural History) (Entomology), 48: 131-395.

Ogloblin A A. 1927. Two new scelionid parasites of *Locusta migratoria*, L., from Russia. Bulletin of Entomological Research, 17(4): 393-404.

Oliff A S. 1893. Report on a visit to the Clarence River district for the purpose of ascertaining the nature and extent of insect ravages in the sugar-cane crops. Agricultural Gazette of New South Wales, 4(5): 373-387.

Pang X F, Wang Y. 1985. New species of *Anagrus* from South China (Hymenoptera: Mymaridae). Entomotaxonomia, 7: 175-184.

Panzer G W F. 1798. Faunae Insectorum Germaniae initia oder Deutschlands Insecten. Nürnberg.

Panzer G W F. 1801. Faunae Insectorum Germaniae initia oder Deutschlands Insecten.

Panzer G W F. 1805. Kritische Revision der lnsektenfaune Deutschlands. 1. Baendchen. Felsse- ckerchen Buchhandlung, Nürnberg.

Pasteels J J. 1958. Révision du genre *Gasteruption* (Hymenoptera, Evanoidea, Gasteruptionidae). V. Espèces indomalaises. Bulletin et Annales de la Société Royale Entomologique de Belgique, 94: 169-213.

Peck O. 1951. Superfamily Chalcidoidea. *In*: Muesebeck C F W, Krombein K V, Townes H K, Hymenoptera of America North of Mexico-Synoptic Catalog. Agriculture Monographs. U.S. Department of Agriculture, 2: 410-594.

Peck O. 1963. A catalogue of the Nearctic Chalcidoidea (Insecta; Hymenoptera). Canadian Entomologist (Supplement), 30: 1-1092.

Perkins R C L. 1906. Leaf-hoppers and their natural enemies (Pt. VIII. Encyrtidae, Eulophidae, Trichogrammatidae). Bulletin of the Hawaiian Sugar Planters' Association Experiment Station (Entomology Series), 1(8): 241-267.

Phillips W J. 1936. A second revision of the chalcid flies of the genus *Harmolita* (Isosoma) of America north of Mexico, with description of 20 new species. Technical Bulletin. United States Department of Agriculture, 518: 1-25.

Provancher L. 1885-1889. Additions et Corrections au volume de la Faune entomologique du Canada traitant des Hyménoptères. C. Darveau, Québec. 1-477.

Pschorn-Walcher H A. 1958a. Zur Kenntnis der Proctotrupidae der Thomsonina-Gruppe (Hymenoptera). Beitrage zur Entomolgie, 8: 724-731.

Pschorn-Walcher H A. 1958b. Vorlaufige Gliederung der palacarktischen Proctotrupidae. Mitt. Schweiz. Entomologischen Gesellschaft, 31: 57-64.

Pschorn-Walcher H A. 1964. A list of Proctotrupidae of Japan with descriptions of two new species (Hymenoptera). Insecta Matsu-murana, 27: 1-7.

Pujade-Villar J, Guo R, Wang Y P, Chen X X. 2015. First record of gall wasp in *Lithocarpus* (Fagaceae) with description of a new *Saphonecrus* species (Hymenoptera: Cynipidae) from China. Entomotaxonomia, 37(3): 213-220.

Pujade-Villar J, Guo R, Wang Y P, Ferrer-Suay M. 2018. First record of an *Andricus* chestnut gall wasp from the Oriental Region: a new species from China (Hymenoptera: Cynipidae: Cynipini). Entomotaxonomia, 40(2): 131-139.

Pujade-Villar J, Wang Y P, Chen X X, He J H. 2014. Taxonomic Review of East Palearctic Species of *Synergus* Section I, with description of a new species from China (Hymenoptera: Cynipidae: Cynipinae). Zoological Systematics, 39(4): 534-544.

Pujade-Villar J, Wang Y P, Cuesta-Porta V, Guo R, Nicholls J A, Melika G. 2020. *Andricus forni* Pujade-Villar & Nicholls n. sp., a new species of oak gallwasp from China (Hymenoptera: Cynipidae). Zootaxa, 4890(4): 554-566.

Pujade-Villar J, Wang Y P, Guo R, Chen X X. 2014. A new species of gallwasps inducing in *Quercus fabri* and its inquiline (Hymenoptera: Cynipidae) in China. Zoological Systematics, 39(3): 417-423.

Pujade-Villar J, Wang Y P, Guo R, Cuesta-Porta V, Arnedo M A, Melika G. 2020. Current status of *Andricus mairei* (Kieffer), with synonymization of two species from China (Hymenoptera: Cynipidae). Zootaxa, 4808(3): 507-525.

Pujade-Villar J, Wang Y P, Liu Z W, Chen X X, He J H, Ferrer-Suay M. 2019. Discovery of *Xestophanopsis* gen. n. from China and taxonomic revision of two species misplaced in *Ceroptres* Hartig, 1840 (Hymenoptera, Cynipoidea: Cynipidae). Entomologica Fennica, 30: 126-137.

Ratzeburg J T C. 1844. Die Ichneumonen der Forstinsekten in entomologischer und forstlicher Beziehung, Berlin. 1: 224pp.

Ratzeburg J T C. 1848. Die Ichneumonen der Forstinsekten in entomologischer und forstlicher Beziehung, Berlin. 2: 238pp.

Ratzeburg J T C. 1852. Die Ichneumonen der Forstinsekten in entomologischer und forstlicher Beziehung, Berlin. 3: 272pp.

Riley C V. 1890. An Australian hymenopterous parasites of the fluted scale. Insect Life, 2: 248-250.

Ros Farré P, Pujade-Villar J. 2011. Revision of the genus *Omalaspis* Giraud, 1860 (Hym.: Figitidae: Aspicerinae). Zootaxa, 2917: 1-28.

Rosen H von. 1958. Zur Kenntnis der europäischen Arten des Pteromaliden-Genus Mesopolobus Westwood 1833 (Hym., Chalc.). Opuscula Entomologica, Lund, 23: 203-240.

Ros-Farré P, Pujade-Villar J. 2006. Revision of the genus *Prosaspicera* Kieffer, 1907 (Hym.: Figitidae: Aspicerinae). Zootaxa, 1379: 1-102.

Ros-Farré P, Pujade-Villar J. 2009. Revision of the genus *Callaspidia* Dahlbom, 1842 (Hym.: Figitidae: Aspicerinae). Zootaxa, 2105: 1-31.

Ros-Farré P, Pujade-Villar J. 2013. Revision of the genus *Aspicera* Dahlbom, 1842 (Hym.: Figitidae: Aspicerinae). Zootaxa, 3606(1): 1-110.

Roy C S, Farooqi S I. 1984. Taxonomy of Indian Haltichellinae (Chalcididae: Hymenoptera) at National Pusa Collection, IARI, New Delhi. Memoirs of the Entomological Society of India, 10: 1-59.

Ruschka F. 1912. Ueber erzogene chalcididen aus der Sammlung der K.K. Landwirt-schaftlich-bakteriologischen und Pflanzenschutzstation in Wien. Verhandlungen der Zoologisch-Botanischen Gesellschaft in Wien, 62: 238-246.

Ruschka F. 1918, Eine neue Eurytoma aus den kokons von Monema flavescens Walk. Entomologische Mitteilungen, Berlin, 7: 161-162.

Ruschka F. 1922. Chalcididenstudien. III. Die europaischen Arten der Gattung *Chalcis* Fabr. Konowia, 1: 221-233.

Sakagami S. 1949. A new genus of Liopteridae from Japan. Insecta Matsumurana, 17: 35-37.

Schrank F V P. 1780. Entomologische Beiträge. Schriften Berlin. Gesell. Naturforsch. Freunde, 1: 301-309.

Schulz W A. 1905. Hymenopteren-Studien. Engelmann, Leipzig, 1-147.

Schulz W A. 1906. Die trigonaloiden des Kőniglichen Zoologischen museums in Berlin. Mitteilungen aus dem Zoologischen Museum. Berlin, 3: 203-212.

Schuster D J, Wharton R A. 1993. Hymenopterous parasitoids of leaf-mining *Liriomyza* spp. (Diptera: Agromyzidae) on tomato in Florida. Environmental Entomology, 22(5): 1188-1191.

Schweger S, Melika G, Tang C T, Bihari P, Bozso M, Stone G S, Penzes Z. 2015. New species of cynipid inquilines of the genus *Synergus* (Hymenoptera: Cynipidae: Synergini) from the Eastern Palaearctic. Zootaxa, 3999(4): 451-497.

Sharanowski B J, Peixoto L, Dal Molin A, Deans A R. 2019. Multi-gene phylogeny and divergence estimations for Evaniidae (Hymenoptera). PeerJ, 7: e6689.

Sheng J K, Zhong L. 1987. Two new species of the genus *Kriechbaumerella* from China (Hymenoptera; Chalcididae, Haltichellinae). Acta Agriculturae Universitatis Jiangxiensis, 31: 1-4.

Shi Z Y. 1990. A new species and a record of the genus *Blastothrix* from China (Hymenoptera, Encyrtidae). Acta Entomologica Sinica, 33: 462-464.

Shinji O. 1940. A new species of Cynipidae from Tokyo, Japan. Insect World, 44: 290-291.

Shinji O. 1941. Another new species of Cynipidae on Cyclonopsis. Insect World, 45: 66-68.

Shuckard W E. 1841. On the Aulacidae, a family of Hymenoptera Pupivora; and that *Trigonalys* is one of its components: with the description of a British species of this genus, and incidental remarks upon their collateral affinities. The Entomologist, 1: 115-125.

Silvestri F. 1915. Descrizione di nuovi Imenotteri Chalcididi africani. Bollettino del Laboratorio di Zoologia Generale e Agraria della R. Scuola Superiore d'Agricoltura, Portici, 9: 337-377.

Silvestri F. 1926. Descrizione di tre specie di Prospaltella e di una di *Encarsia* (Hym. Chalcididae) parasite di *Aleurocanthus* (Aleyrodidae). Eos. Revista Española di Entomologia. Madrid, 2: 179-189.

Silvestri F. 1927. Contribuzione alla conoscenza degli Aleurodidae (Insecta: Hemiptera) viventi su citrus in Extremo Oriente e dei loro parasiti. Boll Lab Zool Portici, 21: 1-60.

Spinola M. 1811. Essai d'une nouvelle classification générale des Diplolépaires. Annales du Muséum National d'Histoire Naturelle, 17: 138-152.

Steffan J R. 1952. Note sur les espèces européennes et nord africaines du genre *Monodontomerus* Westw. (Hym. Torymidae) et leurs hôtes. Bulletin du Muséum National d'Histoire Naturelle, Paris (2), 24(3): 288-293.

Strand E. 1913. H. Sauter's Formosa-Ausbeute. Trigonalidae (Hym.). Separatabdruck aus Supplemmenta Entomologica, 2, 97-98.

Sugonjaev E S. 1962. On the fauna and ecology of chalcids (Hymenoptera, Chalcidoidea) that are parasites of Coccoidea in the Leningrad region. Trudy Zoologicheskogo Instituta. Akademiya Nauk SSSR. Leningrad, 31: 172-196.

Swederus N S. 1795. Beskrifning på et nytt genus *Pteromalus* ibland Insecterna; (Forts.[*]). Kungliga Svenska Vetenskapsakademiens Handlingar, 16(4): 216-222.

Spinola M. 1811. Essai d'une nouvelle classification des Diplolepaires. Annales du Muséum d'Histoire Naturelle, Paris. 17(98): 138-152.

Steffan J R. 1951. Les espèces françaises d'Haltichellinae (Hyménoptères Chalcididae). Feuille des Naturalistes, 6(1/2): 2.

Spinola M. 1837. Conure. *Conura*. Spinola. Magasin de Zoologie, 9 (180): 1-2.

Tachikawa T. 1958a. On the Japanese species of the genus *Anicetus* parasitic on wax scales of the genus *Ceroplastes*. Mushi, 32: 77-82.

Tachikawa T. 1958b. On the genus *Azotus* Howard (Hymenoptera, Aphelinidae) and a correction of *Azotus* species name given in my previous paper. Japanese Journal of Applied Entomology and Zoology, 2(1): 61-62.

Tachikawa T. 1963. Revisional studies of the Encyrtidae of Japan (Hymenoptera: Chalcidoidea). Memoirs of Ehime University, 9 (6): 1-264.

Tan J L, van Achterberg C, Wu J X, Wang H, Zhang Q J. 2021. An illustrated key to the species of *Gasteruption* Latreille (Hymenoptera, Gasteruptiidae) from Palaearctic China, with description of four new species. ZooKeys, 1038: 1-103.

Teranishi C. 1931. A new species of Trigonaloidae (Hym.) with description of a new genus. Transactions of the Kansai Entomological Society, 2: 9-11.

Thomson C G. 1861. Sveriges Proctotruper. Tribus IX. Telenomini. Tribus X. Dryinini. Öfversigt af Kongliga Vetenskaps-Akademiens Förhandlingar, 17: 169-181.

Thomson C G. 1876. Skandinaviens Hymenoptera (4e). Lund, Hakan Ohlssons Boktryckkpi: 1-192.

Timberlake P H. 1916. Revison of the parasitic hymenopterous insects of the genus *Aphycus* Mayr, with notice of some related genera. Proceedings of the United States National Museum, 50: 561-640.

Timberlake P H. 1919. Revision of the parasitic chalcidoid flies of the genera *Homalotylus* Mayr and *Isodromus* Howard, with descriptions of two closely related genera. Proceedings of the United States National Museum, 56: 133-194.

Timberlake P H. 1926. New species of Hawaiian chalcid flies (Hymenoptera). Proceedings of the Hawaiian Entomological Society, 6: 305-320.

Tower D G. 1913. A new hymenopterous parasite on *Aspidiotus perniciosus* Comst. Annals of the Entomological Society of America, 6(1): 125-126.

Townes H. 1948. The serphoid Hymenoptera of the family Roproniidae. Proceedings of the United States National Museum, 98(3224): 85-89.

Townes H. 1977. A revision of the Heloridae (Hymenoptera). Contributions of the American Entomological Institute, 15: 1-12.

Townes H, Townes M. 1981. A revision of Serphidae (Hymenoptera). Memoirs of the American Entomological. Institute, 32: 1-541.

Trjapitzin V A. 1975. Contribution to the knowledge of parasitic Hymenoptera of the genus *Metaphycus* Mercet, 1917 (Hymenoptera, Chalcidoidea, Encyrtidae) of the Czechoslovakian fauna. Studia Entomologica Forestalia, 2(1): 5-17.

Trjapitzin V A. 1978. Hymenoptera II. Chalcidoidea 7. Encyrtidae. Opredeliteli Nasekomykh Evropeyskoy Chasti SSR, 3: 236-328.

Trjapitzin V A. 1989. Parasitic Hymenoptera of the Fam. Encyrtidae of Palaearctics. Opredeliteli po Faune SSSR. Zoologicheskim Institutom Akademii Nauk SSR, Leningrad. 158: 1-489.

Trjapitzin VA. 1968. A survey of the encyrtid fauna (Hym. Encyrtidae) of the Caucasus. TrudyVsesoyuznogo Entomologicheskogo Obshchestva. 52: 43-125.

Tsuneki K. 1991. Revision of the Trigonalidae of Japan and her adjacent territories (Hymenoptera). Special Publications Japan Hymeopterist Association (SPJHA), 37: 1-68.

Thomson C G. 1876. Skandinaviens Hymenoptera *4:e*. Delen Innehållande Slägtet Pteromalus Svederus: 1-192.

Uchida T, Sakagami S F, Mimura H. 1948. On one oak gall wasp, *Cynips mukaigawae* (Mukaigawa), with a description of a new inquiline gall wasp. Matsumushi, 3(1): 11-17.

van Achterberg C, Quicke D L J. 2006. Taxonomic notes on old world Stephanidae (Hymenoptera): description of *Parastephanellus matsumotoi* sp. n. from Japan, redescription of *Commatopus xanthocephalus* (Cameron) and keys to the genera *Profoenatopus* van Achterberg and *Megischus* Brullé. Tijdschrift voor Entomologie, 149: 215-225.

Vidal S. 2001. Entomofauna Germanica. Band 4. Verzeichnis der Hautflügler Deutschalnds. Chalcidoidea. Entomologische Nachrichten und Berichte Beiheft, 7: 51-69.

Viggiani G. 1976. Ricerche sugli Hymenoptera Chalcidoidea. XLIX. *Trichogramma confusum* n. sp. per T. australicum Nagarkatti e Nagaraja (1968), nec Girault (1912), con note su Trichogrammatoidea Girault e descrizione di Paratrichogramma heliothidis n.sp. Bollettino del Laboratorio di Entomologia Agraria 'Filippo Silvestri', Portici, 33: 182-187.

Viggiani G, Mazzone P. 1979. Contributi alla conoscenza morfo-biologica delle specie del complesso Encarsia Foerster-Prospaltella Ashmead (Hym. Aphelinidae). 1. Un commento sull'attuale stato, con proposte sinonimiche e descrizione di Encarsia silvestrii n.sp., parasita di Bemisia citricola Gom.Men. (Hom. Aleyrodidae). Bollettino del Laboratorio di Entomologia Agraria 'Filippo Silvestri', Portici, 36: 42-50.

Viggiani G, Pappas S. 1975. On the presence of *Teleopterus* Silv. (Hym. Eulophidae), a parasite of *Dacus oleae* Gml. and other Chalcidoids in Corfu. Bollettino del Laboratorio di Entomologia Agraria 'Filippo Silvestri', Portici, 32: 168-171.

Walker F. 1833. Monographia Chalciditum (Continued). Entomological Magazine, 1(4): 367-384.

Walker F. 1834a. Monographia Chalciditum (Continued). Entomological Magazine, 2(2): 148-179.

Walker F. 1834b. Monographia Chalciditum (Continued). Entomological Magazine, 2(3): 286-309.

Walker F. 1835. Monographia Chalciditum (Continued). Entomological Magazine, 2(5): 476-502.

Walker F. 1836. Monographia Chalciditum (Continued). Entomological Magazine, 4(1): 9-26.

Walker F. 1838a. Monographia Chalciditum (Continued). Entomological Magazine, 5(2): 102-118.

Walker F. 1838b. Monographia Chalciditum (Continued). Entomological Magazine, 5(5): 418-431.

Walker F. 1838c. Descriptions of British Chalcidites. Annals of Natural History, 1(5): 381-387.

Walker F. 1839. Monographia Chalciditum. London, 1: 333pp.

Walker F. 1841. Description of Chalcidites. Entomologist, 1(14): 217-220.

Walker F. 1846. List of the specimens of Hymenopterous insects in the collection of the British Museum. Part 1 Chalcidites, London, vii+100pp.

Walker F. 1848. List of the specimens of Hymenopterous insects in the collection of the British Museum, part 2. E. Newman, London, 99-237.

Walker F. 1860. Characters of some apparently undescribed Ceylon insects. Annals and Magazine of Natural History (3), 6(35): 357-360.

Walker F. 1871a. Part IV. Chalcididae, Leucospidae, Agaonidae, Perilampidae, Ormyridae, Encyrtidae. Notes on Chalcidiae, E.W. Janson, London. 55-70.

Walker F. 1871b. Part I.-Eurytomidae. Notes on Chalcidiae. E.W. Janson, London. 1-17.

Walker F. 1874. Descriptions of new species of Tenthredinidae, Ichneumonidae, Chrysididae, Formicidae, etc., of Japan. Fam. Chalcididae. Fam. Proctotrupidae. Transactions of the Entomological Society of London, 3: 399-402.

Wang J, Ros-Farre P, Wang Y P. 2014. Review of *Prosaspicera* Kieffer (Hymenoptera: Figitidae: Aspicerinae) with description of two new species in China. Entomotaxonomia, 36(1): 67-74.

Wang S J, Guo R, Wang Y P, Pujade-Villar J, Chen X X. 2016. A new species of inquiline cynipid of the genus *Ufo* Melika & Pujade-Villar with their host gall plants in China (Hymenoptera: Cynipidae). Entomotaxonomia, 38(3): 221-226.

Wang Y, Zheng J T, Zhang Y Z. 2012. A new species of the genus *Metaphycus* Mercet (Hymenoptera, Encyrtidae). Acta Zootaxonomica Sinica, 37(4): 810-812.

Wang Y P, Chen X X, Pujade-Villar J, Wu H, He J H. 2010. The genus *Saphonecrus* Dalla Torre *et* Kieffer, 1910 (Hymenoptera: Cynipidae) in China, with descriptions of two new species. Biologia, 65(6): 1034-1039.

Wang Y P, Guo R, Liu Z W, Chen X X. 2013. Taxonomic study of the genus *Diplolepis* Geoffroy (Hymenoptera: Cynipidae, Diplolepidini) in China, with descriptions of three new species. Acta Zootaxonomica Sinica, 2: 317-327.

Wang Y P, Guo R, Pujade-Villar J, Wang S J, Chen X X. 2016. Review of the genus *Latuspina* (Hymenoptera: Cynipini) with descriptions of two new species and their host galls. Zoological Systematics, 41(1): 82-88.

Wang Y P, Liu Z W, Chen X X. 2012. Eastern Palaearctic cynipid Inquilines—The Genus *Ceroptres* Hartig, 1840 with descriptions of two new species (Hymenoptera: Cynipidae: Cynipinae). Annals of American of the Entomological Society, 105(3): 377-385.

Wang Y P, Liu Z W, Chen X X. 2012. Taxonomic study of Cynipidae (Hymenoptera) from China, with description of one new species. Acta Zootaxonomica Sinica, 37(4): 785-794.

Watanabe C. 1950. Charipidae of Janpan. Insecta Matsumurana, 17(2): 85-89.

Watanabe C. 1951. On five scelionid egg-parasites of some pentatomid and coreid bugs from Shikoku, Japan (Hymenoptera: Proctotrupoidea). Transactions of the Shikoku Entomological Society, 2: 17-26.

Weems H V. 1954. Natural enemies and insecticides that are detriminal to eneficial Syrphidae. The Ohio Journal of Science, 54(1): 45-54.

Weld L H. 1952. Cynipoidea (Hymenoptera). 1905-1950. Privately printed, Ann. Arbor. Michigan. 351 pp.

Westwood J O. 1832. XXVII. Descriptions of several new British forms amongst the parasitic hymenopterous insects. Philosophical Magazine, 1(3): 127-129.

Westwood J O. 1833a. LXXIII.Descriptions of several new British forms amongst the parasitic hymenopterous insects. Philosophical Magazine, 2(3): 443-445.

Westwood J O. 1833b. LVI.Descriptions of several new British forms amongst the parasitic hymenopterous insects. Philosophical Magazine, 3(3): 342-344.

Westwood J O. 1833c. Further notices of the British parasitic Hymenopterous insects; together with the "transactions of a fly with a long tail", observed by Mr. E. W. Lewis; and additional observations. The Magazine of Natural History, 6: 414-421.

Westwood J O. 1837. Descriptions of some new British hymenopterous insects. Philosophical Magazine (3), 10: 440-442.

Westwood J O. 1839. Synopsis of the genera of British insects. Order VI. Trichoptera Kirby. Order VII. Hymenoptera Linn. (Piezata Fab.). Introduction to the modern classification of insects founded on the natural habits and corresponding organisation; with observations on the economy and transformations of the different families. 2(XIII) (appendix):49-80 Longman, Orme, Brown, Green, and Longmans, London [See Griffin 1932: Proc. ent. Soc. 6:83-84. See ICZN Opinion 71 - 1840, but Griffin gives pp 49-80 issued 3.vi.1839]

Wilcox A M. 1920. Notes and descriptions of species of *Telenomus* having ten-jointed antennae (Hymenoptera; Scelionidae). Psyche, 27: 78-81.

Xiao H, Huang D W. 1999. A taxonomic study on *Semiotellus* (Hymenoptera: Pteromalidae) from China. Oriental Insects, 33:

409-417.

Xiao H, Huang D W. 2001. A study on genus *Agiommatus* (Hymenoptera: Pteromalidae) from China, with description of one new species. Entomological News, 112(2): 138-142.

Xiao H, Jiao T Y, Huang D W. 2009. *Pachyneuron* (Hymenoptera: Pteromalidae) from China. Oriental Insects, 43: 341-359.

Xu Z F, He J H, Liu J X. 2007. Five new species of the *Leptonyx* group of genus *Exallonyx* (Hymenoptera: Proctotrupidae) from China. Journal of the Kansas Entomological Society, 80 (4): 298-308.

Xu Z F, Liu J X, He J H. 2007. Two new species of the *Dictyotus* group of the genus *Exallonyx* (Hymenoptera: Proctotrupidae) from China with a key to the world species. Proceedings of the Entomological Society of Washington, 109 (4): 801-806.

Xu Z H, Chen H L. 2000. Six new species of the genus *Microterys* of China. Entomologia Sinica, 7(2): 97-106.

Xu Z H, He J H. 1995. Note on species of the phtyophagous group of *Megastigmus* (Hymenoptera: Torymidae) from China. Entomotaxonomia, 17(4): 243-253.

Xu Z H, He J H. 1997. Notes on four new species of *Homalotylus* Mayr (Hym.: Encyrtidae). Wuyi Science Journal, 13: 85-93.

Xu Z H, He J H. 2003. Encyrtidae. *In*: Huang B K, Fauna of Insects of Fujian Province of China. Fuzhou: Fujian Publishing House of Science and Technology.

Xu Z H, Li X, Wan Y. 1991. Parasitic wasps on *Ericerus pela* in the west of Hunan with descriptions of one new species (Hymenoptera, Chalcidoidea). Journal of Central-South Forestry College, 11(1): 71-74.

Xu Z H, Lin X H. 2005. Two new species of parasitoids on scale insects on fruit tree (Hymenoptera: Encyrtidae). Scientia Silvae Sinicae, 41(2): 96-98.

Xu Z H, Shen Q, Xu Q Y. 2000. Notes on genus *Microterys* (Hymenoptera: Encyrtidae) from China. *In*: Zhang Y, Systematics and Faunistic Research on Chinese Insects. Proceedings 5th National Congress of Insect Taxonomy, Beijing. Beijing: China Agriculture Press, 263-264, 272.

Yano S, Koyama M. 1918. On the wasps parasitizing the seeds of coniferous trees. Ringyo Shikenjo Hokoku (Report of the Forest Experiment), Forest Bureau, 17: 39-58.

Yasumatsu K. 1951. A new *Dryocosmus* injurious to chestnut trees in Japan. Mushi, 22: 89-92.

Yasumatsu K. 1953. A new Eulophid parasite of *Adris tyrannus* Guenee from Japan (Hym. Eulophidae). Journal of the Faculty of Agriculture, Kyushu University, 10: 163-168.

Yefremova Z A. 2015. An annotated checklist of the Eulophidae (excl. Tetrastichinae) (Hymenoptera: Chalcidoidea) of Israel. Zootaxa, 3957(1): 1-36.

Yoshimoto C M. 1975. A new species of *Ooencyrtus* (Hymenoptera: Chalcidoidea, Encyrtidae) reared from the elm spanworm, *Ennomos subsignarius* (Lepidoptera: Geometridae). Canadian Entomologist, 107(8): 833-835.

Zerova M D. 1978. Hymenoptera II. Chalcidoidea 8. Eurytomidae. Opredeliteli Nasekomykh Evropeyskoy Chasti SSR, 3: 328-358.

Zhao K X, Achterberg C van, Xu Z F. 2012. A revision of the Chinese Gasteruptiidae (Hymenoptera, Evanioidea). ZooKeys, 237: 1-123.

Zhao Y X, Huang D W, Xiao H. 2009. A taxonomic study of genus *Torymus* Dalman (Hymenoptera, Torymidae). Acta Zootaxonomica Sinica, 34(2): 370-376.

中 名 索 引

学 名 索 引